KB026695

틀리지 않는 법

How Not to Be Wrong
The Power of Mathematical Thinking

틀리지 않는 법

수학적 사고의 힘

세상을 더 깊게, 더 올바르게, 더 의미 있게 이해하는 법!

조던 엘렌버그 지음 | 김명남 옮김

HOW NOT TO BE WRONG
by JORDAN ELLENBERG

Copyright © 2014 by Jordan Ellenberg
Korean translation copyright © 2016 by The Open Books Co.
All rights reserved.

This translation is published by arrangement with William Morris Endeavor Entertainment,
LLC through Imprima Korea Agency.

이 책은 실로 꿰매어 제본하는 정통적인 사철 방식으로 만들어졌습니다.
사철 방식으로 제본된 책은 오랫동안 보관해도 손상되지 않습니다.

타니아에게

우리는 수학에서 가장 좋은 것을 숙제처럼 배우기만 할 게 아니라, 일상적 사고의 일부로 동화시키고 거듭거듭 마음에 떠올려서 언제까지나 새롭게 북돋워야 한다.

버트런드 러셀, 「수학의 연구The Study of Mathematics」(1902년) 중에서

차례

프롤로그 이걸 어디에 써먹을까?   11

1부 선형성

1장   덜 스웨덴스럽게   35

2장   국소적으로는 직선, 대역적으로는 곡선   47

3장   모두가 비만   71

4장   미국인으로 따지면 몇 명이 죽은 셈일까?   87

5장   접시보다 큰 파이   107

2부 추론

6장   볼티모어 주식 중개인과 바이블 코드   121

7장   죽은 물고기는 독심술을 하지 못한다   139

8장   낮은 가능성으로 귀결하여 증명하기   177

9장   국제 창자점 저널   195

10장   하느님, 거기 계세요? 저예요, 베이즈 추론   219

3부 기대

11장   우리가 복권에 당첨되리라 기대할 때 실제로 기대해야 할 것   259

12장   비행기를 더 많이 놓쳐라!   307

13장 철로가 만나는 곳 333

4부 회귀
14장 평범의 승리 385
15장 골턴의 타원 405
16장 폐암이 담배를 피우도록 만들까? 449

5부 존재
17장 여론은 없다 471
18장 〈나는 무에서 이상하고 새로운 우주를 창조해 냈습니다〉 507

에필로그 어떻게 하면 옳을 수 있는가 543

감사의 말 567
미주 571
찾아보기 597
옮긴이의 말 611

프롤로그
이걸 어디에 써먹을까?

지금 이 순간도 세상 어딘가의 어느 교실에서는 학생이 수학 선생에게 투덜대고 있을 것이다. 선생은 방금 학생에게 주말에 정적분 서른 개를 계산하라는 숙제를 낸 참이다.

학생은 주말에 그것 대신 다른 걸 하고 싶다. 솔직히 그것만 아니라면 거의 아무거나 다 좋을 지경이다. 학생이 이 사실을 똑똑히 아는 것은 지난 주말에도 다른(그러나 아주 다르진 않은) 정적분 서른 개를 계산하는 데 상당한 시간을 들였기 때문이다. 학생은 선생에게 도대체 왜 이런 숙제를 해야 하는지 모르겠다고 말한다. 그리고 대화하다 보면, 결국 학생은 선생이 가장 두려워하는 질문을 던지기 마련이다.

「제가 이걸 어디에 써먹죠?」

수학 선생은 아마도 이렇게 대답할 것이다.

「이런 숙제가 지루하게 느껴진다는 건 알아. 하지만 네가 앞으로 어떤 일을 하게 될지는 아무도 모르는 거야. 지금은 너와 전혀 무관한 내용으로 보일 수도 있지만, 장차 네가 정적분을 손으로 빠르고 정확하게 계산해 내는 능력이 아주 중요한 분야로 진출할지도 몰라.」

이런 답이 학생을 납득시키는 경우는 거의 없다. 왜냐하면 거짓말이기 때문이다. 이 말이 거짓말이라는 것은 사실 선생도 알고 학생도 안다.

살면서 한 번이라도 $(1 - 3x + 4x^2)^{-2}dx$의 적분값이나 3θ의 코사인 값, 혹은 다항식의 조립제법을 써먹는 어른의 수는 손가락에 꼽힌다.

이런 거짓말은 선생에게도 그다지 만족스럽지 않다. 내가 장담한다. 나 또한 수학 교수로서 오랫동안 수백 명의 대학생들에게 정적분 숙제를 내왔기 때문이다.

다행히 더 나은 답이 있다. 대충 이런 내용이다.

「수학은 인내심이나 기력이 다할 때까지 일련의 계산을 기계적으로 수행하는 것만이 아니야. 우리가 수학이라고 부르는 과목에서 배운 내용으로만 판단하자면 그렇게 보이겠지만 말이야. 수학에서 적분은 축구에서의 웨이트트레이닝이나 체조와 같아. 네가 축구를 잘하고 싶다면, 달리 말해 경쟁력 있는 수준으로 정말로 잘하고 싶다면, 지루하고 반복적이고 무의미해 보이는 훈련을 엄청나게 많이 해야 해. 프로 선수들이 그런 기초 훈련을 실제로 써먹느냐고? 물론 그들이 웨이트를 들거나 도로 표지용 고깔들 사이를 지그재그로 누비는 모습을 우리가 볼 일은 없겠지. 하지만 선수들이 매주 그런 지루한 기초 훈련을 통해서 쌓은 힘, 속력, 통찰, 유연성을 사용하는 모습은 볼 수 있어.

네가 축구로 먹고살고 싶다면, 그게 아니라 대학 대표팀에라도 들고 싶다면, 무수한 주말을 훈련장에서 지루하기 짝이 없는 훈련을 하며 보내야 해. 다른 방법은 없어. 하지만 좋은 소식도 있지. 만일 그런 훈련이 네게 너무 벅차게 느껴진다면, 그냥 재미로 친구들과 함께 경기하는 방법도 있어. 그래도 프로 선수들 못지않게 수비수 사이로 요령 있게 패스하거나 장거리 득점을 올리는 짜릿함을 만끽할 수 있지. 그렇게 한다면, 집에서 텔레비전으로 프로들이 경기하는 모습을 구경만 하는 것보다는 훨씬 건강하고 행복하게 살 수 있을 거야.

수학도 비슷해. 넌 수학에 중점을 둔 직업을 목표로 삼지 않을 수도 있겠지. 그건 괜찮아. 대부분의 사람들이 그러니까. 하지만 그래도 넌 수학을 할 수 있어. 아마 지금도 수학을 하고 있을 거야. 비록 그걸 수학이라고 부르진 않더라도 말이야. 수학은 우리가 이성적으로 사고하는 방식에 깊숙이 얽혀 있어. 그리고 수학은 네가 어떤 일들을 더 잘할 수 있도록 도와줘. 수학을 아는 것은 어지럽고 혼란스러운 세상의 겉모습 아래에 숨은 구조를 보여 주는 엑스선 안경을 쓰는 것과 같아. 수학은 우리가 틀리지 않도록 도와주는 과학이고, 그 기법들과 관습들은 수백 년에 걸친 고된 노력과 논쟁을 통해서 밝혀진 거야. 네가 수학의 도구들을 손에 쥐고 있으면, 세상을 더 깊게, 더 올바르게, 더 의미 있게 이해할 수 있어. 네게 필요한 것은 그저 규칙과 약간의 기본 전술을 가르쳐 줄 코치 혹은 책이야. 그러니 내가 네 코치가 되어 줄게. 어떻게 하는지 알려 줄게.」

시간 제약 때문에, 현실의 강의실에서는 나도 위와 같이 말하는 경우는 거의 없다. 그러나 책에서는 좀 더 길게 말할 여유가 있다. 나는 우리가 매일 고민하는 정치, 의학, 상업, 신학적 문제들에 수학이 잔뜩 포함되어 있다는 사실을 여러분에게 보여 줌으로써 내가 방금 말한 거창한 주장을 증명해 보이고 싶다. 모든 문제에 수학이 포함되어 있다는 사실을 이해한다면, 여러분은 다른 수단으로는 결코 얻을 수 없는 통찰을 얻을 수 있다.

내가 학생에게 이렇게 고무적인 일장 연설을 늘어놓았더라도, 정말로 예리한 학생이라면 여전히 완벽하게 넘어오지 않을 것이다.

학생은 말할 것이다. 「그것참 좋은 말이네요, 교수님. 하지만 상당히 추상적이에요. 우리가 수학을 잘 활용할 수 있다면 자칫 잘못하기 쉬운 일들을 제대로 할 수 있다는 말씀이죠. 하지만 어떤 일이 그런데요? 실제 사례를 하나만 줘보세요.」

그렇다면 나는 학생에게 아브라함 발드와 사라진 총알구멍 이야기를 들려줄 것이다.

아브라함 발드와 사라진 총알구멍

제2차 세계 대전 이야기가 으레 그렇듯이, 이 이야기는 나치가 유대인을 유럽에서 몰아낸 것으로 시작하여 결국 나치가 그 짓을 후회하는 것으로 끝난다. 아브라함 발드는 1902년에 당시 오스트리아–헝가리 제국에 속했으며 클라우젠부르크라고 불렸던 도시에서 태어났다.[1] 발드가 십 대가 된 무렵에는 이미 한 차례의 세계 대전이 역사에 기록되어 있었고, 그의 고향은 루마니아에 속하는 도시 클루지로 바뀌어 있었다. 발드는 랍비의 손자이자 코셔* 제빵사의 아들이었지만, 떡잎부터 될성부른 수학자였다. 사람들은 발드가 수학에 재능이 있다는 사실을 금세 알아차렸다. 발드는 빈 대학 수학과에 입학했으며, 그곳에서 순수 수학의 기준에서 보아도 추상적이고 난해한 집합론과 거리공간 주제에 끌렸다.

그러나 발드가 공부를 마친 1930년대 중반에 오스트리아는 극심한 경제적 곤궁에 빠져 있었고, 빈에서 외국인이 교수로 채용될 가능성은 전혀 없었다. 발드를 구원한 것은 오스카어 모르겐슈테른이 제안한 일자리였다. 모르겐슈테른은 훗날 미국으로 건너가서 게임 이론을 창시하는 연구를 거들게 되지만, 1933년에는 오스트리아 경제 연구소의 소장으로 있었다. 그는 발드를 적은 봉급에 온갖 수학적 잡무를 도맡는 사람으로 고용했다. 결론적으로 이 선택은 발드에게 유익했다. 경제 분야에서 쌓은 경험 덕분에 당시 콜로라도 스프링스에 있던 경제 연구소 콜스커미션으로부터 연구원 자리를 제안받았던 것이다. 정치 상황이 날로 악화되는 와중이었는데도 발드는 순수 수학으로부터 영영 멀어지게 만들지 모를 결정을 내리기를 주저했다. 그러나 때마침 나치가 오스트리아를 점령하여, 결정을 한결 수월하게 만들어 주었다. 발드는 콜로라도

---

* kosher. 유대교 율법에 따른 음식 또는 식사 규정을 뜻한다 — 옮긴이주.

에서 몇 달을 지낸 뒤 컬럼비아 대학의 통계학 교수직을 제안받았고, 다시 한 번 짐을 싸서 뉴욕으로 옮겼다. 그리고 그곳에서 발드는 전쟁에 참가했다.

통계 연구 그룹SRG,[2] 발드가 제2차 세계 대전 중 대부분의 시간을 쏟은 그 조직은 미국 통계학자들의 역량을 결집시켜서 전쟁을 지원하는 기밀 프로그램이었다. 말하자면 맨해튼 프로젝트와 비슷했지만, 개발하는 무기가 원자 폭탄이 아닌 방정식이라는 점이 달랐다. 그리고 SRG는 실제로 맨해튼에 있었다. 컬럼비아 대학에서 한 블록 떨어진 모닝사이드 하이츠의 401웨스트 118가였다. 지금 그 건물은 컬럼비아 대학 교직원 아파트로 쓰이고 개인 병원도 몇 들어와 있지만, 1943년에는 중요한 작업들이 쉴 새 없이 분주하게 벌어지는 전시 수학 활동의 중추였다. 컬럼비아 대학의 응용 수학 그룹 방에서는 젊은 여성 수십 명이 마천트 탁상 계산기에 매달려, 적기를 조준 범위에 묶어 두기 위해 전투기 조종사가 그려야 할 최선의 궤적 공식을 계산해 내고 있었다. 또 다른 방에서는 프린스턴 대학의 연구진이 전략 폭격을 위한 통신 규약을 개발하고 있었다. 그 바로 옆방은 컬럼비아 대학 원자 폭탄 프로젝트의 부속 연구실이었다.

그러나 그 모든 조직들 중에서 가장 유력했고 결과적으로도 가장 큰 영향을 미친 조직은 SRG였다. SRG는 학계 특유의 지적 개방성과 집중력, 그리고 모두가 중차대한 사안에 맞닥뜨렸을 때만 구축되는 공동의 목적 의식이 결합된 분위기였다. 책임자였던 W. 앨런 윌리스는 이렇게 적었다.[3] 〈우리가 무언가 권고를 올리면, 현실에서 실제로 무슨 일이 벌어졌다. 전투기들은 탄약을 어떻게 섞어서 쓰면 좋은가에 대한 잭 울포위츠**의 권고에 따라 기관총을 장전하고 전투에 나섰으며, 돌아올 때도

** 폴 울포위츠의 아버지다.

있었고 돌아오지 못할 때도 있었다. 해군 비행기의 로켓에는 에이브 거시크의 표본 추출 검사 방침에 따라 채택된 추진체가 사용되었는데, 그 로켓이 터져서 우리 비행기와 조종사를 죽일 때도 있었고 목표물을 정확히 파괴할 때도 있었다.〉

동원된 수학적 재능의 무게는 사안의 심각성에 맞먹었다. 월리스의 말을 빌리면, SRG는 〈질과 양을 통틀어 역사상 가장 탁월한 통계학자 집단이었다〉.[4] 훗날 하버드 대학에서 통계학과를 창설한 프레더릭 모스텔러가 거기 있었다. 결정 이론의 개척자이자 장차 베이즈 통계학이라고 불릴 신생 분야를 적극 지지했던 레너드 지미 새비지도 있었다.[*] MIT 수학자로서 사이버네틱스의 아버지인 노버트 위너도 때때로 들렀다. 미래의 노벨 경제학상 수상자 밀턴 프리드먼은 대체로 방에서 네 번째로 똑똑한 사람이었다.

방에서 제일 똑똑한 사람은 보통 아브라함 발드였다. 컬럼비아 대학에서 앨런 월리스를 가르쳤던 발드는 SRG에서 일종의 수학적 군주처럼 기능했다. 발드는 여전히 〈적국민〉이어서, 엄밀히 따지자면 자신이 생산하는 기밀 보고서를 볼 자격이 없었다. SRG에는 발드가 노트에 뭔가를 쓰자마자 비서들이 당장 그 장을 찢어서 압수해야 한다는 농담이 돌았다.[5] 어떻게 보면 발드는 그런 일에 참여할 사람 같지 않았다. 그는 늘 그랬듯이 추상적인 문제를 선호했고 직접적인 응용 문제는 꺼렸다. 그러나 그에게는 추축국에 대항하여 자신의 재주를 활용하겠다는 명백한 동기가 있었다. 그리고 만일 당신이 막연한 발상을 견고한 수학으로 바꿔야 하는 처지라면, 발드야말로 곁에 두고 싶은 사람일 것이다.

자, 그렇다면 문제를 살펴보자.[6] 당신은 전투기들이 적기에 격추되기

---

[*] 새비지는 눈이 완전히 멀다시피 해서 한쪽 시야 구석으로만 겨우 볼 수 있었고, 한번은 북극 탐사에 관련된 어떤 주장을 입증하기 위해서 육 개월 동안 페미컨만 먹고 살았다. 그냥 그렇다고 말하고 싶었다.

를 바라지 않으므로, 전투기에 갑옷을 입힌다. 그러나 철갑을 두르면 비행기가 무거워지고, 비행기가 무거워지면 조종하기가 더 힘들뿐더러 연료도 더 많이 소비된다. 철갑을 너무 많이 두르는 것도 문제고 너무 적게 두르는 것도 문제다. 그 중간 어디쯤에 최적의 상태가 있다. 당신이 뉴욕의 한 아파트에 수학자들을 싹 몰아넣어 둔 것은 그 최적이 어느 지점인지 알아내기 위해서다.

SRG를 찾아온 군 관계자들은 자신들이 보기에 유용한 데이터를 가지고 왔다. 유럽 상공에서 교전을 마치고 돌아온 미군기들에는 온통 총알구멍이 나 있었다. 그러나 피해는 기체 전체에 고르게 분포되지 않았다. 총알구멍은 동체에 더 많았고 엔진에는 그다지 많지 않았다.

비행기의 부위	제곱피트당 총알구멍 개수
엔진	1.11
동체	1.73
연료계	1.55
기체의 나머지 부분	1.8

장성들은 여기에서 효율을 높일 기회를 보았다. 갑옷이 제일 많이 필요한 부분, 즉 비행기가 제일 많이 총알을 맞는 부분에 갑옷을 집중시키면 철갑을 덜 쓰고도 똑같은 보호 효과를 누릴 수 있을 테니까. 그러나 정확히 얼마나 더 갑옷을 둘러야 할까? 그들이 발드에게 원한 것은 그 대답이었다. 그러나 그들이 얻은 것은 그 대답이 아니었다.

발드는 말했다. 「갑옷을 총알구멍이 난 곳에 두르면 안 됩니다. 총알구멍이 없는 곳, 즉 엔진에 둘러야 합니다.」

발드의 통찰은 다음과 같은 간단한 질문을 던진 데서 나왔다. 사라진 총알구멍들은 어디에 있을까? 만일 피해가 비행기 전체에 골고루 분포

된다면 분명히 엔진 덮개에도 총알구멍이 났을 텐데, 그것들은 어디로 사라졌을까? 발드는 답을 알 것 같았다. 사라진 총알구멍들은 사라진 비행기들에 있었다. 엔진에 덜 맞은 비행기들이 많이 돌아온 것은 엔진에 많이 맞은 비행기들이 돌아오지 못했기 때문이다. 동체에 스위스 치즈처럼 구멍이 숭숭 뚫린 비행기들이 기지로 복귀한 경우가 많다는 사실은 동체에 입은 타격은 견딜 만하다는(따라서 견뎌야 한다는) 꽤 강력한 증거였다. 병원 회복실을 가보면, 가슴에 총알구멍이 난 사람보다 다리에 구멍이 난 사람이 더 많다. 그러나 이것은 사람들이 가슴에 총을 안 맞기 때문이 아니다. 가슴에 맞은 사람들은 회복하지 못하기 때문이다.

발드는 여기에서 문제를 좀 더 깔끔하게 만들어 주는 수학자의 오래된 트릭을 하나 적용했다. 그 트릭이란 어떤 변수를 0으로 맞춰 보는 것이다. 이 사례에서 우리가 조정해야 할 변수는 엔진에 맞은 비행기가 꿋꿋이 하늘을 날 확률이다. 그 확률을 0으로 맞춘다는 것은 곧 비행기가 엔진에 한 발만 맞으면 무조건 추락한다는 뜻이다. 그렇게 조정하고 본다면, 데이터가 어떻게 바뀔까? 날개, 동체, 기수에 고루 총알을 맞은 비행기들은 돌아오겠지만 엔진에 맞은 비행기는 한 대도 돌아오지 않을 것이다. 군의 분석가들은 이 현상을 두 가지 가설로 설명할 수 있다. 하나는 독일군의 총알은 딱 한 곳만 제외하고는 비행기의 모든 부분에 골고루 맞는다는 가설이고, 다른 하나는 비행기의 엔진이 엄청나게 취약한 부분이라는 가설이다. 두 가설이 모두 데이터를 설명하기는 하지만, 후자가 훨씬 더 말이 된다. 갑옷은 총알구멍이 안 뚫린 곳에 둘러야 한다.

발드의 권고는 당장 적용되었고, 미 해군과 공군은 이후 한국 전쟁과 베트남 전쟁에서도 계속 그 조언을 따랐다.[7] 그럼으로써 얼마나 많은 미군기를 구했는지 나는 정확히 모르지만, 현재 군대 내의 SRG 후예들은 틀림없이 꽤 정확히 파악하고 있을 것이다. 미국 방위 조직이 예로부터 정확히 이해했던 한 가지 사실은 어떤 나라가 전쟁에서 이기는 것은 상대 나라보다 좀 더 용감해서, 좀 더 자유로워서, 혹은 신의 총애를 약간 더 받아서가 아니라는 점이다. 보통은 비행기가 5% 덜 격추되는 쪽, 연료를 5% 덜 쓰는 쪽, 혹은 보병들에게 95%의 비용으로 5% 더 많은 영양을 지급하는 쪽이 이긴다. 이런 이야기는 전쟁 영화에는 나오지 않지만, 실제 전쟁은 이런 내용으로 이루어진다. 그리고 이것은 한 단계 한 단계가 다름 아닌 수학이다.

발드는 공중전에 대한 지식과 이해가 그보다 훨씬 뛰어난 장성들이 보지 못했던 것을 어떻게 볼 수 있었을까? 그것은 발드에게 수학으로 단련된 사고 습관이 있었기 때문이다. 수학자는 늘 〈어떤 가정을 품고 있는가? 그 가정은 정당한가?〉라고 묻는다. 이런 질문은 성가실 수 있다. 하지만 무척 생산적일 수 있다. 이 사례에서 장성들은 기지로 복귀한 비행기들이 전체 비행기에서 무작위로 추출된 표본이라는 가정을 자신도 모르게 품고 있었다. 정말로 그렇다면, 우리는 살아남은 비행기의 총알구멍 분포만 조사해도 모든 비행기들의 총알구멍 분포에 대한 결론을 끌어낼 수 있을 것이다. 그러나 우리가 스스로 그런 가설을 품고 있다는 것을 깨닫는 순간, 금세 그것이 말짱 틀린 가설이라는 것도 깨닫게 된다. 비행기가 총알을 맞은 위치와는 무관하게 늘 일정한 생존 확률을 보인다고 기대할 이유가 없기 때문이다. 나중에 15장에서 소개할 수학 용어를 끌어와서 말하자면, 생존율과 총알구멍의 위치는 서로 상관관계가 있다.

발드가 또 하나 유리했던 점이 그가 추상화하기를 좋아했다는 것이다. 컬럼비아 대학에서 발드에게 배웠던 울포위츠에 따르면, 발드는 늘 〈가장 추상적인 문제〉를 선호했으며[8] 〈늘 수학에 대한 이야기를 하고 싶어 했지만 수학의 대중화나 특수한 응용 문제에는 무관심했다〉.

그런 성격 때문에 발드가 응용 문제에 관심을 쏟기 어려웠던 것은 사실이다. 그가 볼 때 비행기와 총에 관한 세부 사항들은 불필요한 군더더기에 지나지 않았다. 그는 그 속을 파고들어, 세부들을 하나로 묶는 수학적 버팀대와 못을 꿰뚫어보았다. 이런 접근법은 가끔 문제에서 정말로 중요한 속성을 무시하게끔 만들지만, 또 가끔은 외견상 전혀 달라 보이는 문제들이 공통으로 갖고 있는 뼈대를 꿰뚫어보게끔 만든다. 그 덕분에 우리는 스스로 아무 경험이 없는 것 같은 분야에서조차 유의미한 경험을 하게 된다.

수학자가 볼 때, 총알구멍 문제의 바탕에 깔린 구조는 이른바 생존 편향 현상이다. 이 현상은 온갖 맥락에서 수시로 등장하는데, 우리는 일단 발드처럼 이 현상에 익숙해지면 다음에는 그것이 어디 숨어 있든 쉽게 알아차릴 수 있다.

뮤추얼 펀드를 예로 들어 보자. 펀드의 실적을 판단하는 일은 우리가 손톱만큼도 틀리고 싶지 않은 분야다. 연간 성장률 1% 차이가 귀중한 금융 자산과 쓰레기를 가르니까 말이다. 모닝스타 사가 〈라지 블렌드〉 분류에 포함시킨 펀드들은 주로 S&P 500 지수에 드는 대기업들에게 투자하는 뮤추얼 펀드들인데, 이것은 확실히 전자처럼 보인다. 이 분류에 포함된 펀드들은 1995년에서 2004년까지 평균 178.4% 성장했으니, 연간 10.8%라는 건전한 실적을 올린 셈이다.* 여러분에게 현금이 좀 있다면 이 펀드들에 투자하면 좋을 것 같지 않은가?

2006년에 새번트 캐피털 사는 이 수치들을 좀 더 냉정하게 조사해 보았다.[9] 우선 모닝스타가 어떻게 저 수치를 얻었는지를 되짚어 보자. 지금이 2004년이라고 하자. 우리는 〈라지 블렌드〉로 분류된 펀드들을 다 모은 뒤, 이 펀드들이 지난 십 년간 얼마나 성장했는지 살펴본다.

그런데 잠깐, 여기에는 뭔가 빠진 것이 있다. 바로 여기에 포함되지 않은 펀드들이다. 뮤추얼 펀드의 수명은 영원하지 않다. 어떤 펀드는 장수하고, 어떤 펀드는 일찍 죽는다. 죽은 펀드들은 대체로 돈을 못 번 펀드

* 공정을 기하고자 밝히자면, S&P 500 지수 자체는 같은 시기에 212.5%의 성장률을 보여 이보다 실적이 더 좋았다.

들이다. 그러니 어느 시점에 살아남은 펀드들만 가지고서 과거 십 년간 모든 뮤추얼 펀드들의 가치를 판단하는 것은 기지로 복귀한 비행기들의 총알구멍만 헤아려서 조종사들의 총알 회피 능력을 판단하는 것과 마찬가지다. 만일 총알구멍이 비행기 한 대당 두 개 이상은 절대 발견되지 않는다면, 그것은 무슨 뜻일까? 그것은 우리 조종사들이 적의 포화를 피하는 데 뛰어나다는 뜻이 아니라 두 번 맞은 비행기는 죄다 불길에 휩싸여 추락했다는 뜻이다.

새번트 캐피털의 조사에 따르면, 죽은 펀드들과 살아남은 펀드들의 실적을 합하여 수익률을 계산할 경우 그 값은 134.5%로 떨어져 연간 8.9%라는 평범한 수치가 되었다. 최근의 다른 조사도 이 결론을 지지했다. 2011년에 『리뷰 오브 파이낸스Review of Finance』가 5천 개 가까운 펀드들을 광범위하게 조사한 바,[10] 그중 살아남은 펀드 2,641개의 초과 수익률은 살아남지 못한 펀드들까지 포함해서 계산한 값보다 20%쯤 더 높았다. 투자자들은 생존 편향의 효과가 이토록 크게 나타난 데 놀랐겠지만, 아브라함 발드는 조금도 놀라지 않았을 것이다.

수학은 다른 수단을 동원한 상식의 연장

이 대목에서, 나와 질의를 주고받던 십 대 학생은 내 말을 끊고서 상당히 합리적인 질문을 던질 것이다. 「여기 어디에 수학이 있어요? 물론 발드는 수학자였고 총알구멍 문제에 대한 그의 해법이 기발했던 것도 사실이지만, 이 이야기의 어떤 측면이 수학이죠? 삼각 함수도, 항등식도, 적분도, 부등식도, 공식도 전혀 보이지 않잖아요.」

우선, 발드는 공식을 사용했다. 지금 나는 서문을 쓰고 있기 때문에 공식 없이 설명했을 뿐이다. 당신이 초등학교 저학년 아이들에게 인간의 생식을 설명하는 책을 쓴다면, 서문에서 대뜸 어떻게 아기가 엄마의 배로 들어가는가 하는 질척한 이야기까지 몽땅 풀어놓진 않을 것이다. 대신 이런 식으로 시작할 것이다. 「자연에서는 모든 것이 변합니다. 나무는 겨울에 잎을 떨군 뒤 봄에 다시 꽃을 피우지요. 볼품없는 애벌레는 번데기로 변했다가 멋진 나비가 되어 나옵니다. 여러분도 자연의 일부이므로……」

우리는 지금 그 대목에 있다. 하지만 우리는 다들 성인이니까, 완곡어법은 잠시 치워 두고 실제 발드의 보고서 중 한 페이지를 보여 드리겠다.[11]

lower bound to the Q_i could be obtained. The assumption here is that the decrease from q_i to q_{i+1} lies between definite limits. Therefore, both an upper and lower bound for the Q_i can be obtained.

We assume that

$$\lambda_1 q_i \leq q_{i+1} \leq \lambda_2 q_i \; ,$$

where $\lambda_1 < \lambda_2 < 1$ and such that the expression

$$\sum_{j=1}^{n} \frac{a_j}{\lambda_1^{\frac{j(j-1)}{2}}} < 1 - a_o \qquad \text{(A)}$$

is satisfied.

The exact solution is tedious but close approximations to the upper and lower bounds to the Q_i for $i < n$ can be obtained by the following procedure. The set of hypothetical data used is

$$a_o = .780 \qquad a_3 = .010$$
$$a_1 = .070 \qquad a_4 = .005$$
$$a_2 = .040 \qquad a_5 = .005$$
$$\lambda_1 = .80 \qquad \lambda_2 = .90$$

Condition A is satisfied, since by substitution

$$.07 + \frac{.04}{.8} + \frac{.01}{(.8)^3} + \frac{.005}{(.8)^6} + \frac{.005}{(.8)^{10}} = .20529 \; ,$$

which is less than

$$1 - a_o = .22 \; .$$

THE LOWER LIMIT OF Q_i

The first step is to solve equation 66. This involves the solution of the following four equations for positive roots g_o, g_1, g_2, g_3.

여러분이 충격을 너무 많이 받진 않았어야 할 텐데.

그야 어쨌든, 발드의 통찰을 뒷받침하는 발상 자체에는 이런 형식주의가 전혀 필요하지 않다. 나는 앞에서 이미 수학적 표기를 전혀 안 쓰고도 그 발상을 설명했다. 따라서 학생의 질문은 여전히 유효하다. 「그게 어째서 수학이죠? 그건 그냥 상식 아닌가요?」

그렇다. 수학은 곧 상식이다. 이 사실은 기본적인 차원에서는 더없이 명백하다. 당신은 어떤 것 다섯 개에 일곱 개를 더한 결과가 어떤 것 일곱 개에 다섯 개를 더한 결과와 같은 이유를 남에게 설명할 수 있겠는가? 아마 못할 것이다. 이 사실은 합산에 관한 우리의 생각에 그냥 기본으로 깔려 있는 내용이다. 그런데 수학자들은 상식으로 충분히 알 수 있는 현상에 구태여 이름 붙이기를 좋아한다. 그래서 〈이것에 저것을 더한 결과는 저것에 이것을 더한 결과와 같다〉고 말하는 대신, 〈덧셈은 교환 가능하다〉고 말한다. 수학자들은 또 상징을 쓰는 것도 좋아하기 때문에, 이렇게 쓴다.

모든 a와 b에 대해서, $a + b = b + a$이다.

딱딱해 보이는 공식이지만, 사실은 아이들도 직관적으로 이해하는 사실을 이야기한 것뿐이다.

곱셈은 좀 다르다. 공식은 덧셈과 거의 비슷해 보인다.

모든 a와 b에 대해서, $a \times b = b \times a$이다.

하지만 우리는 이 명제를 접했을 때 덧셈처럼 대번에 〈당연한 거 아냐?〉라고 말하지 못한다. 어떤 것 여섯 개씩 두 꾸러미는 어떤 것 두 개씩 여섯 꾸러미와 같다는 게 〈상식〉인가?

어쩌면 아닐지도 모른다. 하지만 그것이 상식이 될 수는 있다. 내가 기억하는 최초의 수학적 추억을 하나 들려 드리겠다. 그때 나는 부모님 댁 마루에 누워 북슬북슬한 러그에 뺨을 댄 채 전축을 바라보고 있었다. 아마 비틀즈의 블루 음반 뒷면을 듣고 있었을 것이다. 나는 아마 여섯 살이었을 것이다. 당시는 70년대였으므로, 전축은 합판으로 만들어진 상자에 담겨 있었고 상자 옆면에는 통기 구멍들이 직사각형으로 배열되어 뚫려 있었다. 가로로 구멍 여덟 개, 세로로 여섯 개. 나는 누워서 구멍들을 쳐다보았다. 구멍 여섯 행. 구멍 여덟 열. 나는 시선의 초점을 바꿈으로써 한 번은 행을 봤다가 한 번은 열을 봤다가 하는 식으로 왔다 갔다 할 수 있었다. 한 줄에 구멍 여덟 개씩 여섯 행. 한 줄에 구멍 여섯 개씩 여덟 열.

그 순간 나는 깨달았다. 여섯 개씩 여덟 묶음은 여덟 개씩 여섯 묶음과 같다는 것을. 그게 내가 배운 규칙이어서가 아니었다. 다르게 생각할 방법이 없었기 때문이다. 합판에 뚫린 구멍의 개수는 어떤 방식으로 헤아리든 변할 리 없었다.

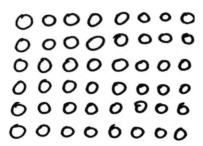

부모님의 전축에 뚫린 구멍들, 1977년

우리는 수학을 규칙들의 기나긴 나열로 가르치는 경향이 있다. 여러분은 그것을 순서대로 배워야 하고 꼭 지켜야 한다. 지키지 않으면 C-를 받을 테니까. 그러나 이런 것은 수학이 아니다. 수학은 어떤 일이 행해지는 다른 방식이 전혀 없기 때문에 특정 방식으로만 일어난다는 점을 배우는 일이다.

이제 솔직한 이야기도 해보자. 수학의 모든 것이 덧셈과 곱셈처럼 직관적으로 완벽히 투명하게 이해되는 것은 아니다. 미적분을 상식으로 해낼 수는 없다. 그러나 미적분을 상식으로부터 유도해 낼 수는 있다. 뉴턴은 직선 운동하는 물체에 관한 우리의 물리적 직관을 가져다가 형식화한 뒤, 그 위에 모든 운동에 보편적으로 적용되는 수학적 묘사를 구축했다. 우리에게 뉴턴의 이론이 있다면, 유용한 방정식이 없을 때는 그저 어리둥절하게만 느껴질 문제들에 그 이론을 적용해 볼 수 있다. 마찬가지로 우리에게는 불확실한 결과의 실현 가능성을 따져 보는 사고 체계가 기본적으로 갖춰져 있다. 그러나 그 체계는 상당히 허약하고 의심쩍은 데다, 극도로 드문 사건을 평가할 때는 특히 취약하다. 그렇기 때문에 바로 이 지점에서 우리는 튼튼하고 적절한 정리들과 기법들로 직관을 강화하고, 그로부터 수학적 확률 이론을 끌어내야 한다.

수학자들이 서로 대화할 때 쓰는 전문 언어는 복잡한 개념을 정확하고 신속하게 전달하도록 해주는 멋진 도구다. 그러나 외부자들에게는 그 언어가 낯설기 때문에, 수학이 일상의 사고와는 완전히 동떨어져 존재하는 사고의 영역이라는 잘못된 인상을 준다. 그런 인상은 분명 틀렸다.

수학은 우리가 상식에 덧붙여서 그 가동 범위와 힘을 막대하게 늘릴 수 있는 인공 보철 기관과 같다. 비록 수학의 힘이 엄청나고 때로 그 표기법과 추상화가 엄두가 안 나게 어려울망정, 실제 머릿속에서 진행되는 작업은 우리가 좀 더 현실적인 문제들을 생각할 때의 방식과 별로 다르지 않다. 아이언맨이 벽돌 벽을 주먹으로 쳐서 뚫는 광경을 상상해 보자. 이때 실제 벽을 부수는 힘은 토니 스타크의 근육이 아니라 초소형 베타 입자 생성기로 구동되는, 그의 움직임과 협응하도록 정교하게 조정된 자동 제어 장치에서 나온다. 그러나 토니 스타크의 시점에서 보면,

그는 자기 주먹으로 벽을 치고 있다. 갑옷이 없었어도 그렇게 했을 테지만, 갑옷이 있기에 훨씬, 훨씬 더 세게 그럴 수 있을 뿐이다.

클라우제비츠의 명언을 비틀어 말하자면, 수학은 다른 수단을 동원한 상식의 연장이다.

수학이 제공하는 엄밀한 구조가 없다면, 우리는 상식 때문에 오히려 길을 잃을 수 있다. 전투기에서 이미 충분히 튼튼한 부분에 갑옷을 더하려고 했던 장성들이 그런 경우였다. 한편 상식이 없는 형식 수학은, 즉 추상적 추론과 양, 시간, 공간, 운동, 행동, 불확실성에 관한 직관이 끊임없이 상호 작용하지 않는 경우에는 그저 규칙을 따르고 계산만 해내는 메마른 활동이 될 것이다. 한마디로 미적분을 배우며 짜증 내는 학생이 생각하는 것과 똑같은 활동이 되고 말 것이다.

이것은 정말 위험한 일이다. 폰 노이만은 1947년에 쓴 글 「수학자The Mathematician」에서 이렇게 경고했다.

수학 분과가 경험의 원천으로부터 멀어질수록, 더구나 〈현실〉에서 얻은 개념들을 간접적인 영감으로만 여기는 2세대, 3세대 수학자들이 나타난다면, 수학은 중대한 위험에 시달리게 된다. 수학은 점점 더 순전히 미학적인 것이 되고, 점점 더 예술을 위한 예술이 된다. 만일 그 분야가 여전히 경험과 긴밀하게 연결된 주제들에 둘러싸여 있다면, 혹은 특출한 취향을 지닌 연구자들의 영향력 아래 놓여 있다면, 이 상황이 꼭 나쁘지만은 않을 것이다. 그러나 주제가 최소한의 저항을 겪는 길을 따라서 발전할 위험, 그리하여 원류로부터 너무나 멀어진 흐름이 무의미한 가지들로 무수히 더 갈라질 위험, 나아가 그 분과가 세부적이고 세밀한 사실들이 대중없이 뭉쳐진 것으로 바뀔 위험은 엄연히 존재한다. 달리 말해, 경험의 원천으로부터 대단히 멀어지거나 〈추상적〉 근친 교배를 지나치게 겪은 수학 주제는 퇴락할 위험이 있다.*

이 책에는 어떤 수학이 등장할까?

당신이 아는 수학이 학교에서 배운 것이 전부라면, 당신은 지금까지 대단히 협소하고 어떤 중요한 측면에서는 잘못되었다고까지 말할 수 있는 이야기를 들어왔을 것이다. 학교 수학은 주로 사실들과 규칙들의 나열로 이루어졌는데, 사실들은 확실하고 규칙들은 권위자들이 세운 것이니 의심되어서는 안 된다. 그것은 이미 완벽하게 정립된 문제들을 다룬다.

그러나 수학은 해결된 것이 아니다. 수나 기하학적 도형처럼 그야말로 기본적인 연구 대상에 대해서도 우리는 아직 아는 것보다 모르는 것이 훨씬 많고, 우리가 아는 내용은 엄청난 노력과 논쟁과 혼란을 거친 뒤에 얻은 것이다. 교과서에서는 그런 구슬땀과 분란이 세심하게 가려져 있다.

물론, 확실한 사실도 많다. 1 + 2 = 3이라는 명제가 옳으냐 그르냐를 놓고서 대단한 논란이 벌어진 적은 없었다. 우리가 1 + 2 = 3이라는 사실을 정말로 증명할 수 있느냐, 어떻게 증명할 수 있느냐 하는 질문은 수학과 철학의 경계에서 위태롭게 흔들거리는 또 다른 문제인데, 이 이야기는 책 말미에서 다시 하겠다. 어쨌든, 이 계산이 정확하다는 것은 명백한 진실이다. 분란은 다른 지점에 있다. 우리는 앞으로 여러 차례 그 지점을 목격하는 곳까지 다가갈 것이다.

수학적 사실은 단순할 수도 복잡할 수도 있으며, 얕을 수도 심오할

---

* 수학의 속성에 관한 폰 노이만의 견해는 견고하다. 하지만 순전히 미학적인 목적만을 추구하는 수학을 가리켜 〈퇴폐〉 수학이라고 묘사한 대목은 우리를 불편하게 할 만하다. 폰 노이만이 이 글을 쓴 시점은 히틀러가 장악한 베를린에서 이른바 〈퇴폐 미술〉 전시가 열린 지 십 년이 되던 때였다. 그 전시의 목적은 〈예술을 위한 예술〉이란 유대인이나 공산주의자가 좋아하는 것으로서 활기 찬 튜턴 국가에게 걸맞는 건강한 〈리얼리즘〉 예술을 저해할 목적으로 고안된 것임을 알리려는 의도였다. 그런 환경에서는 겉보기에 아무 목적도 없는 듯한 수학 활동에 대해서 약간 방어적으로 느낄 만도 하다. 나와 정치적 시각이 다른 사람이라면 이 대목에서 폰 노이만이 핵무기 개발과 사용에 정력적으로 앞장섰다는 사실을 끄집어낼지도 모르겠다.

수도 있다. 따라서 수학의 세계는 다음과 같은 사분면으로 나뉜다.

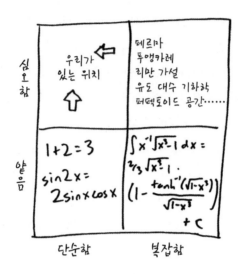

1 + 2 = 3 같은 기본적인 산술적 사실들은 간단하고 얕다. 이를테면 sin(2x) = 2sinxcosx 같은 기본 항등식이나 이차 방정식의 근의 공식도 마찬가지로서, 이것들은 1 + 2 = 3보다야 확신하기가 좀 더 어렵지만 결국 알고 보면 개념적으로 대단히 무게 있는 내용은 아니다.

복잡함/얕음 칸으로 옮겨 가면, 열 자릿수 숫자 두 개를 곱하는 문제, 복잡한 정적분을 계산하는 문제, 대학원에서 두어 해 공부한 사람이라면 컨덕터 2377의 모듈러 형식에서 프로베니우스 대각합을 구하는 문제 등이 있다. 당신이 어떤 이유에서든 이런 문제의 답을 구해야 하는 상황을 상상해 볼 수 있겠는데, 그렇다면 당연히 손으로 풀기가 성가시거나 불가능한 경우의 중간쯤에 해당할 테고 모듈러 형식의 경우에는 뭘 하라는 건지 이해하는 데만도 상당한 공부가 필요하다. 하지만 이런 답들을 안다고 해서 세상에 대한 이해가 딱히 풍성해지진 않을 것이다.

복잡함/심오함 칸은 나 같은 전업 수학자들이 대부분의 시간을 쏟는 곳이다. 여기에는 리만 가설, 페르마의 마지막 정리,* 푸앵카레 추측, P 대 NP, 괴델의 정리…… 등등의 유명한 정리들과 추측들이 살고 있다. 이런 정리들은 모두 심오한 의미, 근본적 중요성, 압도적 아름다움, 잔 인하리만치 까다로운 세부를 거느린 개념들과 관련된 문제이며, 제각각 책 한 권의 주인공이 될 만하다.[12]

그러나 이 책은 아니다. 이 책은 왼쪽 위 칸, 즉 단순하면서도 심오한 칸에서 놀 것이다. 내가 다루려는 수학 개념들은 여러분이 대수까지 진도가 나가기 전에 수학 공부를 그만두었든 그보다 더 많이 배웠든 누구나 직접적으로 유익하게 관여할 수 있는 문제들이다. 그리고 이 개념들은 단순한 산술 명제처럼 〈그저 사실에 불과한〉 내용이 아니라 우리가 평소 수학이라고 여기는 분야를 넘어서까지 폭넓게 적용될 수 있는 원칙들이다. 이 개념들은 작업용 허리띠에 매달아 둔 도구들과 같으며, 적절히 사용될 경우 여러분이 일을 그르치지 않도록 도와준다.

순수 수학은 어지럽고 모순된 세상의 유해한 영향으로부터 차단된, 안전하고 조용한 수도원과 같다. 나는 그 담장 안에서 자랐다. 내가 알던 다른 수학 천재들은 물리학, 유전체학, 헤지펀드 운용의 흑마술과 같은 다른 응용 분야들에 매력을 느꼈지만, 나는 그런 럼스프링가**를 원하지 않았다.*** 대학원 때 나는 수론에 헌신했다. 가우스가 〈수학의 여왕〉이라고 불렀던 분야, 순수한 주제들 중에서도 가장 순수한 주제, 수도원

* 전문가들 사이에서는 이제 와일스의 정리라고 불린다. 페르마는 이 정리를 증명하지 못했지만 앤드루 와일스는 (리처드 테일러의 결정적인 도움을 얻어서) 증명했기 때문이다. 그러나 전통적 이름은 아마도 영영 사라지지 않을 것이다.

** rumspringa. 기독교 일파인 아미시Amish 공동체에서의 일종의 성인식이다. 일정 나이가 된 청소년들이 몇 년간 교파의 구속을 벗어나 자유롭게 살면서 공동체에 남을지 바깥 세상에서 살지를 결정하는 일종의 성숙기, 유예기이다 — 옮긴이주.

*** 고백하자면, 나는 이십 대 초반의 상당한 기간 동안 진지한 소설가가 되고 싶은 것 같다고 생각했다. 〈메뚜기 왕〉이라는 제목의 진지한 소설을 완성하여 발표하기도 했다. 그러나 나는 내가 소설을 쓰는 데 매진하던 하루하루 중 절반쯤은 수학 문제를 연구하고 싶다는 생각에 빠져 있다는 걸 깨달았다.

의 중앙에 있는 폐쇄 정원, 고대 그리스인들을 괴롭혔던 바로 그 수들과 방정식들에 관한 문제들이며 그로부터 2500년이 지난 지금도 조금도 덜 어려워지지 않은 문제들을 고민하는 분야 말이다.

처음에 나는 수론 안에서도 고전적인 문제를 연구했다. 정수의 네제곱수의 합에 관한 사실들을 증명하는 주제였는데, 만일 추수감사절에 가족들이 극구 조른다면 내가 어떻게 그것을 증명했는지는 설명할 수 없어도 무엇을 증명했는지는 설명할 수 있을 만한 내용이었다. 그러나 머지않아 나는 그보다 더 추상적인 영역으로 이끌려, 옥스퍼드에서 프린스턴, 교토, 파리를 거쳐 현재 내가 교수로 있는 위스콘신 주 매디슨까지 군도처럼 이어진 세미나실들과 교직원 휴게실들 바깥에서는 그 기본 요소(〈잔차적 모듈러 갈루아 재현〉, 〈모듈러 체계의 코호몰로지〉, 〈균질 공간의 역동적 체계〉 등등)를 이야기하는 것조차 불가능한 문제들을 연구하게 되었다. 내가 여러분에게 이 주제가 짜릿하고 중요하고 아름답고 아무리 오래 생각해도 지루하지 않다고 말한다면, 여러분은 내 말을 그냥 믿는 수밖에 없을 것이다. 이런 주제에서는 연구 대상이 시야에 들어오는 지점까지 가려고만 해도 오래 공부해야 하니까 말이다.

그러던 중, 내게 이상한 일이 벌어졌다. 내 연구가 점점 더 추상화하고 일상의 경험과 멀어질수록, 나는 담벼락 밖 세상에서 수학이 얼마나 많이 쓰이는지를 점점 더 많이 알게 되었다. 물론 갈루아 표현이나 코호몰로지 같은 수학이 아니라 그보다 더 단순하고 더 오래되었으며 못지않게 심오한 개념들, 즉 사분면에서 왼쪽 윗칸에 있는 수학 말이다. 나는 수학이란 렌즈를 통해서 세상을 보는 방법에 관한 글을 잡지와 신문에 쓰기 시작했다. 그리고 놀랍게도, 평소 수학이 싫다고 말하는 사람들도 그 글을 기꺼이 읽는다는 것을 알게 되었다. 그것은 일종의 수학 교육이었지만, 교실에서 진행되는 교육과는 전혀 달랐다.

교실과 공통점이 있다면, 내가 독자에게도 할 일을 좀 제시한다는 점이다. 다시 폰 노이만의 「수학자」를 인용해 보자.

비행기의 메커니즘이나 어떤 힘이 어떻게 비행기를 띄우고 추진하는지 이론을 이해하는 것보다는 그냥 비행기에 타서 하늘로 올라 다른 장소로 운반되는 것이 더 쉽다. 심지어 비행기를 조종하는 것도 그보다는 쉽다. 어떤 과정을 운영하고 사용하는 데 익숙해지지 않은 채, 즉 사전에 직관적이고 경험적인 방식으로 그 과정을 익히지 않은 채 어떤 과정을 이해한다는 것은 아주 예외적인 일일 것이다.

한마디로, 실제로 수학을 하지 않고서 수학을 이해하기란 상당히 어렵다는 말이다. 유클리드가 프톨레마이오스에게 말했듯이, 혹은 어떤 출처를 참고하느냐에 따라서 메나이크모스가 알렉산드로스 대왕에게 했던 말일 수도 있는데, 기하학에는 왕도가 없다(솔직히 인정하자면, 고대 과학자들이 말했다는 유명한 격언들은 아마도 다 지어낸 말들일 것이다. 그래도 그 교훈까지 사라지는 것은 아니다).

이 책에서 나는 거창하고 모호한 몸짓으로 수학의 위대한 기념물들을 가리키며 그것을 멀리서 음미하는 방법을 가르치진 않을 것이다. 여러분도 손을 좀 더럽혀야 할 것이다. 이것저것 좀 계산해 봐야 할 것이다. 요지를 설명하는 데 필요하다면, 나는 공식과 방정식도 조금 동원할 것이다. 산술을 넘어선 형식 수학은 필요하지 않겠지만, 그럼에도 산술을 훨씬 넘어서는 수학이 잔뜩 설명될 것이다. 그래프와 도표도 좀 나올 것이다. 여러분은 학교에서 배웠던 수학들을 그들이 통상적으로 머무는 곳을 벗어난 장소에서 만나게 될 것이다. 삼각 함수를 써서 두 변수의 상관관계를 묘사하는 방법을 알아볼 것이고, 미적분이 선형적 현상과 비선형적 현상의 관계에 대해 무엇을 말해 주는지 알아볼 것이고, 이차 방정식의 근의 공식이 어떻게 과학적 탐구의 인지 모형으로 기능하는지 알아볼 것이다. 여러분은 보통 대학 이상 수준에서 배우게 되는 내용도 몇 가지 접할 것이다. 가령 집합론의 위기 문제는 대법원의 법리적 결정과 야구 심판의 결정에 관한 일종의 비유로서 등장할 것이고, 해석 수론의 최근 성과는 구조성과 무작위성의 상호 작용에 관한 이야기에 등장할 것이며, 정보 이론과 조합적 설계는 어떻게 MIT 대학생들이 매사추세츠 주 복권의 골자를 파악함으로써 수백만 달러를 벌었는지 설명하는 데 동원될 것이다.

이 책에는 저명 수학자들에 관한 가십도 간간이 등장할 것이고, 철학적 고찰도 조금은 등장할 것이다. 심지어 증명도 한두 개 나올 것이다. 그러나 숙제는 없을 것이며, 시험도 없을 것이다.

- 래퍼 곡선
- 한 페이지로 설명한 미적분
- 큰 수의 법칙
- 테러범 분류의 비유
- 〈2048년에는 모든 미국인이 과체중이 될 것이다〉
- 왜 사우스다코타는 노스다코타보다 뇌종양 발병률이 높은가
- 세상을 뜬 양(量)들의 유령
- 정의하는 습관

1장
덜 스웨덴스럽게

건강 보험 개혁법*을 놓고 싸움이 한창이던 몇 년 전, 자유주의 성향인 카토 연구소의 대니얼 J. 미첼은 블로그에 자극적인 제목의 이런 글을 올렸다. 「오바마는 왜 미국을 더 스웨덴스럽게 만들려고 애쓰는가? 스웨덴 사람들마저 덜 스웨덴스러워지려고 애쓰는 마당에?」[1]

좋은 질문이다! 그렇게 말하고 보면, 아니나 다를까 꽤 희한한 상황으로 느껴진다. 대통령 님, 왜 우리는 역사의 흐름을 역행하고 있나요? 세계의 복지 국가들마저, 심지어 작고 부유한 스웨덴마저 값비싼 복지와 높은 세금을 삭감하려고 애쓰는 마당에? 미첼은 이어 이렇게 썼다. 〈스웨덴 사람들이 자신의 실수에서 배운 바가 있어 이제 정부의 크기와 범위를 축소하려고 애쓰는 판국에, 왜 미국 정치인들은 같은 실수를 반복하려고 마음먹었는가?〉

이 질문에 답하려면, 대단히 과학적인 도표를 하나 그려야 한다. 카토 연구소가 바라본 세상은 다음과 같다.

---

* 흔히 오바마 케어라고 불리는 건강 보험 개혁법Affordable Care Act은 전 국민 의료 보험 가입 의무화 등 정부에 의한 의료 혜택의 범위를 넓히는 것을 골자로 한 법으로, 격렬한 국가적 논쟁 끝에 2010년 제정되었고 2014년부터 시행되었다 ── 옮긴이주.

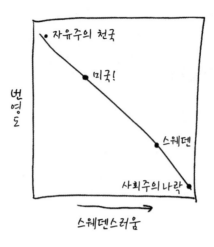

이때 x축은 스웨덴스러움을 뜻하고* y축은 모종의 번영의 수준을 뜻한다. 이런 것을 정확히 어떻게 계량화할지 걱정할 필요는 없다. 여기에서 요점은 이 도표가 옳을 때 어떤 나라가 좀 더 스웨덴스러워질수록 좀 더 나빠진다는 것이다. 스웨덴 사람들도 바보가 아니라서 이 사실을 알아차렸고, 그래서 자유 시장의 번영을 향해 북서쪽으로 올라가기 시작했다. 그런데 오바마는 잘못된 방향으로 미끄러져 내리고 있다.

그렇다면 카토 연구소보다는 오바마 대통령과 경제 관점이 비슷한 사람들의 시각에서 같은 그림을 그려 보자. 다음 쪽에 있는 그림이다. 이 그림은 미국이 얼마나 스웨덴스러워져야 하는지에 대해서 전혀 다른 조언을 준다. 번영이 정점에 달하는 지점은 어디인가? 미국보다는 좀 더 스웨덴스럽지만 스웨덴보다는 좀 덜 스웨덴스러운 지점이다. 이 그림이 옳다면, 스웨덴 사람들은 복지를 줄이려고 애쓰는 반면 오바마는 미국의 복지를 강화하려고 애쓰는 상황이 완벽하게 말이 된다.

---

* 〈스웨덴스러움〉은 〈사회 복지와 과세의 양〉을 뜻할 뿐, 〈수십 가지 소스에 담긴 청어를 쉽게 구할 수 있는 정도〉 같은 스웨덴의 다른 속성들을 뜻하진 않는다. 이 또한 모든 나라들이 바라 마지않아야 할 조건임은 분명하지만…….

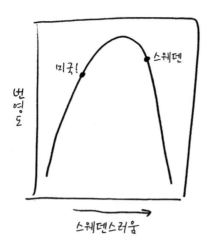

두 그림의 차이는 수학에서 핵심적인 구분 중 하나인 선형성과 비선형성의 차이에서 온다. 카토 곡선은 직선이지만,** 가운데가 불룩 솟은 비(非)카토 곡선은 직선이 아니다. 직선은 곡선의 한 종류이되 유일한 종류는 아니다. 그리고 직선은 곡선이 일반적으로 갖지 않은 여러 특수한 성질들을 갖고 있다. 선분에서 가장 높은 지점은, 이 사례에서는 번영이 최대가 되는 지점은 이쪽이든 저쪽이든 선분의 한쪽 끝이어야 한다. 직선은 원래 그런 거니까. 만일 세금을 좀 낮추는 게 번영에 좋다면, 세금을 더 낮추는 것은 더 좋을 것이다. 만일 스웨덴이 덜 스웨덴스러워지고 싶어 한다면, 미국도 그래야 할 것이다. 물론, 반카토 진영의 정책 단체는 직선이 이와는 반대 방향으로, 즉 남서쪽에서 북동쪽을 향해 올라가는 방향으로 기울어져 있다고 가정할지 모른다. 만일 그 선이 옳아 보인다면, 복지에 아무리 많이 지출한들 결코 과하지 않을 것이다. 최적의 정책은 최대한 스웨덴스러워지는 것이다.

일상에서 누군가 〈비선형적 사고의 소유자〉임을 자처할 때는 보통 빌

** 꼭 정확히 표현해야 직성이 풀리겠다면 선분이라고 해도 좋다. 나는 구태여 그것까지 구분하진 않겠다.

려 간 물건을 잃어버려서 사과하려는 참일 것이다. 그러나 비선형성은 농담이 아니라 엄연히 존재하는 속성이다! 게다가 이 사례에서는 비선형적으로 생각하는 것이 아주 결정적인 요소이다. 왜냐하면 모든 곡선이 다 직선은 아니기 때문이다. 누구든 잠시만 숙고해 보면, 경제학의 진짜 곡선들은 첫 번째 그림이 아니라 두 번째 그림처럼 생겼다는 것을 깨달을 수 있다. 경제학의 곡선들은 비선형적이다. 미첼의 논증은 거짓 선형성의 한 예다. 그는 자신이 잘못된 가정을 깔고 있다는 사실을 솔직히 밝히지 않았다. 번영의 경로는 첫 번째 그림의 선분으로 묘사된다는 가정, 따라서 스웨덴이 사회 하부 구조에 대한 지출을 삭감한다면 미국도 그렇게 해야 한다는 가정 말이다.

그러나 당신이 세상에 지나치게 많은 복지도 있고 지나치게 적은 복지도 있다고 믿는다면, 선형적 그림은 틀렸다는 걸 대번에 알 수 있다. 현실에서는 〈큰 정부는 무조건 나쁘고 작은 정부는 무조건 좋다〉보다 좀 더 복잡한 원리가 작용하는 것이다. 아브라함 발드에게 자문을 구했던 장군들도 비슷한 상황에 처해 있었다. 갑옷을 너무 적게 두르면 비행기가 격추되겠지만, 너무 많이 두르면 날지 못할 것이다. 이것은 갑옷을 더 두르는 게 좋으냐 나쁘냐의 문제가 아니다. 애초에 비행기가 갑옷을 얼마나 두르고 있느냐에 따라 어느 쪽도 될 수 있는 문제다. 최적의 해결책이란 게 있다면 그 중간 어디쯤일 테고, 그로부터 어느 방향으로 벗어나든 둘 다 나쁠 것이다.

비선형적 사고방식에서 우리가 어느 쪽으로 가야 하는가는 우리가 현재 어디에 있느냐에 따라 달라진다.

이런 통찰은 새로운 것이 아니다. 일찍이 로마 시대에 호라티우스는 〈만물에는 적절한 정도라는 것이 있다. 그에 못 미치는 것도 넘어서는 것도 바람직하지 않은 경계가 존재한다〉는 유명한 말을 남겼다.[2] 그보다 더 거슬러 올라가면, 아리스토텔레스는 『니코마코스 윤리학Nicomachean

Ethics』에서 너무 많이 먹는 것도 너무 적게 먹는 것도 건강을 해친다고 지적했다. 최적은 그 사이 어디쯤이다. 섭식과 건강의 관계는 선형적이지 않고 곡선적이라서 어느 쪽이든 양 끝은 나쁘기 때문이다.

〈무슨 두〉 경제학

얄궂은 점은, 사실 이 현상을 누구보다 잘 이해한 사람들은 카토 연구소 같은 경제 보수주의자들이었다는 것이다. 앞서의 두 번째 그림(한가운데가 불룩 솟은, 대단히 과학적인 그림)은 내가 최초로 그린 게 아니다. 래퍼Laffer 곡선이라 불리는 그 그림은 지난 40년 가까이 공화당의 경제 정책에서 핵심적인 역할을 수행해 왔다. 레이건 행정부 중기에는 이 곡선이 경제 담론에서 어찌나 자주 언급되었던지, 영화 「페리스의 해방Ferris Bueller's Day Off」에서 지루하기 짝이 없는 강의를 늘어놓는 선생으로 출연한 벤 스타인은 즉흥적으로 이런 대사를 읊었다.

이게 뭔지 아는 사람? 여러분? 누구 없어? ……아무도 없어? 이걸 본 적 있는 사람? 이건 래퍼 곡선이야. 이게 무슨 뜻인지 아는 사람? 이건 곡선의 이 지점에서 거둬들일 세입과 저 지점에서 거둬들일 세입이 똑같다는 뜻이야. 아주 논쟁적인 문제지. 부시 부통령이 1980년에 이걸 뭐라고 불렀는지 아는 사람? 아무도 없어? 〈무슨 두〉 경제학이라고 했지. 〈부두Voodoo〉 경제학이라고.

래퍼 곡선의 전설은 이렇다. 1974년 어느 날, 시카고 대학 경제학 교수였던 아서 래퍼는 딕 체니, 도널드 럼즈펠드, 「월스트리트 저널Wall Street Journal」의 편집자 저드 워니스키와 함께 워싱턴 DC의 고급 호텔 레스토랑에서 저녁을 먹었다. 그들은 포드 대통령의 세금 안을 두고 옥신각신했고, 옥신각신이 심해지면 지식인들이 으레 그러듯이, 래퍼가 냅킨을 한 장 달라고 해서 그 위에 그림을 그렸다.* 이렇게 생긴 그림이었다.

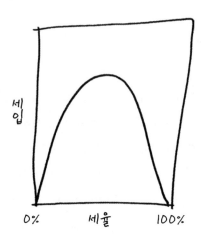

가로축은 과세 수준을 뜻하고, 세로축은 정부가 납세자들로부터 거둬들일 조세 수입을 뜻한다. 그래프의 왼쪽 끝에서는 세율이 0%다. 그 경우, 정부는 세입을 전혀 걷지 못한다. 오른쪽 끝은 세율이 100%다. 그 경우, 당신이 사업체를 운영해서 돈을 벌든 봉급을 받든 그 수입은 몽땅 정부의 호주머니로 들어간다.

그래서야 헛일이다. 당신이 학교에서 가르치든, 물건을 팔든, 중간 관리자로 일하든 그로부터 받은 봉급을 한 푼도 남김없이 정부가 거둬 간다면, 일을 왜 하겠는가? 그래프의 오른쪽 끝을 넘어서면, 사람들은 아예 일을 안 할 것이다. 아니면, 세금 징수자의 손길이 미치지 않는 비공식적 경제 영역에서만 일할 것이다. 정부의 세입은 이 경우에도 0일 것이다.

곡선의 중간 영역, 즉 정부가 우리의 소득을 전혀 가져가지 않는 지점

* 래퍼는 냅킨 부분을 부인했다. 그곳이 고급스러운 천 냅킨을 쓰는 레스토랑이었다고 회상하며, 자신은 경제학적 낙서로 식당 비품을 훼손하는 일은 결코 하지 않았을 것이라고 주장했다.

과 몽땅 가져가는 지점 사이의 구간에서는(한마디로 현실에서는) 정부가 일정의 세입을 올릴 것이다.[3]

이는 곧 세율과 정부 세입의 관계를 기록한 곡선이 직선일 수 없다는 뜻이다. 만일 직선이라면 세입은 그래프의 왼쪽 끝이든 오른쪽 끝이든 한쪽 끝에서 최대가 될 테지만, 실제로는 양쪽 다 0이다. 만일 현재의 소득세가 정말로 0%에 가깝다면, 즉 우리가 그래프의 왼쪽 끝에 치우쳐 있다면, 정부는 세율을 높임으로써 복지에 쓸 돈을 늘릴 수 있을 것이다. 이것은 누구나 직관적으로 예측할 수 있는 사실이다. 거꾸로 세율이 100%에 가깝다면, 세율을 높일 때 오히려 세입이 줄 것이다. 만일 우리가 래퍼 곡선의 정점보다 더 오른쪽에 있다면, 그런데 지출을 줄이지 않으면서 적자를 메우고 싶다면, 간단하고 정치적으로도 매력적인 해결책이 있다. 세율을 낮추는 것이다. 그래서 세입을 늘리는 것이다. 우리가 어느 쪽으로 가야 하는가는 우리가 현재 어디에 있느냐에 달렸다.

그래서 지금 우리는 어디에 있을까? 이 대목에서 문제가 어려워진다. 1974년에는 소득 최상위 구간의 세율이 70%였고, 미국이 래퍼 곡선에서 오른쪽 내리막에 있다는 생각은 설득력이 있는 듯했다. 20만 달러**를 초과한 소득에 대해 이 세율로 세금을 내야 하는 소수의 운 좋은 사람들에게는 특히 그랬다. 그리고 래퍼 곡선은 워니스키라는 강력한 지지자를 얻었다. 그는 1978년에 자기 과신이 지나친 듯한 제목의 책***『세상이 돌아가는 방식The Way the World Works』을 써서 이 이론을 대중에게 알렸다. 이 이론을 진심으로 믿었던 워니스키는, 열의와 정치적 신중함을 적절히 조합함으로써 감세 지지자들조차 괴짜 같다고 여긴 발상에 대중이 귀 기울이게끔 만들었다. 그는 사람들이 자기를 괴짜라고 불러도 심란해하지 않았다. 한 인터뷰에서는 이렇게 되물었다. 「〈괴짜〉란 게 무슨

***** 현재의 소득으로 따지면 50만 달러와 100만 달러 사이쯤 되는 금액이다.
****** 솔직히 내가 할 말은 아니지만.

뜻입니까? 토머스 에디슨은 괴짜였고, 라이프니츠도 괴짜였고, 갈릴레오도 괴짜였고, 기타 등등 다들 괴짜였습니다. 기존의 지혜와는 다른 새로운 발상을 떠올린 사람, 주류에서 멀리 벗어난 발상을 떠올린 사람은 다들 괴짜 취급을 받았습니다.」[4]

(여담: 이 대목에서 우리는 비주류 발상을 품고서 스스로를 에디슨이나 갈릴레오와 비교하는 사람들이 실제로 옳은 경우는 절대로 없다는 사실을 지적해 두어야 한다. 나는 이런 주장이 적힌 편지를 한 달에 최소한 한 통은 받는데, 대개 그들은 자신이 어떤 수학 명제를 〈증명했다〉고 주장하지만 사실 그 증명은 수백 년 전부터 틀렸다고 알려진 내용이다. 장담하건대, 아인슈타인은 사람들에게 〈이봐요, 일반 상대성 이론이라는 이 이론이 괴상해 보이는 건 알지만, 사람들은 갈릴레오한테도 괴짜라고 말하지 않았습니까!〉라고 말하고 돌아다니진 않았다.)

시각적으로 간결한 데다가 직관을 기분 좋게 거스르는 따끔함까지 갖춘 래퍼 곡선은 안 그래도 감세에 목말라 있던 정치인들에게 불티나게 팔려 나갔다. 경제학자 헬 배리언은 〈당신은 그것을 의원에게 6분 만에 설명할 수 있고 그러면 그는 그것을 6개월 동안 떠들 수 있다〉고 말했다.[5] 워니스키는 잭 켐프의 자문이 되었다가 로널드 레이건의 자문이 되었다. 레이건은 그로부터 사십 년 전인 1940년대에 부유한 영화배우로서 겪었던 경험에 기반하여 경제 관점을 형성한 사람이었다. 그의 예산 담당관이었던 데이비드 스톡먼은 이렇게 회상했다.

(레이건은) 늘 〈나는 제2차 세계 대전 중에 영화를 찍으면서 큰돈을 벌게 됐지〉라고 말했다. 전시의 누진 소득세율은 90퍼센트에 달했다. 그는 이렇게 말을 이었다. 「영화를 네 편만 찍으면 소득 최상위 구간에 들어간단 말이야. 그래서 우리는 다들 네 편만 찍고는 일을 그만두고 도시를 떠나 쉬러 갔어.」 세율이 높으면 일을 적게 하게 된다. 세율이 낮으면 일을

더 많이 하게 된다. 그의 경험이 이 사실을 입증했다.[6]

요즘은 어엿한 경제학자들 중에서 지금 미국이 래퍼 곡선의 오른쪽 내리막에 있다고 생각하는 사람은 찾기 어렵다. 놀라운 일은 아니다. 현재 최상위 소득자들에게 적용되는 세율은 겨우 35%인데, 이것은 20세기 대부분의 기간에는 터무니없을 만큼 낮게 느껴졌을 듯한 수치이다. 하버드 경제학자이자 아들 부시 대통령 시절에 경제 자문 위원회 의장을 맡았던 공화당원 그레그 맨큐는 자신이 쓴 미시 경제학 책에서 이렇게 말했다.

이후 역사는 세율이 낮아지면 세입이 늘어날 것이라는 래퍼의 추측을 확인하는 데 실패했다. 레이건이 당선 직후 세율을 깎은 결과, 세입은 늘어난 게 아니라 줄었다. 1980년에서 1984년 사이에 (인플레이션을 감안하여 일인당으로 조정한) 평균 개인 소득은 4퍼센트 늘었음에도 불구하고 같은 기간에 (역시 인플레이션을 감안하여 일인당으로 조정한) 개인 소득세 세입은 9퍼센트 줄었다. 그러나 일단 정책이 시행되자 되돌리기는 어려웠다.[7]

이 대목에서 공급 중심주의자들에게도 약간의 공감을 표해야 할 것 같다. 우선, 세입 극대화가 정부 세금 정책의 목표는 아닐 수도 있다. 앞에서 제2차 세계 대전 중 기밀 군사 작업을 수행한 통계 연구 그룹의 일원이었다고 소개했던 밀턴 프리드먼은 이후 노벨 경제학상을 받았으며 여러 대통령들의 자문이 되었는데, 그는 낮은 세율과 자유주의 경제 철학을 강력하게 옹호했다. 프리드먼이 세금에 대해 붙인 유명한 구호는 〈나는 가능하기만 하다면 어떤 상황, 어떤 구실, 어떤 이유에서든 감세를 선호한다〉였다. 그는 우리가 세입이 최대가 되는 래퍼 곡선의 꼭대기로 올라가야 한다고 생각하지 않았다. 그는 정부가 거두는 돈은 결국 정부가 쓰는 돈이 된다고 보았고, 그 돈은 잘 쓰이기보다는 나쁘게 쓰일 때가 더 많을 것이라고 생각했다.

그보다 좀 더 온건한 공급 중심주의자들, 가령 맨큐 같은 사람들은 설령 감세의 즉각적 효과가 세입을 줄여서 적자를 늘리는 것이더라도 결국 낮은 세율이 노동과 사업 의욕을 자극하여 더 크고 강한 경제를 낳는 다고 주장한다. 반면에 그보다 더 분배 중심주의에 공감하는 경제학자라면, 그런 감세가 상반된 효과를 낼 수도 있음을 지적할 것이다. 정부의 지출 능력이 준다는 것은 경제 하부 구조를 덜 건설하게 된다는 것, 사기를 덜 엄격하게 규제하게 된다는 것, 그리고 일반적으로 자유 기업이 융성하도록 돕는 사업을 덜 하게 된다는 것을 뜻할지도 모른다고 말이다.

맨큐는 레이건의 감세 이후 가장 부유한 납세자들, 즉 일정 구간의 소득에 대해 70%를 세금으로 내던 사람들이 세입에 가장 크게 기여했다는 사실도 지적했다.* 그렇다면 세입을 극대화하는 방법은 이러나 저러나 계속 일할 수밖에 없는 중산층에게는 세금을 대폭 인상하면서 부자들에게는 세금을 확 깎아 주는 것이 아닐까 하는 다소 헷갈리는 가설이 제기된다. 부자들은 비축 재산이 충분하기 때문에, 정부가 자신이 느끼기에 너무 높다고 느껴지는 수준으로 세금을 물리려고 하면 경제 활동을 억제하거나 조세 피난처로 옮기겠다고 진지하게 협박할 수 있을 것이다. 만일 이 이야기가 옳다면, 많은 자유주의자들은 불편한 심정을 억누르며 마지못해 밀턴 프리드먼과 한배에 탈 것이다. 즉, 세입을 극대화하는 것이 꼭 좋지만은 않을 수도 있음을 인정해야 할 것이다.

맨큐의 최종 평가는 공손한 편이었다. 그는 〈래퍼의 논증이 아무 가치

---

* 공급 중심 이론의 예측처럼 정말로 부자들이 소득세에 덜 시달리게 되자 더 열심히 일해서 세입이 늘어난 것이었는가 하는 문제는 확실히 말하기가 좀 더 어렵다.

가 없는 것은 아니었다〉라고 평했다. 나라면 그것보다는 더 좋게 말하겠
구만! 래퍼의 그림은 세율과 세입의 관계에 대해서 근본적이면서도 반
박의 여지가 없는 수학적 요점을, 즉 그것은 반드시 비선형적 관계라는
사실을 잘 보여 주었다. 물론 그 곡선이 래퍼가 스케치했던 것처럼 꼭 봉
우리가 하나만 있는 매끄러운 언덕일 필요는 없다. 곡선은 사다리꼴일
수도 있고, 쌍봉낙타의 등처럼 생겼을 수도 있고, 어디든 다 갖다 붙일
수 있을 만큼 혼란스럽게 요동치는 곡선일 수도 있다.**

그러나 어쨌든 곡선은 한 지점에서 오르막이 되면 다른 지점에서는 내
리막이 되어야 하는 법이다. 지나치게 스웨덴스러운 상태라는 것은 실
제로 존재하며, 이 명제에 동의하지 않을 경제학자는 아무도 없을 것이
다. 그리고 래퍼 자신도 지적했듯이, 이것은 이미 예로부터 많은 사회 과
학자들이 알고 있던 사실이었다. 그러나 대부분의 보통 사람들에게는
이 사실이 전혀 당연하지 않다. 적어도 냅킨에 그려진 그림을 보기 전에
는. 래퍼는 자신의 곡선에는 특정 경제에서 어느 시점에 과세율이 지나
친지 아닌지 알려 주는 능력은 없다는 사실을 똑똑히 알고 있었다. 그가
그림에 숫자를 하나도 적어 넣지 않았던 것은 그 때문이었다. 그는 의회
에서 최적 세율의 정확한 위치가 어디냐는 질문을 받았을 때, 〈솔직히

** 혹은 아예 하나의 곡선이 아닐 가능성도 높다. 마틴 가드너가 공급 중심 이론을 신랄하게
비판한 글 「래퍼 곡선The Laffer Curve」에서 〈신 래퍼 곡선〉이라는 심술궂은 이름으로 그렸던 그
림처럼 말이다.[8]

나도 그 지점을 잴 순 없지만, 그 특징이 무엇인지는 알려 드릴 수 있습니다〉라고 대답했다.[9] 래퍼 곡선은 그저 어떤 상황에서는 세율을 낮춤으로써 세입을 늘릴 수 있다고 말할 뿐이다. 구체적으로 어떤 상황이 그런 상황인지를 알아내려면 깊고 까다롭고 경험적인 연구가 필요하며, 그런 연구는 냅킨 한 장에 다 들어가지 않는다.

래퍼 곡선에는 잘못된 점이 전혀 없다. 사람들이 그것을 잘못 사용하는 것뿐이다. 워니스키와 그가 부는 피리 소리를 추종했던 정치인들은 역사에 기록된 가장 오래된 거짓 삼단 논법에 빠진 셈이었다.

세율을 낮추면 정부 세입이 늘어날 수도 있다.
나는 세율을 낮추면 정부 세입이 늘어나기를 바란다.
그러므로 세율을 낮추면 정부 세입이 늘어난다.

2장
국소적으로는 직선, 대역적으로는 곡선

여러분은 전업 수학자의 입에서 고작 모든 곡선이 직선은 아니라는 소리나 들을 거라고는 예상하지 못했을 것이다. 그러나 선형적 추론은 어디에나 있다. 만일 무언가를 갖는 게 좋은 일이라면 그것을 더 많이 갖는 건 더 좋은 일일 거라고 말할 때, 여러분은 선형적 추론을 하는 셈이다. 정치에 관해 목소리를 높이는 사람들은 선형적 추론에 의지하여 이렇게 말한다. 「이란에 대한 군사 행동을 지지한다고? 그럼 넌 우리를 우습게 보는 나라들을 일일이 침공해야 한다고 생각하겠구나!」 거꾸로 이렇게도 말한다. 「이란과의 교전? 그럼 넌 히틀러도 오해받은 인물일 뿐이라고 여기겠구나.」 잠시만 생각해 보면 틀린 것을 알 수 있는 이런 추론이 왜 이렇게 흔할까? 비록 순간의 착각일지라도, 왜 사람들은 모든 곡선이 직선이라고 생각할까? 그렇지 않은 게 뻔한데?

한 가지 이유는, 어떤 의미에서는 정말로 모든 곡선이 직선이기 때문이다. 이 이야기는 아르키메데스에서 시작된다.

실진법

다음 페이지의 원의 넓이는 얼마일까?

현대에는 이것이 수학 능력 시험에 실어도 무방할 만큼 표준적인 문제가 되었다. 원의 넓이는 πr^2이고, 이 경우 반지름 r이 1이므로 넓이는 π다. 하지만 2천 년 전에는 이것이 답이 알려지지 않은 난해한 문제였으며, 아르키메데스의 관심을 끌 만큼 중요한 문제였다.

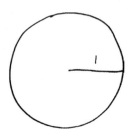

이 문제가 왜 그렇게 어려웠을까? 우선, 그리스인들은 우리처럼 π를 수로 여길 줄을 몰랐다. 그들이 아는 수는 무언가를 헤아릴 때 쓸 수 있는 수, 즉 1, 2, 3, 4…… 같은 정수들뿐이었다. 그러나 그리스 기하학 최초의 위대한 업적인 피타고라스 정리는* 결국 그들의 수 체계를 무너뜨렸다.
여기 그림이 있다.

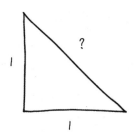

* 말이 나왔으니 말인데, 피타고라스 정리를 누가 처음 증명했는지는 모르지만 학자들은 그것이 피타고라스 본인은 아니었을 것이라고 거의 확신한다. 실은 기원전 6세기에 피타고라스라는 학식 있는 인물이 살았고 명성을 누렸다는 사실, 동시대 사람들의 증언을 통해서 확인된 그 사실 하나를 제외하고는 우리가 피타고라스에 대해 아는 바가 거의 없다. 그의 삶과 업적에 관한

피타고라스 정리에 따르면, 빗변의 제곱은 다른 두 변의 제곱의 합과 같다. 빗변이란 여기서 대각선으로 그려진 변, 직각을 건드리지 않는 변을 말한다. 이 그림에서는 빗변의 제곱이 $1^2 + 1^2 = 1 + 1 = 2$라는 말이다. 특히 빗변이 1보다는 길고 2보다는 짧다는 말이다(정리 따위 없이 눈으로만 봐도 알 수 있다). 빗변의 길이가 정수가 아니라는 사실 자체는 그리스인들에게 문제가 되지 않았다. 어쩌면 우리가 잘못된 단위로 길이를 잰 것일지도 모르니까. 그러니 길이 단위를 다시 선택하여 나머지 두 변의 길이가 5단위가 되도록 만든 뒤에 자로 빗변을 재면, 빗변은 7단위쯤 된다. 그러나 어디까지나 〈쯤〉이고, 정확히는 그보다 약간 더 길다. 왜냐하면 빗변의 제곱은 곧

$$5^2 + 5^2 = 25 + 25 = 50$$

인데, 만일 빗변이 7이라면 그 제곱은 $7 \times 7 = 49$이기 때문이다.

그렇다면 나머지 두 변의 길이가 12단위가 되도록 만들어 보자. 그러면 빗변은 거의 17단위쯤 되지만, 감질날 정도로 약간 더 짧다. 왜냐하면 $12^2 + 12^2$는 288으로 17^2 즉 289보다 아주 약간 더 작기 때문이다.

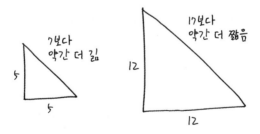

주된 기록은 그가 죽은 지 800년 가까이 지난 뒤에 씌었다. 그때쯤엔 벌써 신화로서의 피타고라스가 인간으로서의 피타고라스를 완전히 대체하여, 피타고라스학파를 자칭했던 일군의 학자들의 철학이 한 개인에게서 나온 것처럼 되어 버렸다.

그러다가 기원전 5세기 어느 시점에, 피타고라스학파의 한 사람이 충격적인 발견을 해냈다. 직각 이등변 삼각형의 모든 변이 정수가 되는 방법은 없다는 것이었다. 현대인이라면 이것을 〈2의 제곱근은 무리수〉, 즉 두 정수의 비로 적을 수 없는 수라고 표현할 것이다. 그러나 피타고라스학파는 그렇게 말할 수 없었다. 그들의 수량 개념은 정수의 비 개념에 기반하여 구축되어 있었기 때문이다. 그들에게는 빗변의 길이가 수가 아닌 것으로 밝혀진 셈이었다.

그래서 한바탕 난리법석이 벌어졌다. 피타고라스학파는 몹시 희한한 사람들이었다. 그들의 철학은 오늘날 우리가 수학이라고 부를 내용, 종교라고 부를 내용, 정신질환이라고 부를 내용을 뒤섞은 잡탕과 같았다. 그들은 홀수는 선하고 짝수는 악하다고 믿었다. 태양 건너편에 우리 행성과 똑같이 생긴 안티크톤이라는 행성이 있다고 믿었다. 그리고 콩을 먹으면 안 된다고 믿었는데, 기록에 따르면 죽은 사람의 영혼이 콩에 간직되어 있다고 믿었기 때문이다. 피타고라스 자신은 소들과 대화하는 능력이 있었다고 하며(그래서 그는 소들에게 콩을 먹지 말라고 일렀다), 고대 그리스인 중에서 극히 드물게 바지를 입는 사람이었다고 한다.[1]

피타고라스학파의 수학은 그런 이데올로기들과 뗄 수 없이 얽혀 있었다. 2의 제곱근이 무리수임을 발견한 사람은 히파소스라는 사람으로 전해지는데, 그토록 역겨운 정리를 증명한 대가는 동료들에 의해 바다에 던져져 죽는 것이었다(아마 사실은 아닐 테지만 피타고라스학파의 스타일을 제대로 보여 주는 이야기이기는 하다).

그러나 정리를 익사시킬 순 없는 법이다. 유클리드나 아르키메데스와 같은 피타고라스학파의 후예들은 설령 우리가 정수라는 쾌적한 폐쇄 정원 밖으로 나가야 하는 한이 있더라도 소매를 걷어붙이고 제대로 재봐야만 한다는 것을 이해했다. 정수만 써서 원의 넓이를 표현할 수 있는지 없는지는 아직 아무도 몰랐다.* 그러나 어쨌든 둥근 바퀴는 만들어야 했고 둥근 곡물 저장고는 채워야 했으니,** 어떻게든 측정을 해야 했다.

최초의 아이디어를 떠올린 사람은 크니디오스의 에우독소스였고, 유클리드가 그 내용을 『기하학 원론 *The Elements*』 12권에 기록했다. 그러나 이 과제에서 완벽한 결실을 맺은 사람은 아르키메데스였다. 그의 접근법은 오늘날 실진법이라고 불린다. 시작은 이렇다.

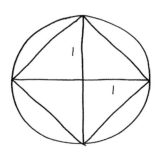

그림의 사각형은 내접 정사각형이라고 불린다. 이 사각형은 네 모서리가 모두 원과 접하지만 원의 경계를 넘어서진 않는다. 왜 이걸 그릴까? 원은 신비롭고 두렵지만 사각형은 쉽기 때문이다. 한 변의 길이가 X인 정사각형이 있다면, 그 넓이는 X 곱하기 X다. 우리가 어떤 수를 자기 자신으로 곱하는 것을 〈스퀘어〉라고 부르는 게 바로 이 때문이다! 그리고 수학적 삶에는 기본 규칙이 하나 있으니, 세상이 당신에게 어려운 문제를 건네면 그보다 좀 더 쉬운 문제로 바꿔서 풀어 본 뒤 그 단순화한 버전이 세상도 반대하지 않을 만큼 원래 문제와 충분히 비슷하기를 바라라는 것이다.

내접 정사각형은 삼각형 네 개로 쪼개지는데, 그 각각은 우리가 앞에

---

* 사실은 불가능하다. 그러나 18세기 이전에는 아무도 이 사실을 어떻게 증명할지 알지 못했다.
** 곡물 저장고가 요즘처럼 원통형이 된 것은 사실 20세기 초 들어서였다. 당시 위스콘신 대학 교수였던 H. W. 킹이 사각형 창고의 모서리에서 자꾸 곡물이 새는 문제를 해결하기 위해 요즘처럼 원통형으로 생긴 창고를 설계했다.

서 그렸던 직각 이등변 삼각형이다.* 따라서 정사각형의 넓이는 그 삼각형의 넓이의 네 배다. 한편 그 삼각형은 1×1 정사각형을 참치 샌드위치처럼 대각선으로 반으로 자를 때 생기는 모양이다.

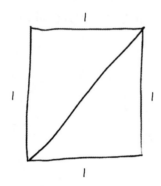

참치 샌드위치의 넓이는 1×1 = 1이므로 삼각형으로 자른 그 절반의 넓이는 1/2이고, 따라서 내접 정사각형의 넓이는 1/2의 4배인 2이다.

여담이지만, 만일 당신이 피타고라스 정리를 몰랐다면, 자 지금은 알게 되었다! 최소한 이 특수한 직각 삼각형에 대해서는 그게 무슨 뜻인지 알게 되었다. 참치 샌드위치의 아래쪽 절반에 해당하는 직각 삼각형은 내접 정사각형의 북서쪽 사분면에 있는 직각 삼각형과 같다. 그리고 그 빗변의 길이는 내접 정사각형의 한 변의 길이와 같다. 그러니 빗변을 제곱하면 내접 정사각형의 넓이를 얻게 되는데, 그 값은 2이다. 따라서 빗변의 길이는 제곱했을 때 2가 되는 수, 혹은 좀 더 간결한 용어로 표현하자면 2의 제곱근이다.

내접 정사각형은 원 속에 쏙 들어가 있다. 따라서 그 넓이가 2라면 원

* 이 방법 대신, 원래의 직각 이등변 삼각형을 옆으로 밀거나 돌려서 이 그림의 네 조각과 같은 모양을 얻을 수도 있다. 그렇게 조작해도 도형의 넓이가 달라지지 않는다는 것은 당연한 사실로 간주한다.

의 넓이는 2 이상이어야 한다. 그렇다면 이제 또 다른 정사각형을 그려 보자.

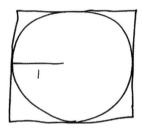

이 정사각형은 외접 정사각형이라고 부른다. 이것도 네 모서리가 모두 원과 접하지만, 이번에는 사각형 안에 원이 들어 있다. 이 정사각형의 한 변의 길이는 2이므로 넓이는 4이다. 따라서 원의 넓이는 4 미만이어야 한다.

π의 값이 2보다는 크고 4보다는 작다는 걸 보여 준 것이 뭐 그렇게 인상적인 업적이냐고? 하지만 아르키메데스에게는 이제부터 시작이다. 내접 정사각형의 네 모서리에서 이웃한 두 모서리마다 그 중간에 해당하는 지점을 원주 위에 표시하자. 그러면 모두 같은 거리만큼 떨어진 점 여덟 개가 찍히고, 그것들을 다 이으면 내접 정팔각형, 전문 용어로 말하자면 〈STOP〉 표지판 모양이 그려진다.

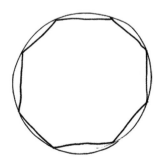

내접 정팔각형의 넓이를 계산하는 일은 약간 더 어렵다. 여기서 구태여 그 삼각법까지 설명하진 않겠다. 요점은 그 작업이 곡선이 아니라 직선과 각을 다루는 일이기 때문에 아르키메데스가 자신에게 주어진 수단들만 갖고서도 해볼 만했다는 점이다. 그 넓이는 2의 제곱근의 2배인 약 2.83이었다. 나아가 외접 정팔각형으로도 똑같은 계산을 할 수 있다.

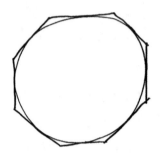

이 넓이는 $8(\sqrt{2} - 1)$, 즉 3.31이 약간 넘는다. 그러므로 원의 넓이는 2.83과 3.31 사이로 좁혀졌다. 여기서 멈출 이유가 없지 않은가? 우리는 (내접이든 외접이든) 정팔각형의 모서리들 중간마다 점을 찍어서 정16각형을 만들 수 있고, 여기에 삼각법을 적용함으로써 원의 넓이가 3.06과 3.18 사이임을 알아낼 수 있다. 이 과정을 또 반복하여 정32각형을 만든다. 그리고 또 반복하고 또 반복한다. 그러면 머지않아 이렇게 생긴 도형이 그려진다.

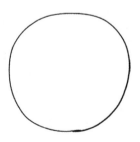

잠깐, 이건 그냥 원 아니야? 물론 아니다! 이것은 정65,536각형이다. 그걸 모르겠단 말인가?

에우독소스와 아르키메데스가 떠올린 위대한 통찰은 이것이 원인지, 아니면 짧은 변을 아주 많이 가진 다각형인지가 전혀 중요하지 않다는 점이었다. 두 넓이는 아주 비슷하므로, 우리가 염두에 두는 어떤 목적에 적용하더라도 차이가 없을 것이다. 원과 다각형 사이에 낀 자그만 귀퉁이들의 넓이는 거듭된 반복을 통해서 〈실진(소실)〉되었다. 물론 원은 곡선으로 이루어져 있다. 하지만 우리가 발을 디딘 지표면에서 아주 좁은 구역만을 볼 때는 그것이 완벽하게 평평한 평면과 아주 비슷하듯이,* 원주를 아주 작게 자른 조각은 완벽하게 곧은 직선과 아주 비슷하다.

국소적으로는 직선, 대역적으로는 곡선. 이것이 우리가 기억할 슬로건이다.

아니면 이렇게 생각해 보자. 우리가 까마득히 높은 곳에서 저 아래 원을 향해 쏜살같이 다가간다고 하자. 처음에는 전체가 다 보일 것이다.

그러다가 호의 일부만 보일 것이다.

---

* 최소한 나처럼 미국 중서부에 사는 사람에게는 그렇다.

그다음에는 더 작은 조각만 보일 것이다.

그렇게 확대하고 또 확대하면, 결국에는 직선과 거의 구별할 수 없는 것을 보게 된다. 원주 위에 서 있는 개미는 자신을 둘러싼 좁은 환경밖에 모르기 때문에 자신이 직선 위에 있다고 생각할 것이다. 지표면에 서 있는 사람이 (멀리 수평면에서 다가오는 물체가 꼭대기부터 솟아난다는 사실을 관찰할 만큼 똑똑한 사람이 아니라면) 자신이 평면 위에 있다고 느끼는 것처럼 말이다.

한 페이지로 알아보는 미적분

이제 여러분에게 미적분을 가르쳐 드리겠다. 준비되었는가? 우리가 아이작 뉴턴에게 고맙게 여겨야 할 미적분의 기본 개념은 완벽한 원이 전혀 특별할 것 없다는 생각이다. 충분히 확대해서 본다면, 모든 매끄러운 곡선은 직선으로 보인다. 선이 아무리 구불구불하고 꼬불꼬불해도 상관없다. 예리한 모서리만 없으면 된다. 우리가 미사일을 쏘면 그 경로는 이렇게 생겼다.

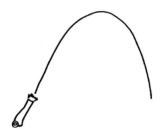

　미사일은 포물선을 그리며 올라갔다가 내려온다. 모든 운동은 중력 때문에 지구를 향해 굽는다는 것은 우리가 살아가는 물리적 세계의 기본 사실이다. 그러나 포물선의 아주 작은 조각을 확대해서 본다면, 곡선은 이렇게 보이기 시작한다.

　그러다가 이렇게 보인다.

원과 마찬가지로, 미사일의 경로는 맨눈에는 일정 각도로 위로 올라가는 직선처럼 보인다. 중력 때문에 직선에서 벗어나는 정도가 너무 작아서 맨눈에는 안 보이지만 당연히 그 효과는 존재한다. 곡선에서 점점 더 작은 부분을 점점 더 확대할수록 곡선은 점점 더 직선처럼 보인다. 가까이 다가가면 좀 더 곧아지고, 좀 더 가까이 다가가면 좀 더 곧아지고……

이 대목에서 개념적 도약이 이뤄진다. 여기서 뉴턴은 〈이봐, 갈 데까지 가보자고〉라고 말했다. 우리가 시야를 한없이 좁혀서 무한소에 다다랐다고 하자. 무한소란 우리가 명명할 수 있는 어떤 크기보다 작지만 0은 아닌 크기를 말한다. 즉 아주 짧은 시간 간격이 아니라 아예 한 시점에서 미사일의 궤적을 살펴보자는 것이다. 그 경우, 직선에 거의 가까웠던 것은 이제 정확히 직선이 된다. 뉴턴은 그 직선의 기울기를 유율(플럭시온)이라고 불렀고, 오늘날 우리는 이를 도함수라고 부른다.

아르키메데스라면 감히 이런 도약은 하지 못했을 것이다. 아르키메데스는 다각형의 변이 짧아질수록 원에 가까워진다는 것을 이해했지만, 그래도 차마 원은 곧 무한히 짧은 변을 무한히 많이 가진 다각형이라고 말하지는 못했을 것이다.

뉴턴의 동시대 연구자들 중에서도 일부는 이 도약을 받아들이기를 꺼렸다. 제일 유명한 반대자였던 조지 버클리는, 현대 수학 문헌에서는 더 이상 찾아볼 수 없어서 아쉬운, 신랄한 비아냥의 어조로 뉴턴의 무한소를 비난했다. 「유율이란 무엇인가? 무한히 작은 증가분의 속도라고 한다. 그렇다면 그 무한히 작은 증가분이란 무엇인가? 그것은 유한한 양도 아니고, 무한히 작은 양도 아니고, 아무것도 아닌 양도 아니다. 그렇다면 그것을 세상을 뜬 양(量)의 유령이라고 불러야 하지 않겠는가?」[2]

그러나 미적분은 제대로 작동한다. 우리가 돌멩이를 쥐고 머리 위로 원을 그리면서 돌리다가 갑자기 손을 놓으면, 돌멩이는 정확히 미적분의 계산에 부합하는 방향으로, 즉 우리가 손을 놓은 시점에 움직이고 있었다고 계산되는 방향으로 직선을 그리며 일정 속력으로 날아간다.* 움직이는 물체는 다른 힘이 개입하여 그것을 다른 방향으로 밀치지 않는 한 계속 직선으로 진행하려고 한다는 것, 이것은 뉴턴이 깨우친 또 다른 통찰이었다. 이것은 선형적 사고방식이 우리에게 몹시 자연스럽게 느껴지는 한 이유이기도 하다. 시간과 운동에 대한 우리의 직관은 우리가 세상에서 실제 목격하는 현상들을 바탕으로 삼아 형성된다. 뉴턴이 운동법칙을 명문화하기 전에도, 사람들은 뭔가 다른 이유가 없는 한 물체가 직선으로 움직이기를 좋아한다는 사실을 그럭저럭 깨닫고 있었다.

무한히 작은 증가분과 불필요한 혼란

뉴턴을 비판한 사람들의 말에는 일리가 있었다. 뉴턴이 구상한 도함수는 요즘 우리가 정밀 수학이라고 부를 만한 것은 아니었다. 문제는 무한히 작은 것이라는 개념이었는데, 이 개념은 수천 년 동안 수학자들을 당황스럽게 만든 골칫거리였다. 시작은 제논이었다. 기원전 5세기 그리스의 엘레아학파 철학자였던 제논은 언뜻 아무 문제도 없어 보이지만 끝에 가서는 거대한 철학적 소동으로 발전하는 물리적 질문을 던지는 게 장기였다.

제논의 유명한 역설은 다음과 같다. 내가 아이스크림 가게까지 걸어 간다고 하자. 당연히 나는 우선 가게까지 가는 길의 절반을 가야 한다. 일단 절반을 갔으면, 다음에는 남은 거리의 절반을 더 가야 한다. 그렇게 했으면, 이번에도 또 남은 거리의 절반을 더 가야 한다. 이렇게 계속 반복해야 한다. 그러면 나는 아이스크림 가게로 점점 더 가까이 다가가

---

* 중력, 공기 저항, 기타 등등의 효과를 무시했을 때 그렇다는 말이지만, 짧은 시간 규모에서는 충분히 직선으로 가정할 만하다.

겠지만, 이 과정을 아무리 많이 반복하더라도 실제 아이스크림 가게에 도착할 수는 없을 것이다. 나는 가루 설탕을 뿌린 아이스크림 두 스쿱으로부터 언제나 몹시 작지만 결코 0은 아닌 거리만큼 떨어져 있을 것이다. 따라서 내가 아이스크림 가게까지 걸어가는 것은 불가능하다. 이것이 제논의 결론이었다. 이 논증은 어떤 목적지에 대해서도 다 적용되므로, 우리는 길을 건너는 것도, 한 발짝을 내딛는 것도, 손을 흔드는 것도 다 불가능하다. 모든 운동이 불가능하다.

전하는 말에 따르면, 견유학파의 디오게네스는 자리에서 일어나 방을 가로지르는 것으로 제논의 논증을 반박했다고 한다. 운동이 실제로 가능하다는 것을 보여 주는 훌륭한 논증인 셈이다. 그렇다면, 제논의 논증에서 어딘가 잘못된 게 분명하다. 하지만 어디가 틀렸을까?

가게까지 가는 거리를 숫자로 나눠 보자. 우선 절반을 간다. 다음에는 남은 거리의 절반을 가야 하는데, 그것은 전체 거리의 1/4이다. 그렇다면 또 남은 거리도 전체의 1/4이다. 그 남은 거리의 절반은 1/8이고, 그 다음은 1/16이고, 그다음은 1/32이다. 따라서 내가 가게를 향해 걸어가는 거리는 이렇다.

$$1/2 + 1/4 + 1/8 + 1/16 + 1/32 + \cdots\cdots$$

이 수열의 첫 열 항을 더하면 약 0.999가 된다. 스무 항까지 더하면 0.999999에 가까워진다. 달리 말해, 나는 가게에 정말, 정말, 정말 가까이 다가가게 되지만, 아무리 많은 항을 더하더라도 결코 1에 가닿지는 못한다.

제논의 역설은 순환소수 0.99999……는 1과 같은가 하는 또 다른 수수께끼와 아주 흡사하다.

나는 이 질문을 놓고 사람들이 주먹다짐을 벌이기 일보 직전까지 가는 광경도 목격했다.* 이 문제는 〈월드 오브 워크래프트〉 팬사이트에서 〈에인 랜드 포럼〉까지 그야말로 광범위한 웹사이트들에서 뜨겁게 토론되고 있다. 제논의 역설에 대해서 우리가 자연스럽게 가지는 생각은 〈당연히 결국에는 아이스크림을 먹을 수 있지〉이지만, 이 문제에 대해서는 우리의 직관이 반대 방향을 가리킨다. 꼭 답을 말해 보라고 강요받으면, 대부분의 사람들은 0.9999……가 1과 같지 않다고 대답한다.[3] 그야 물론 0.9999……는 1처럼 보이지 않는다. 그보다 약간 더 작아 보인다. 하지만 그렇게 많이 작지는 않은 것 같다! 아이스크림을 먹고 싶어 안달하는 역설의 주인공처럼, 이 숫자는 목표에 점점 더 가까이 다가가지만 영영 도달하지는 못하는 것처럼 보인다.

그러나 나를 포함한 전 세계의 수학 선생들은 말할 것이다. 「아니, 1이 맞아.」

어떻게 사람들이 내 쪽으로 넘어오도록 설득할까? 한 가지 좋은 수법은 다음과 같이 논증하는 것이다. 누구나 다음 등식은 알고 있다.

$$0.33333…… = 1/3$$

양변에 3을 곱하면 이렇게 된다.

$$0.99999…… = 3/3 = 1$$

이걸로도 생각이 흔들리지 않는다면, 0.99999……에 10을 곱해 보라. 이것은 소수점 위치를 오른쪽으로 하나 옮기는 것에 불과하다.

---

* 비록 그 사람들이 여름 수학 캠프에 모인 십 대들이었지만 말이다.

$$10 \times (0.99999\cdots) = 9.99999\cdots$$

이제 골칫거리인 소수를 양변에서 빼자.

$$10 \times (0.99999\cdots) - 1 \times (0.99999\cdots) = 9.99999\cdots - 0.99999\cdots$$

방정식의 좌변은 곧 $9 \times (0.99999\cdots)$이다. 어떤 값의 10배에 그 값을 빼면 그 값의 9배가 남으니까. 그리고 우변을 보면, 마침내 끔찍한 무한 소수를 지울 수 있으므로 그냥 9만 남는다. 따라서 결과적으로 이렇게 된다.

$$9 \times (0.99999\cdots) = 9$$

어떤 값의 9배가 9라면, 그 값은 1이어야 한다. 안 그런가?

보통 이 논증이면 사람들의 생각을 바꾸게 만들기에 충분하다. 하지만 솔직해지자. 여기에는 무언가 부족한 면이 있다. 이 논증은 $0.99999\cdots = 1$이라는 주장이 일으키는 불안한 불확실성을 정면으로 다루는 대신 일종의 대수적 협박을 하는 셈이다. 「1/3은 $0.33333\cdots$이라는 걸 믿지? 안 그래? 안 믿어?」

혹은 그보다 더 나쁠지도 모른다. 여러분이 10으로 곱하는 논증에 넘어왔다면, 다음 문제를 생각해 보자. 다음 값은 얼마일까?

$$1 + 2 + 4 + 8 + 16 + \cdots$$

여기에서 〈……〉는 〈바로 앞 항의 두 배를 더하는 덧셈을 무한히 계속하라〉는 뜻이다. 그러면 당연히 그 합은 무한하겠지! 그러나 우리가

0.9999……에 적용했던 논증, 겉보기에 정확한 것 같았던 그 논증과 비슷한 논증을 여기 적용한다면, 다른 결론이 나온다. 앞의 식에 2를 곱하면 이렇게 된다.

$$2 \times (1 + 2 + 4 + 8 + 16 + \cdots\cdots) = 2 + 4 + 8 + 16 + \cdots\cdots$$

이 합은 원래의 합과 아주 비슷해 보인다. 실제로 원래의 합 (1 + 2 + 4 + 8 + 16 + ……)에서 맨 앞의 1만 반대쪽으로 넘긴 셈인데, 그렇다면 $2 \times$ (1 + 2 + 4 + 8 + 16 + ……)는 (1 + 2 + 4 + 8 + 16 + ……)보다 1이 적다는 게 된다. 한마디로,

$$2 \times (1 + 2 + 4 + 8 + 16 + \cdots\cdots) - 1 \times (1 + 2 + 4 + 8 + 16 + \cdots\cdots) = -1$$

하지만 좌변을 정리하면, 우리가 시작했던 그 합과 같다. 따라서 이렇게 된다.

$$1 + 2 + 4 + 8 + 16 + \cdots\cdots = -1$$

이것이 당신이 믿고 싶은 결과인가?* 점점 더 큰 수를 무한히 더한 끝에 난데없이 음수의 세계에 내동댕이쳐지는 것이?

말도 안 되는 계산을 더 해보자. 다음 무한급수는 얼마일까?

$$1 - 1 + 1 - 1 + 1 - 1 + \cdots\cdots$$

---

* 꺼림칙한 기분을 남기지 않기 위해서 밝히자면, 말도 안 되는 것 같은 이 논증이 완벽하게 옳은 맥락도 있다. 2진수 체계의 맥락이다. 수론 애호가라면 미주에서 이것과 관련된 내용을 더 찾아보라.[4]

우선, 이렇게 묶어도 되겠다고 생각할 수 있다.

$$(1 - 1) + (1 - 1) + (1 - 1) + \cdots\cdots = 0 + 0 + 0 + \cdots\cdots$$

그러면 0을 무한히 더해 봤자 그 합은 0이라고 논증할 수 있다. 한편, 음의 음은 양이므로, $1 - 1 + 1$은 $1 - (1 - 1)$과 같다는 사실을 반복적으로 적용하여 이렇게 쓸 수도 있다.

$$1 - (1 - 1) - (1 - 1) - (1 - 1) \cdots\cdots = 1 - 0 - 0 - 0 \cdots\cdots$$

그렇다면 합은 1이어야 하지 않는가! 그러면 대체 어느 쪽일까? 0일까 1일까? 아니면 절반의 경우에는 0이고 나머지 절반의 경우에는 1일까? 수열을 어디에서 멈추느냐에 달려 있을 것 같지만, 무한수열은 영영 멈추지 않는다!

아직 결정을 내리지는 말자. 더 나쁜 소식이 있으니까. 수수께끼의 합을 T라고 가정하자.

$$T = 1 - 1 + 1 - 1 + 1 - 1 + \cdots\cdots$$

양변을 음수로 바꾸면 이렇게 된다.

$$-T = -1 + 1 - 1 + 1 \cdots\cdots$$

하지만 이때 우변의 합은 원래의 합 T에서 맨 앞의 1을 지운 것과 같으므로, T에서 1을 뺀 것으로 써보자. 정리하면 이렇다.

$$-T = -1 + 1 - 1 + 1 \cdots = T - 1$$

그러면 $-T = T - 1$이고, 이 방정식을 만족시키는 T 값은 1/2밖에 없다. 무한히 많은 정수의 합이 마술처럼 분수가 된다고? 당신이 그럴 리는 없다고 대답한다면, 최소한 이런 교묘한 논증들을 의심할 자격은 있는 셈이다. 그러나 놀랍게도 어떤 사람들은 그럴 수 있다고 대답했다. 그중 한 명은 이탈리아의 수학자 겸 사제였던 구이도 그란디로, $1 - 1 + 1 - 1 + 1 - 1 + \cdots$는 그의 이름을 따서 그란디 급수라고 불린다.[5] 그란디는 1703년 논문에서 이 급수의 값이 1/2이라고 주장했으며, 더 나아가 이 기적적인 결론이 우주가 무로부터 창조되었다는 증거라고 주장했다(염려 마시라. 나도 두 번째 주장은 믿지 않으니까). 라이프니츠나 오일러와 같은 당대의 선구적 수학자들도 그란디의 해석까지 인정하진 않았지만 희한한 계산 결과만큼은 인정했다.

그러나 사실 0.999⋯⋯ 수수께끼의 답은 (더불어 제논의 역설의 답도, 그란디 급수의 답도) 이보다 더 심오하다. 여러분은 내가 휘두른 대수적 완력에 굴복할 필요가 없다. 여러분은 0.999⋯⋯가 1과 같지 않고 그 대신 1에서 무한히 작은 어떤 수를 뺀 값이라고 계속 우길 수 있다. 같은 맥락에서 0.333⋯⋯ 또한 정확히 1/3과 같지는 않고 그보다 무한히 작은 어떤 양만큼 모자라다고 우길 수 있다. 이런 시각을 끝까지 밀어붙이려면 끈기가 필요하겠지만, 못할 것은 없다. 내 미적분 수업을 듣는 브라이언이라는 학생이 있었다. 그는 강의실의 정의가 불만스러운 나머지, 이런 시각의 이론을 상당한 수준까지 손수 구축한 뒤 자신이 정의한 무한소 양을 〈브라이언 수〉라고 불렀다.

그러나 그 지점에 다다른 것이 브라이언이 처음은 아니었다. 수학에는 아예 이런 종류의 수들을 고찰하는 데 매진하는 분야가 따로 있다. 비표준 해석학이라는 분야다. 20세기 중엽에 에이브러햄 로빈슨이 개발한 이 이론은 버클리가 그토록 우스꽝스럽게 여겼던 〈무한히 작은 증가분〉을 마침내 말이 되는 것으로 만들었다. 그 대신 치르는 대가는 (관점에 따라서는 소득이라고 할 수도 있겠다) 새로운 종류의 수들이 잔뜩 생겨난다는 점이다. 무한히 작은 수만이 아니라 무한히 큰 수들, 온갖 형태와 크기의 수들이 엄청나게 많이 뿜어져 나온다.*

브라이언은 운이 좋았다. 나는 프린스턴에 아는 수학자가 있었는데, 에드워드 넬슨이라는 그 수학자는 비표준 해석학의 전문가였다. 나는 브라이언이 그 분야를 좀 더 배울 수 있도록 두 사람의 만남을 주선했다. 그런데 에드가 나중에 말해 준 바에 따르면, 만남은 신통하게 진행되지 않았다. 에드가 무한소 양이 브라이언 수라고 불릴 가능성은 없다는 사실을 똑똑히 밝히자마자 브라이언이 흥미를 몽땅 잃었던 것이다 (교훈: 명성과 영광을 쫓아 수학을 연구하는 사람들은 수학에 그다지 오래 머무르지 않는다).

하지만 우리는 논쟁을 해결하는 데는 조금도 가까이 가지 못했다. 대체 0.999……는 뭘까? 1일까? 아니면 1보다 무한히 작은 양만큼 더 작은 어떤 수, 백 년 전부터 지금까지 발견되지 않은 어떤 희한한 수일까?

옳은 답은 아예 이 질문을 묻지 않는 것이다. 그렇다면 대체 0.999……는 뭘까? 이것은 다음과 같은 합을 지칭하는 듯하다.

$$0.9 + 0.09 + 0.009 + 0.0009 + \cdots\cdots$$

하지만 이건 대체 무슨 뜻일까? 진짜 골칫거리는 저 성가신 생략부호이다. 두 개의 수, 혹은 세 개의 수, 혹은 백 개의 수를 더하라는 말이 무

---

* 존 콘웨이가 개발한 초현실수는 이름이 암시하듯이 특히나 매력적이고 희한한 사례이다. 초현실수는 수와 전략 게임이 기묘하게 섞인 것으로, 아직 그 깊이가 완전히 탐구되지 않았다. 벌러켐프, 콘웨이, 가이가 함께 쓴 『이기는 방법들 *Winning Ways*』은 이 기묘한 수를 알아보기에 좋은 책이다. 그 밖에 게임 수학의 다른 내용들도 풍성하게 담겨 있다.

슨 뜻인지에 대해서는 아무 논란이 없다. 그것은 우리가 잘 이해하고 있는 물리적 과정을 수학적으로 표기한 것일 뿐이니까. 무언가를 백 무더기 만들어서 한데 뭉친 뒤 그 양이 얼마나 되는지 보라는 것이다. 하지만 무한히 많이? 그건 이야기가 다르다. 현실에는 무한히 많은 무더기가 있을 수 없다. 무한급수의 값은 얼마일까? 사실 그것에게는 값이 없다. 우리가 값을 주기 전에는. 이 반전이야말로 1820년대에 미적분에 극한 개념을 도입했던 오귀스탱-루이 코시의 위대한 혁신이었다.**

영국 수론학자 G. H. 하디는 1949년에 쓴 『발산 급수*Divergent Series*』에서 이 사실을 누구보다 잘 설명했다.

현대의 수학자는 자신이 어떤 수학적 상징들의 모음에 정의를 내리기 전에도 그것들에게 무슨 〈의미〉가 있어야 한다는 생각 따위는 하지 않는다. 그러나 18세기만 해도 이것은 뛰어난 수학자들에게조차 결코 사소한 고민이 아니었다. 그들에게는 정의하는 습관이 없었다. 그들에게는 〈X라 함은 곧 Y라는 뜻이다〉라고 구구절절 정의하는 게 자연스럽지 않았다. ……코시 이전 수학자들은 〈$1 - 1 + 1 - 1 + \cdots$를 어떻게 정의할까?〉라고 묻지 않고 〈$1 - 1 + 1 - 1 + \cdots$는 무엇인가?〉라고 물었다고 말해도 크게 틀린 이야기가 아니다. 그런 사고방식 때문에 그들은 실제로는 표현의 문제에 지나지 않을 때가 많은 불필요한 혼란들과 논쟁들에 빠져들었다.

이런 입장은 느슨한 수학적 상대주의에 불과한 것이 아니다. 우리가 일련의 수학적 상징에 우리 마음대로 어떤 의미를 부여할 수 있더라도,

---

** 수학적 발전이 대개 그렇듯이, 코시의 극한 이론에도 비슷한 선례가 있었다. 코시의 정의는 가령 달랑베르가 말한 이항 급수에서의 오차 항 한계 개념과 아주 비슷하다. 그러나 코시가 전환점이었다는 데는 의심의 여지가 없다. 해석학은 코시 이후 현대 해석학이 되었다.

가능하다고 해서 꼭 그렇게 해야만 하는 것은 아니다. 인생과 마찬가지로 수학에는 좋은 선택도 있고 나쁜 선택도 있다. 수학의 맥락에서 좋은 선택이란 새로운 혼란을 빚어내지 않으면서 기존의 불필요한 혼란을 해결하는 선택이다.

0.9 + 0.09 + 0.009 + ……의 값은 점점 더 많은 항을 더할수록 점점 더 1에 가까워지고, 절대로 1을 넘어서지는 않는다. 우리가 1의 주변에 아무리 치밀하게 저지선을 둘러 두더라도, 저 값은 어느 유한한 합산의 단계를 넘어선 뒤에는 끝내 그 저지선을 돌파할 것이고 이후에는 영영 그 곁을 떠나지 않을 것이다. 상황이 그러하므로, 코시는 우리가 저 무한급수의 값을 그냥 1로 정의하는 수밖에 없다고 말했다. 그러고서 그는 그의 정의를 받아들이더라도 다른 지점에서 끔찍한 모순이 야기되는 일은 없다는 것을 증명하려고 애썼다. 그 작업을 마무리함으로써 코시는 뉴턴의 미적분을 완벽하게 엄밀한 것으로 만들어 주는 틀을 구축한 셈이었다. 덕분에 이제 우리가 곡선을 국소적으로 보면 특정 각도로 기울어진 직선과 같다고 말할 때, 그 말뜻은 만일 우리가 그 곡선을 점점 더 확대해서 본다면 해당 직선과 점점 더 많이 닮은 것처럼 보인다는 것과 대충 같아진다. 코시의 형식화를 따른다면 우리는 이제 무한히 작은 수 따위를 언급할 필요가 없으며, 그 밖에도 회의주의자의 낯빛을 변하게 만들 만한 다른 어떤 요소도 언급할 필요가 없다.

여기에는 물론 대가가 있다. 0.999…… 문제가 까다로운 것은 이 문제가 우리의 직관과 충돌하기 때문이다. 우리는 무한급수의 값이 앞에서 수행했던 것과 같은 산술적 조작에서도 깔끔하게 처리되기를 바라는데, 그러려면 그 값이 1이어야 할 것 같다. 한편 우리는 모든 수가 저마다 독특한 숫자들의 나열로 구성된 소수로 표현되기를 바라는데, 이 바람은 하나의 수를 1로도 부를 수 있고 0.999……로도 부를 수 있다는 주장과 상충한다. 우리는 두 가지 희망을 동시에 쥐고 있을 수는 없다. 둘 중 하나는 버려야 한다. 최초의 발명 이래 200년 동안 그 쓸모를 입증해 온 코시의 접근법에서는 소수 전개의 유일성 쪽을 포기한다. 우리는 언어에서 서로 다른 두 단어가 동시에 한 대상을 지칭하는 것을 그다지 심란하게 여기지 않는데, 마찬가지로 서로 다른 두 소수 전개가 동시에 한 수를 지칭하는 것이 꼭 나쁜 일만은 아니다.

그란디의 급수 1 − 1 + 1 − 1 + ……로 말하자면, 이것은 코시의 이론이 적용되는 범위를 벗어난 급수이다. 이것은 하디가 쓴 책의 주제였던 발산 급수이다. 노르웨이 수학자로서 일찍부터 코시의 접근법을 칭송했던 닐스 헨드릭 아벨은 1828년에 〈발산 급수는 악마의 발명이며, 무엇이 되었든 그것을 바탕으로 삼아 증명을 쌓아 올린다는 것은 부끄러운 일이다〉라고 썼다.* 그러나 하디의 의견은 달랐다. 하디는 좀 더 너그러웠으며, 오늘날 우리의 견해도 하디와 같다. 하디는 발산 급수 중에는 우리가 그 값을 부여해야 하는 것도 있고 부여하지 말아야 하는 것도 있으며 급수가 발생한 맥락에 따라 부여할지 말지를 결정해야 하는 것도 있다고 보았다. 현대의 수학자들은 우리가 꼭 그란디 급수에 값을 부여해야 한다면 그 값은 1/2이어야 한다고 말할 것이다. 그동안 등장한 무한급수의 값에 관한 흥미로운 이론들은 모두 그 값을 1/2로 지정하거나, 아니면 코시의 이론처럼 아예 값을 안 주거나** 둘 중 하나였기 때문이다.

코시가 내렸던 정의를 정확하게 쓰려면, 우리는 꽤 품을 들여야 한다. 코시 자신은 우리처럼 현대적이고 깔끔한 형식으로 그 개념을 표현할 수가 없었기 때문에 특히 더 그랬다(수학에서는 어떤 개념을 발명한 사람이 그 개념을 가장 깔끔하게 기술하는 방법까지 알아낸 예가 거의 없

---

* 그란디가 자신의 발산 급수를 신학적으로 어떻게 적용했는지 떠올려 보면 사뭇 얄궂은 말이다!

** 배우 린지 로언의 유명한 말을 빌리자면, 〈한계란 없다!〉

다).* 코시는 굳건한 보수주의자이자 왕정주의자였지만, 수학에서만큼은 당당한 혁명가이자 학계 권위자들의 골칫거리였다. 위험천만한 무한소를 쓰지 않고도 미적분을 할 수 있다는 걸 알게 되자, 그는 자신의 새로운 개념들을 반영하게끔 에콜 폴리테크닉의 강의 내용을 일방적으로 고쳐 버렸다. 주변 사람들은 다들 그 조치에 화를 냈다. 최신 순수 수학 세미나를 신청한 게 아니라 신입생 미적분 수업을 신청한 것뿐이었던 학생들은 얼떨떨했고, 동료 교수들은 그 학교의 학생들이 엔지니어 지망생들이니 코시처럼 정밀 수학을 할 필요가 없다고 반대했으며, 관리자들은 코시가 공식 강의 개요를 준수하라는 명령을 깡그리 무시했기 때문에 화를 냈다. 대학은 전통적인 무한소 기법의 미적분을 가르치는 새 수업 요강을 짜서 내려보냈고, 코시가 그것을 잘 따르는지 확인하기 위해서 그의 강의실에 강의 내용을 받아 적을 첩자를 들여보냈다. 그래도 코시는 따르지 않았다. 그는 엔지니어들의 요구에는 흥미가 없었다. 진실에만 흥미가 있었다.[6]

교육학적 관점에서는 코시의 태도를 옹호하기 어렵지만, 그래도 나는 그에게 공감한다. 수학의 굉장한 즐거움 중 하나는 무언가를 옳은 방식으로, 바닥까지 철저히 이해했다고 느끼는 단호한 감정이다. 나는 수학을 제외하고는 정신 활동의 다른 어떤 영역에서도 그런 감정을 느껴 본 적이 없다. 그리고 일단 당신이 무언가를 옳은 방식으로 할 줄 알게 되면, 이후에는 그것을 잘못된 방식으로 설명하기가 어려워진다. 좀 더 완고한 사람이라면 아예 불가능할 정도로.

---

* 여러분이 엡실론이나 델타 같은 표기를 사용하는 수학 수업을 들었다면, 코시의 형식적 정의의 후예를 접한 셈이다.

3장
모두가 비만

스탠드업 코미디언 유진 머먼이 하는 농담 중에 통계에 대한 것이 있다. 그는 사람들에게 이렇게 말한다. 「어디서 읽었는데 미국인의 100%는 아시아인이래요.」

「하지만 유진.」 혼란해진 상대가 항의한다. 「당신은 아시아인이 아니잖아요.」

그러면 머먼은 엄청나게 자신하는 말투로 결정타를 날린다. 「글에서는 내가 그렇다더라고요!」

나는 학술지 『오비시티*Obesity*』에서 〈모든 미국인이 과체중이나 비만이 될 것인가?〉라는 당황스러운 질문을 던지는 논문 제목을 접했을 때,[1] 머먼의 농담을 떠올렸다. 논문 제목은 수사적 질문만으로는 부족하다는 듯이 답까지 제공했다. 〈그렇다, 2048년에는.〉

2048년에 나는 77세일 것이고, 내가 과체중이 아니기를 바란다. 하지만 글에서는 내가 그리리라는 것이다!

쉽게 예상할 수 있듯이, 그 논문은 대대적으로 보도되었다. ABC 뉴스는 〈비만 묵시록〉을 경고했다.[2] 「롱비치 프레스 텔레그램」은 간단히 〈우리는 뚱뚱해지고 있다〉고 제목을 붙였다.[3] 이 연구 결과는 미국인들이 늘 시대에 따라 그 내용이 바뀌는 과열된 불안감으로 국가의 도덕 상태를 걱정해 왔다는 것을 보여 주는 최신 사례이다. 내가 태어나기 전에 사람들은 남자애들이 머리카락을 길게 기르는 것 때문에 미국이 틀림없이 공산주의자들에게 된통 당할 거라고들 했다. 내가 아이였을 때는 미국인들이 오락실 게임을 너무 많이 하기 때문에 근면한 일본인들에게 뒤처질 거라고들 했다. 그리고 지금은 미국인들이 패스트푸드를 너무 많이 먹기 때문에 다들 허약해지고 몸도 제대로 못 움직이게 될 거라고들 한다. 미국인들은 모두 빈 치킨 용기에 둘러싸여 소파에 푹 꺼진 채 몸도 못 일으키는 신세가 될 것이다. 논문은 이 불안이 과학으로 증명된 사실이라고 단언했다.

내게는 더 좋은 소식이 있다. 우리 모두가 2048년까지 과체중이 되는 일은 없을 것이다.[4] 왜냐고? 모든 곡선이 직선은 아니기 때문이다.

하지만 우리가 뉴턴에게 배웠듯이, 모든 곡선은 직선과 아주 비슷하다. 이 개념은 선형 회귀라는 통계 기법의 기본 발상인데, 십자드라이버가 집수리에서 차지하는 역할을 사회 과학에서 차지하는 선형 회귀는 당신이 어떤 작업을 하든지 거의 틀림없이 쓰게 될 단 하나의 도구이다. 우리가 신문에서 사촌이 많은 사람일수록 행복하다는 뉴스 접할 때, 혹은 버거킹이 많은 나라일수록 도덕 의식이 해이하다는 뉴스를, 혹은 니아신 섭취를 절반으로 줄이면 무좀 가능성이 두 배로 는다는 뉴스를, 혹은 개인의 소득이 1만 달러 늘어날 때마다 공화당을 찍을 가능성이 3% 늘어난다는 뉴스를 접할 때,* 우리는 선형 회귀의 결과를 접하는 것이다.

선형 회귀의 작동 방식은 다음과 같다. 우리가 어떤 두 사실의 관계를 알고 싶다고 하자. 가령 대학의 등록금과 대학 입학생들의 수학 능력 시험 평균 점수의 관계를 알고 싶다고 하자. 우리는 수학 능력 시험 점수가 높은 학교일수록 더 비쌀 것이라고 예상하지만, 데이터를 보면 그것이

* 이 연구들에 대한 자세한 내용은 『내가 요점을 설명하기 위해서 완전 맘대로 지어낸 이야기들의 저널』에서 찾아보기 바란다.

보편적인 법칙은 아닌 것 같다. 노스캐롤라이나 주 벌링턴 외곽에 있는 일론 대학은 수학과 언어 점수를 합한 평균이 1,217점인데, 연간 등록금은 20,441달러다. 근처 그린즈버러에 있는 길퍼드 대학은 약간 더 비싸서 23,420달러이지만, 신입생들의 평균 수학 능력 시험 점수는 1,131점밖에 안 된다.

그래도 우리가 학교들을 전부 살펴보면, 가령 2007년 〈노스캐롤라이나 경력 자원 네트워크〉에 등록금과 입학 점수를 보고했던 31개 사립 대학을 다 살펴보면[5] 뚜렷한 경향성이 드러난다.

그래프의 한 점은 하나의 대학을 뜻한다. 오른쪽 위 구석의 두 점, 입학 점수가 하늘을 찌르고 등록금도 그에 맞먹게 하늘을 찌르는 두 점이 보이는가? 웨이크포리스트 대학과 데이비드슨 대학이다. 바닥 가까이 있는 외로운 점, 목록에서 등록금이 10,000달러 미만인 사립 대학으로는 유일한 그 점은 커배러스 보건 과학 대학이다.

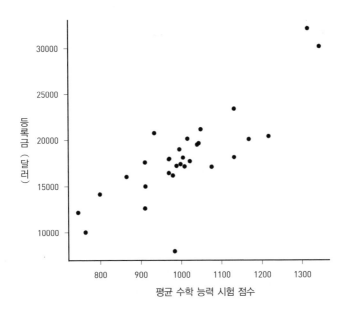

이 그림은 대체로 입학 점수가 높은 학교일수록 비싸다는 사실을 뚜렷이 보여 준다. 하지만 얼마나 더 많이 비쌀까? 이 대목에서 선형 회귀가 등장한다. 그림의 점들은 분명 하나의 직선 위에 놓여 있지 않지만, 그렇게 멀리 떨어져 있는 것도 아닌 것 같다. 어쩌면 우리가 구름처럼 퍼진 점들의 한가운데를 뚫고 지나가는 깔끔한 직선을 손으로 그릴 수도 있을 것 같다. 선형 회귀는 바로 그런 어림짐작을 수행해, 모든 점들을 잇는 선에서 가장 가까운 직선을 찾아 준다.* 노스캐롤라이나 대학들의 경우에는 다음의 그림처럼 선이 그려진다.

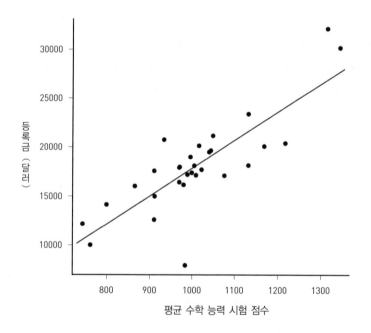

* 여기에서 〈가장 가까운 직선〉이란 다음과 같이 측정한다. 우선 각 학교에 대해서 실제 등록금이 아니라 직선이 제안하는 추정치를 확인한 뒤, 두 값의 차를 계산하고, 그 수를 제곱한다. 그리고 모든 학교에 대해 그 제곱값을 다 더한다. 그렇게 얻어진 값은 직선이 전체적으로 점들로부터 얼마나 벗어나는가를 측정하는 지표이므로, 우리는 그 지표가 최소화되는 선을 고르면 된다. 제곱들을 더하는 이 작업은 피타고라스적인 느낌을 풍기는데, 선형 회귀의 바탕에 깔린 기하

그림의 직선은 기울기가 약 28이다. 그것은 만일 등록금이 내가 그래프에 그린 선을 따라 완벽하게 수학 능력 점수로만 결정된다면, 점수가 1점 높아질 때마다 등록금이 28달러 더 든다는 뜻이다. 당신이 몸담은 대학이 신입생들의 점수를 평균 50점 더 높일 수 있다면, 대학은 등록금을 1,400달러 더 높게 매길 수 있을 것이다. (학부모의 관점에서 보자면, 아이의 점수가 100점 높아질 때마다 연간 등록금으로 2,800달러를 더 쓰게 될 것이다. 시험 준비 과외는 예상했던 것보다 더 비싼 셈이다!)

선형 회귀는 경이로운 도구이다. 다용도이고, 어떤 축척에 대해서도 쓸 수 있으며, 스프레드시트 프로그램에서 버튼 하나만 누르면 될 정도로 수행하기도 쉽다. 선형 회귀는 내가 방금 그렸던 것처럼 변수가 두 개인 데이터 집합에 대해서도 쓸 수 있지만 변수 세 개에 대해서도, 혹은 천 개에 대해서도 쓸 수 있다. 우리가 어떤 변수들이 다른 변수들을 어느 방향으로 움직이는지 알고 싶을 때 맨 먼저 찾는 도구가 바로 선형 회귀다. 선형 회귀는 어떤 데이터 집합에 대해서도 다 통한다.

그런데 이것은 장점인 동시에 단점이다. 내가 모형화하려는 현상이 정말 선형적 현상에 가까운지 고민하지 않고서도 무작정 선형 회귀를 쓸 수 있기 때문이다. 하지만 그래서는 안 된다. 나는 선형 회귀가 십자 드라이버와 같다고 말했는데, 자신이 하는 작업에 세심한 주의를 기울이지 않고서 무작정 도구를 사용하면 결과가 참혹할 수 있다는 점에서는 테이블 톱을 닮은 것 같기도 하다.

우리가 앞 장에서 쏘아 올렸던 미사일을 떠올려 보자. 어쩌면 미사일은 당신이 쏜 것이 아닐지도 모른다. 당신은 오히려 미사일이 노리는 목표물일지도 모른다. 그렇다면 당신은 미사일의 경로를 가급적 정확하게

학은 실제로 피타고라스의 정리를 훨씬 더 고차원적인 맥락으로 가져와서 업그레이드한 것에 지나지 않는다. 하지만 이 이야기를 이해하려면 좀 더 어려운 대수를 해야 하기 때문에 여기에서 더 해설하진 않겠다. 좀 더 알고 싶은 사람은 15장에 나올 상관관계와 삼각법 논의를 살펴보라.

분석하는 데 지대한 관심이 있을 것이다.

당신은 다섯 시점에 대해서 미사일의 수직 위치를 그래프에 점으로 찍는다. 그러면 이렇게 된다.

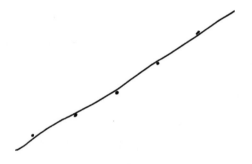

다음으로 당신은 간단한 선형 회귀 계산을 돌려서 훌륭한 결과를 얻는다. 당신이 찍은 점들을 거의 정확하게 꿰뚫는 직선이 하나 있다.

(바로 이 대목에서 당신은 경솔하게도 테이블 톱의 날카로운 날을 향해 살금살금 손을 뻗고 있는 것이다.)

당신이 그린 직선은 미사일의 움직임을 정확하게 보여 주는 모형이다. 시간이 일 분 흐를 때마다 미사일의 고도는 정해진 양만큼, 가령 400미터씩 높아진다고 하자. 한 시간이 지나면 미사일은 지표면으로부터 24킬로미터 상공에 떠 있을 것이다. 그러면 언제 떨어지지? 영영 안 떨어진다! 위를 향해 기운 직선은 계속 위로 올라갈 뿐이다. 직선은 원래 그런 거니까.

(피가 튀기고, 뼈가 으깨지고, 비명이 난다.)

모든 곡선이 직선은 아니다. 그중에서도 미사일이 그리는 곡선은 절대로 직선이 아니다. 포물선이다. 아르키메데스의 원처럼 이 곡선도 가까이에서 보면 직선을 닮았기 때문에, 선형 회귀를 적용하면 당신이 마지막으로 추적한 시점으로부터 5초 뒤에 미사일이 어디 있을지를 정확하게 알 수 있다. 하지만 한 시간 뒤라면? 어림없다. 당신의 모형은 미사일이 하부 성층권에 있다고 대답하겠지만, 실제로 미사일은 당신의 집을 향해 다가오고 있을 것이다.

내가 아는 한, 무분별한 선형 회귀의 위험을 가장 생생하게 경고한 글은 통계학자가 아니라 소설가가 썼다. 마크 트웨인은 『미시시피 강의 추억 *Life on the Mississippi*』에서 이렇게 말했다.

카이로와 뉴올리언스 사이를 흐르는 미시시피 강은 176년 전에는 길이가 1,215마일이었다. 1722년에 흐름이 차단된 뒤에는 1,180마일이 되었고, 아메리칸 굽이가 차단된 뒤에는 1,040마일이 되었다. 강은 그 후로도 67마일을 더 잃었다. 결과적으로 지금 미시시피 강은 겨우 973마일이다. ……176년 동안 미시시피 강 하류가 242마일 짧아진 것이다. 평균적으로 매년 1과 1/3마일보다 약간 더 줄어든 셈이다. 따라서 눈이 달려 있고 바보가 아닌 사람이라면 누구나 차분히 계산하여, 오는 11월로부터 딱 100만 년 전의 초기 어란상 실루리아기에는 미시시피 강 하류가 1,300,000마일이 넘을 만큼 길어서 멕시코 만 너머로 낚싯대처럼 불쑥 튀어 나가 있었을 것이라고 추측할 수 있다. 같은 원리에서 누구나 알 수 있듯이, 앞으로 742년이 더 흐르면 미시시피 강 하류는 겨우 1과 1/4마일로 짧아져 있을 것이다. 카이로와 뉴올리언스는 길들이 이어졌을 테고,

두 도시는 한 명의 시장과 하나의 시의회 아래에서 평온하게 살아가고 있을 것이다. 과학에는 어딘가 어처구니없는 면이 있다. 아주 사소한 사실을 입력했을 뿐인데 엄청나게 거대한 추측 결과가 돌아온다.

여담: 내 미적분 시험에서 부분 점수를 받는 방법

미적분은 선형 회귀와 아주 비슷하다. 순전히 기계적인 조작이고, 계산기로 할 수 있으며, 부주의하게 사용하면 몹시 위험하다. 미적분 시험에는 물병에 구멍을 뚫은 뒤 시간이 얼마 흐르는 동안 물이 얼마 흘러나왔을 때 물병에 남은 물의 무게를 계산하라 어쩌고저쩌고 하는 식의 문제들이 나온다. 이런 문제를 시간 제약하에서 풀다 보면 계산을 틀리기 쉽다. 그래서 가끔은 물병의 무게가 −4그램이라는 황당한 결과가 나오곤 한다.

만일 학생이 −4그램이라는 결과에 도달했는데 다시 풀 시간은 없고, 그래서 절박하고 다급하게 〈어디선가 계산을 망친 게 분명한데 어딘지 못 찾겠습니다〉라고 적어 둔다면, 나는 학생에게 부분 점수를 준다.

만일 학생이 시험지 맨 밑에 〈−4그램〉이라고만 적고 동그라미를 쳐 둔다면, 설령 전체 유도 과정은 정확했고 중간쯤 딱 한 군데에서 소수점 한 자리를 잘못 찍은 것뿐이더라도 나는 빵점을 준다.

적분이나 선형 회귀 같은 것은 컴퓨터가 효율적으로 잘 해내는 작업들이다. 그러나 그 결과가 말이 되는지 안 되는지를 이해하는 것은, 혹은 애초에 그 기법이 그 문제에 쓰기에 적당한지 아닌지를 판단하는 것은 사람의 안내가 필요한 작업이다. 우리가 수학을 가르칠 때는 그런 안내자가 되는 방법을 알려 주어야 한다. 그것을 가르치지 못하는 수학 수업은 학생으로 하여금 무진장 느리고 버그투성이인 마이크로소프트 엑셀이 되도록 훈련시키는 것에 지나지 않는다.

그리고 솔직히 말해서, 우리의 수학 수업은 대체로 그런 오류를 저지르고 있다. 길고 논쟁적인 이야기를 짧게 해보자면(그래도 여전히 논쟁적이겠지만), 수학 교육은 이미 수십 년 전부터 이른바 수학 전쟁이 벌어지는 전쟁터가 되었다. 한편에는 암기, 유창성, 전통적 알고리즘, 정확한 답을 강조하는 선생들이 있다. 반대편에는 수학 교육에서 의미를 알려 주고, 생각하는 방식을 계발하고, 발견을 이끌고, 근사적 추론을 가르쳐야 한다고 생각하는 선생들이 있다. 첫 번째 접근법을 전통적 접근법으로, 두 번째 접근법을 개혁적 접근법으로 부르기도 하지만, 이른바 비전통적이라는 발견 위주 접근법도 등장한 지가 어언 수십 년인 데다가 그 〈개혁〉이 정말로 개혁인가 하는 점도 논쟁의 대상이다. 실로 격렬한 논쟁의 대상이다. 수학자들이 모인 저녁 식사 자리에서 정치나 종교 화제를 꺼내는 것은 괜찮지만, 어쩌다 수학 교육법에 관한 이야기가 나왔다 하면 누군가 발끈하여 전통주의나 개혁주의 중 한쪽 주장을 쏟아내는 불상사가 벌어질 가능성이 높다.

나 스스로는 어느 진영에도 속하지 않는다고 생각한다. 나는 구구단 외우기를 폐지하자고 주장하는 일부 개혁주의자들에게 동조할 수 없다. 우리가 진지한 수학적 사고를 수행할 때는 가끔 6 곱하기 8을 계산해야 할 텐데, 그때마다 계산기를 찾아야 한다면 사고에 요구되는 정신의 속도를 낼 수 없다. 단어의 철자를 일일이 찾아 가면서 소네트를 쓸 순 없는 법이다.

심지어 일부 개혁주의자들은 가령 〈여러 자릿수의 수 두 개를 위아래로 쌓아서 더하고 필요하다면 자릿수를 올려라〉 같은 고전적 알고리즘도 학생이 스스로 수학적 대상의 성질을 발견하는 과정을 방해한다고 주장한다.*

이것은 끔찍한 생각이다. 그런 알고리즘은 옛날 사람들이 어렵사리 만들어 낸 유용한 도구들이다. 우리가 괜히 맨땅에서 새로 시작할 이유가 없다.

나 또한 현대에는 버려도 무방하다고 생각하는 알고리즘도 있다. 가령 학생들에게 제곱근을 손으로 혹은 암산으로 푸는 법을 가르칠 필요는 없다(내 오랜 경험상 장담하건대 후자의 기술은 너드들이 많이 모인 파티에서 훌륭한 묘기로 통하지만 말이다). 계산기도 사람들이 애써서 만들어 낸 유용한 도구이고, 우리는 계산기를 써야 할 상황에서는 당연히 써야 한다! 나는 심지어 학생들이 430 나누기 12를 장제법으로 할 수 있는지 없는지조차 신경 쓰지 않는다. 그 답이 35를 약간 넘는다는 사실을 머릿속에서 유추할 수 있을 만큼 수 감각이 충분히 발달했는지는 신경 쓰지만 말이다.

반면 알고리즘과 정확한 연산을 지나치게 강조할 때의 위험은, 사실 그것이 익히기 쉬운 과제라는 점이다. 수학을 〈옳은 답을 얻는 것〉으로만 규정하고 그 이상은 아니라고 본다면, 그리고 그런 측면만을 시험한다면, 시험은 잘 보지만 수학은 전혀 모르는 학생들을 길러 낼 위험이 있다. 학생들의 시험 점수에 따라서 주로 성과급을 받는 사람들에게는 그런 상황이 괜찮을지 몰라도, 내게는 괜찮지 않다.

물론, 수학적 의미에 대한 감각을 엉성하게나마 발달시켰지만 빠르고 정확하게 예제를 풀 줄은 모르는 학생들을 길러 내는 것도 딱히 더 낫지 않다(사실은 상당히 더 나쁘다). 수학 선생이 세상에서 제일 싫어하는 것은 학생이 〈개념은 알겠는데 문제는 못 풀겠어요〉라고 말하는 것이다. 학생은 잘 모르겠지만, 그것은 사실 〈개념을 모르겠어요〉라는 말을

---

* 이런 주장을 들으면 왠지 오슨 스콧 카드의 단편 「무반주 소나타Unaccompanied Sonata」가 떠오른다. 주인공은 음악 신동으로, 사람들은 그의 독창성이 훼손되지 않기를 바라는 마음에서 늘 혼자 있도록 만들고 세상의 다른 음악을 전혀 접하지 못하도록 막는다. 그러나 웬 사내가 숨어 들어 그에게 바흐를 연주해 주고, 음악 경찰들은 당연히 무슨 일이 벌어졌는지를 눈치챌 수 있었기 때문에, 신동은 음악으로부터 추방된다. 나중에는 그가 손이 잘렸던가 눈이 멀었던가 뭐 그랬던 것 같다. 오슨 스콧 카드는 처벌과 육신의 고행에 대하여 기이하게 집착하는 관점을 갖고 있으니까. 어쨌든 내 요점은 젊은 음악가들에게 바흐를 금지하지 말자는 것이다. 바흐는 훌륭하니까.

줄인 것이나 마찬가지다. 수학의 개념들은 비록 추상적으로 들릴지언정 구체적 연산의 맥락에서만 그 의미를 지닌다. 윌리엄 카를로스 윌리엄스는 이 사실을 간결한 시구로 표현한 바 있다. 〈관념이 아니라 사물 그 자체로.〉

이 싸움이 가장 극명하게 드러난 분야는 두말할 것 없이 평면 기하학이다. 평면 기하학은 수학의 기반에 해당하는 활동, 즉 증명을 가르칠 마지막 보루이다. 많은 전업 수학자들은 평면 기하학을 〈진짜 수학〉의 최후의 진지로 여긴다. 그러나 요즘 우리가 기하학을 가르칠 때 증명의 아름다움과 힘, 놀라움을 얼마나 잘 가르치고 있는지는 모를 일이다. 수업은 정적분 서른 개를 계산하는 것처럼 무미건조한 반복 연습이 되기 쉽다. 상황이 워낙 위중하다 보니, 필드상 수상자인 데이비드 멈퍼드는 평면 기하학을 완전히 없애고 대신 초급 프로그래밍을 가르치자고 제안하기까지 했다. 아닌 게 아니라 컴퓨터 프로그래밍과 기하학적 증명은 공통점이 많다. 두 작업 모두에서 학생은 소규모의 선택지들로부터 지극히 단순한 부품을 하나하나 꺼내어 차례차례 조립함으로써 그 전체 서열이 뭔가 의미 있는 작업을 달성하도록 만들어야 한다.

나는 그렇게까지 과격하진 않다. 사실 전혀 과격하지 않다. 파벌로 나뉜 사람들에게는 불만스러운 소리겠지만, 나는 수학을 가르칠 때 정확한 답을 강조하면서도 지적인 근사적 추론도 강조해야 한다고 생각한다. 기존 알고리즘을 유창하게 활용하는 능력을 요구하면서도 그때그때 요령껏 대처하는 상식도 요구해야 한다고 생각한다. 엄격함과 놀이를 섞어야 한다고 생각한다. 그러지 않는다면, 수학을 가르치지 않는 것이나 마찬가지다.

이것은 만만찮은 주문이다. 그러나 높은 곳의 행정가들이 수학 전쟁에 여념이 없는 와중에도, 최고의 수학 선생들은 이미 그렇게 가르치고 있다.

비만 묵시록으로 돌아가서

그래서 2048년에 미국인의 몇 퍼센트가 과체중이 될까? 지금쯤 여러분도 문제의 논문을 쓴 유파 왕과 공저자들이 추정치를 어떻게 계산했는지 짐작하고 있을 것이다. 국립 보건 통계 센터의 〈국가 보건 및 영양 검진 연구NHANES〉는 미국인을 대변하는 방대한 표본 집단을 대상으로 청력 소실부터 성 매개 감염까지 별의별 항목을 다 아우르는 건강 데이터를 추적하는 작업이다. 여기에는 미국 인구 중 과체중에 해당하는 비율이 얼마인지 계산하기에 적합한 데이터도 포함되어 있는데, 이때 말하는 과체중은 체질량 지수가 25 이상인 사람이다.* 최근 몇십 년 동안 과체중 인구가 늘었다는 것은 의심할 수 없는 사실이다. 1970년대 초에는 체질량 지수가 그렇게 높은 인구가 전체의 절반에 못 미쳤지만, 1990년대 초에는 그 비율이 거의 60%까지 높아졌고 2008년에는 미국 인구의 4분의 3 가까이가 과체중이 되었다. 우리는 미사일의 수직 진행을 그래프로 그렸던 것처럼, 시간에 따른 비만율 변화도 그래프로 그릴 수 있다.

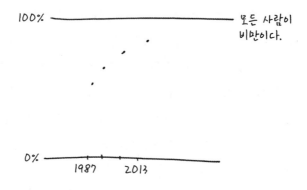

* 연구 문헌에서 〈과체중〉은 〈체질량 지수가 25 이상 30 미만〉인 사람을 뜻하고 〈비만〉은 〈체질량 지수가 30 이상〉인 사람을 뜻한다. 하지만 나는 〈과체중 혹은 비만〉이란 말을 무수히 타이핑하기는 싫기 때문에 〈과체중〉으로 두 집단을 통칭하겠다.

그리고 선형 회귀를 돌리면, 다음과 같은 그림이 나올 것이다.

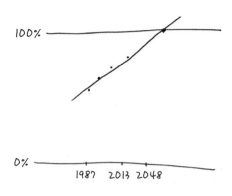

2048년에는 직선이 100%와 교차한다. 그래서 왕은 현재의 추세가 지속될 경우 2048년에는 모든 미국인이 과체중이 될 것이라고 말했던 것이다.

하지만 현재의 추세는 지속되지 않을 것이다. 그럴 수가 없다! 정말로 그렇다면, 2060년에는 미국인의 무려 109%가 과체중이 될 것 아니겠는가.

실제로는 비만율 증가 그래프가 다음 페이지 그림처럼 100%를 향해 다가가면서 서서히 굽는다.

이것은 중력이 미사일의 경로를 포물선으로 구부리는 것처럼 철석같은 자연법칙은 아니지만, 의학에서 얻을 수 있는 한 최대로 확실한 법칙이다. 과체중 인구 비율이 커질수록 과체중으로 개종해야 할 깡마른 인구의 수는 더 적어질 테고, 과체중 비율이 100%를 향해 다가가는 속도는 점점 더 느려질 것이다. 아마도 곡선은 100%에 못 미치는 어느 수준에서 수평을 그릴 것이다. 빼빼한 사람들은 늘 우리 곁에 존재한다! 실제로 4년 전 NHANES 조사를 보면 과체중 비율의 상승세가 벌써 느려지기 시작했다.[6]

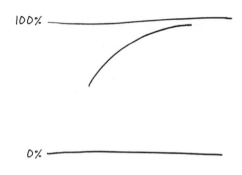

그러나 『오비시티』 논문에는 수학과 상식에 대해서 이보다 더 나쁜 범죄가 숨어 있다. 선형 회귀는 쉽다. 일단 한 번 했으면 한 번 더 하는 것은 식은 죽 먹기다. 그래서 왕과 동료들은 데이터를 인종 집단과 성별로 좀 더 세분화했다. 그 결과, 흑인 남성들은 평균적인 미국인보다 과체중이 될 가능성이 더 낮았다. 더 중요한 점은 흑인 남성들의 과체중 비율 상승 속도가 전체의 절반밖에 안 된다는 것이었다. 흑인 남성들의 과체중 비율을 전체 미국인의 과체중 비율에 겹친 뒤 왕과 동료들이 수행한 선형 회귀를 적용한다면, 아래와 같은 그래프가 나온다.

흑인 남성들이여, 훌륭합니다! 여러분은 2095년이 되어야 모두 과체

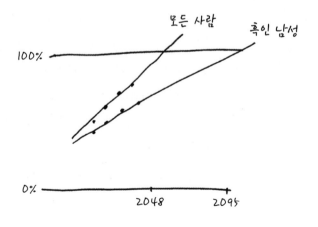

중이 되겠네요. 2048년에는 여러분 중 80%만이 과체중일 테고요.

자, 문제가 뭔지 알겠는가? 만일 2048년에 모든 미국인이 과체중이 된다면, 다섯 명 중 한 명꼴로 체중 문제를 겪지 않는다는 흑인 남성들은 다 어디 있단 말인가? 앞바다에?

논문은 이 기본적인 모순을 언급하지 않고 넘어갔다. 역학 연구의 이런 실수는 미적분 시험에서 양동이에 남은 물이 -4그램이라고 대답하는 것과 마찬가지다. 빵점이다.

4장
미국인으로 따지면 몇 명이 죽은 셈일까?

중동의 갈등 상황은 얼마나 심각할까? 조지타운 대학의 대테러리즘 전문가 대니얼 바이먼은 『포린 어페어스*Foreign Affairs*』에서 냉혹한 숫자로 알려 주었다. 〈이스라엘 군은 (2000년) 제2차 인티파다 시작부터 2005년 10월 말까지 팔레스타인에 의해 이스라엘인 1,074명이 죽고 7,520명이 부상했다고 발표했다. 그 작은 나라에서는 엄청난 수로, 미국으로 따지면 5만 명 이상이 죽고 30만 명 이상이 부상한 셈이다.〉[1] 이런 비례 계산은 중동 지역 문제를 논할 때 흔히 등장한다. 2001년 12월 미 하원은 일련의 공격으로 이스라엘인 26명이 사망한 것은 〈미국에 적용한다면 1,200명이 죽은 것과 같다〉고 말했다.[2] 뉴트 깅그리치는 2006년에[3] 〈이스라엘에서 8명이 죽는 것은[4] 인구 규모를 감안할 때 미국인 약 500명이 죽는 것과 같음을 명심하자〉고 말했다. 이에 뒤질세라, 아흐메드 무어는 「로스앤젤레스 타임스*Los Angeles Times*」에서 〈캐스트리드 작전에서 이스라엘이 가자의 팔레스타인인 1,400명을 죽인 것은 비례로 따지면 미국인 30만 명이 죽은 것과 같다. 신임 오바마 대통령은 꿀 먹은 벙어리였다〉라고 썼다.[5]

비례의 수사학은 성지에만 국한되지 않는다. 1988년에 제럴드 캐플런은 「토론토 스타*Toronto Star*」에 이렇게 썼다. 〈지난 8년간 분쟁의 양측에서 약 45,000명의 니카라과인들이 죽거나 다치거나 납치되었다. 비례로 따져 보면 이것은 캐나다인 30만 명 혹은 미국인 300만 명에 해당한다.)[6] 베트남 전쟁 시절 국방장관이었던 로버트 맥나마라는 1997년에 400만 명에 육박하는 베트남 사망자는 〈미국으로 따지면 2700만 명에 해당한다〉고 말했다.[7] 작은 나라에서 많은 사람이 불행한 일을 당하면, 논설가들은 재깍 계산기를 꺼내어 계산하기 시작한다. 미국인으로 따지면 몇 명이 죽은 셈일까?

이런 수치를 끌어내는 방법은 다음과 같다. 테러리스트에게 살해당한 이스라엘인 1,074명은 이스라엘 인구의 약 0.015%에 해당한다(2000년에서 2005년 사이 이스라엘 인구는 600만 명에서 700만 명 사이였다). 그러니 권위자들께서는 그보다 훨씬 더 큰 미국 인구 중 0.015%가 죽으면 대충 똑같은 규모의 충격이 될 거라고 생각한다. 그 수는 실제로 약 5만 명이다.

이런 생각은 그야말로 순수하기 그지없는 선형성 중심주의이다. 비례적 논증에 따르자면, 우리는 아래 그래프를 통해서 이스라엘인 1,074명에 해당하는 인구를 세계의 다른 어느 나라에 대해서든 확인할 수 있다.

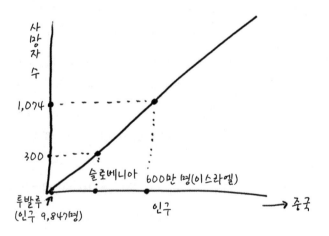

이스라엘 희생자 1,074명은 스페인인 7,700명이나 중국인 223,000명과 같지만, 슬로베니아인으로 따지면 300명밖에 안 되고 투발루인으로 따지면 한 명 아니면 두 명이다.

이런 추론은 결국에 가서는 (혹은 즉각?) 무너지기 마련이다. 만일 술집이 문 닫을 시각까지 남아 있던 두 남자 중 한 명이 다른 한 명을 흠씬 팼다고 해도, 그것이 곧 미국인 1억 5000만 명이 얼굴에 주먹을 맞은 것과 같다고 말할 수는 없다.

이건 어떤가. 1994년에 르완다 인구의 11%가 몰살당했을 때, 모든 사람들은 그것이 20세기의 가장 끔찍한 범죄 중 하나라는 데 동의했다. 그러나 우리는 그 유혈 사태를 〈1940년대 유럽의 맥락으로 옮기고 보면 홀로코스트보다 9배 더 심한 사건이었다〉라고 해설하진 않는다. 이렇게 설명했다가는 다들 몹시 불편해할 것이다.

수학에서는 꼭 지켜야 할 위생 법칙이 하나 있다. 어떤 수학 기법을 현장에 적용하여 시험할 때는 같은 계산을 다른 방식으로 여러 차례 반복하라는 것이다. 만일 그때마다 다른 답이 나온다면, 기법에 뭔가 문제가 있는 것이다.

예를 들어 보자. 2004년에 마드리드 아토차 기차역에서 폭탄이 터진 사건으로 거의 200명이 죽었다. 만일 그 배경이 미국 뉴욕의 그랜드센트럴 기차역이었다면, 얼마나 치명적인 사건이었을까?

미국 인구는 스페인 인구의 7배 가까이 된다. 그러니 스페인 사람 200명을 스페인 인구의 0.0004%라고 보면, 똑같은 규모의 공격으로 미국인은 1,300명이 죽었을 것이라는 계산이 나온다. 그런데 200명은 마드리드 인구로 따지면 0.006%에 해당한다. 인구가 그 2.5배인 뉴욕 시에 적용하면, 희생자 수는 463명이다. 아니면 마드리드 주와 뉴욕 주를 비교해야 하나? 그러면 600명쯤 될 것이다. 결론이 이렇게 여러 가지로 나온다는 것은 비례 기법에 뭔가 수상쩍은 점이 있다는 경고 신호이다.

물론, 비례를 완전히 거부할 수는 없다. 비례는 중요하다! 우리가 미국의 어느 지역에서 뇌종양이 제일 심각한지 알고 싶을 때, 단순히 뇌종양 사망자가 가장 많은 주를 살펴보는 것은 말이 되지 않는다. 그 결과는 캘리포니아, 텍사스, 뉴욕, 플로리다인데, 이 주들에서 뇌종양 사망자가 많은 것은 그저 이 주들에 인구가 많기 때문이다.[8] 스티븐 핑커는 인류 역사 내내 세상의 폭력성이 꾸준히 줄었다고 주장한 최근 베스트셀러 『우리 본성의 선한 천사*The Better Angels of Our Nature*』에서 비슷한 논점을 강조했다. 20세기는 강대국 정치에 휘말려 수많은 사람이 희생된 시기로 악명이 높다. 하지만 핑커는 나치, 소련, 중국 공산당, 식민지 권력자들은 비례로 따지자면 딱히 효율적인 학살자들이 아니었다고 주장한다. 그냥 요즘은 옛날보다 죽일 사람이 더 많은 것 뿐이라는 이야기다. 요즘 우리는 30년 전쟁과 같은 케케묵은 유혈 사태를 그다지 비통하게 느끼지 않는다. 하지만 그 전쟁은 지금보다 훨씬 더 작은 세상에서 벌어졌으며, 핑커의 추산에 따르자면 전 세계 인구 100명 중 1명을 죽인 꼴에 해당하는 사건이었다. 현재에 그런 일이 벌어진다면, 양차 세계 대전의 사망자를 더한 것보다 더 많은 7000만 명이 죽을 것이다.

그러니 우리는 비를 검토하는 것이 좋다. 전체 인구 중 몇 퍼센트가 죽었는가 하는 점을 검토해야 한다. 주마다 뇌종양 사망자 수를 세는 대신 매년 각 주에서 뇌종양으로 사망하는 사람의 비율이 얼마나 되는지를 계산해야 한다. 그러면 최고 등수 명단이 싹 달라진다. 사우스다코타가 매년 인구 10만 명 중 뇌종양 사망자 5.7명으로 전국 평균 3.4명을 훌쩍 넘어 달갑지 않은 일등을 차지하고, 그 뒤를 네브래스카, 알래스카, 델라웨어, 메인이 따른다. 뇌종양에 걸리고 싶지 않다면 이 주들은 피해야 할 것 같다. 그렇다면 어디로 이사해야 할까? 목록 아래로 내려가면 와이오밍, 버몬트, 노스다코타, 하와이, 컬럼비아 특별구가 있다.

그런데 이건 좀 이상하다. 왜 사우스다코타는 뇌종양의 중심지이고 노스다코타는 종양 자유 지역이란 말인가? 왜 버몬트에서는 안전하지만 메인에서는 위험하단 말인가?

답은 사우스다코타가 딱히 뇌종양을 일으키는 것도 노스다코타가 딱히 뇌종양을 예방하는 것도 아니라는 것이다. 맨 위 다섯 주들에게는 공통점이 있고, 맨 밑 다섯 주들에게도 공통점이 있다. 게다가 그 공통점은 같은데, 바로 사람이 별로 안 산다는 점이다. 맨 앞과 맨 끝을 차지한 아홉 주(와 하나의 특별구) 중에서 제일 큰 곳은 네브래스카인데, 네브래스카는 현재 미국에서 37번째로 인구가 많은 주의 자리를 놓고서 웨스트버지니아와 치열한 접전을 벌이고 있다. 아무래도 작은 주에 살면 뇌종양에 걸릴 위험이 더 높아지거나 더 낮아지거나 둘 중 하나인 걸까?[9]

그러나 그것 역시 말이 안 되기 때문에, 우리는 다른 설명을 찾아봐야 한다.

사태를 이해하기 위해서, 가상의 게임을 하나 해보자. 누가 동전을 잘 던지나 하는 게임이다. 게임은 간단하다. 한 무리의 동전을 던져서 앞면이 제일 많이 나오는 사람이 이기는 것이다. 그러나 게임을 재미있게 만들기 위해서, 모두에게 다 같은 수의 동전을 주진 않는다. 〈작은 팀〉에 속하는 사람들에게는 동전을 한 사람당 열 개만 주고, 〈큰 팀〉에 속하는 사람들에게는 백 개씩 준다.

만일 앞면이 나온 절대 숫자로 점수를 매긴다면, 한 가지 분명한 사실은 게임의 승자가 무조건 큰 팀에서 나올 것이라는 점이다. 큰 팀 선수들은 앞면이 대개 50번쯤 나올 텐데, 그것은 작은 팀 중에서 누구도 대적할 수 없는 수다. 작은 팀 선수가 백 명이라도 그중 최고 점수를 올린 사람의 수는 기껏해야 8 아니면 9일 것이다.*

이건 불공평하다! 큰 팀이 시작부터 조건이 너무 유리하지 않은가. 이

---

* 지금 이 문제를 정확하게 계산하진 않겠지만, 내 계산을 확인해 보고 싶은 사람은 〈이항 정리〉라는 용어로 검색해 보라.

보다 더 나은 방법이 있다. 절대 숫자로 점수를 매기는 대신 비율로 매기자. 그러면 두 팀이 공평한 조건에서 출발하겠지.

하지만 또 그렇지가 않다. 앞에서 말했듯이, 작은 팀 선수가 백 명이라면 그중 최소한 한 명쯤은 앞면이 8번 나올 것이다. 그 사람의 점수는 80%가 되는 셈이다. 큰 팀은? 큰 팀 선수들 중에서는 누구도 앞면이 80%나 나올 수 없다. 그야 그런 일이 물리적으로 불가능하진 않겠지만, 현실에서 벌어지진 않을 것이다. 결과가 그렇게까지 치우칠 확률이 합리적으로 존재하려면, 큰 팀 선수가 20억 명은 있어야 한다. 그것은 동전을 더 많이 던질수록 그 결과가 50대 50에 더 가까워지기 때문인데, 이것은 우리가 직관적으로도 충분히 이해할 수 있는 사실이다.

그리고 이 사실은 누구나 직접 확인해 볼 수도 있다! 그래서 내가 확인해 보았고, 결과는 다음과 같았다. 작은 팀 선수들을 시뮬레이션하기 위해서 한 번에 동전 10개씩 던진 결과, 앞면이 나온 횟수는 다음과 같았다.

4, 4, 5, 6, 5, 4, 3, 3, 4, 5, 5, 9, 3, 5, 7, 4, 5, 7, 7, 9 ……

큰 팀 선수들처럼 한 번에 백 개씩 던진 결과는 이랬다.

46, 54, 48, 45, 45, 52, 49, 47, 58, 40, 57, 46, 46, 51, 52, 51, 50, 60, 43, 45 ……

천 개씩 던진 결과는 이랬다.

486, 501, 489, 472, 537, 474, 508, 510, 478, 508, 493, 511, 489, 510, 530, 490, 503, 462, 500, 494 ……

좋다, 솔직히 말하자면 천 번씩 던지진 않았다. 컴퓨터에게 시뮬레이션을 시켰다. 누가 동전 천 개를 던지고 있을 시간이 있단 말인가?

J. E. 케리치에게는 그럴 시간이 있었다. 남아프리카 공화국의 수학자였던 그는 경솔하게도 1939년에 유럽을 방문했고, 그의 체류는 곧 예정에 없던 덴마크 포로수용소에서의 억류로 바뀌었다. 통계학적 정신이 부족한 수감자라면 수용소 벽에 날짜를 새기면서 시간을 때웠겠지만, 케리치는 그 대신 동전을 총 10,000번 던져서 앞면이 나오는 횟수를 기록했다.[10] 그 결과는 대충 이랬다.

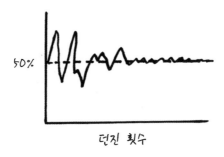

마치 보이지 않는 쥠쇠에 눌리기라도 하듯이, 동전을 많이 던지면 던질수록 앞면의 비율이 50%를 향해 가차없이 다가간다는 것을 알 수 있다. 내 시뮬레이션 결과에서도 같은 현상이 드러나 있다. 작은 팀을 시뮬레이션한 첫 번째 집합에서 앞면의 비율은 30%에서 90% 사이였다. 한 번에 백 개씩 던진 집합에서는 그 범위가 40%에서 60% 사이로 좁아졌고, 천 개씩 던진 집합에서는 46.2%에서 53.7% 사이로 더 좁아졌다. 무언가가 이 수들을 점점 더 50%에 가까워지도록 몰아붙이고 있는 것이다. 그리고 그 무언가는 〈큰 수의 법칙〉의 냉엄한 힘이다. 이 정리를 상세히 설명하진 않겠지만(하지만 끝내주게 아름답다!), 여러분은 대충 우리가 동전을 많이 던지면 던질수록 앞면이 80%나 나올 확률은 무진장 낮아진다는 뜻으로 이해하면 된다. 우리가 동전을 정말로 많이 던진다면, 앞면이 겨우 51%가 나올 가능성마저도 무진장 희박해진다! 동전을 열 번 던졌을 때 아주 불균형한 결과가 나오는 것은 대수롭지 않은 일이지만, 백 번을 던졌을 때 그만큼 불균형한 비율이 나온다면 우리는 깜짝 놀라며 누가 동전에 손을 써둔 게 아닌가 의심할 것이다.

어떤 실험을 무수히 반복하면 그 결과가 고정된 평균값으로 귀결하는 경향이 있다는 것은 최근에야 알려진 사실이 아니고, 확률에 관한 수학적 연구의 역사만큼이나 오래된 통찰이다. 일찍이 16세기에 지롤라모 카르다노가 이 원리를 형식적이지 않은 형태로 적시했는데, 다만 여기에 〈큰 수의 법칙〉이라는 간명한 이름을 붙인 사람은 1800년대 초의 시메옹 드니 푸아송이었다.

경관의 모자

18세기 초에는 이미 야코프 베르누이가 큰 수의 법칙을 정확하게 명제화하고 수학적으로 증명해 두었다. 이제 그것은 단순한 관찰이 아니라 정리였다.

그리고 그 정리는 우리의 큰 팀 대 작은 팀 게임이 공평하지 않다는 것을 알려 준다. 큰 수의 법칙 때문에 큰 팀 선수들의 점수는 늘 50%에 가까워지지만, 작은 팀 선수들의 점수는 훨씬 더 폭넓게 변한다. 그러나 작은 팀이 매번 게임을 이긴다고 해서 작은 팀이 동전 던지기를 더 〈잘한다〉고 결론짓는 것은 멍청한 짓이다. 작은 팀에서 최고 득점자만이 아니라 모든 선수들을 포함하여 앞면의 비율을 평균으로 내본다면, 그 값은 큰 팀과 다름없이 딱 50%쯤 될 것이다. 그리고 앞면이 가장 많이 나온 사람이 아니라 가장 적게 나온 사람을 찾아본다면, 갑자기 작은 팀이 동전 던지기를 못하는 것처럼 보일 것이다. 작은 팀 선수들 중 누군가는 앞면이 20%밖에 안 나온 사람이 있겠지만 큰 팀 선수들 중에는 그렇게 나쁜 점수가 나오는 사람이 없을 테니까. 앞면이 나온 절대 숫자로 점수를 매기면 큰 팀이 압도적으로 유리하지만, 비율을 쓰면 이번에는 작은 팀에게 심하게 유리해진다. 동전의 수가 적을수록, 통계 용어로 말하자면 표본 크기가 적을수록 앞면 비율의 변이가 커지는 것이다.

정치에 관한 여론 조사에서 응답한 유권자의 수가 적을수록 조사 결과의 신뢰성이 떨어지는 것도 마찬가지 효과이고, 뇌종양도 마찬가지다. 작은 주들은 표본 크기가 작다. 작은 주들은 우연의 바람에 속절없이 휘둘리는 가는 갈대와 같지만, 큰 주들은 거의 휘지 않는 우람한 떡갈나무와 같다. 뇌종양 사망자의 절대 숫자로 측정하면 큰 주들이 불리하지만, 최고 사망률을 측정하면(혹은 최저 사망률이라도 마찬가지다!) 작은 주들이 앞선다. 사우스다코타가 뇌종양 사망률이 제일 높은 편이고 노스다코타가 제일 낮은 편인 것은 그 때문이다. 러시모어 산이나 월드럭 쇼핑몰에 뭔가 뇌에 해로운 것이 있어서 그런 게 아니다. 인구가 적을수록 변이가 더 크게 나타나는 법이기 때문이다.

여러분은 비록 자각하지 못했을지라도 이미 이 수학적 사실을 알고 있다. NBA에서 제일 정확한 슈터는 누구일까? 2011~2012년 시즌 중에는 한 달 동안 다음 다섯 선수가 공동으로 리그 최고의 득점 성공률을 올렸다. 아먼 존슨, 디안드레 리긴스, 라이언 리드, 하심 타비트, 로니 투리아프.

누구라고?

바로 그게 핵심이다. 이들은 NBA 최고의 다섯 슈터가 아니었다. 이들은 거의 경기에 나서지 않은 선수들이었다. 가령 아먼 존슨은 포틀랜드 트레일 블레이저스의 시합 딱 하나에 출전했을 뿐이고, 슛을 딱 하나 던졌으며, 그것이 들어갔다. 목록의 다섯 명은 총 13개의 슛을 던졌고 모두 명중시켰다. 작은 표본은 변이가 더 크므로, NBA의 최고 슈터는 늘 숫을 몇 번 던지지 않았으나 매번 운이 좋았던 사람이 될 것이다. 전 경기에 출전한 선수들 중 순위가 제일 높은 선수는 같은 기간에 202개의 숫을 던져 그중 141개를 넣은 닉스의 타이슨 챈들러였는데, 우리는 그보다 아먼 존슨이 더 정확한 슈터라고는 절대로 말하지 않을 것이다.*
(여기에 의문이 든다면 존슨의 2010~2011년 시즌을 보면 되는데, 그 기간에 그는 꾸준히 45.5%라는 평범한 성공률을 기록했다.) 보통의 최고 선수 랭킹에 아먼 존슨 같은 선수들이 등장하지 않는 것은 그 때문이다. NBA는 출전 시간이 일정 기준을 넘는 선수들만 랭킹에 올린다. 그러지 않으면 표본 크기가 작은 무명의 파트타임 선수들이 목록을 장악할 테니까.

하지만 모든 랭킹 체계가 큰 수의 법칙을 감안하도록 정량적으로 현명하게 짜여진 것은 아니다. 성적 책임제 시대를 맞은 다른 많은 주처럼, 노스캐롤라이나는 표준화된 시험에서 좋은 성적을 거두는 학교에게 보상을 주는 프로그램을 실시했다. 모든 학교들은 매년 봄 시험에서 학생들의 평균 점수가 지난 해에 비해 얼마나 향상되었는지에 따라 평가를 받는다. 이 기준에서 상위 25등에 든 학교들은 체육관에 내걸 현수막과 주변 동네들에게 뻐길 권리를 얻는다.

이런 경쟁에서 누가 이길까?[11] 1999년에 〈종합 성적〉 91.5점을 거두어 우승한 학교는 노스윌크스버러의 C. C. 라이트 초등학교였다. 이 학교의 학생수는 418명으로, 주 전체 초등학교들의 평균 학생수가 500명 가까이 되는 데 비해 적은 편이었다. 라이트 초등학교를 바싹 뒤따른 학교는 90.9점을 기록한 킹스우드 초등학교와 90.4점을 기록한 리버사이드 초등학교였다. 킹스우드의 학생수는 고작 315명이었고, 뉴랜드의 애

---

* 슈팅 성공률은 물론 어떤 형태의 숫을 바스켓에 공을 넣는 고유의 기술로서 선택할 것인가 하는 문제에도 좌우된다.[12] 신장이 커서 주로 레이업 숫이나 덩크 숫을 쏘는 선수들은 기본 조건이 아주 유리하다. 하지만 이것은 이 책의 논점과는 무관한 이야기이다.

팔래치아 산 속 작은 학교인 리버사이드는 161명에 불과했다.

노스캐롤라이나 성적 심사에서 상위를 휩쓴 학교들은 대체로 작은 학교들이었다. 토머스 케인과 더글러스 스타이거의 조사에 따르면,[13] 주에서 가장 작은 학교들 중 28%가 조사 기간인 7년 동안 한 번쯤은 상위 25등에 든 데 비해 나머지 학교들 중에서는 7%만이 체육관에 현수막을 내걸 수 있었다.

작은 학교는 선생들이 모든 학생들과 그 가족들을 잘 알고 개개인에게 맞는 가르침을 줄 수 있어서 시험 점수가 잘 나온 것 아니냐고?

그렇다면 케인과 스타이거의 논문 제목이 〈부정확한 성적 책임제 측정 기법의 전망과 함정〉임을 밝혀야겠다. 작은 학교들이 평균적으로 유의미하게 더 높은 점수를 거두는 경향은 없었다는 사실, 그리고 〈지원팀〉(이라고 쓰고 주 당국으로부터 낮은 점수에 대한 질책을 받는 일이라고 읽는다)을 배정받는 학교들 또한 작은 학교가 압도적으로 많았다는 사실도 함께 말이다.

한마디로, 아먼 존슨이 리그 최고의 정확도를 자랑하는 슈터가 아닌 것처럼 우리가 아는 한 리버사이드 초등학교는 노스캐롤라이나 최고의 초등학교가 아니다. 작은 학교들이 상위 25등을 휩쓴 것은 그들이 잘해서가 아니라 시험 점수에서 더 큰 변이를 드러내기 때문이다. 작은 학교에서는 천재가 몇 명 나타나거나 3학년 중 농땡이 치는 학생이 몇 명만 나타나도 학교 평균이 크게 흔들리는 데 비해, 큰 학교에서는 소수의 극단적인 점수들이 미치는 영향이 큰 평균에 녹아들기 때문에 전체 점수를 거의 움직이지 못한다.

간단한 평균만으로는 안 된다면, 어느 학교가 잘하고 어느 주가 뇌종양에 취약한지를 어떻게 알까? 당신이 많은 팀을 관리하는 책임자라면, 작은 팀들이 랭킹 맨 위와 맨 밑을 점령할 가능성이 높은 상황에서 어떻게 팀들의 실적을 정확하게 평가할까?

유감스럽게도 쉬운 답은 없다. 만일 사우스다코타처럼 작은 주에 뇌종양이 갑자기 만연한다면, 우리는 그 급등이 주로 운 때문일 것이라고 판단하고 앞으로는 뇌종양 사망률이 전국 평균에 좀 더 가깝게 떨어지리라고 예상할 것이다. 이런 판단은 전국 사망률을 기준으로 사우스다코타의 사망률에 대한 모종의 가중 평균을 계산함으로써 내릴 수 있다. 하지만 어떻게 두 수에 적절한 가중을 부여할까? 이것은 기술적인 계산이 적잖이 투입되는 내용이기 때문에, 여기에서 더 자세히 설명하진 않겠다.[14]

이와 관련된 사실 하나를 처음 발견한 사람은 현대 확률 이론의 초창기에 기여한 아브라함 드 무아브르였다. 그가 1756년에 쓴 『확률의 원칙 *The Doctrine of Chances*』은 이 주제에 관한 핵심 교과서였다(수학적 발전을 대중화하는 일은 당시에도 활기찬 산업이었다. 카드 게임의 권위자였던 에드먼드 호일은 그 권위가 어찌나 대단했던지 요즘까지도 〈호일에 따르면〉이라는 관용구가 쓰일 정도인데, 그가 도박꾼들에게 새로운 이론을 가르쳐 주려고 쓴 책의 제목은 〈평범한 산수만을 이해하는 사람들도 확률의 원칙을 쉽게 배울 수 있는 책, 연금에 관한 유용한 표들도 곁들여져 있음〉이었다).

드 무아브르는 동전을 많이 던질수록 앞면의 비율이 50%에 점점 더 가까워진다고 말하는 큰 수의 법칙에 만족하지 않았다. 그는 정확히 얼마나 더 가까워지는지 알고 싶었다. 그가 발견한 사실을 이해하기 위해서, 동전 던지기 게임의 사례로 돌아가 보자. 그런데 이제 앞면이 나온 총 수가 아니라 실제 앞면이 나온 수와 우리가 예상했던 수, 즉 전체의 50%가 앞면이 나오는 경우와의 차이를 기록해 보자. 달리 말해, 앞면과 뒷면이 완벽하게 반반씩 나온 경우로부터 얼마나 멀리 벗어났는지를 측정하자.

열 번씩 던졌던 집합의 계산은 이렇다.

1, 1, 0, 1, 0, 1, 2, 2, 1, 0, 0, 4, 2, 0, 2, 1, 0, 2, 2, 4 ……

백 번씩 던졌던 집합은 이렇다.

4, 4, 2, 5, 2, 1, 3, 8, 10, 7, 4, 4, 1, 2, 1, 0, 10, 7, 5 ……

천 번씩 던졌던 집합은 이렇다.

14, 1, 11, 28, 37, 26, 8, 10, 22, 8, 7, 11, 11, 10, 30, 10, 3, 38, 0, 6 ……

절대 숫자로 따지면 동전 던지는 횟수가 늘어날수록 50대 50과의 차이도 커지지만, 총 횟수에서의 비율로 따지자면 (큰 수의 법칙에 따라) 차이가 점점 작아진다. 드 무아브르는 이때 전형적인 차이값은* 동전을 던진 횟수의 제곱근에 좌우된다는 것을 알아차렸다. 동전을 이전보다 100배 더 많이 던지면 전형적인 차이값은 이전보다 10배 더 커지는 것이다. 적어도 절대 횟수로는. 한편 총 던진 횟수에 대한 비율로 따지자면, 횟수가 늘어날수록 차이가 줄어든다. 동전 던진 횟수의 제곱근이 커지는 속도는 동전 던진 횟수 자체가 커지는 속도보다 훨씬 느리기 때문이다. 동전을 천 번 던지는 사람은 정확히 반반보다 앞면이 38번이나 더 많이 나오는 결과를 이따금 얻겠지만, 그것을 전체 던진 횟수에 대한 비율로 바꿔보면 50대 50으로부터 겨우 3.8% 멀어진 것에 불과하다.

드 무아브르의 관찰은 정치 관련 여론 조사에서 표준 오차를 계산하는 원리와 같다. 만일 우리가 여론 조사에서 오차 한계를 기존의 절반으로 낮추고 싶다면, 기존보다 네 배 더 많은 사람을 조사하면 된다. 그리

---

* 전문가라면 내가 〈표준 편차〉라는 표현을 쓰지 않으려고 애쓴다는 사실을 눈치 챘을 것이다. 전문가가 아니지만 더 알고 싶은 사람은 〈표준 편차〉라는 용어를 찾아보라.

고 동전 던지기에서 앞면이 더 많이 나온 결과에 대해서 우리가 얼마나 놀라워해야 적당한지 알고 싶다면, 그 결과가 50%로부터 몇 제곱근만큼 떨어져 있는지를 살펴보면 된다. 100의 제곱근은 10이므로, 동전을 100번 던져서 앞면이 60번 나왔다면, 50대 50으로부터 정확히 한 제곱근만큼 벗어난 셈이다. 1,000의 제곱근은 약 31이므로, 동전을 1,000번 던져서 앞면이 538번 나왔다면 앞의 경우보다 좀 더 놀라운 결과인 셈이다. 앞의 경우에는 앞면이 60% 나왔고 뒤의 경우에는 53.8%만 나왔는데도 그렇다.

드 무아브르는 여기에서 그치지 않았다. 그는 50대 50으로부터 벗어나는 차이값들이 결국에는 늘 완벽한 종형 곡선, 혹은 업계에서 쓰는 표현으로 말하자면 정규 분포를 따르는 경향이 있다는 것을 발견했다(통계학의 개척자였던 프랜시스 이시드로 에지워스는 이 곡선을 경관의 모자라고 부르자고 제안했는데,[15] 그의 제안이 살아남지 못한 것이 나로선 퍽 아쉽다).

종형 곡선(혹은 경관의 모자)은 가운데가 높고 가장자리로 갈수록 납작해진다. 이것은 차이가 0에서 멀어질수록 그런 사건이 발생할 가능성이 낮아진다는 뜻이다. 더구나 그 정도까지 정확하게 계량된다. 내가 동전을 N개 던진다면, 앞면이 50% 나오는 결과로부터 최대 N의 제곱근만큼 멀어질 확률은 약 95.45%이다. 1,000의 제곱근은 약 31이다. 앞에서 내가 동전을 천 번씩 던지는 시험을 했을 때도 총 20번 시도 중 18번, 즉 90%는 앞면이 500개 나오는 경우와의 차이가 31개 이내인 경우였다. 내가 게임을 계속한다면, 앞면이 469개에서 531개 사이로 나오는 경우의 비는 점점 더 95.45%에 다가갈 것이다.*

꼭 이런 일이 벌어지도록 만드는 어떤 힘이 작용하는 것 같지 않은가?

---

* 정확히 말하면 이보다 약간 더 작은 95.37%에 가깝다. 1,000의 제곱근은 정확히 31이 아니고 그보다 약간 더 크기 때문이다.

드 무아브르도 그렇게 느꼈을지 모른다. 여러 기록을 보자면, 그는 반복된 동전 던지기에 나타나는 규칙성, 나아가 확률에 구속되는 다른 모든 실험들은 신의 손길이 닿은 결과라고 여겼던 것 같다. 신의 손길이 동전, 주사위, 삶의 단기적 불규칙성을 불변의 법칙과 해독 가능한 공식에 좌우되어 충분히 예측 가능한 장기적 행위로 바꿔 놓는다는 것이다.[16]

경란

이런 느낌은 위험하다. 왜냐하면 일단 우리가 신이든 행운의 여신이든 락슈미이든 뭔가 초월적인 존재가 절반은 앞면이 나오도록 손쓴다고 믿는다면, 우리는 이른바 평균의 법칙이란 것도 믿게 되기 때문이다. 평균의 법칙이란 앞면이 연속으로 다섯 번 나왔으면 다음 번에는 틀림없이 뒷면이 나올 것이라는 생각, 아들을 연달아 셋 낳았으면 다음은 틀림없이 딸일 것이라는 생각이다. 드 무아브르도 우리에게 아들만 연속으로 넷 낳는 것처럼 극단적인 결과가 나올 가능성은 지극히 낮다고 말하지 않았던가? 물론 그는 그렇게 말했고, 그런 사건은 실제로 드물다. 하지만 일단 당신이 아들을 셋 낳았다면, 네 번째로 아들을 낳을 가능성은 결코 낮지 않다. 그 가능성은 첫 자식이 아들일 가능성과 똑같다.

첫눈에는 이 현상이 큰 수의 법칙과 모순되는 것처럼 보일 수도 있다. 큰 수의 법칙은 자식들이 절반은 사내아이로 절반은 여자아이로 양분되도록 밀어붙일 테니까.* 하지만 이 모순은 착각일 뿐이다. 동전을 예로 들면 이해하기 쉽다. 내가 동전을 던지기 시작해서 연속으로 열 번이나 앞면이 나왔다고 하자. 그러면 어떻게 될까? 글쎄, 확실한 가능성은 내가 동전에 뭔가 속임수가 있지 않나 의심하게 되는 것이다. 이 주제는 2부에서 다시 살펴보겠지만, 어쨌든 지금은 동전에 속임수가 없다고 가정하자. 그렇다면 큰 수의 법칙에 따라, 내가 동전을 많이 던지면 던질수록 앞면의 비율은 50%에 다가가야 한다.

이 대목에서 우리의 상식은 다음 번에는 뒷면이 나올 가능성이 약간 더 높을 것이라고 말해 준다. 그래야 기존의 불균형이 바로잡힐 테니까.

그러나 상식이 그보다 더 단호하게 말해 주는 바, 동전은 내가 던졌던 지난 열 번의 결과를 전혀 기억하지 못한다!

긴장을 오래 조성하진 않겠다. 거두절미하고, 두 번째 상식이 옳다. 평균의 법칙은 썩 잘 지은 이름이라고 할 수 없는데, 왜냐하면 법칙이란 무릇 참을 말하는 것이지만 이 법칙은 거짓이기 때문이다. 동전에게는 기억이 없다. 따라서 다음 번 동전을 던졌을 때 앞면이 나올 가능성은 여느 때와 마찬가지로 50대 50이다. 총 비율이 50%로 다가간다고 해서, 운명의 손길이 이미 나온 앞면을 상쇄하고자 다음에는 뒷면을 선호한다는 뜻은 아니다. 다만 내가 동전을 더 많이 던질수록 지난 열 번의 시도가 점점 덜 중요해질 뿐이다. 만일 내가 동전을 추가로 천 번 더 던져서 그중 절반쯤 앞면이 나온다면, 전체 1,010번의 시도 중에서 앞면의 비율은 50%에 가까워진다. 바로 이것이 큰 수의 법칙이 작동하는 방식이다. 큰 수의 법칙은 이미 벌어진 일에 대해서 균형을 맞추는 것이 아니라, 비

---

* 실제로는 남자아이가 51.5%, 여자아이가 48.5%로 태어나지만, 누가 그것까지 헤아리겠는가?

율로 따져서 과거의 횟수가 무시해도 좋을 만큼 작아질 때까지 새로운 데이터를 더함으로써 이미 벌어진 일을 희석한다.

생존자들

동전과 시험 점수에 적용되는 법칙은 대량 학살과 인종 청소에도 적용된다. 우리가 어떤 유혈 사태의 규모를 국가 인구 중 사망자 비율로 평가한다면, 최악의 사건은 작은 나라들에 집중되는 경향이 있을 것이다. 매슈 화이트는 건전한 악취미라 할 수 있는 『끔찍한 것들을 모두 담은 책Great Big Book of Horrible Things』을 쓰면서 20세기 유혈 사태들을 그런 기준으로 평가하여 순위를 매겨 보았는데, 그 결과 상위 3등은 독일 식민주의 지배자들이 나미비아의 헤레로 족을 학살했던 사건, 캄보디아에서 폴 포트가 저질렀던 학살, 레오폴트 왕이 콩고에서 벌였던 전쟁이 차지했다.[17] 히틀러, 스탈린, 마오쩌둥이 엄청난 인구를 제거했던 사건들은 순위에 들지 못했다.

이처럼 적은 인구가 높은 순위를 차지하는 편향은 우리에게 까다로운 문제를 일으킨다. 그렇다면 우리가 이스라엘, 팔레스타인, 니카라과, 스페인의 사망자 기사를 읽었을 때 그것이 얼마나 고통스러운 경험인지를 우리 자신에게 비추어 계산해 보는 수학적 방법은 없단 말인가?

내가 생각하기에는 꽤 합리적인 경험적 법칙이 하나 있다. 재난의 규모가 너무나 커서 〈생존자〉를 논할 만한 수준일 때는 그 사망자 수를 총인구 대비 비율로 계산해도 괜찮다는 것이다. 우리가 르완다 집단 학살에서 살아남은 생존자를 논할 때, 그것은 르완다에 살고 있는 투치 족 사람 중 누구라도 될 수 있다. 따라서 집단 학살로 투치 족 인구의 75%가 죽었다고 말하는 것은 충분히 말이 되는 얘기다. 또한 이 경우에는 투치 족이 겪은 일을 〈스위스에 적용할 경우〉 스위스 인구의 75%가 죽은 대재앙을 상상하면 된다고 말하는 것이 타당한 얘기다.

그러나 시애틀 시민 중 임의의 한 명을 세계 무역 센터 테러의 〈생존자〉라고 부르는 것은 우스울 것이다. 그렇다면 세계 무역 센터의 사망자 수를 미국 총 인구 대비 비율로 계산해 보는 것은 그다지 유용하지 않다. 그날 세계 무역 센터에서 죽은 사람은 미국 인구 10만 명 중 한 명 꼴, 즉 0.001%에 불과하다. 이처럼 0에 한없이 가까운 수는 우리가 직관적으로 이해할 수 없다. 우리는 그런 비율이 어떤 의미인지를 직관적으로 느끼지 못한다. 따라서 세계 무역 센터 테러를 스위스로 옮기면 스위스 인구의 0.001%, 즉 80명이 죽는 대량 살인에 해당한다고 말하는 것은 위험천만한 얘기다.

절대 숫자도 안 되고 비율도 안 된다면, 잔혹한 사건들의 등수를 어떻게 매겨야 할까? 서로 명백하게 비교할 수 있는 사건들도 있다. 르완다 집단 학살은 9/11보다 심하고, 9/11은 콜럼바인 총기 난사 사건보다 심하고, 콜럼바인 사건은 한 행인이 음주 운전자의 차에 치어 죽은 사건보다 분명 더 심하다. 반면에 시간과 공간이 멀찍이 떨어진 사건들은 서로 비교하기가 어렵다. 30년 전쟁은 정말 제1차 세계 대전보다 더 치명적이었을까? 끔찍하리만치 신속했던 르완다 집단 학살과 지리하고 잔혹하게 이어졌던 이란-이라크 전쟁을 비교하면 어떨까?

대부분의 수학자들은 역사의 재난들과 잔혹한 사건들은 이른바 반(半)순서 집합에 해당한다고 말할 것이다. 어떤 쌍들은 유의미하게 비교할 수 있지만 어떤 쌍들은 유의미하게 비교할 수 없다는 말을 복잡하게 표현한 것이다. 이것은 사망자 수를 정확하게 셀 수 없어서가 아니고, 폭탄에 맞아 죽는 것과 전쟁으로 인한 기근으로 굶어 죽는 것 중 상대적으로 무엇이 나은지에 대해서 확실한 의견을 세울 수 없어서도 아니다. 이것은 한 전쟁이 다른 전쟁보다 더 심했는가 아닌가 하는 질문은 한 수가 다른 수보다 더 큰가 아닌가 하는 질문과는 근본적으로 다르기 때문이다. 후자의 질문에는 늘 답이 있지만, 전자는 그렇지 않다. 만일 테러리스트의 폭탄에 26명이 죽은 것이 어떤 규모인지 가늠하고 싶다면, 지구를 반 바퀴 돌아 다른 도시로 갈 것이 아니라 그냥 당신이 사는 도시에서 26명이 테러리스트의 폭탄에 죽은 상황을 상상하라. 이 계산은 수학적으로나 도덕적으로나 나무랄 데 없으며, 계산기를 쓸 필요도 없다.

5장
접시보다 큰 파이

비율은 이보다 더 단순하고 덜 모호해 보이는 사례에서도 우리를 오도할 수 있다.

경제학자 마이클 스펜스와 샌딜 흘라치와요가 최근 발표한 보고서는 미국의 일자리 창출에 관하여 충격적인 그림을 보여 주었다.[1] 미국이 산업 대국이라는 생각, 미국의 공장들이 밤낮으로 맹렬하게 돌아가면서 전 세계가 요구하는 제품을 생산하고 있다는 생각은 전통적이고 기분 좋은 생각이다. 그러나 오늘날의 현실은 다르다. 1990년에서 2008년까지 미국 경제의 순 일자리 창출 개수는 2730만 개였다. 그런데 이 중 98%인 2670만 개는 이른바 〈비교역 부문〉에서 생겨났다. 이것은 정부, 의료, 소매, 식품업 등을 포함하는 경제 부문을 말하는데, 이런 산업들은 아웃소싱될 수 없고 해외로 수출할 제품을 생산하지도 않는다.

이 숫자는 최근의 미국 산업에 관해서 중요한 이야기를 들려주기 때문에, 『이코노미스트 *The Economist*』부터[2] 빌 클린턴이 최근에 낸 책까지[3] 여러 곳에서 두루 인용되었다. 하지만 우리는 이 숫자의 뜻을 이해할 때 조심성을 발휘해야 한다. 98%는 100%에 아주아주 가깝다. 그렇다면 이 조사 결과는 경제 성장이 가능한 수준에서 최대한까지 비교역 부문에 집중되었다는 뜻일까? 그런 말처럼 들리지만, 실제는 꼭 그렇지만은 않다. 1990년에서 2008년까지 교역 부문에서 새로 생긴 일자리가 62만 개에 불과한 것은 사실이다. 그러나 자칫하면 그보다 더 나쁠 수도 있었다. 일자리가 오히려 줄 수도 있었다! 2000년에서 2008년까지가 그랬다. 그 기간 중 교역 부문의 일자리는 약 300만 개가 줄었고, 비교역 부문은 700만 개가 늘었다. 따라서 비교역 부문은 총 증가량 400만 개 중 700만 개를 차지했으니 175%를 차지한 셈이다!

여기에서 우리가 새겨야 할 표어는 다음과 같다.

수가 음수가 될 수 있는 상황에서는 퍼센트를 논하지 말라.

이것은 지나치게 조심스러운 조치로 보일지도 모른다. 음수도 수인 만큼 얼마든지 다른 수처럼 곱하고 나눌 수 있는 것 아닌가. 하지만 이 사실조차 언뜻 보기만큼 그렇게 사소한 문제는 아니다. 우리의 옛 수학자 선배들에게는 음수가 수라는 사실이 전혀 당연하지 않았다. 누가 뭐라 해도 음수는 양수처럼 구체적인 어떤 양을 표현하는 수가 아니다. 내 손에 사과 7개를 쥘 수는 있어도 -7개를 쥘 수는 없지 않은가. 카르다노나 프랑수아 비에트 같은 16세기 위대한 대수학자들은 음수 곱하기 음수가 양수냐를 놓고 격렬하게 다퉜다. 정확히 말해, 그들도 일관성에 따르자면 그래야만 한다는 것을 이해하긴 했지만 그것이 증명된 사실인지 단순히 표기상 편의에 지나지 않는지를 두고 의견이 갈렸다. 카르다노는 자신이 풀던 방정식에서 여러 해 중 하나로 음수가 나오면 그 거슬리는 해를 픽타, 즉 가짜 해라고 불렀다.[4]

이탈리아 르네상스 수학자들의 논증은 가끔 그들의 신학만큼이나 난해하고 부적절하게 느껴진다. 그러나 음수가 가령 퍼센트 계산과 같은 산술 조작과 결합되면 뭔가 우리의 직관을 혼선시키는 측면이 생겨난다는 생각만큼은 틀리지 않았다. 내가 앞에서 제시한 표어를 무시한다면, 온갖 괴상한 모순들이 솟아나기 시작한다.

예를 들어 보자. 나는 커피숍을 운영한다. 슬프게도 사람들은 내 커피를 사주지 않는다. 지난달에 나는 그 사업 부문에서 500달러 적자를 냈다. 그런데 다행히도 나는 선견지명이 있어서 패스트리와 CD를 파는 진열장도 설치해 두었고, 두 부문에서 각각 750달러씩 수익이 났다.

이달에 나는 총 1,000달러를 벌었고 그중 75%는 패스트리에서 나온 셈이다. 그렇다면 패스트리야말로 현재 내 사업의 원동력이고 내 이익의 거의 전부는 크루아상에서 나오는 것 같다. 문제는 이익의 75%가 CD 판매에서 나왔다고 말해도 역시 옳은 말이라는 점이다. 그리고 만일 내가 커피에서 1,000달러를 더 잃었다고 가정한다면, 총 이익은 0이므로 패스트리는 그중 무한대 퍼센트를 차지하는 셈이다!* 〈75%〉는 〈거의 전부〉를 뜻하는 것처럼 들리지만, 이익처럼 양수가 될 수도 있고 음수가 될 수도 있는 수를 다룰 때는 전혀 다른 뜻을 띨 수 있다.

이런 문제는 지출, 수입, 인구처럼 양수만 가능한 수를 다룰 때는 결코 발생하지 않는다. 만일 미국인의 75%가 비틀즈에서 제일 귀여운 멤버를 폴 매카트니라고 생각한다면, 또 다른 75%가 링고 스타를 찍는 일은 있을 수 없다. 링고와 조지**와 존이 나머지 25%를 나눠 가져야 한다.

이런 현상은 일자리 데이터에서도 확인된다. 스펜스와 흘라치와요는 약 60만 개 일자리가 금융 및 보험 부문에서 창출되었음을 지적할 수도 있었을 텐데, 그것은 교역 부문에서 창출된 총 일자리의 거의 100%에 달한다. 그러나 그들은 그 점을 지적하지 않았다. 같은 기간 동안 경제의 다른 부문은 성장하지 않았다는 착각을 독자들에게 일으키고 싶지 않았기 때문이다. 여러분도 기억할 테지만, 미국 경제에는 1990년에서 현재까지 지속적으로 많은 일자리를 만들어 온 부문이 적어도 하나 더 있다. 〈컴퓨터 시스템 설계 및 관련 서비스〉라고 분류된 부문이다. 이 부문은 일자리가 세 배로 늘어, 혼자서 100만 개가 넘는 일자리를 창출했

---

* 경고: 자격 있는 수학자가 곁에 없을 때는 절대 0으로 나누지 마시오.
** 실제 비틀즈에서 제일 귀여운 멤버.

다. 금융과 컴퓨터 부문이 창출한 일자리를 더하면 전체 교역 부문이 창출한 일자리 62만 개를 훌쩍 넘어서지만, 그 증가량은 제조업에서의 큰 감소로 상쇄되었던 것이다. 우리가 조심하지 않는다면, 양수와 음수의 결합은 금융 산업 혼자서 교역 부문의 일자리를 다 창출했다는 틀린 이야기를 들려주게 될지 모른다.

스펜스와 홀라치와요의 보고서에는 크게 반대할 구석은 없다. 비록 수백 가지 산업을 다 합한 총 일자리 증가량이 음수가 될 수는 있어도, 정상적인 경제 환경에서 충분히 긴 시간을 두고 본다면 양수일 가능성이 지극히 높기 때문이다. 인구는 대재난이 없다면 성장하기 마련이고, 일자리의 절대 숫자는 그에 따라 늘어나는 경향이 있다.

그러나 모든 퍼센트 계산가들이 두 사람처럼 세심한 것은 아니다. 2011년 6월, 공화당 위스콘신 지부는 주지사 스콧 워커의 일자리 창출 기록을 자랑하는 보도 자료를 냈다. 그 달은 미국 경제가 허약했던 또 하나의 시기로, 전국 일자리 증가량이 18,000개에 불과했다. 그러나 위스콘신 주의 고용 상황은 훨씬 나아 보였다. 순 일자리 증가량이 9,500개였던 것이다. 보도 자료는 〈6월 전국 일자리 증가량의 50퍼센트 이상이 우리 주에서 발생했다〉고 뻐겼다.[5] 공화당 정치인들은 이 주장을 널리 퍼뜨렸다. 가령 하원 의원 짐 센센브레너는 밀워키 교외 지역의 청중에게 〈지난주 나온 일자리 보고서에 따르면, 전국에서 일자리가 고작 18,000개 창출되었으나 그중 절반이 여기 위스콘신에서 생성되었습니다. 우리가 이곳에서 하는 작업이 효과가 있는 게 분명합니다〉라고 말했다.[6]

이것은 우리가 순 일자리 증가량처럼 양수도 될 수 있고 음수도 될 수 있는 수를 퍼센트로 보고할 때 자칫 빠지기 쉬운 궁지를 보여 주는 완벽한 사례이다. 위스콘신이 9,500개의 일자리를 더한 것은 당연히 좋은 일이다. 하지만 민주당 주지사 마크 데이턴을 둔 이웃 미네소타는 같은 달에 13,000개가 넘는 일자리를 창출했다.[7] 텍사스, 캘리포니아, 미시간,

매사추세츠도 위스콘신의 증가량을 앞질렀다. 그 달에 위스콘신이 성과가 좋았던 것은 분명하지만, 공화당의 메시지가 암시하는 것처럼 전국의 다른 주들을 다 합한 것만큼 전체에 크게 기여한 것은 아니었다. 실제 현실은 다른 주들의 일자리 감소량이 위스콘신, 매사추세츠, 텍사스 같은 주들에서 창출된 양을 거의 정확히 상쇄했던 것이다. 그 때문에 위스콘신 주지사는 자기 주가 전국 일자리 증가량의 절반을 차지했다고 주장할 수 있었던 것이고, 만일 미네소타 주지사도 그렇게 말하고 싶었다면 자기 주가 전체의 70%를 차지했다고 주장할 수 있었을 것이다. 그 경우 두 사람은 기술적으로는 정확하지만 근본적으로는 오해를 부르는 방식으로 둘 다 옳았을 것이다.

혹은, 스티븐 래트너가 최근 「뉴욕 타임스New York Times」에 쓴 사설을 보자.[8] 래트너는 토마 피케티, 에마뉘엘 사에즈 같은 경제학자들의 연구를 활용하여 현재 미국의 경제 회복이 불공평하게 분배되고 있다고 주장했다.

새로운 통계는 부자들과 나머지 국민들의 부가 점점 더 심하게* 갈라지고 있다는 것을 보여 주며, 우리가 이 괴로운 문제를 해결해야 할 필요성도 점점 더 심각해지고 있다는 것을 보여 준다. 소득 불평등에는 이제 이골이 난 것처럼 보이는 이 나라에서도 이 연구 결과는 충격적이다.

미국이 불황에서 꾸준히 회복되던 2010년, 전년인 2009년에 비해 증가한 전국 소득의 무려 93퍼센트(2880억 달러)가 소득이 352,000달러 이상인 소득 최상위 1퍼센트의 납세자들에게 돌아갔다. ……인플레이션을 감안하여 조정할 경우, 하위 99%는 2010년에 일인당 고작 80달러의

---

* 수학적 잘난 척: 어떤 현상이 〈점점 더 심해진다〉고 주장하려면, 단순히 그 현상이 심하다는 것을 보여 주기만 해서는 안 되고 그 심한 정도가 점점 더 커진다는 것까지 보여 주어야 한다. 사설은 이 문제를 논하지 않았다.

소득 증가를 보인 셈이다. 평균 소득이 1,019,089달러인 상위 1퍼센트는 11.6퍼센트의 소득 증가를 보였다.

기사에는 소득 증가량을 더 세분화하여 보여 주는 예쁜 인포그래픽도 딸려 있었다. 기사는 최상위 0.01%의 떼부자들에게 총소득 증가량의 37%가, 상위 1%의 나머지 구성원들에게 56%가, 인구의 나머지 99%에게는 겨우 7%가 돌아갔다고 말했다. 간단히 파이 도표를 그리면 이렇게 된다.

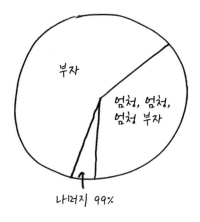

이제 파이를 한 번 더 잘라, 상위 1%가 아니라 10%를 살펴보자. 여기에는 가정의들, 엘리트가 아닌 변호사들, 엔지니어들, 중상층 관리자들이 포함된다. 이들의 몫은 얼마나 될까? 피케티와 사에즈가 친절하게도 온라인에 올려 둔 데이터에서 찾아보면 된다.[9] 그런데 결과가 좀 이상하다. 이런 미국인들의 2009년 평균 소득은 약 159,000달러였는데, 2010년에는 더 늘어 161,000달러를 약간 넘었다. 제일 부유한 최상위 1퍼센트에 비하면 소박한 증가량이지만, 그래도 2010년에서 2011년 사이 총소득 증가량의 17%를 차지하는 규모이다.

이 17%를 상위 1퍼센트 인구가 차지한 93%와 함께 파이에 끼워 넣어 보자. 그러면 파이가 접시에서 넘친다.

93%와 17%를 더하면 100%가 넘으니까. 어떻게 이럴 수 있을까? 이 것은 경제가 회복되었다고 해도 하위 90%의 사람들은 2010년보다 2011년에 평균 소득이 오히려 줄었기 때문이다. 음수를 섞으면 퍼센트가 요상해지는 것이다.

피케티-사에즈 데이터에서 다른 연도를 살펴보아도 똑같은 패턴이 거듭 등장한다. 가령 1992년에는 전국 소득 증가량의 131%를 소득 상위 1% 인구가 거둬들였다! 아주 인상적인 수치이기는 하지만, 이것은 이 퍼센트의 뜻이 우리가 보통 이해하는 그 뜻이 아님을 똑똑히 암시할 뿐이다. 131%를 파이 도표에 얹을 순 없다. 한편 또 한 번의 불황이 기억 너머 사라져 가던 1982년과 1983년 사이에는 전국 소득 증가량의 91%를 상위 1%가 아닌 10% 집단이 차지했다. 그렇다면 상당히 부유한 전문가 집단이 그 아래 중산층이나 그 위 최고 부자들보다 경제 회복의 열매를 더 많이 거둬들였다는 뜻일까? 아니다. 상위 1%도 그해에 건실한 성장을 보여, 전국 소득 증가량의 63%를 차지했다. 요즘과 마찬가지로 그때도 하위 90%의 상황은 계속 나빠지고 있었고 그 나머지 인구에게만 상황이 호전되었던 것이다.

그렇다고 해서 현재 미국에서 중산층보다 최상위 부유층에게 볕이 먼저 들고 있다는 주장을 부정하려는 건 아니다. 다만 이런 숫자가 이야기를 약간 왜곡할 수 있다는 말이다. 현실은 상위 1%만 득을 보고 나머지는 전부 고생하고 있는 게 아니다. 상위 1%에는 못 들지만 10%에 드는 사람들도(까놓고 말해서 이 집단이야말로 「뉴욕 타임스」 사설란의 독자들이다) 사정이 괜찮아서, 파이 도표에서 그들에게 허용된 몫으로 보이는 7%의 두 배 이상을 실제로는 거두었다. 아직도 캄캄한 터널에서 고전하는 사람들은 그들을 제외한 나머지 90%다.

관련된 수들이 어쩌다 보니 다 양수들이라도, 퍼센트를 들먹여서 오해하기 쉬운 이야기를 지어낼 여지는 얼마든지 있다. 2012년 4월, 밋 롬니의 대통령 선거 본부는 여론 조사 결과 여성 유권자들의 지지가 약하다는 사실이 확인되자 다음과 같은 보도 자료를 냈다. 〈오바마 행정부는 미국 여성들에게 시련을 안겨 왔다. 오바마 재임 기간 중 여성들은 역사상 어느 때보다도 일자리를 찾기 어려웠다. 오바마 재임 중 사라진 일자리의 92.3%가 여성의 일자리였다.〉[10]

그냥 말만 따지자면, 이 보도는 옳다. 노동 통계청에 따르면, 2009년 1월의 총고용인 수는 133,561,000명이었고 2012년 3월에는 132,821,000명이었으므로, 그 기간 중 740,000개의 순 일자리 감소를 기록했다. 여성 고용인 수만 헤아린다면 수치는 각각 66,122,000명과 65,439,000명이므로, 오바마가 취임했던 2009년 1월에 비해 2012년 3월에 여성 고용인이 683,000명 준 셈이다. 그리고 앞의 수치로 뒤의 수치를 나누면 92%가 나온다. 마치 오바마 대통령이 기업체들에게 여자만 다 자르라고 말하고 돌아다니기라도 한 것 같다.

그러나 그게 아니다. 이 수들은 순 일자리 감소량이다. 우리는 그 3년 동안 총 몇 개의 일자리가 생겼고 몇 개의 일자리가 사라졌는지는 모르고 그저 그 차이가 740,000개였다는 것만 알 뿐이다. 순 일자리 감소량은 때에 따라 양수도 될 수 있고 음수도 될 수 있으므로, 그것을 퍼센트로 말하면 위험해진다. 만일 롬니 측이 데이터의 시작을 한 달 뒤인 2009년 2월로 잡았다면 어땠을까?[11]* 불황이 줄곧 심해지던 그 시점에는 총고용인 수가 132,837,000명으로 한 달 전보다 더 적었다. 그 시점과 2012년 3월 사이의 순 일자리 감소량은 16,000개이고, 그중 여성만 따지면 일자리 484,000개가 감소했다(물론 남성들의 일자리가 그만큼

* 이 분석은 글렌 케슬러가 2012년 4월 10일 「워싱턴 포스트Washington Post」에 실렸던 롬니에 대한 기사에 크게 의존했다.

늘어나서 상쇄된 것이다). 롬니 측은 얼마나 좋은 기회를 놓친 셈인가. 오바마 취임 후 첫 온전한 한 달이었던 2월부터 따졌다면 오바마 재임 중 전체 일자리 감소의 3,000% 이상을 여성이 차지했다고 지적할 수 있었을 텐데!

하지만 정말로 그랬다면, 아주 아둔한 유권자가 아닌 다음에야 이 퍼센트는 뭔가 수상하다고 짐작했을 것이다.

그렇다면 실제 오바마 취임부터 2012년 3월 사이에 미국의 남녀 노동력은 어떤 변화를 겪었을까? 두 가지 사건이 있었다. 2009년 1월에서 2010년 2월 사이에는 불황의 여파가 이어짐에 따라 남녀 모두 일자리가 대폭 감소했다.

> 2009년 1월~2010년 2월:
> 남성 순 일자리 감소: 2,971,000
> 여성 순 일자리 감소: 1,546,000

이후 불황이 걷히자 고용 현황이 서서히 나아졌다.

> 2010년 2월~2012년 3월:
> 남성 순 일자리 증가: 2,714,000
> 여성 순 일자리 증가: 863,000

일자리가 급속히 줄던 때는 남자들이 그 타격을 정면으로 받아, 여자들보다 거의 두 배 가까이 많은 일자리를 잃었다. 그러다 회복기가 되자, 남자들이 새로 생긴 일자리의 75%를 차지했다. 두 기간을 합하면, 남자들의 수치는 거의 정확히 상쇄되어 처음과 거의 같은 수가 남는다. 그러나 결과가 그렇다고 해서 이 시기 경제가 거의 철저히 여자들에게만 불리했다고 말하는 것은 크게 왜곡된 말이다.

「워싱턴 포스트」는 롬니 측이 말한 92.3%라는 수치가 〈맞지만 틀린〉 수치라고 말했다.[12] 이런 표현에 롬니 지지자들은 조롱을 보냈지만, 나는 이 표현이 옳을 뿐 아니라 정치에서 숫자가 사용되는 방식에 관하여 중요한 통찰을 준다고 생각한다. 이 수치가 정확하다는 것은 분명한 사실이다. 여성의 순 일자리 감소를 전체 순 일자리 감소로 나눈 값은 분명 92.3%다.

그러나 이 주장은 아주 허약한 의미에서만 〈맞다〉. 이것은 가령 오바마 측이 〈밋 롬니는 그가 콜롬비아와 솔트레이크시티를 오가는 코카인 밀수 조직을 운영해 왔다는 혐의를 결코 부인하지 않았다〉라고 보도 자료를 발표하는 것과 비슷한 말이다.

이 명제도 분명 100% 참이다! 하지만 이 말은 그릇된 인상을 안기기 위해서 일부러 만들어진 것이 아닌가. 따라서 〈맞지만 틀렸다〉는 표현은 상당히 괜찮은 말이다. 이런 수치는 잘못된 질문에 대한 옳은 대답이다. 어떤 면에서 보면 이것은 단순한 계산 실수보다 더 나쁘다. 사람들은 정량적 정책 분석을 흔히 계산기를 두드리는 일로 여기지만, 사실 계산기는 우리가 무슨 계산을 하고 싶은지를 따진 뒤에야 비로소 동원되는 것이다.

나는 수학 교육에 자주 등장하는 이른바 단어 문제가 이런 현상을 낳는다고 본다. 단어 문제는 학생들에게 수학과 현실의 관계에 대해서 몹시 그릇된 인상을 안긴다. 〈바비는 구슬 300개를 갖고 있었습니다. 그런데 그중 30%를 제니에게 주었습니다. 그리고 제니에게 준 것의 절반만큼을 지미에게 주었습니다. 그러면 이제 바비에게는 구슬이 몇 개 남았을까요?〉 이런 문제는 흡사 현실적인 문제처럼 보이지만, 사실은 그다지 설득력 없는 가면을 쓴 단순한 산수 문제일 뿐이다. 이 단어 문제는 구슬과 아무 상관이 없다. 그럴 바엔 차라리 〈계산기에 《300 − (0.30×

300) − (0.30 × 300)/2》를 입력하고 답을 받아 적으시오〉라고 문제를 내는 게 나을 것이다.

현실의 문제는 단어 문제와는 다르다. 현실의 문제는 가령 〈불황과 그 여파가 노동 인구 중 여성에게만 특히 더 심하게 미쳤는가? 만일 그렇다면, 그것은 어느 정도까지 오바마 행정부 정책의 탓인가?〉 하는 식이다. 이런 문제의 답을 구하는 버튼은 계산기에 없다. 이런 문제에서 합리적인 답을 얻으려면 숫자들만이 아니라 그 이상을 알아야 하기 때문이다. 가령 특정 불황기에 남녀의 일자리 감소 곡선은 어떤 형태였는가? 그 점에서 그 불황이 다른 불황들과 두드러지게 다른 면이 있었는가? 여성이 비례적으로 더 많이 차지하는 일자리는 어떤 종류이며, 오바마가 내린 결정들이 경제의 그 부문에 어떤 영향을 미쳤는가? 우리는 이런 질문들을 형식화한 뒤에야 계산기를 꺼낸다. 그리고 그 시점에는 이미 머릿속 작업은 다 끝나 있다. 한 수를 다른 수로 나누는 것은 단순한 연산일 뿐이다. 무엇을 무엇으로 나눠야 할지를 알아내는 것이야말로 수학이다.

- 토라에 숨은 메시지
- 여지의 위험
- 귀무가설 유의성 검정
- B. F. 스키너 대 윌리엄 셰익스피어
- 〈터보 섹소폰 같은 기쁨〉
- 소수들의 무리 짓는 성질
- 데이터를 고문하여 자백을 받아 내기
- 공립 학교에서 창조론을 가르치는 올바른 방법

6장
볼티모어 주식 중개인과 바이블 코드

사람들은 일상의 문제부터(가령 〈다음 버스까지 얼마나 기다려야 할까?〉) 우주의 문제까지(가령 〈빅뱅 후 첫 3조 분의 1초가 흘렀을 때 우주는 어떻게 생겼을까?〉) 온갖 문제를 이해하기 위해서 수학을 사용한다.

그런데 우주를 넘어선 질문들도 있다. 이 모든 것의 의미와 기원에 관한 질문들, 차마 수학이 발 붙일 곳은 없으리라고 생각되는 질문들이 그것이다.

하지만 수학의 영토 확장 야심을 과소평가하지 말기를. 신에 대해서 알고 싶다고? 여기 그 문제에 천착한 수학자들이 있다.

지상의 인간이 이성적 관찰로써 신의 세상을 이해할 수 있다는 생각은 아주 오래되었다. 12세기 유대인 학자 마이모니데스에 따르면, 그런 개념은 유일신교 자체만큼이나 오래되었다. 마이모니데스는 핵심 저작 『미슈네 토라 Mishneh Torah』에서 아브라함이 받은 계시를 이렇게 설명한다.

아브라함은 젖을 뗀 뒤 아직 아기였을 때부터 고민하기 시작했다. 그는 밤낮없이 생각하고 궁리했다. 〈천구를 운영하는 사람이 아무도 없는데도 천구가 이처럼 끊임없이 세상을 돌게 할 수 있을까? 천구가 스스로 돌 순 없지 않은가?〉 ……그는 분주히 생각하고 고민한 끝에 진리의 길을 깨우쳤고, 올바른 생각의 가닥을 잡았다. 그리하여 세상에는 만물을 창조하였으며 천구를 운영하는 유일신이 존재한다는 것, 그분 외에 다른 신은 없다는 것을 깨달았다. ……아브라함은 세상 사람들에게 그 사실을 힘차게 선언했고, 우주에는 그 한 분의 창조자 외에는 다른 창조자가 없으며 우리는 그를 경배해야 마땅하다고 가르쳤다. ……사람들이 몰려와서 그의 주장을 물으면, 그는 각자에게 맞는 방식으로 그들을 가르쳐서 진리의 길로 인도했다. 그리하여 수천수만 명이 그를 따르게 되었다.[1]

이런 종교적 신념은 수학적인 사람들에게 잘 어울린다. 신을 믿는 이유가 천사의 강림 때문이 아니고, 어느 날 마음이 활짝 열리고 빛이 쏟아져 들어와서도 아니고, 부모가 믿으라고 해서는 더더욱 아니고, 마치 8 곱하기 6은 6 곱하기 8과 같을 수밖에 없듯이 신은 존재해야만 하니까 존재한다니.

세상을 척 보기만 해도 알 수 있는 바, 이토록 경이로운 것이 어찌 설계자 없이 생겨났겠는가? 이런 아브라함식 논증은 요즘 대부분의 과학자들 사이에서 부족하다고 평가된다. 하지만 이제 우리에게는 현미경과 망원경과 컴퓨터가 있다. 우리는 구유에 누워 달을 바라보며 감탄하기만 할 필요가 없다. 우리에게는 데이터가 있다. 많은 데이터가 있다. 데이터를 들쑤실 도구들도 있다.

랍비 학자들이 선호하는 데이터 집합은 토라다. 토라는 궁극적으로 유한한 가짓수의 알파벳에서 뽑은 문자들을 순서대로 나열한 것에 지나지 않으며, 우리는 그 문자 서열을 시나고그에서 시나고그로 오류 없이 충실하게 전달하려고 노력한다. 보통은 양피지에 쓰어 있지만, 토라는 사실 최초의 디지털 신호라고 볼 수 있다.

1990년대 중엽에 그 신호를 분석한 예루살렘 히브리 대학의 연구자들은 희한한 것을 발견했다. 어쩌면 신학적 관점에 따라서는 전혀 희한하지 않다고도 할 수 있겠다. 연구자들의 전공은 제각각이었다. 엘리야 후 립스는 중견 수학 교수이자 유명한 군론학자였고, 요압 로젠버그는 컴퓨터 공학을 전공하는 대학원생이었으며, 도론 위츠툼은 물리학 석사 학위를 갖고 있었다. 그러나 세 사람은 공통점이 있었다. 토라의 외형을 구성하는 이야기, 계보, 훈계의 이면에 깔린 비전의 텍스트를 찾아보는 연구에 대한 취미였다. 그리고 그들이 선택한 도구는 토라의 문자 서열에서 일정 간격으로 문자를 뽑아서 텍스트를 구성해 보는 이른바 〈등거리 문자열ELS〉 기법이었다. 일례로 다음 구문을 보라.

DON YOUR BRACES ASKEW

맨 첫 알파벳에서 시작하여 이후 다섯 번째마다 오는 알파벳들에 밑줄을 치면 이렇다.

D̲ON YO̲UR BRAC̲ES ASK̲EW

이때 등거리 문자열은 DUCK이 된다. 그것이 〈피하라〉는 경고의 말을 뜻하는지 물새 〈오리〉를 뜻하는지는 맥락에 따라 결정되겠지만 말이다.

대개의 등거리 문자열은 단어를 만들지 못한다. 바로 앞 문장에서 매 세 번째 문자들을 고르면 〈대등문은를지다〉라는 말이 만들어지는데, 이렇게 헛소리가 만들어지는 경우가 대부분이다. 그러나 토라는 기나긴 문서이기 때문에, 무언가 패턴을 반드시 찾게 되어 있다.

언뜻 이 작업은 종교적 탐구의 방식으로서는 좀 이상하게 느껴진다. 구약의 신이 단어 검색을 통해서 자신의 존재를 드러낸다고? 토라에서 신이 자신의 존재를 알리고 싶을 때는 우리가 알 수밖에 없도록 드러내지 않던가? 가령 아흔 살 노파가 임신을 한다든지, 불 붙은 덤불이 말을 한다든지, 하늘에서 저녁 식사가 떨어진다든지 하고.

그야 어쨌든, 립스와 위츠툼과 로젠버그는 토라의 등거리 문자열에 숨은 메시지를 찾아보는 작업을 최초로 한 사람들이 아니었다. 고전 시대 랍비들 중에서도 간간이 그런 시도를 한 사람이 있었다. 그러나 20세기 들어 이 기법을 본격적으로 개척한 사람은 슬로바키아의 랍비였던 미하엘 도브 바이스만들이었다. 바이스만들은 제2차 세계 대전 중 부패한 독일 관료들에게 뇌물을 주어 슬로바키아의 유대인들에게 집행 유예를 얻어 낼 요량으로 서방에서 자금을 모았으나, 대체로 허사였다.[2] 아무튼 그 바이스만들은 토라에서 흥미로운 등거리 문자열을 여럿 발견했다. 가장 유명한 발견은 토라의 특정 〈멤〉(〈m〉과 발음이 비슷한 히브리어 알파벳)에서 시작하여 50개씩 건너뛰며 문자를 모으면 히브리어로 〈미슈네〉라는 단어가 나온다는 것이었다. 마이모니데스가 썼던 토라 주해서 제목 〈미슈네 토라〉 중 첫 단어 말이다. 거기에서 문자 613개를 건너뛴 뒤(왜 613개냐고? 토라에 담긴 계명의 정확한 개수가 613개라서인데, 좀 황당하더라도 아무튼 계속 읽어 보라) 다시 50개씩 건너뛰어 헤아리면, 이번에는 〈토라〉라는 단어가 만들어진다. 한마디로, 마이모니데스의 책 제목이 마이모니데스가 태어나기 천 년도 더 전에 쓰인 토라 속에 등거리 문자열로 기록되어 있는 것이다.

앞에서 말했듯이, 토라는 기나긴 문서이다. 그것을 센 누군가에 따르면 총 304,805개의 문자로 이루어져 있다고 한다. 그러니 바이스만들이 찾아낸 것과 같은 패턴들이 존재한다고 해서 그것을 어떻게 이해해야 하는지 바로 알 수는 없다. 토라를 자르고 붙이는 방식은 무수히 많고, 그러다 보면 언젠가는 어떤 단어든 나오기 마련일 테니까.

위츠툼, 립스, 로젠버그는 종교 교육뿐 아니라 수학 훈련까지 받은 사람들답게 좀 더 체계적인 과제를 설정했다. 그들은 아브라함 하말라크에서 야베츠까지 현대 유대 역사를 통틀어 가장 이름난 랍비 32명을 골랐다. 히브리어로는 숫자도 알파벳으로 표시할 수 있으므로, 그 랍비들의 출생일과 사망일도 탐색할 대상 문자열이 되었다. 다음으로 그들은 이런 질문을 던져 보았다. 등거리 문자열로 나타난 그 랍비들의 이름이 역시 등거리 문자열로 나타난 각자의 출생일, 사망일과 비정상적일 정도로 서로 가깝게 있는가?

좀 더 자극적으로 말하자면, 토라는 미래를 아는가?

위츠툼과 동료들은 꾀바른 방법으로 가설을 시험했다.[3] 그들은 우선 창세기에서 랍비들의 이름과 날짜들이 기록된 등거리 문자열을 찾은 뒤, 이름에 해당하는 서열이 날짜에 해당하는 서열과 얼마나 가까이 있는지를 계산했다. 그다음에는 32개 날짜를 뒤섞어서 무작위로 아무 랍비에게나 아무 날짜나 할당한 뒤, 그 조합으로 다시 확인해 보았다. 그들은 그런 작업을 100만 번 반복했다.* 만일 토라의 텍스트에서 각 랍비의 이름과 해당 날짜 사이에 아무런 관계가 없다면, 진짜 조합과 무작위 조합 사이에 별 차이가 없을 것이다. 그러나 결과는 달랐다. 정확한 조합은 총 100만 개의 경쟁자 중에서 453번째라는, 1등에 아주 가까운 높은 순위를 차지했다.

연구자들은 다른 텍스트에 대해서도 같은 시험을 해보았다. 『전쟁과 평화War and Peace』, 이사야서(구약의 일부이지만 신이 쓰지는 않았다는 부분), 그리고 창세기의 문자들을 무작위로 뒤섞은 텍스트였다. 이 경우들에서는 랍비들의 진짜 생일이 중간 정도의 순위에 그쳤다.

연구자들은 수학적 냉철함을 풍기는 문장으로 이렇게 결론지었다. 〈우리는 창세기에서 서로 연관된 의미를 지닌 등거리 문자열들이 서로 가까이 존재하는 현상을 우연에 의한 것이 아니라고 결론짓는다.〉

문장은 차분하지만, 이 발견은 놀라운 것으로 받아들여졌다. 특히 세

---

* 100만 번은 32개 날짜를 조합할 수 있는 가능한 순열의 가짓수 중 극히 작은 일부에 불과하다. 총 가짓수는 263,130,836,933,693,530,167,218,012,160,000,000이다.

저자 중에서 립스가 신뢰할 만한 수학자였기 때문에 더 그랬다. 논문은 동료 심사를 거친 뒤 1994년 학술지 『통계 과학Statistical Science』에 실렸는데, 편집자 로버트 E. 카스는 특별히 이런 머리말을 써붙였다.

우리 심사 위원들은 혼란에 빠졌다. 심사 위원들의 기존 신념에 따르자면 현대 개인들에 관한 유의미한 언급이 창세기에 포함되어 있는 일은 불가능했지만, 저자들이 추가로 더 분석하고 확인해 보아도 처음의 현상이 계속 나타났다. 그래서 우리는 『통계 과학』 독자들이 도전할 만한 수수께끼로서 이 논문을 게재한다.[4]

놀라운 발견에도 불구하고, 위츠툼 논문은 대중의 관심을 끌진 못했다. 그러다가 미국 저널리스트 마이클 드로스닌이 논문의 정체를 알게 되면서 사태가 급변했다. 드로스닌은 자기 나름의 방식을 써서 등거리 문자열을 수색하기 시작했는데, 과학적 구속을 내던진 채 신이 미래의 사건을 예지한 것으로 보이는 문자열이라면 뭐든 막무가내로 끄집어냈다. 그는 그 결과를 1997년에 『바이블 코드The Bible Code』라는 책으로 펴냈다. 책 표지에는 낡아서 바랜 듯한 토라 두루마리가 나와 있었고, 그 문자열 중 히브리어로 〈이츠하크 라빈〉과 〈암살범이 암살할 것이다〉에 해당하는 문자들에 동그라미가 쳐져 있었다. 자신이 1995년 라빈 암살을 일 년 먼저 경고했다는 드로스닌의 주장은 강력한 홍보 문구였다. 책에는 그 밖에도 토라가 1994년 슈메이커-레비 혜성의 목성 충돌과 걸프 전쟁을 예측했다는 내용이 담겨 있었다. 위츠툼, 립스, 로젠버그는 드로스닌의 임시변통 기법을 비난했으나, 죽음과 예언은 잘 팔리는 법이다. 『바이블 코드』는 베스트셀러가 되었다. 드로스닌은 〈오프라 윈프리 쇼〉와 CNN에 출연했고, 야세르 아라파트, 시몬 페레스, 그리고 클린턴의 수석 보좌관이었던 존 포데스타 등을 직접 만나서 임박한 종말의 날에 관한 자신의 이론을 들려주었다.* 수백만 독자들이 보기에 그 책은 성경이 정말로 신의 말씀이라는 사실을 수학적으로 증명한 것 같았다. 과학적 세계관을 지닌 현대인들에게 신앙을 받아들일 근거가 되는 뜻밖의 통로가 열린 셈이었고, 많은 사람들이 그 길을 따랐다. 나는 신생아 아들에게 할례를 시킬까 말까 하는 결정을 『통계 과학』이 위츠툼 등의 논문을 공식적으로 수락한 뒤에야 정하겠노라며 미뤘던 세속주의 유대인 아빠를 적어도 한 명 알고 있다(아이를 위해서라도 결정이 신속히 진행되었기만을 바랄 따름이다).

하지만 대중이 바이블 코드를 널리 받아들이는 와중에 수학계는 그 근본 원리를 공격하기 시작했다. 논란은 규모가 상당히 큰 정통 유대인 수학자 집단에서 특히 격렬했다. 당시 나는 하버드 대학에서 박사 과정을 밟고 있었는데, 우리 수학과에는 바이블 코드에 대해 적당히 개방적인 태도를 취한 데이비드 카즈단도 있었고, 그 코드를 선전하는 것이 정통 유대교를 얼간이 천치처럼 보이게 만드는 짓이라고 여겨 목청껏 반대한 슐로모 스턴버그도 있었다. 스턴버그는 『미국 수학회 소식지』에 위츠툼-립스-로젠버그 논문은 〈사기〉이며 카즈단을 비롯하여 카즈단과 비슷한 견해를 지닌 사람들은 〈스스로의 명예를 먹칠할뿐더러 수학의 명예도 실추시킨다〉고 공격하는 글을 실었다.[5]

내가 똑똑히 증언하건대, 스턴버그의 글이 발표된 날 수학과의 오후 다과회 분위기는 정말이지 어색했다.

한편 종교학자들도 바이블 코드의 유혹에 저항했다. 아이시 하토라 예시바** 지도자들을 비롯한 일부 학자들은 그 코드가 율법을 준수하지 않는 유대인들을 좀 더 엄격한 신앙 생활로 끌어들일 수단이라고 여겨서 받아들였지만, 다른 학자들은 그 코드의 메커니즘이 전통적인 토라

* 그는 종말이 2006년에 닥칠 것이라고 했다. 우리는 휴 하고 안심하면 되는 건가?
** 예시바는 토라와 탈무드를 가르치는 유대교 종교 교육 기관이다 — 옮긴이주.

연구 방법론과 철저하게 단절된 점을 미심쩍게 여겼다. 내가 들은 이야 기인데, 저명한 한 랍비는 전통적으로 흥청망청 취하기 마련인 기나긴 부림절 만찬이 끝난 뒤 바이블 코드 신봉자인 한 손님에게 이렇게 물었다고 한다. 「한번 말해 보시오. 만일 토라의 바이블 코드에 안식일은 일요일이라고 적혀 있다면 어떻게 하겠습니까?」

질문을 받은 랍비는 하느님이 안식일은 토요일로 똑똑히 명하셨기 때문에 토라에 그런 코드는 없을 거라고 대답했다.

나이 든 랍비는 포기하지 않았다. 「좋아요. 하지만 만에 하나 있다면?」

젊은 랍비는 잠시 묵묵히 있다가 말했다. 「그렇다면 한번 생각해 봐야겠지요.」

이 시점에서 나이 든 랍비는 바이블 코드를 기각해야 한다고 결심했다는 것이다. 신비주의적 성향을 띤 랍비들 사이에서 토라의 문자열을 수치적으로 분석하는 전통이 오래전부터 존재했던 것은 사실이지만, 그 과정은 그저 성스러운 경전을 이해하고 음미하는 도구일 뿐이다. 만일 그 기법이 이론적으로나마 신앙의 기본 규칙들을 의심하게 하는 데 쓰일 수 있다면, 그것은 베이컨 치즈 버거만큼이나 정통 유대교와는 거리가 먼 것이다.

그렇다면 수학자들은 어떤 이유에서 명백히 토라의 신성한 계시처럼 보이는 증거를 기각할까? 그 이유를 설명하려면, 나는 여러분에게 새로운 인물을 소개해야 한다. 볼티모어 주식 중개인을 만나 보자.

볼티모어 주식 중개인

이런 일화가 있다. 어느 날 당신은 볼티모어의 웬 주식 중개인으로부터 청하지도 않은 뉴스레터를 한 통 받는다. 그 안에는 어떤 주식이 대폭 상승할 거라는 팁이 적혀 있다. 일주일 뒤, 볼티모어 주식 중개인이 예측했던 대로 그 주식이 정말로 오른다. 당신은 다음 주에도 또 뉴스레터를 받는데, 이번에는 어떤 주식이 하락할 것 같다는 예상이 적혀 있다. 그 주식은 실제로 폭락한다. 이후 10주 동안 이처럼 매주 새로운 예측을 담은 정체불명의 뉴스레터가 당신에게 배달되고, 그 예측은 매번 현실로 드러난다.

마침내 11번째 주, 볼티모어 주식 중개인은 자신에게 투자하라고 당신에게 권유한다. 그리고 당연히 그는 지난 10주 연속 쪽집게 예측을 통해서 충분히 증명해 보인 자신의 예리한 시장 감각의 대가로 두둑한 수수료를 요구한다.

괜찮은 거래 같지 않은가? 볼티모어 주식 중개인은 뭔가 아는 게 틀림없다. 시장에 대한 전문 지식이 전혀 없는 멍텅구리가 연속 열 번이나 주가 변동을 정확히 예측한다는 건 전혀 있을 법하지 않은 일이다. 그 확률을 구체적으로 계산해 볼 수도 있다. 멍텅구리가 예측을 맞힐 확률이 매번 50%라면, 그가 첫 두 예측을 맞힐 확률은 1/2의 1/2, 즉 1/4이다. 그가 첫 세 예측을 맞힐 확률은 그 1/4의 1/2, 즉 1/8이다. 이런 식으로 계산을 이어가면, 그가 연속 열 번을 맞힐 확률은 다음과 같다.*

$$(1/2) \times (1/2) \times (1/2) \times (1/2) \times (1/2) \times (1/2) \times (1/2) \times (1/2) \times (1/2)$$
$$\times (1/2) = (1/1024).$$

한마디로, 멍텅구리가 그렇게 잘 맞힐 확률은 거의 0이다.

하지만 우리가 볼티모어 주식 중개인의 관점에서 이야기를 다시 쓰면, 상황이 달라진다. 당신이 앞에서는 미처 못 봤던 사실이 있다. 첫 주

* 이 계산의 이면에는 곱셈 규칙이라는 유용한 원칙이 숨어 있다. 만일 〈푸〉라는 사건이 벌어질 확률이 p이고 〈바〉라는 사건이 벌어질 확률이 q라면, 그리고 만일 푸와 바가 독립적이라면(푸가 벌어진다고 해서 바가 벌어질 확률이 더 높아지거나 낮아지지는 않는다는 뜻이다) 푸와 바가 둘 다 벌어질 확률은 p × q이다.

에 주식 중개인의 뉴스레터를 받은 사람은 당신 혼자가 아니었다. 주식 중개인은 10,240통의 뉴스레터를 보냈다.* 하지만 내용이 다 같진 않았다. 뉴스레터의 절반은 당신이 받은 것처럼 어떤 주식이 오르리라고 예측한 내용이었고, 나머지 절반은 그 반대로 예측한 내용이었다. 주식 중개인으로부터 무효한 예측을 받았던 수신자 5,120명은 두 번 다시 그로부터 소식을 듣지 못했다. 하지만 당신, 그리고 당신과 같은 내용의 뉴스레터를 받았던 다른 5,119명은 다음 주에도 팁을 받았다. 그 뉴스레터 5,120통 중 절반은 당신과 같은 내용이었고, 나머지 절반은 반대되는 내용이었다. 그 주가 지나도, 연속 두 번 정확한 예측을 받은 수신자의 수는 2,560명이나 된다.

이런 식으로 죽 이어진다.

그렇게 10주가 지나면, 그동안 주식 시장이 어떤 판세였든지 볼티모어 주식 중개인으로부터 열 번 연속 쪽집게 예측을 받은 행운의(?) 수신자가 열 명 남았을 것이다. 중개인은 예리한 눈으로 시장을 주시하는 사람일 수도 있고 닭 내장을 벽에 던져서 그 흔적을 보고 주식을 고르는 사람일 수도 있지만, 어느 쪽이든 그를 천재로 여기는 수신자가 반드시 열 명은 있다. 그가 두둑한 수수료를 거둘 수 있는 수신자가 열 명은 있는 것이다. 그러나 그 열 명에게 과거의 성과는 결코 미래의 결과에 대한 보장이 되지 못할 것이다.

나는 볼티모어 주식 중개인 일화가 실화라는 말을 종종 들었지만, 실제로 이런 일이 벌어졌던 증거는 찾지 못했다. 가장 비슷한 사건은 2008년 리얼리티 TV쇼에서 벌어진 일로, 영국 마술사 데런 브라운이 내가 말했던 것과 비슷한 묘기를 펼쳐 보였다. 그는 영국인 수천 명에게 그

---

* 이 이야기는 종이 문서를 천 개 출력하여 스테이플러로 일일이 찍어야 했던 시절까지 거슬러 올라가는 게 분명하지만, 비용이 사실상 0인 전자적 수단으로 대량으로 메일을 발송할 수 있는 요즘에 좀 더 현실적으로 느껴진다.

내용이 각양각색인 경마 예측을 메일로 보내면서, 자신이 확실한 경마 예측 시스템을 개발했는데 당신은 그 결과를 듣는 유일한 사람이라고 믿게끔 만들었다(신비로운 주장을 선전하는 것보다 그 실체를 까발리는 것을 더 좋아했던 브라운은 쇼가 끝날 때 자신이 쓴 속임수 수법을 공개했다. 아마도 BBC의 엄숙한 전문가 십수 명보다 그가 영국인들에게 더 많은 수학 공부를 시켜 주었을 것이다).

하지만 이 게임을 살짝 비틀어서 뻔한 사기성은 줄이되 오도할 잠재력은 그대로 둔다면, 볼티모어 주식 중개인은 오늘날의 금융 산업에서 생생하게 살아 있다고 말할 수 있다. 금융 회사는 뮤추얼 펀드를 출시할 때 대중에게 공개하기에 앞서 한동안 사내에서 운영해 보는데, 그 관행을 인큐베이션이라고 부른다.[6] 인큐베이션을 겪는 펀드들의 삶은 이름과는 달리 아늑하고 안전한 것이 못 된다. 회사는 보통 한 번에 수많은 펀드들을 함께 인큐베이션하여 다양한 투자 전략과 포트폴리오 배분을 실험한다. 펀드들은 자궁 속에서 밀치락달치락 경쟁한다. 그중 괜찮은 수익률을 보이는 펀드는 이제까지 그 펀드의 실적이 얼마나 좋았는가 하는 상세한 기록과 함께 얼른 대중에게 공개되지만, 한배에서 가장 볼품없는 펀드들은 안락사당한다. 보통은 그런 펀드가 존재했다는 기록을 공개적으로 남기지도 않은 채.

그렇다면 인큐베이터를 벗어난 뮤추얼 펀드는 실제 더 현명한 투자 전략을 쓰기 때문에 살아남은 것 아닐까? 어쩌면 뮤추얼 펀드를 파는 회사마저 그렇게 믿을지 모른다. 모름지기 도박꾼은 도박이 잘되어 갈 때 그것이 어떤 식으로든 자신의 꾀와 노하우 덕분이라고 생각하는 법 아니겠는가. 하지만 데이터가 말하는 현실은 정반대다. 인큐베이터 펀드는 일단 대중에게 공개된 뒤에는 산전의 탁월한 실적을 유지하지 못하고, 중간 수준의 펀드와 거의 같은 수익률을 낸다.[7]

운 좋게도 당신에게 투자할 돈이 있다면, 이 현상을 어떻게 이해하겠는가? 이 현상은 당신이 지난 12개월 동안 10%의 수익률을 냈다고 자랑하는 최신 인기 펀드의 유혹을 물리치는 게 최선이라고 말해 준다. 그보다는 질리도록 들어온 매력 없는 조언, 자산 계획에서 〈야채를 많이 먹고 계단을 걸어 올라라〉에 해당하는 조언, 즉 뭔가 마술적인 시스템이나 황금의 손을 지닌 조언자를 찾는 대신 규모가 크고 수수료가 낮은 따분한 지수 펀드에 돈을 넣고 잊어버리라는 조언을 따르는 편이 낫다. 눈이 튀어나올 만한 수익률을 자랑하는 인큐베이션 펀드에 저금을 몽땅 투자한다면, 평생의 저축을 볼티모어 주식 중개인에게 투자하는 뉴스레터 수신자와 다를 바 없다. 당신은 인상적인 결과에 휘둘리는 것이지만, 중개인이 그 결과를 얻기 위해서 얼마나 많은 가능성을 시험했는지는 까맣게 모르고 있다.

이것은 내 여덟 살짜리 아들과 스크래블 단어 게임을 하는 것과도 비슷하다. 아들은 알파벳 무더기에서 뽑은 알파벳이 마음에 들지 않으면 그것을 도로 무더기에 집어넣고 다시 뽑는다. 자기가 좋아하는 알파벳이 나올 때까지 계속 반복한다. 아들에게는 이것이 완벽하게 공정한 일로 느껴진다. 어쨌거나 눈을 감고 뽑았으니 어떤 알파벳을 뽑을지 미리 아는 건 아니지 않은가! 하지만 충분히 많은 기회를 갖는다면 언젠가는 바라던 Z가 나오는 법이고, 그것은 당신이 운이 좋아서가 아니라 속였기 때문이다.

볼티모어 주식 중개인의 사기가 통하는 것은, 훌륭한 마술 트릭이 무릇 그렇듯이, 당신을 대놓고 속이려 들지는 않기 때문이다. 그 수법은 당신에게 거짓말을 하려고 들진 않는다. 참을 말하되, 당신이 그로부터 부정확한 결론을 끌어내도록 유도한다. 주식을 열 개 연속 제대로 고르거나, 마술사가 경주마 여섯 마리를 찍어서 매번 승자를 정확하게 맞히거나, 뮤추얼 펀드가 시장에서 10%의 수익률을 낸다거나 하는 것은 실제로 확률이 낮은 사건이다. 다만 확률이 낮은 사건을 접했을 때 놀란 것이 당신의 실수다. 우주는 방대하기 때문에, 발생 확률이 낮은 사건에 놀랄 태세를 갖춘 사람은 언젠가 반드시 그런 사건을 만나게 된다. 확률이 낮은 사건은 많이 일어나기 때문이다.

벼락에 맞거나 복권에 당첨되는 것은 확률이 대단히 낮은 일이지만, 그래도 세상에서는 누군가에게 늘 그런 일이 벌어진다. 왜냐하면 세상에는 사람이 많고, 그중에는 복권을 사는 사람이나 폭풍우 속에서 골프를 치는 사람이나 심지어 둘 다 하는 사람이 많기 때문이다. 우연의 일치란 대개 적당히 거리를 두고 바라보면 놀라움이 사라지는 법이다. 2007년 7월 9일, 노스캐롤라이나 주 캐시 파이브 복권의 당첨 번호는 4, 21, 23, 34, 39였다. 그런데 이틀 뒤에 정확히 그 다섯 숫자가 다시 뽑혔다. 이것은 대단히 가능성이 낮은 일처럼 보이는데, 왜 그렇게 보이는가 하면 실제로 발생 가능성이 낮기 때문이다. 두 차례의 복권 번호가 순전히 우연히 겹칠 확률은 100만분의 2에도 못 미친다. 그러나 우리가 그 사건에 얼마나 놀라야 하는지를 따질 경우, 발생 가능성을 묻는 것은 적절하지 않은 질문이다. 캐시 파이브 복권은 일 년 가까이 운영되었기 때문에, 우연의 일치를 제공할 기회를 그동안 잔뜩 제공해 왔다. 사실 임의의 사흘 간격으로 같은 숫자들이 뽑힐 확률은 1천분의 1보다도 덜 기적적이다.[8] 더구나 복권이 캐시 파이브만 있는 것도 아니다. 미국에는 숫자 다섯 개를 뽑는 복권이 수백 개나 있고, 그 복권들도 몇 년에 걸쳐서 운영되고 있다. 이런 요소들을 모두 고려한다면, 임의의 사흘 간격으로 우연히 똑같은 숫자들이 뽑히는 일은 전혀 놀랍지 않은 사건이 된다. 그렇다고 해서 각각의 우연의 발생 확률이 더 높아진다는 말은 아니다. 구호를 다시 읊자면, 그저 확률이 낮은 사건은 많이 일어나기 때문이다.

언제나처럼, 이 사실을 처음 깨달은 사람은 아리스토텔레스였다. 그는 비록 확률에 대한 형식적인 개념은 몰랐지만, 〈일어나기 힘든 일은 일어날 가능성이 있다. 그 점을 이해한다면, 일어나기 힘든 일은 반드시

일어난다고도 말할 수 있다〉는 것을 이해했다.[9]

이 근본적인 진리를 깊이 새긴다면, 볼티모어 주식 중개인은 당신에게 힘을 미치지 못한다. 물론 주식 중개인이 당신에게 열 번 연속 훌륭한 주식을 골라 주는 것은 발생 확률이 대단히 낮은 사건이다. 하지만 그에게 1만 번의 기회가 있을 때 누군가 한 명에게 그렇게 잘 골라 주는 것은 전혀 놀라운 사건이 아니다. 영국 통계학자 R. A. 피셔의 유명한 말이 있다. 「〈백만 분의 일 확률〉의 사건은 그 빈도보다 조금도 덜하지 않고 조금도 더하지 않는 빈도로 반드시 벌어진다. 물론 그 사건이 우리에게 벌어진다면 우리가 엄청 놀라기야 하겠지만 말이다.」[10]

여지와 랍비들의 이름

바이블 코드를 해독한 사람들이 논문을 1만 편 써서 1만 개의 통계학 저널에 투고한 건 아니었다. 그러니 그들의 이야기와 볼티모어 주식 중개인 이야기가 어떤 점에서 닮았는지를 첫눈에 알기는 어렵다.

그러나 수학자들이 저널의 편집자 카스가 논문 머리말에서 제기했던 〈도전〉을 받아들여 바이블 코드를 〈신께서 하신 일〉이라는 이유 외에 다른 이유로 해석할 수 있을지 살펴보았더니, 이 문제가 위츠툼과 동료들이 말한 것만큼 그렇게 단순하진 않다는 사실이 밝혀졌다. 비판의 선두에 선 사람은 오스트레일리아의 컴퓨터 과학자 브렌던 매케이와 당시 이스라엘 히브리 대학에 있었던 수학자 드로르 바 나탄이었다. 그들이 지적한 가장 결정적인 문제는 중세 랍비들에게는 공식적으로 이름을 증명할 여권이나 출생 증명서가 없었다는 점이다. 랍비들은 직함으로 불렸고, 기록하는 사람마다 같은 랍비를 다른 방식으로 표기하곤 했다. 만일 드웨인 〈더 록〉 존슨이 유명한 랍비였다고 가정하면, 우리는 토라에서 그의 이름이 예측된 지점을 찾아볼 때 드웨인 존슨, 더 록, 드웨인 〈더

록〉 존슨, D.T.R. 존슨 중에서 어떤 이름을 사용하겠는가? 아니면 전부 다 쓰겠는가?

이런 애매함은 바이블 코드 사냥꾼들에게 약간의 여지를 제공한다. 18세기 하시디즘 신비주의자로서 우크라이나의 파스티우 유대인 거주지에서 살았던 랍비 아브라함 벤 도브 베르 프리드만을 예로 들어 보자. 위츠툼, 립스, 로젠버그는 그를 가리키는 호칭으로 〈랍비 아브라함〉과 〈하말라크(천사)〉를 사용했다. 이에 대해 매케이와 바 나탄은 왜 그 랍비를 지칭할 때 그 못지않게 자주 쓰였던 이름인 〈랍비 아브라함 하말라크〉를 안 쓰고 〈하말라크〉만 썼느냐고 지적했다.

매케이와 바 나탄은 이름 선택에서 존재하는 여지가 결과의 품질에 극적인 변화를 가져온다는 것을 확인했다.[11] 두 사람은 랍비들의 호칭을 전부 다르게 선택한 집합을 만들어 보았다. 성서학자들은 그들의 선택이 위츠툼 등의 선택에 못지않게 합리적이라고 평가했다(한 랍비는 두 목록이 〈똑같이 끔찍하다〉고 말했다).[12] 그렇게 새로 고른 이름들로 시험해 보았더니, 꽤 놀라운 일이 벌어졌다. 토라는 이제 유명 랍비들의 생몰 일자를 감지하지 못하는 것 같았고, 대신 히브리어판 『전쟁과 평화』가 성공을 거두었다. 위츠툼 등의 논문에서 창세기가 그랬던 것처럼, 이제는 『전쟁과 평화』가 랍비들의 생몰 일자를 정확하게 짝지어 보여 주었다.

이것은 무슨 뜻일까? 서둘러 말해 두는데, 레오 톨스토이가 먼 훗날 현대 히브리어가 발달하여 세계 문학의 걸작을 번역하게 될 날을 기대하며 랍비들의 이름을 자기 소설 속에 숨겨 놓았다는 뜻은 절대로 아니다. 매케이와 바 나탄은 여지의 힘이 얼마나 클 수 있는지 보여 준 것이었다. 볼티모어 주식 중개인이 스스로에게 수많은 기회를 제공함으로써 확보했던 것이 바로 이런 여지였고, 뮤추얼 펀드 회사가 인큐베이터에서 은밀히 키우는 펀드들 중 무엇이 승자이고 쓰레기인지 결정할 때 가졌던 것이 바로 이런 여지였다. 매케이와 바 나탄이 『전쟁과 평화』와 잘 상응하는 랍비들의 이름 목록을 작성할 때 사용했던 것이 바로 이런 여지였다. 우리가 확률이 낮은 사건에서 믿음직한 추론을 끌어내려고 할 때, 여지는 적이 된다.

매케이와 바 나탄은 후속 논문에서 텔아비브 대학의 탈무드 전문가인 심하 에마누엘에게 또 다른 버전의 호칭 목록을 작성해 달라고 부탁했는데,[13] 그 목록은 토라와도 『전쟁과 평화』와도 합치하지 않았다. 토라는 완벽한 우연보다 아주 약간 더 잘 맞히는 것으로 나왔을 뿐이다(톨스토이의 성적은 보고되지 않았다).

랍비들의 호칭을 어떻게 골랐든, 그 목록이 창세기에서 각자의 생몰 일자와 아주 잘 맞아 떨어지는 것은 실제로 가능성이 대단히 낮은 사건이다. 그러나 이름을 고르는 방법은 무수히 많으므로, 숱한 선택지 중에서 토라에 오싹한 예언력이 있는 것처럼 보이게 만드는 선택지가 하나쯤 존재하는 것은 전혀 가능성 낮은 사건이 아니다. 기회가 충분히 많다면야 바이블 코드를 찾는 것은 일도 아니다. 더구나 마이클 드로스닌의 덜 과학적인 접근법으로는 더욱 쉽다. 드로스닌은 바이블 코드 회의주의자들에게 〈비판자들이 『모비 딕Moby Dick』에서 총리 암살에 관한 메시지를 찾아낸다면 나도 그들의 말을 믿겠다〉고 했다. 매케이는 당장 『모비 딕』에서 존 F. 케네디, 인디라 간디, 레온 트로츠키, 심지어 드로스닌의 암살을 언급한 등거리 문자열들을 찾아냈다. 그러나 그 예언에도 불구하고 드로스닌은 아직 멀쩡히 살아 있다. 그는 세 번째 바이블 코드 책을 썼고, 2010년 12월 「뉴욕 타임스」에 전면 광고를 실어서 책을 광고하며, 성서에 감춰진 문자열들에 따르면 오사마 빈 라덴이 벌써 핵무기를 보유하고 있을지도 모른다고 오바마 대통령에게 경고했다.[14]

위츠툼, 립스, 로젠버그는 자신들은 시험에서 최선의 결과를 보인 펀드만을 대중에게 공개하는 펀드 인큐베이션 회사들과는 다르다고 항변했다.[15] 자신들은 시험을 시작하기 전에 이미 랍비들의 이름을 확실히 정해 두었다는 것이다. 물론 그 말은 사실일 것이다. 하지만 아무리 그렇더라도, 우리는 이제 바이블 코드의 기적적인 성공을 전혀 다른 시각에서 보게 된다. 토라에서든 『전쟁과 평화』에서든 랍비들의 이름에 대한 임의의 한 집합이 발견되는 것은 전혀 놀라운 일이 아니다. 만에 하나 기적이 존재한다면, 그것은 오히려 위츠툼과 동료들이 토라가 최고의 성적을 보일 수 있는 집합을 정확하게 골랐다는 점이다.

그런데 마지막으로, 제법 심란한 미해결 문제가 하나 남는다. 매케이와 바 나탄은 위츠툼 실험의 설계 속에 존재하는 여지로써 바이블 코드를 설명할 수 있다는 것을 설득력 있게 보여 주었다. 하지만 위츠툼의 논문은 과학자들이 의학에서 경제 정책까지 온갖 주제에 관한 주장의 유효성을 판단할 때 사용하는 표준 통계 검정을 거쳤다. 그러지 않았다면 애초에 『통계 과학』에 실릴 수도 없었을 것이다. 만일 논문이 유효성 검정을 통과했다면, 설령 그 결론이 대단히 초자연적인 것처럼 보이더라도 우리가 잠자코 사실로 받아들여야 하는 것 아닐까? 다르게 말해 보자. 만일 우리가 위츠툼 연구의 결론을 거리낌없이 기각한다면, 그것은 표준 통계 검정법의 신뢰도를 어떻게 보아야 한다는 뜻일까?

그것은 우리가 표준 통계 검정법을 약간 걱정해야 마땅하다는 뜻이다. 사실 과학자들과 통계학자들은 토라에서 자극을 받기 전부터 이 문제를 걱정하고 있었다.

7장
죽은 물고기는 독심술을 하지 못한다

그것은 이런 상황 때문이다. 표준적인 통계 도구를 사용해서 꼭 마술 같은 결론을 끌어낸 사례가 바이블 코드만 있는 것은 아니다. 요즘 의학계의 뜨거운 화제 중 하나는 갈수록 정밀해지는 감지기를 통해서 우리 뇌 속 시냅스에 번득이는 생각과 감정을 실시간으로 살펴볼 수 있다고 장담하는 기능성 뇌 신경 영상 기법이다. 2009년 샌프란시스코에서 열렸던 인간 뇌 기능 매핑 협회 모임에서, 캘리포니아 샌타바버라 대학의 신경과학자 크레이그 베넷은 〈대서양 연어가 사후 드러낸 이종 간 시점 취하기에 관한 신경 상관물: 다중 비교 수정을 촉구하는 논증〉이라는 포스터를 선보였다.[1] 전문 용어로 쓰인 제목을 해독하는 데 시간이 좀 걸리지만, 일단 이해하고 보면 이 포스터가 대단히 특이한 연구 결과를 대단히 명료하게 선전하고 있다는 것을 알게 된다. 요컨대, 죽은 물고기의 뇌를 기능성 자기 공명 영상fMRI 기기로 찍으면서 사람의 얼굴이 찍힌 사진들을 차례차례 보여 주었더니 물고기가 사진에 찍힌 사람들의 감정을 놀랍도록 정확하게 알아맞히는 능력을 보여 주었다는 것이다. 죽은 사람이나 산 물고기라고 해도 상당히 인상적일 텐데 죽은 물고기라니, 노벨상 감이다!

물론, 이 논문은 정색한 농담이었다(그리고 치밀한 농담이었다). 나는

〈방법론〉 부분이 특히 좋았는데, 이런 문장으로 시작했다. 〈성체 대서양 연어(살모 살라르) 한 마리가 fMRI 연구에 참여했다. 연어는 길이가 약 46센티미터였고 무게는 1.7킬로그램이었으며 스캔 당시 살아 있지 않았다. ……스캔 도중 연어의 움직임을 제약하기 위해서 머리 부분 코일 안에 발포 패드를 둘러 두었으나 피험자의 움직임이 극히 적었기 때문에 불필요한 조치였음이 밝혀졌다〉.[2] 여느 농담처럼, 이 농담은 정체를 감춘 공격이다.[3] 이 경우 공격 대상은 발생 확률이 낮은 사건도 많이 일어나기 마련이라는 기본 진리를 무시하는 뇌 영상 연구자들의 엉성한 방법론이다. 신경과학자들은 fMRI 영상을 복셀이라는 작은 조각 수만 개로 나눈다. 한 복셀은 뇌에서 하나의 좁은 영역에 해당한다. 뇌를 스캔하면, 설사 싸늘하게 죽은 물고기의 뇌라도, 모든 복셀에서 무작위적 잡음이 상당량 발생하기 마련이다. 우리가 물고기에게 어떤 극심한 감정 상태를 겪는 사람의 사진을 보여 준 바로 그 순간에 정확하게 잡음이 발생한다는 것은 상당히 발생 가능성이 낮은 사건이다. 하지만 신경계는 방대하기 때문에 우리에게는 수만 개의 복셀이 있고, 그중 어느 하나라도 사진과 잘 부합하는 데이터를 제공할 확률은 상당히 높다. 베넷과 동료들은 바로 그런 결과를 확인했던 것이다. 구체적으로 그들은 연어의 뇌에서 사람의 감정에 훌륭하게 공감하는 복셀 집합을 두 군데 발견했는데, 안쪽 뇌 공간에 있는 복셀들과 위쪽 척수에 있는 복셀들이었다. 이 논문의 요점은 요즘처럼 방대한 데이터 집합을 수월하게 얻을 수 있는 시대에는 우리가 그 결과를 평가하는 데 쓰는 표준 기법, 즉 어느 지점을 기준으로 진정한 현상과 무작위적 변동을 가를 것인가 하는 방법론에 위험한 압력이 가해지고 있음을 경고하는 것이었다. 감정 이입할 줄 아는 연어가 우리 기준을 수월하게 통과한다면, 우리는 증거에 대한 그 기준이 충분히 엄격한지 여부를 면밀하게 따져 볼 필요가 있지 않겠는가.

우리가 스스로에게 놀랄 기회를 더 많이 허락할수록, 놀라움에 대한 기준은 더 높을 필요가 있다. 누군가 인터넷에 자신이 그동안 북아메리카산 곡물 섭취를 철저히 금했더니 몸무게가 7킬로그램 빠지고 습진이 사라졌다고 썼다고 하자. 우리는 그의 말을 옥수수 배제 식단의 효능에 대한 강력한 증거로 여겨서는 안 된다. 누군가 그런 식단에 대한 책을 써서 팔았다고 하자. 수천 명의 사람이 책을 사서 따라 했을 테고, 그중 한 명쯤은 그저 요행으로 다음 주에 약간의 체중 감소와 피부 상태 개선을 경험했을 가능성이 높다. 바로 그 한 명이 〈옥수수는이제그만452〉라는 아이디로 인터넷에 접속해서 들뜬 간증을 남긴 것일 테고, 반대로 식단의 효능을 보지 못한 나머지 사람들은 그냥 잠자코 있었을 것이다.

베넷의 논문에서 정말로 놀라운 결과는 죽은 물고기의 복셀 하나나 둘이 통계적 시험을 통과했다는 점이 아니었다. 그가 검토한 뇌 영상 논문들 중 상당수가 확률이 낮은 사건이 실제로는 늘 벌어진다는 사실을 감안하는 통계적 안전 장치를(그것이 바로 〈다중 비교 수정〉이다) 사용하지 않았다는 점이었다. 그런 수정을 거치지 않으면, 과학자들은 동료들에게는 물론이거니와 자기 자신에게도 볼티모어 주식 중개인 류의 사기를 치게 될 위험이 높다. 사진과 부합하는 물고기 복셀에 흥분하여 나머지 복셀들을 무시하는 것은 주식 중개인 뉴스레터의 연이은 성공에 흥분하여 빗나간 예측으로 휴지통에 처박힌 훨씬 더 많은 뉴스레터들을 무시하는 것만큼 위험하다.

역분석이란 무엇인가, 혹은 왜 대수는 어려운가

교육 과정 중, 많은 아이들이 수학 기차에서 내리는 지점이 두 군데 있다. 첫 번째는 초등학교에서 분수를 배울 때다. 그전까지 아이들에게 수는 0, 1, 2, 3…… 같은 자연수였다. 〈몇 개인가요?〉 하는 질문에 대한 답으로서의 수였다.* 많은 동물들도 이해한다고 알려져 있을 만큼[4] 원시적인 이 개념으로부터 갑자기 훨씬 더 넓은 개념, 수가 〈무언가의 일부〉를 뜻할 수도 있다는 개념으로 도약하는 것은 철학적으로 극단적인 전환이다(19세기 대수학자 레오폴트 크로네커는 〈신은 자연수를 만들었고, 나머지는 전부 인간의 작품이다〉라는 유명한 말을 남겼다).

두 번째 위험한 지점은 대수를 배울 때다. 대수는 왜 그렇게 어려울까? 대수 이전에는 우리가 곧바른 방향으로 진행되는 알고리즘 방식으로만 연산을 했기 때문이다. 알고리즘 방식에서 우리는 덧셈 상자나 나눗셈 상자에 어떤 수들을 집어넣은 뒤 손잡이를 돌린다. 그러고는 상자 반대편에서 나온 수를 답으로 보고한다.

대수는 다르다. 대수는 거꾸로 하는 연산이다. 우리가 다음 문제를 푼다고 하자.

$$x + 8 = 15$$

이때 우리는 덧셈 상자에서 무엇이 나왔는지를 이미 안다(15가 나왔다). 이 문제는 역분석을 통해서 8과 함께 투입되었던 수가 무엇인지 알아내라는 뜻이다.

중학교 1학년 때 선생님이 가르쳐 주었듯이, 이 경우 숫자를 우변으로 넘겨서 정돈할 수 있다.

$$x = 15 - 8$$

---

* 〈자연수〉에 0이 포함되는가 아닌가 하는 문제는 대단히 중요하지 않은데도 대단히 길게 이어져 온 논쟁의 대상이다. 당신이 만일 완강한 0 반대주의자라면, 내가 〈0〉을 말하지 않은 것처럼 생각해도 좋다.

이제 15와 8을 뺄셈 상자에 집어넣으면 되고(어떤 것을 먼저 넣을지 주의해야 한다), 그러면 x는 7이어야 한다는 답이 나온다.

하지만 문제가 늘 이렇게 쉬운 것은 아니다. 우리는 다음과 같은 이차 방정식을 풀어야 할지도 모른다.

$$x^2 - x = 1$$

정말로? (여러분이 울부짖는 소리가 들리는 듯하다.) 정말로 이런 걸 풀 일이 있을까? 선생님이 풀라고 시켰다는 것 외에 다른 이유가 있을까?

2장에서 만났던 미사일을 떠올려 보자. 미사일은 아직도 맹렬하게 당신을 향해 날아오고 있다.

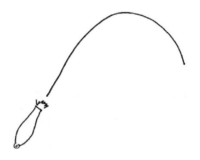

당신은 미사일이 지상 100미터 지점에서 초속 200미터의 속도로 쏘아 올려졌다는 사실을 안다고 하자. 만일 세상에 중력이 없다면, 미사일은 뉴턴의 법칙에 따라 계속 직선을 그리면서 초당 200미터씩 더 높이 올라갈 것이고, x초 후 그 높이는 다음 일차 함수로 묘사될 것이다.

$$높이 = 100 + 200x$$

하지만 세상에는 중력이란 것이 있고, 그 중력은 미사일의 궤적을 구부려서 도로 땅으로 떨어지게 만든다. 중력의 영향은 이차 항을 더함으로써 표현할 수 있다.

$$높이 = 100 + 200x - 5x^2$$

이차 항이 음수인 것은 중력이 미사일을 위가 아니라 아래로 밀기 때문이다.

당신은 자신을 향해 다가오는 미사일에 대해서 묻고 싶은 질문이 많겠지만, 그중에서도 가장 중요한 질문은 그것이 언제 땅에 떨어질까 하는 문제다. 이 질문에 대한 답은 미사일의 높이가 언제 0이 될까 하는 질문의 답과 같다. 즉, 다음 식을 만족시키는 x 값은 얼마일까?

$$100 + 200x - 5x^2 = 0$$

이 방정식은 도대체 어느 항을 어디로 어떻게 〈넘겨서〉 풀어야 하는지 한눈에 알기가 어렵다. 하지만 어차피 그럴 필요가 없을지도 모른다. 우리에게는 시행착오라는 강력한 무기가 있으니까. 미사일의 10초 후 높이를 알기 위해서, 위의 식에 x = 10을 대입해 보자. 그러면 높이는 1,600미터가 나온다. x = 20을 넣으면 2,100미터가 나오므로, 미사일은 아직 상승 중인 것 같다. x = 30을 넣으면 다시 1,600미터가 나온다. 미사일이 정점을 지난 게 분명하니, 결말에 다 와가는 것 같다. x = 40을 넣으면, 미사일은 다시 한 번 지상 100미터에 있다. 우리는 이보다 10초 더 뒤로 가볼 수도 있겠지만, 이미 충돌에 바짝 다가선 시점이니 그건 너무 과한 것 같다. 대신 x = 41을 넣자. 그러면 -105미터가 나온다. 이것은 미사일이 지표면을 뚫고 들어가기 시작한다는 뜻이 아니다. 충돌이 이미 벌어졌으므로, 미사일의 운동에 관한 당신의 깔끔한 탄도학 모형이 더 이상 유효하지 않다는 뜻일 뿐이다.

41초가 너무 길다면 40.5초는 어떨까? 그러면 0보다 약간 낮은 −1.25미터가 나온다. 시계를 좀 더 뒤로 돌려 40.4초를 넣어보자. 19.2미터가 나오므로, 충돌은 아직 벌어지지 않았다. 40.49초? 아주 가까워졌다. 지상에서 겨우 0.8미터 지점이다…….

보다시피, 시간 다이얼을 앞뒤로 세심하게 돌려가면서 시행착오를 거듭하면, 충돌 시간에 얼마든지 가깝게 다가갈 수 있다.

하지만 그게 문제를 〈푼〉 것일까? 그렇다고 답하기는 왠지 주저된다. 당신이 미세 조정으로 어림짐작을 반복해서 충돌 시간을 발사 후

　　40.4939015319……

초까지 좁히더라도, 당신은 답의 근사값을 아는 것뿐이지 정확한 답은 모른다. 그러나 현실에서는 충돌 시간을 몇 백만분의 일 초까지 계산해 봐야 별 이득이 없지 않겠는가? 〈약 40초〉라고만 말해도 충분할 것이다. 답을 그보다 더 정확하게 계산하는 것은 시간 낭비일 테고, 더구나 계산해 봐야 어차피 틀릴 것이다. 왜냐하면 우리의 단순한 미사일 궤적 모형은 공기 저항, 날씨에 따른 공기 저항의 변이, 미사일 자체의 회전, 등등 여타 많은 요인들을 고려하지 않았기 때문이다. 이런 영향들은 사소할 수도 있지만, 발사체가 언제 지면과 약속된 만남을 가질 것인지를 마이크로초 수준까지 알아내는 계산을 방해할 만큼은 크다.

만일 여러분이 충분히 정확한 답을 알고 싶다면, 걱정할 것 없다. 이차 방정식의 근의 공식이 도와줄 테니까. 여러분은 살면서 한 번은 이 공식을 외웠겠지만, 기억력이 드물게 뛰어나거나 현재 열여섯 살이 아닌 이상 지금 머릿속에 담고 있진 않을 것이다. 그러니 내가 알려 드리겠다. x

가 다음 방정식의 해일 때,

$$c + bx + ax^2 = 0$$

임의의 a, b, c에 대해서 x의 값은 다음과 같다.

$$x = \frac{-1}{2a}(b \pm \sqrt{b^2 - 4ac})$$

미사일의 경우에는 c = 100, b = 200, a = −5이었다. 따라서 이차 방정식의 근의 공식에 따르면 x는 다음과 같다.

$$x = \frac{1}{10}(200 \pm \sqrt{200^2 + 4 \cdot 5 \cdot 100})$$

이 식에 사용된 상징들은 대부분 우리가 계산기에 입력할 수 있는 것들이지만, 희한한 예외가 하나 있다. ±라는 부호다. 이것은 꼭 더하기 부호와 빼기 부호가 사랑에 빠진 것처럼 보이는데, 그다지 틀린 말은 아니다. 이 부호는 우리가 비록 다음과 같이

$$x \;=\;$$

수학적 문장을 자신만만하게 시작하긴 했어도 결국에는 모호한 상태로 끝맺게 되리라는 것을 암시한다. 스크래블 게임의 빈 칸 조각과 마찬가지로, ±는 우리가 선택하기에 따라 +로 읽을 수도 있고 −로 읽을 수도 있다. 어느 쪽을 선택하든 방정식 $100 + 200x - 5x^2 = 0$을 만족시키는 x 값이 나온다. 이 방정식에 하나의 해란 없다. 해는 둘이다.

우리가 이차 방정식의 근의 공식을 까먹은 지 오래됐더라도, 방정식

을 만족시키는 x 값이 두 개란 사실은 눈으로도 확인할 수 있다. 방정식 $y = 100 + 200x - 5x^2$의 그래프를 그리면 예쁘게 뒤집힌 포물선이 나온다.

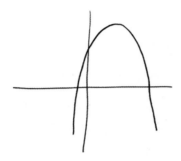

여기서 수평선은 평면에서 y좌표가 0인 모든 점들을 이은 x축을 뜻한다. 곡선 $y = 100 + 200x - 5x^2$가 x축과 만난다면, 그것은 y의 값이 $100 + 200x - 5x^2$인 동시에 0이기도 하다는 뜻이다. 그러니 $100 + 200x - 5x^2 = 0$이 되어, 우리가 풀려는 방정식과 같아진다. 방정식이 이제 곡선과 수평선이 교차하는 지점에 관한 기하학적 문제로 바뀐 것이다.

그래서 기하학적 통찰을 발휘해 보면, 이런 형태의 포물선이 x축 밑으로 조금이라도 내려온다면 x축과 정확히 두 지점에서 만나게 된다는 것을 알아차릴 수 있다. 두 지점보다 더 많을 수도 없고 더 적을 수도 없다. 달리 말해, $100 + 200x - 5x^2 = 0$을 만족시키는 x 값은 딱 두 개 존재한다.

그러면 그 두 값은 얼마일까?

만일 ±를 + 로 읽기로 선택한다면, 이렇게 된다.

$$x = 20 + 2\sqrt{105}$$

이 값은 40.4939015319……로, 우리가 앞에서 시행착오로 얻었던 답과 같다. 하지만 ±를 − 로 읽는다면, 이렇게 된다.

$$x = 20 - 2\sqrt{105}$$

이 값은 −0.4939015319……이다.

이 답은 우리 문제의 해답으로는 약간 비상식적이다. 〈미사일이 언제 나한테 떨어질까?〉에 대한 답이 〈지금으로부터 0.5초 전〉이 될 순 없다.

하지만 이 음의 x 값은 방정식을 만족시키는 완벽한 해이고, 수학이 우리에게 뭔가 말해 줄 때는 최소한 듣는 시늉이라도 하는 편이 낫다. 그렇다면 음의 값은 무슨 뜻일까? 다음과 같이 이해할 수 있다. 우리는 미사일이 지상 100미터 높이에서 초속 200미터의 속도로 발사되었다고 말했다. 그러나 실제 우리가 사용한 정보는 시간이 0이었을 때 미사일이 그 위치에서 그 속도로 위로 날아갔다는 사실뿐이다. 사실 그 시점이 발사 시점이 아니었다면? 어쩌면 발사는 시간이 0일 때 100미터 높이에서 이뤄진 게 아니라 그보다 더 이전에 땅에서 이뤄졌을지도 모른다. 그렇다면 그 시간은 언제였을까?

계산에 따르면, 미사일이 정확히 지상에 있는 시점은 정확히 두 개가 있다. 하나는 지금으로부터 0.4939……초 전이다. 곧 미사일이 땅에서 발사되었던 시점이다. 다른 하나는 지금으로부터 40.4939……초 후다. 곧 미사일이 앞으로 땅에 떨어질 시점이다.

이차 방정식의 근의 공식에 익숙한 사람이라면, 하나의 방정식에 해가 두 개 있다는 사실이 그다지 심란하지 않게 느껴질 것이다. 하지만 열여섯 살짜리에게는 이것이 진정한 철학적 전환이다. 초등학교 6년 동안 하나의 답을 찾으려고 애써 왔는데, 이제 갑자기 하나의 답이란 없다니?

게다가 이차 방정식만이 아니다. 다음 방정식을 풀라면 어쩌겠는가?

$$x^3 + 2x^2 - 11x = 12$$

이것은 x에 세제곱을 한 삼차 방정식이다. 다행히 상자에 어떤 x 값을 넣으면 손잡이를 돌렸을 때 12가 튀어 나올지 계산하게끔 해주는 삼차 방정식의 근의 공식도 있다. 하지만 우리는 그 공식은 학교에서 못 배웠는데, 왜 못 배웠느냐 하면 그 공식이 상당히 복잡하기 때문이다. 그 공식이 알려진 것은 르네상스 말이 되어서였다. 당시 대수학자들은 이탈리아 여기저기를 떠돌면서 돈과 명예를 걸고 사람들 앞에서 방정식을 푸는 치열한 수학 결투를 벌였다. 그들 중 삼차 방정식의 근의 공식을 아는 사람은 극소수였으며, 그들은 그것을 혼자만 머릿속으로 외우고 있거나 시 형식의 암호문으로 적어 두었다.[5]

기나긴 이야기다. 아무튼 내 말은, 역분석은 어렵다는 것이다.

추론이란 어려운 일이다. 바이블 코드 해독자들이 씨름한 과제도 이런 식의 추론이라고 할 수 있었는데, 그 과제가 어려웠던 것은 바로 앞의 삼차 방정식과 비슷한 문제였기 때문이다. 과학자들, 토라 연구자들, 구름을 바라보는 어린아이들은 주어진 관찰로부터 이론을 구축해야 한다. 상자에 무엇을 넣으면 우리가 보는 세상이 만들어질까 하는 것이다. 추론은 어렵다. 어쩌면 세상에서 가장 어려운 일일지도 모른다. 구름의 생김새와 움직임을 관찰한 뒤 그것을 거꾸로 분석하여 그것을 만들어 낸 체계를, 즉 x를 알아내야 하니까 말이다.

귀무가설 물리치기

지금까지 우리는 근본적인 질문의 변죽만 울리고 있었다. 자, 본론으로 들어가서, 우리는 세상에서 보는 현상들에 대해서 얼마나 놀라야 적당할까? 이 책은 수학책이니, 여러분은 이 문제에 수치적으로 답할 방법이 있으리라 짐작할 것이다. 실제로 있다. 하지만 위험이 가득한 방법이다. 이 이야기는 p값이라는 것과 관련되어 있다.

하지만 먼저, 발생할 확률이 낮은 사건이란 정확히 무엇인지부터 따져 보자. 지금까지 우리는 이 개념을 막연하게만 묘사해 왔다. 거기에는 이유가 있다. 수학에는 기하학이나 산술처럼 우리가 아이들에게 쉽게 가르칠 수 있고 아이들이 어느 정도 스스로 익히기도 하는 분야가 있다. 이런 분야들은 인간의 타고난 직관에 가장 가까운 분야들이다. 우리는 셈하는 방법이나 물체를 위치와 형태에 따라 분류하는 방법을 거의 태어날 때부터 아는 듯하며, 그런 개념들을 수학적으로 형식화한 것은 애초의 개념들과 그다지 많이 다르지 않다.

확률은 다르다. 우리는 물론 불확실성을 생각하는 일에서도 어느 정도 통찰을 타고나지만, 그것을 말로 표현하기는 훨씬 더 어렵다. 수학적 확률 이론이 수학사에서 느지막이 나타난 것, 교과 과정에 포함되더라도 늦게서야 가르치는 데는 다 이유가 있다. 확률의 뜻을 자세히 생각해 보려고 하면, 우리는 약간 멍해진다. 〈동전을 던져서 앞면이 나올 확률은 1/2이다〉라는 말은 4장에서 이야기했던 큰 수의 법칙을 언급하는 것이다. 우리가 동전을 더 많이 던질수록 앞면이 나올 비율은 마치 점점 좁아지는 깔때기에 갇힌 것처럼 반드시 1/2을 향해 다가간다는 법칙 말이다. 이것을 확률에 대한 빈도적 시각이라고 부른다.

하지만 〈내일 비가 올 확률은 20%다〉라는 말은 무슨 뜻일까? 내일은 한 번만 벌어진다. 동전 던지기처럼 반복할 수 있는 실험이 아니다. 약간 애를 쓰면, 날씨도 빈도 모형에 욱여넣을 수는 있다. 어쩌면 이것은 오늘과 조건이 비슷한 날들을 아주 많이 살펴보았을 때 그중 다음 날 비가 오는 경우는 20%였다는 뜻일지 모른다. 그러나 그렇다면 이 질문에서 막힐 것이다. 〈앞으로 천 년 안에 인류가 멸종할 확률은 얼마일까?〉 이 것은 정의상 반복이 거의 불가능한 실험이다. 게다가 우리는 아무래도 우연에 좌우될 것 같지는 않은 사건들에 대해서도 확률을 논한다. 올리브유 섭취가 암을 막아 줄 확률은? 셰익스피어가 진짜 셰익스피어 희곡들을 쓴 작가였을 확률은? 하느님이 진짜 성서를 쓰고 지구를 창조했을 확률은? 이런 질문들에 대해서 동전 던지기나 주사위 굴리기의 결과를 판단할 때 쓰는 언어를 똑같이 쓰는 것은 허락하기 어려운 일이지만, 그런데도 우리는 이런 질문들에 대해서도 기꺼이 〈그럴 확률은 낮아 보인다〉거나 〈그럴 가능성이 높아 보인다〉고 말한다. 게다가 일단 그렇게 말했다면, 더 나아가 〈그 가능성이 정확히 얼마일까?〉라고 묻고픈 유혹을 억제할 수 없는 것이다.

묻기는 쉬워도 대답하기는 어렵다. 나는 천상의 그분이 정말로 천상에 있는지 여부를 직접 알아볼 실험 따위는 떠올릴 수가 없다. 그러니 차선책, 혹은 전통 통계학에서 차선책이라고 여기는 방법을 택해야 한다 (뒤에서 이야기하겠지만 이 점에 대해서도 논쟁이 있다).

우리는 중세 랍비들의 이름이 토라의 문자열에 감춰져 있을 확률은 낮다고 말했다. 정말 그럴까? 신앙을 준수하는 유대인들은 우리가 알아야 할 모든 것이 어떤 방식으로든 토라의 말씀에 담겨 있다고 보곤 한다. 정말 그렇다면, 랍비들의 이름과 생일도 토라에 들어 있는 것은 전혀 가능성이 희박한 일이 아니다. 오히려 반드시 그래야만 한다.

노스캐롤라이나 복권에 대해서도 비슷하게 말할 수 있다. 한 주에 두 번이나 똑같은 숫자들이 뽑히는 것은 있을 법하지 않은 일로 들린다. 만일 그 숫자들이 완벽하게 무작위로 뽑힌다는 가설에 동의한다면, 정말로 그것은 가능성이 낮은 사건이다. 그런데 우리는 그 가설에 동의하지 않을 수도 있다. 어쩌면 무작위 뽑기 시스템이 고장 나서 4, 21, 23, 34, 39가 딴 수들보다 더 많이 나오게 되었다고 추측할 수도 있다. 아니면 부패한 복권 담당자가 자신이 선호하는 티켓에 맞는 숫자들을 골랐다고 추측할 수도 있다. 둘 중 한 가설을 따른다면, 놀라운 우연의 일치는 전혀 가능성 낮은 사건이 아니다. 여기서 말하는 가능성 낮은 사건이란 상대적 개념이지, 절대적 개념이 아니다. 우리가 어떤 결과의 확률이 낮다고 말할 때, 우리는 명시적으로든 아니든 세상이 돌아가는 메커니즘에 관해서 우리가 품고 있는 모종의 가설들에 비추어 볼 때 그 사건이 발생할 가능성이 낮다고 말하는 셈이다.

과학적 질문은 단순한 가부간의 대답으로 압축되는 것이 많다. 어떤 현상이 벌어지고 있는가, 아닌가? 신약이 그 치료 대상인 질병의 증세를 완화하는가, 아무 영향도 못 미치는가? 어떤 심리적 개입이 우리를 더 행복하게, 활기차게, 섹시하게 만들어 주는가, 아무 영향도 못 미치는가? 이때 〈아무 영향도 안 미치는〉 시나리오를 귀무가설(歸無假說)이라고 부른다. 귀무가설은 곧 당신이 연구하는 개입 조치가 아무런 영향도 미치지 않는다는 가설이다. 신약을 개발하는 연구자는 종종 귀무가설 때문에 잠을 못 이룰 것이다. 귀무가설이 제대로 기각되지 않는 한, 자신이 의학적 돌파구를 쫓고 있는지 잘못된 대사 경로에 헛다리를 짚고 있는지 알 길이 없으니까.

그러면 귀무가설은 어떻게 기각할까? 20세기 초에 귀무가설 유의성 검정이라고 불리는 표준 기법을 오늘날 널리 쓰이는 형태로 개발한 사람은 현대 통계학의 창시자로 불리는 R. A. 피셔였다.[*]

방법은 이렇다. 우선, 어떤 실험을 한다. 피험자 백 명 중 무작위로 고른 절반에게는 당신이 기적의 약으로 여기는 물질을 주고 나머지 절반에게는 위약(僞藥)을 준다고 하자. 당신은 당연히 진짜 약을 먹은 환자들이 설탕약을 먹은 환자들보다 사망 확률이 낮기를 바란다.

이후 따라야 할 규칙은 간단해 보인다. 만일 약을 먹은 환자들의 사망

---

[*] 피셔의 기법은 수학이 아니라 통계라고 지적하는 사람이 있을지도 모르겠다. 나는 두 통계학자의 아들로서 두 분야 사이의 경계가 실존한다는 것을 잘 안다. 하지만 여기에서는 그냥 통계적 사고를 수학적 사고의 한 종류로 취급하여, 둘 다에 관해서 이야기하겠다.

률이 위약 환자들보다 낮다면, 승리를 선포하고 식품 의약청에 판매 신청서를 내면 되는 것 아닌가. 하지만 틀렸다. 데이터가 당신의 이론에 부합하는 것만으로는 부족하다. 데이터는 더 나아가 당신의 이론에 대한 부정형, 즉 두렵기 그지없는 귀무가설에 부합하지 않아야 한다. 내가 여러분에게 내 강력한 염력으로 태양을 지평선 위로 끌어올릴 수 있다고 단언한다고 하자. 증거를 원하시나요? 새벽 다섯 시쯤 바깥으로 나가면 내 염력의 결과를 볼 수 있을 겁니다! 하지만 이런 증거는 증거라고 할 수 없다. 만일 내게 염력이 없다는 귀무가설이 옳더라도 태양은 똑같이 떠오를 테니까.

우리는 임상 시험 결과를 해석할 때도 비슷한 주의를 기울여야 한다. 숫자로 말해 보자. 우리가 귀무가설의 영역에 있다고 하자. 즉, 진짜 신약을 먹은 환자 50명과 위약 환자 50명의 사망률이 똑같다고 (가령 둘 다 10%라고) 하자. 그렇다고 해서 꼭 신약을 먹은 환자 중 5명이 죽고 위약 환자 중 5명이 죽을 거라는 뜻은 아니다. 신약 환자 중 정확히 5명이 죽을 확률은 약 18.5%로 그다지 높지 않다. 이것은 동전을 아무리 많이 던져도 앞면과 뒷면이 정확히 똑같이 나올 가능성은 그다지 높지 않은 것과 마찬가지다. 같은 맥락에서, 신약 환자와 위약 환자가 시험 도중에 똑같은 수로 사망할 가능성은 아주 낮다. 내가 계산한 결과는 이렇다.

신약 환자와 위약 환자가 똑같은 수로 죽을 확률은 13.3%
위약 환자가 신약 환자보다 적게 죽을 확률은 43.3%
신약 환자가 위약 환자보다 적게 죽을 확률은 43.3%

신약 환자가 위약 환자보다 좋은 결과를 보이더라도, 그 사실 자체에는 별 의미가 없다. 신약이 듣지 않는다는 귀무가설이 옳더라도 그럴 가능성이 낮지 않으니까.

하지만 신약 환자들이 훨씬 더 나은 결과를 보인다면, 상황이 다르다. 시험 기간 중 위약 환자는 5명이 죽었지만 신약 환자는 아무도 안 죽었다고 하자. 귀무가설이 옳다면, 두 집단의 생존율은 둘 다 90%로 같아야 한다. 그렇다면 신약 환자 50명이 전부 살아남을 가능성은 대단히 낮다. 신약 환자 중 첫 번째 사람의 생존 확률은 90%이고, 첫 번째 사람뿐 아니라 두 번째 사람까지 생존할 확률은 그 90%의 90%, 즉 81%이다. 세 번째 사람까지 생존하기를 바란다면, 그 확률은 81%의 90%, 즉 72.9%에 지나지 않는다. 이렇게 계속 다음 환자까지 생존하는 경우를 이어갈수록 확률은 조금씩 깎여 나가고, 결국 50명 모두가 생존할 확률을 묻는 맨 끝에 가서는 남은 확률이 대단히 희박해진다.

$$(0.9) \times (0.9) \times (0.9) \times \cdots\cdots 50번! \cdots\cdots \times (0.9) \times (0.9) = 0.00515\cdots\cdots$$

귀무가설하에서 이렇게 훌륭한 결과가 나올 확률은 200분의 1 정도인 셈이다. 그렇다면 신약의 효능에 대한 주장에 설득력이 훨씬 더 실린다. 만일 내가 염력으로 태양을 떠우겠다고 주장했는데 실제로 태양이 뜬다면, 그렇더라도 당신은 내 힘에 감동해서는 안 된다. 반면에 내가 태양이 안 뜨게 만들겠다고 주장했는데 실제로 태양이 안 뜬다면, 당신은 주목하는 편이 나을 것이다. 내가 귀무가설하에서는 가능성이 대단히 낮은 결과를 보여 준 것이기 때문이다.

자, 귀무가설 기각 과정을 경영자들의 발표처럼 멋있게 요약 나열하면 다음과 같다.

1. 실험을 한다.
2. 귀무가설이 참이라고 가정하고, 그 경우에 관찰 결과처럼 극단적인

결과가 나올 확률을 p라고 하자.

3. p의 값을 p값이라고 부른다. p값이 아주 작으면, 기뻐하라. 당신의 결과가 통계적 유의성이 있다고 말해도 좋다. p값이 크면, 귀무가설을 기각할 수 없다는 사실을 인정하라.

얼마나 작아야 〈아주 작을까〉? 유의성의 경계를 원칙에 의거하여 선명하게 나눌 방법은 없다. 하지만 피셔가 처음 쓰기 시작하여 오늘날까지 널리 사용되는 전통적인 방법이 있는데, p = 0.05, 즉 1/20를 기준으로 삼는 방법이다.

귀무가설 유의성 검정이 인기 있는 것은 우리가 불확실성에 대해 추론할 때 떠올리게 되는 직관을 잘 포착하기 때문이다. 바이블 코드가 최소한 첫눈에는 설득력 있게 느껴지는 이유가 무엇일까? 토라가 미래를 예언할 수 없다는 귀무가설하에서는 위츠툼이 발견한 암호들이 등장할 확률이 대단히 낮기 때문이다. 저명 랍비들의 생물 정보를 그토록 정확하게 맞히는 등거리 문자열들이 그토록 많이 발견될 확률, 즉 p값은 0에 가깝다.

피셔가 이런 논증을 형식화하기 한참 전에도, 많은 사람들이 신의 창조력에 대해서 이런 논증을 적용해 왔다. 세상에 이토록 풍성한 구조와 완벽한 질서가 존재하는 것을 보건대, 최초에 세상을 창조한 설계자가 없었다는 귀무가설하에서 이런 세상이 존재할 가능성은 엄청나게 낮지 않겠는가 말이다!

이런 논증을 처음 수학적으로 펼친 사람은 왕실 의사이자 풍자가이며, 시인 알렉산더 포프와 편지를 주고받는 친구이자, 부업으로 수학을 연구한 존 아버스넛이었다.[6] 아버스넛은 런던의 1629~1710년 출생 기록을 조사하다가 놀라운 규칙성을 발견했다. 그 82년 동안 매년 여자아이보다 남자아이가 더 많이 태어났던 것이다. 아버스넛은 이렇게 물었다. 신은 없고 모든 것이 무작위적 우연일 뿐이라는 귀무가설하에서, 이런 우연의 일치가 벌어질 확률은 얼마나 될까? 어느 해에 런던에서 여자아이보다 남자아이가 더 많이 태어날 확률은 1/2일 테고, 그렇다면 82년 연속으로 남자아이가 더 많이 태어날 확률인 p값은 다음과 같을 것이다.

$$(1/2) \times (1/2) \times (1/2) \times \cdots\cdots 82번 \cdots\cdots \times (1/2)$$

즉, 4셉틸리언(10^{24})분의 1의 확률보다도 낮다. 한마디로 거의 0이다. 아버스넛은 이 발견을 〈두 성별의 출생에서 관찰된 지속적 규칙성을 근거로 한 신의 섭리 논증〉이라는 논문으로 발표했다.

저명 성직자들은 아버스넛의 논증을 칭송하며 널리 퍼뜨렸지만, 수학자들은 금세 그의 추론에서 흠을 짚어 냈다. 그중에서도 중요한 흠은 그가 귀무가설을 그렇게 설정한 것이 비합리적이라는 점이었다. 아버스넛의 데이터는 아기의 성별이 무작위로 결정된다는 가설, 즉 모든 아이가 남자아이로 태어날 확률과 여자아이로 태어날 확률이 반반이라는 가설에 기반하고 있다. 그러나 왜 꼭 반반이어야 하는가? 니콜라스 베르누이는 다른 귀무가설을 제안했다. 아이의 성별이 역시 우연에 따라 결정되지만, 남자아이일 가능성이 18/35이고 여자아이일 가능성은 17/35인 상황이다. 베르누이의 귀무가설은 아버스넛의 귀무가설 못지않게 무신론적이고, 그 못지않게 데이터에 완벽하게 들어맞는다. 우리가 동전을 82번 던져서 82번 다 앞면이 나온다면, 우리는 〈신은 앞면을 사랑하셔〉라고 생각할 게 아니라 〈동전에 뭔가 편향이 있어〉라고 생각해야 한다.*

---

* 아버스넛은 남자아이가 약간 더 많이 태어나는 경향 자체를 신의 존재를 뒷받침하는 논증으로 보았다. 누군가가, 사실은 바로 그분이 손잡이를 적절히 조절하여 늘 남자아이가 더 많이 태어나게끔 만듦으로써 성인 남자들이 전쟁과 사고로 여자들보다 더 많이 죽는 현상을 상쇄한다는 주장이었다.

아버스넛의 논증은 널리 인정되지 않았지만, 그 정신만큼은 살아남았다. 아버스넛은 바이블 코드 해독자들뿐 아니라 요즘에도 신 없는 세상이 현재의 세상처럼 생겼을 가능성은 극히 낮다는 이유에서 신의 존재가 수학적으로 증명된다고 우기는 소위 〈창조 과학자〉들의 지적 아버지인 셈이다.[7]**

그러나 유의성 검정은 신학 변론자들만 사용한 것이 아니었다. 창조 과학자들이 무신론의 털보 악마처럼 여기는 다윈 또한 자신의 연구를 옹호하기 위해서 사실상 거의 같은 논증을 동원했다.

만일 자연 선택이 잘못된 이론이라면, 앞에서 말한 여러 종류의 수많은 사실들을 이토록 만족스럽게 설명할 것이라고는 기대하기 어렵다. 이런 논증은 위험한 기법이라고 지적하는 의견이 최근 제기되었으나, 이런 추론 기법은 일상의 평범한 사건들을 판단하는 데 쓰일뿐더러 위대한 자연철학자들도 종종 사용했던 기법이다.[8]

한마디로, 만일 자연 선택 이론이 틀렸다면 우리가 지금처럼 그 이론의 예측에 철저히 부합하는 생물계를 목격할 가능성은 턱없이 낮지 않겠느냐는 말이다!

R. A. 피셔의 업적은 유의성 검정을 형식적 활동으로 만든 것이다. 어떤 실험 결과의 유의성 여부를 객관적 사실로 취급할 수 있는 체계를 구축한 것이다. 피셔가 만든 형태의 귀무가설 유의성 검정은 이후 한 세기 가까이 과학 연구 결과를 평가하는 표준 기법으로 쓰였다. 교과서들은 이 기법을 〈심리 연구의 근간〉이라고 부른다.[9] 과학자들은 이 기법을 기준으로 삼아서 성공한 실험과 실패한 실험을 나눈다. 의학, 심리, 경제

** 이 논증은 9장에서 더 자세히 다루겠다.

분야의 연구 결과를 접할 때, 우리는 유의성 검정의 심사를 거친 무언가를 읽고 있을 가능성이 높다.

하지만 다윈이 〈위험한 기법〉에 대해 드러냈던 불편함이 완전히 사라지진 않았다. 이 기법이 표준 기법으로 쓰여 온 세월 동안, 이것을 심대한 실수로 낙인 찍은 사람들도 늘 존재했다. 1966년에 심리학자 데이비드 바칸은 〈심리학의 위기〉에 대한 글에서 자신이 볼 때 이 기법은 〈통계 이론의 위기〉라고 말했다.

사실 유의성 검정은 심리 현상에 관한 특징적인 정보를 알려 주지 못한다. ……이 기법을 사용할 때 장난을 치는 경우가 허다하다. ……이 문제를 〈소리 내어〉 지적하는 것은 황제가 속옷만 입고 있다는 사실을 지적한 아이의 역할을 맡는 것과 같다.[10]

그로부터 거의 50년이 지난 지금도 황제는 여전히 투명한 생일맞이 예복을 입은 채 신나서 까불며 권좌에 앉아 있다. 점점 더 많은 아이가 점점 더 떠들썩하게 황제가 벌거벗었다는 사실을 사방에 알리고 있는데도 말이다.

유의성의 무의미함

유의성에 무슨 문제가 있을까? 일단은 단어 자체가 문제다. 수학과 언어는 묘한 관계를 맺고 있다. 외부자들이 가끔 놀라는 사실인데, 수학 논문은 숫자와 기호로만 쓰이지 않는다. 수학은 단어로 이루어진다. 하지만 수학자들이 그 단어로 지칭하는 대상은 메리엄 웹스터 영어 사전 편찬자들이 염두에 두는 대상이 아닐 때가 많다. 새로운 것에는 새로운 어휘가 필요하다. 방법은 두 가지다. 하나는 코호몰로지, 시서지, 모노드로미처럼 완전히 새로운 단어를 만들어 내는 것인데, 그러면 우리 작업이 어렵고 다가가기 힘든 것으로 보이는 효과가 난다. 그보다 수학자들은 기존 단어를 우리 용도에 맞게 적용하는 방법을 더 많이 쓴다. 우리가 묘사하려는 수학적 대상과 이른바 현실에 존재하는 어떤 대상이 닮았다는 점에 착안하는 것이다. 그래서 수학자에게 〈군(群)〉이란 실제 무언가의 무리를 뜻하지만, 정수들의 군이나 기하학 도형에서 대칭들의 군처럼 특수한 종류의 군만을 뜻한다. OPEC나 ABBA처럼 그냥 무언가를 모으기만 한 것이 아니라, 구성원 중 한 쌍의 수를 더할 수 있다거나 한 쌍의 대칭을 차례로 수행할 수 있다거나 하는 식으로 임의의 한 쌍을 결합하면 세 번째 구성원이 얻어지는 성질을 지닌 것들만 모은 것을 말한다.* 구조, 다발, 고리, 더미도 마찬가지로, 이런 단어들이 지칭하는 수학적 대상과 이런 단어들이 현실에서 지칭하는 대상과의 관계는 아주 희박할 따름이다. 수학자들이 고르는 언어가 전원적인 색채를 띨 때도 있다. 가령 현대 대수 기하학은 주로 필드, 시브, 커널, 스토크를 다루는 분야다.** 이보다 좀 더 공격적일 때도 있다. 수학자들에게는 어떤 조작을 가함으로써 대상을 죽인다, 혹은 좀 더 강하게 표현해서 소멸시킨다고 말하는 게 전혀 이상한 일이 아니다. 한번은 내가 공항에서 거북한 경험을 한 적이 있는데, 동료가 수학의 맥락에서는 전혀 이상할 것 없는 이야기를 꺼낸 게 화근이었다. 그는 우리가 한 지점에서 플레인을 날려 버려야 한다고 말했던 것이다.***

자, 유의성으로 돌아가자. 일상 언어에서 영어 단어 〈significance〉는 무언가 〈중요한〉 것이나 〈유의미한〉 것을 뜻한다. 그러나 과학자들이 사용하는 유의성 검정 기법은 중요성을 측정하는 게 아니다. 가령 신약

* 〈군〉의 실제 수학적 정의에는 이보다 더 많은 내용이 포함되지만, 그 아름다운 이야기 또한 나는 이 정도만 말하고 넘어가야겠다.
** 모두 수학 용어이지만 일상어로는 밭, 곡물 다발, 낱알, 줄기를 뜻한다 — 옮긴이주.
*** 영어 단어 〈플레인plane〉에는 평면이란 뜻과 비행기란 뜻이 둘 다 있기에 하는 말이다 — 옮긴이주.

의 효과를 시험할 때, 귀무가설은 신약이 아무 효과가 없다는 가설이다. 따라서 귀무가설을 기각한다는 것은 그저 신약의 효과가 0은 아니라고 판단한다는 것뿐이다. 즉, 효과가 있더라도 무척 미미할 수 있는 것이다. 그 효과는 평범한 일반인들이라면 어떤 의미에서도 결코 유의미하다고 말하지 않을 만큼 미미할 수도 있다.

〈유의성〉에 중복된 의미가 있다는 사실은 과학 논문을 읽기 어렵게 만드는 것 이상의 영향을 끼친다. 1995년 10월 18일, 영국 의약품 안전 위원회CSM는 20만 명에 육박하는 전국의 의사들과 공중 보건 종사자들에게 〈삼세대〉 경구 피임약 중 특정 상표들의 위험을 경고하는 공문을 보냈다. 공문에는 이렇게 적혀 있었다. 〈새로운 증거에 따르면, 특정 종류의 경구 피임약들은 다른 종류들에 비해 혈전증 발생 가능성을 약 두 배 높인다.〉[11] 혈전증은 장난이 아니다. 혈전증은 피가 엉긴 혈전이 정맥혈의 흐름을 방해하는 현상이다. 혈전이 혈관에서 떨어져 나와 피를 타고 돌다가 폐로 들어가면 폐색전이 되는데, 그러면 죽을 수도 있다.

공문은 곧이어 경구 피임약이 대부분의 여성들에게는 안전하며 의사의 조언 없이 약을 끊어서는 안 된다고 안심시키는 말을 덧붙였다. 하지만 〈죽음의 경구 피임약〉 같은 제목을 단 메시지에서 그런 세부적인 사항은 누락되기 쉬운 법이다. AP 통신은 10월 19일 기사에서 〈지난 목요일, 정부는 영국 여성 150만 명이 복용하는 새로운 종류의 피임약이 혈전을 일으킬 수 있다고 경고했다. ……정부는 피임약 수거를 고려했지만 그러지 않기로 결정했다. 다른 종류의 경구 피임약은 몸에 받지 않는 여성들이 있다는 점이 한 이유였다〉라고 말했다.[12]

사람들은 당연히 혼비백산했다. 한 가정의는 경구 피임약을 먹던 자신의 환자들 중 12%가 정부 발표를 듣자마자 피임약 복용을 중단했다고 말했다.[13] 아마도 많은 여성이 혈전증에 연루되지 않은 다른 종류의 피임약으로 바꿨겠지만, 약을 잠시라도 끊으면 피임 효과가 떨어지는 법이다. 그리고 피임 효과가 낮아지면 임신이 느는 법이다. (혹시라도 내가 금욕이 유행한다고 말할 줄 알았는가?) 이전 몇 년 동안 떨어지기만 하던 영국의 임신율은 이듬해에 몇 퍼센트 훌쩍 뛰었다. 1996년에 잉글랜드와 웨일스에서는 전해에 비해 26,000명의 아기가 더 잉태되었다. 그렇게 많은 임신은 사람들의 계획에 없었기 때문에, 자연히 낙태도 더 많아졌다. 낙태는 1995년에 비해 13,600건 더 늘었다.[14]

이것은 순환계에 혈전이 돌다가 치명적인 문제를 일으킬 수도 있는 가능성에 비하면 사소한 대가로 보일지 모른다. CSM의 경고 덕분에 혈전증으로 인한 사망을 모면한 여성들을 생각해 보라!

그런데 그런 여성이 정확히 몇 명이나 되었을까? 확실히 알 순 없다. 하지만 CSM의 경고 결정을 지지했던 한 과학자에 따르면, 혈전증 사망이 예방된 여성의 수는 총 〈약 한 명〉이었을 것이라고 한다.[15] 삼세대 피임약이 부과한 위험은 피셔의 통계학적 의미에서는 유의성이 있었지만 공중 보건적 의미에서는 그다지 중요하지 않았던 것이다.

이야기를 전달한 방식도 혼란을 가중했다. CSM은 삼세대 피임약이 혈전증 발생률을 두 배로 높인다고 발표했다. 이렇게 말하니까 상당히 심각해 보이지만, 애초에 혈전증은 아주아주 드물다는 사실을 명심해야 한다. 일세대와 이세대 경구 피임약을 복용하는 가임기 여성들 중 혈전증 위험이 있는 사람은 7,000명 중 1명 꼴이다. 물론 삼세대 피임약은 그 위험을 두 배로, 즉 7,000명 중 2명꼴로 높이지만, 그래 봤자 아주 미미한 위험이다. 아주 작은 수는 두 배로 불려도 아주 작은 수라는 명백한 수학적 사실 때문이다. 무언가를 두 배로 불리는 것이 얼마나 좋고 나쁜가는 애초에 그 무엇이 얼마나 큰가에 달려 있다. 스크래블 게임에서 두 배 단어 기회에 ZYMURGY*를 놓는다면 엄청난 승리겠지만, 같

* 와인 양조 기법 중 하나를 일컫는 신조어 — 옮긴이주.

은 칸에 NOSE를 놓으면 수 낭비일 뿐이다.

　우리 뇌는 7,000명 중 1명 같은 미미한 확률보다는 비율로 표현한 위험을 훨씬 더 쉽게 이해한다. 그러나 작은 확률에 적용된 비율은 우리를 쉽게 오도할 수 있다. 뉴욕 시립 대학 사회학자들의 조사에 따르면,[16] 가정 내 탁아 시설에 다니거나 자기 집에서 아이 봐주는 사람이 돌보는 아기들은 탁아소에 다니는 아기들에 비해 사망률이 7배 높았다. 하지만 여러분이 당장 가정부를 자르기 전에, 다음과 같은 사실을 떠올려 보자. 오늘날 미국 아기들의 사망률은 아주 낮으며, 아기가 죽더라도 보호자가 아이를 죽도록 흔들었기 때문에 그런 경우는 거의 없다시피 하다. 가정에서 돌보던 아기의 연간 사망률은 10만 명당 1.6명으로, 탁아소 내 사망률 10만 명당 0.23명보다 확실히 더 높기는 하다.* 하지만 어차피 두 수 모두 0보다 약간 큰 정도이다. 같은 논문에 따르면 가정 내 탁아 시설에서 발생하는 영아 사망은 연간 12건에 불과한데, 이것은 2010년에 미국 전체에서 사고로 죽은(주로 침구에 숨이 막힌 경우였다) 아기 1,110명이나 영아 돌연사 증후군으로 죽은 아기 2,063명에 비하면 아주 적었다.[17] 그야 모든 조건이 다 같다면야 뉴욕 시립 대학의 조사 결과에 따라 가정에서 돌보기보다 탁아소에 맡기는 편이 낫겠지만, 보통은 모든 조건이 똑같지 않다. 그중 한 조건이 다른 조건보다 더 중요할 때도 있다. 만일 시의 승인을 받은 청결한 탁아소가 어느 가족이 제집에서 운영하는 약간 미심쩍은 탁아 시설에 비해 여러분의 집에서 두 배 더 멀다면 어쩌겠는가? 2010년에 미국에서 교통사고로 죽은 영아는 79명이었다. 늘어난 이동 거리 때문에 아기가 매년 도로에서 20% 더 많은 시간을 보낸다면, 좀 더 나은 탁아소를 선택함으로써 확보한 안전상의 이득이 깡그리 상쇄될 수도 있다.

---

* 논문은 부모가 직접 돌보는 아이들의 사망률은 얼마인가 하는 흥미로운 질문에 대해서는 언급하지 않았다.

유의성 검정은 과학적 도구이므로, 여느 도구처럼 일정 수준의 정확도를 띤다. 우리는 검정을 좀 더 민감하게 만듦으로써(가령 시험 대상 인구를 늘림으로써) 좀 더 작은 효과까지 관찰할 수 있다. 이것이 이 기법의 힘이지만, 여기에는 위험이 따른다. 사실 엄밀하게 따지자면, 귀무가설은 거의 늘 거짓일 것이다. 환자의 혈류에 강력한 약을 넣어 놓고서 그 조치가 식도암이나 혈전증이나 구취 발생 확률에 미칠 영향이 정확히 0일 것이라고 생각하기는 어렵지 않은가. 우리 몸은 영향과 통제의 복잡한 되먹임 순환을 통하여 모든 부분들이 다른 모든 부분들에게 말을 건다. 우리가 하는 모든 일들이 암을 발생시키거나 예방한다. 이론적으로야 충분히 민감한 조사를 수행함으로써 둘 중 어느 쪽인지 알아낼 수 있겠지만, 보통 그런 효과는 너무 미미하기 때문에 무시해도 좋을 만하다. 요컨대 우리가 무언가를 감지했다고 해서 그것이 늘 중요한 것은 아니다.

통계학 명명법이 동트던 시점으로 시간을 되돌려, p값이 0.05 미만이라는 피셔의 기준을 통과한 결과는 〈통계적으로 유의한〉게 아니라 〈통계적으로 눈에 띄〉거나 〈통계적으로 감지되는〉 것이라고 선언할 수 있다면 얼마나 좋을까! 그 편이 어떤 효과의 존재를 알려 줄 뿐 그 규모나 중요성에 대해서는 아무것도 알려 주지 않는 이 기법의 진정한 의미에 좀 더 충실한 이름일 텐데 말이다. 하지만 그러기에는 너무 늦었다. 우리는 우리가 가진 언어로 만족하는 수밖에 없다.**

** 물론 모두가 우리와 같은 언어를 쓰는 것은 아니다. 중국 통계학자들은 통계적 유의성에 대해 현저(顯著)하다는 단어를 쓰는데, 이것은 〈눈에 띈다〉는 뜻에 가깝다. 하지만 중국어를 하는 친구들에게 물어보니, 이 단어도 영어의 〈significance〉처럼 중요하다는 뜻도 함축하고 있다고 한다. 러시아에서는 통계적 유의성을 즈나치미значимый라고 표현하는데, 영어의 〈유의성〉을 표현하는 통상적인 단어는 즈나치텔리значительный다.

핫핸드 신화라는 신화

우리는 B. F. 스키너를 심리학자로 알고 있다. 많은 면에서 최초의 현대적 심리학자였던 사람, 프로이트주의자들을 깔보며 그와 경쟁하는 행동주의 심리학을 이끌었던 사람이다. 행동주의는 눈에 보이고 측정 가능한 것들만 다루는 접근법으로, 무의식에 관한 가설은 전혀 필요하지 않다고 말한다. 심지어 의식적 동기를 가정할 필요도 없다고 말한다. 스키너에게 마음의 이론이란 곧 행동의 이론이었다. 따라서 심리학자가 수행할 흥미로운 연구란 생각이나 감정에 관한 연구가 아니라 강화를 통한 행동 조작 연구라고 했다.

그 스키너가 좌절한 소설가였다는 사실은 덜 알려져 있다.[18] 스키너는 해밀턴 대학에서 영문학을 전공했고, 화학 교수이자 자기 집을 일종의 문학 살롱처럼 운영했던 탐미주의자 퍼시 손더스와 함께 많은 시간을 보냈다. 스키너는 에즈라 파운드를 읽었고, 슈베르트를 들었으며, 대학 문예지에 사춘기스럽게 뜨거운 시들을 투고했다(밤이면, 그는 멈추어, 숨 가쁘게 / 지상의 배우자에게 중얼거리네 / 〈사랑이 나를 탈진시키는도다!〉).[19] 심리학 수업은 하나도 듣지 않았다. 졸업 후 그는 브레드로프 작가 회의에 참석하여 〈내분비물로 사람들의 성격을 바꾸는 돌팔이 의사가 등장하는 단막극〉을 썼고,[20] 자신이 쓴 단편 몇 편을 로버트 프로스트에게 떠안기는 데 성공했다. 만족스럽게도 프로스트는 스키너의 글을 칭찬하는 편지를 보내왔는데, 그 속에서 이렇게 조언했다. 〈작가를 작가로 만드는 것은 누구에게도 설명할 수 없으며 누구도 꺾을 수 없는 개인적 편견을 직접적으로 강렬하게 써내는 능력입니다. ……그런 편견은 누구나 갖고 있으며, 누구든 가끔은 그것을 말하고 쓰고 싶은 기분을 느끼는 것 같습니다. 하지만 대부분의 사람들은 결국 남들의 편견을 따르기 시작하고 맙니다.〉[21]

격려를 받은 스키너는 1926년 여름, 스크랜턴에 있는 부모님 댁 다락으로 이사하여 글을 쓰기 시작했다. 그러나 그는 자신만의 편견을 찾는 게 쉽지 않을뿐더러 찾아내더라도 그것을 문학적 형식에 담아내기가 어렵다는 것을 발견했다. 스크랜턴에서 보낸 시간은 헛수고였다. 그는 단편을 두어 편 썼고 노동 운동가 존 미첼에 관한 소네트를 한 편 썼지만, 대개의 시간을 선박 모형을 조립하거나 당시 최첨단 시간 때우기 도구였던 라디오로 멀리 피츠버그나 뉴욕에서 오는 신호를 잡으려 애쓰면서 보냈다.

훗날 그는 이 시기에 대해 이렇게 썼다. 〈모든 문학적인 것에 대한 격렬한 반감이 싹트기 시작했다. 나는 딱히 할 말이 없었기 때문에 작가로서 실패했던 것이지만, 그런 설명을 도저히 받아들일 수 없었다. 내 실패는 문학의 탓이어야만 했다.〉[22] 좀 더 직설적으로 말하자면, 〈문학이 허물어져야 했다〉.[23]

스키너는 문예지 『다이얼 The Dial』을 꼬박꼬박 챙겨 읽었는데, 그 속에서 버트런드 러셀의 철학적인 글을 접했고 그 글을 통해서 존 왓슨을 알게 되었다. 왓슨은 머지않아 스키너의 이름과 동의어가 되다시피 할 행동주의 관점을 처음으로 강력하게 지지하고 나선 사람이었다. 왓슨은 과학자의 일이란 오로지 실험 결과를 관찰하는 것뿐이라고 주장했다. 의식이나 영혼에 대한 가설이 끼어들 여지는 없다고 했다. 그는 〈시험관에 든 영혼을 만지거나 목격한 사람은 아무도 없다〉라는 유명한 말로 그런 개념들을 기각했다.[24] 스키너는 왓슨의 단호한 말에 전율했던 게 분명하다. 당장 하버드로 옮겨서 심리학을 전공하는 대학원생이 되어, 과학적 행동 연구로부터 모호하고 제멋대로인 자아 개념을 추방할 태세를 갖추었기 때문이다.

스키너는 자신이 실험실에서 겪었던 자동적 언어 생성 경험으로부터 깊은 인상을 받았다. 웬 기계가 배경에서 반복적이고 리드미컬한 소리를 내고 있었는데, 스키너가 자신도 모르게 그 박자에 맞춰 〈넌 절대 못 나가, 넌 절대 못 나가, 넌 절대 못 나가〉란 구절을 나지막이 읊은 것이었다.[25] 언어로 보였던 것이, 심지어 어떤 의미에서는 시로 볼 수도 있었던 것이 사실은 의식 있는 작가 따위는 필요하지 않은 자동적 발성 과정의 결과였던 것이다.* 스키너는 이 경험으로부터 문학에게 원수를 갚을 방안을 떠올렸다. 언어 역시 자극에 대한 노출로써 훈련되고 실험실에서 조작되는 행동에 지나지 않는다면 어떨까? 위대한 시인들의 언어마저 그렇다면?

대학에서 스키너는 셰익스피어의 소네트를 모방한 시들을 썼었다. 그 경험을 회고하면서, 철저한 행동주의자답게 그는 그때 자신이 〈이미 적절히 선택되고 운이 맞춰진 온전한 시구들을 그저 내뱉기만 한다는 기묘한 흥분〉을 느꼈다고 묘사했다.[26] 이제 미네소타 대학의 젊은 심리학 교수가 된 그는 셰익스피어를 작가가 아니라 단순한 발화자로 다시 세우기로 했다. 당시에는 이런 접근법이 요즘 우리가 느끼는 것처럼 미친 생각으로 들리지 않았다. 당시 지배적 문학 비평 형식이었던 〈클로즈 리딩〉은 스키너의 심리학처럼 왓슨 철학의 흔적을 담고 있던 작업으로, 텍스트에 노골적으로 드러나지 않은 작가의 의도보다는 책장에 적힌 단어들을 우선으로 여기는, 대단히 행동주의적인 태도를 보였다.[27]

셰익스피어는 같은 소리로 시작하는 단어들을 잇달아 사용하는 두운법의 대가로 유명하다(〈풀 패덤 파이브 사이 파더 라이즈……〉 하는 식이다). 그런데 스키너가 보기에 이렇게 사례에만 의거한 논증은 과학이 아니었다. 셰익스피어가 진짜 두운법을 썼을까? 그렇다면 그것을 수학으로 입증할 수 있어야 했다. 스키너는 〈두운법 패턴을 낳는 과정이 존

---

* 가수 데이비드 번은 〈집을 태워 버려〉의 가사를 이것과 아주 비슷한 방식으로 썼다고 한다. 악기 연주만 녹음된 것을 들으면서 그 리듬에 맞춰 아무 의미 없는 단순한 음절들을 툭툭 뱉다가, 그 말이 안 되는 말들에서 떠올린 단어들을 받아 적었다는 것이다.

재한다는 증명은 충분히 큰 표본에 대해서 첫 자음들의 배열을 통계적으로 분석해야만 얻을 수 있다〉고 썼다.[28] 그런데 어떤 통계 분석일까? 바로 피셔의 p값 검정이었다. 여기에서 귀무가설은 셰익스피어가 단어들의 첫 소리에 신경 쓰지 않았다는 것, 그래서 시에서 한 단어의 첫 문자가 무엇이냐 하는 점이 같은 행에 등장하는 다른 단어들에게 아무 영향도 미치지 않는다는 것이었다. 이 가설을 시험하는 과정은 임상 시험과 비슷했지만, 한 가지 큰 차이가 있었다. 신약을 시험하는 생의학자는 귀무가설이 반박되어 약의 효능이 증명되기를 간절히 소망하는 데 비해, 문학 비평을 대좌에서 거꾸러뜨리는 게 목표였던 스키너에게는 귀무가설이야말로 매력적인 것이었다.

귀무가설이 옳다면, 단어의 첫 소리가 같은 행에서 반복되는 빈도는 단어들을 몽땅 자루에 넣고 뒤섞어 무작위로 재배열하더라도 변함이 없을 것이다. 스키너가 소네트 백 편을 표본으로 삼아서 발견한 결과가 바로 그랬다. 셰익스피어는 유의성 검정을 통과하지 못했다. 스키너는 이렇게 썼다.

〈겉으로는 소네트들에 두운법이 풍성한 것처럼 보이지만, 사실은 우리가 진지하게 관심을 기울여야 할 정도로 시인이 두운법을 적용했다는 유의미한 증거가 없다. 시의 이런 측면에 관한 한, 셰익스피어는 모자에서 아무렇게나 단어를 끄집어내도 마찬가지였을 것이다.〉[29]

〈겉으로는 풍성한 것처럼 보이지만〉이라니, 얼마나 대담무쌍한 말인지! 이것은 스키너가 창조하고자 했던 심리학의 정신을 완벽하게 포착한 말이었다. 프로이트가 사람들에게 이전까지 숨겨졌던 것, 억압되었던 것, 모호했던 것을 보라고 주장한 데 비해, 스키너가 원한 것은 정반대였다. 스키너는 뻔히 보이는 것들을 거부하고 싶었다.

그러나 스키너는 틀렸다. 사실 그는 셰익스피어가 두운법을 쓰지 않았음을 증명하지 못했다. 유의성 검정은 망원경과 마찬가지로 일종의 도구다. 그리고 어떤 도구는 다른 도구보다 더 강력한 법이다. 만일 우리가 연구용 망원경으로 화성을 관찰한다면, 거기 딸린 위성이 눈에 들어올 것이다. 반면에 쌍안경으로 본다면 위성이 보이지 않겠지만, 그래도 위성은 여전히 거기 존재한다! 이와 마찬가지로, 셰익스피어의 두운법도 여전히 거기 존재한다. 문학사학자들이 기록했듯이, 두운법은 당시 영어를 사용하는 사람이라면 거의 누구나 잘 알고 의식적으로 적용했던 당대의 표준 기법이었다.[30]

스키너가 증명한 것은 셰익스피어의 두운법이 자신의 검정에서 포착될 만큼 반복되는 소리를 추가로 더 많이 사용하진 않았다는 점뿐이었다. 하지만 왜 그래야 하는가? 시에서 두운법은 긍정적인 효과를 낼 수도 있고 부정적인 효과를 낼 수도 있다. 작가는 어떤 대목에서는 두운법을 써서 효과를 내지만, 다른 대목에서는 원치 않는 효과를 피하기 위해서 의도적으로 사용을 꺼린다. 그 결과 두운이 맞춰진 행의 수가 전체적으로 좀 늘어나는 경향이 있을지는 모르겠지만, 그렇더라도 그 증가량은 작을 것이다. 소네트마다 꼭 필요한 것 이상의 두운법을 한두 개씩 더 욱여넣는 시인은 셰익스피어와 동시대를 살았던 엘리자베스 시대 시인 조지 개스코인이 다음과 같이 아둔하다고 놀렸던 작가가 되는 셈이다. 〈많은 작가가 전부 똑같은 글자로 시작하는 다양한 단어들을 반복하는 데 심취해 있다. 이 방법은 (적당히 사용하면) 시에 운치를 더하지만, 죽도록 그 글자만 쫓는다면 크람베가 되어 버린다. 크람베 비스 포시툼 모르스 에스트.〉[31]

이 라틴어 문구는 〈양배추를 두 번 내면 죽음이다〉라는 뜻이다. 셰익스피어의 문장은 효과가 풍부하되 늘 절제되어 있다. 셰익스피어는 스키너의 조잡한 시험이 냄새를 맡을 만큼 많은 양배추를 집어넣는 일은 결코 하지 않았을 것이다.

규모가 어느 정도 예상되는 현상을 감지해 내지 못하는 통계 연구를 가리켜 우리는 검정력이 낮다고 말한다. 이것은 쌍안경으로 행성을 보는 것과 마찬가지다. 그러면 위성이 있든 없든 같은 결과가 나올 테니, 구태여 해볼 필요도 없다. 망원경이 할 일을 쌍안경에게 시켜선 안 되는 것이다. 낮은 검정력의 문제는 영국의 피임약 소동과 동전의 이면 같은 관계이다. 피임약 시험처럼 검정력이 높은 연구는 자칫 실제로는 중요하지 않은 사소한 효과에 대해 걱정하게끔 만들 수 있는 데 비해, 검정력이 낮은 연구는 그저 기법이 너무 취약해서 보지 못하는 것뿐인 미세한 효과를 기각하게끔 만든다.

스파이크 알브레히트를 떠올려 보자. 미시간 대학 남자 농구팀 신입생 가드였던 그는 신장이 180센티미터밖에 안 되고 시즌 내내 대개 후보 선수였기 때문에, 2013년 NCAA 결승전에서 울버린스가 루이빌과 맞붙었을 때 그가 큰 역할을 하리라 기대한 사람은 아무도 없었다. 그러나 알브레히트는 전반전 10분 동안 슛 다섯 개를 연속으로 성공시켰으며, 그중 네 개는 3점 슛이었다. 덕분에 미시간은 다들 더 우세할 것이라고 예상했던 카디널스를 10점 차로 리드했다. 알브레히트는 농구 팬들이 〈핫핸드(뜨거운 손)〉라고 부르는 능력, 즉 거리가 아무리 멀고 수비가 아무리 치열해도 도무지 슛을 실패하지 못하는 듯한 능력을 발휘한 것이었다.

문제는 일반적으로 그런 능력이란 존재하지 않는다고 여겨진다는 점이다. 1985년에 토머스 길로비치, 로버트 발로네, 아모스 트버스키는(이후 GVT라고 부르겠다) 인지 심리학 역사상 현대의 가장 유명한 논문으로 꼽히는 논문에서 B. F. 스키너가 셰익스피어 팬들에게 했던 짓을 농구 팬들에게 했다.[32] 세 연구자는 필라델피아 세븐티식서스가 1980~1981년 시즌에 치른 홈 경기 48회의 모든 슛들에 관한 기록을 입수하여 통계적으로 분석해 보았다. 만일 선수가 정말로 뜨거운 시기와 차가운 시기를 겪는 경향이 있다면, 그가 일단 한 번 슛을 성공시켰을 때는 실패했을 때보다 다음번에도 성공시킬 가능성이 더 높으리라고 예상할 수 있다. GVT가 NBA 팬들에게 설문 조사를 해본 결과에서도 이 가설을 지지하는 사람이 많은 것으로 드러났다. 팬 열에 아홉 명은 선수가 연속 두세 골을 성공시킨 뒤에는 또다시 성공시킬 가능성이 더 높다는 데 동의했다.

하지만 필라델피아에서는 그런 일이 전혀 벌어지지 않았다. 〈닥터 J〉로 불리는 위대한 줄리어스 어빙은 총 52%의 성공률을 자랑하는 슈터였다. 그가 연속 세 골을 넣는다면 우리는 어빙이 핫한 시기라고 판단하겠지만, 바로 다음 슛에서 그의 성공률은 오히려 48%로 떨어졌다. 그가 연속 세 번 실패한 뒤에는 필드골 성공률이 더 떨어지는 게 아니라 오히려 52%로 평균 가까이 올랐다. 다른 선수들, 가령 대릴 〈초컬릿 선더〉 도킨스 같은 경우는 이런 효과가 더 심했다. 도킨스는 한 번 슛에 성공한 뒤에는 평균 62%인 성공률이 57%로 떨어졌고, 한 번 실패한 뒤에는 73%로 높아졌다. 팬들의 예측과는 정반대였다(한 가지 가능한 설명은, 도킨스가 슛을 놓쳤다는 것은 수비가 좋았다는 뜻이므로 다음에는 그가 아예 자신의 전매특허인 덩크 슛을 시도한 게 아닐까 하는 가설이다. 백보드를 갈기는 그런 덩크 슛을 가리켜 그는 〈면전에 창피 주기〉 내지는 〈터보 섹소폰 같은 기쁨〉이라고 불렀다).

그렇다면 핫핸드란 건 없다는 뜻일까? 아직 그렇게 결론짓기는 이르다. 중론에 따르면, 핫핸드는 슛을 성공한 뒤에는 계속 성공하고 실패한 뒤에는 계속 실패하는 일반적 경향을 가리키는 게 아니다. 핫핸드란 아주 일시적인 현상으로, 농구의 신 같은 신비로운 존재가 언제 온다 간다 말도 없이 코트에서 뛰는 선수의 몸에 잠깐 깃들어서 짧게나마 영광스런 시기를 맛보게 하는 것을 뜻한다. 스파이크 알브레히트가 단 십 분 동안 레이 앨런이 되어 3점슛을 줄줄이 집어넣은 뒤 도로 스파이크 알브레히트로 돌아가는 것이다. 그렇다면 이런 현상도 통계적으로 확인할 수 있을까? 이론적으로야 안 될 것 없다. GVT는 선수가 그렇게 짧은 기간 동안 무적이 되는 현상을 확인해 볼 수 있는 꾀바른 방법을 생각해 냈다. 그들은 선수가 시즌에 던진 모든 슛들의 서열을 슛 네 개씩 묶어서 쪼갰다. 닥터 J가 슛을 성공하거나H 실패한M 서열이 다음과 같다고 하자.

HMHHHMHMMHHHHMMH

서열은 이렇게 쪼개진다.

HMHH, HMHM, MHHH, HMMH ……

GVT는 아홉 명의 선수를 대상으로, 이런 서열들 중에서 〈좋은〉 서열 (3개나 4개 성공한 경우), 〈보통〉 서열(2개 성공한 경우), 〈나쁜〉 서열 (0개나 1개 성공한 경우)이 각각 몇 개인지 세어보았다. 그러고는 훌륭한 피셔주의자들답게 귀무가설, 즉 핫핸드라는 게 존재하지 않을 경우의 결과를 따져 보았다.

슛 네 개가 취할 수 있는 서열은 총 16가지가 있다. 첫 번째 슛은 H 혹은 M이다. 그 각각의 가능성에 대해서 두 번째 슛도 각각 두 가지 가능성을 취할 수 있으므로, 첫 두 슛이 취할 수 있는 선택지는 총 네 가지다 (HH, HM, MH, MM). 그리고 이 네 가지 가능성 각각에 대해서 세 번째 슛도 각각 두 가지 가능성을 취할 수 있으므로, 첫 세 슛이 취할 수 있는 선택지는 총 여덟 가지다. 마지막 슛을 고려하기 위해서 다시 한 번 2를 곱하면, 총 16가지가 된다. 그 서열들을 좋은 것, 보통, 나쁜 것으로 나누면 다음과 같다.

좋은 서열: HHHH, MHHH, HMHH, HHMH, HHHM

보통 서열: HHMM, HMHM, HMMH, MHHM, MHMH, MMHH

나쁜 서열: HMMM, MHMM, MMHM, MMMH, MMMM

닥터 J처럼 성공률이 50%인 슈터라면, 각 슛이 H 혹은 M일 가능성이 정확히 반반일 테니 위의 16가지 선택지가 모두 골고루 나와야 할 것이다. 따라서 닥터 J의 슛 네 개 서열이 좋을 확률은 5/16 즉 31.25%이고, 보통일 확률은 37.5%, 나쁠 확률은 31.25%다.

하지만 만일 닥터 J가 이따금 핫핸드를 경험한다면, 던지는 족족 들어가는 듯한 그 게임 덕분에 좋은 서열의 비율이 좀 더 높아질 것이다. 잘되는 기간이나 안되는 기간을 많이 겪을수록 가령 HHHH이나 MMMM은 많이 나올 테고 HMHM은 적게 나올 것이다.

유의성 검정에 따르면, 우리는 다음 질문을 물어야 한다. 만일 귀무가설이 옳아서 핫핸드가 없다면, 우리가 실제 관찰한 현상이 발생할 가능성이 적을까? 대답은 아니오였다. 실제 데이터의 좋은 서열, 보통 서열, 나쁜 서열 비율은 오직 우연만 작용한다고 예측한 결과와 비슷했으며, 그로부터 벗어나는 변이는 모두 통계적 유의성에 못 미쳤다.

GVT는 〈이 결과가 놀랍게 느껴진다면, 그것은 경험과 지식이 많은 관찰자들조차 《핫핸드》라는 잘못된 생각을 그만큼 굳게 믿고 있기 때문이다〉라고 썼다. 실제로 심리학자들과 경제학자들은 이 결과를 금세 통상적인 지혜로 받아들였지만, 농구계는 받아들이는 속도가 늦었다. 트버스키는 이 점에 당황하지 않았다. 결과야 어찌되었든 좋은 시합을 한 데 만족한 그는 이렇게 말했다. 「나는 이 주제로 사람들하고 적어도 천 번쯤 논쟁을 벌였는데, 매번 내가 이겼지만 한 명도 설득하진 못했습니다.」

그런데 사실 GVT는 과거의 스키너와 마찬가지로 질문의 절반에만 답한 것이었다. 그들은 귀무가설이 참이라면, 즉 핫핸드가 없다면 어떻겠는가 하는 질문만 물었고, 그 결과가 실제 데이터와 비슷하리라는 것을 보여 주었다.

하지만 만일 귀무가설이 틀렸다면? 핫핸드는 실제 존재하더라도 일시적인 현상이고, 그 효과는 엄밀한 수치로 따지자면 작을 것이다. 리그 최악의 슈터는 성공률이 40%이고 최고의 슈터는 60%인데, 농구에서야 이것이 큰 차이이지만 통계적으로는 그다지 크지 않다. 만일 핫핸드가 실재한다면, 슛 서열은 어떤 모습일까?

컴퓨터 과학자 케빈 코브와 마이클 스틸웰은 2003년 논문에서 바로 이 질문을 던졌다.[33] 두 사람은 핫핸드를 장착한 시뮬레이션을 만들었다. 시뮬레이션 속 선수의 슛 성공률은 시험 기간 전체를 통틀어 딱 두 번 찾아오는 슛 열 개짜리 〈핫한〉 시기에는 90%까지 치솟는다. 그러나 GVT가 썼던 유의성 검정 기법을 적용한 결과, 총 시뮬레이션 시도들의 4분의 3에서 귀무가설을 기각할 이유가 없다는 결론이 나왔다. 귀무가설은 확실히 틀렸는데도 말이다! GVT가 설계한 검정 기법은 검정력이 너무 낮아서, 설령 핫핸드가 존재하더라도 존재하지 않는다고 보고할 수밖에 없는 검사였던 것이다.

시뮬레이션이 별로라면, 현실의 예를 보자. 슛을 막는 능력은 팀마다 다르다. 2012~2013년 시즌에 인색한 인디애나 페이서스는 상대 팀에게 42%의 슛 성공률만을 허락했으나, 클리블랜드 캐벌리어스를 상대한 팀은 47.6%를 성공시켰다. 그러므로 선수들은 어느 정도 예측 가능한 〈핫한〉 시기를 누릴 수 있다. 캐벌리어스를 상대할 때는 페이서스를 상대할 때보다 슛을 성공시킬 가능성이 더 높으니까 말이다. 그러나 길로비치, 발로네, 트버스키의 시험 방법은 이런 따뜻한 온기를(〈웜핸드〉라고 불러야 할까?) 감지할 만큼 민감하지 못했다.

〈농구 선수들이 일시적으로 슛을 더 잘 넣거나 못 넣는 현상이 있을까?〉는 올바른 질문이 아니다. 그런데 유의성 검정은 이런 식의 예스/노 질문만을 다룬다. 올바른 질문은 〈선수의 능력이 시간에 따라 얼마나 변하는가, 그리고 관찰자는 선수가 핫한 시기인지 아닌지를 실시간으로 어느 정도 감지할 수 있는가?〉이다. 여기에 대한 답은 분명 〈그 변이는 사람들이 생각하는 것만큼 크지 않고, 사람들은 사실 그 변이를 거의 감지하지 못한다〉이다. 최근 한 조사에 따르면 선수들이 자유투 두 개 중 첫 번째를 성공시켰을 때는 두 번째도 성공시킬 확률이 약간 더 높다고 하지만,[34] 실시간 경기에서 핫핸드의 존재를 지지하는 유력한 증거는 선수들과 코치들의 주관적인 인상 외에는 없다. 핫핸드의 짧은 수명은 그것을 제대로 감지하기 어렵게 만드는 것은 물론이요, 그것을 반증하기도 어렵게 만든다. 길로비치, 발로네, 트버스키는 인간이란 패턴이 없는 곳에서도 패턴을 읽어 내고 실제 패턴이 있을 때는 그 힘을 과대평가하는 경향이 있다고 지적했는데, 그 말은 분명 옳다. 농구를 자주 보는 사람이라면, 선수가 슛 다섯 개를 연속으로 성공시키는 광경을 심심찮게 볼 수 있을 것이다. 그런 사건은 대부분 무심한 수비, 현명한 슛 선정, 그리고 가장 그럴싸한 요인인 행운이 조합된 탓일 테지, 선수에게 갑자기 농구의 신이 강림한 탓은 아닐 것이다. 이 말은 방금 슛 다섯 개를 연속으로 성공시킨 선수가 다음에도 성공시킬 가능성이 딱히 더 높다고 기대해선 안 된다는 뜻이다. 우리가 투자 자문의 실적을 분석할 때도 같은 문제가 제기된다. 투자 기술이란 게 실제로 있을까? 아니면 펀드들의 실적 차이는 순전히 운에 따른 것일까? 사람들은 이 질문으로 오랫동안 골치를 썩여 왔지만, 답은 아직 나오지 않았다.[35] 그러나 설령 일시적으로든 영구적으로든 핫핸드를 지닌 투자자가 있더라도, 그런 사람이 많지는 않을 것이다. 그런 사람은 아주 드물기 때문에, GVT가 고안한 통계 시험에서는 그 영향이 거의 혹은 전혀 드러나지 않을 것이다. 어떤 펀드가 내리 5년째 시장을 제패한다면 그것은 투자 기술이 뛰어나서가 아니라 운이 좋아서일 가능성이 압도적으로 높다. 과거의 실적은 미래의 수익률을 보장하지 않는다. 혹시라도 미시간 팬들이 스파이크 알브레히트가 팀을 챔피언십까지 끌고 가주길 기대했다면, 그들은 대단히 실망했으리라. 그 경기에서 알브레히트는 후반 들어 슛을 던지는 족족 실패했고, 울버린스는 결국 6점 차로 졌다.

심지어 2009년에 존 후이징가와 샌디 웨일이 실시한 조사는 만에 하나 핫핸드가 존재하더라도 선수들은 그것을 안 믿는 편이 낫다는 것을 보여 주었다.[36] 두 사람은 GVT보다 훨씬 더 방대한 데이터 집합을 사용해서 GVT와 거의 비슷한 결과를 확인했다. 선수가 슛을 성공시킨 직후라도 다음 슛을 성공시킬 가능성이 더 높아지거나 하지는 않았던 것이다. 그런데 후이징가와 웨일에게는 슛 성공 여부뿐 아니라 슛을 던진 위치에 관한 데이터도 있었다. 바로 그 데이터가 놀라운 설명의 가능성을 제공했다. 방금 슛을 성공시킨 선수는 다음 번에 좀 더 까다로운 슛을 시도할 가능성이 높은 것으로 드러났던 것이다. 2013년에 이갈 아탈리는 비슷한 맥락에서 좀 더 흥미로운 결과를 발견했다.[37] 그의 조사에 따르면, 선수가 레이업 슛을 성공시킨 뒤 다음 번에는 더 멀리서 슛을 쏜다거나 하는 현상은 없었다. 레이업 슛은 쉽기 때문에, 선수가 자신에게 핫핸드가 찾아왔다는 느낌을 받기가 어렵다. 그러나 대조적으로 선수가 3점 슛을 성공시킨 뒤에는 실패한 경우에 비해 다음 번에 더 멀리서 슛을 시도할 가능성이 훨씬 높았다. 한마디로, 핫핸드는 〈스스로를 상쇄하는지도〉 모른다. 자신이 핫핸드를 가졌다고 믿게 된 선수들은 지나치게 자신만만해진 나머지 시도하지 말았어야 할 슛을 시도하는 것이다.

주식 투자에서 이와 비슷한 현상이 어떻게 벌어지는가 하는 문제는 여러분의 숙제로 남겨 놓겠다.

8장
낮은 가능성으로 귀결하여 증명하기

유의성 검정에서 가장 까다로운 철학적 논점은 그 과정의 첫머리서부터 대뜸 등장한다. 피셔가 개발하고 그 후예들이 갈고닦은 세련된 알고리즘을 실시하기 전부터 말이다. 문제는 2단계의 시작에 있다.

바로 〈귀무가설이 참이라고 가정〉하는 단계다.

대부분의 경우, 우리가 증명하려고 애쓰는 것은 사실 귀무가설이 참이 아니라는 가설이다. 신약은 잘 듣고, 셰익스피어는 두운법을 쓰고, 토라는 미래를 안다는 가설이다. 그럼에도 불구하고, 우리가 반증하려는 것을 옳다고 가정하는 행위는 논리적으로 아주 수상하게 느껴진다. 꼭 순환 논증에 빠질 것만 같다.

그러나 이 점은 안심해도 좋다. 내심 거짓이라고 믿는 무언가를 참으로 가정하는 행위는 아리스토텔레스까지 거슬러 올라가는 유서 깊은 논증 기법이다. 이것은 모순에 의한 증명, 혹은 귀류법이라고 불린다. 귀류법은 수학적 유도(柔道)라고 할 수 있다. 우리는 상대의 힘을 받아들여 결국 어깨 너머로 넘겨 버릴 요량으로, 결국에는 부정하고 싶은 가설을 처음에는 사실로 받아들인다. 만약 그 가설에 거짓이 내포되어 있다고 밝혀진다면,* 가설 자체가 틀렸을 수밖에 없을 것이다. 요약하자면 계획은 이렇다.

- 가설 H가 참이라고 가정하자.
- H가 참이라면, F는 사실일 수 없다는 결론이 따라 나온다.
- 하지만 F는 사실이다.
- 따라서 H는 거짓이다.

누군가 내게 2012년 컬럼비아 특별구에서 총에 맞아 죽은 아이의 수가 200명이라고 주장했다고 하자. 이것은 하나의 가설이다. 하지만 이 가설을 확인하기는 약간 까다로울지도 모른다(〈2012년에 DC에서 총에 맞아 죽은 아이의 수〉라고 구글 검색창에 입력해 봤자 재깍 답이 나오지는 않는다는 뜻이다). 그런데 만일 이 가설이 옳다고 가정한다면, 2012년에 DC에서 벌어진 전체 살인 사건이 200건보다 적을 수는 없다. 하지만 실제로는 더 적었다. 실제로는 총 88건이었다.[1] 따라서 내게 말한 사람의 가설이 틀렸을 것이다. 여기에 순환 논법은 없다. 우리는 탐색적인 방식으로 거짓 가설을 잠정적으로 〈받아들였을〉 뿐이다. H가 참인 조건법적 세상을 머릿속에 세운 뒤, 그 세상이 현실의 압력에 무너지는 모습을 지켜본 것이다.

이렇게 말하면 꼭 귀류법이 시시한 방법처럼 느껴진다. 어떤 면에서는 실제 그렇지만, 그보다는 우리가 이 사고 도구를 사용하는 데 워낙 익숙해졌기 때문에 그 강력한 힘을 쉽게 잊는다고 말하는 편이 더 정확할 것이다. 알고 보면 이 단순한 귀류법은 2의 제곱근이 무리수임을 보여 주었던 피타고라스학파의 증명, 패러다임을 박살내는 어마어마한 충격이라서 그 발견자를 죽여야만 했던 그 증명을 가능케 한 장본인이었다. 그리고 그 증명은 더없이 단순하고 세련되고 간결하기 때문에, 내가 한두 페이지에서 다 설명할 수 있다.

* 가설의 결과가 자기 모순일 때만 귀류법에 해당하고 결과가 단순히 거짓일 때는 부정 논법에 해당한다고 기어코 구별하려는 사람이 있을지도 모르겠다.

자, 다음과 같이 가정하자.

H: 2의 제곱근은 유리수이다.

즉, $\sqrt{2}$는 정수 m과 n에 대해서 m/n의 분수로 표현되는 수라는 뜻이다. 우리는 이 분수를 기약 분수로 쓸 수 있다. 분자와 분모에 공약수가 있다면 그것을 나눠 버려도 분수의 값은 변하지 않는다는 뜻이다. 가령 더 간단한 5/7를 두고 굳이 10/14로 쓸 필요가 없으니까 말이다. 그렇다면 가설을 이렇게 다시 적자.

H: 2의 제곱근은 m/n과 같고, 이때 m과 n은 공약수가 없는 정수이다.

그렇다면 우리는 m과 n이 둘 다 짝수가 아니라고 확신할 수 있다. 둘 다 짝수라는 것은 두 수가 2를 공약수로 가진다는 뜻일 테니까. 그 경우에는 10/14처럼 분자와 분모를 둘 다 2로 나눠도 분수의 값은 변하지 않을 텐데, 그것은 애초에 m/n이 기약 분수가 아니었다는 뜻이다. 따라서,

F: m과 n은 둘 다 짝수이다.

라는 명제는 거짓이다.

그렇다면 $\sqrt{2} = m/n$이므로, 양변을 제곱하면 $2 = m^2/n^2$ 즉 $2n^2 = m^2$이 된다. 따라서 m^2은 짝수라는 말이고, 그것은 곧 m도 짝수라는 말이다. 어떤 수가 짝수일 때는 다른 정수의 2배로 표시될 수 있으므로, 그렇다면 m은 어떤 정수 k에 대해 2k라고 쓸 수 있다. 그러면 $2n^2 = (2k)^2 = 4k^2$이 된다. 양변을 2로 나누면, $n^2 = 2k^2$이다.

이 수식의 요점은 뭘까? n^2은 k^2의 2배와 같으므로 짝수라는 사실을

보여 주는 것이다. 그런데 앞에서 이야기했던 m과 마찬가지로, n^2이 짝수라면 n도 짝수여야 한다. 하지만 그러면 F가 참이라는 말이 된다! 자, 우리는 H가 참이라고 가정함으로써 거짓에 도달했다. 심지어 F가 거짓인 동시에 참이라는 모순에 도달했다. 따라서 H가 거짓일 수밖에 없다. 즉, 2의 제곱근은 유리수가 아니다. 우리는 그것이 유리수라고 가정함으로써 그것이 유리수가 아님을 증명한 것이다. 이 수법은 정말 괴상하지만, 잘 통한다.

귀무가설 유의성 검정도 일종의 애매한 형태의 귀류법이다.

- 귀무가설 H가 참이라고 가정하자.
- H가 참이라면, O라는 결과가 나올 확률은 대단히 낮다는 결론이 따라 나온다(가령 피셔가 말한 0.05 기준을 넘지 못한다).
- 하지만 O는 실제로 관찰되었다.
- 따라서 H는 참일 가능성이 대단히 낮다.

이 경우에는 모순에 의한 증명이 아니라, 말하자면 낮은 가능성에 의한 증명이라고 할 수 있겠다.

이 기법의 고전적 사례는 18세기 천문학자이자 성직자로서 천체 연구에 통계학적 접근을 시도한 개척자였던 존 미첼이 제공했다.[2] 역사상 거의 모든 문명들은 황소자리 한구석에서 희미하게 빛나는 성단을 관찰해 왔다. 나바호족은 그것을 〈반짝거리는 형체〉라는 뜻의 딜례혜라고 불렀고, 마오리족은 〈신의 눈〉이라는 뜻의 마타리키라고 불렀다. 고대 로마인에게는 그것이 포도송이였고, 고대 일본인은 그것을 스바루라고 불렀다(그 자동차 회사의 별 여섯 개 그려진 로고가 어디서 왔는지 궁금했다면, 이제 알았을 것이다). 그리고 우리는 그것을 플레이아데스라고 부른다.

오랜 관찰과 신화에도 불구하고, 인류는 플레이아데스에 관한 가장 근본적인 과학적 질문에는 답할 수 없었다. 그것은 실제 성단일까? 아니면 실제로 여섯 별은 서로 멀찌감치 떨어져 있지만 어쩌다 보니 지구에서 볼 때 같은 방향에 모여 있게 된 것일까? 우리 시야에 무작위로 분포된 광원들은 대충 다음과 같은 패턴을 보인다.

군데군데 덩어리가 보이지 않는가? 그것은 충분히 예상되는 결과이다. 별들이 서로 거의 겹쳐져서 마치 집단을 이룬 것처럼 보이는 부분들이 순전히 우연히 존재할 수밖에 없다. 플레이아데스도 그런 경우가 아니라는 것을 어떻게 장담하겠는가? 이것은 길로비치, 발로네, 트버스키가 지적했던 것과 같은 현상이다. 어떤 포인트 가드가 유달리 슛을 잘 넣는 시기도 없고 별다른 슬럼프도 없이 늘 꾸준하더라도 가끔은 그저 우연히 연속 다섯 개의 슛을 성공시키곤 할 것이다.

거꾸로 별들이 눈에 띄는 무리를 이루지 않는다면, 대충 아래 그림처럼 보일 것이다.

이 그림[3]이야말로 뭔가 비무작위적인 과정이 존재한다는 증거이다. 언뜻 보기에는 두 번째 그림이 〈더 무작위적인〉 듯 느껴지겠지만, 사실은 아니다. 이 그림은 오히려 점들에게 무리 짓지 않으려는 성향이 내재되어 있음을 암시한다.

따라서 겉보기에 무리 지어 있다는 것만으로 문제의 별들이 실제로 뭉쳐져 있다고 믿어서는 안 된다. 그러나 도저히 우연한 현상이라고 생각할 수 없을 정도로 별들이 워낙 빽빽하게 뭉친 경우도 있다. 미셸은 별들이 우주에 무작위로 뿌려져 있을 경우, 별 여섯 개가 플레이아데스 성단처럼 너무나 깔끔하게 배치된 모습이 우리 눈에 들어올 가능성은 정말로 낮다는 것을 보여 주었다. 그의 계산에 따르면 그 확률은 약 500,000분의 1이었다. 그러나 실제로 그 별들은 단단히 뭉친 포도송이처럼 우리 머리 위에 있다. 따라서 미셸은 그런 일이 우연히 벌어졌다는 설명은 바보들이나 믿을 것이라고 결론 내렸다.

피셔는 미셸의 계산을 승인했다. 그리고 미셸의 논증과 고전적 귀류법 사이에 유사성이 있다는 점도 지적했다.

〈그런 결론을 뒷받침하는 힘은 단순한 양자택일의 논리에서 나온다. 예외적으로 드문 가능성이 벌어졌거나, 혹은 무작위 분포 가설이 참이 아니거나. 반드시 둘 중 하나여야 하는 것이다.〉[4]

이 논증은 설득력이 있고, 결론은 정확하다. 플레이아데스는 실제로 시각적 우연의 일치가 아니라 진짜 성단이다. 우리 눈에 보이는 여섯 개만이 아니라 수백 개의 젊은 별이 뭉쳐진 성단이다. 우리가 플레이아데스처럼 빽빽한 성단을 많이 본다는 것, 우연히 겹쳤다기에는 너무 빽빽한 무리들을 본다는 것은 별들이 무작위로 분포된 게 아니라 우주 공간에 작용하는 모종의 물리적 현상에 의해 뭉쳐 있다는 사실을 뒷받침하는 훌륭한 증거다.

하지만 나쁜 소식이 있다. 아리스토텔레스의 귀류법과는 달리, 낮은 가능성으로 귀결하여 증명하는 기법은 일반적으로 튼튼한 논리가 못 된다. 이 기법은 고유의 모순으로 우리를 이끈다. 메이오 클리닉에서 오랫동안 의학 통계 부서를 이끌던 조지프 벅슨은 자신이 생각하기에 영 불안한 방법론이 있다면 그에 대한 회의를 적극 일깨우는 사람이었는데 (그리고 그 의심을 널리 전파했다), 그런 그가 이 기법의 허점을 보여 주는 유명한 사례를 제공했다.[5] 자, 실험 대상자 50명이 있다고 하자. 당신은 그들이 모두 인간이라는 가설H을 세운다. 그런데 그중 한 명이 백색증이라는 사실을 관찰O한다. 백색증은 인구 2만 명 중 한 명꼴로 나타나는 극히 드문 현상이다. 따라서 만일 H가 옳다면, 당신이 겨우 50명의 피험자 중에서 백색증을 관찰할 확률은 아주 낮다. 400분의 1, 즉 0.0025도 안 된다.* 따라서 H일 때 O를 관찰할 확률, 즉 p값은 0.05보다 한참 더 낮다.

그렇다면 당신은 상당한 통계적 확신을 품고서 H는 그르다는 결론을 내릴 것이다. 즉, 표본을 구성하는 대상들은 인간이 아니라는 결론을 내릴 것이다.

우리는 〈발생 확률이 대단히 낮다〉는 것을 〈사실상 불가능한 일이다〉는 뜻으로 여기기 쉽다. 그러다가 〈사실상〉이라는 단어마저 머릿속에서 점점 더 작게 말함으로써, 결국 거기에 신경 쓰지 않게 된다.** 그러나 무언가가 불가능하다는 것과 확률이 대단히 낮다는 것은 전혀 같지 않다. 비슷하지도 않다. 불가능한 일은 절대 벌어지지 않지만, 확률이 낮은 일은 많이 벌어진다. 이것은 곧 우리가 〈낮은 가능성으로 귀결하여 증명하는 기법〉처럼 확률이 낮은 어떤 현상에 대한 관찰로부터 추론을 끌어내려고 시도할 때 우리의 논리적 발판이 흔들린다는 뜻이다. 노스캐롤라이나 주 복권에서 한 주에 숫자 4, 21, 23, 34, 39이 두 번이나 나왔던 사건은 사람들에게 큰 의문을 일으켰다. 추첨에 뭔가 이상이 있었던 게 아닐까? 하지만 어떤 숫자들의 조합이든, 그 추첨 가능성은 다른 모든 조합들과 똑같다. 가령 화요일에 4, 21, 23, 34, 39가 나오고 목요일에 16, 17, 18, 22, 39가 나올 확률도 전자가 두 번 나왔던 실제 사건만큼이나 확률이 낮기는 마찬가지다. 즉 그 두 날짜에 그 두 조합이 나올 확률도

---

* 대충 계산하자면, 이 표본에서 백색증이 발견될 확률에 대해 피험자 50명 각각이 1/20,000씩 확률을 기여한다고 보면 된다. 따라서 다 합하면 1/400이다. 정확한 계산은 아니지만, 지금처럼 결과가 0에 아주 가까운 경우에는 이 정도면 보통 충분히 비슷하다.

** 실제로 누군가 〈X는 사실상 Y〉라고 말할 때는 보통 〈X는 Y가 아니지만, 만일 X가 Y라면 나한테 문제가 훨씬 간단해질 테니 넌 그냥 X가 Y인 척해 줬으면 좋겠어, 괜찮지?〉라는 뜻이라는 게 수사학의 일반 원칙이다.

3천억분의 1 정도밖에 안 된다. 더구나 사실은 화요일과 목요일에 그 어떤 결과가 나오는 사건에 대해서도 그 확률은 모두 3천억분의 1이다. 우리가 확률이 대단히 낮은 결과가 나온 것을 보고서 대뜸 추첨이 공정하지 않았던 게 분명하다고 믿어 버린다면, 우리는 평생 목요일마다 복권 담당자에게 성난 이메일을 보내는 사람이 될 것이다. 추첨에서 어떤 숫자들의 조합이 뽑혀 나왔든 말이다.

그런 사람은 되지 말자.

소수들의 무리와 구조 없음의 구조

별들이 우리 시야에 무작위로 분포되어 있더라도 반드시 몇몇 무리가 관찰될 수밖에 없다는 미셸의 중요한 통찰은 천구에만 적용되는 게 아니다. 이 현상은 수학/수사 드라마 「넘버스Numb3rs」의 파일럿 에피소드에서도 소재로 쓰였다.*** 끔찍한 연쇄 살인이 벌어졌는데, 수사 본부의 벽에 걸린 지도에 범행 지점들을 핀으로 표시했더니 몰려 있는 핀들이 하나도 없었다. 그것은 서로 무관한 사이코들이 동시에 일을 벌인 게 아니라 한 명의 교활한 연쇄 살인마가 의도적으로 피해자들 사이에 거리를 두고 일을 저지른다는 뜻이었다. 수사 드라마의 스토리로는 무리한 면이 없지 않았지만 수학적으로는 완벽하게 옳은 이야기였다.

무작위 데이터에서 무리가 나타나는 현상을 이해하면, 소수들의 행동처럼 진정한 무작위성이 존재하지 않는 상황에 대해서도 통찰을 얻을 수 있다. 2013년 뉴햄프셔 대학의 인기 좋은 수학 강사였던 장 〈톰〉이 탕은 소수 분포에 관한 이른바 〈간격 한계〉 추측을 증명했다고 선언함

*** 나는 「넘버스」의 대본을 미리 읽어서 수학적으로 정확한지 살펴보고 조언을 제공하는 일을 했었는데, 내가 제안한 대사 중 실제로 방송된 것은 하나뿐이었다. 〈모종의 열린 제약을 겪는 구에 아핀 삼차원 공간을 투영하려고 하는 것〉이라는 구절이었다.

으로써 수학계를 경악시켰다.[6] 장은 한때 베이징 대학의 스타 학생이었지만, 1980년대에 박사 학위를 받으려고 미국으로 건너온 뒤에는 성과가 썩 신통치 않았다. 그는 2001년 이후에는 논문을 한 편도 발표하지 않았다. 언젠가는 아예 수학을 그만두고 서브웨이에서 샌드위치를 팔았는데, 베이징에서 함께 공부했던 친구가 그를 찾아내서 뉴햄프셔 대학에 비종신 강사 자리를 얻도록 도와주었다. 겉으로만 보면 장은 다 끝난 사람 같았다. 그런 그가 수론의 몇몇 대가들이 정복하려고 시도했으나 줄곧 실패만 거뒀던 정리를 증명했다고 발표했으니, 다들 엄청나게 놀랄 수밖에 없었다.

그러나 그 추측이 참이라는 사실 자체는 전혀 놀랍지 않았다. 수학자들에게는 뭐든 확고하게 증명되기 전에는 절대로 믿지 않는 고집불통들이라는 평판이 따르지만, 꼭 그렇지만은 않다. 수학자들은 장의 엄청난 발표가 있기 전에도 간격 한계 추측이 참이라고 믿었고, 그 가설과 밀접하게 연관된 이른바 쌍둥이 소수 추측도 아직 증명되지 않은 상태임에도 불구하고 참이라고 믿었다. 왜일까?

두 추측의 내용부터 알아보자. 소수란 1보다 큰 수 중, 자신보다 작고 1보다 큰 다른 수들의 곱으로 표현되지 않는 수다. 따라서 7은 소수이지만, 9는 3으로 나뉘기 때문에 소수가 아니다. 가장 작은 소수를 몇 개만 나열하자면 2, 3, 5, 7, 11, 13 ……이다.

모든 양수는 단 한 가지 조합의 소수들의 곱으로 표현된다. 일례로 60은 두 개의 2, 하나의 3, 하나의 5로 구성된다. $60 = 2 \times 2 \times 3 \times 5$이기 때문이다(한때 일부 수학자들이 1도 소수라고 간주했지만 요즘은 그러지 않는 이유가 여기 있는데, 만일 1을 소수로 간주한다면 유일성 원칙이 깨져 60을 $2 \times 2 \times 3 \times 5$뿐 아니라 $1 \times 2 \times 2 \times 3 \times 5$로도, $1 \times 1 \times 2 \times 2 \times 3 \times 5$로도 표현할 수 있게 된다). 소수 자체는 어쩌지? 그것도 괜찮다. 가령 13 같은 소수는 13이라는 하나의 소수의 곱으로 표현된다.

그러면 1은 어쩌지? 우리는 1을 소수 목록에서 제외했는데, 그렇다면 어떻게 1을 1보다 큰 소수들의 곱으로 표현할까? 간단하다. 1은 0개의 소수의 곱이다.

이 대목에서 나는 가끔 〈왜 아무 소수도 안 곱한 결과가 0이 아니라 1이죠?〉라는 질문을 받는다. 약간 복잡한 설명은 이렇다. 어떤 소수들을 곱한 뒤, 가령 2와 3을 곱한 뒤 바로 다시 그 소수들로 나눈다면, 아무 소수도 곱하지 않은 결과가 남을 것이다. 그런데 6을 6으로 나눈 결과는 0이 아니라 1이다(반면에 아무 수도 안 더한 값은 정말로 0이다).

소수는 수론을 구성하는 원자들이다. 더 이상 쪼개지지 않는 기본 개체들, 다른 모든 수들을 만들어 내는 재료들이다. 그렇기 때문에 소수는 수론이 탄생한 이래 늘 집중적인 연구 대상이었다. 수론에서 최초로 증명된 정리 중 하나는 소수의 개수가 무한하다는 것을 보여 준 유클리드의 정리였다. 이것은 우리가 수들이 늘어선 줄을 따라 아무리 멀리까지 나아가더라도 소수가 바닥나는 일은 결코 없다는 뜻이다.

그런데 수학자들은 탐욕스러운 종자들이라, 그냥 무한하다고 말하는 것만으로는 만족할 맘이 안 든다. 무한에도 이런 무한이 있고 저런 무한이 있는 것 아니겠는가. 2의 거듭제곱수는 비록 무한히 많긴 해도 아주 드물게만 나타난다. 첫 천 개의 수 중에서 2의 거듭제곱수는 열 개뿐이다.

1, 2, 4, 8, 16, 32, 64, 128, 256, 512

반면에 짝수는 역시 무한히 많지만 훨씬 더 자주 나타난다. 첫 천 개의 수 중에서 정확히 500개가 짝수다. 첫 N개의 수 중에서 약 $(1/2)N$개가 짝수라는 것은 거의 확실한 사실이다.

소수는 알고 보니 그 중간이었다. 소수는 2의 거듭제곱수보다는 흔하지만 짝수보다는 드물다. 첫 N개의 수 중에서 소수는 약 $N/\log N$개다.

이것이 바로 19세기 말에 수론학자 자크 아다마르와 샤를 장 드 라 발레 푸생이 증명한 〈소수 정리〉의 골자이다.

로그와 플로그에 관한 짧은 설명

나는 그동안 사람들에게 수학에 관해 이야기하면서, 로그가 무엇인지 아는 사람이 거의 없다는 것을 깨닫게 되었다. 그러니 이 문제를 단계적으로 해결해 보자. 양수 N의 로그는 log N이라고 말한다. 그리고 그 값은 N의 자릿수와 같다.

잠깐, 정말? 그게 다라고?

아니다. 정말 그렇지는 않다. 나는 어떤 수의 자릿수를 가리켜 〈가짜 로그〉라는 뜻에서 플로그라고 부르도록 하겠다. 플로그의 값은 진짜 로그 값과 충분히 비슷하기 때문에, 지금 같은 맥락에서 우리로 하여금 로그의 일반적인 개념을 이해하도록 도와줄 수 있다. 플로그는 (당연히 로그도) 아주 천천히 증가하는 함수이다. 1000의 플로그는 4인데, 그보다 1000배 더 큰 100만의 플로그는 7이다. 10억의 플로그라고 해봐야 겨우 10밖에 안 된다.*

소수들의 무리로 돌아가서

소수 정리에 따르면, 첫 N개의 정수 가운데 소수는 약 1/log N의 비율로 존재한다. 수가 점점 더 커지면 소수는 점점 더 드물어지지만, 그 감소세는 아주 느리다. 자릿수가 20개인 무작위 수가 소수일 가능성은

* 여기 각주에서는 진짜 log N의 정의를 편하게 밝힐 수 있겠다. log N은 $e^x = N$을 만족시키는 x의 값을 뜻한다. 이때 e는 오일러수로, 그 값은 약 2.71828……이다. 내가 〈10〉이 아니라 〈e〉라고 말한 것은 우리가 10을 밑으로 한 로그, 즉 상용로그가 아니라 자연로그를 이야기해야 하기 때문이다. 자연로그는 만일 당신이 수학자라면, 혹은 손가락이 e개라면 늘 쓰게 되는 로그이다.

자릿수가 10개인 무작위 수가 소수일 가능성의 절반이다.

어떤 종류의 수들이 자주 등장할수록 그 수들 사이의 간격이 좁아지리라는 것은 자연스러운 짐작이다. 만일 우리가 짝수들을 찾아본다면, 하나를 찾은 뒤 앞으로 두 걸음만 더 가도 바로 다음 짝수가 나온다. 사실 짝수들 사이의 간격은 늘 정확히 2다. 한편 2의 거듭제곱수는 이야기가 다르다. 연속한 2의 거듭제곱수들 사이의 간격은 기하급수적으로 벌어져서, 큰 수로 나아가면 나아갈수록 두 번 다시 좁아지는 일 없이 점점 더 벌어지기만 한다. 이를테면, 일단 16을 넘어가면 그 후에는 간격이 15 미만인 2의 거듭제곱수 쌍을 두 번 다시 목격할 수 없다.

위의 두 문제는 쉽다. 하지만 연속된 소수들 사이의 간격 문제는 어렵다. 어찌나 어려운지, 장이 돌파구를 연 뒤에도 이 문제는 여러 측면에서 여전히 수수께끼로 남아 있다.

그래도 수학자들은 무엇을 기대해도 좋은지 정도는 알고 있다. 왜냐하면 우리는 소수를 무작위 수로 여긴다는, 놀랍도록 유용한 관점을 취해 볼 수 있기 때문이다. 왜 이 관점의 유용성이 놀라우냐 하면, 사실 이 관점은 말짱 거짓말이기 때문이다. 소수는 전혀 무작위적이지 않다! 소수에게는 임의적이거나 우연에 좌우되는 성질 따위는 전혀 없다. 오히려 정반대다. 우리는 소수를 우주 불변의 속성으로 여긴다. 그렇기 때문에 외계인들에게 우리가 바보가 아니란 사실을 보여 주기 위해서, 항성간 공간으로 내보낸 보이저 호의 금제 음반에 소수를 새겨 넣었다.

소수는 무작위적이지 않다. 하지만 알고 보니 많은 측면에서 마치 무작위적인 것처럼 행동했다. 예를 들어 보자. 무작위로 고른 정수를 3으로 나누면, 나머지는 반드시 0, 1, 2 중 하나이고 세 경우가 동등한 빈도로 발생한다. 한편 큰 소수를 3으로 나눌 때는 몫이 정확히 나눠 떨어지지 않는다. 왜냐하면 3으로 나눠 떨어진다면 그것은 애초에 그 수가 소수가 아니라는 뜻이기 때문이다. 하지만 나머지 중 0을 제외한 1과 2에 관해서라면, 디리클레의 오래된 정리가 보여 주었듯이 양쪽이 나올 확률이 거의 비슷하다. 마치 무작위 수들처럼 말이다. 〈3으로 나눴을 때 남는 나머지〉에 관한 한, 소수들은 3의 배수가 아니라는 점을 제외하고는 무작위적인 것처럼 보인다.

연속된 두 소수 사이의 간격은 어떨까? 수가 커질수록 소수는 점점 더 드물어지니까 그들 사이의 간격도 점점 더 벌어지리라 예상할지 모른다. 평균적으로는 맞는 말이다. 하지만 장의 증명에 따르면, 간격이 최대 7000만인 소수 쌍이 무한히 많이 존재한다. 달리 말해, 한 소수와 다음 소수의 간격이 7000만으로 한계 지어지는 경우는 수가 아무리 커지더라도 늘 등장한다. 그래서 〈간격 한계〉 추측이라고 부르는 것이다.

왜 하필 7000만일까? 그것은 그냥 장이 간격이 7000만인 경우에 대해서 증명할 수 있었기 때문이다. 그의 논문이 발표된 뒤 수학계는 갑자기 분주해졌고, 전 세계 수학자들은 일종의 열광적인 온라인 수학 키부츠라고 할 수 있는 〈폴리매스〉를 통해 협동 작업을 함으로써 혹 장의 기법을 변형시켜 적용하면 간격을 더 좁힐 수 있는지 알아보았다. 협동 연구 결과, 2013년 7월에는 간격이 최대 5,414인 소수 쌍이 무한히 많이 존재한다는 사실이 확인되었다. 11월에는 갓 박사 학위를 딴 몬트리올의 제임스 메이너드가 그 한계를 600까지 끌어내렸고, 폴리매스는 메이너드의 통찰을 협동 작업에 적용하는 일에 서둘러 나섰다. 여러분이 이 글을 읽을 즈음이면 한계는 분명 그보다 더 낮아졌을 것이다.

소수들의 간격 한계는 언뜻 기적적인 현상처럼 느껴진다. 소수들이 수가 커질수록 점점 더 서로 멀어지는 경향이 있다면, 어떻게 그토록 바싹 붙은 쌍이 그렇게 많이 나타난단 말인가? 소수들에게 모종의 중력이 적용되는 걸까?

그런 건 전혀 아니다. 만일 우리가 수들을 무작위로 뿌린다면, 어떤 쌍들은 그저 우연히 아주 가깝게 떨어질 것이다. 평면에 무작위로 흩뿌린

점들이 군데군데 눈에 띄는 무리를 짓는 것처럼 말이다.

소수들이 만일 무작위 수처럼 행동한다면 장이 증명한 바로 그런 행동을 보일 것이라는 사실은 계산하기 어렵지 않다. 그 경우에는 심지어 3과 5나 11과 13처럼 간격이 2에 불과한 소수 쌍들도 무한히 많이 볼 수 있으리라고 기대할 수 있다. 이것이 바로 쌍둥이 소수이며, 이런 소수 쌍들이 무한히 많을 것이라는 생각은 아직 추측에 불과하다.

(아래로 짧은 계산이 이어진다. 내키지 않는 독자는 눈길을 떼어 다음 페이지의 〈그리고 쌍둥이 소수가 그렇게 많다는 것은……〉으로 시작하는 단락으로 넘어가라.)

기억하겠지만, 소수 정리에 따르면 첫 N개의 수 가운데 소수는 약 N/log N개라고 했다. 만일 이 소수들이 무작위로 분포되어 있다면, 임의의 수 n이 소수일 확률은 1/log N일 것이다. 따라서 n과 n + 2가 둘 다 소수일 확률은 약 $(1/\log N) \times (1/\log N) = (1/\log N)^2$이다. 그렇다면 우리는 간격이 2인 소수 쌍들을 몇 쌍이나 볼 수 있을까? 우리의 관심 범위 내에는 약 N 쌍의 (n, n + 2)가 존재하고, 그 각각의 쌍이 쌍둥이 소수일 확률은 모두 $(1/\log N)^2$로 동일하므로, 우리는 이 범위 내에서 약 $N/(\log N)^2$개의 쌍둥이 소수 쌍을 발견하리라 기대할 수 있다.

그러나 사실 여기에는 순수한 무작위성으로부터 벗어나는 요소들이 좀 존재하는데, 수론학자들은 그 요소들이 미치는 작은 영향을 어떻게 다뤄야 하는지 알고 있다. 가장 주요한 요소를 꼽자면, n이 소수인 사건과 n + 2가 소수인 사건이 독립적이지 않다는 점이다. 만일 n이 소수라면 n + 2도 소수일 가능성이 약간 더 높고, 그렇다면 $(1/\log N) \times (1/\log N)$라는 곱셈이 정확하지 않다는 뜻이 된다(이유를 하나만 말해 보자면, 만일 n이 소수이고 2보다 큰 수라면 그것은 반드시 홀수이다. 그렇다면 n + 2도 홀수라는 뜻인데, 그러면 n + 2가 소수일 가능성이 약간 더 높아진다). 앞에서 〈불필요한 혼란들〉을 이야기할 때 소개했던 G. H. 하디는 평생의 동업자였던 J. E. 리틀우드와 함께 이런 의존성들을 감안하여 좀 더 세련된 예측을 해내는 작업에 몰두했고, 그 결과 쌍둥이 소수 쌍의 수는 $N/(\log N)^2$보다 32%쯤 더 많다는 예측을 내놓았다. 좀 더 다듬어진 이 근사값에 따르면, 1000조 미만의 수에 존재하는 쌍둥이 소수 쌍의 수는 약 1조 1천억 개다. 이것은 실제 값인 1,177,209,242,304개와 상당히 가깝다. 쌍둥이 소수는 아주 많은 것이다.

그리고 쌍둥이 소수가 그렇게 많다는 것은 정확히 수론학자들이 예상하는 결과이다. 수가 아무리 커지더라도 마찬가지다. 그런데 이것은 소수들에게 뭔가 심오하고 기적적인 구조가 숨어 있다고 생각하기 때문이 아니다. 오히려 절대로 그렇게 생각하지 않기 때문이다. 우리는 오히려 소수들이 모래알처럼 무작위로 뿌려져 있기를 기대한다. 만일 쌍둥이 소수 추측이 거짓이라면, 그것이야말로 기적일 것이다. 이제까지 알려지지 않은 모종의 힘이 존재하여 소수 쌍들을 서로 멀찍이 떨어뜨리고 있다는 뜻일 테니까.

커튼을 너무 많이 열어젖힐 생각은 없지만, 수론에서 유명한 추측들은 이와 비슷한 방식으로 작동하는 것이 많다. 골드바흐 추측, 즉 2보다 큰 모든 짝수는 두 소수의 합이라는 추측 역시, 만일 소수들이 무작위 수처럼 행동한다면 참이어야만 한다. 소수에는 어떤 길이의 산술 수열이든 다 포함되어 있다는 추측도 마찬가지다. 이 추측은 벤 그린과 테리 타오가 2004년에 해결했으며, 이 업적은 타오가 필드상을 받는 데 도움이 되었다.

그러나 무엇보다도 가장 유명한 추측은 피에르 드 페르마가 1637년에 적었던 추측이다. 페르마는 다음 방정식에서

$$A^n + B^n = C^n$$

A, B, C와 n이 2보다 큰 양의 정수들인 해는 없다고 단언했다(n이 정확히 2일 때는 가령 $3^2 + 4^2 = 5^2$를 비롯하여 아주 많은 해가 있다).

우리가 지금 쌍둥이 소수 추측을 참이라고 믿는 것처럼, 예전에도 사람들은 페르마의 추측이 참일 것이라고 굳게 믿었다. 그러나 1990년대에 프린스턴의 수학자 앤드루 와일스가 돌파구를 열기 전에는 누구도 그 사실을 증명할 수 없었다.[*] 그런데도 수학자들이 그것을 참이라고 믿었던 것은, 완벽한 n차 거듭제곱수는 지극히 드문 데다가 그렇게 대단히 희박한 무작위 집합에서 어떤 두 수의 합이 세 번째 수가 될 가능성은 0에 가깝기 때문이다. 대부분의 수학자들은 다음과 같이 일반화한 페르마 방정식에서도

$$A^p + B^q = C^r$$

지수 p, q, r이 충분히 크다면 해가 없을 것이라고 믿는다. 만일 당신이 p, q, r이 모두 3보다 크고 A, B, C에게 공통 소인수가 없는 경우에[**] 이 방정식은 해가 없다는 사실을 증명한다면, 앤드루 빌이라는 댈러스의 은행가가 당신에게 백만 달러를 줄 것이다. 나는 이 명제가 참이라고 굳게 믿는다. 왜냐하면 만일 완벽한 거듭제곱수들이 무작위로 분포하는 게 사실이라면 이 명제가 참일 수밖에 없기 때문이다. 하지만 우리가 실제로 증명을 해내려면, 수에 관해서 뭔가 정말로 새로운 속성을 좀 더 알아내야 할 것이다. 나는 일반화한 페르마 방정식에서 p = 4, q = 2, r은 4보다 큰 경우에 해가 없다는 것을 증명하기 위해서 여러 동업자들과 함께 2년을 투자했다. 단지 이 경우만을 계산하는데도 우리는 몇 가지 새

* 페르마는 자신이 그 증명을 해냈지만 너무 길어서 옮길 수 없다는 말을 어느 책의 여백에 적어 두었다. 요즘은 아무도 그 말을 안 믿는다.
** 후자의 조건은 좀 난데없어 보이겠지만, 만일 A, B, C에게 공통 인수를 허락한다면 〈흥미롭지 않은〉 해를 잔뜩 생성해 낼 손쉬운 방법이 존재한다.

로운 기법들을 개발해야 했는데, 백만 달러 문제를 온전히 해결하는 데
는 그 기법들만으로 충분하지 않다.

간격 한계 추측은 언뜻 단순해 보이지만, 장은 그 증명을 해내기 위해
서 현대 수학에서 가장 심오한 정리들을 동원해야 했다.* 장은 많은 선
배들의 연구를 바탕에 깔고서, 소수들은 우리가 앞에서 언급했던 측면
에서, 즉 여러 정수로 나눴을 때 나머지가 얼마나 남느냐 하는 측면에서
정말로 무작위적인 것 같다는 사실을 증명했다. 그다음에 그는 그로부
터** 소수들이 전혀 다른 의미에서도, 즉 서로 간의 간격이라는 측면에서
도 무작위처럼 행동한다는 사실을 보여 주었다. 무작위성이 무작위적인
것이다!

장의 성공은, 벤 그린이나 테리 타오와 같은 우리 시대 다른 거물들의
관련 연구와 더불어, 소수에 관한 어느 하나의 발견이 제공했던 것보다
도 훨씬 더 흥미로운 전망을 제공한다. 그것은 우리가 이로써 올바른 궤
도에 올라, 언젠가는 무작위성에 대해서 훨씬 더 풍부한 이론을 만들어
낼 수 있을지도 모른다는 전망이다. 이를테면 우리는 철저히 결정론적
인 과정에 따라 생겨난 수들인데도 아무런 기저의 구조 없이 무작위로
뿌려진 것처럼 행동한다는 말이 정확히 무슨 뜻인지 규정할 수 있을지
도 모른다. 이 얼마나 근사한 역설인가. 구조 없음의 개념을 구조화하는
새로운 수학적 발상들이 소수에 관한 최후의 미스터리를 푸는 데 도움
을 줄지도 모른다는 것은.

* 그중 제일 주목할 만한 것은 수론적 함수들의 평균을 고차원 공간의 기하학과 연결지었던
피에르 들리녜의 연구였다.
** 그는 소수 간격에 관해서 마지막으로 모종의 진전을 이루었던 대니얼 골드스톤, 야노시 핀
츠, 젬 이을드름이 닦아 둔 길을 따랐다.

9장
국제 창자점 저널

여기, 내가 통계학자 코즈마 샬리치에게 들은 이야기가 있다.[1]

당신이 창자점쟁이라고 상상해 보자. 그러니까 당신의 직업이 양을 잡아서 그 내장을, 특히 간을 검사하여 미래의 사건을 예측하는 일이라는 말이다. 당신은 물론 에트루리아 신들이 지시하셨던 방식에 따라 점을 쳤다는 이유만으로 그 예측이 믿을 만하다고 생각하진 않는다. 그럴 리가 있나. 당신은 증거가 필요하다. 그래서 당신과 동료들은 동료 심사를 거치는 학술지인 『국제 창자점 저널 International Journal of Haruspicy』에 모든 작업을 보고한다. 저널은 모든 연구 결과가 하나의 예외도 없이 통계적 유의성 기준을 통과해야만 한다고 요구한다.

창자점, 특히 엄밀한 증거에 기반하여 수행되는 창자점은 쉬운 일이 아니다. 우선, 당신은 피와 담즙에 흠뻑 젖은 채 많은 시간을 보내야 한다. 더구나 실험은 제대로 되지 않을 때가 많다. 당신은 양의 창자로 애플의 주가를 예측하려다가 실패하고, 민주당의 히스패닉 인구 득표율을 모형화하려다가 실패하며, 전 세계 석유 공급량을 추정하려다가 또 실패한다. 신들은 아주 변덕스러우며, 내장 기관들을 정확히 어떻게 배치하고 정확히 어떤 주문을 외워야 미래를 확실히 내다볼 수 있는지가 늘 분명하지도 않다. 가끔은 여러 점쟁이들이 똑같은 실험을 해보는데, 누구는 되지만 누구는 안 된다. 왜 그런지 알게 뭐람? 좌절스럽다. 가끔은 다 집어치우고 로스쿨이나 갈까 싶다.

하지만 간간이 찾아오는 발견의 순간 때문에 그 모든 것을 견딜 만하다. 매사가 잘 되어 가면, 당신은 정말로 간의 촉감과 모양에서 이듬해 닥칠 독감의 심각성을 예측할 수 있다. 당신은 조용히 신들에게 감사 인사를 올린 뒤, 그 결과를 저널에 발표한다.

이런 결과는 대충 스무 번 중 한 번꼴로 나올 것이다.

적어도 나는 그러리라고 예상한다. 왜냐하면 나는 당신과는 달리 창자점을 믿지 않기 때문이다. 나는 양의 창자가 독감에 대해 아는 바가 전혀 없다고 생각하고, 만일 둘이 일치하더라도 그것은 순전히 요행이라고 생각한다. 한마디로, 창자로 점치는 문제에 관한 한 나는 귀무가설을 지지한다. 그러니 내 세계에서 창자점 실험이 성공할 확률은 아주 낮다.

얼마나 낮을까? 『국제 창자점 저널』에 실리는 논문들도 따라야만 하는 통계적 유의성의 표준 기준은 관행상 p값이 0.05, 즉 20분의 1로 정해져 있다. p값의 정의를 상기하자면, 이것은 어떤 실험에 대해서 실제 귀무가설이 옳더라도 어쨌든 그 실험에서 통계적 유의성을 띤 결과가 나올 확률이 20분의 1은 된다는 뜻이다. 만일 귀무가설이 늘 옳다면, 즉 창자점이 말짱 속임수라면 스무 번의 실험 중 한 번만 발표할 만한 결과가 나올 것이다.

그러나 세상에는 창자점쟁이가 수백 명이나 있고, 그들은 양 수천 마리의 배를 가르기 때문에, 점괘가 스무 번 중 한 번만 옳게 나오라도 저널을 매 호 새로운 발견으로 채움으로써 기법의 효험과 신들의 지혜를 입증하기에는 충분하다. 하나의 사례에서 유효했던 탓에 저널에 발표된 연구 방법을 다른 점쟁이가 따라해 보면 보통 실패하지만, 통계적 유의성이 없는 실험 결과는 아예 발표되지 않기 때문에 재현이 실패했다는 사실은 아무도 알지 못한다. 설령 소문이 돌더라도, 전문가들은 후속 연구가 실패한 이유를 설명할 만한 사소한 차이점들을 얼마든지 지적할 수 있다. 무엇보다도 우리는 그 방법이 유효하다는 것을 이미 안다. 왜냐하면 우리가 그것을 시험해 보았고, 통계적 유의성이 있는 효과를 확인했으니까!

현대 의학과 사회 과학은 창자점이 아니다. 하지만 최근 들어 점점 더 큰 목소리로 불편한 메시지를 알리는 반항적인 과학자들이 점점 더 많이 등장하고 있는데, 그들은 어쩌면 우리가 인정하는 것보다 훨씬 더 많은 창자점이 과학에서 수행되고 있는지도 모른다고 말한다.

목소리가 가장 큰 사람은 존 이오아니디스다.[2] 그리스의 고등학생 수학 천재였다가 생의학 연구자가 된 그는 2005년 논문 「왜 학계에 발표된 연구 결과들은 대부분 거짓인가?」로 임상 의학계에 격렬한 자아 비판의 물결을 (그리고 뒤이은 자기 변호의 물결을) 일으켰다. 세상에는 내용보다 훨씬 더 극적인 제목으로 관심을 끌려는 논문들이 많지만, 이 논문은 그렇지 않다. 이오아니디스는 의학 연구의 모든 전문 분야들이 창자점처럼 실제로는 아무런 효과도 없는 〈귀무가설 영역〉에 존재할지도 모른다는 생각을 진지하게 품고 있으며, 심지어 〈연구자들이 주장하는 발견은 대부분 거짓임을 증명할 수 있다〉고 썼다.

〈증명〉이란 나 같은 수학자가 기꺼이 받아들이기에는 약간 과격한 표현이지만, 어쨌든 이오아니디스가 자신의 과격한 주장이 말이 안 되는 일은 아님을 설득력 있게 보여 준 것은 사실이다. 의학을 예로 들면, 우리가 시도하는 개입들은 대부분 효과가 없을 것이고 우리가 살펴보는 연관성들은 대부분 사실로 확인되지 않을 것이다. 특정 질병과 연관된 유전자를 찾는 실험을 생각해 보자. 유전체에는 수많은 유전자가 담겨 있다. 그 대부분은 우리에게 암을 일으키지 않고, 우울증을 일으키지 않고, 비만을 안기지도 않으며, 그 밖에 어떤 인식 가능한 직접적 영향도 미치지 않을 것이다. 이오아니디스는 조현병에 영향을 미치는 유전자의 예를 들었다. 조현병의 유전율에 관해서 지금까지 밝혀진 바를 보자면,

유전적 영향이 존재한다는 것은 거의 틀림없는 사실이다. 하지만 그 유전자가 유전체의 어디에 있을까? 연구자들은 어떤 유전자가 조현병과 연관되는지 찾아내기 위해서 유전자 (좀 더 정확하게 말하자면 유전적 다형성) 10만 개에 그물을 널찍하게 칠 수도 있다. 요즘은 빅데이터 시대니까 그 정도쯤이야. 이오아니디스는 그중 유전자 약 열 개가 임상적으로 관련된 효과를 낸다고 가정해 보자고 말했다.

나머지 유전자 99,990개는? 그 유전자들은 조현병과 아무 관련이 없다. 그러나 그중 스무 개 중 하나꼴은, 그러니까 약 5,000개는 통계적 유의성을 판가름하는 p값 검정을 통과할 것이다. 요컨대, 〈세상에, 내가 조현병 유전자를 발견했어!〉라며 발표되는 결과들 중에는 진짜보다 가짜가 500배 더 많을 것이다.

게다가 이것은 조현병에 실제 영향을 미치는 유전자들이 모두 검정을 통과했다고 가정할 때의 얘기다! 앞에서 셰익스피어와 농구의 사례에서 보았듯이, 연구의 검정력이 충분히 높지 않다면 진짜 효과가 통계적 유의성이 없는 것으로 잘못 기각될 가능성이 충분하다. 연구의 검정력이 낮아서, 실제로 차이를 내는 유전자들 중에서 절반만이 유의성 검정을 통과한다고 가정하자. 그렇다면 p값으로부터 조현병을 일으킨다고 승인받은 유전자들 중에서 실제로는 다섯 개만 사실이고 역시 검정을 통과한 나머지 5,000개는 순전히 요행으로 잘못 통과했다는 말이 된다.

이런 숫자들을 잘 기록하는 방법은 다음 페이지의 그림과 같이 상자 속에 원을 그리는 것이다.

각 원의 넓이는 각 범주에 해당하는 유전자의 개수를 뜻한다. 상자의 왼쪽 절반에는 유의성 검정을 통과하지 못한 음성 유전자들이 있고, 오른쪽 절반에는 양성 유전자들이 있다. 위의 두 칸은 조현병에 실제 영향을 미치는 소수의 유전자들을 뜻한다. 따라서 오른쪽 위 칸은 진짜 양성 유전자들(실제 중요하고 검정에서도 중요하다고 인정받은 유전자들)이고 왼쪽 위 칸은 가짜 음성 유전자들(실제 중요하지만 검정에서 중요하지 않다고 판정된 유전자들)이다. 아래 두 칸은 중요하지 않은 유전자들이다. 진짜 음성 유전자들은 왼쪽 아래의 큰 원에 들어 있고, 가짜 양성 유전자들은 오른쪽 아래의 원에 들어 있다.

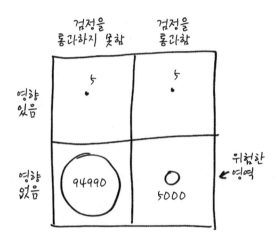

이 그림을 보면, 유의성 검정 자체는 문제가 아님을 알 수 있다. 유의성 검정은 자신의 임무를 정확하게 해내고 있다. 조현병에 영향을 미치지 않는 유전자들은 아주 드물게만 검정을 통과하며, 우리가 정말로 관심 있는 유전자들은 전체 중 절반은 검정을 통과한다. 그러나 연관이 없는 유전자들이 압도적으로 더 많다는 게 문제다. 그 때문에, 가짜 양성 유전자들의 원은 진짜 음성 유전자들의 원보다는 작지만 진짜 양성 유전자들의 원보다는 훨씬 더 크다.

의사 선생님, P이면 아파요

상황은 이보다 더 나쁘다. 검정력이 낮은 연구는 규모가 상당히 큰 효과만 감지해 낸다. 그러나 우리는 가끔 설령 효과가 존재하더라도 그 크기는 작다는 것을 알 때가 있다. 그런 경우, 어떤 유전자의 효과를 정확하게 측정한 연구에서 정작 그 효과는 통계적 유의성이 없다고 판단되어 기각될 것이다. 그리고 $p < 0.05$ 기준을 통과한 결과는 죄다 가짜 양성 아니면 유전자의 효과를 엄청나게 과장한 진짜 양성일 것이다. 낮은 검정력은 규모가 작은 연구가 흔하고 효과의 크기도 대체로 크지 않은 분야에서 특히 위험하다.[3] 저명 심리학 학술지 『심리 과학 *Psychological Science*』 최근호에 실린 한 논문은 기혼 여성들이 배란 주기 중 가임기일 때는 공화당 대통령 후보 밋 롬니를 지지할 가능성이 현격히 높아졌다는 발견을 보고했다.[4] 최적 가임기의 여성들은 40.4%가 롬니를 지지했지만, 비가임기 여성들은 23.4%만이 그를 선택했다는 것이다.* 표본은 작아서 228명에 불과했지만, 드러난 차이가 컸다. p값이 0.03으로 유의성 검정을 통과할 만큼 컸다.

그런데 차이가 너무 큰 것은 사실 문제다. 밋 롬니를 좋아하는 기혼 여성들 중에서 거의 절반이 한 달 중 제법 긴 기간에는 버락 오바마를 지지한다는 게 말이 되는 얘기일까? 실제로 그렇다면 누구든 진작 눈치 채지 않았을까?

설령 정말로 배란이 시작되면 정치 성향이 우파로 바뀌는 경향이 존재하더라도, 그 효과는 논문이 말하는 것보다는 훨씬 더 작을 것이다. 하지만 연구 규모가 비교적 작았다는 점을 고려할 때, 만일 연구자들이 그 효과를 좀 더 현실적으로 평가했다면 얄궂게도 p값 필터에 걸려 결과가 기각되었을 것이다. 요컨대, 논문에 보고된 큰 효과는 틀림없이 대체로 혹은 완전히 신호의 잡음 탓이었을 것이다.

* 나는 이 연구에 착안하여 제작된 음모론 동영상이 없다는 사실에 실망했다. 오바마가 피임에 대한 의료 보험 보장을 늘리려는 것은 여성들이 배란기에 생물학적 충동에 따라 공화당에게 투표하는 것을 막기 위해서라고 주장하는 동영상이 나올 만도 한데! 음모론 동영상 제작자들이여, 어서!

그러나 잡음은 진실을 좀 더 부풀리는 것 못지않게 진짜 효과로부터 멀어지는 반대 방향으로도 우리를 몰고 갈 수 있다.[5] 그러니 통계적 유의성은 충분하지만 전혀 확신할 수 없는 결과 앞에서, 우리는 정말로 아무것도 알 수 없는 처지이다.

과학자들은 이 문제를 〈승자의 저주〉라고 부른다. 이것은 대단히 인상적이었고 시끄럽게 선전되었던 실험 결과들이 막상 반복해 보면 실망스러운 진창으로 녹아내리고 마는 이유이기도 하다. 대표적인 사례로, 심리학자 크리스토퍼 셔브리가** 이끈 연구진은 과거 여러 연구에서 IQ 점수와의 상관관계가 통계적 유의성이 있는 수준으로 존재한다고 확인되었던 열세 가지 단일 뉴클레오티드 다형성을 재조사해 보았다. IQ 같은 검사에서 높은 점수를 받는 능력은 어느 정도 유전된다는 것을 우리는 이미 알고 있으므로, 유전자 지표를 찾아보는 게 비합리적인 일은 아니다. 하지만 셔브리의 연구진이 가령 1만 명을 대상으로 한 위스콘신 종적 연구와 같은 대규모 데이터 집합들에서 그런 단일 뉴클레오티드 다형성들과 IQ 점수와의 연관성을 확인해 보았더니, 하나도 빼놓지 않고 모두가 유의성이 없는 것으로 드러났다.[6] 설령 연관성이 있더라도, 대규모 시험에서조차 감지되지 않을 만큼 미미한 수준인 게 분명하다. 요즘 유전체학자들은 IQ 점수의 유전율이 소수의 똑똑한 유전자들에게 집중되진 않았으리라고 본다. 그보다는 수많은 유전자들이 기여한 작은 효과들이 누적된 결과일 것이라고 본다. 그렇다면, 우리가 어느 하나의 다형성이 내는 큰 효과를 찾아나설 때는 창자점쟁이들과 마찬가지로 20번 중 1번꼴로 성공하리라는 뜻이다.

사실은 이오아니디스도 정말로 학계에 발표된 논문 천 편 중 한 편만

** 셔브리는 아마도 선택적 주의라는 인지 원리를 보여 주는, 유튜브에서 엄청난 인기를 끌었던 동영상으로 유명할 것이다. 시청자들은 농구공을 서로 주거니 받거니 하는 학생들을 유심히 보라는 지시를 받는데, 그러면 대개의 시청자들은 고릴라 옷을 입은 배우가 화면 한가운데에 어슬렁어슬렁 나타났다가 사라지는 모습을 눈으로 보고도 전혀 인식하지 못한다.

이 옳다고 생각하는 것은 아니다. 대개의 연구들은 유전체를 마구잡이로 더듬는 게 아니라 기존에 참이라고 여길 만한 근거가 어느 정도 있는 가설만을 골라서 시험하므로, 앞의 그림처럼 아래 칸들이 위 칸들보다 압도적으로 더 크지는 않다. 그러나 반복의 위기는 실재한다. 2012년에 캘리포니아의 생물공학 회사 암젠의 과학자들은 암 생물학 분야에서 가장 유명한 실험 결과 53개를 골라 반복해 보았다.[7] 그들의 독립적인 시험에서 똑같이 재현된 것은 6개뿐이었다.

어떻게 이럴 수 있을까? 유전체학자들과 암 연구자들이 바보라서 그런 건 아니다. 어떻게 보면 반복의 위기란 과학이 원래 어려운 작업이고 과학자들이 떠올리는 발상이 대부분은 틀렸다는 사실을 반영한 것뿐이다. 심지어 첫 단계 시험에서 살아남은 발상들마저 말이다.

하지만 과학계에는 이 위기를 악화시키는 관행들이 있는데, 그 관행들은 우리가 얼마든지 바꿀 수 있다. 우선 우리는 발표를 틀리게 하고 있다. 다음의 xkcd 만화를 보라. 당신이 유전자 지표 20개를 시험해서 그것들이 해당 질환과 연관되었는지 살펴보았는데, 그중 하나만이 $p < 0.05$라는 유의성 기준을 달성했다고 하자. 당신은 수학에 능통하기

자주색 젤리빈라 여드름 사이에 아무 관계가 있다는 걸 확인했어.
($p > 0.05$)

갈색 젤리빈라 여드름 사이에 아무 관계가 있다는 걸 확인했어.
($p > 0.05$)

핑크색 젤리빈라 여드름 사이에 아무 관계가 있다는 걸 확인했어.
($p > 0.05$)

파란색 젤리빈라 여드름 사이에 아무 관계가 있다는 걸 확인했어.
($p > 0.05$)

청록색 젤리빈라 여드름 사이에 아무 관계가 있다는 걸 확인했어.
($p > 0.05$)

연어색 젤리빈라 여드름 사이에 아무 관계가 있다는 걸 확인했어.
($p > 0.05$)

빨간색 젤리빈라 여드름 사이에 아무 관계가 있다는 걸 확인했어.
($p > 0.05$)

옥색 젤리빈라 여드름 사이에 아무 관계가 있다는 걸 확인했어.
($p > 0.05$)

자홍색 젤리빈라 여드름 사이에 아무 관계가 있다는 걸 확인했어.
($p > 0.05$)

노란색 젤리빈라 여드름 사이에 아무 관계가 있다는 걸 확인했어.
($p > 0.05$)

회색 젤리빈라 여드름 사이에 아무 관계가 있다는 걸 확인했어.
($p > 0.05$)

황갈색 젤리빈라 여드름 사이에 아무 관계가 있다는 걸 확인했어.
($p > 0.05$)

하늘색 젤리빈라 여드름 사이에 아무 관계가 있다는 걸 확인했어.
($p > 0.05$)

초록색 젤리빈라 여드름 사이에 관계가 있다는 걸 확인했어.
($p < 0.05$)

우와!

연보라색 젤리빈라 여드름 사이에 아무 관계가 있다는 걸 확인했어.
($p > 0.05$)

베이지색 젤리빈라 여드름 사이에 아무 관계가 있다는 걸 확인했어.
($p > 0.05$)

라일락색 젤리빈라 여드름 사이에 아무 관계가 있다는 걸 확인했어.
($p > 0.05$)

까만색 젤리빈라 여드름 사이에 아무 관계가 있다는 걸 확인했어.
($p > 0.05$)

복숭아색 젤리빈라 여드름 사이에 아무 관계가 있다는 걸 확인했어.
($p > 0.05$)

오렌지색 젤리빈라 여드름 사이에 아무 관계가 있다는 걸 확인했어.
($p > 0.05$)

《뉴스》

초록색 젤리빈이 여드름라 관련 있다!

95% 신뢰성: 우연의 일치일 가능성은 겨우 5%!

과학자들은…

때문에, 스무 번 중 한 번 성공했다는 것은 모든 유전자 지표들이 아무 효과도 내지 않을 때 기대되는 결과라는 걸 안다. 그러니 당신이라면 그릇된 뉴스 제목에 콧방귀를 뀔 것이다. 만화가가 의도한 반응도 그것이다.

더구나 당신이 똑같은 유전자를, 혹은 초록색 젤리빈만을 20번 시험해서 그중 한 번에서만 통계적 유의성을 확인했다면, 당신의 반응은 더욱더 그럴 것이다.

하지만 만일 20개 연구진이 20곳의 실험실에서 초록색 젤리빈을 20번 시험했다면? 그중 19개 실험실은 통계적 유의성이 있는 효과를 확인하지 못할 것이고, 그래서 결과를 발표하지 않는다. 〈초록색 젤리빈이 피부와 무관하다〉는 충격적인 논문을 누가 발표하겠는가? 한편 스무 번째 실험실의 운 좋은 과학자들은 통계적 유의성이 있는 효과를 확인한다. 왜냐하면 운이 좋기 때문에. 하지만 그들은 자신들이 운이 좋다는 사실을 모른다. 그들이 아는 한 초록색 젤리빈이 여드름을 일으킨다는 가설은 자신들이 딱 한 번 시험했을 뿐이고, 더구나 그 가설은 시험을 통과했다.

그러니 우리가 발표된 논문에만 의거하여 어떤 색 젤리빈을 먹을지 결정한다면, 우리는 독일에서 귀환한 비행기에 난 총알구멍만 헤아리는 군 관계자들과 같은 실수를 저지르는 셈이다. 아브라함 발드가 지적했듯이, 상황을 제대로 보려면 돌아오지 못한 비행기들도 함께 고려해야 한다.

이것은 서류함 문제라고도 불린다. 우리가 연구 결과를 통계적 유의성 기준에 따라 잘라서 일부만 공표한다면, 과학계는 어떤 가설에 대한 증거를 극단적으로 왜곡된 시각에서 보는 셈이다. 그런데 우리는 이 문제를 부르는 다른 이름을 이미 알고 있다. 바로 볼티모어 주식 중개인이다. 초록 색소 #16과 피부 과학의 상관관계에 관한 보도 자료를 흥분된 심정으로 준비하는 행운의 과학자는 평생 모은 저금을 사기꾼 주식 중개인에게 전송하는 순진한 투자자와 마찬가지다. 투자자와 마찬가지로 과학자는 요행히 실험이 잘 진행되었던 한 번의 시도만 관찰했을 뿐, 훨씬 더 많은 시도들이 실패했다는 사실은 모른다.

다만 큰 차이가 하나 있다. 과학에서는 수상한 사기꾼과 순진한 피해자가 나뉘지 않는다. 과학자들이 실패한 실험을 서류함에 넣고 잊어버릴 때, 그들은 두 역할을 동시에 수행하는 셈이다. 과학자들은 스스로에게 사기를 치고 있다.

더구나 이 모든 것은 문제의 과학자들이 공정하게 행동한다고 가정했을 때의 이야기다. 하지만 늘 그런 것은 아니다. 바이블 코드 해독자들이 걸려든 여지의 문제를 기억하는가? 논문 아니면 도태라는 극심한 압박에 시달리는 과학자들도 비슷한 자유 재량의 유혹에 대해 면역을 갖고 있지 않다. 당신이 어떤 분석을 했는데 p값이 0.06이 나왔다면, 당신은 마땅히 그 결과가 통계적 유의성이 없다고 결론 내려야 한다. 하지만 몇 년 동안 해온 작업을 서류함에 처박아 버린다는 것은 엄청난 정신력이 필요한 일이다. 그러고 보면 한 피험자의 수치가 약간 이상해 보이지 않는가? 어쩌면 그것이 예욋값일 수도 있으니, 스프레드시트에서 그 줄을 날려 보자. 참, 연령을 통제했던가? 바깥 날씨를 통제했던가? 연령과 바깥 날씨를 둘 다 통제했던가? 이렇게 통계적 시험을 조정하고 삭제할 재량을 스스로에게 부여하면, 종종 0.06을 0.04로 낮출 수 있다. 펜실베이니아 대학 교수로서 반복 가능성 연구의 선구자인 유리 시몬손은 이런 관행을 〈p 해킹〉이라고 부른다.[8] 물론 p 해킹은 대체로 내 예시만큼 조잡하지 않고, 나쁜 의도가 있는 경우도 거의 없다. 바이블 코드 해독자들과 마찬가지로 p 해커들은 자신의 가설을 진심으로 믿는데, 사람이 뭔가를 믿을 때는 자신이 애초에 발표 가능한 p값이 나오는 바로 그 분석을 했어야 한다고 생각할 근거를 떠올리기가 식은 죽 먹기만큼 쉽다.

하지만 그게 사실 옳지 않다는 것은 모두가 안다. 과학자들은 남들이 듣지 않는 곳에서는 이런 관행을 가리켜 〈데이터를 고문해서 자백 받아 내기〉라고 부른다. 그 결과의 신뢰도는 완력으로 끌어낸 자백의 신뢰도 정도밖에 되지 않는다.

p 해킹 문제가 얼마나 심각한지 판단하기는 쉽지 않다. 독일에서 격추 된 비행기들을 조사해서 어디에 총알을 맞았는지 알아내기가 어려운 것 처럼, 서류함에 처박혀 있거나 아예 작성되지도 않은 논문들을 찾아서 점검할 수는 없다. 하지만 아브라함 발드가 그랬던 것처럼, 직접 측정할 수 없는 데이터에 대해서 약간의 추론을 해볼 수는 있다.

『국제 창자점 저널』을 떠올려 보자. 우리가 지금까지 거기 실린 모든 논문들을 뒤져서 p값을 기록한다면, 어떤 결과가 나올까? 창자점은 유 효하지 않으므로, 귀무가설이 늘 참이다. 따라서 전체 실험의 5%는 p값 이 0.05 이하일 것이고, 4%는 0.04 이하, 3%는 0.03 이하, 이런 식일 것 이다. 달리 말해, p값이 0.04에서 0.05 사이인 실험의 수는 0.03에서 0.04 사이인 실험의 수, 0.02에서 0.03 사이인 실험의 수와 대충 다 같아야 한 다. 따라서 모든 논문들의 p값을 그래프로 그린다면 평평한 그래프가 될 것이다.

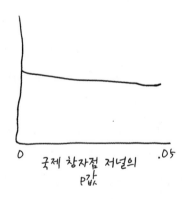

그렇다면 실제 저널은 어떨까? 바라기로는 우리가 추적하는 현상들

중 다수가 실존하는 현상일 테니, 이 실험들은 훌륭한(즉 낮은) p값을 낼 가능성이 더 높을 것이다. 따라서 p값 그래프는 아래와 같이 아래로 기울어야 한다.

문제는 현실이 정확히 이렇지 않다는 것이다. 통계학 탐정들이 정치학에서 경제학, 심리학, 사회학까지 다양한 분야를 조사한 결과, p값 그래프는 늘 기준인 0.05로 다가갈수록 눈에 띄게 상승하는 모습이었다.[9]

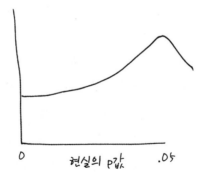

이 경사가 바로 p 해킹이다. 이 경사는 p = 0.05의 경계에서 원래 발표 불가능한 쪽에 떨어졌던 실험 결과 중 다수가 회유와 부추김과 조작, 심지어는 노골적인 고문을 겪어 경계선 너머 행복한 쪽으로 건너오게 되

었다는 것을 보여 준다. 발표 실적이 있어야 하는 과학자들에게는 좋은 일이겠지만, 과학에게는 나쁜 일이다.

저자가 데이터 고문을 거부하거나 혹 고문을 했는데도 바람직한 결과가 안 나온다면, 그래서 p값이 여전히 그 중요한 0.05 기준보다 더 크다면 어쩔까? 우회로가 있다. 과학자들은 통계적 유의성 기준을 만족시키지 못한 결과를 보고하는 이유를 정당화하기 위해서 온갖 교묘한 말장난을 지어낸다. 결과가 〈거의 통계적 유의성을 보여 주었다〉거나, 〈유의성을 향해 기울었다〉거나, 〈유의성에 거의 다가갔다〉거나, 〈유의성 문턱에 있다〉거나, 심지어는 〈유의성 문턱에서 맴돈다〉는 감칠나는 표현까지 쓴다.* 이런 문구에 기대어 고뇌하는 과학자들을 비웃기는 쉽지만, 사실 우리가 미워해야 하는 것은 선수들이 아니라 게임 자체다. 논문 발표가 모 아니면 도의 기준으로 결정되는 것은 과학자들 탓이 아니다. 0.05로 생사를 판가름하는 것은 연속 변수를 이진 변수처럼 취급하는 기본적인 범주 오류이다. 즉, 통계적 유의성이 없는 데이터도 보고하도록 허락되어야 한다.

어떤 환경에서는 심지어 그런 보고가 의무가 되어야 한다. 2010년 미국 연방 대법원은 감기약 지캄을 제조한 매트릭스사는 일부 복용자들이 후각 상실을 겪었다는 사실을 공개할 의무가 있었다는 판결을 만장일치로 내렸다.[10] 소니아 소토마요르가 작성한 판결 이유서는 비록 후각 상실 보고서가 유의성 검정을 통과하진 못했지만 그래도 그것은 투자자들이 합리적으로 기대하는 〈총 정보〉에 기여하는 내용이라고 말했다. p값이 나쁜 결과는 근소한 증거만을 제공하겠지만, 증거가 아예 없는 것보다는 낫다는 말이다. p값이 좋은 결과는 더 많은 증거를 제공하겠지만, 앞에서 보았듯이 그렇다고 해서 그 결과가 주장하는 효과의 존재를 확실하

* 이런 표현은 모두 보건 심리학자이자 유의성 없는 결과들의 감식가인 매슈 행킨스가 블로그에 모아 둔 방대한 사례들에서 빌려 왔다.

게 장담할 수 있는 것은 결코 아니다.

어차피 0.05라는 값에는 무슨 특별한 점이 전혀 없다. 이것은 순전히 임의적인 기준이다. 피셔가 선택한 관행일 뿐이다. 관행적인 값이란 모두가 합의한 하나의 기준으로서, 누군가 〈유의성〉이란 단어를 말할 때 그것이 무슨 뜻인지를 모두가 알게끔 해준다. 언젠가 보수적인 헤리티지 재단의 로버트 렉터와 커크 존슨이 쓴 논문을 읽었는데, 거기에서 그들은 십 대들의 순결 서약이 성 매개 질환 발생률에 아무 영향을 끼치지 않았다는 경쟁 연구진의 주장은 틀렸다고 불평했다.[11] 조사 대상 십 대들 중에서 결혼할 때까지 순결을 지키겠다고 서약한 십 대들은 나머지 표본보다 성 매개 질환 발생률이 정말로 약간 더 낮았지만, 그 차이가 통계적 유의성 수준에 못 미친 것뿐이었다. 그 점을 지적한 헤리티지 재단 연구자들의 말은 일리가 있었다. 순결 서약이 효과적이라는 증거는 비록 약했지만 전혀 없는 것은 아니었다.

그런데 렉터와 존슨은 또 다른 논문에서, 자신들이 기각하고자 하는 인종과 빈곤의 상관관계 가설에 통계적 유의성이 없었다고 말하면서 이렇게 적었다. 〈변수에 통계적 유의성이 없다는 것은 그 변수가 계수값과 0 사이 범위에서 통계적으로 포착될 만한 차이를 보이지 않는다는 뜻이므로, 아무런 영향을 미치지 않는다는 뜻이다.〉[12] 순결을 지키는 암컷들에게 적용했던 논리는 인종 차별적 수컷들에게도 똑같이 적용해야 하지 않을까! 관행의 가치는 연구자들에게 약간의 규율을 부과함으로써 어떤 결과가 중요하거나 중요하지 않은지를 각자 자신의 선호에 따라 결정하려는 유혹에 빠지지 않도록 단속하는 것이다.

하지만 관행적 경계를 오랫동안 지키다 보면, 그것이 현실에 실재하는 현상이라고 착각하기 쉽다. 우리가 경제 상황을 그런 식으로 이야기한다고 상상해 보자. 경제학자들은 〈불황〉에 대해 형식적 정의를 내려 두고 있는데, 그 정의는 〈통계적 유의성〉과 마찬가지로 임의로 정한 여러 기준에 달려 있다. 그렇지만 〈나는 실업률, 주택 착공 건수, 학자금 융자 총액, 연방 적자 따위는 신경 쓰지 않아. 정의상 불황이 아니라면 그런 것들에 대해서 논하지 않겠어〉라고 말하는 사람은 아무도 없다. 그랬다가는 정신 나간 사람 소리를 들을 것이다. 매년 그 수가 점점 더 많아지고 점점 더 목청을 높여 가는 비판자들은, 과학의 상당 부분도 바로 그런 방식으로 정신 나간 일이 되었다고 말하고 있다.

판사가 아니라 탐정

〈$p < 0.05$〉를 〈참〉의 동의어처럼, 〈$p > 0.05$〉를 〈거짓〉의 동의어처럼 쓰는 것은 분명 잘못이다. 낮은 가능성으로 귀결하여 증명하는 기법은 직관적으로는 그럴싸하게 느껴지지만 데이터 아래 과학적 진실을 추론해 내는 원리로서는 유효하지 않다.

그러나 대안이 있을까? 당신이 실험을 해봤다면, 과학적 진실은 천사처럼 나팔을 불고 구름을 가르며 느닷없이 나타나지 않는다는 사실을 알 것이다. 데이터는 혼란스럽고, 추론은 어렵다.

간단하고 인기 있는 한 전략은 p값과 더불어 신뢰 구간을 보고하는 것이다. 이것은 개념의 범위를 살짝 더 넓히는 조치로서, 우리에게 귀무가설뿐 아니라 더 폭넓은 대안들까지 고려하라고 요구한다. 당신이 온라인에서 수공예품 핑킹가위를 판다고 하자. 당신은 (수공예 핑킹가위를 판다는 점 외에는) 현대적인 사람답게 A/B 시험을 실시해 보는데, 사용자 절반은 현재의 웹사이트를 보고A, 나머지 절반은 〈지금 구입하세요!〉 버튼 위에서 핑킹가위가 춤추고 노래하는 애니메이션이 더해진 개편된 웹사이트를 보게 하는 것이다B. 그 결과, 선택지 B에서 매출이 10% 상승했다. 잘됐다! 그런데 당신이 정말로 지적인 타입이라면, 그 증가량이 그저 무작위적 변동 때문은 아닌지 궁금할 것이다. 그래서 당신은 p값을 계산해 보고, 개편이 아무런 효과가 없을 경우 (즉 귀무가설이 옳을 경우) 이렇게 좋은 결과를 얻을 확률은 0.03밖에 안 된다는 것을 확인한다.*

하지만 왜 여기에서 멈추는가? 만일 당신이 대학생에게 돈을 주어 웹사이트에 춤추는 가위를 얹어 달라고 했다면, 당신은 그 조치가 효과가 있는가 없는가뿐 아니라 효과가 얼마나 있는가도 알고 싶을 것이다. 혹 당신이 관찰한 효과는 개편이 장기적으로는 매출을 5%만 높여 준다는 가설에 부합하는 게 아닐까? 그런 가설하에서 10% 증가가 관찰될 확률은 훨씬 더 높아, 가령 0.2라고 하자. 즉, 개편이 매출을 5%만 높인다는 가설은 낮은 가능성으로 귀결하는 증명법에 의해 기각되지 않는다. 한편 당신은 낙관적으로 생각하여, 혹 운이 나빴던 게 아닐까 실제로는 개편이 매출을 25% 높여 주는 게 아닐까 하고 궁금할 수도 있다. 그래서 그 p값을 계산했더니 0.01이 나왔다. 즉, 이 가설은 버려도 될 만큼 가능성이 낮다는 뜻이다.

신뢰 구간이란 이런 점검에서 내버리지 않아도 된다고 확인된 가설들, 우리가 실제 관찰한 결과에 합리적으로 부합하는 가설들의 범위를 말한다. 이 사례에서 신뢰 구간이 +3%에서 +17%까지라고 하자. 귀무가설, 즉 0이 신뢰 구간에 포함되지 않았다는 사실은 이 결과가 앞에서 이야기했던 의미에서의 통계적 유의성이 있다는 뜻이다.

그런데 신뢰 구간은 이보다 더 많은 정보를 준다. 신뢰 구간이 [+3%, +17%]라면, 효과가 양성이긴 하지만 그렇게까지 크진 않다는 뜻이다. 한편 [+9%, +11%]라면, 효과가 양성일 뿐 아니라 상당히 크다는 것을 훨씬 더 강하게 암시한다.

신뢰 구간은 통계적 유의성이 확인되지 않은 경우에도, 즉 신뢰 구간

* 이 사례의 숫자들은 내가 전부 지어냈다. 한 이유는 실제 신뢰 구간 계산은 내가 이 좁은 지면에서 소개할 수 있는 것보다 좀 더 복잡하기 때문이다.

에 0이 포함된 경우에도 정보를 준다. 신뢰 구간이 [-0.5%, 0.5%]라면, 통계적 유의성을 얻지 못한 것은 당신의 개입이 아무런 효과도 미치지 않았기 때문이라는 좋은 증거가 된다. 한편 신뢰 구간이 [-20%, 20%]라면, 통계적 유의성을 얻지 못한 것은 문제의 개입이 효과가 있는지 없는지, 있다면 어느 방향으로 있는지조차 당신이 모르고 있기 때문이다. 두 결과는 통계적 유의성의 관점에서는 같아 보이지만, 당신이 다음에 무엇을 해야 하는가에 대해서는 전혀 다른 조언을 준다.

신뢰 구간을 개발한 공은 주로 초기 통계학사의 또 다른 거인이었던 예지 네이만에게 돌아간다. 네이만은 폴란드인이었고, 아브라함 발드와 마찬가지로 처음에는 동유럽에서 순수 수학을 연구하다가 나중에 당시로서는 최신 분야이던 통계학으로 옮기고 서방으로 이주했다. 1920년대 말, 네이만은 이건 피어슨과 공동 연구를 하기 시작했다. 이건은 아버지 칼 피어슨으로부터 런던의 교수 자리와 R. A. 피셔와의 쓰라린 학문적 반목을 둘 다 물려받았다. 피셔는 늘 싸울 준비가 되어 있는 까다로운 사람이었다. 오죽하면 그 딸이 〈아버지는 평범한 다른 사람들에 대한 감수성을 발달시키지 못한 분이었다〉고 말할 정도였다.[13] 그런 피셔에게 네이만과 피어슨은 장장 수십 년을 싸울 만한 호적수였다.

그들의 과학적 견해 차가 가장 극명하게 드러난 대목은 추론의 문제에 대한 네이만과 피어슨의 접근법에서 관해서였다.* 우리는 증거로부터 어떻게 진실을 끌어내야 할까? 네이만과 피어슨의 놀라운 대답은 그런 질문을 하지 말라는 것이었다. 두 사람에게 있어서 통계학의 목적은 무엇을 믿을지를 알려 주는 게 아니라 무엇을 할지를 알려 주는 것이었다. 통계는 질문에 답하는 학문이 아니라 결정을 내리는 학문이었다. 유의성

* 지나친 단순화를 경고하고자 한다. 피셔, 네이만, 피어슨은 오랫동안 살면서 많은 연구를 했으며, 수십 년에 걸쳐서 생각과 입장이 변천했다. 내가 거칠게 묘사한 그들의 철학적 차이는 각자의 사상에서 다른 중요한 가닥들을 무시한 그림이다. 특히, 통계학의 주 관심사는 결정을 내리는 데 있다는 새로운 견해는 피어슨보다는 네이만이 좀 더 강하게 품었다.

검정은 책임자에게 신약을 승인할지 말지, 경제 개혁안을 시행할지 말지, 웹사이트를 꾸밀지 말지에 대한 답을 알려 주는 규칙에 지나지 않았다.

과학의 목표가 진실 발견에 있지 않다는 생각은 언뜻 황당하게 들리지만, 네이만-피어슨 철학은 사실 우리가 다른 영역들에서 사용하는 추론 기법과 그다지 멀지 않다. 가령, 형사 재판의 목적은 무엇일까? 피고가 고발당한 죄를 실제로 저질렀는지 알아내는 것이라고 답한다면 순진한 생각이다. 이 대답은 뻔히 틀렸다. 법정에는 증거 요건이란 게 있어서, 설령 배심원들이 피고의 결백이나 유죄를 정확하게 판단하는 데 도움이 될 정보라도 부적절한 방식으로 얻은 증언이라면 배심원들에게 들려줄 수 없다. 법정의 목적은 진실이 아니라 정의다. 우리에게는 규칙이 있고, 규칙은 반드시 지켜져야 한다. 우리가 피고는 〈유죄〉라고 말할 때, 그 정확한 말뜻은 그가 틀림없이 고발된 죄를 저질렀다는 게 아니라 그가 규칙에 따라 공명정대하게 선고를 받았다는 것이다. 우리는 어떤 규칙을 택하든 범죄자 중 일부는 풀어 주게 될 것이고 무고한 사람 중 일부는 감옥에 가두게 될 것이다. 만일 전자를 더 적게 저지르려고 애쓰면, 후자를 더 많이 저지르게 된다. 그러므로 이 기본적인 교환 관계를 어떻게 다루는 게 최선인지에 대한 사회적 합의를 반영하여 규칙을 설계하려고 애쓸 따름이다.

네이만과 피어슨에게, 과학은 법정과 같다. 신약이 유의성 검정에서 실패하면, 우리는 〈약이 확실히 듣지 않는다〉고 말하는 게 아니라 〈약이 효과를 보이지 않았다〉고만 말한다. 그리고 그 약을 기각한다. 마치 법정의 모든 사람들이 피고의 죄를 철석같이 믿더라도 피고가 범행 현장에 있었다는 사실을 합리적인 의혹의 범위 내에서 입증할 수 없다면 어쩔 수 없이 그를 풀어 줘야 하는 것처럼 말이다.

피셔는 이런 것을 결코 원하지 않았다. 피셔는 네이만과 피어슨이 과학적 실천이라 할 만한 것을 모조리 포기한 채 엄격한 합리주의만을 고집한다는 점에서 순수 수학의 냄새를 풍긴다고 생각했다. 현실에서 대부분의 판사들은 설령 법전에 적힌 규칙이 그래야 한다고 말하더라도 뻔히 무고한 피고가 교수형에 처해지는 상황을 가만히 묵과할 수는 없을 것이다. 마찬가지로 현실에서 대부분의 과학자들은 어떤 가설이 정말로 옳은가에 관해서 개인적인 의견을 품는 유해한 자기 만족을 포기한 채 그저 엄격하게 정해진 지침들만 따르는 데는 흥미가 없을 것이다. 피셔는 1951년에 W. E. 힉에게 보낸 편지에서 이렇게 썼다.

당신이 유의성 검정에 대한 쓸데없이 거창한 접근법, 이를테면 네이만과 피어슨의 기각 영역으로 대표되는 접근법 때문에 조금이라도 걱정을 했다니 유감입니다. 나와 전 세계의 내 제자들은 애당초 그런 것을 쓸 생각은 하지도 않았습니다. 왜냐고 구체적인 이유를 묻는다면, 그들이 그 문제를 완전히 잘못된 방향에서 접근하기 때문이라고 말해야겠군요. 그러니까 그들은 탄탄한 지식의 토대 위에서 늘 변화하는 추측들과 모순된 관찰들을 끊임없이 점검하는 연구자의 시각에서 접근한 것이 아닙니다. 그런 연구자에게 필요한 것은 〈내가 이것에 주의를 기울여야 할까?〉라는 질문에 대한 확신 있는 답입니다. 물론 이 질문은 〈이 가설은 뒤집힐까? 만일 그렇다면, 이 특수한 관찰들에 의거할 때 어떤 수준의 유의성에서 그럴까?〉라는 질문으로 다듬어질 수 있으며, 사고의 정련을 위해서라도 이렇게 다듬어져야 할 것입니다. 왜 이런 형태의 질문으로 물을 수 있는가 하면, 네이만과 피어슨이 수학적 고려로만 답하려고 시도하는 듯한 질문들에 대해서, 물론 나는 그 시도가 헛되다고 봅니다만, 진정한 실험가라면 이미 답을 다 내어 놓았기 때문입니다.[14]

그러나 이런 피셔도 유의성 기준을 통과하는 것이 곧 진실을 발견하는 것이라고 이해하진 않았던 게 분명하다. 그가 마음속에 그렸던 접근법은 그보다 좀 더 풍성하고 우회적인 접근법이었다. 1926년에 그는 〈과학적 사실은 적절히 설계된 실험이 이런 수준의 유의성을 내는 데 거의 실패하지 않는 경우에만 실험적으로 확립된 것으로 여겨져야 한다〉고 적었다.[15]

〈한 번 성공했을 때〉가 아니라 〈거의 실패하지 않는 경우에만〉이라는 것이다. 통계적 유의성이 있는 발견은 우리가 앞으로 연구의 에너지를 어디에 집중하면 좋을지에 대한 유망한 단서를 제공한다. 유의성 검정은 판사가 아니라 탐정이다. 여러분은 혹시 이것이 저것을 일으킨다거나 이것이 저것을 예방한다는 놀라운 발견에 관한 기사를 읽다가 끝에 가서 늘 연구와는 무관한 고참 과학자가 나와서 〈이 발견은 꽤 흥미로우니 이 방향으로 좀 더 연구할 필요가 있다〉는 요지의 따분한 말을 늘 어놓는 것을 본 적이 있지 않은가? 그런 소리는 알맹이가 없는 의무적인 경고일 뿐이라고 여겨서 아예 안 읽고 넘어간 적이 많지 않은가?

과학자들이 왜 늘 그런 말을 하는지 이유를 밝히자면, 그것이 정말로 중요하고 진실된 말이기 때문이다! 통계적 유의성이 대단히 크다는 자극적인 발견은 과학 연구의 결말이 아니라 시작일 뿐이다. 만일 어떤 결론이 참신하고 중요하다면, 다른 실험실의 과학자들이 그 현상과 그 현상의 변형된 형태를 시험하고 또 시험함으로써 그 결과가 요행히 딱 한 번 벌어졌던 것인지 아니면 피셔가 말한 〈거의 실패하지 않는〉 경우에 해당하는지를 밝혀야 한다. 그것이 과학자들이 말하는 반복이다. 거듭된 시도에도 불구하고 효과가 재현되지 않는다면, 과학은 미안해하면서 손을 뗀다. 반복 과정은 새로 도입된 대상에게 떼로 몰려가서 적절하지 않은 것을 골라 죽여 버리는, 일종의 과학의 면역계여야 한다.

최소한 이상적으로는 그렇다. 현실에서는 과학의 면역력이 약간 억제되어 있다. 물론 어떤 실험들은 애초에 반복하기가 어렵다. 네 살 아이들이 만족감을 미루는 능력을 측정했다가 삼십 년 뒤에 그들이 인생에서 이룬 성과와 비교해 보는 연구라면, 짠 하고 금세 반복 실험을 낼 수는 없을 것이다.

그러나 반복될 수 있는 연구조차 반복되지 않을 때가 많다. 모든 학술지들은 참신한 발견을 소개하기를 바란다. 이미 수행된 실험을 일 년 뒤에 똑같이 반복해서 똑같은 결과를 얻었다는 논문을 누가 실어 주고 싶겠는가? 하물며 똑같은 실험을 수행했으나 유의성 있는 결과를 얻지 못한 논문은 어떻겠는가? 면역계가 잘 돌아가려면 이런 실험들도 공개되어야 하지만, 지금은 이것들이 그냥 서류함에 처박힐 때가 많다.

하지만 문화가 변하고 있다. 이오아니디스와 시몬손처럼 과학계와 대중에게 두루 말을 거는 목청 높은 개혁가들 덕분에, 과학이 대규모 창자점으로 타락할 위기일지도 모른다고 걱정하는 절박한 분위기가 조성되었다. 2013년, 심리 과학협회는 〈등록된 반복 보고서〉라는 새로운 장르의 논문들을 소개하겠다고 선언했다. 그 보고서들은 널리 인용되는 연구들의 결과를 재현하는 것이 목적으로, 종래의 논문들이 발표되던 방식과는 전혀 다른 방식으로 다뤄질 것이다. 연구자가 연구를 진행하기 전에 논문 게재를 신청하여 미리 수락을 받아 두는 것이다. 결과가 원래의 발견을 지지하는 것으로 나온다면, 잘된 일이다. 하지만 그렇지 않더라도, 어쨌든 논문은 발표된다. 학계가 증거의 상태를 온전하게 알 수 있도록 말이다. 〈매니 랩스 프로젝트〉라는 또 다른 컨소시엄은 심리학의 유명한 발견들을 골라서 대규모 다국적 표본을 대상으로 반복해 보려고 한다. 2013년 11월, 심리학자들을 고무시키는 첫 결과물이 나왔다. 매니 랩스가 총 13개 연구를 시험하여 그중 10개에서 반복에 성공했다는 결과였다.

물론 우리는 결국에는 판단을 내려야 한다. 결국에는 선을 그어야 한다. 피셔가 〈거의 실패하지 않는〉 경우라고 말했을 때 그 〈거의〉는 정확히 얼마란 말인가? 우리가 거기에 임의의 수치 기준을 부여한다면(가령

〈90% 이상의 실험에서 통계적 유의성이 확인된다면 효과가 실재한다고 본다〉), 또 다시 제 발로 곤란에 빠지는 셈이다.

실은 피셔조차도 우리에게 무엇을 하라고 꼬집어 알려 주는 고정된 규칙이 있다고는 믿지 않았다. 그는 순수한 수학적 형식주의를 불신했다. 말년에 다다른 1956년, 피셔는 이렇게 썼다. 〈시기와 상황을 불문하고 늘 고정된 유의성 수준으로 가설을 기각하는 과학자란 존재하지 않는다. 과학자는 자신의 증거와 개념에 비추어 개별 사례마다 마음을 정한다.〉[16]

다음 장에서 우리는 〈증거에 비추어〉라는 말을 좀 더 구체화할 수 있는 한 방법을 살펴볼 것이다.

10장
하느님, 거기 계세요? 저예요, 베이즈 추론

많은 사람들이 빅데이터 시대의 도래를 두려워하고 있다. 두려움의 일부는 만일 알고리즘에 충분한 데이터가 공급된다면 그것이 우리보다 추론을 더 잘 해낼 것이라는 암묵적인 전망 때문이다. 초인적 능력은 무섭다. 변신할 줄 아는 존재는 무섭고, 죽었다가 부활한 존재는 무섭고, 우리가 못 하는 추론을 해내는 존재는 무섭다. 타깃Target의 〈고객 마케팅 분석팀〉에서 개발한 통계 모형이 고객의 구매 데이터, 즉 무향 로션이나 미네랄 보충제, 약솜 구입이 늘어난 것을 복잡한 공식에 대입해서 고객(죄송합니다, 손님) 중 한 명인 미네소타의 십 대 소녀가 임신한 사실을 정확히 추론했을 때, 정말로 섬뜩했다.[1] 타깃은 소녀에게 아기 용품 쿠폰을 보내기 시작했고, 인간의 변변찮은 추론력 탓에 그 사실을 여태까맣게 몰랐던 소녀의 아버지는 대경실색했다. 구글과 페이스북과 휴대폰이, 그리고 타깃마저도 나에 대해 내 부모보다 더 많이 아는 세상이란 생각만 해도 으스스하다.

하지만 어쩌면 우리는 오싹한 초능력을 지닌 알고리즘을 걱정할 시간을 줄여서 그 대신 허접한 알고리즘을 더 많이 걱정해야 할지도 모른다.

실은 허접한 알고리즘이라고 해도 상당히 좋을 수 있다. 실제로 실리콘 밸리의 기업들을 움직이는 알고리즘들은 해마다 점점 더 세련되어지고 있으며, 알고리즘에 입력되는 데이터의 양과 영양가도 점점 더 높아지고 있다. 우리는 구글이 우리를 속속들이 아는 미래를 얼마든지 상상해 볼 수 있다. 구글 중앙 창고가 우리에 관한 미시적 관찰들을 무수히 축적함으로써(《그는 이것을 클릭하기 전에 얼마나 주저했는가. ……그의 구글 글래스가 저것에 얼마나 오래 시선을 주었는가. ……》) 우리의 기호와 욕망과 활동을, 특히 우리가 어떤 상품을 원할 가능성이 있는지 혹은 원하도록 설득될 수 있는지를 예측해 내는 미래 말이다.

정말 그렇게 될지도 모른다! 하지만 어쩌면 그렇게 되지 않을지도 모른다. 세상에는 데이터를 많이 공급하면 할수록 결과의 정확도가 대체로 예측 가능한 방식으로 향상되는 수학 문제들이 많다. 우리가 소행성의 경로를 예측하고 싶다면, 우선 그 속도와 위치를 측정해야 하고 주변 천체들이 미치는 중력도 알아야 한다. 우리가 소행성에 관해서 더 많이 측정할수록, 그리고 측정이 더 정확할수록, 우리는 그 궤도를 더 정확하게 알아낼 수 있다.

한편 어떤 문제들은 일기예보와 좀 더 비슷하다. 일기예보는 풍성하고 자세한 데이터와 그 데이터를 신속히 처리하는 연산력이 둘 다 크게 도움이 되는 또 다른 상황이다. 1950년에 초창기 컴퓨터 에니악이 향후 24시간의 날씨를 시뮬레이션하는 데는 24시간이 걸렸는데, 그 정도만 해도 우주 여행 시대의 놀라운 연산 묘기로 통했다. 2008년에 노키아 6300 휴대 전화는 같은 연산을 1초도 안 되어 해냈다.[2] 예보는 더 빨라졌을 뿐만 아니라 더 긴 기간을 아우르게 되었고, 더 정확해지게 되었다. 2010년의 평균적인 향후 5일 예보의 정확도는 1986년의 3일 예보 수준이었다.[3]

데이터 수집 능력이 더 커질수록 예측도 더 나아지리라고 생각하기 쉽다. 언젠가 우리는 어느 날씨 채널 본부 지하의 서버팜Server farm에서 지구 대기 전체를 뛰어난 정밀도로 시뮬레이션하게 되지 않을까? 그 경우, 다음 달 날씨를 알고 싶다면 시뮬레이션을 약간만 더 앞으로 돌리면

될 것이다.

그러나 아마 그렇게는 되지 않을 것이다. 대기의 에너지는 아주 작은 규모에서 전 지구적 규모로 급속히 확장되기 때문에, 한 장소와 시점에 발생한 미세한 변화가 며칠이 지나면 엄청나게 다른 결과를 낳을 수 있다. 날씨는 카오스(혼돈)라는 단어의 기술적 의미 그 자체다. 에드워드 로런츠가 카오스의 수학적 개념을 처음 발견한 것도 바로 날씨에 관한 수치 연구를 하던 중이었다. 로런츠는 이렇게 적었다. 〈어느 기상학자는 내게 말하기를, 만일 이 이론이 옳다면 갈매기 한 마리가 날개를 한 번 펄럭이기만 해도 날씨의 경로가 영영 바뀔 수 있을 것이라고 했다. 논쟁은 아직 해결되지 않았지만, 가장 최근의 증거를 보자면 갈매기 쪽이 유리한 듯하다.〉[4]

우리가 데이터를 아무리 많이 모으더라도, 날씨를 얼마나 멀리까지 내다볼 수 있느냐 하는 문제에는 엄격한 한계가 있다. 로런츠는 그 한계를 약 2주로 생각했다.[5] 그동안 전 세계 기상학자들이 힘을 합쳐 노력했음에도 불구하고, 아직 그 한계를 의심할 이유는 없는 듯하다.

그렇다면 인간의 행동은 소행성과 비슷할까, 날씨와 비슷할까? 당연히 그것은 인간의 어떤 행동을 논할 것인가에 달렸다. 그런데 최소한 한 가지 측면에서만큼은 인간의 행동이 날씨보다 예측하기 더 어렵다. 우리는 날씨에 대해서는 꽤 훌륭한 수학 모형을 갖고 있기 때문에, 비록 궁극적으로는 계의 혼돈성이 우리를 이기고 말더라도 단기적으로는 더 많은 데이터만 주어진다면 더 정확한 예측을 해낼 수 있다. 반면 사람의 행동에 대해서는 그런 모형이 없다. 앞으로도 영영 없을지 모른다. 그래서 예측하기가 엄청나게 더 어렵다.

2006년, 온라인 엔터테인먼트 회사 넷플릭스는 자기 회사가 사용자들에게 영화를 추천할 때 쓰는 알고리즘보다 더 뛰어난 알고리즘을 작성하는 사람에게 100만 달러 상금을 주는 대회를 열었다.[6] 결승선은 출발

선에서 그다지 멀지 않아 보였다. 넷플릭스보다 영화 추천을 10% 더 잘해내는 프로그램을 맨 먼저 제출하는 사람이 승자가 될 것이라고 했다.

참가자들에게는 익명화한 평가 자료가 산더미처럼 제공되었다. 17,700편의 영화와 50만 명에 달하는 넷플릭스 사용자들이 생산한 100만 건의 평가 자료였다. 도전 과제는 사용자들이 아직 안 본 영화를 어떻게 평가할지 예측하는 것이었다. 데이터는 있었다. 엄청 많이 있었다. 그리고 그 데이터는 우리가 예측하려는 행동과 직접적으로 관련되어 있었다. 그런데도 이 과제는 아주, 아주 어려웠다. 결국 누군가 10% 개선의 장벽을 넘는 데는 3년이 걸렸고, 그것도 여러 팀이 연합하여 이미 썩 괜찮은 수준인 각자의 알고리즘을 통합함으로써 결승선을 가까스로 넘는 수준의 알고리즘을 만들어 낸 결과였다. 넷플릭스는 우승 알고리즘을 사업에 쓰지도 않았다. 대회가 끝날 무렵에는 넷플릭스가 이미 우편으로 DVD를 발송하는 방식에서 온라인으로 영화를 스트리밍하는 방식으로 이행했기 때문에, 허술한 추천 기능이 이제 그렇게까지 큰 문제가 아니었다.[7] 그리고 당신이 넷플릭스를 써봤다면(혹은 아마존이나 페이스북이나 그 밖에 당신에 관한 데이터에 기반하여 당신에게 제품을 추천하는 웹사이트를 써봤다면), 아직도 추천 기능이 우스꽝스러울 만큼 형편없다는 것을 알 것이다. 당신에 관한 자료에 더 많은 데이터가 쌓임으로써 앞으로는 훨씬 더 나아질지도 모르지만, 아마 그렇지 않을 것이다.

데이터를 모으는 회사의 시각에서는 이것이 그렇게 나쁜 현상은 아니다. 그야 물론 타깃은 당신의 고객 카드를 추적함으로써 당신의 임신 여부를 아주 확실하게 알 수 있다면 좋겠지만, 그렇게까지 정확하게는 모른다. 하지만 타깃은 당신의 임신 여부를 지금보다 10%만 더 정확하게 추측할 수 있어도 충분히 좋을 것이다. 구글도 마찬가지다. 구글은 당신이 정확히 무슨 제품을 원하는지까지 알 필요는 없다. 그저 경쟁하는 광고 채널들보다 조금만 더 잘 알면 된다. 기업들은 보통 미미한 수익률로 운영된다. 그들이 당신의 행동을 10% 더 정확하게 예측하는 것은 당신에게는 그다지 오싹한 일이 아닐지라도 그들에게는 엄청난 돈을 뜻할 수 있다. 나는 넷플릭스가 대회를 열었을 때 추천 담당 부사장이었던 짐 베넷에게 왜 그렇게 큰 상금을 걸었느냐고 물었다. 그는 내게 오히려 상금이 왜 그렇게 적었느냐고 물어야 한다고 대답했다. 추천 기능 10% 향상은 언뜻 시시해 보일지도 모르지만, 〈분노의 질주〉 후속편을 찍는 데 걸리는 시간보다 더 짧은 기간 안에 상금 100만 달러를 회수하게 해주리라는 것이었다.

페이스북은 당신이 테러리스트라는 것을 알까?

빅데이터에 접근할 수 있는 기업들이 당신에 대해 〈아는〉 능력에 여전히 한계가 있다면, 걱정할 게 뭐가 있을까?

이걸 걱정해 보자. 페이스북이 사용자들 중 미국에 대한 테러에 가담할 가능성이 큰 사람을 짚어 내는 기법을 개발하기로 했다고 하자. 이것은 수학적으로 넷플릭스 사용자가 「오션스 서틴Ocean's Thirteen」을 좋아할까 아닐까 추측하는 문제와 크게 다르지 않다. 페이스북은 보통 사용자들의 실명과 주소를 아니까, 정부가 공개한 정보를 사용하여 이미 테러범으로 선고받았거나 테러 집단을 지지한다고 알려진 사람들의 페이스북 계정 명단을 작성할 수 있다. 그다음은 수학이다. 테러리스트들은 보통 사람들보다 상태 업데이트를 좀 더 자주 할까, 덜 할까, 아니면 이 척도에서는 대체로 남들과 비슷할까? 테러리스트들의 글에 좀 더 자주 등장하는 단어가 있을까? 그들이 유달리 좋아하거나 싫어하는 밴드나 팀이나 제품이 있을까? 이런 정보를 다 종합하여, 모든 사용자에게 각각 점수를 매긴다.* 이 점수는 사용자가 현재 테러 집단과 관계를 맺고 있을 확률, 혹은 앞으로 관계를 맺을 확률에 대한 최선의 추정치를 뜻한다. 타깃이 로션과 비타민 구입 데이터를 교차 참조하여 고객이 임신했을 확률을 추정한 것과 거의 같은 방법이다.

중요한 차이가 하나 있기는 하다. 임신은 아주 흔하지만, 테러는 아주 드물다. 거의 모든 사용자에 대해서, 그가 테러리스트일 확률의 추측값은 극히 작을 것이다. 따라서 이 프로젝트의 결론은 영화 「마이너리티 리포트Minority Report」 같은 사전 범죄 센터, 즉 페이스북의 전방위 감시 알고리즘이 당신이 범죄를 저지르기도 전에 그걸 알아내는 체계는 아닐 것이다. 그보다는 훨씬 더 소박한 것을 상상하자. 가령 페이스북이 사용자 10만 명에 대해서 어느 정도 확신을 갖고서 〈이 집단에 속하는 사람들은 전형적인 페이스북 사용자에 비해 테러리스트이거나 테러 지지자일 가능성이 약 2배 더 높다〉고 말한다고 하자.

만일 당신네 동네에 사는 웬 남자가 그 명단에 오른 것을 발견한다면, 당신은 어떻게 하겠는가? FBI를 부르겠는가?

그러기 전에, 또 다른 상자를 그려 보자.

* 더 알고 싶은 사람을 위해 밝히자면, 여기에 쓰이는 기본 기법은 로지스틱 회귀 분석이라고 불린다.

상자의 내용은 미국에 거주하는 총 2억 명 가량의 페이스북 사용자들이다. 위아래를 절반으로 가른 선은 위에 있는 미래의 테러리스트들을 아래에 있는 선량한 사람들과 나눈다. 미국의 테러 집단 규모는 틀림없이 아주 작을 것이다. 편집증을 최대한 발휘하여, FBI가 정말로 주시해야 할 대상이 총 10,000명 있다고 하자. 총 사용자 중에서 20,000명 중 1명 꼴이다.

왼쪽과 오른쪽을 가른 선은 페이스북이 그은 것이다. 왼쪽에 있는 10만 명은 페이스북이 테러에 연루될 가능성이 높다고 판단한 사용자들이다. 우리는 페이스북의 판단을 믿기로 하자. 그들의 알고리즘이 대단히 훌륭해서 그 표지를 단 사람은 정말 평균보다 테러리스트일 가능성이 두 배 높다고 하자. 그러면 이 집단에서 10,000명 중 1명 꼴, 즉 10명은 실제 테러리스트일 것이고 나머지 99,990명은 아닐 것이다.

미래의 테러리스트 10,000명 중 10명이 왼쪽 위 칸에 있다면, 오른쪽 위 칸에는 9,990명이 남는다. 똑같이 추론하여, 페이스북 사용자 중 비테러리스트가 199,990,000명인데 그중 99,990명은 알고리즘에 의해 왼쪽 아래 칸에 놓였으므로 오른쪽 아래 칸에는 199,890,010명이 남는다. 네 칸을 다 합하면 200,000,000명, 즉 전원이다.

네 칸 중 어딘가에 당신의 이웃이 있다.

하지만 어디일까? 당신이 아는 사실은 그가 상자의 왼쪽에 있다는 것뿐이다. 페이스북이 그를 요주의 인물로 찍었으니까.

또 하나 고려할 점은 상자 왼쪽 사람들 중 실제 테러리스트는 거의 없다는 점이다. 당신의 이웃이 무고할 확률은 99.99%나 된다.

어떤 면에서 이 문제는 영국 피임약 소동의 재현이다. 누군가 페이스북의 명단에 올랐다면 그가 테러리스트일 확률이 2배로 높아지는데, 이것은 무서운 이야기처럼 들린다. 하지만 애초에 그 확률 자체가 아주 작기 때문에, 두 배를 해봐야 여전히 작다.

그런데 이 문제를 다른 시각으로 볼 수도 있다. 불확실성에 관한 추론이 얼마나 헷갈리고 위험한지를 훨씬 더 뚜렷하게 조명해 주는 시각이다. 자, 어떤 사람이 실제로는 미래의 테러리스트가 아닌데도 부당하게 페이스북 명단에 오를 확률은 얼마나 될까?

상자로 따지자면, 누군가가 아래 줄에 해당하는데 그중에서도 왼쪽 칸에 놓일 확률이 얼마나 될까?

답은 계산하기 쉽다. 상자 아래에는 총 199,990,000명이 있고, 그중 겨우 99,990명만이 왼쪽 칸에 있다. 그러니 무고한 사람이 페이스북 알고리즘에 의해 잠재적 테러리스트로 찍힐 확률은,

99,990/199,990,000

즉, 약 0.05%이다.

정확한 답이다. 즉, 무고한 사람이 페이스북에 의해 테러리스트로 잘못 찍힐 확률은 2,000분의 1밖에 안 된다!

자, 이제 이웃에 대해서 어떤 느낌이 드는가?

이때 p값에 관한 논리를 떠올려 보는 것은 이 모호한 상황을 헤쳐 갈 길잡이가 되어 준다. 여기에서 귀무가설은 당신의 이웃이 테러리스트가 아니라고 가정하는 것이다. 그 가설하에(그가 무고하다고 가정할 때) 그가 페이스북 위험자 명단에 오를 확률은 0.05%밖에 안 되므로, 통계적 유의성 기준인 20분의 1에 턱없이 못 미친다. 달리 말해, 현대 과학의 대부분을 다스리는 규칙에 따르자면, 당신은 귀무가설을 기각하고 당신의 이웃이 테러리스트라고 선언하는 게 정당하다.

다만 유일한 문제는 그가 99.99%의 확률로 테러리스트가 아니라는 점이다.

무고한 사람이 알고리즘에 의해 테러리스트로 분류될 확률은 지극히

낮지만, 동시에 알고리즘이 테러리스트라고 지목한 사람들은 거의 다 무고한 것이다. 이 사실은 꼭 역설처럼 보이지만 실은 그렇지 않다. 원래 상황이 이런 것이다. 심호흡을 한 번 하고 상자를 다시 잘 보자. 그러면 틀리지 않을 것이다.

요는 이렇다. 우리가 물을 수 있는 질문은 사실 두 가지다. 거의 똑같은 질문처럼 보이겠지만, 사실은 다르다.

질문 1: 어떤 사람이 테러리스트가 아닐 때, 그가 페이스북 위험자 명단에 오를 확률은 얼마일까?
질문 2: 어떤 사람이 페이스북 명단에 올랐을 때, 그가 테러리스트가 아닐 확률은 얼마일까?

두 질문을 구별하는 한 가지 방법은 답이 서로 다른지 확인하는 것이다. 그리고 답은 정말 다르다. 앞에서 보았듯이, 첫 번째 질문의 답은 2,000분의 1이지만 두 번째 질문의 답은 99.99%다. 그리고 당신이 정말로 알고 싶어 하는 것은 두 번째 질문의 답이다.

〈Y일 때 X일 확률〉을 구하는 이런 질문들이 다루는 확률을 우리는 조건부 확률이라고 부른다. 그리고 우리가 여기에서 씨름하는 문제는, Y일 때 X일 확률과 X일 때 Y일 확률이 같지 않다는 점이다.

혹시 이 말이 익숙하게 들린다면, 그럴 만하다. 이것은 앞에서 〈낮은 가능성으로 귀결하여 증명하는 기법〉이 처했던 문제와 똑같기 때문이다. 이때 p값은 다음 질문에 대한 대답이지만,

〈귀무가설이 옳을 때, 관찰된 실험 결과가 발생할 확률〉

우리가 정말로 알고 싶은 것은 다른 조건부 확률이다.

〈특정 실험 결과를 관찰했을 때, 귀무가설이 옳을 확률〉

우리가 두 번째 값을 첫 번째로 착각할 때, 위험이 발생한다. 게다가 이런 착각은 과학 연구뿐 아니라 모든 곳에 퍼져 있다. 지방 검사가 배심원석으로 몸을 기울이며 〈정말로 무고한 사람이 현장에 남은 DNA 표본과 일치할 확률은 500만분의 1, 반복합니다만 500만분의 1밖에 안 됩니다〉라고 단언할 때, 그는 〈무고한 사람이 유죄로 보일 확률은 얼마일까?〉라는 1번 질문에 답한 것이다. 하지만 배심원들의 임무는 그게 아니라 〈유죄로 보이는 피고가 무죄일 가능성은 얼마일까?〉라는 2번 질문에 답하는 것이다. 이 질문에 대해서는 지방 검사가 도와줄 수 없다.*

페이스북과 테러리스트들의 사례는 우리가 뛰어난 알고리즘 못지않게 나쁜 알고리즘을 걱정해야 할 이유를 분명히 알려 준다. 어쩌면 우리는 후자를 더 걱정해야 할지도 모른다. 생각해 보라. 만일 당신이 임신했는데 타깃이 그 사실을 안다면, 오싹하고 싫을 것이다. 하지만 만일 당신이 테러리스트가 아닌데 페이스북이 그렇다고 한다면? 그보다 훨씬 더 오싹하고 나쁠 것이다.

누군가는 페이스북이 잠재적 테러리스트 명단을 (혹은 탈세자나 소아성애자 명단을) 작성하는 일은 없을 것이라고, 작성하더라도 공개할 일은 없을 것이라고 생각할 수도 있다. 그런 걸 왜 작성하겠는가? 돈이 되는 것도 아닌데? 그 생각이 맞을지도 모른다. 하지만 미국 국가 안보국NSA도 페이스북 사용자든 아니든 모든 미국인들의 데이터를 모으고 있다. NSA가 당신의 통화에 관한 메타 데이터를 모조리 기록하는 게 전

---

* 이런 맥락에서, 1번과 2번 질문을 헷갈리는 현상을 검사의 오류라고 부른다. 코랄리 콜메즈와 레일라 슈넵스가 쓴 『법정에 선 수학Math on Trial』은 이런 종류의 실제 사건들을 자세히 다루고 있다.

화 회사에게 어디에 기지국을 더 지으면 좋을지 조언해 주기 위해서가 아닌 한, 분명 모종의 요주의 인물 명단 같은 게 작성되고 있을 것이다. 빅데이터는 마술이 아니다. 빅데이터는 FBI에게 누가 테러리스트이고 아닌지를 알려 주진 못한다. 하지만 어떤 방식으로든 주목할 만하고 위험이 높은 〈요주의 인물〉 명단을 작성하기 위해서 마술까지 부려야 할 필요는 없다. 그리고 그 명단에 오른 사람들은 대부분 테러와는 전혀 무관할 것이다. 당신은 자신이 그중 한 명이 되지 않으리라 확신할 수 있는가?

라디오 초능력자와 베이즈 법칙

테러리스트 요주의 명단의 뚜렷한 역설은 어디에서 생겨날까? 더없이 합리적인 것처럼 보이는 p값 메커니즘이 그런 조건에서는 왜 그렇게 나쁜 결과를 낳을까? 단서는 이렇다. p값은 페이스북이 사용자 중 얼마의 비율에게 딱지를 붙이는지는 고려하지만(2000명 중 1명), 인구 중 얼마의 비율이 테러리스트인지는 깡그리 무시한다. 이웃이 은밀한 테러리스트인지 아닌지를 판단할 때, 당신에게는 결정적인 사전 정보가 하나 있다. 바로 대부분의 사람들은 테러리스트가 아니라는 사실이다! 그 뻔한 사실을 간과하면, 당신은 문제에 빠진다. 그러니 R. A. 피셔가 말했듯이, 당신은 모든 가설들을 이미 알고 있는 〈증거에 비추어〉 하나하나 평가해 보아야 한다.

하지만 어떻게 그렇게 하지?

여기에서 이야기는 라디오 초능력자들에게로 넘어간다.

1937년, 텔레파시 열풍이 불었다. 심리학자 J. B. 라인은 『새로운 정신의 변경New Frontiers of the Mind』을 써서 자신이 듀크 대학에서 수행한 초감각적 지각 실험을 믿음직하고 냉철하며 계량적인 말투로 소개했다.

책은 베스트셀러이자 〈이달의 북 클럽〉 선정 도서가 되었고, 초능력은 전국의 파티에서 최고의 대화 소재가 되었다.[8] 『정글The Jungle』로 유명한 베스트셀러 작가 업턴 싱클레어는 아내 메리와 초능력 소통을 시도했던 이야기를 1930년에 아예 『정신의 라디오Mental Radio』라는 책으로 써냈다. 이 화제가 얼마나 대세였던지, 싱클레어의 책 독일판에서는 무려 알베르트 아인슈타인이 서문을 썼다. 아인슈타인은 텔레파시를 지지하는 데까지 나아가진 않았지만, 심리학자들이 싱클레어의 책을 〈아주 진지하게 살펴볼 만하다〉고 말했다.

매스 미디어도 당연히 대유행에 끼고 싶었다. 1937년 9월 5일, 제니스 라디오 회사는 라인과 손잡고 그들이 갖춘 새로운 소통 기술로만 할 수 있는 야심 찬 실험에 나섰다. 진행자가 룰렛 바퀴를 다섯 번 돌리는 동안, 자칭 텔레파시 능력자들로 구성된 패널이 그 광경을 지켜보았다. 바퀴가 다 돌면 공은 검은색 칸이나 빨간색 칸에 떨어졌고, 초능력자들은 온 힘을 다해 정신을 모아서 그 색깔이 무엇인지 알려 주는 신호를 라디오를 통해 전국에 내보냈다. 방송국은 청취자들에게 그들도 각자 초능력을 발휘하여 그 정신적 신호를 포착한 뒤, 자신이 전달받은 다섯 색깔 서열을 방송국에 우편으로 알려 달라고 호소했다. 첫 요청에는 4만 명이 넘는 청취자들이 반응했고, 시간이 흘러 참신함이 다 사라진 뒤에도 매주 수천 통의 반응이 제니스로 쏟아졌다. 그것은 라인이 듀크 대학의 연구실에서 피험자를 한 명 한 명 붙들고서는 수행할 수 없었던 대규모의 시험이었다. 말하자면 원시적인 빅데이터 사건이었다.

결론적으로, 실험 결과는 텔레파시에 우호적이지 않았다. 하지만 누적된 반응들의 데이터는 전혀 다른 방식으로 심리학자들에게 유용한 자료가 되었다. 청취자들은 룰렛 바퀴를 다섯 번 돌려서 나온 검은색B과 빨간색R의 서열을 받아 적으려고 노력했다. 가능한 총 32가지 서열은 다음과 같다.

BBBBB	BBRBB	BRBBB	BRRBB
BBBBR	BBRBR	BRBBR	BRRBR
BBBRB	BBRRB	BRBRB	BRRRB
BBBRR	BBRRR	BRBRR	BRRRR
RBBBB	RBRBB	RRBBB	RRRBB
RBBBR	RBRBR	RRBBR	RRRBR
RBBRB	RBRRB	RRBRB	RRRRB
RBBRR	RBRRR	RRBRR	RRRRR

각각의 회전에서 빨간색이나 검은색이 나올 가능성이 정확히 반반이기 때문에, 위 서열들은 등장할 확률이 모두 같다. 그리고 청취자들은 실제로 무슨 염력을 받는 것이 아니었기 때문에, 그들의 반응은 위 32가지 선택지들에 골고루 분포되었을 것으로 기대할 만하다.

하지만 아니었다. 청취자들이 보내온 엽서들은 전혀 균일하지 않았다.[9] BBRBR이나 BRRBR 같은 서열은 확률로 예측되는 것보다 훨씬 더 많이 나왔고, RBRBR 같은 서열은 예상되는 정도보다 덜 나왔으며, RRRRR은 거의 한 번도 나오지 않았다.

어쩌면 여러분은 이 사실에 놀라지 않았을지도 모른다. RRRRR은 BBRBR과는 달리 어쩐지 무작위 서열로 느껴지지 않는다. 바퀴를 돌려서 두 서열이 나올 확률은 정확히 같은데도 말이다. 왜 그럴까? 우리가 어떤 문자 서열이 다른 서열보다 〈덜 무작위적〉이라고 말할 때, 그 정확한 뜻은 무엇일까?

여기 다른 예제가 있다. 자, 1에서 20까지의 수 중 아무거나 하나를 떠올려 보라.

혹시 17을 골랐는가?

좋다, 이 트릭이 늘 성공하는 것은 아니다. 하지만 사람들에게 1에서 20까지의 수 중 하나를 고르라고 하면, 정말로 사람들은 17을 제일 자주 고른다.[10] 그리고 사람들에게 0에서 9까지의 수 중 하나를 고르라고 하면, 사람들은 7을 제일 자주 고른다.[11] 대조적으로 0이나 5로 끝나는 수들은 확률로 예측되는 것보다 훨씬 드물게 나온다. 그런 수는 어쩐지 덜 무작위적인 것처럼 느껴지는 것이다. 여기에서 아이러니가 생긴다. 라디오 초능력 실험 참가자들이 R와 B의 무작위 서열을 맞히려고 애쓰다가 도리어 두드러지게 비무작위적인 결과를 만들어 냈듯이, 아무 수나 골라 보라는 데 답한 사람들은 두드러지게 무작위성으로부터 빗나간 선택들을 하는 경향이 있다.

이란은 2009년에 대통령 선거를 치렀고, 재임 마무드 아마디네자드가 큰 표 차로 이겼다. 투표가 조작되었다는 비난이 무성했다. 하지만 정부가 독립적인 감독을 거의 허용하지 않는 나라에서 득표 결과의 타당성을 어떻게 시험할 수 있을까?

컬럼비아 대학의 두 대학원생 베른트 베버와 알렉산드라 스카코는 득표수 자체를 사기의 증거로 보자는 기발한 생각을 해냈다.[12] 공식 득표수가 스스로에 대한 반대 증언이 되게끔 하는 셈이었다. 두 사람은 이란의 29개 주에서 4명의 후보자가 거둔 공식 득표수를 살펴보았다. 숫자는 총 116개였다. 만일 이것이 진짜 득표수라면, 숫자들의 끝자리 수가 무작위적이지 않을 이유가 없다. 끝수는 0, 1, 2, 3, 4, 5, 6, 7, 8, 9에 고르게 분포되어, 각 숫자의 등장 확률이 10%로 모두 같아야 한다.

이란의 득표수들은 그렇지 않았다. 7이 적절한 몫의 2배에 가까울 만큼 많았다. 무작위 과정에서 나온 끝수들이 아니라 사람이 무작위적인 것처럼 보이게 하려고 적은 끝수들 같았다. 이것이 선거가 조작되었다는 증거일 수는 없지만, 그런 방향을 암시하는 증거이긴 하다.*

* 해석을 좀 더 복잡하게 만드는 요소도 있었다. 베버와 스카코에 따르면, 0으로 끝나는 수들은 확률로 예측되는 정도보다는 약간 덜 나왔지만 사람이 꾸민 것이라고 볼 만큼 적게 나오진 않았다. 게다가 역시 뻔히 부정 선거였던 나이지리아의 데이터를 써서 분석한 결과, 이번에도 0으로 끝나는 수들이 지나치게 많이 나왔다. 대부분의 탐정 작업이 그렇듯이, 이 작업은 엄밀 과학과는 거리가 멀다.

사람은 늘 추론을 한다. 세상을 묘사한 정신적 표상 속에서 밀치락달치락 경쟁하는 여러 이론들을 평가하기 위해서, 관찰을 이용하여 늘 그것들에 대한 판단을 다듬는다. 우리는 자신이 품은 이론들 중 어떤 것은 대단히, 거의 굳게 확신하고(〈내일 태양이 떠오를 것이다〉, 〈물건을 떨어뜨리면, 그것은 아래로 추락한다〉), 또 다른 이론들은 그보다 덜 확신한다(〈운동을 하면 밤에 잠이 잘 올 것이다〉, 〈텔레파시 같은 건 없다〉). 우리는 큰 일에 대해서나 작은 일에 대해서나, 매일 접하는 일에 대해서나 단 한 번 마주치는 일에 대해서나 모종의 이론을 품고 있다. 그리고 그 이론에 부합하거나 어긋나는 증거를 접하면, 그 이론에 대한 확신도 그에 따라 더 높아지거나 낮아진다.

룰렛 바퀴에 관한 우리의 표준 이론은 바퀴가 잘 균형 잡혀 있기 때문에 공이 빨간 칸에 떨어질 확률과 까만 칸에 떨어질 확률이 반반이라는 것이다. 하지만 경쟁 이론도 있다. 가령 바퀴가 둘 중 한 색깔을 선호하도록 기울어져 있다는 가설이다.** 문제를 단순화하여, 당신에게 딱 세 가지 이론이 주어졌다고 하자.

빨강: 바퀴는 전체 시도 중 60%에 공이 빨간 칸에 떨어지도록 편향되어 있다.

공정: 바퀴는 공정하여, 전체 시도 중 절반은 공이 빨간 칸에 떨어지고 나머지 절반은 까만 칸에 떨어진다.

검정: 바퀴는 전체 시도 중 60%에 공이 까만 칸에 떨어지도록 편향되어 있다.

** 통상의 룰렛 바퀴는 두 색이 번갈아 가며 칠해져 있기 때문에, 이 이론이 아주 설득력 있지는 않다. 하지만 어차피 우리가 실제 룰렛 바퀴를 눈으로 보는 것은 아니니까, 가령 빨간 칸이 까만 칸보다 더 많은 룰렛 바퀴를 가정해도 좋다.

당신은 세 이론 각각에 얼마나 믿음을 주겠는가? 달리 생각할 이유가 없는 한, 당신은 룰렛 바퀴가 공정하다고 볼 것이다. 가령 〈공정〉 이론이 옳을 확률은 90%이고 〈검정〉과 〈빨강〉 이론이 옳을 확률은 각각 5%라고 생각한다고 하자. 페이스북 명단 때 했던 것처럼, 여기에 대해서도 상자를 그려 보자.

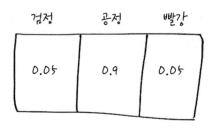

이 상자는 확률 용어로 말해서 각 이론이 옳을 사전 확률을 기록한 것이다. 사람들은 저마다 다른 사전 확률을 품을 수 있다. 뼛속들이 냉소주의자인 사람은 각 이론에 1/3의 확률을 배정할 수도 있고, 룰렛 바퀴 제작자의 강직함을 굳게 믿는 사람은 〈빨강〉이나 〈검정〉에 1%의 확률만 배정할 수도 있다.

하지만 그 사전 확률들은 가만히 고정된 게 아니다. 어느 한 이론을 더 선호하게끔 만드는 증거가 나타난다면(가령 공이 다섯 번 연속 빨간 칸에 떨어진다면), 각 이론에 대한 우리의 신뢰 수준이 변할 수 있다. 이 경우에는 어떻게 작용할까? 그것을 알아보는 최선의 방법은 조건부 확률을 좀 더 계산하고 좀 더 큰 상자를 그리는 것이다.

우리가 바퀴를 다섯 번 돌려서 RRRRR을 얻을 확률은 얼마나 될까? 답은 어떤 이론이 참이냐에 따라 다르다. 〈공정〉 이론하에서라면, 각 회전마다 빨간 칸에 떨어질 가능성이 모두 1/2이므로 RRRRR이 관찰될 확률은 다음과 같다.

$$(1/2) \times (1/2) \times (1/2) \times (1/2) \times (1/2) = 1/32 = 3.125\%$$

한마디로, RRRRR이 나올 확률은 다른 31가지 가능성 중 하나가 나올 확률과 똑같다.

그러나 만일 〈검정〉 이론이 옳다면, 각 회전에 빨간 칸이 나올 확률은 40%, 즉 0.4밖에 안 되기 때문에 RRRRR의 확률은 이렇게 바뀐다.

$$(0.4) \times (0.4) \times (0.4) \times (0.4) \times (0.4) = 1.024\%$$

만일 〈빨강〉 이론이 옳다면, 각 회전에 빨간 칸이 나올 확률은 60%이므로 RRRRR의 확률은 이렇다.

$$(0.6) \times (0.6) \times (0.6) \times (0.6) \times (0.6) = 7.76\%$$

이제 상자를 세 칸에서 여섯 칸으로 넓히자.

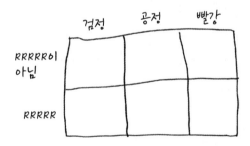

여기에서도 세로 열들은 세 이론 〈검정〉, 〈공정〉, 〈빨강〉에 해당한다. 하지만 이제 각 열이 두 칸씩으로 나뉘었는데, 하나는 RRRRR이 나오는 경우이고 다른 하나는 RRRRR이 나오지 않는 결과이다. 상자에 들어갈 수들을 계산하는 작업은 우리가 이미 다 해두었다. 예를 들어, 〈공정〉이 옳은 이론일 사전 확률은 0.9라고 하자. 그러면 그 확률의 3.125%를, 즉 0.9×3.125 혹은 약 0.0281을 〈공정〉이 옳고 공이 RRRRR로 떨어지는 칸에 적으면 된다. 그리고 0.9에서 그 값을 뺀 나머지 0.8719는 〈공정이 옳고, RRRRR이 안 나옴〉 칸에 적는다. 그래야 〈공정〉 열을 더한 값이 0.9로 유지되니까.

〈빨강〉 열의 사전 확률은 0.05다. 따라서 〈빨강〉이 옳고 공이 RRRRR로 떨어질 확률은 5%의 7.76%, 즉 0.0039이다. 그러면 〈빨강이 옳고, RRRRR이 안 나옴〉 칸에는 0.0461이 남는다.

〈검정〉 이론의 사전 확률도 0.05이다. 하지만 이 이론은 RRRRR이 관찰되는 사건에 그다지 부합하지 않는다. 〈검정〉이 옳고 공이 RRRRR로 떨어질 확률은 5%의 1.024%에 불과하다. 즉 0.0005이다.

상자를 다 채우면 다음과 같다.

	검정	공정	빨강
RRRRR이 아님	0.0495	0.872	0.0461
RRRRR	0.0005	0.028	0.0039

(여섯 칸의 수들을 다 합하면 1이 되는 것을 확인하라. 이 여섯 칸은 발생할 수 있는 모든 상황을 포괄하기 때문에, 반드시 그래야만 한다.)

자, 바퀴를 돌렸는데 정말 RRRRR이 나온다면, 이 이론들은 어떻게 될까? 그것은 〈빨강〉에게는 좋은 소식이고 〈검정〉에게는 나쁜 소식이어야 한다. 상자를 보면 정말로 그렇다. 빨강이 다섯 번 연속 나온다는 것은 우리가 상자에서 아래 줄에 있다는 뜻인데, 그때 〈검정〉의 확률은 0.0005이고 〈공정〉의 확률은 0.028이고 〈빨강〉의 확률은 0.0039이다. 한마디로, 우리가 RRRRR을 목격할 경우, 우리는 판단을 새롭게 고쳐서 〈공정〉의 확률이 〈빨강〉보다 약 7배 더 높고 〈빨강〉은 〈검정〉보다 약 8배 더 높다고 생각하게 된다.

이 비율들을 확률로 번역하고 싶다면, 모든 확률들을 다 더한 확률은 1이어야 한다는 점만 기억하면 된다. 아래 줄의 수들을 더하면 약 0.0325이므로, 이 수들의 비가 달라지지 않으면서 합이 1이 되게끔 만들려면 각각을 0.0325로 나누면 된다. 그러면 이렇게 된다.

〈검정〉이 옳을 확률 1.5%

〈공정〉이 옳을 확률 86.5%

〈빨강〉이 옳을 확률 12%

당신이 〈빨강〉이 옳다고 믿는 정도는 두 배 이상 커졌고, 〈검정〉이 옳다는 믿음은 거의 싹 사라졌다. 적절한 판단이다! 빨강이 연속 다섯 번 나오는 걸 보았으니, 당연히 게임이 조작되었을지도 모른다는 의심을 이전보다 좀 더 진지하게 해야 하지 않겠는가?

〈모두를 0.0325로 나누라〉는 단계는 약간 임시변통처럼 보일지도 모르겠지만, 실제로 정확한 조작이다. 혹시 이 점이 직관적으로 이해되지 않을지도 모르니, 어떤 사람들에게는 좀 더 쉬워 보일 만한 다른 방식으로도 설명해 보겠다. 룰렛 바퀴가 10,000개 있다고 상상하자. 방도 10,000개가 있다. 각 방에 룰렛이 하나씩 들어가 있으며, 각 기계마다 한 사람씩 게임을 하고 있다. 그중 한 사람이 바로 당신이다. 하지만 당신은 자신이 어떤 바퀴를 받았는지 모른다! 따라서 당신은 눈앞에 있는 바퀴가 어떤 바퀴인지 모르는 상태를 다음과 같이 모형화한다. 전체

10,000개의 바퀴 중 500개는 검정으로 편향된 바퀴이고, 500개는 빨강으로 편향된 바퀴이며, 9,000개는 공정한 바퀴라고.

앞에서 한 계산에 따라, 당신은 〈공정〉 바퀴들 중 약 281개, 〈빨강〉 바퀴들 중 약 39개, 〈검정〉 바퀴들 중에서는 5개에서만 RRRRR이 나올 것이라고 예측한다. 그러니 만일 당신이 RRRRR을 얻는다면, 자신이 방 10,000개 중 어느 방에 있는지는 여전히 모르지만 그 범위를 무진장 많이 좁히기는 한 셈이다. 공이 연속 다섯 번 빨간 칸에 떨어진 325개의 방 중 하나라는 얘기니까. 그리고 그 방들 중에서 281개는(약 86.5%) 〈공정〉 바퀴이고, 39개는(12%) 〈빨강〉 바퀴이고, 5개만이(1.5%) 〈검정〉 바퀴이다.

공이 빨간 칸에 더 많이 떨어질수록, 당신은 〈빨강〉 이론을 좀 더 호의적으로 돌아보게 될 것이다(그리고 〈검정〉 이론에는 신뢰를 더 적게 줄 것이다). 만일 다섯 번이 아니라 열 번 연속 빨간 칸이 나온다면, 비슷한 계산에 따라 〈빨강〉 이론이 옳을 확률의 추정치는 25%로 뛴다.

우리가 지금까지 한 계산은, 일단 연속 다섯 번 빨간 칸이 나왔을 때 우리가 사전에 여러 이론들에 대해서 품었던 신뢰 수준은 어떻게 바뀌어야 할까 하는 계산이다. 이것이 바로 사후 확률이다. 사전 확률이 증거를 보기 전에 품은 믿음을 뜻한다면, 사후 확률은 증거를 본 뒤의 믿음을 뜻한다. 그리고 우리가 지금 한 이런 작업을 베이즈 추론이라고 부른다. 사전 확률에서 사후 확률로 넘어가는 과정이 확률 이론에서 베이즈 정리라고 부르는 오래된 공식에 의존하기 때문이다. 베이즈 정리는 짧은 대수식이라 내가 여기에서 당장 적어 보일 수도 있지만, 그러지 않겠다. 눈앞의 상황을 직접 따져 보지 않은 채 공식을 기계적으로 적용하는 법만 익히면 가끔은 현실이 공식에 가려지기 때문이다. 그리고 우리가 여기에서 알아야 할 내용은 이미 상자에 다 나와 있다.*

사후 확률은 우리가 접하는 증거의 영향을 받는다. 그런데 사전 확률의 영향도 받는다. 냉소주의자라서 〈검정〉, 〈공정〉, 〈빨강〉 이론에 각각 1/3씩 확률을 할당했던 사람은 연속 다섯 번 빨강이 나오는 것을 보고서 〈빨강〉이 옳을 확률이 65%로 높아졌다고 사후 판단할 것이다. 한편 남을 잘 믿는 편이라서 〈빨강〉에 1%만 할당했던 사람은 연속 다섯 번 빨강이 나오는 것을 본 뒤에도 〈빨강〉이 옳을 확률에 2.5%만 부여할 것이다.

베이즈 추론의 사고방식에서, 당신이 증거를 본 뒤에 무언가를 얼마나 믿게 되었느냐 하는 것은 증거가 제공하는 정보에만 달린 게 아니라 당신이 애초에 그 무언가를 얼마나 믿었느냐에도 달려 있다.

이것은 심란한 말처럼 들릴 수도 있다. 과학은 객관적인 것 아니었던가? 당신은 자신의 믿음이 증거에만 의존한다고 말하고 싶지, 애초에 품었던 선입견에 의존한다고 말하고 싶진 않을 것이다. 하지만 인정하자. 누구도 실제로는 그런 식으로 신념을 형성하지 않는다. 만일 기존 약물을 살짝 변형시킨 신약이 특정 암의 성장을 늦춘다는 가설에 대해 실험에서 통계적 유의성이 있는 결과가 나온다면, 당신은 신약의 효능을 꽤 굳게 믿을 것이다. 하지만 만일 환자들을 플라스틱 스톤헨지 모조품 속에 집어넣은 실험에서 같은 결과가 나온다면, 당신은 고대 구조물이 지구의 진동 에너지를 인체에 집중시켜 종양을 기절시켰다는 이론을 툴툴대면서도 마지못해 받아들이겠는가? 아닐 것이다. 왜냐하면 그것은 정신 나간 소리니까. 당신은 스톤헨지가 운이 좋았을 뿐이라고 생각할 것이다. 당신은 두 이론에 대해 서로 다른 사전 확률을 품고 있었고, 그 결

---

* 물론, 진짜 이런 계산을 한다면 우리는 겨우 세 개가 아니라 더 많은 이론을 고려해야 할 것이다. 가령 바퀴가 55%의 확률로 빨간 칸에 떨어진다는 이론, 혹은 65%로, 혹은 100%로, 혹은 93.756%로, 기타 등등의 경우까지 포함시키고 싶을지 모른다. 가능한 이론은 세 개가 아니라 무한히 많다. 그래서 과학자들은 현실에서 베이즈 연산을 할 때 무한과 무한소를 다루고, 단순한 덧셈 대신 적분을 해야 한다. 그러나 이런 복잡한 점들은 기술적인 요소일 뿐, 과정의 본질은 우리가 수행한 계산보다 더 심오하지 않다.

과 수치적으로는 동일한 상황인데도 증거를 다르게 해석한다.

페이스북의 테러리스트 발견 알고리즘과 이웃 사람 문제도 똑같은 상황이다. 명단에 이웃이 올라 있다는 사실은 그가 잠재적 테러리스트라는 가설에 대한 증거가 어느 정도 되어 준다. 그러나 그 가설에 대한 당신의 사전 확률은 아주 낮을 것이다. 대부분의 사람은 테러리스트가 아니기 때문이다. 그러니 증거를 접했음에도 불구하고 당신의 사후 확률은 여전히 낮은 수준일 것이고, 당신은 걱정하지 않을 것이다. 최소한 이론적으로나마 걱정하지 않아야 한다.

귀무가설 유의성 검정에만 의존하여 무언가를 판단한다는 것은 대단히 비(非)베이즈주의적인 일이다. 엄밀히 말해서, 그 경우 우리는 암 신약과 플라스틱 스톤헨지를 정확히 동등하게 존중해야 할 것이다. 그렇다면 이것은 피셔의 통계학적 관점에 한 방 먹이는 결과일까? 오히려 그 반대다. 피셔가 〈시기와 상황을 불문하고 늘 고정된 유의성 수준으로 가설을 기각하는 과학자란 존재하지 않는다. 과학자는 자신의 증거와 개념에 비추어 개별 사례마다 마음을 정한다〉고 말했을 때, 그는 바로 과학적 추론이 순전히 기계적으로만 수행될 수 없다고, 혹은 이론적으로나마 그래서는 안 된다고 말한 것이었다. 우리가 사전에 품은 개념들과 믿음들에게도 늘 역할이 주어져야 한다고 말이다.

피셔가 베이즈주의 통계학자였던 것은 아니다. 이 용어는 한때 통계학에서 인기가 없었으나 지금은 주류라 할 만한 일군의 관행들과 이데올로기들을 통칭하는 표현이고, 여기에는 베이즈 정리에 기반한 논증에 대한 전반적인 공감이 포함되는데, 그렇다고 해서 단순히 기존의 믿음과 새로운 증거를 둘 다 고려하는 작업만을 말하는 건 아니다. 베이즈주의는 가령 기계에게 대량의 정보를 입력하여 학습시키는 일과 같은 추론 영역에서 인기가 높은 편이다. 피셔의 접근법이 그 판결 대상으로 삼는 양자택일 형식의 문제와는 썩 어울리지 않는 영역인 셈이다. 베이즈주의 통계학자는 귀무가설을 아예 생각조차 안 할 때도 많다. 그들은 〈신약이 효능이 있을까?〉라고 묻는 대신, 신약을 다양한 인구 집단에게 다양한 용량으로 적용했을 때 그 효과를 예측하는 최선의 모형을 알아내는 데 더 관심이 있을 것이다. 설령 가설을 논하더라도, 어떤 가설이 (가령 신약이 기존 약보다 더 낫다는 가설이) 참일 확률이라는 표현을 상대적으로 편하게 쓰는 편이다. 피셔는 그렇지 않았다. 피셔에게 확률 언어란 실제로 우연이 작용하는 과정의 맥락에서만 적절하게 쓸 수 있는 것이었다.

이 대목에서 우리는 망망대해와도 같은 철학적 난제의 기슭에 다다랐다. 여기에 최대한 발가락 한두 개 정도만 담가 보자.

우선, 우리가 베이즈 정리를 정리라고 부르는 것은 그것이 반박할 수 없는 진실이라고, 수학적 증명에 의해 확인된 사실이라고 암시하는 셈이다. 이 말은 맞기도 하고 틀리기도 하다. 결국 문제는 우리가 〈확률〉이라고 말할 때 그 말이 정확히 무슨 뜻인가 하는 까다로운 질문으로 귀결된다. 우리가 〈빨강〉 이론이 참일 확률이 5%라고 말할 때, 그것은 세상에 실제로 방대한 수의 룰렛 바퀴들이 있고, 그중 정확히 스무 개 중 하나 꼴은 3/5의 확률로 공이 빨간 칸에 떨어지도록 편향되어 있으며, 우리가 접한 룰렛 바퀴는 그 무수한 룰렛 바퀴들 중에서 무작위로 선택된 것이라는 뜻을 의도했을 수도 있다. 만일 그것이 우리의 말뜻이라면, 베이즈 정리는 앞 장에서 보았던 큰 수의 법칙과 그 내용이 비슷해지며, 따라서 확실한 사실이다. 이때 베이즈 정리는 우리가 예시로 설정한 조건 하에서 장기적으로 본다면 RRRRR을 낸 룰렛 바퀴들 중 12%가 빨강을 선호하는 종류일 것이라고 알려 준다.

그러나 우리가 의도한 뜻은 그런 게 아니다. 우리가 〈빨강〉이 참일 확률이 5%라고 말할 때, 우리는 편향된 룰렛 바퀴들의 전체 분포에 관한 명제를 진술하는 게 아니라(그걸 우리가 어떻게 알겠는가?) 자신의 마음 상태를 말하는 것이다. 5%는 우리 앞의 룰렛 바퀴가 빨강에 편향된 바퀴라고 우리가 믿는 정도를 뜻한다.

여담이지만, 피셔는 바로 이 대목에서 베이즈주의와 완전히 갈라졌다. 피셔는 존 메이너드 케인스의 『확률론Treatise on Probability』을 인정사정없이 혹평했는데, 그 책에는 확률이란 〈주어진 증거에 비추어 볼 때 어떤 명제에게 부여되는 《합리적 믿음의 수준》을 측정하는 것〉이라고 적혀 있었다. 이런 관점에 대한 피셔의 견해는 피셔가 쓴 서평의 마지막 문장에 잘 요약되어 있다. 〈만일 수학을 공부하는 우리 학생들이 케인스 씨의 책의 끝 부분에 나온 관점을 권위 있는 것으로 받아들인다면, 학생들은 일부는 실망하고 대부분은 무지한 채로 응용 수학에서 가장 촉망되는 한 분과로부터 등을 돌리게 될 것이다.〉[13]

한편 확률을 곧 믿음의 수준으로 보는 견해를 기꺼이 채택하는 사람들에게, 베이즈 정리는 단순한 수학 방정식이 아니라 수치가 가미된 일종의 조언처럼 보인다. 베이즈 정리는 새로운 관찰에 비추어 현상에 관한 믿음을 업데이트하는 방법에 관한 규칙을 제공하며, 우리는 그 규칙을 따르든지 말든지 선택할 수 있다. 이렇게 새롭고 좀 더 일반적인 형태에서, 이 관점은 자연히 훨씬 더 격렬한 논쟁의 대상이 된다. 강경한 베이즈주의자들 중에는 우리가 모든 믿음을 엄격한 베이즈 연산에 따라 구축해야 한다고, 최소한 우리의 한정된 인지력이 허락하는 정도에서나마 엄격하게 따라야 한다고 생각하는 사람들도 있다. 다른 사람들은 베이즈 규칙을 느슨한 정량적 가이드라인 정도로만 여긴다.

베이즈주의 관점은 어째서 RBRRB와 RRRRR이 똑같이 발생하기 어려운 사건인데도 전자는 무작위적으로 보이고 후자는 그렇지 않은가 하는 의문을 충분히 설명해 준다. 우리가 RRRRR을 관찰하면, 그 증거는 우리가 기존에 어느 정도의 사전 확률을 부여해 두었던 이론을(바퀴가 빨간 칸을 선호하도록 조작되었다는 이론을) 더 강화한다. 하지만

RBRRB는? 세상에는 룰렛 바퀴에 관한 생각이 유달리 개방적이라 결과가 빨강, 검정, 빨강, 빨강, 검정으로 나오도록 교묘하게 설계된 장치가 숨어 있다는 이론에 대해서도 어느 정도 사전 확률을 부여하는 사람이 있을지 모른다. 없으란 법은 없잖은가? 그런 사람이라면, RBRRB를 관찰한 뒤 이 이론이 대단히 강화되었다고 생각할 것이다.

그러나 현실의 사람들은 룰렛 바퀴가 회전하여 빨강, 검정, 빨강, 빨강, 검정을 냈을 때 그런 반응을 보이지 않는다. 우리는 논리적으로 떠올릴 수 있다고 해서 터무니없는 이론들을 모조리 다 고려하진 않는다. 우리의 사전 확률들은 평평하지 않고 뾰족뾰족하다. 우리는 소수의 이론들에게는 마음속 가중치를 크게 부여하지만, RBRRB 이론 같은 것에게는 0이나 다름없는 사전 확률을 부여한다. 그렇다면 선호하는 이론은 어떻게 고를까? 우리는 복잡한 이론보다는 단순한 이론을, 완전히 새로운 현상을 가정하는 이론보다는 우리가 이미 아는 현상에 관한 비유에 의존하는 이론을 선호하는 편이다. 이것은 불공평한 선입견으로 보일 수도 있겠지만, 만일 우리에게 약간의 선입견이 없다면 우리는 수시로 깜짝깜짝 놀라면서 살아가야 할 것이다. 리처드 파인먼은 이런 심리 상태를 잘 포착한 유명한 말을 남겼다.

있잖아요, 세상에서 제일 놀라운 일이 오늘 밤 내게 벌어졌습니다. 강의하려고 여기 오다가 주차장을 통과했는데요, 무슨 일이 벌어졌는지 여러분은 아마 못 믿을 겁니다. 번호판에 ARW 357이라고 적힌 차를 봤지 뭡니까. 상상이 되나요? 이 주에 있는 수백만 개 번호판 중에서 내가 오늘 밤 바로 그 번호판을 볼 확률이 얼마나 되겠어요! 놀랍죠![14]

만일 당신이 미국에서 가장 인기 좋은 다소 불법적인 향정신성 물질을 경험한 적 있다면, 너무 평평한 사전 확률들을 품고 산다는 것이 어떤 느낌인지 알 것이다. 그럴 때는 내게 와 닿는 자극 하나하나가, 아무리 평범한 것이라도, 엄청나게 중요한 것처럼 느껴진다. 모든 경험 하나하나가 내 관심을 붙들고, 주의를 기울일 것을 요구한다. 이것은 매우 흥미로운 정신 상태임에는 분명하지만, 좋은 추론을 내리기에 알맞은 상태는 아니다.

베이즈주의 관점은 왜 파인먼이 실제로는 놀라지 않았는지도 설명해 준다. 왜 그런가 하면, 그는 그날 밤 우주의 기운이 그에게 ARW 357 번호판을 목격하도록 만들었다는 가설에 몹시 낮은 사전 확률을 부여하고 있었기 때문이다. 베이즈주의 관점은 RRRRR이 RBRRB보다 〈덜 무작위적인〉 것처럼 느껴지는 이유도 설명해 준다. 왜 그런가 하면, 전자는 우리가 무시하지 못할 정도의 사전 확률을 부여해 둔 〈빨강〉 이론을 활성화하는 데 비해 후자는 그렇지 않기 때문이다. 그리고 0으로 끝나는 수가 7로 끝나는 수보다 덜 무작위적인 것처럼 느껴지는 것은 전자는 우리가 보는 수가 정확히 센 값이 아니라 추정한 값이라는 이론을 지지하기 때문이다.

이런 사고의 틀은 우리가 앞에서 만났던 또 다른 수수께끼를 푸는 데도 도움이 된다. 왜 우리는 복권에서 4, 21, 23, 34, 39가 연속 두 번 나오는 사건을 접하면 놀라고 약간 의심하면서도 하루는 4, 21, 23, 34, 39이 나오고 다음 날은 16, 17, 18, 22, 39가 나오는 사건에 대해서는 안 그러는 걸까? 두 사건의 발생 확률은 정확히 똑같은 수준으로 낮은데 말이다. 우리 마음속 한구석에는 복권이 무슨 이유에서든 똑같은 수를 연달아 두 번 낼 가능성이 이상하리만치 높을 수 있다는 가설이 담겨 있다. 운영자가 조작하기 때문이든 동시 발생을 사랑하는 우주의 기운이 영향을 미친다고 생각하기 때문이든, 그건 상관없다. 물론 우리가 이 이론을 강하게 믿진 않을 것이다. 실제로 복권이 반복된 숫자들을 선호하는 편향이 있을 확률은 가령 십만분의 일밖에 안 된다고 생각할지 모른다.

그러나 그 확률이 아무리 작더라도, 4, 21, 23, 34, 39과 16, 17, 18, 22, 39의 조합을 선호하는 어떤 괴상한 음모가 있다는 이론에 부여한 사전 확률보다야 훨씬 더 클 것이다. 이 이론은 미친 소리이고, 우리는 약에 취하지 않았기 때문에, 이 이론에는 신경도 쓰지 않는다.

어쩌다 당신이 이런 정신 나간 이론을 좀 믿게 되었더라도, 걱정하지 말라. 당신이 접하는 증거들은 그런 이론에 부합하지 않을 것이므로, 정신 나간 이론에 대한 믿음은 점점 줄어서 결국 남들과 비슷한 수준으로 떨어질 것이다. 단, 정신 나간 이론이 이런 키질 과정을 견디도록 설계되었다면 이야기가 달라진다. 대개의 음모론은 그렇게 작동한다.

믿을 만한 친구 하나가 당신에게 보스턴 마라톤 폭탄 사건이 사실은 연방 정부의 내부 소행이었다고 말해 준다고 하자. 어떻게 그렇게 되는지는 모르겠지만 하여간 국가 정보국의 감청 활동에 대한 지지를 모으기 위해서 그랬다는 것이다. 이 이론을 T라고 부르자. 당신은 친구를 믿기 때문에, 처음에 그 이론에게 합리적인 수준에서 높은 확률을 부여한다. 가령 0.1쯤 부여한다고 하자. 그러나 곧 당신은 다른 정보를 접한다. 경찰이 용의자들의 신병을 확보했다는 소식, 살아남은 용의자가 자백했다는 소식, 등등. 이런 정보들은 모두 T가 참일 경우에는 발생 가능성이 꽤 낮은 사건들이다. 그래서 각각의 정보는 T에 대한 당신의 신뢰 수준을 깎아내리고, 결국 당신은 T를 전혀 신뢰하지 않게 된다.

당신의 친구가 달랑 T만 주지 않는 것은 바로 그 때문이다. 친구는 U라는 이론도 덧붙여서 이야기할 것이다. U는 정부와 언론이 한통속이고, 신문들과 케이블 채널들은 그 공격이 이슬람 원리주의자들의 짓이라는 이야기가 그럴싸해 보이도록 거짓 정보를 흘리고 있다는 이론이다. 두 이론이 결합된 T + U 이론의 사전 확률은 T 하나의 사전 확률보다 낮을 것이다. T만이 아니라 또 다른 이론까지 동시에 받아들이기를 요구하기 때문에 정의상 T만 믿는 것보다 더 어려울 수밖에 없는 것이다. 하지만 증거들이 들어오기 시작하는데, 그 증거들은 T 하나만은 죽일 수 있겠지만* T + U가 결합된 이론은 건드리지 못한다. 조하르 차르나예프가 유죄 선고를 받았다고? 왜 아니겠어, 우리가 연방 법원에게 예상한 게 바로 그런 결과라니까, 봐, 법무부가 철저히 개입하고 있다고! 이론 U는 T에게 일종의 베이즈 코팅처럼 작용하여, 새로운 증거가 T에 도달하여 T를 분해하는 것을 막아 준다. 별난 이론들 중에서 성공한 이론들은 공통적으로 이런 속성을 갖고 있다. 그런 이론들은 딱 알맞은 정도로만 보호막에 감싸여 있기 때문에 가능한 수많은 관찰들에 두루 잘 부합하고, 그래서 떨쳐 내기가 더 어렵다. 그것들은 꼭 여러 약에 대한 저항성을 갖춘 정보 생태계의 대장균 같다. 좀 이상한 방식이지만 우리의 감탄을 자아낼 만도 하다.

모자 쓴 고양이, 학교에서 제일 깨끗한 학생, 그리고 우주의 창조[15]

내가 대학에 다닐 때, 사업가 기질이 있는 친구가 있었다. 친구는 학기 초에 티셔츠를 만들어서 신입생들에게 팔아 돈을 좀 벌겠다는 구상을 떠올렸다. 당시 스크린 인쇄를 해주는 가게에서 티셔츠를 대량으로 구입하면 한 장에 약 4달러였는데, 캠퍼스에서 팔리는 가격은 한 장에 10달러였다. 1990년대 초였고, 닥터 수스의 『모자 쓴 고양이*The Cat in the Hat*』 속 고양이의 모자와 비슷한 것을 쓰고 파티에 가는 게 유행이었다.** 그래서 친구는 800달러를 모아, 모자 쓴 고양이가 잔을 들고 맥주를 마시는 그림이 그려진 티셔츠를 200장 인쇄했다. 티셔츠는 불티나게 팔렸다.

친구는 사업가 기질이 있었지만, 그렇게까지 많진 않았다. 사실은 좀

* 정확하게 말하자면 T + not U를 죽이는 경향이 있다.
** 농담이 아니라 진짜, 그게 유행이었다.

게을렀다. 일단 80장을 팔아 초기 투자금을 회수하자, 친구는 종일 캠퍼스에서 티셔츠를 팔고 돌아다니는 일에 흥미를 잃었다. 티셔츠 상자는 친구의 침대 밑에 처박혔다.

일주일 뒤, 빨래하는 날이 왔다. 친구는 아까도 말했듯이 게을렀다. 빨래가 귀찮았다. 그런데 그때, 침대 밑에 깨끗하고 완전 새것이고 모자를 쓴 채 맥주를 꿀꺽꿀꺽 마시는 고양이가 그려진 티셔츠가 상자째 들어 있다는 사실이 떠올랐다. 빨래하는 날 입을 옷은 해결되었다.

그뿐 아니었다. 그 상자는 빨래하는 날 다음 날 입을 옷도 해결해 주었다.

그다음 날도.

덕분에 상황이 얄궂게 되었다. 주변 사람들은 모두 친구를 학교에서 제일 더러운 사람이라고 생각했다. 친구가 하루도 빼놓지 않고 매일 같은 티셔츠를 입었기 때문이다. 하지만 사실 친구는 학교에서 제일 깨끗한 사람이었다. 매일 가게에서 막 나온, 한 번도 입지 않은 새 티셔츠를 입었으니까!

이 이야기가 우리에게 추론에 관해서 안기는 교훈은, 고려 대상이 되는 이론들의 범위를 전체적으로 세심하게 따져야 한다는 것이다. 이차방정식에 해가 하나 이상인 것처럼, 똑같은 관찰을 낳는 이론이 하나가 아니라 여러 개일지 모른다. 그것들을 모두 고려하지 않는다면, 우리의 추론은 심하게 빗나갈 수 있다.

이 대목에서, 우주의 창조주 문제로 돌아가 보자.

신이 세상을 만들었다는 주장에 대한 논증으로 가장 유명한 것은 이른바 설계에 의한 논증이다. 가장 단순한 형태로 말하자면 이 논증은 그냥 이렇게 말하는 셈이다. 맙소사, 주변을 둘러봐, 모든 것이 이토록 복잡하고 놀랍잖아, 그런데도 이게 순전한 요행이나 물리 법칙에 따라 어쩌다 조립된 것이라고 생각해?

혹은, 좀 더 형식적으로 표현하면 이렇다. 자유주의적 신학자 윌리엄 페일리는 1802년에 쓴 『자연 신학Natural Theology; or, Evidences of the Existence and Attributes of the Deity, Collected from the Appearances of Nature』에서 이렇게 말했다.

내가 황야를 걷다가 발부리에 돌멩이가 걸렸다고 하자. 누군가 내게 그 돌이 어떻게 거기 있느냐고 물었다고 하자. 나는 아마도 내가 아는 한 다르게 생각할 이유가 없으니 그 돌은 처음부터 거기 놓여 있었다고 대답할 것이고, 이 대답이 어리석다고 증명할 수 있는 사람은 없을 것이다. 반면에 내가 길에서 시계를 발견했는데, 시계가 어쩌다 그곳에 놓여 있는지 대답해야 한다고 하자. 그렇다면 나는 아까와 같이 대답할 생각은, 즉 내가 아는 한 시계는 늘 그곳에 놓여 있었다고 대답할 생각은 하지 않을 것이다. ······누군가 그 시계를 만든 사람이 있었다고 추론할 수밖에 없다. 어느 시점 어느 장소에선가 한 명이나 여러 명의 장인들이 어떤 목적을 갖고서 그것을 만들었다고, 그리고 시계 자체가 그 목적에 대한 대답인 셈이라고 추론할 수밖에 없다. 누군가 그것의 구조를 파악하고 그것의 용도를 설계한 사람이 있었던 것이다.

만일 이 논증이 시계에 대해서 참이라면, 참새에 대해서는, 인간의 눈에 대해서는, 인간의 뇌에 대해서는 더욱더 참이 아닐까?

페일리의 책은 15년 동안 15판을 찍을 정도로 엄청난 성공을 거두었다.[16] 다윈은 대학 때 그 책을 꼼꼼하게 읽었고, 나중에 〈내가 페일리의 『자연 신학』만큼 감탄한 책은 없었던 것 같다. 예전에는 그 책을 거의 통째 암송할 수 있을 정도였다〉라고 적었다.[17] 페일리의 논증을 업데이트한 형태의 논증은 요즘도 지적 설계 운동의 근간을 이룬다.

그리고 물론 이것은 〈낮은 가능성으로 귀결하여 증명하는 기법〉의 고전적 사례에 해당한다.

- 신이 존재하지 않는다면, 인간처럼 복잡한 것이 생겨났을 가능성은 낮을 것이다.
- 인간은 생겨났다.
- 따라서, 신이 존재하지 않을 가능성은 낮다.

이것은 바이블 코드 해독자들의 논증과 비슷하다. 만일 신이 토라를 쓰지 않았다면, 그 두루마리 속 텍스트에 랍비들의 생일이 그토록 충실하게 기록되어 있을 가능성은 낮지 않겠는가!

이쯤 되면 여러분은 내가 이 말을 하는 게 지겹겠지만, 반복하건대 낮은 가능성으로 귀결하여 증명하는 기법이 늘 통하는 것은 아니다. 신이 우주를 창조했다는 가설을 우리가 얼마나 믿어야 하는지를 굳이 수치로 계산해 보고 싶다면, 차라리 베이즈 상자를 그리는 편이 낫다.

처음 부딪치는 문제는 사전 확률을 아는 것이다. 이것은 머리 아플 만큼 어려운 문제다. 우리는 룰렛 바퀴에 대해서는 이렇게 물었다. 바퀴가 회전하는 것을 한 번이라도 보기 전에, 바퀴가 조작되었을 가능성이 얼마나 된다고 생각하는가? 그렇다면 지금은 이렇게 물어야 한다. 우리가 우주, 지구, 심지어 우리 자신이 존재하는지 아닌지 그 여부를 모른다고 가정할 때, 신이 존재할 가능성은 얼마나 된다고 생각하는가?

이 대목에서 일반적인 선택은 포기를 선언하고, 그 이름도 매력적인 무차별 원칙을 적용하는 것이다. 즉 뻔히 존재하는 우리의 존재 여부를 모르는 척하는 방법을 알려 주는 원칙 따위는 없으므로, 그냥 〈신이 존재함〉 가설이 옳을 확률이 50%이고 〈신이 존재하지 않음〉 가설이 옳을 확률이 50%라고 사전 확률을 공평하게 나누는 것이다.

만일 〈신이 존재하지 않음〉이 참이라면, 인간처럼 복잡한 것들은 그저 우연히, 아마도 자연 선택의 자극을 받아 생겨났을 것이다. 예나 지금이나 설계론자들은 이런 사건의 발생 확률이 경이적으로 낮다고 본다. 그렇다면 숫자를 대충 지어내서, 그 확률이 100경분의 1이라고 하자. 그러면 상자의 오른쪽 아래 칸에는 50%의 100경분의 1, 즉 200경분의 1이 들어간다.

〈신이 존재함〉이 참이라면? 글쎄, 신에도 여러 종류가 있을 것이다. 우주를 창조한 신이 인간을 꼭 만들려고 할지, 인간 아니라 다른 어떤 의식 있는 생명체라도 만들려고 할지, 우리가 미리 알 방법은 없다. 다만 그 신이 이름값을 하는 존재라면 지적 생명체를 빚어낼 능력은 당연히 갖추고 있을 것이다. 어쩌면 신이 우리와 같은 생명체를 만들 확률은 100만분의 1쯤 될지 모른다.

그러면 상자는 다음 페이지와 같이 된다.

이 대목에서 우리는 증거를, 즉 우리가 버젓이 존재한다는 사실을 확인한다. 따라서 진실은 상자의 아래쪽에 있어야 한다. 그런데 아래 두 칸을 보면, 〈신이 존재하지 않음〉 칸보다 〈신이 존재함〉 칸의 확률이 훨씬 더 크다! 1조 배나 더 크다!

이것이 바로 페일리의 〈설계 논증〉의 핵심을 현대적인 베이즈 추론 형

	신이 존재함	신이 존재하지 않음
우리가 존재하지 않음		
우리가 존재함	1/200만	1/200경

식으로 표현해 본 것이다. 세상에는 이 논증에 대한 견고한 반대 의견이 무수히 많고, 〈당신도 나처럼 당장 쿨한 무신론자가 되어야 해〉라고 윽박지르면서 그런 논증을 알려 주는 호전적인 책도 물경 200경 권쯤 있으니까, 여기에서 나는 우리가 잘 아는 수학적 사실과 밀접하게 관련된 반대 논증에만 집중하겠다. 그것은 〈학교에서 제일 깨끗한 사람〉 논증에 의거한 반대이다.

아마 여러분은 셜록 홈즈가 추론에 관해서 했던 말 중 〈그건 기본이지!〉 다음으로 유명한 말이 뭔지 알 것이다.

「불가능한 것을 제외하고 남은 것은 아무리 가능성이 낮아 보여도 진실일 수밖에 없다는 게 내 오랜 금언이지.」

쿨하고, 합리적이고, 반박 불가능한 말처럼 들리지 않는가?

그러나 사실 이 말로는 충분하지 않다. 셜록 홈즈는 이렇게 말했어야 한다.

「불가능한 것을 제외하고 남은 것은 아무리 가능성이 낮아 보여도 진실일 수밖에 없다는 게 내 오랜 금언이지. 단, 그 진실이 애초에 자네가 떠올리지도 못했던 가설이 아닌 한에서.」

이 표현이 덜 간결하지만 더 정확하다. 내 친구가 학교에서 제일 더러운 사람이라고 추론했던 사람들은 다음 두 가지 가설만 고려한 것이었다.

깨끗함: 내 친구는 정상적인 사람들처럼 여러 셔츠를 돌아가면서 입고, 그것들을 다 빤 뒤에 다시 돌아가면서 입는다.

더러움: 내 친구는 더러운 옷을 입고 다니는 지저분한 미개인이다.

여기에 사전 확률부터 부여해 보자. 대학 시절에 대한 내 기억에 의지하자면, 〈더러움〉 가설에 대충 10%의 사전 확률을 부여하면 될 듯하다. 하지만 사실은 사전 확률이 얼마이든 별로 상관이 없다. 내 친구가 매일 똑같은 티셔츠를 입고 다닌다는 관찰로부터 〈깨끗함〉 가설은 당장 기각되었으니까. 〈불가능한 것을 제외하고 나면⋯⋯〉

홈즈여, 잠깐. 진짜 설명인 〈게으른 사업가〉 가설은 애초에 목록에도 없지 않은가.

설계 논증의 문제는 이것과 거의 비슷하다. 당신이 고려하는 가설이 〈신이 존재하지 않음〉과 〈신이 존재함〉 둘뿐이라면, 생명계의 풍성한 구조는 자연히 전자보다는 후자를 지지하는 증거처럼 보일 것이다.

그러나 실제로는 다른 가능성들이 있다. 이를테면 옥신각신하는 신들의 위원회가 성급히 세상을 만들어 냈다는 〈여러 신들이 존재함〉 가설은 어떨까? 과거의 여러 뛰어난 문명들은 그렇게 믿었다. 여러분도 자연에는 창조력을 온전히 통제하는 전지한 하나의 신이 만들었다기보다는 여러 신들이 마지못해 타협해서 대충 만들어 낸 것처럼 보이는 측면들이 존재한다는 사실을(지금 내 머리에 떠오른 사례는 일단 팬더인데) 부정할 수 없을 것이다. 일단 우리가 〈신이 존재함〉과 〈여러 신들이 존재함〉 가설에 똑같은 사전 확률을 부여한다면(무차별 원칙을 따르기로 했으니 당연하다), 베이즈 추론에 따라 우리는 〈신이 존재함〉보다 〈여러 신들이 존재함〉을 더 많이 믿어야 한다.*

* 페일리도 〈한 명이나 여러 명의 장인들이〉라고 세심하게 적어 둔 것을 보면 이 문제를 인식했던 게 분명하다.

여기서 멈출 필요도 없다. 기원 신화를 지어내는 데는 한계가 없다. 꽤 많은 추종자를 거느린 또 다른 이론은 이른바 〈심스SIMS〉 가설인데, 이 것은 우리가 실제로는 인간이 아니고 다른 인간들이 만든** 초강력 컴퓨터 속에서 돌아가는 시뮬레이션에 불과하다는 가설이다. 괴상한 소리로 들리지만, 이 발상을 진지하게 여기는 사람들이 꽤 많다(옥스퍼드의 철학자 닉 보스트롬이 제일 유명하다).[18] 그리고 베이즈 추론에 의거하자면, 우리가 이 가설을 고려하지 말아야 할 이유가 없다. 사람들은 현실의 사건에 대한 시뮬레이션을 만드는 것을 좋아한다. 인류가 스스로 멸종하지 않는 한 인류의 시뮬레이션 능력은 점점 더 커지기만 할 것이고, 그렇다면 언젠가는 그 시뮬레이션 속에 스스로를 인간으로 믿는 의식 있는 개체들이 포함되는 날이 온다고 상상해도 미친 소리는 아닐 것이다.

만일 〈심스〉가 참이라면, 즉 우리 우주가 더 현실적인 다른 세상의 인간들이 구축한 시뮬레이션이라면, 우리 우주에는 인간이 존재할 확률이 꽤 높다. 왜냐하면 인간이란 인간이 시뮬레이션하고 싶어 하는 대상이기 때문이다! 나는 기술적으로 더 발달한 인간들이 만든 시뮬레이션 세상에 (시뮬레이션된) 인간이 존재할 확률은 거의 100%라고 본다(편의상 100%라고 하자).

지금까지 살펴본 네 가설에 똑같이 1/4의 사전 확률을 부여한다면, 상자는 다음 페이지의 그림처럼 된다.

그리고 우리는 이렇게 버젓이 존재하므로, 진실은 아래 줄에 있어야 한다. 그리고 아래 줄에서 거의 모든 확률은 〈심스〉 칸에 있다. 요컨대, 인간의 존재는 신의 존재를 지지하는 증거가 되어 준다. 하지만 우리 세상이 우리보다 훨씬 더 똑똑한 인간들에 의해 프로그래밍된 것이라는 가설에 대해서는 훨씬 더 훌륭한 증거가 되어 준다.

** 물론 그 인간들도 그보다 더 고등한 다른 인간들이 만든 시뮬레이션에 불과할지 모른다!

	신이 존재함	신이 존재하지 않음	신들이 존재함	심스
우리가 존재하지 않음				
우리가 존재함	1/400만	1/400경	1/40만	1/4

〈과학적 창조론〉을 옹호하는 사람들은 우리가 학교에서 창조주의 존재를 논증할 수 있어야 한다고 주장한다. 물론 성경에 그렇게 적혀 있기 때문은 아니다. 그거야 헌법에 위배되는 나쁜 주장이지! 다만 냉정하고 합리적인 근거에서, 즉 〈신이 존재하지 않음〉 가설하에서는 인류가 존재할 확률이 어마어마하게 낮다는 사실에 기반해서 판단할 때 그렇다는 것이다.

그러나 그들의 말대로 그런 접근법을 진지하게 받아들이자면, 우리는 학생들에게 이렇게 가르쳐야 할 것이다. 〈어떤 사람들은 지구 생물권처럼 복잡한 것이 외부의 아무런 개입 없이 자연 선택으로만 생겨났을 가능성은 대단히 낮다고 주장합니다. 지금까지 이 문제를 가장 잘 설명하는 이론은, 우리가 사실은 물리적 존재가 아니고 우리로선 상상할 수 없을 만큼 발전된 기술을 지닌 인간들이 우리로선 알 수 없는 어떤 목적 때문에 실시하는 컴퓨터 시뮬레이션 속에서 거주하는 존재들이라는 가설입니다. 한편 우리가 고대 그리스인이 섬겼던 것과 같은 신들의 공동체에 의해 창조되었을 가능성도 있습니다. 심지어 단 하나의 신이 우주를 창조했다고 믿는 사람들도 있지만, 이 가설은 다른 대안들에 비해 근거가 부족하다고 봐야 합니다.〉

과연 교육 위원회가 이런 수업을 허락할까?

서둘러 첨언하는데, 나는 페일리의 논증이 신의 존재를 증명하는 훌륭한 논증이라고 보지 않는 것처럼 솔직히 위의 논증도 우리가 시뮬레이션된 존재라는 사실을 증명하는 훌륭한 논증이라고 보진 않는다.[19] 오히려 나는 이런 논증에서 불편한 기분이 든다는 점이야말로 우리가 정량적 추론의 한계에 다다랐다는 징후라고 본다. 우리는 무언가에 대한 불확실한 기분을 숫자로 표현하는 버릇이 있다. 가끔은 그게 합리적이다. 저녁 뉴스에 기상학자가 나와서 〈내일 비가 올 확률은 20%입니다〉라고 말할 때, 그것은 현재의 조건과 비슷한 조건을 지녔던 과거의 수많은 날들 중에서 20%는 다음 날 비가 왔다는 뜻이다. 하지만 〈신이 우주를 창조했을 확률은 20%이다〉라는 말은 무슨 뜻일까? 우주 다섯 개 중 하나는 신이 창조했고 나머지 네 개는 알아서 생겨났다는 뜻일까? 그럴 리는 없다. 이런 근본적인 질문에 얽힌 불확실성에 숫자를 부여하는 여러 기법들 중에서 내가 보기에 만족스러운 것은 사실 하나도 없다. 나는 숫자를 몹시 사랑하지만, 그래도 우리는 〈나는 신을 믿지 않아〉 혹은 〈나는 신을 믿어〉 혹은 그도 아니면 〈나는 잘 모르겠어〉라고 말하는 데 그쳐야 한다고 본다. 나는 베이즈 추론도 몹시 사랑하지만, 그래도 우리가 비정량적인 방식으로 신앙에, 혹은 신앙의 기각에 도달하는 것이 더 낫다고 본다. 이 문제에서 수학은 침묵한다.

내 말로는 설득되지 않는다면, 블레즈 파스칼의 말을 들어 보라. 17세기 수학자이자 철학자였던 그는 『팡세Pensées』에서 이렇게 썼다. 〈《신은 존재하거나 존재하지 않는다.》하지만 우리는 어느 쪽으로 기울 것인가? 이 문제에서 이성은 아무것도 결정하지 못한다.〉

파스칼이 이 주제에 관해서 이 말만 한 것은 아니었다. 다음 장에서 우리는 그의 생각을 좀 더 알아볼 것이다. 하지만 그 전에 우선 복권부터 보자.

3부

기대

- 매사추세츠 주 복권에 뛰어든 MIT 학생들
- 볼테르는 어떻게 부자가 되었나
- 피렌체 학파의 회화에 담긴 기하학
- 스스로 오류를 수정하며 전송되는 정보
- 그레그 맨큐와 프랜 레보위츠의 차이
- 〈죄송합니다만, 보포크라고 하셨나요 보포그라고 하셨나요?〉
- 18세기 프랑스의 실내용 게임, 평행선이 만나는 곳
- 대니얼 엘즈버그가 유명한 또 다른 이유
- 우리가 비행기를 더 많이 놓쳐야 하는 이유

11장
우리가 복권에 당첨되리라 기대할 때
실제로 기대해야 할 것

복권을 사도 좋을까?

일반적으로는 아니라고 말하는 것이 현명한 답이라고들 한다. 옛날에 복권은 〈바보들에게 물리는 세금〉이라고 했다. 복권을 살 만큼 어리석은 사람들의 돈으로 정부가 수입을 올리는 일이라는 뜻이다. 복권을 세금으로 본다면, 왜 재무부들이 복권을 그렇게 좋아하는지 알 수 있다. 사람들이 편의점 앞에 줄을 늘어서서 저마다 내려고 하는 세금이 달리 또 있을까?

복권의 매력은 새로운 것이 아니다. 복권의 역사는 17세기 제노바까지 거슬러 올라가며, 아마도 당시 선거 제도에서 우연히 진화했던 것 같다.[1] 제노바는 6개월에 한 번씩 하급 의회 소속 의원들 중 두 명을 뽑아 시정을 운영할 고베르나토리로 임명했다. 그런데 그들은 투표를 하는 대신, 의원 120명의 이름이 적힌 120장의 쪽지 중 두 장을 제비뽑기로 뽑았다. 머지않아 제노바의 도박꾼들은 그 결과를 놓고서 큰 판돈을 걸기 시작했다. 그 내기가 워낙 인기였기 때문에, 도박꾼들은 재미난 확률 게임을 하기 위해서 이제나저제나 선거일이 오기만을 기다렸다. 그러던 중 그들은 종이 쪽지 무더기에서 몇 장을 뽑는 내기를 하고 싶다면 구태여 선거까지 할 필요가 없다는 것을 깨달았다. 종이에는 정치인들의 이름 대신 숫자가 적히게 되었고, 1700년경 제노바는 오늘날의 복권과 흡사한 복권을 운영하게 되었다. 내기를 거는 사람들은 무작위로 뽑힐 숫자 다섯 개를 알아맞히려고 노력했고, 그중 많은 개수를 맞힐수록 보상이 더 컸다.

복권은 유럽 전역으로 빠르게 퍼졌고, 북아메리카로도 건너왔다. 미국 독립 혁명 기간에는 대륙 회의도 주 정부들도 영국에 대항하여 싸울 자금을 확보하기 위해서 복권을 설립했다. 아직은 억 단위 기부금을 받는 형편이 아니었던 하버드 대학도 1794년에서 1810년까지 복권을 운영하여 번 돈으로 건물 두 채를 지었다(둘 다 아직 신입생 기숙사로 쓰인다).[2]

이런 전개에 모두가 환호한 것은 아니었다. 도덕주의자들은 복권이 도박이나 다름없다고 생각했다. 틀린 말은 아니었다. 애덤 스미스도 복권에 반대했다. 그는 『국부론 *The Wealth of Nations*』에서 이렇게 썼다.

사람들이 이득의 확률을 지나치게 크게 잡기 마련이라는 사실은 복권이 어디서나 성공하는 것만 봐도 알 수 있다. 완벽하게 공정한 복권, 즉 총 이득이 총 손실을 상쇄하는 복권이란 과거에도 없었고 미래에도 없을 것이다. 그랬다가는 운영자가 한 푼도 못 벌 것이기 때문이다. ……복권의 상금이 최대 20파운드를 넘지 않는다면, 비록 다른 측면에서는 현재의 복권보다 훨씬 더 완벽한 공정함에 가깝더라도, 현재만큼 표를 많이 팔지 못할 것이다. 어떤 사람들은 큰 상금을 받을 확률을 높이기 위해서 표를 여러 장 산다. 또 어떤 사람들은 조금만 사지만, 그래도 여전히 그 수가 많다. 그러나 복권에 많이 투자하면 할수록 돈을 잃을 가능성이 더 커진다는 사실만큼 확실한 수학적 명제는 또 없다. 복권의 표를 전부 다 산다면 확실히 돈을 잃을 것이며, 구매 개수가 많아질수록 그 확실한 결과에 점점 더 가까이 다가갈 것이다.[3]

스미스의 글은 힘찬 데다가 정량적 사고를 고집한 점을 존경할 만하지만, 그렇다고 해서 그의 결론이 엄밀히 말하자면 틀렸다는 사실을 못 보고 넘어가선 안 된다. 대부분의 복권 구매자들은 한 장 대신 두 장을 살 때 돈을 잃을 가능성이 더 커지기는커녕 돈을 딸 가능성이 두 배가 된다고 말할 것이다. 그 말이 옳다! 복권의 상금 구조가 단순한 경우라면, 우리가 직접 쉽게 확인해 볼 수 있다. 이를테면 숫자 조합이 총 1000만 가지이고 당첨자는 1명뿐인 복권을 상상해 보자. 표는 한 장에 1달러이고 상금은 600만 달러라고 하자.

이때 복권을 모든 조합으로 다 사들이는 사람은 총 1000만 달러를 쓸 것이고, 상금으로 600만 달러를 받을 것이다. 스미스가 말했던 대로, 이 전략은 무려 400만 달러를 들여서 확실히 돈을 잃는 방법이다. 이보다는 복권을 한 장만 사는 구매자가 더 낫다. 그는 적어도 1000만분의 1의 확률로 상금을 받을 가능성이라도 있으니까.

두 장을 사면 어떨까? 그러면 돈을 잃을 가능성은 준다. 겨우 1000만분의 9,999,999에서 1000만분의 9,999,9998로 주는 것이기는 하지만 말이다. 표를 더 사면, 돈을 잃을 가능성은 더 준다. 600만 장을 살 때까지는 계속 그렇다. 그리고 딱 600만 장을 사는 지점에서는, 상금을 따서 본전치기를 할 확률이 60%나 되고 돈을 잃을 확률은 40%밖에 안 된다. 스미스의 주장과는 달리 표를 더 많이 살수록 돈을 잃을 확률은 더 낮아진 것이다.

그러나 여기에서 한 장이라도 더 산다면, 이제는 틀림없이 돈을 잃는다(다만 잃는 금액은 당신이 가진 티켓들 중에 당첨 티켓이 있느냐 없느냐에 따라 1달러일 수도 있고 6,000,001달러일 수도 있다).

스미스가 정확히 어떻게 추론했는지를 재구성해 보기는 어렵지만, 아마도 그는 모든 곡선이 직선이라고 생각하는 오류에 빠졌던 것 같다. 즉, 티켓을 전부 다 살 때 확실히 돈을 잃는다면 티켓을 더 많이 살수록 돈을 잃을 가능성도 더 커진다고 추론했던 것 같다.

우리는 복권을 600만 장 구매함으로써 돈을 잃을 확률을 최소화할 수 있지만, 그렇다고 해서 그것이 올바른 전략이라는 뜻은 아니다. 돈을 얼마나 잃느냐도 중요하기 때문이다. 표를 한 장만 사는 사람은 돈을 잃을 확률이 거의 100%이지만, 그래도 그는 자신이 딱히 많이 잃진 않으리라는 것을 안다. 오히려 600만 장을 사는 사람이 손해 볼 확률은 더 낮지만 훨씬 더 위험한 처지다. 그리고 아마도 여러분은 어느 쪽이든 여전히 별로 현명한 선택은 아니라고 생각할 것이다. 스미스가 지적했듯이, 복권이 정부에게 돈 벌기 좋은 사업이라면 내기의 반대편에 있는 누군가에게는 반드시 나쁜 일이어야 하지 않겠는가.

스미스가 복권에 반대하는 논증에서 놓쳤던 점은 기대값 개념이었다. 기대값은 그가 표현하려고 했던 통찰을 수학적으로 형식화한 개념이다. 원리는 이렇다. 당신에게 금전적 가치가 확실하지 않은 물건이, 가령 복권 한 장이 있다고 하자.

9,999,999번/10,000,000번의 경우: 티켓은 전혀 가치가 없다.

1번/10,000,000번의 경우: 티켓의 가치는 600만 달러다.

불확실성에도 불구하고, 당신은 어쨌든 그 티켓에 구체적인 가치를 부여하고 싶다. 왜? 글쎄, 누군가가 돌아다니면서 사람들에게 복권 한 장당 1.20달러에 사들이겠다고 제안한다면 어떨까? 당신은 거래를 받아들여 20센트 이익을 챙겨야 할까, 그냥 티켓을 갖고 있어야 할까? 답은 당신이 그 티켓에 부여하는 가치가 1.20달러보다 크냐 적으냐에 달려 있다.

복권의 기대값을 계산하는 방법은 이렇다. 가능한 모든 결과들에 대해서, 각각의 결과가 나올 확률과 그 결과가 나왔을 때 복권의 가치를 곱한다. 이 단순화한 사례에서는 결과가 잃거나 따거나 딱 2가지뿐이므로, 이렇게 계산된다.

$$9,999,999/10,000,000 \times 0달러 = 0달러$$
$$1/10,000,000 \times 6,000,000달러 = 0.60달러$$

이제 이 결과들을 다 더한다.

$$0달러 + 0.60달러 = 0.60달러$$

따라서 당신이 가진 티켓의 기대값은 60센트다. 그러니 복권 애호가가 찾아와서 1.20달러에 티켓을 사겠다고 제안하면, 기대값에 따라 당신은 거래를 수락해야 한다. 물론, 기대값에 따르자면 애초에 1달러를 주고 복권을 사지 말았어야 한다!

기대값은 당신이 기대하는 값이 아니다

기대값은 유의성과 마찬가지로 이름이 그 뜻을 제대로 포착하지 못한 수학 용어 중 하나다. 우리는 사실 복권 티켓에 60센트의 가치가 있으리라고 〈기대하지〉 않는다. 600만 달러 혹은 0달러 둘 중 하나라고 기대하지, 그 중간이라고 기대하진 않는다.

다음 사례도 비슷하다. 내가 개 경주에서 우승 확률이 10%라고 예상되는 개에게 10달러를 건다고 하자. 그 개가 이기면 나는 100달러를 받고, 지면 한 푼도 못 받는다. 이 내기의 기대값은 다음과 같다.

$$(10\% \times 100달러) + (90\% \times 0달러) = 10달러$$

하지만 이것은 당연히 내가 실제 벌어지리라고 기대하는 결과가 아니다. 10달러를 딴다는 결과는 내가 기대하는 결과가 아닌 것은 둘째 치고 이 내기에서 애초에 나올 수가 없는 결과다. 그러니 〈기대값〉의 더 나은 이름은 〈평균값〉일 것이다. 왜냐하면 이 내기의 기대값이란 내가 많은 개에 대해서 많은 내기를 걸 경우에 벌어지리라 예상되는 결과를 측정한 값이기 때문이다. 한 번에 10달러씩 거는 이런 내기를 내가 총 1,000번 한다고 하자. 그중 약 100번은 딸 것이고(큰 수의 법칙!), 그때마다 100달러씩 받을 것이므로, 나는 총 10,000달러를 딸 것이다. 따라서 1,000번의 내기가 평균적으로 한 내기당 10달러씩 벌어 준 셈이다. 나는 장기적으로는 본전치기를 하게 될 것이다.

기대값은 개에게 돈을 거는 행위처럼 진정한 가치를 확실히 알 수 없는 대상에 대해서 올바른 값을 매기도록 도와주는 훌륭한 방법이다. 기대값에 따르면, 내가 경주 티켓을 한 장에 12달러씩 주고 살 경우에는 장기적으로 돈을 잃을 가능성이 아주 높다. 반면에 8달러씩 주고 산다면, 티켓을 최대한 많이 사는 편이 좋을 것이다.* 물론 요즘은 아무도 개 경주를 하지 않지만, 기대값의 이런 원리는 경주 티켓 가격을 매길 때만이 아니라 스톡옵션, 복권, 생명 보험에 대해서도 똑같이 적용된다.

밀리언 법

수학자들은 1600년대 중반부터 기대값 개념에 관심을 쏟았다. 17세기 말에는 벌써 이 개념이 널리 이해되어, 영국 왕립 천문학자** 에드먼드 핼리 같은 실용적 과학자들이 쓰게 되었다. 맞다, 그 혜성을 발견한 사

---

* 이때 〈올바른 가격〉을 좀 더 세밀하게 분석하려면 위험에 대한 내 기분도 고려해야 하는데, 이 주제는 다음 장에서 이야기하겠다.
** 이 직업은 아직도 있다! 그러나 1675년에 찰스 2세가 직위를 신설할 때 정했던 연봉 100파운드가 지금까지 변함이 없기 때문에, 대체로 명예직이다.

람이다. 그러나 핼리는 생명 보험의 가격 문제를 처음 연구한 사람이기도 했다. 생명 보험의 올바른 가격은 윌리엄 3세 재임 기간에 군사적으로 중요한 문제로 대두했다. 영국은 대륙과의 전쟁에 열광적으로 뛰어들었는데, 전쟁에는 현금이 필요했다. 1692년에 의회는 〈밀리언 법〉을 통해서 군자금을 모으자는 안을 냈는데,[4] 이 법안의 취지는 국민들에게 종신 연금을 팔아서 백만(밀리언) 파운드를 모으자는 것이었다. 연금에 가입하는 사람은 나라에 일시불로 돈을 낸 뒤 그 대신 평생 일정 금액의 연금을 보장받게 될 것이었다. 오늘날의 생명 보험을 뒤집은 것과 비슷하다. 그런 연금을 구입한 사람들은 자신이 금방 죽진 않을 거라는 내기에 거는 셈이었다. 그런데 당시 보험 통계학이 얼마나 기초적인 수준이었는지를 보여 주는 사실은, 연금 가격이 수령자의 나이와는 무관하게 정해졌다는 점이었다.*** 최대로 잡아 봐야 십 년만 연금을 주면 될 것 같은 할아버지의 종신 연금 가격과 어린아이가 내야 하는 가격이 같았던 것이다.

핼리는 과학자였기 때문에, 나이와 무관한 가격 체계가 어리석다는 것을 이해했다. 그는 종신 연금의 가치를 좀 더 합리적으로 계산하는 방법을 알아내기로 했다. 문제는 사람들은 혜성과는 달라서 정해진 일정에 따라 태어나고 죽지 않는다는 점이었다. 그러나 핼리는 영국인들의 출생 및 사망 통계를 이용함으로써 특정 수령자에 대해 여러 수명들의 확률을 추정할 수 있었고, 그로부터 연금의 기대값을 계산할 수 있었다. 결론적으로 그는 이렇게 썼다. 〈구매자는 연금의 값에서 자신이 살 확률에 해당하는 부분만을 치러야 한다. 그 계산은 매년 해야 하고, 매년 계산한 값을 다 더한 값은 그 사람의 평생 연금 값과 같아야 한다.〉

한마디로, 기대 수명이 더 짧은 할아버지는 기대 수명이 더 긴 어린아

*** 다른 나라들은 구매자가 어릴수록 연금 가격이 높아져야 마땅하다는 사실을 이해하고 있었다.[5] 가장 오래된 예는 3세기 로마였다.

이보다 연금에 돈을 덜 내야 한다는 것이다.

〈그것은 명백합니다.〉

여담 한 마디. 내가 사람들에게 에드먼드 핼리와 연금 가격 이야기를 들려주면, 종종 이런 말로 끼어드는 사람이 있다. 〈하지만 어린 사람이 돈을 더 많이 내야 한다는 건 명백한 사실이잖아요!〉

그것은 전혀 명백하지 않다. 이미 그 사실을 아는 현대인들에게는 명백해 보일 수도 있지만, 과거의 연금 운영자들이 거듭 이런 관찰에 실패했다는 사실은 이 생각이 실제로는 전혀 명백하지 않다는 증거다. 수학에는 요즘 보면 명백하지만(가령 음수도 더하고 뺄 수 있다든지, 한 쌍의 수로 평면에서 점을 표현하면 유용하다든지, 불확실한 사건의 확률도 수학적으로 묘사하고 조작할 수 있다든지) 실제로는 전혀 명백하지 않은 개념들이 아주 많다. 이런 개념들이 정말로 그토록 명백하다면, 인류의 사상사에서 그토록 늦게 나타나진 않았을 것이다.

이런 이야기를 하다보면, 하버드 수학과에 전해지는 일화가 떠오른다. 원로 러시아인 교수와 관련된 이야기인데, 그를 O라고 부르자. O 교수가 한창 복잡한 대수식을 유도하고 있을 때, 뒷줄에 앉은 학생이 손을 들었다.

「교수님, 마지막 단계를 못 쫓아가겠습니다. 왜 두 연산자가 교환 가능하죠?」

교수는 눈썹을 치키면서 대답했다. 「그것은 명백합니다.」

학생은 우겼다. 「죄송합니다만 교수님, 정말 모르겠습니다.」

O 교수는 칠판으로 돌아가 설명을 몇 줄 추가했다. 「뭘 해야 할까요? 자, 두 연산자는 둘 다 대각화되니까. ……아니, 정확히 대각화되는 것은 아니지만…… 잠시만…….」

O 교수는 잠시 말을 멎고서 턱을 쓰다듬으며 칠판을 뚫어져라 바라보았다. 그러더니 대뜸 자신의 연구실로 돌아가 버렸다. 십 분쯤 지났을까, 학생들이 떠나려는데 O 교수가 돌아왔다. 그는 다시 칠판 앞에 서서 만족스럽게 말했다.

「네, 그것은 명백합니다.」

복권을 사지 말라

파워볼은 현재 미국의 42개 주, 컬럼비아 특별구, 미국령 버진 제도에서 즐길 수 있는 전국 복권이다. 파워볼의 인기는 엄청나서, 한 회에 티켓이 1억 장이나 팔릴 때도 있다.[6] 가난한 사람들도 파워볼을 하고, 이미 부유한 사람들도 파워볼을 한다. 미국 통계학회 회장이었던 우리 아버지도 파워볼을 하고, 아버지가 내게도 가끔 티켓을 주기 때문에 나도 한다고 말해야 할 듯하다.

이것은 현명한 일일까?

내가 이 글을 쓰는 2013년 12월 6일, 파워볼 일등 당첨금은 무려 1억 달러다. 돈을 따는 방법에 일등 당첨금만 있는 것도 아니다. 여느 복권처럼 파워볼에는 여러 단계의 당첨금이 있다. 액수는 더 작지만 더 자주 걸리는 당첨금들이 있기에, 사람들은 이 게임을 계속 즐길 만하다고 느낀다.

우리는 이제 기대값을 배웠으니, 그 느낌이 수학적 사실과 비교하여 어떤지 살펴볼 수 있다. 2달러짜리 복권의 기대값을 계산하는 방법은 다음과 같다. 우리가 그 복권을 살 때, 사실은 이것을 사는 셈이다.

1/175,000,000 확률로 1억 달러 일등 당첨금

1/5,000,000 확률로 100만 달러 당첨금

1/650,000 확률로 1만 달러 당첨금

1/19,000 확률로 100달러 당첨금

1/12,000 확률로 또 다른 100달러 당첨금

1/700 확률로 7달러 당첨금

1/360 확률로 또 다른 7달러 당첨금

1/110 확률로 4달러 당첨금

1/55 확률로 또 다른 4달러 당첨금

(파워볼 웹사이트에 가면 이런 세부 사항을 다 알 수 있는데, 그 웹사이트는 놀랍도록 당돌한 FAQ 코너도 볼만하다. 이런 식이다. 〈Q: 파워볼 티켓은 유효 기간이 있습니까? A: 네. 우주의 모든 것은 퇴화하고, 영원히 지속되는 것은 아무것도 없습니다.〉)

따라서 당첨금의 기대값은 다음과 같다.

$$1억/1억 \ 7500만 + 100만/500만 + 1만/65만 + 100/19,000 + 100/12,000 + 7/700 + 7/360 + 4/110 + 4/55$$

계산하면 94센트가 좀 못 된다. 한마디로, 기대값에 따르면 이 복권은 2달러 값어치가 없다.

이게 끝은 아니다. 모든 티켓이 다 같진 않기 때문이다. 지금처럼 일등 당첨금이 1억 달러라면 티켓의 기대값이 꽤씸할 정도로 낮지만, 일등 당첨자가 없는 회차가 생기면 당첨금 총액이 불어난다. 일등 당첨금이 클수록 더 많은 사람이 복권을 사고, 더 많은 사람이 복권을 살수록 그중 한 티켓이 누군가에게 수백만 달러를 벌어 줄 가능성이 더 커진다. 2012년 8월, 미시간의 철도 노동자 도널드 로슨은 3억 3700만 달러에 당첨되었다.

일등 상금이 그렇게 커지면, 티켓의 기대값도 따라서 커진다. 위의 계산에서 일등 당첨금을 3억 3700만 달러로 바꿔보자.

3억 3700만/1억 7500만 + 100만/500만 + 1만/65만 + 100/19,000 + 100/12,000 + 7/700 + 7/360 + 4/110 + 4/55

계산하면 2.29달러다. 갑자기 복권을 사는 것이 전혀 나쁜 내기가 아닌 것처럼 보인다. 그렇다면 일등 당첨금이 얼마가 되면 티켓의 기대값이 그 가격인 2달러를 넘어설까? 이 대목에서 여러분은 중학교 수학 선생님에게 돌아가서 드디어 대수가 뭔지 이해했다고 말해도 좋다. 일등 당첨금의 값을 J라고 하면, 티켓의 기대값은 다음과 같다.

J/1억 7500만 + 100만/500만 + 1만/65만 + 100/19,000 + 100/12,000 + 7/700 + 7/360 + 4/110 + 4/55

다듬으면 이렇게 된다.

J/1억 7500만 + 36.7센트

자, 이제 대수가 등장한다. 기대값이 당신이 쓴 2달러보다 크려면, J/1억 7500만이 약 1.63달러보다 커야 한다. 양변에 1억 7500만을 곱하면, 당첨금의 문턱값은 2억 8500만 달러가 약간 넘는다는 걸 알 수 있다. 이것은 평생 한 번 나올까 말까 한 사건은 아니다. 그만큼 큰 당첨금은 2012년 한 해만도 3번이나 나왔다.[7] 따라서 복권을 사는 것은 결국 괜찮은 생각인 것처럼 보인다. 단 당첨금이 충분히 클 때만 사기로 한다면.

하지만 이것도 끝이 아니다. 미국에서 대수를 아는 사람이 당신 혼자는 아니다. 대수를 모르는 사람들도 당첨금이 8000만 달러일 때보다는 3억 달러일 때 티켓이 더 매력적이라는 사실을 직관적으로 이해한다. 늘 그렇듯이 수학적 접근법은 우리가 타고난 정신적 이해를 형식화한 것일 뿐이며, 다른 수단을 동원한 상식의 연장일 뿐이다. 당첨금이 8000만 달러일 때는 티켓이 보통 1300만 장쯤 팔리는데, 반면에 도널드 로슨이 3억 3700만 달러를 땄던 회차에는 다른 경쟁자가 7500만 명이나 있었다.*

복권을 사는 사람이 많을수록, 당첨자도 많아진다. 하지만 일등 당첨금은 하나뿐이다. 그래서 만일 두 명이 여섯 개 숫자를 모두 맞힌다면, 둘은 거금을 반씩 갈라 갖게 된다.

당신이 일등에 당첨되고 그것을 남과 나누지도 않을 확률은 얼마나 될까? 그러려면 두 가지 사건이 벌어져야 한다. 첫째, 당신이 여섯 숫자를 모두 맞혀야 한다. 그 확률은 1억 7500만분의 1이다. 하지만 그걸로는 충분하지 않다. 다른 사람들이 모두 맞히지 못해야 한다.

임의의 한 구매자가 일등 당첨금을 놓칠 확률은 상당히 높다. 약 1억 7500만분의 174,999,999이니까. 하지만 구매자가 7500만 명이라면, 그 중 누군가 한 명이 당첨될 확률은 상당히 높아진다.

얼마나 높아질까? 우리가 앞에서 여러 차례 써먹었던 원칙을 적용하면 되는데, 우리가 사건 1이 벌어질 확률을 알고 사건 2가 벌어질 확률도 알고 더구나 두 사건이 독립적이라면(즉, 한 사건의 발생이 다른 사건의 발생 확률에 영향을 미치지 않는다면) 사건 1과 2가 동시에 발생할 확률은 두 확률의 곱이라는 원칙이다.

너무 추상적인가? 복권에 적용해 보자.

내가 당첨되지 않을 확률은 174,999,999/175,000,000이고, 내 아버

* 내가 추산하기에 그 정도였다는 말이다. 티켓 판매에 대한 공식 통계는 알 수 없지만, 파워볼 측에서 낮은 등수에 당첨된 사람들의 수를 발표한 데이터를 이용하면 전체 구매자 수를 상당히 정확하게 추정할 수 있다.

지가 당첨되지 않을 확률도 174,999,999/175,000,000이다. 따라서 우리가 둘 다 당첨되지 않을 확률은,

174,999,999/175,000,000 × 174,999,999/175,000,000

즉 99.9999994%다. 요컨대, 내가 아버지에게 매번 말씀드리듯이 우리는 직장을 그만두지 않는 게 좋다.

그렇다면 경쟁자 7500만 명이 모두 당첨되지 않을 확률은? 174,999, 999/175,000,000를 7500만 번 곱하면 그만이다. 말도 안 되게 잔인한 방과 후 숙제 같지만, 지수로 표현하면 훨씬 간단해지는 데다가 컴퓨터로 순식간에 계산해 낼 수 있다.

$$(174,999,999/175,000,000)^{7500만} = 0.651 \cdots\cdots$$

즉, 당신의 경쟁자들 중 아무도 맞히지 못할 확률이 65%라는 말이다. 그렇다면 거꾸로 최소한 한 명은 맞힐 확률이 35%라는 뜻이다. 그런 일이 벌어질 경우, 3억 3700만 달러 당첨금은 시시하게도 1억 6800만 달러로 떨어질 것이다. 그렇다면 일등 당첨금의 기대값은 이렇게 된다.

65% × 3억 3700만 달러 + 35% × 1억 6800만 달러 = 2억 7800만 달러

이것은 도전해 볼 만한 일등 당첨금 문턱값인 2억 8500만 달러에 살짝 못 미치는 수준이다. 게다가 우리는 세 명 이상이 당첨되어서 당첨금을 더 잘게 나눠야 하는 경우는 고려조차 하지 않았다. 당첨금을 분할해야 할 가능성이 있다는 것은 설령 당첨금이 3억 달러를 넘더라도 복권의 기대값이 티켓 가격에 못 미칠 수 있다는 뜻이다. 당첨금이 그보다도 더

크다면 기대값이 〈해볼 만함〉 영역으로 기울 수도 있겠지만, 어쩌면 그 경우에도 그렇지 않을 수도 있다. 큰 당첨금 때문에 티켓 판매가 훨씬 더 많아진다면 말이다.* 파워볼의 역대 최대 당첨금은 5억 8800만 달러였고, 그것을 두 명이 나눴다. 미국 역사상 최대 당첨금은 메가밀리언즈 복권의 6억 8800만 달러였고, 그것을 세 명이 나눴다.

게다가 우리는 당첨되면 내야 할 세금 문제도, 당첨금을 연 단위로 쪼개서 준다는 사실도 고려하지 않았다. 만일 일시불로 받고 싶다면 총액이 상당히 줄어든다. 그리고 명심하자. 복권은 나라의 사업이고, 나라는 당신에 대해서 많은 것을 알고 있다. 많은 주에서는 당첨자에게 동전 한 푼 내주기 전에 우선 그의 체납 세금이나 다른 미지급 채무부터 제한다. 나는 주 복권 사업부에서 일하는 사람을 한 명 아는데, 그가 내게 이런 일화를 들려주었다. 웬 남자가 1만 달러 당첨 티켓을 현금으로 바꿔서 근사한 주말을 즐기려고 여자 친구와 함께 사무소를 찾아왔다. 남자가 티켓을 내밀자, 그때 근무하던 복권 담당자는 당첨금에서 남자가 옛 애인에게 줘야 할 양육비 체납액을 제하고 보니 겨우 몇백 달러가 남았다는 사실을 알려 주었다.

그리고 남자의 현재 애인은 남자에게 아이가 있다는 사실을 그 자리에서 처음 알았다. 그들의 주말 계획은 예정대로 되지 않았다.

그렇다면 파워볼에서 돈을 벌 최선의 전략은 무엇일까? 수학적으로 검증된 세 단계 계획은 이렇다.

---

* 복권의 결정 이론적 측면을 더 깊게 살펴보고 싶은 사람에게는 애런 아브람스와 스킵 가리발디가 쓴 논문 「복권을 잘하는 법, 그리고 왜 복권을 하지 말아야 하는가」가 훌륭한 자료가 되어 줄 것이다(Aaron Abrams and Skip Garibaldi, "Finding Good Bets in the Lottery, and Why You Shouldn't Take Them," *The American Mathematical Monthly*, vol. 117, no. 1, January 2010, pp. 3~26) 논문 제목이 결론을 멋지게 요약해 들려준다.

1. 파워볼을 하지 말라.

2. 파워볼을 꼭 하겠다면, 일등 당첨금이 충분히 커졌을 때만 하라.

3. 당첨금이 엄청나게 큰 회차에 티켓을 산다면, 남들과 거금을 나눠야 할 가능성을 조금이라도 줄이려고 노력하라. 즉, 남들이 고르지 않을 것 같은 숫자를 고르라.[8] 당신의 생일을 고르지 말라. 지난 번에 나왔던 숫자를 고르지 말라. 티켓에서 깔끔한 패턴을 그리는 숫자를 고르지 말라. 그리고 제발, 포춘 쿠키에 들어 있던 숫자를 고르지 말라(포춘 쿠키마다 일일이 다른 숫자를 넣진 않는다는 사실을 설마 다들 알겠지?).

복권이 파워볼만 있는 것은 아니다. 그러나 모든 복권은 공통점이 있는데, 바로 손해 보는 내기라는 점이다. 애덤 스미스가 지적했듯이, 복권은 티켓 판매 수익의 일정 비율을 국가가 가져가도록 설계된 사업이다. 그러기 위해서는 국가가 당첨금으로 내주는 돈보다 티켓으로 버는 돈이 더 많아야 한다. 이 사실을 뒤집어 생각해 보면, 복권 구매자들이 평균적으로 따는 돈보다 쓰는 돈이 더 많아야 한다. 따라서 복권 티켓의 기대값은 반드시 음수여야 한다.

그렇지 않을 때를 제외하고는.

사기가 아니었던 복권 사기

2005년 7월 12일, 매사추세츠 주 복권 사업부의 규제 부서로 이상한 전화가 걸려 왔다. 하버드와 MIT가 둘 다 있는 보스턴 북부 교외 케임브리지의 스타마켓이란 슈퍼마켓에서 종업원이 건 전화였다. 그는 웬 대학생이 가게로 와서 매사추세츠 주가 얼마 전 신설한 복권인 캐시윈폴의 티켓을 사겠노라 말했다고 했다. 거기까진 이상할 게 없었다. 이상한 점은 주문 규모였다. 학생은 일일이 손으로 메운 주문서 14,000장을 내밀었다. 티켓값 28,000달러에 해당하는 양이었다.

문제 없습니다, 복권 사업부는 가게에 말했다. 주문서가 적절히 작성되기만 했다면, 누구나 얼마든지 원하는 만큼 살 수 있습니다. 가게들은 하루에 5,000달러 이상의 티켓을 팔고 싶을 때는 복권 사업부의 허가를 받아야 했는데, 허가는 쉽게 떨어졌다.

그것은 잘된 일이었다. 왜냐하면 그 주에 보스턴에서 복권 판매로 재미를 본 가게가 스타마켓만이 아니었기 때문이다. 그 외의 가게 12곳도 7월 14일 추첨 전에 복권 사업부에 연락하여 대량 판매 허가를 요청했다. 그중 세 곳은 아시아계 주민이 많이 거주하는, 보스턴 남쪽 만에 면한 동네 퀸시에 있었다. 소수의 구매자들이 한 줌의 가게들에서 수만 장의 캐시윈폴 복권을 사고 있었던 것이다.

무슨 일이었을까? 답은 비밀이 아니었다. 그 답은 누구나 뻔히 볼 수 있도록 캐시윈폴 규칙서에 나와 있었다. 2004년 가을 신설된 캐시윈폴은 일 년 동안 일등 당첨자가 나오지 않아서 폐지된 매스밀리언즈 복권을 대체한 게임이었다. 매스밀리언즈는 당첨자가 통 나오지 않으니 구매자들의 의욕이 꺾여 판매가 떨어졌다. 주는 복권을 쇄신할 필요가 있었고, 공무원들은 미시간 주의 윈폴 복권을 따라해 보자는 발상을 떠올렸다. 캐시윈폴에서는 일등 당첨자가 나오지 않더라도 당첨금이 매번 누적되는 것은 아니었다. 대신 당첨금이 200만 달러를 넘으면 당첨되기가 일등만큼 어렵지 않은 낮은 등수들로 〈이월〉되었고, 다음 번 추첨에서 일등 당첨금은 최소값인 50만 달러로 재설정되었다. 복권 위원회는 꼭 일등을 맞히지 않아도 돈을 딸 가능성이 충분한 새 게임이 구매자들에게 좋은 내기로 보이기를 바랐다.

그리고 위원회는 그 목적을 지나치게 잘 달성했다. 매사추세츠 주는 무심결에 캐시윈폴을 정말로 좋은 내기가 되는 게임으로 만들었다. 그리고 2005년 여름에는 사업가 기질이 있는 몇몇 구매자들이 벌써 그 사실을 알아차렸다.

평범한 회차일 때 캐시윈폴의 당첨금은 다음과 같이 분포되었다.

숫자 6개를 모두 맞힘	1/9,300,000	일등 당첨금은 매번 달라짐
6개 중 5개를 맞힘	1/39,000	4,000달러
6개 중 4개를 맞힘	1/800	150달러
6개 중 3개를 맞힘	1/47	5달러
6개 중 2개를 맞힘	1/6.8	공짜 티켓 한 장

일등 당첨금이 100만 달러라면, 2달러짜리 티켓의 기대값은 형편없다.

(100만 달러/9,300,000) + (4천 달러/39,000) + (150달러/800) + (2달러/6.8) = 79.8센트

이것과 비교한다면 파워볼 구매자가 약삭빠른 투자자로 보일 만큼 한심한 수익률이다(더구나 우리는 공짜 티켓에 2달러라는 너그러운 값을 쳐주었는데, 실제로 그 티켓이 안길 기대값은 이보다 상당히 더 낮을 것이다).

그러나 이월이 발생한 회차는 상황이 달라졌다. 2005년 2월 7일, 일등 당첨금은 300만 달러 가까이 되었고 그 당첨금을 탄 사람은 없었다. 그 회차의 캐시윈폴 티켓을 구입한 사람이 470,000명에 불과했고 숫자 6개를 다 맞힐 확률은 약 1000만분의 1이라는 희박한 가능성이었으니 놀랄 일도 아니었다.

그래서 그 돈은 다 이월되었다. 주가 정해 둔 공식에 따라, 총 액수 중 60만 달러는 숫자 5개와 3개만 맞힌 등수의 상금으로 내려갔고, 140만 달러는 숫자 4개만 맞힌 등수의 상금으로 내려갔다. 캐시윈폴에서 숫자

6개 중 4개를 맞힐 확률은 약 800분의 1이므로, 총 구매자 470,000명 가운데 4개를 맞힌 사람은 600명쯤 되어야 했다. 많은 인원이지만, 140만 달러는 큰 돈이다. 140만 달러를 600조각으로 나누면, 4개 맞힌 당첨자 한 명당 2,000달러 이상씩 돌아간다. 정확히 말하자면, 6개 중 4개 맞힌 사람의 당첨금은 약 2,385달러였을 것이다. 이것은 평범한 날의 쥐꼬리만 한 150달러에 비하면 엄청나게 매력적인 제안이다. 800분의 1 확률로 2,385달러를 딸 사건의 기대값은 다음과 같다.

2,385달러/800 = 2.98달러

한마디로, 4개 맞히는 등수의 당첨금 하나만 노리더라도 티켓에 2달러를 치를 가치가 있는 셈이다. 다른 등수들까지 다 포함하면 이야기는 더 솔깃해진다.

당첨금	맞힐 확률	예상 당첨자 수	이월금 할당	이월 당첨금
6개 중 5개를 맞힘	1/39,000	12	60만 달러	50,000달러
6개 중 4개를 맞힘	1/800	587	140만 달러	2,385달러
6개 중 3개를 맞힘	1/47	10,000	60만 달러	60달러

따라서 티켓 한 장이 딸 수 있으리라 기대되는 금액은 다음과 같다.

50,000달러/39,000 + 2,385달러/800 + 60달러/47 = 5.53달러

2달러를 투자해서 3.5달러의 수익을 올릴 수 있는 기회를 놓쳐서는

안 된다.*

물론, 운 좋은 누군가가 신데렐라처럼 일등에 당첨된다면, 나머지 사람들에게는 게임이 마차에서 호박으로 도로 바뀌는 셈이다. 하지만 캐시윈폴은 그런 결과가 쉽게 나올 만큼 인기가 좋은 적이 없었다. 게임 역사상 이월이 발생한 회차는 총 45회였는데 그중 단 한 번만 6개를 다 맞힌 사람이 등장하여 이월을 막았다.**

분명히 할 점이 있다. 이 계산은 2달러를 투자하면 반드시 돈을 딸 수 있다는 뜻이 아니다. 그렇기는커녕, 우리가 이월 회차에 캐시윈폴 티켓을 사더라도 그 티켓은 다른 회차와 마찬가지로 당첨되지 않을 확률이 더 높다. 기대값은 우리가 기대하는 값이 아닌 것이다! 하지만 이월 회차에는, 비록 가능성은 낮지만 만일 당첨된다면 상금이 더 크다. 훨씬 더 크다. 기대값의 마술은 티켓 100장, 혹은 1,000장, 혹은 10,000장의 평균 보수가 5.53달러에 가까울 가능성이 커진다는 데 있다. 티켓 한 장이라면 아마도 가치가 없겠지만, 티켓 1,000장이라면 거의 확실하게 쓴 돈을 다 돌려 받고 심지어 더 벌 수 있다.

그러나 한 번에 복권 천 장을 살 사람이 있을까?

있었다. MIT의 학생들이었다.

내가 2005년 2월 7일 캐시윈폴 당첨금을 이렇게 끝수까지 정확히 알려 드릴 수 있는 것은 매사추세츠 주 감사관 그레고리 W. 설리번이 2012년 7월에 주에 제출했던 철두철미한, 또한 고백하건대 스릴 있는 캐시윈폴 사건 보고서에 죄다 기록되어 있기 때문이다.[9] 이 보고서는 주의

---

* 결국 그 회차에 5개를 맞힌 사람은 7명뿐이라, 운 좋은 그들은 각자 80,000달러가 넘는 당첨금을 받았다. 그러나 당첨자가 그렇게 적었던 것은 순전히 운이었던 듯하므로, 티켓의 기대값을 계산할 때 예상할 수 있는 일은 아니다.

** 캐시윈폴의 인기를 감안할 때, 이것은 다소 놀라운 일이다. 이월 회차마다 일등 당첨자가 나타날 확률은 약 10%이므로, 총 네다섯 번은 당첨자가 나왔어야 할 것이다. 그런데 실제 한 번밖에 없었다는 것은 내가 아는 한 그저 운이 나빠서였다고 할 수밖에 없다. 액수가 더 적은 이월 당첨금을 노렸던 사람들에게는 물론 운이 좋은 일이었다.

재정 감독 문서로서는 역사상 유일하게 독자에게 다음과 같은 궁금증을 일으킨다고 말해도 틀리지 않을 것이다. 누가 이거 영화 판권 벌써 샀나?

그리고 하필이면 2월 7일 데이터가 기록되었던 것은, 그날이 당시 MIT 4학년으로서 개인 과제로 여러 주 복권들의 장점을 비교하던 제임스 하비가 숫자에 밝은 사람이라면 누구나 눈치 챌 만큼 터무니없이 수익률이 높은 투자 기회를 알아차린 후 발생한 첫 이월 회차였기 때문이다. 하비는 친구들을 모아 (MIT에서는 기댓값을 계산할 줄 아는 친구들을 모으기가 어렵지 않다) 복권을 천 장 샀다. 예상대로 그중 1/800의 확률을 통과한 티켓이 한 장 있었다. 하비의 그룹은 2,000달러 당첨금을 챙겼다. 숫자 3개를 맞힌 티켓들도 많았다. 다 합하여 그들은 투자액을 약 세 배로 불렸다.

하비와 공동 투자자들이 거기에서 캐시윈폴을 그만두지 않았다는 데 놀랄 사람은 없으리라. 하비가 결국 개인 과제를 마칠 짬을 영영 내지 못했다는 것에도. 최소한 그는 그 일로 학점을 받진 못했다. 대신 하비의 과제 프로젝트는 금세 번창하는 사업으로 발전했다. 여름이 되자 하비 일당은 한 번에 수만 장씩 복권을 샀다. 케임브리지의 스타마켓에 엄청난 주문을 넣은 것도 그 일당 중 한 명이었다. 그들은 자신들의 팀을 〈랜덤 전략〉이라고 불렀지만,[10] 그들의 접근법은 전혀 무차별 난사가 아니었다. 그 이름은 하비가 캐시윈폴로 돈 벌 궁리를 처음 떠올렸던 MIT 기숙사 건물의 이름 〈랜덤 홀〉에서 나온 것이었다.

MIT 학생들만 있는 게 아니었다. 캐시윈폴 횡재를 취하기 위해서 결성된 복권 클럽이 최소한 두 개 더 있었다. 노스이스턴 대학에서 박사 학위를 받고 보스턴에서 의학 연구자로 일하던 장 잉은 〈닥터 장 복권 클럽DZLC〉을 결성했다. 퀸시에서 판매고를 치솟게 한 것이 바로 DZLC였다. 오래지 않아 이 클럽은 이월이 있을 때마다 30만 달러어치씩 복권을 사게 되었다. 닥터 장은 캐시윈폴에 풀타임으로 매달리기 위해서

2006년에는 아예 의사 일을 그만두었다.

세 번째 그룹은 수학 학사 학위가 있는 70대의 은퇴자 제럴드 셀비가 이끌었다. 셀비는 캐시윈폴의 원조가 있었던 미시간에서 살았다. 주로 그의 친척들로 구성된 32명 그룹은 그곳에서 2005년에 복권이 폐지되기까지 2년 정도 게임을 했었다. 셀비는 돈벌이 판이 동부에서 다시 벌어졌다는 사실을 알아차렸고, 그가 할 일은 명백했다. 2005년 8월, 그는 아내 마저리와 함께 매사추세츠 서부의 디어필드로 차를 몰고 와서 처음 내기를 걸었다. 그는 총 6만 장의 복권을 샀고, 그 티켓들은 5만 달러가 약간 넘는 순수익을 안겼다. 미시간에서 게임을 했던 전력 덕분에 셀비는 캐시윈폴 티켓에서 추가의 수익을 올릴 기회도 알고 있었다.[11] 매사추세츠의 가게들은 복권 판매에 5%의 수수료를 받는다. 셀비는 한 가게와 담판을 지어, 한 번에 수만 달러의 매상을 올려 주는 대신 그 5% 수수료를 반씩 부담하기로 했다. 그것만으로도 셀비의 팀은 이월이 있을 때마다 추가로 수천 달러를 더 벌 수 있었다.

물량 공세를 퍼붓는 구매자들이 유입된 것이 게임에 어떤 영향을 미치는지 알기 위해서 MIT 학위까지 필요하진 않다. 잊지 말자. 이월 당첨금이 그렇게 불어난 것은 원래 소수의 당첨자들이 큰 돈을 나눠 가지기 때문이었다. 2007년이 되면 이월 회차마다 티켓이 백만 장 넘게 팔렸고, 그 대부분을 세 대량 구매 신디케이트가 차지했다. 숫자 6개 중 4개만 맞혀도 2,300달러 당첨금을 받을 수 있던 시절은 물 건너간 지 오래였다. 만일 150만 명이 티켓을 산다면, 그리고 800명 중 1명꼴로 숫자 4개를 맞힌다면, 4개 맞힌 당첨자가 평균적으로 거의 2000명은 나올 것이다. 따라서 140만 달러 판돈에서 각자에게 돌아가는 금액은 이제 약 800달러였다.

캐시윈폴에서 대량 구매자가 얼마나 유리한지 알아보는 것은 상당히 쉬운 계산이다. 요령은 복권 사업자의 관점에서 보는 것이다. 이월 회차일 때, 주가 처치해야 할 누적 일등 당첨금은 (최소한!) 200만 달러다.

이월 회차에 150만 명이 티켓을 산다고 하자. 그 수입은 300만 달러다. 그중 40%인 120만 달러는 주 금고로 들어가고, 나머지 180만 달러는 일등 당첨금으로 도로 들어간 뒤 그날이 끝나기 전에 전부 구매자들에게 지불될 것이다. 따라서 주는 그날 300만 달러를 벌고 380만 달러를 나눠주게 되는데,* 나눠주는 돈 중 200만 달러는 원래 일등 당첨금으로 쌓여 있던 돈이고 나머지 180만 달러는 그날의 티켓 수입에서 왔다. 어느 회차이든, 금액이 얼마가 되었든 주가 번 만큼을 구매자들이 집단적으로 잃었을 것이고, 역도 마찬가지였다. 따라서 이 회차는 복권을 사기에 좋은 날이다. 구매자 전체가 주로부터 80만 달러를 얻어낸 셈이니까.

그런데 구매자들이 티켓을 총 350만 장 산다면, 이야기는 달라진다. 이제 복권 사업부는 그 수입 중 280만 달러를 제 몫으로 챙기고 나머지 420만 달러를 나눠준다. 이미 판돈으로 걸려 있던 200만 달러까지 더하면 총 620만 달러이므로, 주의 판매 수입 700만 달러보다 적다. 요컨대, 이월금이 후한데도 불구하고 복권이 너무 인기가 좋아서 주는 여전히 구매자들을 희생하여 돈을 버는 것이다.

그러면 주는 아주, 아주 행복하다.

이때 손익 평형 지점은 이월 회차의 판매 수입 중 주의 몫인 40%가 이미 판돈으로 있던 200만 달러와 (즉, 이월이 없는데도 복권을 살 만큼 계산에 어둡거나 위험을 사랑하는 구매자들이 기여한 돈과) 정확히 같아지는 지점이다. 판매가 그보다 더 많으면 캐시윈폴은 구매자에게 나쁜 내기가 된다. 하지만 판매가 그보다 조금이라도 적으면(그리고 캐시윈폴의 수명 중에는 실제로 늘 더 적었다) 캐시윈폴은 구매자에게 돈 벌 기회를 준다.

우리가 이 계산에서 사용한 원리는 경이로우면서도 상식적인 기대값

---

* 이월금에서 나오지 않은 다른 당첨금들은 무시한 결과인데, 앞에서 보았듯이 어차피 그 돈들은 액수가 대단치 않았다.

의 가산성이다. 내가 맥도널드 점포 하나와 커피숍 하나를 갖고 있다고 하자. 맥도널드의 연간 기대 수익은 10만 달러, 커피숍의 기대값은 5만 달러다. 물론 해에 따라 금액이 오르락내리락할 수는 있다. 기대값이란 장기적으로 맥도널드가 벌어 줄 수익의 평균값이 연간 10만 달러쯤 될 테고 커피숍의 평균값이 5만 달러쯤 되리란 뜻일 뿐이다.

이때 가산성에 따르면, 내가 빅맥과 모카치노를 팔아서 버는 돈의 총합은 결국 평균 15만 달러일 것이다. 즉, 두 사업 각각의 기대 수익을 더한 값이다. 요컨대,

가산성: 어떤 두 가지를 합한 기대값은 첫 번째 것의 기대값과 두 번째 것의 기대값을 합한 것과 같다.

수학자들은 이런 추론을 공식으로 요약하기를 좋아한다. 곱셈의 교환 가능성을(이 개수의 구멍이 나열된 행이 저 개수만큼 있는 것은 저 개수의 구멍이 나열된 열이 이 개수만큼 있는 것과 같다) $a \times b = b \times a$라는 공식으로 요약했던 것처럼 말이다. 이 경우, 우리가 그 값을 확실하게 모르는 두 수를 X와 Y라고 하고 E(X)는 〈X의 기대값〉의 약자라고 하면, 가산성은 이렇게 표현된다.

$$E(X + Y) = E(X) + E(Y)$$

이 공식과 복권의 관계는 이렇다. 어떤 회차에서 팔린 티켓 전체의 가치는 주가 지불한 당첨금 액수와 같다. 그리고 그 값은 전혀 불확실하지 않다.** 그 값은 정확히 이월된 금액이다. 앞의 사례에서라면 380만 달러

** 역시 일등 당첨금 판돈에서 이월되지 않은 다른 당첨금들은 무시한 금액이다.

다. 380만 달러의 기대값은, 그야 예상하다시피 380만 달러다.

앞의 사례에서, 이월 회차의 총 구매자는 150만 명이었다. 가산성에 따르면, 티켓 150만 장 각각의 기대값을 다 더한 값은 모든 티켓들의 총 가치에 대한 기대값과 같다. 그런데 모든 티켓들은 (적어도 어떤 숫자가 당첨되었는지를 알기 전에는) 가치가 다 같다. 그러니 어떤 수를 150만 번 곱하면 380만 달러가 된다는 뜻이고, 그 수는 2.53달러여야 한다. 그렇다면 당신이 2달러 티켓에서 기대할 수익은 53센트로, 건 돈의 25%를 넘는다. 흔히 잃어 주는 내기라고 여겨지는 게임치고는 상당한 수익이다.

가산성 원칙은 직관적으로 와 닿기 때문에, 우리는 그것이 명백한 사실이라고 생각하기 쉽다. 하지만 종신 연금의 가격 책정처럼, 사실 이 문제는 전혀 명백하지 않다! 왜 그런지 알려면, 기대값 자리에 다른 개념을 대입하고서 결과가 어그러지는 것을 보면 된다. 가령 이런 걸 생각해 보자.

어떤 것들을 다 더한 합에 대해서 가장 가능성 높은 값은 그 각각에 대해서 가장 가능성 높은 값을 다 더한 것과 같다.

이것은 완전히 틀린 말이다. 내가 세 자녀 중 한 명을 무작위로 골라서 집안 재산을 몽땅 물려준다고 하자. 아이 각각의 몫에 대해서 가장 가능성 높은 값은 0이다. 왜냐하면 3분의 2의 확률로 내가 그 아이에게 물려주지 않을 것이기 때문이다. 하지만 세 아이에게 할당될 금액을 다 더한 합에 대해서 가장 가능성 높은 값은(사실 유일하게 가능한 값은) 내 재산 전부에 해당하는 값이다.

뷔퐁의 바늘, 뷔퐁의 국수, 뷔퐁의 원

여기서 잠시, 괴짜 대학생들과 복권 이야기를 중단해야겠다. 기대값의 가산성을 이야기하면서, 똑같은 발상에 기초한 데다가 내가 아는 한 세상에서 가장 아름다운 증명 중 하나를 소개하지 않을 수 없기 때문이다.

이야기는 프랑 카로 게임에서 시작된다. 옛 제노바 복권과 마찬가지로, 이 게임은 우리에게 옛사람들은 별걸 다 가지고 도박을 했다는 사실을 상기시킨다. 프랑 카로에서 필요한 것은 동전 하나와 정사각형 타일이 깔린 바닥뿐이다. 내기는 동전을 바닥에 던져서 한다. 동전은 하나의 타일 안에 쏙 들어갈까, 아니면 타일 사이의 금을 건드릴까? (〈프랑 카로〉는 대충 〈정사각형 안에 똑바로〉라는 뜻이다.[12] 아직 프랑 동전은 유통되지 않는 시대였기 때문에, 당시에는 에퀴라는 동전을 썼다.)

조르주 루이 르클레르, 다른 말로 뷔퐁 백작은 부르고뉴 지방 귀족으로 어려서부터 학자의 야심을 키웠다.[13] 그는 아마도 아버지의 뒤를 이어 치안 판사가 되려는 생각으로 법학교에 진학했으나, 학위를 받자마자 법학은 팽개치고 과학에 매달렸다. 1733년, 27살의 그는 파리 왕립 과학 아카데미 회원에 지원할 준비가 되어 있었다.

훗날 뷔퐁은 박물학자로 명성을 얻었다. 그는 44권의 방대한 『박물지Natural History』를 써서, 뉴턴이 그만의 이론으로 운동과 힘을 설명했던 것처럼 자신은 생명의 기원을 보편적으로, 또한 간결하게 설명하는 이론을 제안하겠노라고 주장했다. 그러나 젊은 시절의 뷔퐁은 스위스 수학자 가브리엘 크라메르와의 짧은 만남과 오랜 서신 교환에 감화되어* 순수 수학에 흥미를 두었다. 뷔퐁이 왕립 아카데미에 자신을 소개한 것도 수학자로서였다.

뷔퐁이 제출한 논문은 서로 별개의 영역으로 여겨졌던 수학의 두 분야, 기하학과 확률을 기발하게 병치시킨 내용이었다. 그 주제는 궤도 운동하는 행성의 역학이나 강대국의 경제와 같은 거창한 질문이 아니었고, 소박한 프랑 카로 게임에 관한 문제였다. 뷔퐁은** 이렇게 물었다. 동전이 한 타일 안에 쏙 들어갈 확률은 얼마나 될까? 게임이 내기를 거

* 선형 대수 팬들을 위해서 밝히자면, 〈크라메르의 정리〉의 그 크라메르다.
** 그가 아카데미에 논문을 제출했던 시점에 정말로 〈뷔퐁〉이었는지는 잘 모르겠다. 애초에

는 두 상대에게 공평하려면, 바닥 타일의 크기는 얼마나 되어야 할까?

뷔퐁이 문제를 푼 방식은 이렇다. 동전의 반지름이 r이고 정사각형 타일의 변의 길이가 L이라면, 동전은 그 중심이 타일보다 더 작은 정사각형, 즉 변의 길이가 L − 2r인 정사각형 위에 놓일 때 정확하게 금을 건드린다.

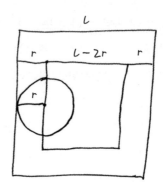

작은 정사각형의 넓이는 $(L − 2r)^2$이고 큰 정사각형의 넓이는 L^2이므로, 당신이 동전이 〈정사각형 안에 똑바로〉 떨어진다는 데 건다면 이길 확률은 $(L − 2r)^2 / L^2$이다. 게임이 공평하려면, 이 확률이 1/2이어야 한다.

$$(L − 2r)^2 / L^2 = 1/2$$

뷔퐁은 이 방정식을 풀어(이런 걸 풀기 좋아하는 성격이라면 여러분도 얼마든지 풀 수 있다), 프랑 카로는 타일의 한 면이 동전 반지름의 $4 + 2\sqrt{2}$ 배일 때 공평한 게임이 된다는 것을 발견했다. 7배가 약간 못

뷔퐁 백작이라는 작위를 사들였던 그의 아버지는 사업을 망쳐서 뷔퐁 소유 자산을 다 팔아야 했고, 그러는 동안 22살 아가씨와 재혼했다. 조르주 루이는 소송을 통해 후사가 없었던 어머니의 삼촌이 남긴 재산을 물려받았고, 결국 땅과 이름을 도로 사들였다.

되는 값이다. 확률적 추론과 기하학 도형의 결합이 참신하다는 점에서, 이 발견은 개념적으로 흥미로웠다. 그러나 어렵지는 않았다. 뷔퐁도 이것만으로 아카데미에 들어가기는 어렵다는 것을 알았다. 그래서 더 밀어붙였다.

〈하지만 만일 에퀴 같은 동그란 물체가 아니라 다른 형태의 물체를 던진다면, 가령 스페인 동전 피스톨레처럼 네모난 물체나 바늘, 작대기 등을 던진다면, 문제를 푸는 데 기하학이 좀 더 요구된다.〉[14]

이것은 겸손한 표현이었다. 바늘 문제는 오늘날까지도 수학계가 뷔퐁의 이름을 기억하는 계기가 되었다. 우선 이 문제를 뷔퐁보다 좀 더 자세히 설명해 보자.

뷔퐁의 바늘 문제: 좁고 길쭉한 널빤지를 댄 나뭇바닥이 있고, 마침 널빤지 하나의 폭과 길이가 같은 바늘이 있다. 바늘을 바닥에 던진다. 바늘이 널빤지들 사이의 금에 걸칠 확률은 얼마나 될까?

이 문제가 까다로운 이유는 이렇다. 동전을 바닥에 던질 때는 루이 15세의 얼굴이 어느 방향을 바라보든 아무 상관이 없다. 원은 어느 방향에서 봐도 다 똑같고, 원이 금에 걸칠 확률은 원의 방향에 따라 달라지지 않는다.

뷔퐁의 바늘은 다르다. 널빤지에 거의 평행하게 떨어진 바늘은 금에 걸칠 가능성이 아주 낮다.

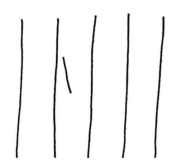

반면에 바늘이 널빤지와 교차되는 방향으로 떨어진다면, 거의 확실히 금에 걸친다.

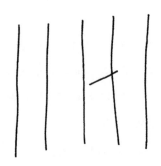

프랑 카로는 대단히 대칭적이다. 전문 용어로는 회전에 대해 불변이라고 한다. 바늘 문제에서는 그 대칭이 깨지기 때문에, 문제가 훨씬 더 어려워진다. 바늘의 중심이 떨어진 위치만이 아니라 바늘이 가리키는 방향까지 감안해야 하기 때문이다.

극단적인 두 경우에, 바늘이 금에 걸칠 확률은 (바늘이 널빤지에 평행하게 떨어진다면) 0, 혹은 (바늘과 금이 직각으로 교차한다면) 1이다. 그러니 차이를 반으로 나눠서 바늘은 정확히 절반의 시도에서 금을 건드린다고 짐작하는 사람이 있을지도 모르겠다.

하지만 그 생각은 틀렸다. 실제로 바늘은 한 널빤지 안에 들어가는 경우보다 금에 걸치는 경우가 제법 더 많다. 뷔퐁의 바늘 문제의 답은 아름답게 느껴질 정도로 예상 밖인데, 그 확률은 $2/\pi$, 즉 약 64%다. 여기서 왜 π가 나올까? 눈 씻고 봐도 원은 없는데? 뷔퐁은 사이클로이드라는 곡선 아래 넓이에 관한 약간 복잡한 논증을 동원해서 이 답을 구했다. 그 넓이를 계산하려면 미적분이 약간 필요한데, 오늘날의 수학과 2학년생이 못 풀 만한 난이도는 아니지만 별다른 통찰을 주는 내용은 아니다.

하지만 다르게 푸는 방법이 있다. 뷔퐁이 왕립 아카데미에 들어가고도 한 세기 넘게 지나서 조제프 에밀 바르비에가 발견한 방법이다. 이 방법에는 형식적인 미적분은 필요없고, 사실은 어떤 종류의 연산도 필요없다. 이 논증은 약간 복잡하긴 하지만 기하학에 관한 산술적, 기본적 통찰만 이용할 뿐이다. 그리고 그 요점은, 무엇보다도, 바로 기대값의 가산성이다!

첫 단계는 뷔퐁의 문제를 기대값의 언어로 다시 쓰는 것이다. 우리는 이렇게 물을 수 있다. 바늘은 몇 군데에서 금에 걸칠까? 그 수의 기대값은 얼마일까? 뷔퐁이 계산하려고 했던 수는 떨어진 바늘이 금에 걸칠 확률 p였다. 따라서 바늘이 금에 하나라도 걸치지 않을 확률은 1 – p다. 하지만 만일 바늘이 금에 걸친다면, 정확히 하나의 금에만 걸친다.* 따라서 금에 걸치는 개수의 기대값은 우리가 여느 기대값을 계산할 때 썼던 방식을 그대로 쓰면 된다. 가능한 교차 개수 각각을 우리가 그 개수를 관찰할 확률과 곱한 뒤, 그 값들을 다 더하는 것이다. 이 경우에는 가능성 있는 개수가 0과(관찰될 확률은 1 – p) 1뿐(관찰될 확률은 p)이므로, 더하면

$(1 – p) \times 0 = 0$

그리고

$p \times 1 = p$

결국 p가 나온다. 따라서 교차 개수의 기대값은 p, 즉 뷔퐁이 계산했던 그 값이다. 우리는 전혀 진전을 이루지 못한 것 같다. 수수께끼의 p라는 수는 어떻게 알아낼까?

---

* 누군가는 바늘 길이가 널빤지 폭과 정확히 같으므로 바늘이 양쪽 금을 건드릴 가능성도 있다고 항의할지 모른다. 하지만 그러려면 바늘이 정확히 널빤지를 가로질러야 하는데, 그것은 가능하기는 해도 그런 일이 발생할 확률은 0이므로 무시해도 괜찮다.

우리가 어떻게 해야 좋을지 알 수 없는 수학 문제를 만났을 때 택할 수 있는 방법은 기본적으로 두 가지다. 문제를 더 쉽게 만드는 방법이 있고, 더 어렵게 만드는 방법도 있다.

언뜻 문제를 더 쉽게 만드는 쪽이 더 낫게 들린다. 문제를 좀 더 단순한 형태로 바꾸고, 그것을 풀어서, 좀 더 쉬운 문제를 풂으로써 얻은 통찰이 실제 풀고자 하는 문제에게도 뭔가 단서를 주기를 기대하는 것이다. 수학자들이 복잡한 현실의 계를 매끄럽고 간결한 수학적 메커니즘으로 모형화할 때 쓰는 것이 바로 이런 방법이다. 가끔은 이 접근법이 대단히 성공적이다. 우리가 무거운 발사체의 궤적을 추적한다면, 공기 저항을 무시하고 오로지 중력의 불변하는 힘만이 움직이는 물체에 영향을 미친다고 생각해도 썩 괜찮은 결과가 나온다. 그러나 어떤 때는 단순화가 너무 지나쳐서 문제의 흥미로운 속성을 제거해 버리는 경우도 있다. 우유 생산량을 최적화하는 과제를 받은 물리학자에 대한 농담도 있지 않은가. 그는 자신만만하게 이렇게 운을 뗀다. 〈일단 구형의 소를 가정하자……〉

이런 맥락에서, 뷔퐁의 바늘 문제도 그보다 더 쉬운 프랑 카로 문제에서 단서를 얻으면 어떨까 싶을 수도 있다. 〈원형의 바늘을 가정하자……〉 하고 말이다. 하지만 동전에서 유용한 정보가 나올지는 의심스럽다. 동전의 회전 대칭성은 바늘 문제를 흥미롭게 만드는 예의 문제의 속성을 제거해 버리니까 말이다.

대신 우리는 다른 전략에 의지하자. 바르비에가 썼던 전략, 즉 문제를 더 어렵게 만드는 방법이다. 썩 가망 있는 소리로 들리지 않겠지만, 이 방법이 잘 통할 때는 정말이지 매혹적이다.

소박하게 시작하자. 문제를 좀 더 일반화하여, 길이가 널빤지 두 개의 폭과 같은 바늘이 금과 교차하는 개수의 기대값은 얼마일까? 이것은 꽤 복잡한 질문처럼 들린다. 이제 가능한 결과가 두 개가 아니라 세 개이기 때문이다. 바늘은 한 널빤지에 쏙 들어갈 수도 있고, 한 금과 교차할 수도 있고, 두 금과 교차할 수도 있다. 따라서 교차 개수의 기대값을 계산하려면 두 가지가 아니라 세 가지 사건의 확률을 각각 계산해야 한다.

그러나 가산성 덕분에, 이 어려운 문제는 예상보다 쉽다. 긴 바늘 중심에 점을 찍어, 앞뒤 절반을 각각 〈1〉과 〈2〉라고 부르자.

그러면 긴 바늘의 교차 개수 기대값은 반쪽짜리 바늘 1의 교차 개수 기대값과 반쪽짜리 바늘 2의 교차 개수 기대값을 더한 값과 같다. 대수적으로 말하자면, 반쪽짜리 바늘 1의 교차 개수가 X이고 반쪽짜리 바늘 2의 교차 개수가 Y일 때 긴 바늘의 총 교차 개수는 X + Y이다. 그런데 반쪽짜리 조각들의 길이는 뷔퐁이 원래 고민했던 바늘의 길이와 같다. 따라서 각 조각은 평균적으로 p번 금에 걸친다. 즉, E(X)와 E(Y)는 둘 다 p다. 따라서 바늘 전체의 교차 개수 기대값 E(X + Y)는 E(X) + E(Y)이고, 이것은 p + p이므로, 곧 2p이다.

같은 논리가 널빤지 폭의 세 배, 네 배, 혹은 백 배만큼 긴 바늘에도 적용된다. 바늘의 길이가 N이라면(여기서부터는 널빤지 폭을 길이 단위로 삼자), 그것이 금에 걸치는 개수의 기대값은 Np다.

이 논리는 긴 바늘뿐 아니라 짧은 바늘에도 적용된다. 길이가 1/2인 바늘을 던진다고 하자. 널빤지 폭의 절반만 한 바늘이라는 뜻이다. 우리는 길이가 1인 뷔퐁의 바늘을 길이가 1/2인 바늘 두 개로 쪼갤 수 있으므로, 그의 기대값 p는 1/2 길이 바늘의 기대값의 두 배여야 한다. 따라

서 1/2 길이 바늘의 교차 개수 기대값은 (1/2)p다. 사실 다음 공식은

길이가 N인 바늘의 교차 개수 기대값 = Np

어떤 양의 실수 N에 대해서도 참이다. N이 아무리 크거나 작아도 마찬가지다.

(이 대목에서 우리는 엄밀한 증명을 슬쩍 넘어갔다. 사실은 N이 2의 제곱근 같은 끔찍한 무리수일 때도 위의 명제가 통한다는 것을 보여 주려면 약간의 기술적 논증이 필요하다. 하지만 바르비에의 증명에서 핵심적인 발상은 내가 말한 내용에 다 담겨 있다고 보장하겠다.)

그렇다면 이제 새로운 각도가 등장한다. 바늘을 한번 구부려 보자.

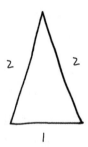

이 바늘은 지금까지 본 바늘 중에서 제일 길다. 총 길이가 5다. 하지만 두 군데에서 꺾였고, 내가 양 끝을 모아서 삼각형으로 만들었다. 곧은 선분들의 길이는 각각 1, 2, 2이므로, 각 선분의 교차 개수 기대값은 p, 2p, 2p다. 바늘 전체의 교차 개수는 각 선분의 교차 개수를 다 더한 것이므로, 가산성에 따라 바늘 전체의 교차 개수 기대값은 이렇다.

p + 2p + 2p = 5p

한마디로, 다음 공식은

길이가 N인 바늘의 교차 개수 기대값 = Np

구부러진 바늘에도 통한다.
여기 그런 바늘이 또 있다.

이런 바늘도 있다.

또 이런 바늘도 있다.

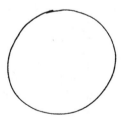

어디서 많이 봤던 그림들이다. 그렇다. 2천 년 전에 아르키메데스와 에우독소스가 실진법을 개발할 때 썼던 그림들이다. 마지막 그림은 지름이 1인 원을 닮았지만, 사실은 작디작은 바늘 65,536개로 이뤄진 다각형이다. 우리 눈은 그 차이를 모르고, 마룻바닥도 모른다. 그 말인즉, 지름이 1인 원의 교차 개수 기대값은 65,536각형의 교차 개수 기대값과 거의 같다는 뜻이다. 그리고 우리의 굽은 바늘 규칙에 따르면, 어떤 다각형의 둘레가 N일 때 그 기대값은 Np다. 그런데 그 둘레의 값은 얼마일까? 원의 둘레 길이와 거의 같을 것이다. 원의 반지름은 1/2이므로, 원주는 π이다. 따라서 원이 금에 걸치는 개수의 기대값은 πp다.

문제를 좀 더 어렵게 만드는 전략이 어떻게 보이는가? 우리가 p가 얼마인가 하는 근본적인 의문은 건드리지 못한 채 그저 문제를 점점 더 추상화하고 일반화한 것 같은가?

글쎄, 잘 생각해 보라. 우리는 방금 그 값을 계산했다.

원이 금에 몇 번이나 걸치겠는가? 어려운 문제로 보였던 것이 불현듯 쉬워진다. 우리가 동전에서 바늘로 넘어오면서 잃어버렸던 대칭성이 바늘을 원형으로 구부리면서 도로 복구되었고, 그 조작이 상황을 엄청나게 간단하게 만들어 주었다. 원은 어디 떨어지든 바닥에 그어진 금에 정확히 두 번 걸치기 때문이다.

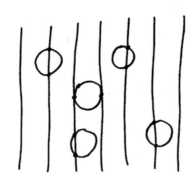

따라서 교차 개수 기대값은 2다. 그런데 그것은 또한 πp이므로, 우리는 뷔퐁이 말했듯이 p = 2/π임을 발견한 것이다. 위의 논증은 제아무리 각지고 구부러진 바늘에 대해서도 적용된다. 널빤지 폭 단위로 잰 바늘의 길이가 L일 때, 바늘의 교차 기대값은 늘 Lp다. 당신이 배배 꼬인 스파게티 가락을 타일 바닥에 던진다면, 나는 당신에게 그 가락이 금에 몇 번이나 걸치는지를 정확하게 알려 줄 수 있다. 말장난을 좋아하는 수학자들은 이처럼 일반화한 형태의 문제를 뷔퐁의 국수 문제라고 부른다.

바다와 바위

나는 바르비에의 증명을 볼 때마다 대수 기하학자 피에르 들리녜가 스승 알렉산더 그로텐디크에 대해서 했던 말이 떠오른다. 〈아무 일도 없는 것처럼 보이지만, 마지막에 가서는 대단히 사소하지 않은 정리가 짠 하고 나타났다.〉[15]

사람들은 흔히 수학에 대해서 점점 더 강력한 폭발물로 바위를 깨고 들어가는 터널 공사처럼 점점 더 강력한 도구를 적용하여 점점 더 깊이 미지의 세계를 파고드는 작업이라는 인상을 품는다. 물론 그것도 한 방법이다. 하지만 1960년대와 70년대에 순수 수학의 많은 부분을 자신의 그림에 따라 다시 빚어냈던 그로텐디크는 견해가 달랐다. 〈우리가 알아내야 할 미지의 대상은 흡사 물의 침투에 저항하는 바위나 진흙땅처럼 보였다. ……바다는 알아차릴 수 없을 만큼 조용히 다가간다. 아무 일도 벌어지지 않는 것 같고, 아무것도 움직이지 않으며, 물이 너무 멀어서 우리에게는 소리도 잘 안 들리지만…… 마침내 저항하던 물체를 둘러싸고 마는 것이다.〉[16]

미지의 것은 우리의 진행을 가로막는 바닷속 바위와 같다. 우리는 뷔퐁이 복잡한 미적분 계산으로 해냈던 것처럼 바위 틈에 다이너마이트를 채우고 터뜨리기를 반복해서 바위를 산산조각 낼 수도 있다. 그러나 그보다 좀 더 사색적인 접근법을 택할 수도 있다. 이해의 수준을 점진적으로 부드럽게 상승시켜, 얼마간 시간이 흐르면 한때 장애물로 보였던 것이 고요한 바다에 삼켜져 온데간데 없게끔 만드는 것이다.

오늘날의 수학은 수도승적 사색과 다이너마이트로 날려 버리는 작업이 섬세하게 상호 작용하면서 이뤄지고 있다.

수학과 광기에 관한 여담

바르비에는 뷔퐁의 정리에 대한 증명을 겨우 21살이던 1860년에 발표했다. 당시 그는 파리 고등 사범 학교의 촉망받는 학생이었다. 1865년, 신경 쇠약에 시달리던 그는 어디로 간다는 말도 없이 도시를 떠났고, 이후 아무에게도 모습을 드러내지 않다가 그의 스승이었던 조제프 베르트랑에 의해 1880년에 정신 병원에서 발견되었다. 그로텐디크로 말하자면, 그 역시 1980년대에 학계를 떠났다. 지금은 피레네 산맥 어딘가에서 J. D. 샐린저처럼 은둔하고 있다. 그가 어떤 수학을 연구하는지, 수학을 하기는 하는지, 아무도 모른다. 양을 친다는 소문도 있다.

이런 이야기들은 수학에 관한 대중적인 신화와 조응한다. 수학이 사람을 미치게 만든다는 신화, 혹은 수학 자체가 일종의 광기라는 신화다. 현대 소설가들 가운데 가장 수학적인 사람이었던 데이비드 포스터 월리스는(그는 초한 군론에 관한 책을 쓰기 위해서 소설 쓰기를 잠시 중단했던 적도 있다!) 이런 신화를 〈수학 멜로드라마〉라고 묘사하고, 그 주인공은 〈일종의 프로메테우스-이카루스적인 인물로서, 하늘을 찌르는 그의 천재성은 오만인 동시에 치명적 결함〉으로 여겨진다고 말했다. 「뷰티풀 마인드A Beautiful Mind」, 「프루프Proof」, 「파이π」 같은 영화들은 수학을 집착과 현실 도피의 축약어처럼 사용한다. 스콧 터로의 살인 미스터리 소설인 베스트셀러 『무죄 추정*Presumed Innocent*』은 주인공의 수학자 아내가 알고 보니 정신 나간 살인자였다는 반전을 보여 준다(이 경우에는 신화뿐 아니라 좀 비딱한 성 정치학까지 곁들여졌는데, 살인자가 한도를 넘은 것은 여성의 두뇌를 수학에 맞추려고 무리한 탓이었다는 암시를 강하게 풍기기 때문이다). 신화의 좀 더 현대적인 형태는 마크 해던의 『한밤중에 개에게 일어난 의문의 사건*The Curious Incident of the Dog in the Night-Time*』에서 볼 수 있다. 이 소설에서는 수학 재능이 자폐 스펙트럼의 한 가지 색깔처럼 묘사된다.

월리스는 수학자들의 정신 세계를 이처럼 멜로드라마 풍으로 묘사하는 관점을 거부했고, 나도 그렇다. 현실의 수학자들은 남들보다 딱히 더 미친 데가 없는, 상당히 평범한 사람들이다. 수학자가 고립을 자처하여 가공할 추상의 영역에서 외롭게 싸움을 벌이는 경우도 현실에서는 흔하지 않다. 수학은 정신을 한계에 이르기까지 압박하는 게 아니라 오히려 강화한다. 내 경험으로는 어떤 감정이 극에 달한 순간에 내 정신의 다른 부분들이 토해 내는 불평을 가라앉히는 방법으로 수학 문제만 한 게 없다. 수학은 명상처럼 우리를 우주와 직접 이어 준다. 우리보다 더 크고, 우리보다 앞서 존재했고, 우리가 떠난 뒤에도 여기 남을 우주와 말이다. 오히려 나는 수학을 안 한다면 미칠지도 모르겠다.

〈이월을 시도하다〉

한편 매사추세츠에서는. 더 많은 사람이 캐시윈폴을 할수록 수익률은 더 낮아졌다. 게임에 참가하는 대량 구매자들은 당첨금을 나눠 가져야 했다. 제럴드 셀비가 내게 말해 준 바에 따르면,[17] 한번은 〈랜덤 전략〉의 루 유란이 셀비에게 이월 회차에 두 팀이 번갈아 게임을 함으로써 각자 더 높은 수익률을 보장받는 게 어떻겠느냐고 제안했다. 셀비는 루 유란의 제안을 〈당신도 큰손이고 나도 큰손이지만 우리에게는 머리카락에 붙은 벼룩이나 다름없는 다른 구매자들을 통제할 방법이 없다〉는 표현으로 설명했다. 셀비와 루가 협력한다면, 적어도 서로는 통제할 수 있을 것이었다. 계획은 합리적이었지만 셀비는 수락하지 않았다. 셀비는 게임의 희한한 속성을 이용해서 돈을 버는 것에는 마음이 불편하지 않았다. 게임 규칙은 공개되어 있었고, 다른 누구라도 그것을 이용할 수 있었다. 하지만 다른 구매자와 모의하는 것은(비록 그것이 복권 규칙을 어기는 일인지 아닌지는 확실하지 않더라도) 너무 속임수처럼 느껴졌다. 그래서 카르텔들은 평형 상태에 안착했고, 이월이 있을 때마다 셋 다 돈을 쏟아부었다. 큰손들이 한 회차에 120만에서 140만 장씩 티켓을 샀으니, 셀비의 추정에 따르면 이월 회차 복권의 기대값은 가격보다 15% 더 높은 정도였다.

그것만 해도 썩 괜찮은 수익이다. 그러나 하비와 일당은 만족하지 못했다. 전업 복권 당첨자의 삶은 우리가 상상하는 것처럼 썩 여유롭지는 않다. 하비에게 〈랜덤 전략〉 운영은 풀타임 직업이었거니와 딱히 만족스러운 직업도 아니었다. 그는 이월 추첨일 전에 수만 장의 티켓을 구입해서 손으로 동그라미를 칠해야 했고, 추첨 당일에는 팀원들이 그들의 대량 구매를 처리해 주기로 약속한 편의점들로 찾아가서 그 주문서를 일일이 스캔하는 것을 중앙에서 관리해야 했다. 당첨 숫자가 발표된 뒤에는 당첨 티켓을 쓸모없는 종잇장들과 분류하는 지루한 작업을 해야 했다. 떨어진 티켓을 내버릴 수도 없었다. 하비는 그 용지들도 모두 상자에 보관해 두었다. 복권에 많이 당첨되면 국세청의 감사를 많이 받게 되므로 그는 도박 활동을 기록해 둘 필요가 있었다(제럴드 셀비는 약 1800만 달러어치의 떨어진 복권들을 아직도 스물 몇 개의 플라스틱 빨래통에 담아서 자기 집 헛간 뒤켠에 보관하고 있다). 당첨된 티켓들에 대해서도 수고를 들여야 했다. 모든 팀원들이 매 회차마다 W-2G 형식의 개인 세금 신고서를 작성해야 했다. 각자의 몫이 아무리 작더라도 말이다. 그래도 여전히 재밌는 일로 들리는가?

감사관은 캐시윈폴이 운영된 7년 동안 〈랜덤 전략〉이 세전 금액으로 350만 달러를 벌었을 것이라고 추산했다. 우리는 그중 얼마가 하비에게 들어갔는지는 모르지만, 그가 새 차를 뽑았다는 것은 안다.

1999년형 닛산 알티마 중고였다.

쉽게 돈을 두 배로 불릴 수 있었던 시절, 캐시윈폴 초기의 좋았던 시절은 그다지 먼 과거가 아니었다. 하비와 일당은 그때로 돌아가고 싶었다. 하지만 셀비 가족과 닥터 장 복권 클럽이 이월 회차마다 수십만 장씩 티켓을 사들이는데 어떻게 그러겠는가?

다른 큰손들이 쉬는 때는 일등 당첨금이 이월을 일으킬 만큼 충분히 크지 않은 때뿐이었다. 하지만 그때는 하비도 걸렸다. 이월금이 없으면 형편없는 내기가 되기 때문이다.

2010년 8월 13일 금요일, 복권 사업부는 다음 주 월요일 추첨의 일등 당첨금이 167만 5000달러로 예상된다고 발표했다. 이월 기준값에 한참 못 미치는 금액이었다. 장과 셀비 카르텔은 당첨금이 이월 기준까지 오르기를 기다리며 조용히 있었다. 하지만 〈랜덤 전략〉은 다른 행동에 나섰다. 그들은 지난 몇 달 동안 남몰래 티켓 수십만 장을 추가로 준비하여, 예상 당첨금이 200만 달러에 가까워졌지만 이월 기준에 도달하진 못한 회차를 기다렸다. 이제 그 날이 온 것이었다. 주말 동안 팀원들은 보스턴 전역을 누비며 유례없이 많은 티켓을 사들였다. 약 70만 장이었다. 〈랜덤 전략〉으로부터 예상치 않았던 현금이 유입되자, 월요일인 8월 16일의 당첨금은 210만 달러로 올랐다. 그것은 구매자들이 돈을 딸 수 있는 이월 회차였고, 이월이 오리라는 사실은 MIT 학생들 말고는 아무도 몰랐다. 하비의 팀은 당첨 티켓의 90% 가까이를 거둬들였다. 혼자서만 돈이 흐르는 수도꼭지 앞에 서 있는 셈이었다. 추첨이 끝났을 때, 〈랜덤 전략〉은 투자금 140만 달러로 70만 달러를 벌어 50%의 멋진 수익률을 올렸다.

이 수법은 두 번은 통하지 않을 것이었다. 사태를 파악한 복권 사업부는 세 팀 중 하나가 자기 힘으로 이월을 일으키려는 눈치를 보일 때면 사업부 고위 관리층에게 조기 경고가 가는 체계를 갖추었다. 12월 말에 〈랜덤 전략〉이 다시 시도했을 때, 사업부는 대비가 되어 있었다. 추첨이 있기 사흘 전인 12월 24일 오전, 사업부 최고 책임자는 〈캐시윈폴 녀석들이 다시 이월을 일으키려고 합니다〉라는 보고 이메일을 받았다. 하비가 연휴에 복권 사업부가 쉴 것이라는 데 내기를 걸었다면 오산이었다. 크리스마스 아침 일찍, 복권 사업부는 예상 당첨금을 업데이트하여 이월이 임박했다는 사실을 천하에 알렸다. 8월의 속임수에 당했던 것을 여태 쓰라려 하던 다른 카르텔들은 크리스마스 휴가를 반납하고 수십만 장의 티켓을 사 모아 수익률을 정상 수준으로 끌어내렸다.

그와 무관하게 어쨌든 게임은 거의 끝나가고 있었다. 그로부터 얼마 지나지 않아 「보스턴 글로브Boston Globe」 기자 앤드리아 에스테스는 친구로부터 복권 사업부가 공개하는 당첨자 명단에 뭔가 이상한 점이 있다는 이야기를 들었다.[18] 미시간에 사는 당첨자가 아주 많은 데다가 당첨자들이 모두 캐시윈폴이라는 게임에서만 나온다는 것이었다. 에스테스는 뭔가 수상쩍다고 느꼈다. 「보스턴 글로브」가 질문을 던지기 시작하자, 사건의 전모가 금세 밝혀졌다. 2011년 7월 31일, 「보스턴 글로브」는 세 복권 클럽이 캐시윈폴 당첨금을 독식해 온 사실을 밝힌 에스테스와 스콧 앨런의 기사를 1면에 실었다.[19] 8월에 복권 사업부는 캐시윈폴의 규칙을 바꾸어, 한 소매상이 하루에 5,000달러 이상 티켓을 팔지 못하도록 상한선을 정했다. 사실상 카르텔들의 대량 구매를 막은 셈이었다. 그러나 이미 엎지른 물이었다. 캐시윈폴의 핵심이 평범한 구매자들에게 괜찮은 내기인 것처럼 보이는 점이었다면, 그 측면에서 이미 게임은 의미가 없었다. 마지막 캐시윈폴 추첨은(어울리게도 이월 회차였다) 2012년 1월 23일에 있었다.

도박이 재밌다면, 잘못하고 있는 것

제임스 하비는 부실하게 설계된 복권에서 이득을 취한 최초의 인물이 아니었다. 제럴드 셀비의 팀은 2005년에 미시간 주가 사태를 알아차리고 윈폴 복권을 폐지하기까지 수백만 달러를 챙겼다. 이런 행위의 역사는 그보다 더 거슬러 올라간다. 18세기 초 프랑스는 국채를 팔아 정부 지출을 충당했는데,[20] 제공 이율이 낮아서 판매가 진작되지 않았다. 양념을 가하기 위해서, 정부는 국채에 복권을 끼워 팔기로 했다. 채권 한 장을 살 때마다 당첨금 50만 리브르의 복권을 한 장 살 권리가 주어졌고, 그 당첨금은 수십 년 동안 안락하게 살 수 있을 만한 금액이었다. 그런데 복권 안을 냈던 재무부 부장관 미셸 르 펠르티에 데 포르가 그만 계산을 잘못해서, 나눠 줄 당첨금 총액이 티켓 수입을 상당히 능가하게 되었다. 한마디로 그 복권은 이월 회차의 캐시윈폴처럼 구매자에게 긍정적인 기대값을 제공했다. 티켓을 충분히 많이 사는 사람은 누구든 큰 점수를 올릴 수 있었다.

그 사실을 알아차린 사람은 수학자이자 탐험가였던 샤를 마리 드 라 콩다민이었다. 거의 삼백 년 뒤 하비가 그랬던 것처럼, 그는 친구들을 모아 복권 구입 카르텔을 조직했다. 그중 한 명은 바로 젊은 작가 프랑수아 마리 아루에, 필명 볼테르로 더 잘 알려진 인물이었다. 볼테르는 계획의 수학적 측면에 기여하진 않았겠지만, 거기에 자신만의 특징을 부여했다. 복권 구매자는 티켓에 각자 모토를 적게끔 되어 있었다. 혹시 그 티켓이 당첨되면 그 모토를 사람들에게 읽어 주는 것이었다. 볼테르는 그답게 이것을 풍자적인 경구를 지을 좋은 기회로 여겨, 카르텔이 당첨되면 사람들에게 읽힐 수 있도록 자신의 티켓에 〈모든 인간은 평등하다!〉, 〈펠르티에 데 포르 씨 만수무강하시라!〉 같은 건방진 구호를 적어 넣었다.

결국에는 나라가 사태를 알아차려 그 프로그램을 없앴지만, 라 콩다민과 볼테르는 그 전에 정부로부터 충분한 돈을 얻어 내 남은 평생 부자로 살 수 있었다. 뭐? 볼테르가 더없이 사실적인 에세이와 스케치를 쓰는 것으로 생계를 이은 줄 알았다고? 설마, 예나 지금이나 그런 일로는 부자가 되지 못하는 법이다.

18세기 프랑스에는 컴퓨터도, 전화도, 누가 어디서 복권을 구입하는가 하는 정보를 빠르게 취합할 수단도 없었다. 정부가 볼테르와 라 콩다민의 계략을 알아차리기까지 몇 달이 걸렸던 이유를 충분히 알 수 있다. 한편 매사추세츠 주의 변명은 무엇이었을까? 「보스턴 글로브」 기사는 대학생들이 MIT 근처 슈퍼마켓에서 티켓을 이상하게 많이 산다는 사실을 사업부가 처음 눈치 챈 때로부터 6년 뒤에 나왔다. 어떻게 그렇게 오랫동안 사태를 모를 수 있었을까?

답은 간단하다. 그들은 상황을 알고 있었다.

그들은 나서서 수사할 필요조차 없었다. 제임스 하비가 2005년 1월에, 그러니까 그의 카르텔이 첫 내기를 걸기 전에, 심지어 팀 이름조차 짓지 않았던 시점에 제 발로 사업부로 찾아왔던 것이다. 그의 계획은 현실이라기엔 너무 좋았기 때문에, 뭔가 그런 일을 막는 규제가 있을 것 같았다. 하비는 자신의 대량 구매 계획이 규칙 위반인지 확인하려고 찾아간 것이었다. 정확히 어떤 대화가 벌어졌는지 알 순 없지만, 아마도 〈그럼, 괜찮단다, 한번 잘해 봐〉가 대답이었던 것 같다. 하비와 일당이 그로부터 몇 주 뒤에 처음으로 큰 내기에 나섰으니까.

그다지 오래지 않아 제럴드 셀비도 등장했다. 그는 내게 자신이 2005년 8월에 브레인트리에서 복권 담당 변호사들을 만났다고 말해 주었다. 자신의 미시간 조직이 매사추세츠에서 복권을 살 것이라는 사실을 알리기 위해서였다. 주는 대량 구매자의 존재를 모르지 않았다.

그렇다면 매사추세츠 주는 왜 하비, 닥터 장, 셀비 가족이 주의 돈을 수백만 달러씩 가져가는 것을 묵과했을까? 도박꾼이 매주 돈을 따는 것을 보면서도 아무 조치를 취하지 않는 카지노가 어디 있단 말인가?

이 의문을 풀려면, 복권이 실제 어떻게 운영되는지를 좀 더 면밀히 따져 보아야 한다. 매사추세츠 주는 2달러짜리 티켓 한 장이 팔릴 때마다 80센트씩 챙겼다. 그 돈의 일부는 티켓을 파는 가게들에게 수수료를 지급하고 복권을 운영하는 데 쓰였지만, 나머지는 주의 시청들에게 분배되었다. 2011년에는 거의 9억 달러에 달했던 그 돈으로 경찰들에게 월급을 줬고, 학교를 운영했고, 시 예산에 뚫린 구멍을 막았다.

티켓 값에서 나머지 1.20달러는 당첨금 예산으로 도로 들어가서 구매자들에게 분배된다. 하지만 우리가 맨 처음에 했던 계산을 기억하는가? 정상적인 회차에 티켓의 기대값은 80센트에 불과하다고 했는데, 그것은 주가 티켓 한 장당 평균적으로 80센트씩 되돌려 준다는 뜻이다. 나머지 40센트는 어떻게 되었을까? 그게 바로 이월금이다. 티켓 한 장당 80센트씩 되돌려 주는 것만으로는 당첨금 예산이 고갈되지 않으니, 일등 당첨금은 점점 더 불어나서 결국 200만 달러를 넘기고, 이월이 발생한다. 그러면 그 순간 복권의 성격이 바뀐다. 수문이 열리고 누적되었던 돈이 쏟아져 나와, 누구든 똑똑하게 그 순간을 기다리고 있었던 사람들의 손에 들어간다.

그러면 그날 주가 돈을 잃는 게 아닌가 싶겠지만, 그건 좁은 시각이다. 그 수백만 달러는 애초에 주의 것이 아니었다. 그것은 처음부터 당첨금으로 배정된 돈이었다. 주는 티켓당 80센트를 챙기고 나머지는 돌려준다. 티켓이 많이 팔릴수록 주의 수입은 늘어난다. 주는 누가 당첨되든지 신경 쓰지 않는다. 사람들이 얼마나 많이 복권을 사는지를 신경 쓸

뿐이다.

그러니 카르텔들이 이월 회차에 두둑한 수익을 거둘 때, 그들이 주의 돈을 가져가는 것은 아니었다. 그들은 다른 구매자들의 돈을 가져가는 것이었다. 특히 이월이 없는 회차에 복권을 사겠다는 나쁜 결정을 내린 사람들의 돈을. 카르텔들은 도박장을 이긴 게 아니었다. 그들 자신이 도박장이었다.

라스베이거스에서 카지노를 운영하는 사람과 마찬가지로, 그 대량 구매자들도 나쁜 운에서 완전히 면제되는 것은 아니었다. 룰렛을 하는 손님이 계속 운이 좋아서 카지노로부터 거금을 가져가는 일이 언제든 일어날 수 있듯이, 평범한 구매자가 숫자 6개를 다 맞혀서 이월금을 몽땅 일등 당첨금으로 가져가는 불운이 카르텔들에게도 언제든 발생할 수 있었다. 하지만 하비를 비롯한 대량 구매자들은 그런 결과가 극히 드물게만 발생하기 때문에 견딜 만하다는 사실을 수학 계산으로 꼼꼼하게 확인해 두었다. 실제로 캐시윈폴 역사상 이월 회차에 일등 당첨자가 나타난 경우는 딱 한 번밖에 없었다. 우리가 자신에게 확률이 유리한 내기를 충분히 많이 시도한다면, 간혹 불운을 겪더라도 그보다 엄청나게 더 큰 유리함으로 희석할 수 있는 법이다.

그러면 물론 복권 게임의 재미는 떨어진다. 하지만 하비와 다른 큰손들에게는 재미가 중요한 게 아니었다. 그들의 접근법은 도박이 재미있다면 잘못하고 있는 것이라는 단순한 금언을 따랐다.

복권 카르텔들이 도박장이었다면, 주는 무엇이었을까? 주는…… 주였다. 네바다 주가 라스베이거스 스트립의 카지노들에게 그들의 사업을 번창하도록 돕는 시설과 규제를 제공하는 대가로 수익의 1퍼센트를 징수하듯이, 매사추세츠 주는 카르텔들이 긁어모으는 돈에서 일정량을 챙겼다. 〈랜덤 전략〉이 티켓을 70만 장 사들여서 이월을 일으켰을 때, 매사추세츠의 도시들은 그 티켓 한 장당 40센트씩을 챙겼다. 총 56만 달러였다. 주는 확률이 좋든 나쁘든 도박을 즐기지 않는다. 주는 세금 걷기를 즐긴다. 매사추세츠 주 복권 사업부가 한 일이 사실상 그것이었다. 성과가 나쁘지도 않았다. 감사관 보고서에 따르면, 사업부는 캐시윈폴로부터 총 1억 2000만 달러의 수입을 얻었다. 아홉 자릿수의 돈을 벌어서 걸어 나올 수 있다면, 아마도 사기당한 것은 아닐 것이다.

그러면 누가 사기를 당했을까? 명백한 대답은 〈다른 구매자들〉이다. 결국에는 그들의 돈이 카르텔들의 주머니로 이월되어 들어간 것이니까. 하지만 설리번 감사관은 사기당한 사람은 아무도 없다는 결론을 암시하는 어조로 보고서를 맺었다.

복권 사업부가 일등 당첨금이 200만 달러에 육박하여 이월이 발생할 가능성이 높다고 공개적으로 발표한 이상, 티켓을 한 장이나 그 이상 사는 평범한 구매자가 대량 구매 때문에 손해를 볼 일은 없었다. 요컨대, 대량 구매 때문에 다른 누군가의 일등 당첨 확률이 달라지는 일은 없었다. 소량 구매자도 대량 구매자와 똑같은 확률을 누렸다. 일등 당첨금이 이월 문턱에 다다랐을 때, 캐시윈폴은 큰손들만이 아니라 모두에게 훌륭한 내기 기회였다.[21]

하비를 비롯한 카르텔들의 존재가 다른 구매자들의 일등 당첨 확률에 영향을 미치지 않았다는 말은 옳다. 그러나 설리번은 애덤 스미스와 같은 실수를 저지르고 있다. 복권 구매자에게 적절한 질문은 당첨 확률이 얼마냐가 아니다. 평균적으로 얼마를 따거나 잃을 것으로 기대되느냐다. 카르텔이 티켓 수십만 장을 사들임으로써 이월금은 그렇지 않을 때보다 훨씬 더 잘게 나뉘게 되었고, 그 때문에 각 당첨 티켓의 가치가 더 낮아졌다. 이런 의미에서는 카르텔들이 보통의 구매자들에게 해를 끼쳤다.

이렇게 비유해 보자. 교회에서 추첨 행사를 하는데 사람이 별로 안 나온다면, 내가 캐서롤 냄비를 딸 가능성이 상당히 높을 것이다. 그때 처음 보는 사람들이 백 명 나타나서 티켓을 구입한다면, 내가 캐서롤 냄비를 딸 가능성은 한참 낮아진다. 그러면 나는 슬플 것이다. 그렇다고 해서 그것이 불공정할까? 그 백 명이 사실은 한 주모자를 위해서 일하는 사람들이란 게 밝혀진다면 어떨까? 그 주모자가 캐서롤 냄비가 너무 너무 갖고 싶은 나머지 소매가로 사는 것보다는 추첨 행사 티켓을 백 장 사는 편이 약 10% 더 싸다는 걸 알아냈다면? 어딘가 정정당당하지 못하다는 느낌이 들지만, 그렇다고 해서 내가 사기를 당했다고 말할 수는 없을 것이다. 게다가 교회가 돈을 벌기에는 당연히 행사가 북적거리는 편이 텅비는 편보다 낫고, 결국에는 그게 행사의 목적이다.

그래도, 비록 큰손들이 사기꾼은 아니었을지라도, 캐시윈폴 이야기에는 왠지 불편한 데가 있다. 게임의 희한한 규칙 때문에, 주는 제임스 하비에게 가상 카지노의 운영자가 되어 매달 자신보다 덜 똑똑한 구매자들로부터 돈을 걷어 갈 허가증을 내준 셈이었다. 그렇다면 그 규칙이 나쁜 것 아닐까? 매사추세츠 주무장관 윌리엄 갤빈은 「보스턴 글로브」에서 〈그것은 기술 있는 사람들을 위한 사설 복권이었습니다. 의문은 대체 왜 그랬는가입니다〉라고 말했다.[22]

숫자로 돌아가 보면, 가능한 답이 하나 저절로 떠오른다. 기억하겠지만, 복권 사업부가 캐시윈폴로 바꾼 것은 복권의 인기를 높이기 위해서였다. 그리고 그들은 성공했다. 하지만 계획만큼 성공하지는 못했다. 캐시윈폴을 둘러싼 웅성거림이 더 커져서 이월이 있을 때마다 평범한 매사추세츠 주민들이 350만 장씩 티켓을 샀다면 어땠을까? 구매자가 많을수록 주가 가져가는 40% 수입도 커진다. 앞에서 계산했듯이, 티켓이 350만 장 팔린다면 주는 이월 회차에서도 이득을 보게 된다. 그런 상황에서는 대량 구매가 더 이상 이점이 없다. 허술한 구멍이 닫히고, 카르텔들은 해체되고, 큰손 구매자들을 제외한 나머지 모두는 행복해질 것이다.

티켓이 그렇게 많이 팔린다는 건 가망 없는 목표였겠지만, 매사추세츠의 복권 공무원들은 만일 운이 좋다면 달성할 수도 있다고 생각했을지 모른다. 어떤 면에서는 주도 도박하기를 좋아했던 셈이다.

12장
비행기를 더 많이 놓쳐라!

1982년 노벨 경제학상 수상자 조지 스티글러는 〈비행기를 놓친 적이 한 번도 없다면 당신은 공항에서 너무 많은 시간을 쓰는 것이다〉라고 말하곤 했다.[1] 이 슬로건은 직관에 어긋난다. 특히 최근에 당신이 실제로 비행기를 놓쳤다면. 나는 오헤어 공항에서 발이 묶여 12달러나 하는 저질 치킨 시저 랩을 먹고 있을 때 나 자신의 훌륭한 경제 감각을 자화자찬하진 않는다. 하지만 스티글러의 슬로건이 아무리 이상한 소리로 들려도, 기댓값 계산은 우리에게 그것이 완벽하게 옳은 말임을 알려 준다. 최소한 비행기를 많이 타는 사람에게는 옳다. 문제를 단순화하기 위해서, 세 가지 선택지만 고려해 보자.

> 선택지 1: 비행 2시간 전에 도착하고, 2%의 확률로 비행기를 놓친다.
> 선택지 2: 비행 1.5시간 전에 도착하고, 5%의 확률로 비행기를 놓친다.
> 선택지 3: 비행 1시간 전에 도착하고, 15%의 확률로 비행기를 놓친다.

물론 당신이 비행기를 놓침으로써 치를 대가는 맥락에 따라 크게 달라진다. 워싱턴을 오가는 항공편을 놓쳐서 바로 다음 편을 타는 것과 이튿날 아침 10시에 열릴 친척의 결혼식에 참석하려는데 마지막 비행기를 놓치는 것은 전혀 다른 얘기다. 복권에서는 티켓의 가격과 당첨금이 둘 다 정확히 달러로 명시되어 있지만, 터미널에 앉아서 낭비하는 시간의 비용을 비행기를 놓치는 비용과 견주어 보는 것은 훨씬 애매한 작업이다. 둘 다 짜증스럽기는 마찬가지지만, 보편적으로 인정되는 짜증의 화폐 같은 건 없다.

아니면, 종이로 된 화폐가 없다고 말해야 하는지도 모르겠다. 우리는 좌우간 결정을 내려야 하고, 경제학자들은 우리에게 결정을 어떻게 내리라는 조언을 주고 싶어 안달이므로, 어떻게든 모종의 짜증의 통화를 만들어야 한다. 표준 경제학에서는 인간이 합리적으로 행동할 때 자신의 효용을 극대화하는 결정을 내린다고 가정한다. 삶의 모든 것에는 효용이 있다. 돈이나 케이크처럼 좋은 것에는 긍정적 효용이 있고, 발가락을 찧거나 비행기를 놓치는 것처럼 나쁜 것에는 부정적 효용이 있다. 어떤 사람들은 이 효용을 유틸이라는 표준 단위로 측정하기도 한다. 가령 내가 집에서 보내는 한 시간은 1유틸의 가치가 있다고 하자. 그러면 비행 2시간 전에 공항에 도착하는 데는 2유틸의 대가가 들고, 1시간 전에 도착하는 데는 1유틸이 든다. 비행기를 놓치는 것은 한 시간을 낭비하는 것보다 확실히 더 나쁠 것이다. 만일 내가 그것은 여섯 시간의 가치가 있다고 생각한다면, 비행기를 놓치는 것에는 6유틸의 대가가 따른다고 할 수 있다.

모든 것을 유틸로 환산했으면, 세 전략의 기대값을 계산해 볼 수 있다.

선택지 1	$-2 + 2\% \times (-6) = -2.12$유틸
선택지 2	$-1.5 + 5\% \times (-6) = -1.8$유틸
선택지 3	$-1 + 15\% \times (-6) = -1.9$유틸

선택지 2가 평균적으로 가장 적은 효용을 대가로 치르는 방안이다. 결코 사소하지 않은 확률로 비행기를 놓칠 가능성이 따라붙지만 말이

다. 그야 물론 공항에 발이 묶이는 것은 괴롭고 불쾌한 일이지만, 안 그래도 낮은 지각 확률을 좀 더 줄이기 위해서 매번 30분 더 일찍 터미널에 나갈 가치가 있을 만큼 괴롭고 불쾌한가?

당신은 그렇다고 답할 수도 있다. 당신은 비행기를 놓치는 게 정말 정말 싫어서, 비행기를 놓치는 대가가 당신에게는 6유틸이 아니라 20유틸일 수도 있다. 그렇다면 위의 계산은 바뀌고, 이제 보수적인 선택지 1이 선호되며, 그 기대값은 다음과 같다.

$$-2 + 2\% \times (-20) = -2.4유틸$$

그렇다고 해서 스티글러가 틀렸다는 뜻은 아니다. 이것은 균형점이 옮겨진 것일 따름이다. 당신은 세 시간 더 일찍 도착함으로써 비행기를 놓칠 확률을 더욱더 낮출 수도 있다. 그러면 비행기를 놓칠 확률은 사실상 0으로 줄겠지만, 비행기를 타러 나오는 데 대한 대가 3유틸은 확실히 치러야 하기 때문에 선택지 1보다 더 나쁜 선택이 되어 버린다. 공항에 일찍 나와 기다리는 시간과 기대 효용을 이런 식으로 계산하여 그래프로 그려 보면, 대충 이런 그림이 된다.

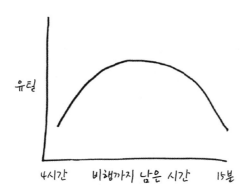

래퍼 곡선이 다시 등장했다! 당신이 이륙 15분 전에 도착한다면, 비행기를 놓칠 확률은 대단히 높을 테고 그에 따르는 부정적 효용을 감수해야 할 것이다. 한편 너무 일찍 나와도 많은 유틸을 대가로 치른다. 최적의 행동은 그 사이 어딘가에 있다. 정확히 어디 있느냐는 당신이 비행기를 놓치는 것과 시간을 허비하는 것의 상대적 가치를 개인적으로 어떻게 느끼느냐에 달려 있지만, 어쨌든 그 최적의 전략에는 비행기를 놓칠 확률이 어느 정도는 반드시 따라붙는다. 그 확률이 작을 수는 있어도 0은 아니다. 당신이 말 그대로 한 번도 비행기를 놓치지 않는다면, 최선의 전략으로부터 좀 더 왼쪽으로 치우쳐 있을 것이다. 그렇다면 당신은, 스티글러가 말했듯이, 유틸을 아끼고 비행기를 더 많이 놓쳐야 한다.

이런 계산은 당연히 주관적일 수밖에 없다. 당신이 공항에서 보내는 추가의 한 시간은 내가 보내는 한 시간보다 더 적은 유틸을 대가로 치를 수도 있다(나는 공항의 맛없는 치킨 시저 랩을 정말 정말 싫어한다). 따라서 이 이론에게 우리가 공항에 도착하면 좋은 최적의 시간이 언제인지, 놓쳐도 좋은 최적의 비행기 대수는 몇 대인지 정확히 뱉어 내라고 요구할 순 없다. 여기에서는 질적 결과가 나올 뿐, 양적 결과는 나올 수 없다. 나는 당신이 비행기를 놓칠 확률이 얼마라야 이상적인지 모른다. 다만 그 확률이 0이 아니라는 것만은 안다.

경고 하나. 현실에서는 0에 가까운 확률과 실제 0인 확률이 구분되지 않을 수 있다. 만일 당신이 비행기로 전 세계를 누비는 경제학자라면, 비행기를 놓칠 확률 1%를 받아들인다는 것은 곧 매년 한 번씩 비행기를 놓친다는 뜻일지 모른다. 그러나 다른 대부분의 사람들에게 그렇게 낮은 위험은 평생 한 번도 안 놓친다는 뜻일 수 있다. 따라서 만일 당신에게 적당한 위험 수준이 1%라면, 당신이 매번 비행기를 잘 탄다고 해서 뭔가 잘못하고 있다는 뜻은 아니다. 비슷한 맥락에서, 스티글러의 논증을 끌어다가 〈차가 완파되는 사고를 한 번도 겪지 않는다면 너무 느리게 운전하는 것이다〉라는 주장의 근거로 쓸 순 없다. 스티글러라면 그게 아니라, 〈차가 완파될지도 모르는 위험을 전혀 걸지 않는다면, 당신은 너무 느리게 운전하는 것이다〉라고 말했을 것이다. 이 말은 명백히 사실이다. 위험을 전혀 걸지 않는 방법은 아예 운전을 안 하는 것뿐이니까!

스티글러의 논증은 온갖 종류의 최적화 문제에서 요긴한 도구로 쓸 수 있다. 정부의 낭비를 예로 들어 보자. 우리는 어느 주 공무원이 시스템을 악용해서 막대한 연금을 타냈다거나, 어느 방위 산업 계약자가 말도 안 되게 부풀린 가격을 매기고도 빠져나갔다거나, 어느 시 기관이 기능이 사라진 지 오래인데도 관성과 유력 후원자들 덕분에 혈세를 낭비하며 존속하고 있다거나, 이런 류의 기사를 한 달에 한 번은 꼭 읽는다. 2013년 6월 24일에 「월스트리트 저널」의 〈워싱턴 와이어〉 블로그에 실렸던 다음 기사가 전형적인 사례다.

사회 보장국 감사관이 월요일에 발표한 바에 따르면, 사회 보장국은 사망한 것으로 여겨지는 미국인 1,546명에게 3100만 달러의 복지 수당을 부적절하게 지급해 왔다.

설상가상인 점은 그들에 대한 사망 증명 정보를 사회 보장국이 정부 데이터베이스에 제출했으므로, 그들이 이미 죽어서 지급을 중지해야 한다는 사실을 사회 보장국도 알고 있었어야 한다는 것이다.[2]

왜 이런 일이 지속되게 내버려 둘까? 답은 간단하다. 공항에 일찍 나가는 데 비용이 들듯이, 낭비를 없애는 데도 비용이 든다. 규칙을 준수하고 늘 경계하는 것은 가치 있는 목표이지만, 모든 낭비를 없애려는 것은 비행기를 놓칠 가능성을 깡그리 없애려고 하는 것처럼 편익을 상회하는 비용이 따르는 일이다. 블로거(이자 수학 경시대회 출신의) 니컬러스 보드로가 지적했듯이,[3] 문제의 3100만 달러는 사회 보장국이 연간 지급하는 총 복지 수당의 0.004%에 지나지 않는다. 한마디로, 사회 보장국은 이미 누가 살았고 누가 죽었는지를 굉장히 잘 알고 있다. 그런데도 마지막으로 남은 약간의 실수까지 없애기 위해서 좀 더 노력하는 것은 값비싼 대가가 따르는 일일지 모른다. 우리가 유틸을 헤아릴 경우, 물어야 할 질문은 〈왜 우리는 납세자들의 돈을 낭비하는가?〉가 아니라 〈납세자들의 돈을 얼마나 낭비하는 것이 바람직한가?〉이다. 스티글러의 말을 빌리자면, 정부가 낭비를 전혀 하지 않는다면, 우리는 정부의 낭비를 막는 데 너무 많은 시간을 쓰고 있는 것이다.

신에 관해서 한 마디만 더, 이제 두 번 다시 하지 않겠다고 약속한다

기대값에 관해서 처음으로 뚜렷한 개념을 품었던 사람은 블레즈 파스칼이었다. 그는 (자칭 슈발리에 드 메레라는) 도박꾼 앙투안 공보가 던진 질문들에 흥미를 느껴, 1654년의 절반을 피에르 드 페르마와 편지를 주고받으면서 만일 내기를 반복한다고 가정할 때 어떤 종류의 내기는 장기적으로 수익이 날 가능성이 있고 어떤 종류의 내기는 망하는 길인지를 알아내려고 애썼다. 현대 용어로 말하자면, 그는 어떤 종류의 내기가 양의 기대값을 갖고 어떤 종류의 내기가 음의 기대값을 갖는지를 알고 싶었다. 파스칼과 페르마가 주고받은 서신들은 흔히 확률 이론의 시작으로 여겨진다.

1654년 11월 23일 저녁, 원래부터 신앙이 깊었던 파스칼은 너무나도 강렬한 신비 체험을 겪었다. 그가 그 경험을 최대한 말로 표현한 것은 다음과 같았다.

불.
아브라함의 신, 이삭의 신, 야곱의 신

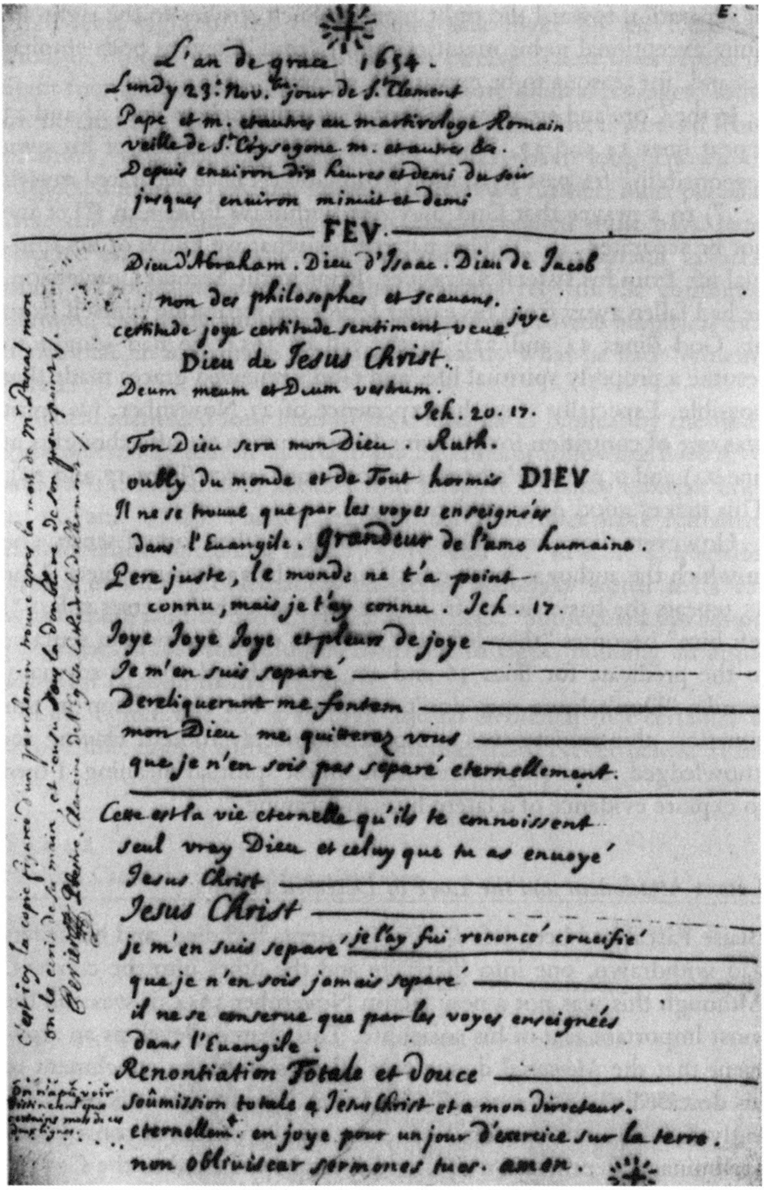

파스칼의 양피지 메모 사본. © 프랑스 국립 도서관.

철학자들과 학자들의 신이 아니다. ……

나는 그로부터 떨어져 나왔고, 그를 꺼렸고, 그를 부정했고, 그를 희생시켰다.

두 번 다시 내가 그로부터 떨어지지 않기를!

그는 복음서에서 가르치는 방식으로만 간직될 수 있다.

달콤하고 완전한 금욕.

나의 안내자 예수 그리스도에게 완전히 굴복하는 것.

지상에서 단 하루 노력의 대가로 영원한 기쁨을 얻는 것.

파스칼은 이 글을 적은 종이를 코트 안감에 꿰매 붙이고는 남은 평생 몸에 지니고 다녔다. 그 〈불의 밤〉 이후, 파스칼은 수학을 대체로 버리고 종교적인 주제에만 지적 노력을 쏟았다. 1660년에 오랜 친구 페르마가 만남을 제안하자, 파스칼은 이렇게 답장했다.

당신과 기하학에 관하여 툭 터놓고 이야기하는 것은 내게 최고의 지적 활동입니다만, 동시에 나는 그것이 얼마나 무용한지를 깨달았기 때문에 기하학자와 재주 많은 장인 사이에 아무 차이가 없다고 느낍니다. ……나는 그간의 공부로 말미암아 이런 사고방식으로부터 워낙 멀리 벗어났으니, 기하학이란 것이 있다는 사실조차 기억나지 않을 지경입니다.[4]

파스칼은 2년 뒤인 39세에 기독교 변론서를 쓰려고 모아 두었던 메모들과 짧은 에세이들을 뒤에 남긴 채 죽었고, 그 글들은 그가 죽은 지 8년 뒤에 『팡세(사색)』라는 책으로 묶여 나왔다. 『팡세』는 놀라운 작품이다. 경구적이고, 무한히 인용할 만하며, 많은 면에서 절망적이고, 많은 면에서 불가해하다. 내용의 대부분은 짧고 단속적인 문장들에 번호가 매겨진 채 나열된 것이다.

199. 많은 사람들이 사슬에 묶여 있고, 그들 모두가 사형될 운명인데, 그중 일부는 매일 다른 사람들이 지켜보는 앞에서 죽임을 당하며, 남은 사람들은 그들의 운명에서 자신의 운명을 보고, 자신의 차례를 기다리며, 희망 없이 슬프게 서로를 바라본다고 상상하자. 이것이 인간들이 처한 상황이다.

209. 그대가 주인에게 사랑받고 총애받는다고 해서 그대가 노예가 아니게 되는가? 노예여, 그대는 정말로 호의호식하고 있다. 주인은 그대를 총애한다. 그리고 곧 그대를 때릴 것이다.

그러나 『팡세』에서 가장 유명한 글은 파스칼이 〈앙피니테-리앙(무한-무)〉이라고 제목을 붙였으나 세상에는 〈파스칼의 내기〉라고 알려진 233번 글이다.

앞에서 언급했듯이, 파스칼은 신의 존재에 관한 질문은 논리가 범접할 수 없는 영역이라고 보았다. 〈《신은 존재하거나 존재하지 않는다.》 하지만 우리는 어느 쪽으로 기울어야 하는가? 이성은 여기에서 아무것도 결정하지 못한다.〉 그러나 파스칼은 여기에서 그치지 않고 이렇게 물었다. 신앙의 문제는 일종의 도박이 아닐까? 상상할 수 있는 최대의 판돈이 걸린 게임, 우리가 참가하는 수밖에 다른 여지가 없는 게임이 아닐까? 그리고 내기를 분석하는 것, 현명한 내기와 어리석은 내기를 구분하는 것은 세상의 그 누구보다도 파스칼이 잘 아는 주제였다. 이러니저러니 해도 그는 수학을 완전히 버리진 않았던 것이다.

파스칼은 신앙이라는 게임의 기대값을 어떻게 계산했을까? 단서는 그가 받았던 신비한 계시에 나와 있다.

지상에서 단 하루 노력의 대가로 영원한 기쁨을 얻는 것.

이것이 신앙을 채택하는 비용과 편익을 분석한 것이 아니고 달리 무엇이겠는가? 파스칼은 구세주와 황홀한 교감을 나누는 중에도 수학을 하고 있었던 것이다! 나는 그의 그런 면이 좋다.

파스칼의 기대값을 계산하려면, 우리는 먼저 신이 존재할 확률을 알아야 한다. 잠시 우리가 열렬한 불신자라고 가정하고, 이 확률에 겨우 5%만 부여한다고 하자. 만일 우리가 신을 믿는다면, 그리고 그 선택이 옳았던 것으로 드러난다면, 우리가 받을 보상은 〈영원한 기쁨〉이다. 경제학자의 용어로 표현한다면 무한히 많은 유틸이다.* 만일 우리가 신을 믿는데 그것이 틀린 것으로 드러난다면(우리는 95%의 확률로 이런 결과를 예상하고 있다) 우리는 대가를 치른다. 그 대가는 파스칼이 암시한 〈단 하루 노력〉보다야 클 것이다. 경배에 바친 시간뿐 아니라 구원을 추구하느라고 포기한 온갖 분방한 쾌락들의 기회비용도 따져야 하니까. 그래도 어쨌든 그것은 일정한 양일 테니, 가령 100유틸이라고 가정하자.

그렇다면 신앙의 기대값은 다음과 같다.

$$(5\%) \times 무한 + (95\%) \times (-100)$$

5%는 작은 수다. 그러나 무한한 기쁨은 정말로 큰 기쁨이라, 그것의 겨우 5%라도 여전히 무한하다. 따라서 종교를 받아들이는 데 부과되는 유한한 대가의 크기가 얼마이든, 무조건 그것을 압도한다.

우리는 앞에서 이미 〈신은 존재한다〉와 같은 명제에 수치로 확률을 부여하는 것이 얼마나 위험한 일인지를 이야기했다. 그런 부여에 무슨 의미가 있는지는 전혀 분명하지 않다. 그러나 파스칼은 그런 꺼림칙한

* 다만 나는 미래의 어떤 규모의 행복은 현재의 같은 규모의 행복보다 가치가 떨어지기 때문에 아브라함의 품에서 영원한 기쁨을 누리는 일의 가치는 사실 유한할 수밖에 없다고 주장하는 경제학자를 적어도 한 명 만나 보았다.

수치적 시도를 한 게 아니었다. 그럴 필요가 없었다. 왜냐하면 숫자가 정확히 5%인지 다른 수인지는 중요하지 않기 때문이다. 무한한 행복의 1%는 여전히 무한한 행복이라, 경건한 삶에 따르는 어떤 유한한 대가도 능가한다. 0.1%나 0.000001%라고 해도 마찬가지다. 중요한 것은 신이 존재할 확률이 0은 아니라는 점이다. 이 점을 우리는 인정해야 하지 않을까? 신의 존재가 최소한 가능하기는 하다는 사실을? 만일 그렇게 인정한다면, 기대값 계산의 결과는 명백한 것 같다. 믿음에는 그만한 가치가 있다. 그 선택의 기대값은 그냥 양수도 아니고 무한한 양수이다.

파스칼의 이런 논증에는 심각한 흠들이 있다. 가장 중대한 흠은 10장에서 보았던 모자 쓴 고양이 문제, 즉 가능한 모든 가설들을 고려하지 않는다는 문제이다. 파스칼의 설정에는 선택지가 두 가지뿐이다. 기독교의 신이 실존하여 자기 신자들에게 보상하는 경우, 아니면 신이 존재하지 않는 경우였다. 하지만 기독교인을 영원히 벌하는 신이 있다면 어떨까? 그런 신도 틀림없이 가능하고, 그 가능성만으로도 우리는 논증을 기각하기에 충분하다. 이 경우 우리가 기독교를 받아들인다면 무한한 기쁨의 가능성에 거는 동시에 무한한 고통의 위험을 감수해야 하는데, 두 선택지의 상대 확률을 견주어 보는 원칙적 방법은 존재하지 않는다. 우리는 이성으로는 아무것도 결정할 수 없는 출발점으로 돌아온다.

볼테르는 이와는 다른 관점에서 반대했다. 어쩌면 볼테르는 파스칼의 내기에 공감하지 않았을까 짐작할 만도 하다. 앞에서 보았듯이 볼테르는 도박에 전혀 반대하지 않았으니까. 그리고 그는 수학을 경배했다. 그는 뉴턴을 숭배에 가까운 태도로 섬겼고(한번은 뉴턴을 가리켜 〈내가 희생을 바치는 신〉이라고 표현했다), 수학자 에밀리 뒤 샤틀레와 오랫동안 연인 관계였다. 하지만 파스칼은 볼테르가 좋아하는 종류의 사상가가 아니었다. 두 사람은 철학적 입장뿐 아니라 기질도 상극이었다. 대체로 쾌활했던 볼테르의 세계관에는 파스칼의 어둡고 내성적이고 신비주의적인 안개가 끼어들 자리가 없었다. 볼테르는 파스칼을 〈숭고한 인간 혐오자〉라고 불렀고, 음울한 『팡세』를 한 문장 한 문장 반격하는 장문의 에세이를 썼다.⁵ 파스칼을 대하는 볼테르의 태도는 인기 많고 똑똑한 아이가 음울하고 비딱한 별종을 바라보는 태도였다.

파스칼의 내기에 관해서라면, 볼테르는 그것을 〈다소 불경하고 유치하다. 게임이라는 생각, 손해와 이득이라는 생각은 이 주제의 심각성에 걸맞지 않다〉고 말했다. 더 중요한 점은 〈내가 무언가를 믿는 데 관심이 있다는 것이 그것이 존재한다는 증거가 되지는 못한다〉는 것이었다. 볼테르 본인의 입장은 그답게 명랑한 태도로 형식적이지 않은 형태의 설계 논증 쪽에 기울었다. 세상을 둘러보라, 얼마나 놀라운가, 그러니 신은 존재한다, 증명 끝!

볼테르는 요점을 파악하지 못했다. 파스칼의 내기는 야릇하리만치 현대적이었다. 볼테르가 따라잡지 못할 만큼 현대적이었다. 위츠툼과 바이블 코드 해독자들, 혹은 아버스넛, 혹은 현대의 지적 설계론 옹호자들과는 달리 파스칼은 신의 존재에 대한 증거를 전혀 제공하지 않았는데, 볼테르가 그 점을 지적한 것은 옳았다. 파스칼이 제안한 것은 그게 아니라 우리가 믿어야 할 이유였는데, 그 이유는 믿음의 정당성이 아니라 믿음의 효용과 관련되어 있다. 어떤 면에서 파스칼은 9장에서 보았던 네이만과 피어슨의 엄격한 입장을 예견한 듯했다. 그들과 마찬가지로 파스칼은 우리가 접하는 증거가 진실을 결정하는 데 쓸 믿음직한 수단이라는 견해에 회의적이었다. 물론, 그럼에도 불구하고 우리는 무엇을 할지 결정해야만 한다. 파스칼은 우리에게 신이 존재한다는 사실을 납득시키려는 것이 아니었다. 다만 그렇게 믿는 것이 우리에게 이롭다는 것, 따라서 우리가 할 수 있는 최선의 행위는 기독교인들과 어울리면서 신앙을 따르고 그러다 보니 자신도 모르게 진심으로 믿게 되는 것임을 납득시키려는 것이었다. 파스칼의 논증을 현대적으로 표현한다면 데이비드 포스터 월리스가 『무한한 재미*Infinite Jest*』에서 했던 것보다 더 잘할 사람이 있을까? 나는 못하겠다.

자포자기한, 새로 술을 끊은 백기 투항자들에게는 늘 그들이 아직 이해할 수 없고 믿을 수도 없는 슬로건들을 입에 발린 말로나마 입에 담아 보라는 권유가 쏟아진다. 예를 들면 〈살살 하자!〉거나 〈생각해 보세요!〉, 혹은 〈한 번에 하루씩!〉 같은 것들이다. 이런 것은 이른바 〈될 때까지 그런 척하자〉는 말로 일컬어지는데, 이 말 자체도 자주 입에 오르는 슬로건이다. 환자들 중 남들 앞에 일어서서 말하는 사람은 다들 자기가 알코올 중독자라는 말로 이야기를 시작하는데, 스스로 그렇게 믿든 믿지 않든 그렇게 말한다. 그러면 모인 사람들은 모두 오늘 그가 금주하고 있는 것이 얼마나 감사한 일이냐고 말하고, 그가 적극적으로 모임에 나오는 것이 얼마나 잘된 일이냐고 말한다. 그가 그 사실에 감사하거나 기뻐하지 않더라도 말이다. 그들은 결국 믿게 될 때까지 그런 말을 하라고 한다. 오래 금주한 사람에게 이런 빌어먹을 모임에 마지못해 출석하는 짓을 얼마나 더 해야 하느냐고 물어보면, 그들이 예의 짜증 나는 미소를 지으면서 그런 빌어먹을 모임에 스스로 나오고 싶어질 때까지라고 대답하는 것처럼.

상트페테르부르크와 엘즈버그

유틸은 낭비한 시간이나 불쾌한 식사처럼 화폐 가치로 확실히 정의되지 않은 것들에 대해 결정할 때 유용한 개념이다. 그러나 우리는 화폐 가치로 잘 정의된 것들을 다룰 때도 효용 개념을 말해야 한다. 이를테면 돈 같은 것을.

이 깨달음은 확률 이론의 역사에서 아주 빨리 등장했다. 여느 많은 중요한 개념들처럼, 이 개념도 처음에는 수수께끼의 형태로 등장했다. 다니엘 베르누이는 이 난제를 1738년의 논문 「위험 측정에 관한 새로운 이론의 해설Exposition on a New Theory of the Measurement of Risk」에서 이렇게 묘사한 것으로 유명하다. 〈페터는 동전의 《앞면》이 나올 때까지 계속 동전을 던진다. 그는 파울에게 만일 첫 시도에서 《앞면》이 나오면 금화 한 닢을, 두 번째 시도에서 앞면이 나오면 두 닢을, 세 번째 시도에서 나오면 네 닢을, 네 번째 시도에서 나오면 여덟 닢을, 이런 식으로 시도 횟수가 하나씩 늘어날수록 두 배씩 늘어난 금화를 주겠다고 약속한다.〉

이것은 분명 파울에게 꽤 매력적인 시나리오이고, 파울이 약간의 참가비를 내야 하더라도 기꺼이 덤벼야 할 게임처럼 보인다. 하지만 얼마나 내는 게 적당할까? 우리가 복권의 경험에 바탕하여 내리는 자연스러운 대답은, 파울이 페터에게 받을 돈의 기대값을 구해 보자는 것이다. 동전을 처음 던졌을 때 앞면이 나올 가능성은 50/50이고, 그 경우에 파울은 금화 한 닢을 받는다. 만일 첫 번째 시도에서 뒷면이 나오고 두 번째 시도에서 앞면이 나오면, 이런 사건이 발생할 확률은 1/4인데, 파울은 금화 두 닢을 받는다. 네 닢을 받으려면 세 번의 시도에서 차례로 뒷면, 뒷면, 앞면이 나와야 하는데 그 확률은 1/8이다. 이런 식으로 계속 더해나가면, 파울의 기대값은 다음과 같다.

$$(1/2) \times 1 + (1/4) \times 2 + (1/8) \times 4 + (1/16) \times 8 + (1/32) \times 16 + \cdots\cdots$$

즉,

$$1/2 + 1/2 + 1/2 + 1/2 + \cdots\cdots$$

이 합은 하나의 수가 아니다. 이 합은 발산한다. 더 많은 항을 더할수록 합이 점점 더 커져서, 어떤 유한한 한계도 지나쳐서 무한히 커진다.*

그렇다면 파울은 어떤 액수를 치르고라도 기꺼이 이 게임에 참가하려고 해야 할 것 같다.

이것은 말도 안 되는 소리처럼 들린다. 그리고 정말로 말이 안 된다! 하지만 수학이 우리에게 뭔가 말이 안 되는 소리를 들려줄 때, 수학자들은 그냥 어깨를 으쓱하고 가버리지 않는다. 수학자들은 수학이든 우리의 직관이든 둘 중 하나가 경로를 이탈한 지점을 찾고자, 왔던 길을 되짚어 문제점을 찾아본다. 상트페테르부르크 역설이라고 알려진 이 수수께끼는 다니엘의 사촌 니콜라우스 베르누이가 그로부터 삼십 년쯤 전에 처음 고안한 이래 당대의 많은 확률 연구자들이 고민했으나, 누구도 만족스러운 결론에 이르지 못했다. 젊은 베르누이가 이 역설을 아름답게 풀어 낸 것은 획기적인 결과였고, 불확실한 값에 관한 경제학적 사고의 기틀을 닦은 업적이었다. 베르누이는 금화 한 닢은 금화 한 닢이라고 말하는 것이 잘못이라고 지적했다. 부자의 금화 한 닢은 농부의 금화 한 닢만큼 값지지 않다. 두 사람이 그 돈을 다루는 태도가 크게 다른 것만 봐도 알 수 있다. 그리고 금화 2,000닢을 가진 것은 1,000닢을 가진 것보다 두 배 더 좋은 게 아니다. 이미 금화 1,000닢을 가진 사람에게 주어진 금화 1,000닢은 한 푼도 없는 사람의 1,000닢보다 덜 값지기 때문이다. 금화가 두 배 더 많다고 해서 유틸도 두 배가 되는 것은 아니다. 모든 곡선이 직선은 아니고, 돈과 효용의 관계는 비선형 곡선에 따른다.

베르누이는 효용이 로그처럼 증가한다고 생각했다. 그렇다면 k번째 상금인 금화 2^k닢의 가치는 k유틸이다. 기억하겠지만, 우리는 로그의 값을 대충 자릿수와 같다고 생각하자고 했다. 따라서 베르누이의 이론을 달러로 말하자면, 부자들은 자기 재산의 가치를 달러 기호 뒤에 이어지는 자릿수로 측정한다는 말이다. 즉, 10억 달러를 가진 사람이 1억 달러

---

* 단 2장에서 보았듯이, 발산 급수에는 무한을 향해 나아가는 것만 있는 게 아님을 명심해야 한다. 그란디의 급수 1 − 1 + 1 − 1 + ……처럼 어떻게도 결정되지 않는 발산 급수도 있다.

를 가진 사람보다 더 부유한 정도는, 1억 달러를 가진 사람이 1000만 달러를 가진 사람보다 부유한 정도와 같다.

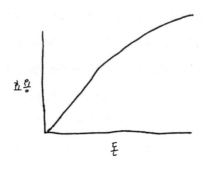

베르누이의 공식을 따르자면, 상트페테르부르크 게임의 기대 효용은 다음 급수이다.

$$(1/2) \times 1 + (1/4) \times 2 + (1/8) \times 3 + (1/16) \times 4 + \cdots\cdots$$

이런 변환은 역설을 길들인다. 이 합은 더 이상 무한하지 않으며, 심지어 아주 크지도 않다. 그리고 이 합을 정확하게 계산해 내는 멋진 트릭이 있다. 다음 쪽 그림을 보라.

첫 줄 $(1/2) + (1/4) + (1/8) + \cdots\cdots$의 합은 1이다. 이것은 2장에서 제논이 발견했던 바로 그 무한급수다. 두 번째 줄은 첫 줄의 모든 항을 2로 나눈 것뿐이므로, 그 합은 첫 줄의 합의 절반, 즉 1/2이어야 한다. 마찬가지로 세 번째 줄은 두 번째 줄의 각 항을 2로 나눈 것이므로, 두 번째 줄의 합의 절반, 즉 1/4이어야 한다. 그렇다면 삼각형에 포함된 모든 수의 합은 1 + 1/2 + 1/4 + 1/8 + \cdots\cdots이 된다. 이것은 제논의 합보다 1이 더 많은 것이므로, 답은 2다.

하지만 가로줄로 더하지 않고 세로행으로 더하면 어떨까? 내 부모님의

$$\frac{1}{2} + \frac{1}{4} + \frac{1}{8} + \frac{1}{16} + \frac{1}{32} + \cdots = 1$$

$$\frac{1}{4} + \frac{1}{8} + \frac{1}{16} + \frac{1}{32} + \cdots = \frac{1}{2}$$

$$\frac{1}{8} + \frac{1}{16} + \frac{1}{32} + \cdots = \frac{1}{4}$$

$$\frac{1}{16} + \frac{1}{32} + \cdots = \frac{1}{8}$$

$$\frac{1}{32} + \cdots = \frac{1}{16}$$

$$\frac{1}{2} + \frac{2}{4} + \frac{3}{8} + \frac{4}{16} + \frac{5}{32} + \cdots = 2$$

전축에 뚫려 있던 구멍들처럼, 세로로 더하든 가로로 더하든 아무 상관이 없고 합은 똑같은 합이다.[*] 자, 첫 번째 행에는 1/2 하나만 있다. 두 번째 행에는 1/4이 두 개 있으므로 (1/4)×2다. 세 번째 행에는 1/8이 세 개 있으므로 (1/8)×3이고, 이런 식으로 계속 나아간다. 그리고 이 세로행의 합을 다 더한 급수는 베르누이가 상트페테르부르크 문제를 풀 때 적었던 바로 그 급수이다. 그리고 그 합은 무한 삼각형에 포함된 수들의 합과 같으니, 곧 2다. 따라서 파울이 치러야 할 금액은 그의 개인적 효용 곡선이 2유틸만큼 가치가 있다고 말해 주는 금액이다.[**]

효용 곡선의 형태는, 돈이 많아질수록 곡선이 아래를 향해 굽는다는 기본적인 경향을 제외하고는, 정확하게 확정하기가 불가능하다.[***] 요즘

[*] 경고: 이런 직관적 논증을 무한수열의 합에 적용할 때는 큰 위험이 따른다. 이 사례에서는 그래도 괜찮지만, 더 복잡한 무한수열에서는 턱없이 틀리게 된다. 특히 양수와 음수 항이 둘 다 있는 경우에는.

[**] 다만 1934년에 카를 멩거는(아브라함 발드의 박사 학위 지도 교수였다) 상트페테르부르크 게임의 변형 형태들 중에는 베르누이의 로그 공식에 따르는 사람이라도 이보다 더 많은 금화를 내고 참가해야 할 만큼 보수가 후한 게임들이 있다고 지적했다. 가령 k번째 상금이 금화 2^{2^k} 닢인 형태라면 어떻겠는가?

[***] 사실 대부분의 사람들은 그런 효용 곡선이 아예 존재하지 않는다고 말할 것이다. 효용 곡선은 어떤 정확한 형태가 존재하는데 우리가 정확하게 측정하지 못할 뿐인 실재가 아니라 느슨한 가이드라인으로만 생각해야 한다.

경제학자들과 심리학자들은 늘 좀 더 정교한 실험을 고안해서 그 속성을 더 잘 이해하려고 노력하고 있지만 말이다. 〈자, fMRI 중앙에 머리를 편하게 눕히시고, 제가 여섯 가지 포커 전략을 들려 드릴 테니 가장 매력적인 것부터 가장 덜 매력적인 것 순서로 등수를 매겨 보세요. 그 뒤에 그대로 누워 계시면 우리 학생이 면봉으로 뺨 안을 좀 훑겠습니다. 괜찮으시죠?〉

최소한 우리는 보편적인 효용 곡선은 없다는 것을 안다. 서로 다른 환경에 놓인 서로 다른 사람들은 같은 돈에 서로 다른 효용을 매긴다. 이것은 중요한 사실이다. 우리가 인간의 경제적 행동을 일반화하기 시작할 때, 이 사실을 떠올리면 그만둘 수밖에 없을 것이다. 아니, 그만두어야만 한다. 1장에서 레이거노믹스를 숨넘어가게 칭찬했던 사람으로 소개했던 하버드의 경제학자 그레그 맨큐는 2008년에 널리 읽힌 블로그 글을 하나 썼는데,[6] 당시 대통령 후보자였던 버락 오바마가 제안한 소득세 인상안이 통과되면 자신은 태업을 하게 될 거라는 내용이었다. 맨큐는 한 시간 더 일해서 버는 돈의 효용이 그 시간만큼 아이들과 보내지 못함으로써 겪게 되는 부정적 효용을 정확하게 상쇄하는 평형 상태에 도달해 있었던 것이다. 그런데 맨큐가 시간당 버는 금액이 준다면, 지금의 교환 관계는 유효하지 않게 된다. 그는 일을 줄여서 소득 수준을 낮춤으로써, 오바마 때문에 감소한 수입을 버느라 일한 한 시간의 가치가 아이들과 보내는 한 시간의 가치와 같아지는 지점을 새로 찾을 것이다. 맨큐는 카우보이 영화 스타의 관점에서 경제를 바라보았던, 세율이 올라가면 카우보이 영화를 덜 찍게 된다고 말했던 레이건의 견해에 동조하는 셈이다.

그러나 모든 사람이 그레그 맨큐와 같은 것은 아니다. 특히 모든 사람이 그와 같은 효용 곡선을 갖고 있는 것은 아니다. 코믹 에세이 작가 프랜 레보위츠는 자신이 젊을 때 맨해튼에서 택시를 몰았던 이야기를 들려

준 적이 있다.[7] 그녀는 매월 1일에 택시를 몰기 시작하여, 집세와 식비를 치를 돈이 모이는 날까지 매일 일했다. 딱 그런 날이 되면 운전을 그만두고, 그 달의 나머지 날들에는 글을 썼다. 이때 레보위츠에게는 특정 문턱값을 넘는 돈이 주는 추가 효용이 사실상 0이었다. 그녀의 곡선은 맨큐와는 다르게 생겼다. 그녀의 곡선은 집세를 내고 나면 평평해졌다. 소득세가 높아진다면, 프랜 레보위츠에게는 어떤 일이 벌어질까? 그녀는 이제 더 높아진 문턱값에 도달해야 하므로, 일을 덜 하는 것이 아니라 더 할 것이다.*

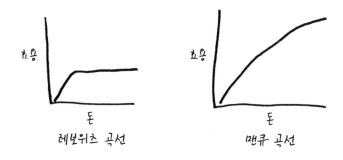

레보위츠 곡선 / 맨큐 곡선

효용이라는 개념, 그리고 효용과 돈의 비선형 관계라는 발견에 도달한 사람이 베르누이 혼자만은 아니었다. 베르누이 이전에도 최소한 두 연구자가 더 있었다. 한 명은 제네바의 가브리엘 크라메르였고, 다른 한 명은 크라메르와 편지를 주고받았던 젊은이, 바늘을 타일 바닥에 던졌던 사람, 바로 조르주 루이 르클레르 즉 뷔퐁 백작이었다. 확률에 대한 뷔퐁의 관심은 실내 놀이에만 국한되지 않았다. 말년에 그는 상트페테르부르크 역설이라는 혼란한 문제에 마주쳤던 것을 이렇게 회상했다.

* 레보위츠는 자신의 책 『사회학 *Social Studies*』에서 독자들에게 〈대수를 배우는 수업 시간에 깨어 있지 않겠다는 결의를 굳게 다져라. 장담하는데, 현실에 대수 따위는 없다〉라고 말했다. 나는 이 문장이야말로 레보위츠의 인생에 수학이 존재한다는 증거라고 주장하겠다. 그녀가 그것을 수학이라고 부르건 말건!

〈나는 한동안 이 문제를 숙고해 보았지만 어디가 결정적인 지점인지를 찾지 못했다. 모종의 도덕적 고려를 도입하지 않은 채 상식에 부합하는 수학적 계산을 해내기가 불가능한 것 같았다. 이런 생각을 크라메르 씨에게 밝혔더니, 그는 내 말이 옳다면서 자신도 이 문제를 비슷한 접근법으로 해결했다고 답했다.〉[8]

뷔퐁의 결론은 베르누이의 결론과 흡사하다. 그리고 뷔퐁은 비선형성을 특히 명료하게 인식했다.

돈을 수량으로 측정해선 안 된다. 실제로는 부의 상징에 지나지 않는 금속이 만일 부 자체라면, 그러니까 부가 제공하는 행복과 이득이 돈의 양과 비례한다면, 그때는 돈을 수량으로 측정할 까닭이 있을 것이다. 그러나 우리가 돈에서 얻는 이득이 돈의 양과 정비례한다는 것은 결코 필연적인 사실이 아니다. 10만 에퀴를 버는 부자가 1만 에퀴를 버는 사람보다 10배 더 행복한 것은 아니다. 돈에는 그 밖의 속성도 있기 때문에, 어떤 한계량을 넘어서자마자 거의 아무런 실질적 가치를 지니지 못하게 되고 소유자의 안녕을 더 이상 증가시키지 못한다. 산더미 같은 황금을 발견한 사람이 고작 1세제곱 패덤 부피의 황금을 발견한 사람보다 더 부자인 것은 아니다.

기대 효용의 원칙은 직설적이고 단순하기 때문에 우리에게 잘 와 닿는다. 여러 선택지가 주어졌을 때 그중 기대 효용이 가장 높은 것을 고르라는 말 아닌가. 이것은 아마 우리가 개인의 의사 결정에 관해서 세울 수 있는 수학 이론들 가운데 가장 단순한 이론일 것이다. 그리고 이 원칙은 사람들이 실제로 선택을 하는 방식을 여러 측면에서 잘 포착하고 있다. 그렇기 때문에 양적 연구를 수행하는 사회 과학자들의 도구 상자에서 여전히 핵심적인 역할을 맡고 있는 것이다. 피에르 시몽 라플라스는 1814년에 쓴 『확률에 대한 철학적 시론 *A Philosophical Essay on Probabilities*』의 마지막 페이지에서 이렇게 말했다. 〈이 책에서 보았듯이, 확률 이론은 결국 《계산》으로 귀결된 상식일 뿐이다. 확률 이론은 이성적인 사람들이 자신이 안다는 사실조차 인식할 필요 없이 그저 직관적으로 이해하는 내용을 정확한 방식으로 알려 줄 뿐이다. 확률 이론은 우리가 의견과 결정을 선택하는 문제에서 한 줌 의혹도 남기지 않도록 해주고, 우리는 그것을 사용함으로써 늘 가장 유리한 선택을 내릴 수 있다.〉

이게 바로 수학이 다른 수단을 동원한 상식의 연장이라는 말 아니겠는가.

그러나 기대 효용이 모든 것을 알진 못한다. 이번에도 상황을 혼란스럽게 하는 문제는 수수께끼의 형태로 등장했다. 그리고 이번에 그 수수께끼를 꺼낸 사람은 훗날 펜타곤 문서를 민간 언론에 유출한 내부 고발자로 유명해진 대니얼 엘즈버그였다(때로 편협해지곤 하는 수학계에서는 엘즈버그에 대해 이런 말을 듣는 게 이상한 일이 아니다. 〈그거 알아? 그가 정치에 관여하기 전에 정말로 중요한 수학 연구를 했었거든〉).

혜성처럼 대중 앞에 나타나기 10년 전이었던 1961년, 엘즈버그는 랜드 연구소의 탁월한 젊은 분석가로서 미국 정부에게 핵전쟁을 둘러싼 전략적 문제들에 관한 조언을 주고 있었다. 어떻게 핵전쟁을 막을 수 있는지, 그게 안 된다면 어떻게 효율적으로 수행할 수 있는지를. 당시 그는 하버드에서 경제학 박사 과정도 밟고 있었는데, 두 작업 모두에서 사람들이 모르는 것에 직면했을 때 결정을 내리는 과정에 대해서 깊이 고민하고 있었다. 당시 기대 효용 이론은 수학적 결정 분석에서 지고의 위치를 차지하고 있었다. 폰 노이만과 모르겐슈테른*은 게임 이론의 토

---

* 아브라함 발드를 순수 수학에서 빼내고 나중에는 점령지 오스트리아에서 빼내 주었던 바로 그 오스카어 모르겐슈테른이다.

대를 닦은 책『게임 이론과 경제 행동*The Theory of Games and Economic Behavior*』에서 특정한 행동 규칙들, 혹은 공리들을 따르는 사람들은 마치 모종의 효용 함수를 극대화하려는 충동에 따라 선택하는 것처럼 행동해야만 한다는 것을 증명했다. 당시 그 공리들은(아브라함 발드와 함께 전시에 통계 전략 그룹에서 일했던 레너드 지미 새비지가 이후 좀 더 다듬었다) 불확실성하에서의 행동에 관한 표준 모형으로 통했다.

게임 이론과 기대 효용 이론은 지금도 개인들과 국가들의 협상에 관한 연구에서 중요한 역할을 수행하지만, 냉전 절정기의 랜드 연구소에서처럼 위세가 대단한 적은 없었다. 그곳에서 폰 노이만과 모르겐슈테른의 글은 성경 수준의 존경과 분석을 바칠 대상이었다. 랜드의 연구자들은 인간의 삶에서 근본적인 문제인 선택과 경쟁의 과정을 연구하고 있었으며, 그들이 연구하는 게임은 파스칼의 내기처럼 대단히 큰 판돈이 걸린 게임이었다.

젊은 슈퍼스타였던 엘즈버그는 기성의 기대를 배반하는 취향이 있었다. 그는 하버드에서 학과 3등으로 졸업한 뒤에는 해병대에 입대하여 지적 전우들을 깜짝 놀라게 만들었으며, 해병대에서 보병으로 3년을 복무했다.[9] 하버드 주니어 펠로였던 1959년에는 보스턴 공립 도서관에서 외교 정책 전략에 관한 강연을 하던 중 아돌프 히틀러가 지정학적 책략가로서 얼마나 유효했는지를 따지는 발언을 했다. 「여기에 우리가 연구해야 할 예술가가 있습니다. 우리가 폭력의 위협을 동원함으로써 무엇을 꿈꿀 수 있는지, 무엇을 해낼 수 있는지를 알아보기 위해 연구해야 할 예술가가.」[10] (이후 엘즈버그는 자신은 미국에게 히틀러 스타일의 전략을 권하려던 것이 아니었으며 다만 그 효과를 냉철하게 연구하고 싶었을 뿐이라고 주장했다. 어쩌면 정말로 그런 의도였겠지만, 그가 일부러 청중의 공분을 유발하려고 했다는 사실만큼은 부정하기 어렵다.)

그러니 엘즈버그가 기존 관점을 받아들이는 데 만족하지 않았다는 것은 크게 놀라운 일이 아닐지 모른다. 그는 사실 대학 졸업 논문에서부터 게임 이론의 토대를 건드려 왔다. 그리고 랜드에서 그는 오늘날 엘즈버그의 역설이라고 불리는 유명한 실험을 고안했다.[11]

공이 90개 든 단지가 있다고 하자.* 우리는 그중 30개가 빨간색이라는 걸 안다. 나머지 60개에 대해서는 일부는 검은색이고 일부는 노란색이라는 것만 안다. 실험자는 당신에게 다음 네 가지 내기를 제안한다.

빨강: 단지에서 꺼낸 공이 빨간색이면 당신은 100달러를 받고, 그렇지 않으면 한 푼도 못 받는다.

검정: 단지에서 꺼낸 공이 검은색이면 당신은 100달러를 받고, 그렇지 않으면 한 푼도 못 받는다.

빨강 아님: 단지에서 꺼낸 공이 검은색 혹은 노란색이면 당신은 100달러를 받고, 그렇지 않으면 한 푼도 못 받는다.

검정 아님: 단지에서 꺼낸 공이 빨간색 혹은 노란색이면 당신은 100달러를 받고, 그렇지 않으면 한 푼도 못 받는다.

당신은 어느 내기를 선호하겠는가? 〈빨강〉 아니면 〈검정〉? 〈빨강 아님〉과 〈검정 아님〉 중에서는 어느 쪽을?

엘즈버그는 피험자들에게 이 질문을 던져서 사람들이 어느 쪽을 선호하는지를 알아보았다. 그가 발견한 결과는 조사 대상자들이 〈검정〉보다 〈빨강〉을 선호한다는 것이었다. 〈빨강〉을 고를 때 나는 내 처지를 확실히 알 수 있다. 내가 돈을 받을 확률은 3분의 1이다. 한편 〈검정〉은 확률을 얼마나 기대해야 할지 알 수 없다. 〈빨강 아님〉과 〈검정 아님〉도 상황이 같다. 엘즈버그의 피험자들은 〈빨강 아님〉을 선호했다. 보수를 받

* 나는 단지를 본 적이 한 번도 없지만, 확률 이론에서는 만일 색색의 공을 무작위로 고를 것이라면 반드시 단지에 담긴 공들이어야 한다는 게 무슨 철칙 비슷한 것 같다.

을 확률이 정확히 2/3임을 아는 상태를 선호한 것이었다.

이제 좀 더 복잡하게 선택한다고 상상하자. 우리는 두 가지 내기를 골라야 한다. 아무거나 두 개를 고르는 것은 아니고, 〈《빨강》과 《빨강 아님》〉 혹은 〈《검정》과 《검정 아님》〉 중에서 하나를 골라야 한다. 만일 우리가 〈검정〉보다 〈빨강〉을 선호하고 〈검정 아님〉보다 〈빨강 아님〉을 선호한다면, 이 중에서는 〈《검정》과 《검정 아님》〉보다 〈《빨강》과 《빨강 아님》〉을 선호해야 합리적일 것 같다.

그러나 문제가 있다. 〈빨강〉과 〈빨강 아님〉을 고르면 우리는 100달러를 받게 된다. 그런데 〈검정〉과 〈검정 아님〉을 골라도 그렇다! 두 가지가 똑같은데 어떻게 둘 중 한 쪽을 선호할 수 있을까?

기대 효용 이론 지지자들에게 엘즈버그의 결과는 아주 이상해 보였다. 각 내기는 특정 크기의 효용을 지녀야 하며, 만일 〈빨강〉이 〈검정〉보다 효용이 더 크고 〈빨강 아님〉이 〈검정 아님〉보다 효용이 더 크다면 〈빨강 + 빨강 아님〉이 〈검정 + 검정 아님〉보다 효용이 더 커야 한다. 그러나 실제로는 두 가지가 같다. 만일 우리가 효용을 믿는다면, 우리는 엘즈버그의 조사에 참가한 사람들이 틀린 선호를 갖고 있다고 믿어야 한다. 그들이 계산에 서툴거나, 질문에 충분한 주의를 기울이지 않았거나, 아니면 그냥 정신 나간 사람들이라고 생각해야 한다. 그런데 엘즈버그가 물어 본 사람들은 사실 유명한 경제학자들과 결정 이론가들이었기 때문에, 이 결론은 그들의 현 상태에 관한 의문을 제기한 셈이었다.

엘즈버그에게 이 역설적인 답은 그저 기대 효용 이론이 틀렸다는 것을 보여 준 것이었다. 훗날 도널드 럼즈펠드가 말했듯이, 세상에는 알려진 미지의 것과 알려지지 않은 미지의 것이 있으며 두 가지는 다르게 다뤄져야 한다. 〈알려진 미지〉는 〈빨강〉과 같다. 우리는 어느 공이 나올지는 모르지만 우리가 원하는 색깔의 공이 나올 확률은 계량할 수 있다. 반면에 〈검정〉은 〈알려지지 않은 미지〉를 안긴다. 우리는 검은 공이 나올지 확신할 수 없을뿐더러 검은 공이 나올 확률이 얼마나 되는지조차 모른다. 결정 이론 문헌에서는 전자에 해당하는 미지를 위험이라고 부르고 후자는 불확실성이라고 부른다. 위험한 전략은 수치적으로 분석할 수 있지만, 불확실한 전략은 엘즈버그가 보여 주었듯이 형식 수학의 분석 범위를 넘어선다. 적어도 랜드 연구소가 사랑하는 종류의 수학적 분석은 넘어섰다.

이것은 효용 이론의 엄청난 효용을 부인하는 것은 결코 아니다. 세상에는 우리가 접한 수수께끼가 잘 정의된 확률에 좌우되는 위험에만 해당하는 상황이 많이 있다. 가령 복권이 그렇다. 그리고 〈알려지지 않은 미지〉가 존재하긴 해도 그것이 사소한 역할만 수행하는 상황은 더 많이 있다. 여기에서 우리는 수학적 접근법과 과학이 전형적으로 밀고 당기는 모습을 본다. 베르누이나 폰 노이만 같은 수학자들이 수학적 형식화를 구축함으로써 이전까지 흐릿하게만 이해되었던 과학적 탐구 영역에 빛을 밝힌다면, 엘즈버그처럼 수학에 능통한 과학자들은 그 형식주의의 한계를 이해하고, 가능한 경우에는 그것을 다듬고 개선하며, 개선이 가능하지 않은 경우에는 엄중한 경고의 표지판을 세운다.

엘즈버그의 논문은 전문 경제학에서는 찾아보기 힘든 생생하고 문학적인 필치로 씌어져 있다. 결론 단락에서 그는 자기 실험의 피험자들에 대해서 이렇게 썼다. 〈베이즈주의나 새비지의 접근법은 틀린 예측을 주고, 그것에 비추어 나쁜 조언을 준다. 그 사람들은 의식적으로, 사과 한 마디 없이 공리들과 모순되는 방향으로 행동했는데, 왜냐하면 그 행동이 그들에게 분별 있는 것으로 여겨졌기 때문이다. 그들이 확실히 틀렸다고 할 수 있을까?〉

냉전 시기 워싱턴과 랜드 연구소의 세계에서, 사람들은 결정 이론과 게임 이론에 최고의 지적 존경을 바쳤다. 그것들은 지난 세계 대전의 원자 폭탄처럼 다음 세계 대전에서 승리를 안겨 줄 과학 도구들이라고 여겨졌다. 그 도구들이 현실에서는 적용에 한계가 있을지 모른다는 사실은, 특히 선례가 없기에 확률을 추정할 방도가 없는 맥락에서(가령 세계인구가 방사성 낙진으로 순식간에 감소하는 사건에 대해서) 그렇다는 사실은 최소한 엘즈버그에게만큼은 심란한 일이었을 것이다. 수학에 관한 이 의견 대립이 혹 군사 체제에 관한 그의 불신을 싹틔운 계기는 아니었을까?

13장
철로가 만나는 곳

효용 개념은 캐시윈폴 이야기에서 한 가지 수수께끼 같은 요소를 이해하도록 해준다. 제럴드 셀비의 팀은 막대한 양의 티켓을 구입할 때 복권 판매기가 무작위로 숫자를 골라 주는 퀵픽 프로그램을 사용했다. 반면에 〈랜덤 전략〉 팀은 숫자를 직접 골랐다. 그 말인즉 수십만 장의 용지를 손으로 메우고 그것을 편의점 기계에 일일이 입력하는, 엄청나게 지루하고 번거로운 작업을 해야 한다는 뜻이었다.

당첨 숫자들은 완벽하게 무작위적이므로, 모든 티켓의 기대값은 다 같다. 셀비가 퀵픽으로 숫자를 고른 10만 장의 티켓들도 하비와 루가 장인 정신을 발휘해 직접 숫자를 고른 티켓 10만 장과 평균적으로 같은 금액의 당첨금을 안겨 줄 것이다. 기대값에 관한 한 〈랜덤 전략〉은 소득도 없이 괴롭기만 한 일을 자청한 셈이었다. 왜 그랬을까?

이런 사례를 생각해 보자. 더 단순하지만 속성은 같은 사례이다. 당신은 그냥 5만 달러를 받겠는가, 아니면 10만 달러를 잃을 확률과 20만 달러를 딸 확률이 반반인 내기를 하겠는가? 내기의 기대값은 다음과 같으므로,

$$(1/2) \times (-10\text{만 달러}) + (1/2) \times (20\text{만 달러}) = 5\text{만 달러}$$

그냥 현금을 받는 것과 똑같다. 그리고 실제로 우리가 두 선택지를 다르지 않게 느낄 만한 이유가 있다. 만일 당신이 이 내기를 하고 또 하고 또 한다면, 거의 틀림없이 절반의 경우에는 20만 달러를 벌고 나머지 절반은 10만 달러를 잃을 것이다. 따고 잃기를 번갈아 가면서 한다고 상상하자. 내기를 두 번 하면 20만 달러를 벌고 10만 달러를 잃어서 총 이득이 10만 달러일 것이고, 내기를 네 번 하면 이득은 20만 달러로 늘어나며, 내기를 여섯 번 하면 30만 달러로, 이렇게 계속 늘어날 것이다. 결국 평균적으로 내기당 5만 달러를 따게 되니, 안전한 선택지를 택하는 것과 같아지는 셈이다.

하지만 이제 당신이 경제학 교과서의 문제 속 인물인 척하지 말고, 현실의 사람이라고 생각하자. 수중에 10만 달러 현금이 없는 현실의 사람이라고 말이다. 당신이 첫 내기에서 잃어서 도박업자가 수금하러 찾아온다면(파워 리프팅을 하는 덩치 큰 대머리 도박업자가 성나서 찾아온다면) 당신은 〈기대값 계산에 따르면 장기적으로는 내가 당신에게 돈을 갚을 수 있는 가능성이 아주 높은데요〉라고 말하겠는가? 말 못할 것이다. 그 논증은 수학적으로야 옳지만 목적을 달성하진 못할 것이다.

만일 당신이 현실의 사람이라면, 당신은 그냥 5만 달러를 받을 것이다.

효용 이론은 이 현실적인 추론을 잘 포착한다. 만일 내가 자금이 무한한 기업이라면, 10만 달러를 잃는 것이(가치가 −100유틸에 해당한다고 하자) 그렇게 심각한 일은 아닐 것이다. 한편 20만 달러를 딴다면, 200유틸을 얻을 수 있다. 이 경우 달러와 유틸은 깔끔한 선형 관계이고, 유틸은 천 달러의 다른 이름일 뿐이다.

그러나 만일 내가 자금이 변변찮은 현실의 사람이라면, 계산이 좀 달라진다. 내가 20만 달러를 따면 내 인생은 기업과는 달리 대폭 바뀔 테니, 내게는 이 돈이 더 큰 가치가 있다. 가령 400유틸이라고 하자. 하지만 10만 달러를 잃으면, 나는 잔고만 비는 게 아니라 성난 대머리 파워

리프팅 남자에게 빚을 지게 된다. 그것은 장부에게만 나쁜 날이 아니라 내가 중상을 입는 날이다. 그 효용을 -1,000유틸로 여긴다고 하자. 이 경우 내기의 기대값은 이렇다.

$$(1/2) \times (-1000) + (1/2) \times (400) = -300$$

내기의 기대값이 음수란 것은 그냥 5만 달러를 받는 선택지보다 못한 것은 물론이려니와 아예 아무것도 안 하는 것보다도 더 나쁘다는 얘기다. 완벽하게 망할지도 모르는 50% 확률은 내가 감당할 수 있는 위험이 아니다. 훨씬 더 큰 보상의 전망이 있다면 또 모를까.

이 계산은 우리가 이미 알고 있는 원칙을 수학적으로 형식화한 것뿐이다. 즉, 부자일수록 더 큰 위험을 감당할 수 있다는 원칙이다. 위와 같은 내기는 양의 기대값 보수를 지닌 위험한 주식에 투자하는 것과 같다. 그런 투자를 많이 한다면, 가끔은 단숨에 돈을 많이 잃겠지만 장기적으로는 벌 것이다. 간헐적 손실을 감당할 만큼 모아 둔 돈이 많은 부자는 그런 투자를 해서 더 부자가 될 것이고, 부자가 아닌 사람들은 그냥 원래 상태로 머물 것이다.

손실을 메울 돈이 없을 때도 위험한 투자가 합리적일 수 있다. 예비 계획이 있으면 된다. 주식 시장에서 어떤 조치가 99%의 확률로 100만 달러를 벌어 주고 1%의 확률로 5000만 달러를 잃게 만든다고 하자. 우리는 그 조치를 취해야 할까? 기대값이 양수이니 좋은 전략처럼 보이지만, 큰 손실을 감당해야 할지도 모르는 위험 때문에 망설일 수도 있다. 작은 확률이란 악명 높을 정도로 확신하기 어려운 것이기 때문에 더 그렇다.[*] 프로들은 이런 조치를 〈스팀 롤러 앞에서 동전 줍기〉라고 부른다. 대부

---

[*] 나심 니콜러스 탈레브와 같은 일부 분석가들은 극히 드문 금융 사건에 수치 확률을 부여하는 것 자체가 치명적인 실수라고 주장한다. 내가 보기에는 설득력이 있는 말이다.

분의 경우에는 푼돈을 벌지만 한 번 까딱했다가는 납작 깔려 버린다는 뜻이다.

그러면 어떻게 할까? 한 전략은 차입 자본을 최대한 끌어들여 위험한 조치를 취하기에 충분한 어음을 모으되, 규모를 100배 부풀리는 것이다. 이제 당신은 거래당 1억 달러씩 벌 가능성이 높다. 훌륭하다! 그런데 스팀 롤러에 깔리면? 50억 달러를 잃을 것이다. 실제로는 안 잃겠지만. 왜냐하면, 요즘처럼 모두가 상호 연관된 시대의 세계 경제는 녹슨 못과 밧줄로 얼기설기 엮은 거대한 나무 집과 같아서 구조의 한 부분이 크게 무너지면 뼈대 전체가 붕괴할 위험이 크기 때문이다. 미국 연방 준비 제도는 그런 일이 벌어지지 않도록 하려는 성향이 강하다. 오래된 말에도 있듯이, 백만 달러를 잃으면 개인의 문제지만 50억 달러를 잃으면 정부의 문제다.

이 금융 전략은 냉소적이지만 종종 잘 통한다. 로저 로웬스타인의 훌륭한 책 『천재들의 실패*When Genius Failed*』에 잘 기록되어 있듯이 1990년대에 〈롱텀 캐피털 매니지먼트〉사에게 통했고,[1] 2008년 금융 시장 붕괴에서 살아남고 심지어 그로부터 이득까지 보았던 회사들에게도 통했다. 지금도 별다른 근본적인 변화가 보이지 않으니, 그런 전략은 앞으로도 통할 것이다.[*]

금융 회사는 사람이 아니다. 사람들은 대부분 설령 부자이더라도 불확실성을 싫어한다. 부유한 투자자는 기대값이 5만 달러인 50대 50 내기를 즐길 수 있겠지만, 그래도 아마 그보다는 당장 5만 달러를 받는 편을 택할 것이다. 여기에서 유효한 용어가 분산이다. 분산은 결정의 가능한 결과들이 얼마나 넓게 퍼져 있는지, 양 극단의 결과가 발생할 가능성

---

[*] 물론, 은행 내부자들 중 일부는 자신의 투자가 침몰할 가능성이 상당하다는 것을 알면서도 거짓말을 했다고 볼 증거가 많다. 그러나 여기에서 요점은 설령 은행들이 정직하더라도 그들은 종종 인센티브 때문에 결국에 가서는 공공의 비용을 치르고야 말 어리석은 위험을 감수한다는 것이다.

이 얼마나 되는지를 측정하는 척도이다. 대부분의 사람들은, 특히 유동 자산이 무한하지 않은 사람들은 기대값이 똑같은 내기들 중에서 분산이 낮은 내기를 선호한다. 어떤 사람들이 장기적으로는 주식의 수익률이 더 높다는 것을 알면서도 지방채에 투자하는 것은 그 때문이다. 채권은 돈을 돌려받을 것을 확신할 수 있지만, 분산이 더 큰 주식에 투자하면 그보다 더 벌 가능성이 높긴 해도 만에 하나 훨씬 더 나쁘게 끝날지도 모른다.

분산과 싸우는 것은, 정확히 그렇게 표현하지는 않더라도, 자산 관리의 주요 과제 중 하나이다. 퇴직 기금이 보유 주식을 다변화하는 것은 분산 때문이다. 만일 석유와 가스 주식에 돈을 다 넣어 둔다면, 에너지 부문에서 큰 충격이 하나만 터져도 포트폴리오 전체가 날아갈 것이다. 하지만 절반은 가스에 절반은 기술주에 투자한다면, 한쪽이 크게 요동해도 다른 쪽까지 꼭 그러지는 않는다. 분산이 낮은 포트폴리오인 것이다. 달걀을 여러 바구니에, 아주 많은 바구니에 나눠 담고 싶은 사람은 경제 전체에 골고루 분산하여 투자하는 대형 지수 펀드에 돈을 넣는다. 버턴 맬키엘의 『월가에서 배우는 랜덤 워크 투자 전략*A Random Walk Down Wall Street*』처럼 수학적 성향이 강한 금융 처세서들은 이런 전략을 좋아한다. 이런 전략은 지루하지만 잘 통한다. 만일 은퇴 계획이 재밌다면……

적어도 장기적으로는 주식이 평균적으로 좀 더 가치 있는 편이다. 달리 말해, 주식 시장에 투자하는 것은 양의 기대값을 갖는 활동이다. 그런데 음의 기대값을 갖는 내기라면, 계산이 뒤집어진다. 사람들은 확실한 이득을 좋아하는 것만큼 확실한 손실을 싫어하기 때문에, 이때는 더 적은 분산이 아니라 더 큰 분산을 택한다. 룰렛 바퀴로 우쭐거리면서 다가가서 모든 번호마다 칩을 하나씩 거는 사람은 없다. 그것은 괜히 복잡한 방법으로 딜러에게 칩을 넘겨주는 일일 뿐이니까.

이런 이야기가 캐시윈폴과 무슨 상관일까? 처음에 말했듯이, 복권 10만 장의 기대값은 티켓의 숫자들을 어떻게 고르든 늘 일정하다. 그러나 분산은 다르다. 내가 대규모 복권 구입을 시도하는데 좀 다른 접근법을 취한다고 하자. 똑같은 숫자의 티켓을 10만 장 산다고 하자.

만일 그 티켓이 숫자 6개 중 4개를 맞힌다면, 나는 4개를 맞힌 티켓을 10만 장 가진 행운아가 되어 140만 달러의 당첨금을 거의 싹 쓸어올 것이다. 무려 600%의 수익률이다. 하지만 내가 고른 숫자들이 꽝이라면, 나는 투자한 20만 달러를 몽땅 잃을 것이다. 이것은 높은 확률로 크게 잃거나 낮은 확률로 훨씬 더 크게 따는, 분산이 큰 내기이다.

그러니 〈한 숫자에 돈을 다 걸지 말라〉는 조언이 더 좋을 것 같다. 좀 더 폭넓게 거는 편이 낫다. 하지만 셀비 일당이 퀵픽 기계를 써서 무작위로 숫자를 고른 것이 바로 그런 전략이 아니었나?

꼭 그렇지는 않다. 우선, 비록 셀비가 한 숫자들에 돈을 몽땅 투자하지는 않았지만 똑같은 숫자들을 여러 장 사기는 했다. 언뜻 이상한 이야기로 들린다. 그는 가장 활발할 때는 한 회차에 30만 장씩 티켓을 샀고, 컴퓨터를 시켜서 거의 1000만 가지에 달하는 전체 선택지 가운데 무작위로 숫자를 고르게 했다. 그러니 그가 구매한 숫자들은 가능한 모든 조합의 3%에 지나지 않는 셈인데, 그런데도 똑같은 숫자들을 두 장 살 확률이 있을까?

사실 그 확률은 아주, 아주 높다. 오래된 장난을 떠올려 보자. 파티에서 손님들에게 여기 있는 사람들 중 생일이 같은 사람이 두 명 있을 거라고 내기하는 것이다. 규모가 어느 정도 되는 파티여야 한다. 30명이라고 해보자. 365가지 선택지* 중 30개를 고르는 것은 그다지 많은 수가 아니니, 그중 두 개가 겹칠 가능성은 낮다고 여길지 모른다. 그러나 여기

---

* 윤년이라면 366가지이겠지만 여기에서는 넘어가자.

에서 유효한 양은 사람 수가 아니다. 사람들 쌍의 수다. 30명으로는 총 435쌍이 가능하다는 것을 어렵지 않게 계산할 수 있으며,** 각 쌍이 생일이 같을 확률은 365분의 1이다. 따라서 그만한 규모의 파티에서는 생일이 같은 사람들이 한 쌍은 있으리라 기대할 수 있고, 어쩌면 두 쌍도 있을 수 있다. 사실 서른 명 중 두 명이 생일이 같을 확률은 70%를 약간 넘으니, 상당히 높은 확률인 편이다. 그리고 1000만 가지 선택지 중에서 30만 장의 티켓을 무작위로 고를 때 똑같은 선택지를 두 번 고를 확률은 1에 너무 가깝기 때문에, 나는 정확히 말한답시고 〈99.9%〉 뒤에 붙을 9의 개수를 고민하기보다는 그냥 〈확실하다〉고 말하겠다.

문제는 겹치는 티켓만이 아니다. 늘 그렇듯이, 이 문제도 우리가 직접 그림을 그릴 수 있을 만큼 작은 숫자로 바꾸면 계산하기가 쉬워진다. 그러니 공이 일곱 가지가 있고 그중 세 개를 고른 것이 일등 조합이 되는 복권을 상상해 보자. 일등 당첨 조합의 가능한 가짓수는 총 35가지다. 이것은 1, 2, 3, 4, 5, 6, 7 집합에서 숫자 세 개를 고르는 방법 35가지와 같다(수학자들은 줄여서 〈7 중 3은 35가지〉라고 말하기를 좋아한다). 여기 그 조합들을 크기 순으로 다 적어 보았다.

123 124 125 126 127
134 135 136 137
145 146 147
156 157
167
234 235 236 237

** 각 쌍에서 첫 번째 사람은 30명 중 아무나 고르면 되고, 두 번째 사람은 나머지 29명 중 아무나 고르면 되므로, 30×29가지 선택지가 있다. 하지만 이것은 똑같은 쌍을 두 번씩 센 것이다. {어니, 버트}와 {버트, 어니}를 별개의 경우로 쳤기 때문이다. 따라서 정확한 답은 (30 × 29)/2 = 435쌍이다.

245 246 247

256 257

267

345 346 347

356 357

367

456 457

467

567

제럴드 셸비가 가게에 가서 퀵픽을 이용해 티켓 7장을 무작위로 산다고 하자. 그가 일등에 당첨될 확률은 여전히 아주 낮다. 그러나 이 복권에서는 당첨 번호 셋 중 두 개만 맞혀도 상금이 있다(이런 구조의 복권을 가끔 트란실바니아 복권이라고 부르지만, 나는 옛 트란실바니아 사람들이나 혹은 뱀파이어들이 이런 게임을 했다는 증거는 찾지 못했다).

셋 중 둘을 맞히는 것은 상당히 쉬운 게임이다. 매번 〈셋 중 둘을 맞히는 것〉이라고 쓰기는 번거로우니, 지금부터는 그 이등상에 당첨된 티켓을 듀스라고 부르자. 일등 당첨 번호가 1, 4, 7이라면, 1과 4와 7이 아닌 나머지 숫자 중 아무거나 하나를 가진 티켓 4장이 모두 듀스이다. 그 외에도 1과 7만 맞힌 티켓 4장, 4와 7만 맞힌 티켓 4장이 더 있다. 그러니 총 35가지 중 12가지, 즉 전체의 삼분의 일을 약간 넘는 경우가 듀스에 해당한다. 그렇다면 제럴드 셸비가 산 티켓 7장 중에서도 듀스가 최소 2장은 있을 것이다. 정확히 계산하자면 셸비는,

5.3%의 확률로 듀스 없음

19.3%의 확률로 듀스 딱 1장

30.3%의 확률로 듀스 2장

26.3%의 확률로 듀스 3장

13.7%의 확률로 듀스 4장

43%의 확률로 듀스 5장

0.7%의 확률로 듀스 6장

0.1%의 확률로 7장 모두 듀스이다.

따라서 듀스 개수의 기대값은 다음과 같다.

$$5.3\% \times 0 + 19.3\% \times 1 + 30.3\% \times 2 + 26.3\% \times 3 + 13.7\% \times 4 + 4.3\% \times 5 + 0.7\% \times 6 + 0.7\% \times 7 = 2.4장$$

한편, 트란실바니아 복권 버전의 제임스 하비는 퀵픽을 사용하지 않고 일곱 장을 손수 고르는데, 다음과 같이 고른다.

124

135

167

257

347

236

456

추첨에서 1, 3, 7이 나온다고 하자. 하비는 135, 167, 347로 듀스를 3장 갖게 된다. 추첨에서 3, 5, 6이 나오면? 하비는 이번에도 135, 236, 456으로 듀스를 3장 갖게 된다. 가능한 조합을 계속 시험해 보면, 하비가 고른 티켓들은 아주 특별한 성질이 있음을 금세 알 수 있다. 그는 일 등에 당첨되거나, 아니면 늘 정확히 3장의 듀스에 당첨되는 것이다. 하비의 티켓 7장 중 일등 티켓이 있을 확률은 35 중 7, 즉 20%다. 따라서 그는,

20%의 확률로 듀스가 없고
80%의 확률로 듀스가 3장 있다.

따라서 그의 듀스 개수 기대값은

$$20\% \times 0 + 80\% \times 3 = 2.4장$$

으로, 셀비의 기대값과 같다. 이것은 당연한 결과이다. 하지만 결정적으로, 분산은 훨씬 더 작다. 하비는 듀스 당첨 개수에 있어서 불확실성이 아주 낮은 것이다. 그러니 카르텔 구성원 후보자들에게는 하비의 포트폴리오가 훨씬 매력적이다. 게다가 특별히 주목할 점은, 하비는 듀스 3장에 당첨되지 않을 때는 반드시 일등에 당첨된다는 것이다. 이것은 하비의 전략이 상당량의 최소 보수를 장담한다는 뜻이며, 이런 보장은 셀비처럼 무작위 기계로 숫자를 고르는 사람들은 결코 얻을 수 없는 것이다. 요컨대, 숫자를 손수 고르면 위험을 제거하고 보상을 일정하게 유지할 수 있다. 숫자를 제대로만 고른다면.

그러면 어떻게 제대로 고를까? 이거야말로 말 그대로 백만 달러짜리 문제이다.

우선 컴퓨터에게 시켜보자. 하비와 친구들은 MIT 학생들이었으니, 수십 줄짜리 코드를 짜는 것쯤은 아침 커피를 마시기 전에 해치울 수 있었을 것이다. 캐시윈폴 티켓 30만 장에 대해서 가능한 모든 조합들을 검토

함으로써 그중 최저 분산 전략을 제공하는 것을 찾아내는 프로그램을 짜면 어떨까?

그런 프로그램을 짜기야 어렵지 않을 것이다. 한 가지 사소한 문제는, 그 프로그램이 분석해야 할 전체 데이터 중에서 지극히 작은 한 조각을 첫 단계로 처리하고 나면 그때는 이미 우주의 모든 물질과 에너지가 열역학적 사망을 겪은 뒤일 것이라는 점이다. 현대 컴퓨터의 관점에서 30만은 그다지 큰 수가 아니다. 그러나 가상의 프로그램이 훑어야 할 대상은 30만 장의 티켓이 아니다. 캐시윈폴에서 가능한 총 1000만 가지 숫자 조합 중에서 30만 가지를 고르는 가능한 모든 집합의 경우들이다. 그런 집합이 몇 개나 있을까? 30만 개는 당연히 넘는다. 현재 우주에 존재했거나 존재했던 모든 아원자 입자의 개수도 넘는다. 그보다 훨씬 더 많다. 여러분은 티켓 30만 장을 고르는 경우의 수만큼 큰 수는 들어 보지도 못했을 것이다.*

지금 우리가 직면한 것은 컴퓨터 과학을 아는 사람들이 〈조합 폭발〉이라고 부르는 무시무시한 현상이다. 간단히 설명하면, 아주 간단한 조작만으로도 그럭저럭 감당할 만한 큰 수가 절대 감당할 수 없는 큰 수로 바뀐다는 뜻이다. 만일 당신이 미국 50개 주 가운데 사업을 하기에 가장 유리한 주를 찾는다면, 그야 쉽다. 50가지 서로 다른 대상들을 비교하면 된다. 하지만 만일 당신이 50개 주를 모두 방문하는 경로 중에서 가장 효율적인 경로를 알고 싶다면(외판원 문제라고 불리는 문제이다), 조합 폭발이 일어난다. 이제 당신은 전혀 다른 수준의 어려움에 봉착한다. 고를 수 있는 경로의 가짓수는 약 30버진틸리언이다. 좀 더 친숙한 단위로 말하자면, 1조의 1조 배의 1조 배의 1조 배의 1조 배에 3만을 더 곱한 값이다.

펑!

---

* 구골플렉스라는 수를 들어봤다면 또 모르겠지만 말이다. 그리고 구골플렉스는 정말로 엄청난 수다.

그러니 분산을 낮추는 방식으로 복권 티켓을 고르고 싶을 때, 이것과는 다른 방법을 쓰는 게 나을 것이다. 그 다른 방법이 평면 기하학이라고 한다면, 여러분은 믿겠는가?

철로가 만나는 곳

평행선은 서로 만나지 않는다. 그래서 평행선이다.

하지만 평행선도 가끔은 만나는 것처럼 보인다. 황량한 풍경에 철로만 놓여 있는 광경을 상상해 보자. 시선을 철로를 따라 점점 더 멀리 지평선 가까이로 옮기면, 두 줄의 레일이 수렴하는 것처럼 보인다(내 경험상 머릿속에서 정말 생생한 그림을 그리고 싶다면 컨트리 음악을 틀어놓고 하면 도움이 된다). 이것이 투시 현상이다. 우리가 삼차원 세상을 이차원 시야에서 묘사하려고 하면, 뭔가를 포기할 수밖에 없다.

이 현상을 처음 알아차린 사람들은 사물의 실체와 사물이 보이는 모습을 둘 다 알아야 하고 양자의 차이도 알아야 했던 사람들, 즉 화가들이었다. 이탈리아 르네상스 초기에 화가들이 투시를 알아냈던 시점은 우리의 시각적 표현이 영영 달라진 순간이었다. 그때부터 유럽 회화는 여러분의 집 냉장고에 붙어 있는 아이의 그림과 비슷한 것에서(여러분의 아이가 십자가에 못 박혀 죽은 예수를 주로 그린다면 말이지만) 실제 그려지는 대상을 닮은 것으로 변했다.*

필리포 브루넬레스키 같은 피렌체 화가들이 정확히 어떻게 현대적 투시 이론을 개발했는가 하는 것은 미술사가들 사이에서 무수한 언쟁을 일으킨 문제였고, 우리는 지금 그 언쟁에 발을 담그지는 않겠다. 다만

---

* 혹은 실제 그려지는 대상에 대한 특정 종류의 시각적 표현을 닮은 것, 세월이 흐르는 동안 우리가 사실적이라고 생각하게 된 특정 표현 방식이라고 말해야 할지도 모른다. 미술 비평가들 사이에서 과연 무엇이 〈사실주의〉인가 하는 문제는 거의 미술 비평이 생겨난 순간부터 격렬한 논쟁의 대상이었다.

우리가 확실히 아는 사실 하나는 그 돌파구가 미학적 관심사를 수학과 광학에서 등장했던 새로운 발상들과 결합시킴으로써 이뤄졌다는 것이다. 그중에서도 핵심은 우리가 보는 상이란 대상에서 반사된 빛이 우리 눈으로 들어와서 형성된다는 사실을 깨달은 것이었다. 요즘 우리에게는 당연한 소리로 들리지만, 장담하건대 옛날에는 당연하지 않았다. 플라톤을 비롯한 많은 고대 과학자들은 시각 과정에 우리 눈에서 나온 모종의 불이 관여한다고 주장했다. 이런 견해는 최소한 크로토네의 알크메온에게까지 거슬러 올라가는데, 그는 우리가 2장에서 만났던 괴상한 피타고라스학파의 일원이었다. 알크메온의 주장은 이랬다.[2] 우리 눈이 빛을 내는 게 틀림없다. 그게 아니라면 우리가 눈을 감고 손바닥으로 눈알을 지그시 눌렀을 때 별이 보이는 현상인 섬광시는 어느 광원에서 나온 빛이란 말인가? 이와는 달리 반사되어 눈에 들어온 빛으로 시각을 설명한 이론을 발전시킨 사람은 11세기 카이로의 수학자 아부 알리 알하산 이븐 알하이삼이었다(그러나 대부분의 서양 작가들처럼 우리도 그냥 알하젠이라고 부르자). 알하젠의 『광학서 Kitab al-Manazir』는 라틴어로 번역되었고, 우리가 보는 장면과 보이는 대상의 관계를 체계적으로 이해하고 싶었던 철학자들과 화가들이 그 책을 탐독했다. 알하젠의 요지는 이랬다. 화폭의 한 점 P는 삼차원 공간에서 하나의 선을 뜻한다. 유클리드 덕분에 우리는 임의의 두 점을 포함하는 선은 하나밖에 없다는 것을 아는데, 이 경우 그 선은 P와 당신의 눈을 포함하는 선이다. 그리고 그 선 위에 놓여 있는 세상의 모든 물체는 점 P에 그려지게 된다.

이제 당신이 필리포 브루넬레스키가 되어 평평한 초원에 앉아 있다고 하자. 당신은 이젤에 얹은 화폭을 앞에 두고 철로를 그리고 있다.[**] 철로는 두 줄의 레일로 이루어졌다. 두 레일을 각각 R_1과 R_2라고 부르자. 레

[**] 시대착오적이라는 건 인정하지만 그냥 넘어가자.

일은 화폭에 그려지면 선처럼 보일 것이다. 그리고 화폭의 한 점이 공간의 한 선에 대응하는 것처럼, 화폭의 한 선은 하나의 평면에 대응한다. R_1에 대응하는 평면 P_1은 레일 상의 한 점과 당신의 눈을 잇는 모든 선들이 휩쓸고 가는 평면이다. 달리 말해, 당신의 눈과 레일 R_1을 둘 다 포함하는 유일한 평면이다. 마찬가지로, R_2에 대응하는 평면 P_2는 당신의 눈과 R_2를 포함하는 평면이다. 각 평면과 화폭은 선으로 교차하고, 우리는 그 선을 L_1과 L_2라고 부른다.

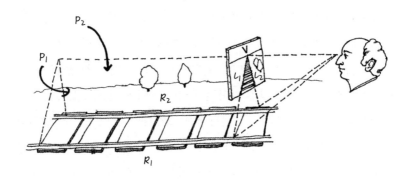

두 레일은 평행하다. 그러나 두 평면은 평행하지 않다. 어떻게 평행하겠는가? 평행한 면들은 아무 데서도 만나지 않아야 하는데, 두 평면은 당신의 눈에서 만나니까 말이다. 그리고 평행하지 않은 면들은 하나의 선으로 교차한다. 이 경우 그 선은 당신의 눈에서 나와 철로에 평행하게 진행하는 수평선이다. 이 선은 수평하기 때문에, 초원과 만나지 않는다. 영원히 땅을 건드리지 않은 채 수평선을 향해 뻗어갈 뿐이다. 그러나(여기가 결정적인 지점이다) 이 선은 화폭과는 만난다. 점 V에서. V는 평면 R_1 위에 있으므로, R_1이 화폭과 만나는 선인 L_1 위에도 있다. 그리고 V는 평면 R_2 위에도 있으므로, L_2 위에도 있다. 한마디로, V는 그림에서 그려진 두 레일이 만나는 지점이다. 사실 초원에서 철로와 평행하게 달리는 직선

궤도는 무엇이든 화폭에서는 V를 통과하는 선으로 보일 것이다. V는 이른바 소실점이다. 철로와 평행하게 달리는 모든 선들이 그림에서 통과하는 점이다. 그리고 이 철로 외에도 다른 모든 평행 철로들은 화폭에서 저마다 하나의 소실점을 지정하며, 그 소실점의 위치는 평행선들이 향하는 방향에 달려 있다(유일한 예외는 철로의 침목들처럼 화폭 자체와 평행한 선들이다. 그런 선들은 그림에서도 서로 평행한 것처럼 보인다).

브루넬레스키가 여기에서 이뤘던 개념의 전환은 오늘날 수학자들이 사영 기하학이라고 부르는 분야의 핵심이 되었다. 사영 기하학은 풍경의 점들 대신에 우리 눈을 지나는 선들을 생각하는 것이다. 언뜻 이 구분은 순전히 말뿐인 문제로 보인다. 어차피 지면의 각 점에 대해서 그 점과 우리 눈을 잇는 선은 하나씩밖에 없는데, 점을 생각하든 선을 생각하든 무슨 차이란 말인가? 차이는 우리 눈을 지나는 선들은 지면의 점들보다 더 많다는 점이다. 왜냐하면 지면과 영영 교차하지 않는 수평한 선들이 있기 때문이다. 이런 선은 화폭에서 철로가 만나는 점, 즉 소실점에 대응한다. 우리는 이런 선을 철로 방향으로 〈무한히 멀리〉 있는 지면 위의 점으로 여길 수도 있을 것이다. 실제로 수학자들은 이것을 보통 무한 원점이라고 부른다. 유클리드가 알았던 평면을 가져다가 그 위에 무한 원점들을 붙이면, 그것이 곧 사영 평면이다. 다음 페이지 그림을 참고하라.

대개의 사영 평면은 우리가 익숙한 보통의 납작한 평면처럼 보인다. 그러나 사영 평면에는 점이 그보다 더 많다. 평면에서 선이 취할 수 있는 가능한 모든 방향마다 이른바 무한 원점이 하나씩 더 있는 것이다. 그림에서 수직 방향에 대응하는 점 P는 수직축을 따라 무한히 위로 올라간 것으로 여겨야 하지만, 동시에 수직축을 따라 무한히 아래로 내려간 것으로도 여겨야 한다. 사영 평면에서 y축의 양 끝은 하나의 무한 원점에서 만나므로, 축은 알고 보면 선이 아니라 원이다. 마찬가지로, Q는 무한히 북동쪽으로 (혹은 남서쪽으로!) 간 점이고, R은 수평축의 끝에 있는 점이다. 아니, 양 끝에 있는 점이라고 말해야 할지도 모른다. 만일 우리가 오른쪽으로 무한히 나아가 R에 도달한다면, 그러고도 계속 더 간다면, 우리는 자신이 여전히 오른쪽으로 가고 있는데도 어느 순간 갑자기 그림의 왼쪽 끄트머리에서 중앙을 향해 돌아오고 있다는 사실을 발견하게 될 것이다.

이렇게 한 방향으로 떠나서 다른 방향으로 돌아온다는 생각은 젊은 윈스턴 처칠을 매료시켰다. 처칠은 인생에서 겪었던 유일한 수학적 에피파니를 다음과 같이 생생하게 회상한 적이 있다.

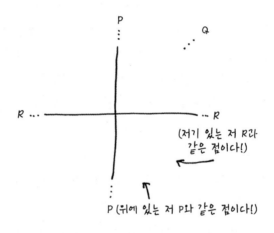

딱 한 번, 나는 수학에 관한 어떤 감정을 느낀 적이 있었다. 그때 나는 모든 것을 보았다. 내 눈앞에 깊이 너머의 깊이가 드러났다. 심연 너머의 심연이 드러났다. 나는 마치 금성의 변천을 보는 것처럼, 혹은 시장(市長)의 기나긴 행렬을 보는 것처럼, 어떤 양(量)이 무한을 통과했다가 부호를 양에서 음으로 바꾸는 모습을 목격했다. 어떻게 그런 일이 벌어지는지, 왜 그런 변절이 불가피한지를 정확히 목격했다. 그리고 어떻게 한 단계가 나머지 단계들과 연관되는지를. 그것은 정치와 같았다. 하지만 때는 저녁 식사 후였고, 나는 그 생각을 놓아 주어야만 했다!

사실 점 R은 단순히 수평축의 끝점만이 아니다. 수평한 모든 선들의 끝점이다. 만일 서로 다른 두 선이 둘 다 수평선이라면, 두 선은 평행하다. 그런데도 사영 기하학에서는 두 선이 무한 원점에서 만난다. 데이비드 포스터 월리스는 1996년 인터뷰에서 『무한한 재미』의 결말에 관한 질문을 들었다. 많은 사람들은 그 결말이 다소 급작스럽다고 생각하고 있었다. 질문자는 월리스에게 혹시 〈쓰기가 지겨워져서〉 결말을 안 쓴 것이냐고 물었다. 월리스는 다소 매정하게 대답했다. 「나한테는 결말이 있습니다. 어떤 종류의 평행선들은 수렴하는데, 그러면 독자는 그 〈끝〉을 틀 너머 어딘가에 사영할 수 있습니다. 만일 당신에게 그런 수렴 혹은 사영이 일어나지 않았다면, 당신한테는 이 책이 실패한 것입니다.」[3]

사영 평면은 그림으로 그리기가 좀 까다롭다는 결점이 있지만, 기하학 규칙들을 훨씬 더 바람직하게 만들어 준다는 이점이 있다. 유클리드 평면에서는 서로 다른 두 점이 하나의 선을 결정하고, 서로 다른 두 선이 하나의 교차점을 결정한다(단 평행선이 아닐 때. 평행선일 때는 영영 만나지 않으니까). 수학자들은 규칙을 좋아하고 예외를 싫어한다. 사영 평면에서는 두 선이 한 점에서 만난다는 규칙에 예외를 둘 필요가 없다. 왜냐하면 평행선도 서로 만나니까. 사영 평면에서는 임의의 두 수직선은 P에서 만나고, 북동쪽과 남서쪽을 가리키는 임의의 두 선은 Q에서 만난다. 두 점은 한 선을 결정하고 두 선은 한 점에서 만난다, 끝.* 이 완벽한 대칭성과 깔끔함은 고전적인 평면 기하학에서는 불가능하다. 그리고 사영 기하학이 삼차원 세상을 납작한 화폭에 묘사하는 실용적 문제를 해결하기 위한 노력에서 자연스레 생겨난 것은 우연이 아니었다. 과학의 역사가 거듭 보여 주듯이, 수학적 우아함과 실용적 효용은 긴밀한 짝이다. 가끔은

* 하지만 R을 포함한 모든 선들이 수평선이고 P를 포함한 모든 선들이 수직선이라면, R과 P를 통과하는 선은 무엇일까? 그것은 우리가 그리지 않은 선, 유클리드 평면에 있는 어떤 점도 포함하지 않되 모든 무한 원점들을 다 포함하는 무한 원선이다.

과학자가 이론을 발견한 뒤 수학자에게 그것이 왜 우아한지 밝혀 달라고 넘기고, 또 가끔은 수학자가 우아한 이론을 개발한 뒤 과학자에게 그것이 어디에 쓰일 만한지 밝혀 달라고 넘긴다. 사영 평면이 쓰일 만한 작업 중 하나는 사실주의 회화다. 그리고 다른 하나는 복권 숫자 고르기다.

자그만 기하학

사영 평면의 기하학을 다스리는 것은 두 가지 공리이다.

임의의 두 점은 딱 하나의 공통된 선에 속한다.
임의의 두 선은 딱 하나의 공통된 점을 갖고 있다.

완벽하게 조화된 두 공리를 만족시키는 기하학을 일단 한 종류 발견하는 데 성공한 수학자들은 자연히 다른 종류가 더 있을까 하고 물었다. 알고 보니 많았다. 어떤 것은 크고, 어떤 것은 작다. 가장 작은 종류는 파노 평면이라고 불리는데, 19세기 말에 유한 기하학이라는 개념을 처음으로 진지하게 탐구했던 수학자들 중 한 명인 지노 파노의 이름을 딴 것이다. 파노 평면은 이렇게 생겼다.

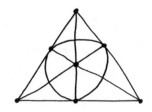

고작 점 일곱 개로 구성된 기하학이라니, 정말이지 작은 기하학이다! 이 기하학에서 〈선〉은 도형에 나타난 곡선들을 뜻한다. 그 선도 작아서,

각자 점 세 개씩만을 포함하고 있다. 선은 총 7개인데, 그중 6개는 선처럼 보이고 나머지 하나는 원처럼 보인다. 그리고 이 이른바 기하학은, 정말 별나기는 하지만, 브루넬레스키의 평면처럼 공리 1과 2를 잘 만족시킨다.

파노의 접근법은 감탄스럽도록 현대적이었다. 하디의 표현을 빌리자면, 파노에게는 〈정의하는 습관〉이 있었다. 파노는 기하학이란 실제로 무엇인가 하는 대답할 수 없는 질문을 피하고, 대신 어떤 현상이 기하학처럼 행동하는가 하고 물었다. 파노의 말을 옮기면 이렇다.

논의의 기반으로서, 우리는 임의의 어떤 성질을 지닌 개체들의 임의의 집합을 가정하자. 편의상 그 개체를 점이라고 부르겠지만, 이 표현은 그 개체의 속성과는 무관하다.[4]

파노와 그의 지적 후예들에게는 선이 〈선처럼〉 보이든, 원처럼 보이든, 청둥오리처럼 보이든, 다른 무언가로 보이든 아무 상관이 없다. 중요한 것은 그 선이 유클리드와 후예들이 설정한 선의 법칙들을 준수하는 것뿐이다. 만일 그것이 기하학처럼 걷고 기하학처럼 꽥꽥거린다면, 우리는 그것을 기하학이라고 부른다. 언뜻 이런 태도는 수학과 현실의 괴리이고 따라서 저항해야 할 일로 볼 수도 있겠으나, 그것은 너무 보수적인 시각이다. 우리가 도무지 유클리드 공간처럼 보이지 않는 계에 관해서도 기하학적으로 생각할 수 있다는 발상,[*] 심지어 그런 계를 〈기하학〉이

---

[*] 공정을 기하기 위해서 밝히자면, 파노 평면이 어떤 의미에서는 좀 더 전통적인 기하학처럼 보일 수 있는 방법이 있다. 데카르트는 우리에게 평면의 점을 좌표 x와 y의 쌍으로 여길 수 있다는 사실을 알려 주었다. 이때 x와 y는 실수이다. 데카르트의 구성을 활용하되 실수가 아닌 다른 수 체계에서 좌표들을 가져오면, 다른 기하학들이 생긴다. 컴퓨터 과학자들이 사랑하는 불Boolean 수 체계는 비트 0과 1이라는 두 수로만 이뤄지는데, 이 수 체계를 사용해서 데카르트 기하학을 한다면 그 결과가 바로 파노 평면이다.[5] 아름다운 이야기이지만 본문과는 상관없는 내용이다. 미주에 관련 내용을 좀 더 소개했다.

라고 떳떳이 부를 수 있다는 대담한 발상은 알고 보니 우리가 살아가는 상대론적 시공간의 기하학을 이해하는 데 결정적이었다. 더 나아가 요즘 우리는 인터넷의 풍경들을 지도화하는 작업에도 일반화한 기하학적 발상들을 적용하는데, 이것은 유클리드가 이해할 만한 기하학으로부터 한참 더 멀어진 일이다. 이것이 바로 수학의 근사한 점이다. 수학자들은 많은 발상을 개발하는데, 일단 그 발상이 옳다면 그것은 처음 고안되었던 맥락에서 한참 멀리 벗어난 곳에 적용되더라도 여전히 옳다.

예를 들어 보자. 아래는 다시 파노 평면인데, 이번에는 점들에게 숫자 1에서 7까지 번호를 매겼다.

뭔가 눈에 익은 기분인가? 각 선이 포함한 세 점을 기록하는 방식으로 일곱 개의 선을 모두 나열하면 이렇다.

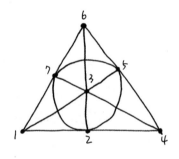

124

135

167

257

347

236

456

이것은 바로 앞에서 보았던 복권 일곱 장 조합이다. 어느 숫자 쌍이든 정확히 한 번씩 등장하기 때문에 최소의 보수를 보장해 주는 조합 말이다. 앞에서 볼 때는 이 성질이 놀랍고 신비롭게만 느껴졌다. 대체 어떻게 이토록 완벽한 조합을 생각해 낸단 말인가?

그러나 이제 내가 상자를 열어서 여러분에게 트릭을 공개했다. 그것은 단순한 기하학이었다. 어느 숫자 쌍이든 정확히 한 장의 티켓에서만 등장하는 것은 어느 두 점이든 정확히 하나의 선에서만 함께 등장하기 때문이다. 그 비법은 그저 유클리드였다. 이제 우리는 유클리드가 전혀 알아보지 못할 것 같은 점들과 선들을 이야기하고 있지만 말이다.

죄송합니다만, 방금 〈보파브〉라고 말씀하셨나요?

파노 평면은 숫자 일곱 개짜리 트란실바니아 복권에서 위험 없이 티켓을 사는 방법을 알려 준다. 하지만 매사추세츠 복권은? 세상에는 점이 일곱 개보다 많은 유한 기하학이 무수히 많지만, 안타깝게도 캐시윈폴의 조건에 정확하게 맞는 기하학은 없다. 그보다 좀 더 일반적인 것이 필요하다. 그 답은 르네상스 회화나 유클리드 기하학에서 곧장 나오지 않고, 이번에도 의외의 분야에서 나온다. 바로 디지털 신호 처리 이론이다.

내가 위성에게 중요한 메시지를 전송하고 싶다고 하자. 이를테면 〈오른쪽 엔진을 켜라〉는 메시지다. 위성은 영어를 할 줄 모르니까, 내가 실제로 보내는 것은 컴퓨터 과학자들이 비트라고 부르는 1과 0으로 구성된 서열이다.

1110101……

이 메시지는 더없이 명료해 보인다. 그러나 현실의 통신 채널에는 잡음이 있다. 어쩌면 위성이 막 신호를 받으려는 찰나에 우주선(宇宙線)이 위성을 때려서 메시지 중 한 비트를 망가뜨릴지도 모른다. 그래서 위성은 대신 이런 신호를 받는다.

1010101……

별로 다르지 않아 보이지만, 만일 이 비트가 달라짐으로써 지시가 〈오른쪽 엔진〉에서 〈왼쪽 엔진〉으로 바뀐다면 위성은 심각한 곤란에 처할 것이다.

위성은 비싸다. 당신은 그런 곤란을 절대로 피하고 싶다. 만일 당신이 시끄러운 파티장에서 친구와 대화한다면, 소음에 말이 묻히지 않게끔 말을 반복해야 할 것이다. 위성에도 같은 수법이 통한다. 원래의 메시지에서 모든 비트를 두 번씩 반복하여 0 대신 00, 1 대신 11을 보내는 것이다.

11 11 11 00 11 00 11……

이때 우주선이 두 번째 비트를 때린다면, 위성은 이런 것을 본다.

10 11 11 00 11 00 11……

위성은 2비트 조각들이 00 아니면 11이어야 한다는 것을 알기 때문에, 맨 앞의 〈10〉은 경고 깃발인 셈이다. 무언가 잘못되었다. 하지만 무엇이? 그것은 위성이 알아내기 어려운 문제다. 위성은 잡음이 신호에서 정확히 어느 부분을 망쳤는지 모르기 때문에, 원래 메시지가 00으로 시작하는지 11로 시작하는지 알 도리가 없다.

우리는 이 문제도 해결할 수 있다. 두 번 대신 세 번씩 반복하면 된다.

354 3부 기대

111 111 111 000 111 000 111……

망쳐진 메시지는 이렇게 들어온다.

101 111 111 000 111 000 111……

그러나 이제 위성은 끄떡없다. 위성은 첫 세 비트 조각이 000 아니면 111이어야 함을 알기 때문에, 101는 뭔가 이상하다는 뜻이 된다. 하지만 만일 원래 메시지가 000이었다면 아주 가까운 거리에 있는 비트 두 개가 망가졌다는 뜻인데, 우주선이 메시지를 망치는 빈도가 꽤 낮은 이상 그런 사건은 있을 법하지 않다. 따라서 위성은 다수결에 따를 이유가 충분하다. 세 비트 중 두 개가 1이라면 원래 메시지가 111이었을 확률이 꽤 높다고 판단하는 것이다.

우리가 방금 본 것은 수신자가 잡음 있는 신호의 오류를 고칠 수 있도록 하는 통신 규약, 즉 오류 정정 부호의 사례이다.[*] 기본적으로 정보 이론의 모든 것이 그렇듯이, 이 아이디어는 클로드 섀넌의 기념비적인 1948년 논문 「통신의 수학적 이론A Mathematical Theory of Communication」에서 나왔다.

통신의 수학적 이론이라니! 그건 좀 거창한 말 아닌가? 통신은 차가운 숫자와 공식으로 환원될 수 없는, 근본적으로 인간적인 행위가 아닌가?

우선 여러분이 이해해 줬으면 하는 점은, 나는 여러분이 어떤 개체를 수학적 수단으로 설명할 수 있다거나 길들일 수 있다 혹은 완벽하게 이해할 수 있다고 말하는 주장을 접했을 때 날카로운 회의주의를 견지하는 데 찬성한다는 것이다. 사실은 그런 회의주의를 대단히 장려한다.

---

[*] 그리고 모든 신호는 정도야 다르지만 다 잡음이 있다.

그렇기는 해도, 수학의 역사는 공격적인 영토 확장의 역사였다. 수학 기법들은 그동안 점점 더 광범위해지고 풍성해졌으며, 수학자들은 과거에는 자기네 영역 밖이라고 여겼던 질문들을 다룰 방법을 점점 더 많이 찾아냈다. 〈확률의 수학적 이론〉이란 말은 요즘은 전혀 이상할 게 없지만, 한때는 심하게 도를 넘은 것으로 보였다. 수학은 확실하고 진실된 것을 다루는 학문이지, 무작위적이고 어쩌면 그럴지도 모르는 것을 다루는 학문이 아니었다! 그런 상황은 파스칼과 베르누이 등이 우연의 작동을 다스리는 수학 법칙을 발견하면서 달라졌다.* 무한의 수학적 이론? 19세기 게오르크 칸토어의 연구 이전에 무한에 대한 연구는 과학이라기보다 신학이었다. 그러나 요즘 우리는 점점 더 커지는 무한들로 이뤄진 칸토어의 다중 무한 이론을 잘 이해하고, 수학과 1학년 학생들에게 가르친다(학생들이 완전히 압도되기는 한다).

이런 수학적 형식화는 그것이 묘사하는 현상을 완벽하게 세세히 포착하진 못하고, 그럴 마음도 없다. 가령 확률 이론은 무작위성에 관한 일부 질문들에 대해서는 입을 다물고 있다. 어떤 사람들에게는 수학의 영역 바깥에 놓인 질문들이 더 흥미롭겠지만, 어쨌든 오늘날 우연에 대해서 따지면서 머릿속 한구석에 확률 이론을 품고 있지 않는 사람은 실수하는 것이다. 내 말이 안 믿어진다면 제임스 하비에게 물어보라. 아니, 하비에게 돈을 뺏겼던 사람들에게 물어보는 게 더 낫겠다.

언젠가 의식에 관한 수학적 이론도 나올까? 사회에 관한 수학적 이론은? 미학에 관한 수학적 이론은? 사람들이 노력하고 있지만, 아직까지는 별 성공을 못 거둔 것이 사실이다. 따라서 그런 주장이라면, 우리가 직관에 의거하여 마땅히 불신해야 한다. 하지만 언젠가 그런 이론이 중요한 결과를 낼지도 모른다는 점만은 계속 염두에 두어야 한다.

* 이언 해킹의 『확률의 등장The Emergence of Probability』은 이 이야기를 훌륭하게 들려준다.

오류 정정 부호는 첫눈에 수학적 혁신처럼 보이지 않는다. 시끄러운 파티에서는 말을 반복하라, 문제 해결! 그러나 그 해결책에는 대가가 따른다. 당신이 메시지의 모든 비트를 세 번씩 반복한다면, 전송할 메시지가 세 배로 길어질 것이다. 파티에서는 이것이 별 문제가 아니겠지만, 위성이 지금 당장 오른쪽 엔진을 켜야 할 때는 문제일 수 있다. 섀넌은 정보 이론을 창시한 예의 논문에서 엔지니어들이 지금도 씨름하는 기본적인 교환 문제를 지적했다. 우리가 신호에 잡음에 대한 저항성을 더 많이 부여할수록 비트가 전송되는 데 더 많은 시간이 걸린다는 점이다. 잡음은 어떤 통신 채널이 정해진 시간에 믿음직하게 전송할 수 있는 메시지의 길이에 상한선을 부여한다. 섀넌은 그 한계를 채널의 용량이라고 불렀다. 어떤 관이 흘릴 수 있는 물의 양에는 한계가 있듯이, 어떤 채널이 전송할 수 있는 정보량에는 한계가 있다.

그러나 오류를 수정한다고 해서 늘 〈세 번씩 반복하라〉는 규약을 따르는 경우처럼 채널이 세 배 가늘어질 필요는 없다. 우리는 그보다 더 잘할 수 있다. 섀넌은 이 사실을 확실히 알고 있었는데, 왜냐하면 벨 연구소에서 동료였던 리처드 해밍이 이미 그 방법을 알아냈기 때문이다.

맨해튼 프로젝트에 참가했다 돌아온 젊은 해밍은 벨 연구소의 10톤짜리 모델 V 기계식 계전기 컴퓨터를 사용할 수 있는 사람들 목록에서 순위가 뒤로 밀렸다.[6] 그는 주말에만 프로그램을 돌릴 수 있었다. 문제는 만일 기계가 오류를 일으켜서 연산이 멎는다면 월요일 오전까지는 기계를 다시 돌려 줄 사람이 없다는 점이었다. 성가신 일이었다. 그리고 알다시피 성가심은 기술 발전을 끌어내는 훌륭한 박차다. 해밍은 생각했다. 기계가 오류를 스스로 바로잡고서 계속 계산해 나가면 좋지 않을까? 그는 계획을 세웠다. 모델 V에 입력되는 정보는 위성이 전달받는 정보와 마찬가지로 0과 1의 연속으로 간주할 수 있다. 수학은 그 숫자들이 디지털 정보의 비트들이건, 전기식 계전기의 상태들이건, (당시의 최첨단 데이터 인터페이스였던) 테이프에 뚫린 구멍들이건 상관하지 않는다.

해밍의 첫 단계는 메시지를 각각 기호 세 개로 구성된 블록들로 쪼개는 것이었다.

111 010 101 ……

해밍 부호*는 이 세 자릿수 블록들을 일곱 자릿수 서열들로 변환하는 규칙이다. 부호표는 다음과 같다.

000 → 0000000
001 → 0010111
010 → 0101011
011 → 0111100
101 → 1011010
110 → 1100110
100 → 1001101
111 → 1110001

따라서 부호화된 메시지는 다음과 같다.

1110001 0101011 1011010 ……

이 일곱 비트 블록을 부호어(語)라고 부른다. 이 부호에서는 위의 여덟 가지 부호어들만 허락된다. 이 밖의 다른 블록이 전달된다면, 뭔가

---

* 기술적인 부분에 엄격한 독자를 위해서 밝히자면, 여기서 내가 묘사한 부호는 일반적인 해밍 부호의 쌍대 부호이다. 이 경우에는 천공 아다마르 부호의 한 예다.

잘못된 게 분명하다. 당신이 1010001을 받았다고 하자. 당신은 이것이 틀렸다는 걸 안다. 왜냐하면 1010001은 부호어가 아니기 때문이다. 그리고 당신이 받은 메시지는 1110001이라는 부호어와 딱 한 자리만 다르다. 또한 실제로 받은 망가진 메시지와 그만큼 비슷한 다른 부호어는 없다. 따라서 당신은 발신자가 의도한 부호어가 1110001이었으리라고 상당히 안전하게 짐작할 수 있다. 그렇다면 여기에 대응하는 원래 메시지의 3자릿수 블록은 111이 된다.

방금은 운이 좋은 경우였다고 생각하는 사람이 있을지도 모르겠다. 수수께끼의 전송 결과와 비슷한 부호어가 두 개면 어쩌겠는가? 그러면 확신 있게 어느 쪽인지 결정할 수 없을 것이다. 그러나 실제로는 그런 일이 있을 수 없다. 이유는 이렇다. 파노 평면의 선들을 다시 보자.

124
135
167
257
347
236
456

이 기하학을 컴퓨터에게 어떻게 설명해야 좋을까? 컴퓨터는 0과 1으로 이야기 듣기를 좋아하므로, 각 선을 0과 1의 서열로 써보자. n의 자리에 0이 있으면 〈점 n이 선에 있다〉는 뜻이고 n의 자리에 1이 있으면 〈점 n이 선에 없다〉는 뜻이다. 그러면 첫 번째 선 124는 이렇게 표현된다.

0010111

두 번째 선 135는 이렇게 된다.

0101011

눈치챘겠지만, 둘 다 해밍 부호의 부호어들이다. 사실 해밍 부호에서 0000000을 제외한 나머지 부호어 7개는 파노 평면의 선 7개와 정확히 일치한다. 해밍 부호와 파노 평면은 (따라서 트란실바니아 복권에서 최적의 숫자 조합을 고르는 문제도) 서로 다른 복장을 걸친 똑같은 수학적 대상인 것이다!

하나의 부호어는 파노 평면에서 하나의 선을 이루는 세 점들의 집합과 같다는 것, 이것이 해밍 부호에 숨은 기하학이다. 서열 중 한 비트를 바꾸는 것은 점 하나를 더하거나 지우는 것과 같고, 원래 부호어가 0000000이 아닌 이상 망가진 전송 결과는 점이 두 개 혹은 네 개 있는 집합에 상응한다.* 만일 당신이 점이 두 개만 있는 집합을 받는다면, 당신은 사라진 점 하나를 쉽게 알아낼 수 있다. 그것은 바로 당신이 받은 두 점을 잇는 유일한 선에 놓인 세 번째 점이다. 만일 〈선 하나 더하기 잉여의 점 하나〉의 형태로 점이 네 개 있는 집합을 받는다면? 그러면 당신은 그 점들 가운데 하나의 선을 이루는 세 점이 올바른 메시지에 해당한다고 추론할 수 있다. 여기서 미묘한 문제가 발생한다. 그런 세 점을 고르는 방법이 하나밖에 없다고 확신할 수 있을까? 점들에 이름을 붙이면 도움이 되므로, 네 점을 A, B, C, D라고 부르자. 만일 A, B, C가 한 선에 놓여 있다면, A, B, C는 틀림없이 발신자가 보내려고 의도했던 점들이다. 하지만 A, C, D도 한 선에 놓여 있다면? 걱정하지 말자. 그런 일은 불가능하니까. 왜냐하면 그럴 경우 A, B, C를 포함한 선과 A, C, D

* 원래 부호어가 0000000이라면, 이 중 비트 하나가 망가진 형태는 0이 6개이고 1이 하나뿐일 것이므로, 수신자는 꽤 확신 있게 원래 신호가 0000000이라고 짐작할 수 있다.

를 포함한 선은 두 점 A와 C를 공통으로 지니게 되는데, 여러분도 알다시피 두 선은 오직 한 점에서만 교차할 수 있다. 그것이 규칙이다.** 요컨대 기하학의 공리들 덕분에, 해밍 부호는 〈세 번씩 반복하라〉는 규약과 마찬가지로 마술적인 오류 정정 성질을 갖게 된다. 메시지가 전송 도중에 딱 한 비트 변형된다면, 수신자는 발신자가 보내려고 했던 원래 메시지가 무엇인지를 늘 알아낼 수 있다. 그런데 새롭게 개량된 이 부호는 원래 메시지의 세 비트에 대해 일곱 비트씩만 보내면 되므로, 전송 시간은 세 배가 아니라 그보다 좀 더 효율적인 2.33배만 늘어난다.

　해밍의 첫 부호들과 뒤이어 등장한 좀 더 강력한 부호들을 비롯한 오류 정정 부호의 발견은 정보 설계를 변혁시켰다. 이제 오류가 절대 발생하지 않도록 단단히 보호하고 이중으로 확인하는 체계를 설계할 필요가 없었다. 해밍과 섀넌 이후에는, 어떤 잡음이 침투하든 오류 정정 부호가 그것에 유연하게 대응할 수 있을 만큼 오류가 드물게 발생하도록 만들면 충분했다. 오늘날 오류 정정 부호는 데이터를 신속하고 정확하게 주고받아야 하는 곳이라면 어디서나 쓰인다. 화성 궤도 탐사선 매리너 9호는 그런 부호 중 하나인 아다마르 부호를 써서 화성 표면을 찍은 사진들을 지구로 보냈다. CD는 리드-솔로몬 부호로 암호화되어 있다. 그 덕분에 좀 긁히더라도 소리가 멀쩡하게 나는 것이다(약 1990년 이후에 태어나서 CD에 익숙하지 않은 독자들은 플래시 드라이브를 떠올려도 된다. 플래시 드라이브는 데이터 오염을 막기 위해서 이와 비슷한 보스-초드리-오켕겜 부호를 쓴다). 은행이 쓰는 라우팅 숫자도 체크섬(검사합)이라는 단순한 부호를 써서 암호화된다. 체크섬은 엄밀히 오류 정정

** 이전에 이 문제를 생각해 보지 않았던 사람이라면 이 단락의 논증을 쫓아오기가 어려울 수도 있다. 이런 종류의 논증은 가만히 앉아서 글로만 읽어서 이해하기가 어렵기 때문이다. 여러분은 직접 펜을 꺼내서 파노 평면에서 서로 다른 두 선을 포함한 네 점의 집합이 있는지 적어 보고, 그러는 데 실패하고, 왜 실패했는지를 이해해야 한다. 다른 방법은 없다. 이 책이 도서관에서 빌린 책이나 전자책이 아니라면, 당장 여기 여백에 시도해 보기를 권한다.

부호는 아니고, 〈비트를 두 번씩 반복하라〉는 규약처럼 오류를 감지하는 부호에 지나지 않는다. 만일 당신이 숫자를 한 자리 틀리게 입력한다면, 이체를 수행하는 컴퓨터는 당신이 원래 어떤 숫자를 입력하려고 했는지 알아내진 못하겠지만 최소한 뭔가 잘못되었다는 것은 알아차려서 당신의 돈이 잘못된 계좌로 이체되지 못하도록 막는다.

해밍이 스스로 개발한 새 기법의 폭넓은 응용 가능성을 알았는지는 모르겠지만, 벨 연구소의 상사들은 감을 잡았던 게 분명하다. 해밍이 연구 내용을 발표하려고 하자 이런 일이 있었기 때문이다.

특허팀은 자신들이 특허를 받을 때까지 발표를 허락하지 않겠다고 했다. ……나는 수학 공식에도 특허를 낼 수 있다는 게 믿기지 않았다. 그래서 그럴 수 없을 거라고 말했다. 그들은 〈두고 보세요〉라고 말했다. 그들이 옳았다. 이후로 나는 내가 특허법에 얼마나 무지했는지 깨닫게 되었는데, 왜냐하면 특허를 받을 수 없어야 마땅한 것들에 대해서도(정말 터무니없는 것들에 대해서도) 꼬박꼬박 특허를 받을 수 있었기 때문이다.[7]

수학은 특허청보다 빠르게 움직인다. 스위스의 수학자이자 물리학자 마르셀 골레는 새년으로부터 해밍의 발상을 전해 듣고서 직접 새로운 부호들을 여러 종류 개발했다. 골레는 해밍도 특허의 커튼 너머에서 똑같은 부호들을 만들어 두었다는 사실을 몰랐다. 골레는 해밍보다 먼저 발표했고,[8] 그 때문에 오늘날까지도 우선권을 둘러싸고 혼란이 빚어지게 되었다. 특허로 말하자면, 벨 연구소는 특허를 받는 데 성공했지만 1956년 독점 금지 결정에 따라 사용 허락권을 잃었다.[9]

해밍 부호는 왜 통할까? 이 점을 이해하려면, 문제를 반대 방향에서 접근하여 이렇게 물어야 한다. 해밍 부호는 언제 실패할까?

명심할 점은, 오류 정정 부호가 가장 싫어하는 것은 어떤 숫자 블록이 서로 다른 두 부호어에 똑같은 정도로 가까운 경우라는 사실이다. 그런 불쾌한 서열을 받은 사람은 간발의 차이로 다른 두 부호어 가운데 무엇이 원래 메시지였는지 결정할 방법이 없어서 당황할 것이다.

여기에서 내가 쓴 표현은 꼭 비유처럼 느껴진다. 이진수들의 블록에는 위치랄 게 없는데, 한 블록이 다른 블록과 〈가깝다〉는 게 무슨 뜻일까? 해밍의 위대한 개념적 업적 중 하나는 이것이 그저 비유만은 아니라고, 혹은 그럴 필요가 없다고 단언한 점이었다. 그는 요즘 해밍 거리라고 불리는 새로운 거리 개념을 도입했다. 유클리드와 피타고라스가 논했던 거리가 훗날 평면 기하학에 적용된 것처럼, 해밍은 평범한 거리를 새로운 정보의 수학에 적용한 셈이었다. 해밍의 정의는 간단했다. 두 블록 사이의 거리는 한 블록을 다른 블록으로 바꾸기 위해서 교체해야 하는 비트의 개수와 같다. 따라서 두 부호어 0010111과 0101011의 거리는 4다. 전자를 후자로 바꾸기 위해서는 2, 3, 4, 5번째 자리에 있는 비트들을 바꿔 줘야 하기 때문이다.

해밍의 여덟 가지 부호어 체계가 좋은 부호인 것은 어떤 일곱 비트 블록도 서로 다른 두 부호어와 해밍 거리 1 안에 들지 않기 때문이다. 그런 경우가 존재한다면, 두 부호어끼리는 서로 해밍 거리 2 안에 들 것이다.* 그러나 여러분도 직접 확인해 보면 알 수 있듯이, 해밍의 부호어 중에는 서로 딱 두 자리만 다른 쌍이 하나도 없다. 더 나아가 모든 부호어 쌍은 해밍 거리가 최소한 4는 된다. 이 부호어들은 상자 속 전자들, 엘리베이터 속 낯가리는 사람들과 같다. 이들은 한정된 공간에 갇혀 있고, 그 제약 내에서 가능한 한 서로 최대한 거리를 두려고 애쓴다.

이 원리는 잡음을 잘 견디는 모든 종류의 통신에서 기본이다. 자연어도 이런 원리를 따른다. 만일 내가 language(랭귀지, 언어)라고 쓸 것을

---

* 전문가들에게 한마디. 해밍 거리는 삼각 부등식을 만족시킨다.

lanvuage(랭뷔지, 뜻 없음)라고 쓴다면, 당신은 내가 무슨 말을 하려고 했던 것인지를 금방 알아낼 것이다. 영어에서 lanvuage와 알파벳 하나만 다른 단어는 language 외에는 없기 때문이다. 물론 이 방법은 이보다 더 짧은 단어를 찾아봐야 할 때는 통하지 않는다. 가령 dog(도그, 개), cog(코그, 톱니), bog(보그, 늪), log(로그, 통나무)는 모두 어떤 대상을 지칭하기에 손색 없는 단어들이지만, 간헐적인 잡음에 첫 음소가 삼켜진다면 말한 사람이 이 중 무엇을 뜻한 것인지 알아내기가 불가능하다. 그러나 그 경우에도 단어들 사이에 존재하는 의미론적 거리를 활용하면 오류를 정정할 수 있다. 만일 그 대상이 당신을 문다면, 그것은 아마도 dog(개)일 것이다. 만일 그 대상이 굴러 내린다면, 그것은 아마도 log(통나무)일 것이다.

우리는 좀 더 효율적인 언어를 만들어 낼 수 있다. 하지만 그러면 새넌이 발견했던 까다로운 교환 문제에 부닥친다. 그동안 많은 괴짜들 그리고(혹은) 수학적 취향을 타고난 사람들이* 정보를 간결하고 정확하게 전달하는 언어를 창조하려고 애썼다. 영어 같은 자연어에 만연한 중복, 동의어, 애매함을 싹 제거한 언어 말이다. 〈로Ro〉는 에드워드 파월 포스터 목사가 1906년에 만든 인공어다.[10] 그는 얽히고설킨 영어 어휘집 대신 단어의 음성으로부터 그 뜻을 논리적으로 유도할 수 있는 어휘들을 만들고자 했다. 로 예찬자들 가운데 멜빌 듀이가 있었다는 것은 놀라운 일이 아닐지 모른다. 듀이 십진법으로 공공 도서관의 서가들에 이와 비슷한 엄격한 조직성을 부여했던 그 듀이 말이다. 로는 실제로 감탄스러우리만치 간결하다. 영어 단어 중 상당수가 로에서는 훨씬 더 짧아져, 가령 ingredient(인그리디언트, 재료)는 로에서 그냥 cegab(세가브)라고 하면 된다. 그러나 간결성에는 대가가 따른다. 영어가 기본으로 제공

* 둘은 절대로 같지 않다!

하는 오류 정정 기능이 사라지는 것이다. 로는 좁고, 붐비고, 사람들 사이에 공간이 별로 없는 엘리베이터이기 때문에, 로의 각 단어는 수많은 다른 단어들과 몹시 가까워서 혼란의 여지를 제공한다. 로에서 〈색깔〉을 뜻하는 단어는 bofab(보파브)다. 하지만 한 글자만 바꾸면 〈소리〉라는 뜻의 bogab(보가브)가 된다. bokab(보카브)는 〈전기〉를 뜻하고 bolab(볼라브)는 〈맛〉을 뜻한다. 설상가상, 로의 논리 구조는 비슷한 소리를 내는 단어들에 비슷한 뜻을 부여하기 때문에, 맥락으로 구별하기도 불가능하다. bofoc(보포크), bofof(보포프), bofog(보포그), bofol(보폴)은 각각 〈빨강〉, 〈노랑〉, 〈초록〉, 〈파랑〉을 뜻한다. 개념의 유사성을 소리에도 반영한다는 게 일리는 있지만, 그러면 붐비는 파티장에서 색깔에 관해 대화하기는 거의 불가능해진다. 「죄송합니다만, 방금 〈보포크〉라고 하셨나요 〈보포그〉라고 하셨나요?」**

한편 현대에 만들어진 몇몇 인공어들은 반대 방향을 취하여, 해밍과 섀넌이 밝힌 원칙들을 명시적으로 활용했다. 현대의 인공어 중 가장 성공한 축에 속하는 로지반***은 둘 이상의 기초 어근(로지반어로 긴수ginsu)이 음성학적으로 비슷해선 안 된다고 엄격하게 규정한다.

해밍의 〈거리〉 개념은 파노의 철학을 따른다. 거리처럼 꽥꽥거리는 것은 거리처럼 행동할 권리가 있다는 것이다. 하지만 왜 여기에서 멈추는가? 유클리드 기하학에는 하나의 중점으로부터 거리가 1 이하인 점들의 집합을 부르는 이름이 있다. 바로 원이다. 한 차원 높은 곳에서는 구다.****

** 로에서 bebop(비밥)은 〈탄력적인〉이라는 뜻이다. 나는 이 사실이 재즈 역사에 숨은 비밀 중 하나라고 생각하고 싶지만, 아마 그저 우연이겠지.

*** 로지반의 웹사이트 lojban.org에 있는 FAQ에 따르면, 로지반으로 대화할 수 있는 사람의 수는 〈한 손의 손가락으로 셀 수 있는 정도를 넘어선다〉고 한다. 이만하면 이 업계에서는 정말 썩 괜찮은 편이다.

**** 엄밀히 말하자면, 구는 중심으로부터의 거리가 정확히 1인 점들의 집합이다. 우리가 여기에서 말하는 것처럼 속이 채워진 공간은 보통 공이라고 부른다.

따라서 우리는 부호어로부터 최대 1 해밍 거리만큼 떨어진* 서열들을 해당 부호어를 중심으로 삼은 〈해밍 구〉라고 부를 수 있다. 이 부호에 오류 정정 기능이 있으려면, 서로 다른 두 부호어와의 거리가 동시에 1 미만인 서열이(기하학적 비유를 진지하게 받아들인다면 점이라고 불러야 할 것이다) 존재하면 안 된다. 달리 말해, 서로 다른 두 부호어를 중심으로 삼은 서로 다른 두 해밍 구는 서로 공유하는 점이 하나도 없어야 한다.

따라서 오류 정정 부호를 만드는 문제는 구 쌓기라고 불리는 고전적인 기하학 문제와 구조가 같아진다. 구 쌓기란 똑같은 크기의 구들을 서로 겹치지 않게 하면서 좁은 공간에 최대한 빽빽하게 집어넣는 방법을 찾는 문제이다. 더 간단히 표현하자면, 상자에 오렌지를 몇 개나 채워 넣을 수 있을까?

구 쌓기는 오류 정정 부호보다 훨씬 더 오래된 문제다. 그 역사는 천문학자 요하네스 케플러에게까지 거슬러 올라간다.[11] 1611년에 케플러는 〈육각형 눈송이Strena Seu De Nive Sexangula〉로 불리는 소책자를 썼다. 제목은 퍽 구체적이지만, 사실 이 책자는 자연물들이 띠는 형태의 기원에 관한 일반적인 의문을 다루었다. 왜 눈송이와 벌집은 육각형인데, 사과 씨가 든 공간은 다섯 개일 때가 많을까? 그중 지금 우리에게 유효한 질문은 이런 것이었다. 왜 석류 씨는 납작한 면을 12개씩 갖고 있을 때가 많을까?

케플러의 설명은 이렇다. 석류는 껍질 속에 씨를 최대한 많이 담기를 바란다. 한마디로 석류는 구 쌓기 문제를 수행하는 것이다. 우리가 자연은 언제나 가능한 한 최선의 결과를 보여 준다고 믿는다면, 석류의 구들은 가능한 한 최고의 밀도를 취하는 구조로 배열되어 있을 것이다. 케플러는 다음과 같은 방법을 쓰면 가장 빽빽하게 쌓을 수 있다고 주장했다.

* 해밍 거리는 보통의 기하학적 거리와는 달리 정수여야 하므로, 이 거리는 0 아니면 1이라는 뜻이다.

우선 씨들을 한 층만 쌓자. 다음과 같이 규칙적인 패턴으로 배열한다.

바로 위의 층도 이 층과 똑같이 생겼겠지만, 밑에 놓인 씨 세 개가 이루는 작은 삼각 구멍 위에 씨 하나가 교묘하게 쏙 들어가 있는 형태이다. 똑같은 방식으로 계속 층을 쌓으면 되는데, 약간 주의할 점이 있다. 한 층에 형성된 구멍들의 절반만이 바로 위 층의 구들을 떠받치므로, 우리는 각 층마다 구멍들 중 어느 절반을 채울지를 선택해야 한다. 통상적인 선택은 면심입방격자라고 불리는 형태로, 각 층의 구들이 그로부터 세 층 아래 구들의 일직선 위에 놓인다는 깔끔한 성질을 띤다. 케플러는 이보다 더 빽빽하게 구를 쌓는 방법은 없다고 말했다. 그런데 이 면심입방격자에서 모든 구는 정확히 12개의 다른 구들과 접한다. 그래서 케플러는 석류 씨가 자라면서 각각 12개의 이웃 씨들에게 눌려 표면이 납작해진 탓에 우리가 보는 12면체가 만들어진다고 추론했다.

석류에 관한 케플러의 추측이 옳은지는 내가 모르겠지만,[**] 면심입방격자가 구를 가장 빽빽하게 쌓는 방법이라는 그의 주장은 이후 수백 년 동안 수학계가 열렬히 관심을 쏟은 문제였다. 케플러는 자신의 단언에 대한 증거를 제공하지 않았다. 그에게는 면심입방격자를 이길 다른 방법은 없다는 사실이 그냥 명백해 보였던 모양이다. 면심입방격자 구조가 절대적으로 최선의 방법인지에 대해서 눈곱만큼도 고민하지 않은 채

[**] 다만 우리는 고체 알루미늄, 구리, 금, 이리듐, 납, 니켈, 백금, 은의 원자들이 면심입방격자로 배열된다는 것을 알고 있다. 이것 역시 수학 이론이 그 창조자들은 상상도 하지 못했을 듯한 분야에서 응용된 사례이다.

수세대 전부터 오렌지를 면심입방격자 구조로 쌓아 온 청과물 장수들도 케플러에게 동의할 것이다. 그러나 호락호락하지 않은 족속인 수학자들은 절대적인 확인을 원했다. 더구나 원과 구에 대해서만이 아니었다. 일단 순수 수학의 영역에 들어서면, 원과 구를 넘어서 더 높은 차원으로 가는 것을 아무도 막을 수 없다. 그래서 우리는 삼차원 너머의 차원에 있는 이른바 초구(超球)들도 쌓아 본다. 고차원 구 쌓기에 관한 기하학적 이야기가 오류 정정 부호 이론에 뭔가 통찰을 줄까? 사영 평면에 관한 기하학적 이야기가 그랬던 것처럼? 이 경우에는 흐름이 대체로 반대 방향이었다.* 부호 이론에서 나온 통찰이 구 쌓기 문제에서 발전을 촉진했던 것이다. 1960년대에 존 리치는 골레의 부호들 중 하나를 써서 24차원 구들을 엄청나게 빽빽하게 쌓는 데 성공했는데, 요즘은 그 구조를 리치 격자라고 부른다. 리치 격자는 실로 붐비는 공간이다. 24차원 구 각각이 196,560개의 이웃 구들과 맞닿아 있다. 리치 격자가 24차원 구를 가능한 한 최대로 빽빽하게 쌓는 방법인지 아닌지는 우리가 아직 모른다. 하지만 2003년에 헨리 콘**과 아비나브 쿠마르는 만일 그보다 더 밀도가 높은 격자가 존재한다면 그 격자는 리치 격자보다 최대 다음 비율만큼 더 나을 것임을 증명했다.[12]

1.00000000000000000000000000000165

한마디로 충분히 비슷하다는 뜻이다.

당신이 24차원 구들을 꾹꾹 눌러 담는 문제에 관심이 전혀 없다고 해서 당신을 나무랄 사람은 아무도 없다. 하지만 이걸 생각해 보자. 리치

* 신호를 0과 1의 서열이 아니라 실수들의 서열로서 모형화한 맥락이기는 하지만, 구 쌓기 문제는 정말로 훌륭한 오류 정정 부호를 설계하는 데 딱 알맞고 유용한 내용이다.
** 콘은 마이크로소프트 연구소에서 일한다. 첨단 기술 산업이 순수 수학을 지원하며 그것이 양쪽 모두에게 유익하기를 바랐던 벨 연구소의 전통을 이은 것이라고도 할 수 있다.

격자처럼 놀라운 수학적 대상은 반드시 중요하게 되어 있다. 알고 보니 리치 격자는 아주 희한한 종류의 대칭들이 아주 풍부한 구조였다. 군론의 대가 존 콘웨이는 1968년에 리치 격자를 접한 뒤, 무진장 긴 종이 한 장에 12시간 연속으로 계산하여 그 구조가 지닌 모든 대칭들을 알아냈다.[13] 그리고 그 대칭들은 20세기 거의 내내 대수학자들을 괴롭힌 문제였던 유한 대칭군의 일반 이론을 완성할 최후의 조각들 중 일부가 되어 주었다.***

낯익고 편한 삼차원 오렌지들로 말하자면, 면심입방격자가 최선의 방법이라고 주장했던 케플러의 말은 사실로 밝혀졌다. 하지만 그 증명은 거의 400년이 지난 1998년에서야 당시 미시간 대학 교수였던 토머스 헤일스에 의해 해결되었다. 헤일스는 어렵고 복잡한 논증을 펼쳐서 그 문제를 겨우 수천 개의 배열들만 분석하면 되는 문제로 환원한 뒤, 컴퓨터를 동원한 방대한 연산을 통해 풀어냈다. 어렵고 복잡한 논증이야 수학계에 전혀 문제가 되지 않았다. 수학자들은 그런 것에 익숙하며, 헤일스의 작업 중 그 부분은 신속한 판정을 통해 옳다고 확인되었다. 반면에 방대한 컴퓨터 연산 쪽은 좀 더 까다로웠다. 증명은 우리가 최후의 한 줄까지 확인해 볼 수 있지만, 컴퓨터 프로그램은 이야기가 다르다. 이론적으로야 사람이 코드를 한 줄 한 줄 확인해 볼 수 있다. 하지만 설령 그렇게 하더라도 그 코드가 올바로 실행되었다고 확신할 순 없지 않을까?

수학자들은 헤일스의 증명을 거의 만장일치로 인정했지만, 헤일스 자신은 컴퓨터 연산에 의존한 증명에 대한 초반의 불편한 반응들에 마음이 단단히 상했던 모양이다. 케플러 추측을 푼 뒤, 그는 자신을 유명하게 만들어 준 기하학을 버리고 증명을 형식적으로 검증하는 프로젝트

*** 이것 역시 대단한 이야기이지만, 여기에서 말하기에는 너무 길고 복잡하다. 하지만 마크 로넌의 책 『몬스터 대칭군을 찾아서Symmetry and the Monster』에 잘 나와 있으니 꼭 읽어 보라.

에 착수했다. 헤일스는 현재의 수학과는 전혀 달라 보이는 미래의 수학에 대한 전망을 그리고는 그것을 창조하고자 노력하고 있다. 그가 볼 때, 수학 증명은 컴퓨터의 도움을 받았든 사람이 연필로 풀었든 이미 복잡성과 상호 의존성이 워낙 깊어진 상황이기 때문에, 우리는 더 이상 그것이 옳은지 아닌지 완벽하게 확신할 수 없다. 가령 유한 단순군을 분류하는 작업은 콘웨이의 리치 격자 분석이 결정적인 역할을 하여 이제 완료되었는데, 그 작업은 수백 명의 저자들이 쓴 수백 편의 논문들에 흩어져 있으며 그것을 다 모으면 총 만 페이지는 될 것이다. 지금 살아 있는 사람 중에서 그것을 모두 이해했다고 말할 수 있는 사람은 아무도 없다. 그렇다면 우리는 그것이 정말로 옳은지를 어떻게 확신한단 말인가?

헤일스는 우리가 처음부터 새로 시작하는 수밖에 없다고 생각한다. 방대한 수학 지식을 기계로 검증 가능한 형식 구조 속에서 재구성해야만 한다는 것이다. 그때 형식적 증명을 검증하는 코드 자체도 검증 가능하다면(헤일스는 이것이 실현 가능한 목표라는 주장을 설득력 있게 내세운다), 우리는 어떤 증명이 진짜 증명인가 하는 문제를 두고서 헤일스가 겪었던 것과 같은 골치 아픈 논쟁을 영영 겪지 않아도 될 것이다. 그리고 그다음은? 다음 단계는 아마도 증명을 직접 해낼 줄 아는 컴퓨터, 심지어 인간이 개입하지 않아도 수학적 발상을 떠올릴 줄 아는 컴퓨터가 아닐까.

실제로 이런 일이 벌어진다면, 수학은 끝일까? 일부 허황된 미래주의자들이 예측하듯이 모든 정신적 차원에서 기계가 인간을 따라잡고는 내처 능가해 버린다면, 그래서 우리가 노예나 가축이나 노리개로 전락한다면, 그때 수학은 다른 모든 것과 함께 끝일 것이다. 하지만 그런 일까지는 없다고 하면, 아마 수학은 살아남을 것이다. 수학은 벌써 수십 년 동안 컴퓨터의 도움을 받아 왔다. 한때 〈연구〉로 간주되었던 많은 계산이 요즘은 기껏해야 열 자릿수 수들을 더하는 것 정도의 창의성 혹은 가치밖에 인정받지 못한다. 일단 당신의 노트북 컴퓨터가 해낼 수 있다면, 그것은 더 이상 수학이 아니다. 하지만 그렇다고 해서 수학이 할 일이 없어지진 않았다. 늘 불덩어리를 앞질러 달리는 액션 히어로들처럼, 수학자들은 점점 더 넓어지는 컴퓨터의 세력권보다 늘 한 발 앞서 나아가고 있다.

미래의 기계 지능이 현재 우리가 연구로 여기는 작업에서 상당 부분을 빼앗아 간다면? 그러면 우리는 그 연구를 〈계산〉으로 재분류할 것이다. 그리고 무엇이 되었든 우리 계량적인 정신을 지닌 인간들이 새로 얻은 자유 시간에 수행하는 작업을 〈수학〉으로 부를 것이다.

해밍 부호는 상당히 훌륭하다. 하지만 그보다 더 잘하기를 바랄 수도 있을 것이다. 해밍의 부호는 사실 좀 낭비적인 면이 있다. 컴퓨터는 천공 테이프와 기계식 계전기를 쓰던 시절에도 거의 모든 일곱 비트 블록을 무사히 전송할 만큼 믿음직했다. 해밍 부호는 너무 보수적인 듯하다. 안전을 위해서 메시지에 추가하는 비트의 양을 줄이고도 무사한 방법이 있을 것 같다. 그리고 정말로 그런 방법이 있다. 섀넌의 유명한 정리가 증명한 것이 바로 그 내용이었다. 섀넌은 우리에게 가령 오류가 비트 1000개 중 하나의 비율로 발생할 경우, 어떤 메시지이든 암호화하지 않은 형태보다 불과 1.2%만 더 길어지게 만드는 부호가 존재한다고 말해 주었다. 더욱 훌륭한 점은, 기본 블록의 길이를 점점 더 길게 잡음으로써 속도를 앞의 수준으로 유지하되 어떤 수준의 신뢰도라도, 아무리 엄격한 수준의 신뢰도라도 달성해 내는 부호를 찾을 수 있다는 것이었다.

섀넌은 그런 대단한 부호들을 어떻게 작성했을까? 이 대목이 핵심인데, 그는 작성하지 않았다. 우리는 해밍 부호와 같은 복잡한 구조를 접하면 자연히 오류 정정 부호란 아주 특별한 것이라고 생각하게 된다. 모든 부호어 쌍들을 조심조심 떨어뜨려서 어떤 쌍도 뭉쳐 있지 않도록 의도적으로 설계하고, 제작하고, 조정하고, 재조정한 결과일 것이라고 말이다. 섀넌의 천재성은 그런 시각이 완전히 틀렸다는 것을 꿰뚫어본 데 있었다. 오류 정정 부호는 전혀 특별하지 않다. 섀넌이 증명한 사실은 (그리고 일단 그가 무엇을 증명해야 하는지 이해하자, 증명 자체는 그다지 어렵지 않았다) 거의 모든 부호어 집합들에 오류 정정 성질이 있다는 것이었다. 달리 말해, 아무런 설계가 없고 완벽하게 무작위적으로 선택된 부호도 오류 정정 부호일 가능성이 극히 높다.

이것은 아무리 축소해서 말하더라도 그야말로 충격적인 발전이었다. 당신이 호버크라프트를 만들라는 과제를 받았다고 하자. 당신이 맨 처음 택할 방법이 설마 엔진 부속들과 고무 튜브를 바닥에 아무렇게나 던져서 그 결과가 용케 물에 뜨리라고 예상하는 것이겠는가?

40년이 흐른 뒤에도 섀넌의 증명에 감동한 상태였던 해밍은 1986년에 이렇게 말했다.

용기는 섀넌이 최고로 갖추었던 여러 특징 중 하나였다. 그의 대표적 정리만 떠올려 보아도 알 수 있다. 그는 부호화 기법을 개발하고 싶었지만, 어떻게 해야 할지 몰랐다. 그래서 그는 그냥 무작위 부호를 만들었다. 그러고는 앞이 막혔다. 그러자 그는 불가능한 질문을 던졌다. 〈평균적인 무작위 부호는 무엇을 할 수 있을까?〉 그리고 그는 평균적인 부호가 임의의 수준으로 훌륭할 수 있다는 것을, 따라서 언제든 좋은 부호가 최소한 하나는 있어야 한다는 것을 증명해 냈다. 무한한 용기를 갖춘 사람이 아니고서야 누가 감히 그런 생각을 떠올리겠는가? 용기, 그것은 위대한 과학자들의 특징이다. 그들은 터무니없는 상황에서도 전진한다. 그들은 생각하고 계속 생각한다.

만일 우리가 무작위로 고른 부호도 오류 정정 부호일 가능성이 높다면, 해밍 부호는 무슨 쓸모일까? 그냥 완벽하게 무작위적으로 아무 부호어들이나 고르는 게 낫지 않을까? 그래도 섀넌의 정리에 따르자면 그 부호가 오류를 정정할 가능성이 높으니까 말이다. 여기, 그런 계획의 문제점이 있다. 부호가 이론적으로 오류를 정정할 수 있다는 것만으로는 부족하다. 부호는 또한 실용적이어야 한다. 만일 섀넌의 부호가 50비트 크기의 블록을 쓴다면, 부호어의 총 개수는 50비트 길이의 0-1 서열이 취할 수 있는 가짓수이다. 그것은 2의 50승, 즉 1000조가 좀 넘는다. 큰 수다. 우리가 탄 우주선이 신호를 받는데, 그 신호는 이 1000조 개 부호어 중 하나이거나 그중 하나와 가까운 다른 서열일 것이다. 하지만 그 중 어느 것일까? 1000조 개 부호어를 일일이 살펴봐야 한다면, 우리는 심각한 곤란에 처한다. 예의 조합 폭발 현상 때문이다. 그러니 이런 상황에서 우리는 또 다른 교환 관계를 받아들일 수밖에 없다. 해밍 부호처럼 구조가 많은 부호들은 해독하기가 쉬운 편이다. 하지만 그런 특수 부호들은 일반적으로 섀넌이 연구한 완벽히 무작위적인 부호들만큼 효율적이진 않은 것으로 드러났다. 이 사실이 밝혀진 때로부터 지금까지 수십년 동안 수학자들은 구조와 무작위성의 개념적 경계에서 줄타기를 하며, 속도가 빠를 만큼 충분히 무작위적이지만 동시에 해독 가능할 만큼 충분히 구조화된 부호를 만들려고 노력해 왔다.

해밍 부호는 트란실바니아 복권에는 훌륭하게 적용되지만 캐시윈폴에는 효과적이지 않다. 트란실바니아 복권은 숫자가 7개뿐이었지만, 매사추세츠 주는 46개였다. 더 큰 부호가 필요하다. 내가 이 용도로 찾아본 것 중에서 가장 훌륭한 부호는 레스터 대학의 R. H. F. 데니스턴이 1976년에 발견한 부호였다.[14] 이 부호는 정말 아름답다.

데니스턴은 숫자 48개 중 6개를 선택하는 조합 중 285,384가지를 골라서 적어 내려갔다. 목록은 이렇게 시작된다.

1, 2, 48, 3, 4, 8

2, 3, 48, 4, 5, 9

1, 2, 48, 3, 6, 32

......

첫 두 티켓은 숫자 네 개, 즉 2, 3, 4, 48을 공통으로 갖고 있다. 하지만 (데니스턴 체계의 기적적인 점이 이 대목이다) 우리가 285,384장의 티켓들을 전부 살펴보더라도, 숫자 5개를 공통으로 가진 티켓 쌍은 하나도 발견하지 못할 것이다. 우리는 데니스턴의 체계를 부호로 번역할 수 있는데, 파노 평면에 대해서 했던 것처럼 하면 된다. 각 티켓의 숫자들을 48개의 1과 0의 나열로 바꾸되, 그 자리에 해당하는 숫자가 티켓에 있으면 0을 쓰고 없으면 1을 쓰는 것이다. 그러면 위의 첫 번째 티켓은 이런 부호어가 된다.

000011101111111111111111111111111111111111111110

그렇다면 다음 사실을 여러분이 직접 확인해 보라. 이 부호에서 숫자 6개 중 5개를 공통으로 지닌 티켓 쌍이 하나도 없다는 것은 곧 어떤 부호어 쌍도 해밍 거리가 4 미만인 것은 없다는 뜻이다.*

다르게 말하자면, 이것은 어떤 숫자 5개 조합이라도 데니스턴의 티켓들 중 딱 하나에서만 등장한다는 뜻이다. 사실은 그보다 더 훌륭하다. 모든 숫자 5개 조합들이 각자 딱 하나의 티켓에서만 등장한다.**

* 섀넌이 완벽하게 무작위로 고른 부호도 이 못지않게 좋다는 것을 증명한 마당에 왜 구태여? 그야 그렇지만, 사실 섀넌의 정리가 가장 엄밀한 형태일 때는 부호어의 길이가 임의의 어떤 길이이든 다 될 수 있어야 한다는 조건이 따른다. 부호어의 길이가 48로 고정된 위와 같은 사례에서는, 약간의 주의만 기울이면 설계된 부호로 무작위 부호를 이길 수 있다. 데니스턴이 한 일이 바로 그것이다.

쉽게 예상할 수 있다시피, 데니스턴의 목록에 오를 티켓들을 고르는 일은 엄청난 주의를 요한다. 데니스턴은 자신의 목록이 자신이 주장하는 마술적 성질을 지녔다는 사실을 검증하기 위해서 컴퓨터 언어 알골ALGOL로 프로그램을 짠 뒤 논문에 그 프로그램을 포함시켰는데, 1970년대로서는 다소 진취적인 시도였다. 그래도 그는 컴퓨터가 협동 작업에서 맡은 역할은 그에게 엄격하게 종속된 것으로 보아야 한다고 주장했다. 〈내가 여기에서 선언한 모든 결과들은 컴퓨터에 의지하지 않고서 발견한 것임을 똑똑히 밝혀 두고 싶다. 비록 그 결과들을 검증하는 데 컴퓨터를 사용했다고 말하기는 했지만 말이다.〉

캐시윈폴은 숫자를 46개만 쓰기 때문에, 데니스턴 스타일로 그 게임을 하려면 데니스턴의 체계에서 47이나 48이 포함된 티켓들은 모두 내버림으로써 아름다운 대칭을 약간 깨뜨려야 한다. 그래도 티켓은 217,833개나 남는다. 당신이 소파 쿠션에 숨겨둔 435,666달러를 꺼내어 이 숫자들로 된 복권을 몽땅 샀다고 하자. 어떻게 될까?

캐시윈폴은 숫자 6개를 추첨한다. 가령 4, 7, 10, 11, 34, 46이 뽑혔다고 하자. 이 조합이 당신이 가진 티켓 중 하나와 정확히 일치하는 극히 드문 경우, 당신은 일등 당첨금을 받는다. 하지만 그렇지 않더라도, 당신은 숫자 6개 중 5개를 맞힘으로써 두둑한 이등 상금을 딸 가능성이 충분하다. 당신에게 4, 7, 10, 11, 34가 있는 티켓이 있는가? 데니스턴의 티켓들 중에서 딱 하나는 반드시 그럴 것이므로, 당신이 이등을 맞히지 못하는 경우는 그 다섯 숫자를 포함한 데니스턴의 티켓이 4, 7, 10, 11, 34, 47 혹은 4, 7, 10, 11, 34, 48인 경우, 그래서 버려진 경우뿐이다.

하지만 다른 숫자 5개 조합은 어떨까? 가령 4, 7, 10, 11, 46이라면?

** 수학 용어로 말하자면, 이것은 데니스턴의 티켓 목록이 이른바 슈타이너 체계를 이루기 때문이다. 다음 내용은 인쇄 중에 추가하는 것인데, 2014년 1월에 옥스퍼드의 젊은 수학자 피터 키바시가 중요한 발견을 선언했다. 그는 수학자들이 궁금하게 여겨온 가능한 모든 슈타이너 체계들이 거의 다 존재함을 증명했다.

앞에서는 당신이 운이 나빠서, 데니스턴의 티켓에 포함된 조합이 4, 7, 10, 11, 34, 47이었다고 하자. 그런데 그렇다면 4, 7, 10, 11, 46, 47은 데니스턴의 목록에 존재할 수 없다. 왜냐하면 그 경우 당신이 이미 목록에 있다는 것을 아는 다른 티켓과 숫자 5개가 공통되기 때문이다. 달리 말해, 당신이 사악한 47 때문에 숫자 6개 중 5개 조합을 맞히는 데 한 번 실패했다면, 다른 숫자 5개 조합을 맞히는 데 또 다시 47 때문에 실패할일은 없다. 48도 마찬가지다. 따라서 숫자 5개를 맞히는 조합 총 여섯가지 중에서,

4, 7, 10, 11, 34
4, 7, 10, 11, 46
4, 7, 10, 34, 46
4, 10, 11, 34, 46
7, 10, 11, 34, 46

최소한 네 가지는 당신의 티켓에 포함되어 있으리라는 결과가 보장된다.

사실 당신이 데니스턴 티켓을 217,833장 살 경우의 전체 확률은 이렇다.

2%의 확률로 일등에 당첨됨
72%의 확률로 숫자 6개 중 5개를 맞힌 티켓 6장에 당첨됨
24%의 확률로 숫자 6개 중 5개를 맞힌 티켓 5장에 당첨됨
2%의 확률로 숫자 6개 중 5개를 맞힌 티켓 4장에 당첨됨

이것을 셸비가 퀵픽을 사용해서 무작위로 숫자를 골랐던 전략과 비교해 보자. 그 경우에는 숫자 6개 중 5개를 맞힌 티켓이 한 장도 없을 확

률이 비록 낮긴 해도 0.3%는 있었다. 6개 중 5개를 맞힌 티켓이 1장밖에 없을 확률도 2%였고, 2장 있을 확률이 6%, 3장 있을 확률이 11%, 4장 있을 확률이 15%였다. 데니스턴 전략에서는 보장된 수익이 위험을 대체하지만, 당연히 그 위험에는 긍정적인 면도 있다. 셀비 팀은 6개 중 5개를 맞힌 티켓이 6장 이상 있을 확률도 32%나 되었는데, 이것은 데니스턴 전략으로 골랐을 때는 불가능한 결과다. 셀비의 총 티켓들의 기대값은 데니스턴의 총 티켓들의 기대값과 같으며, 다른 누구의 기대값과도 같다. 그러나 데니스턴 방법은 구매자를 변덕스런 우연의 바람으로부터 막아 준다. 복권을 위험 없이 하려면 그냥 티켓 수십만 장을 사는 것만으로는 충분하지 않다. 올바른 티켓을 수십만 장 사야 한다.

〈랜덤 전략〉이 티켓 수십만 장을 손수 작성한 것이 이런 전략 때문이었을까? 그들은 전적으로 순수 수학의 정신에서 개발되었던 데니스턴 체계를 복권에서 위험 없이 돈을 따는 일에 적용했던 것일까? 여기에서 내 이야기는 벽에 부딪힌다. 나는 루 유란과 접촉했지만, 그는 그 티켓들이 정확히 어떻게 선택되었는지는 모른다고 했다. 그냥 그런 알고리즘 문제를 전담하는 〈주력 선수〉가 기숙사에 있었다고 했다. 그 주력 선수가 데니스턴 체계를 사용했는지 아니면 그와 비슷한 다른 체계를 사용했는지, 나는 모른다. 하지만 만일 그가 그러지 않았다면, 그랬어야 했다고 생각한다.

좋다, 알겠다, 여러분은 복권을 해도 된다

지금까지 우리는 복권 구매가 기대값의 측면에서 거의 늘 한심한 선택이라는 사실을 꼬치꼬치 살펴보았다. 설령 복권의 금전적 기대값이 티켓 가격을 상회하는 드문 경우라도, 구입한 티켓에서 최대한의 기대 효용을 짜내기 위해서는 대단한 주의를 기울여야 한다는 사실도.

그런데 그렇다면, 수학적으로 사고하는 경제학자들이 설명해야 할 불편한 사실이 하나 남는다. 지금으로부터 200년도 더 전에 애덤 스미스도 난처하게 여겼던 문제다. 바로 복권의 인기가 아주아주 높다는 사실이다. 복권은 엘즈버그가 조사했던 것처럼 사람들이 알 수 없는 미지의 확률에 직면한 상황이 아니다. 복권 당첨 확률이 얼마나 미미한지는 모두가 뻔히 아는 사실이다. 사람들이 자신의 효용을 극대화하는 방향으로 선택하는 경향이 있다는 명제는 경제학의 기둥 원칙이며, 사업 활동으로부터 연애에 관련된 선택까지 온갖 문제에서 사람들의 행동을 제법 잘 모형화한다. 그러나 복권은 아니다. 특정 부류의 경제학자들에게 이 비합리적 행동은 피타고라스학파에게 빗변의 무리수적 속성이 그랬던 것만큼이나 받아들일 수 없는 일이다. 그런 일은 그들의 모형에서 허락되지 않는다. 그러나 그 현상은 엄연히 존재하는 것이다.

경제학자들은 피타고라스학파보다 유연하다. 그래서 성을 내며 나쁜 소식을 가져온 전령을 물에 빠뜨려 죽이는 대신, 자신들의 모형을 현실에 맞추어 조정했다. 한 가지 인기 있는 해석은 우리가 앞에서 만났던 밀턴 프리드먼과 레너드 새비지가 제안한 것이었는데, 사람들은 액수가 아니라 계급의 측면에서 부를 따지기 때문에 복권 구입자의 효용 곡선이 구불구불하다는 주장이었다. 당신이 중산층 노동자로서 복권에 매주 5달러를 쓴다고 하자. 그런데 당첨되지 않는다. 당신은 그 선택으로 약간의 비용을 치르겠지만, 그렇다고 해서 당신의 계급이 달라지는 일은 없을 것이다. 돈을 잃는 것 말고는 부정적 효용이 0에 가깝다는 뜻이다. 반면에 당신이 당첨된다면, 당신은 사회 계층이 달라질 것이다. 이 주장은 이른바 〈임종〉 모형으로 봐도 좋다. 당신은 임종하는 자리에서 매주 복권을 샀던 것 때문에 돈을 그만큼 덜 갖고 죽게 된 것을 후회하겠는가? 아닐 것이다. 그렇다면 복권에 당첨된 덕택에 서른다섯 살에 은퇴하여 여생을 카보 리조트에서 스노클링이나 하면서 보냈던 것을 흡족해 하겠는가? 그렇다. 잘한 선택이었다고 여길 것이다.

고전 이론에서 더 멀어진 해석을 보자면, 대니얼 카너먼과 아모스 트버스키는 일반적으로 사람들이 효용 곡선이 규정한 경로와는 다른 경로를 따른다고 주장했다. 대니얼 엘즈버그가 단지를 들이댈 때만이 아니라 일반적인 삶의 과정에서 줄곧 그렇다는 것이다. 두 사람의 〈전망 이론〉은 나중에 카너먼에게 노벨상을 안겨 주었으며 요즘은 행동 경제학의 기틀을 닦은 연구로 여겨지는데, 한마디로 사람들이 합리성이라는 추상적 개념에 따르자면 어떻게 행동해야 하느냐가 아니라 실제로 어떻게 행동하느냐를 최대한 충실하게 모형화하려는 이론이다. 카너먼-트버스키 이론에 따르면, 사람들은 폰 노이만-모르겐슈테른 공리에 따를 때보다 확률이 낮은 사건에 더 많은 무게를 부여한다. 따라서 일등 당첨의 전망은 엄격한 기대 효용 계산이 승인하는 정도를 능가하는 매력을 지닌다.

그러나 이론적으로 무리할 것도 없는 가장 단순한 설명이 있다. 복권을 사는 행위는 당첨되든 말든 사소하나마 재미있는 일이라는 설명이다. 카리브 해에서 휴가를 즐기는 정도는 아니고 밤새 파티에서 춤추는 정도도 아니지만, 일이 달러어치 정도의 재미는 충분하다. 이 설명을 의심할 이유도 있긴 하지만(일례로 실제 구매자들에게 복권을 사는 주된 이유를 물어보면 대개는 당첨 전망을 첫손가락으로 꼽는다), 그래도 이 설명은 우리가 목격하는 행동을 꽤 잘 설명해 준다.

경제학은 물리학이 아니고, 효용은 에너지가 아니다. 효용은 보존되지 않으며, 두 주체가 상호 작용함으로써 둘 다 처음보다 더 많은 효용을 갖게 될 수도 있다. 이것이 낙천적인 자유 시장주의자가 복권을 바라보는 관점이다. 복권은 역진세가 아니라 게임이고, 사람들은 적은 대가를 지불해서 국가가 값싸게 제공하는 몇 분의 오락을 즐기며, 그 수익금은 도서관과 가로등을 운영하는 데 쓰인다는 것이다. 마치 두 나라가 교역함으로써 양측 모두 이득을 보는 것과 마찬가지다.

그러니 좋다. 여러분은 복권을 해도 된다. 복권이 여러분에게 재미있다면, 수학이 여러분에게 허가를 내린다!

그러나 사실은 이 견해에도 문제점이 있다. 다시 파스칼을 인용하자면, 그는 특유의 시무룩한 시각으로 도박의 흥분을 이렇게 분석했다.

평생 질리지도 않고 매일 적은 액수를 도박에 거는 남자가 있다고 하자. 우리가 그에게 도박을 하지 않는다는 조건으로 그가 그날 딸 수 있을지도 모르는 금액을 아침마다 준다면, 그는 오히려 우울해질 것이다. 그렇다면 그는 돈이 아니라 놀이의 즐거움을 추구하는 것이라고 말할 수 있을지 모른다. 그렇다면 그에게 아무 대가가 없는 놀이를 해보라고 하자. 그는 흥분을 느끼지 못할 테고, 지루해할 것이다. 그렇다면 그가 추구하는 것은 재미만도 아니라는 뜻이다. 나른하고 열정 없는 즐거움은 지겹게 느껴질 테니까. 그는 흥분을 느껴야 하고, 도박을 하지 않는다는 전제하에서 받을 수 있는 액수를 자신이 도박으로 딸 수 있을지도 모른다는 상상으로 스스로를 속여야 한다.[15]

파스칼은 도박의 쾌락을 경멸스러운 것으로 본 것이다. 실제로도 그 쾌락은 지나치게 탐닉할 경우 해롭다. 복권을 지지하는 논리에 따르자면, 필로폰 판매자와 고객도 비슷한 원원 관계를 즐긴다고 주장할 수 있을 것이다. 필로폰을 아무리 열성적으로 반대하는 사람이라도 많은 사람들이 그것을 진심으로 즐긴다는 사실만큼은 부정할 수 없을 테니까.[*]

하지만 다른 현상과 비교해 보면 어떨까? 약에 찌든 중독자가 아니라, 미국의 자랑인 소규모 사업자와 비교해 보자. 물론, 가게를 열거나 서비

* 이 논증은 내가 지어낸 게 아니다. 이 주장을 끝까지 밀어붙인 것을 보고 싶다면, 게리 베커와 케빈 머피의 합리적 중독 이론을 살펴보라.

스를 판매하는 것이 복권을 사는 것과 똑같지는 않다. 자신의 성공을 어느 정도는 통제할 수 있으니까. 그러나 두 활동에는 공통점이 있다. 자기 사업을 한다는 것은 대부분의 경우에 나쁜 내기이다. 당신이 특제 바베큐 소스의 맛을 아무리 자신해도, 당신이 개발한 앱이 시장을 파괴할 만큼 혁신적이라고 장담해도, 더없이 무자비하고 아슬아슬하게 불법에 걸친 사업 전략을 쓰겠다고 다짐해도, 당신은 성공할 가능성보다 실패할 가능성이 훨씬 더 크다. 애초에 바로 그것이 기업가 정신의 속성이다. 지극히 작은 확률로 떼돈을 벌 가능성과 중간 정도 확률로 그럭저럭 생계를 이을 가능성과 상당히 큰 확률로 재산을 몽땅 날릴 가능성 사이에서 저울질하는 것 말이다. 그리고 잠재적 사업가들 중에서 대부분은 금전적 기대값을 계산기로 두드려 보면 복권과 마찬가지로 0보다 작은 수가 나온다. (전형적인 복권 구매자와 마찬가지로) 전형적인 사업가들은 자신의 성공 확률을 과대평가한다. 살아남은 사업체라도 그 소유주에게 회사에서 받던 봉급보다 더 적은 돈을 안겨 주는 게 보통이다.[16] 그러나 사회의 관점에서 보자면, 사람들이 현명한 판단과는 어긋나게 자기 사업을 차리는 세상이 더 좋다. 우리에게는 식당이 필요하고, 이발사가 필요하고, 스마트폰 게임이 필요하다. 그러면 기업가 정신은 〈바보들에게 물리는 세금〉일까? 그렇다고 대답한다면 미쳤다는 소리를 들을 텐데, 한 이유는 우리가 도박꾼보다는 사업가를 더 높게 쳐주기 때문이다. 우리가 어떤 활동의 합리성을 판단할 때 그 활동에 대한 도덕적 감정을 분리해서 생각하기란 어려운 법이다. 그러나 또 다른 이유는(어쩌면 이 이유가 더 크다) 복권 구입에 따르는 효용과 마찬가지로 사업 운영에 따르는 효용은 금전적 기대값만으로는 전부 측정되지 않기 때문이다. 꿈을 이루는 행위 자체가, 심지어 이루려고 노력하는 것 자체가 일종의 보상이다.

그리고 사실이 어떻든, 최소한 제임스 하비와 루 유란의 결정은 그랬다. 그들은 캐시윈폴이 막을 내린 뒤 서부로 이주하여 실리콘 밸리에서 기업들에게 온라인 채팅 시스템을 판매하는 스타트업 기업을 시작했다 (하비의 자기 소개 페이지에는 취미 중 하나로 〈비전통적 투자 전략〉이 라는 말이 수줍게 적혀 있다). 현재 그들은 벤처 자금 투자를 받으려고 애쓰는 중이다. 어쩌면 그들은 성공할 것이다. 그러나 나는 그들이 실패 하더라도 금세 또 다른 사업을 시작할 것이라는 내기를 걸 것이다. 기대 값이 좋든 나쁘든, 다음번에 시도하는 티켓은 당첨되기를 기대하면서.

4부

회귀

- 유전되는 천재성
- 홈런 더비의 저주
- 코끼리들을 행렬로 배열하기
- 베르티옹 기법
- 산포도의 발명
- 골턴의 타원
- 부유한 주들은 민주당에게 투표하지만 부유한 사람들은 공화당에게 투표한다
- 〈그렇다면 폐암이 흡연의 한 원인일 수도 있나요?〉
- 왜 잘생긴 남자들은 다들 성격이 고약한가

14장
평범의 승리

1930년대 초는 현재와 마찬가지로 미국 실업계에게 자성의 시기였다. 뭔가 잘못됐다는 것만큼은 분명했다. 하지만 무엇이? 1929년의 증권 시장 대폭락과 뒤따른 불황은 예측 불가능한 재앙이었을까? 아니면 미국 경제에 뭔가 체계적인 결함이 있는 걸까?

호러스 시크리스트는 누구보다도 이 질문에 잘 답할 만한 사람이었다. 그는 노스웨스턴 대학의 통계학 교수이자 기업 연구소 소장으로서 기업 활동에 정량적 기법을 적용하는 일에 전문가였으며, 학생들과 기업체 중역들에게 널리 읽히는 통계학 교과서를 썼다.[1] 그는 폭락이 발생하기 수년 전인 1920년부터 철물점에서 철도 회사, 은행에 이르기까지 수백 가지 부문에 대한 상세한 통계를 꼼꼼하게 취합하고 있었다. 비용, 총 매출, 임금과 임대료 지출, 그 외에도 구할 수 있는 데이터란 데이터는 모두 기록하여 왜 어떤 기업들은 번성하는데 다른 기업들은 비틀거리는가 하는 신비로운 변이의 정체를 밝히고 분류하고자 했다.

그래서 1933년에 시크리스트가 분석 결과를 발표할 태세를 갖추었을 때, 학계와 경제계는 둘 다 귀기울일 의향이 있었다. 그가 도표와 그래프가 숱하게 박힌 468쪽짜리 책으로 충격적인 결과를 발표했기 때문에 더욱 그랬다. 시크리스트는 괜히 충격을 누그러뜨리려 하지 않았다. 그는 자신의 책에 〈기업 활동에서 평범의 승리〉라는 대단한 제목을 붙였다.

시크리스트는 이렇게 썼다. 〈기업의 경쟁 활동에서는 평범이 득세하는 경향이 있다. 이것은 수천 개 사업체들의 비용(지출)과 수익을 분석한 내 연구가 분명하게 가리키는 결론이다. 이것은 산업의 자유에 따르는 대가이다.〉[2]

시크리스트는 어떻게 그런 울적한 결론에 도달했을까? 우선, 그는 각 부문의 사업체들을 승자들(수입이 높고 지출이 낮은 사업체들)과 비효율적인 업체들로 세심하게 분리하여 계층화했다. 일례로 옷 가게 120곳에 대해서, 그는 먼저 1916년의 지출 대비 매출 기준으로 순위를 매긴 뒤, 가게 20개씩 하나의 〈섹스타일sextile〉로 묶어 총 6개의 집단으로 나누었다. 그는 그중 최상위 집단에 속한 가게들은 이미 시장 최고 수준인 기술을 갈수록 더 연마하여 우수해짐으로써 시간이 갈수록 이익을 굳힐 것이라고 예상했으나, 결과는 정반대였다. 1922년이 되자 최상위 집단의 가게들은 이미 보통 수준의 가게들보다 더 나은 점이 별로 없었다. 여전히 평균보다는 나았지만, 더 이상 뛰어나다고는 할 수 없었다. 한편 최하위 집단의 가게들은(1916년에 제일 나빴던 가게들은) 반대 방향으로 똑같은 효과를 겪어, 성과가 평균에 좀 더 가깝게 나아져 있었다. 최상위 가게들의 우수성을 뒷받침했던 재능이 무엇이었든, 그것은 겨우 6년 만에 기세가 빠진 듯했다. 평범이 승리했다.

시크리스트는 모든 종류의 사업체들에서 같은 현상을 확인했다. 철물점들은 평범으로 회귀했고, 식료품점들도 마찬가지였다. 어떤 측정 기준을 써도 마찬가지였다. 시크리스트는 매출 대비 임금과 임대료, 그 밖에 구할 수 있는 온갖 경제 지표들로 사업체를 평가해 보았으나, 늘 마찬가지였다. 최고의 성과를 내던 자들도 시간이 흐르면 평범한 구성원들과 비슷한 모습과 행동을 보이기 시작했다.

시크리스트의 책은 안 그래도 가시방석이던 사업계 엘리트들에게 찬

물을 끼얹은 셈이었다. 많은 서평가들은 시크리스트의 그래프와 표에서 그동안 기업가 정신을 지탱해 온 신화에 대한 수치적 반증을 읽어 냈다. 버펄로 대학의 로버트 리겔은 이렇게 썼다. 〈이 결과는 기업가와 경제학자로 하여금 지속적이고도 약간은 비극적인 문제를 직면하게끔 한다. 일반 법칙에 예외가 있기는 하지만, 기업체가 유능함과 효율성 덕분에 초기의 고생을 딛고서 성공 궤도에 오른 뒤 이후 오랫동안 보상을 거둘 수 있다는 생각은 이제 산산히 해체되었다.〉[3]

예윗값들을 중간으로 밀어 넣는 힘은 무엇이었을까? 그것은 인간 행동과 관련된 힘이어야 했다. 왜냐하면 자연계에서는 그런 현상이 나타나지 않는 듯했기 때문이다. 시크리스트는 특유의 철두철미함을 발휘하여 191개 미국 도시들의 7월 평균 기온에 대해서도 비슷한 검사를 해보았는데, 여기에서는 회귀가 드러나지 않았다. 1922년에 더웠던 도시들은 1931년에도 더웠다.

수십 년간 미국 기업계의 통계를 기록하고 운영을 연구해 온 시크리스트는 자신이 이 현상을 설명하는 답을 안다고 생각했다. 성공한 기업체를 짓누르고 무능한 경쟁자를 북돋는 힘은 경쟁 자체에 내재된 속성이라는 것이었다. 그는 이렇게 썼다.

산업에 누구나 자유롭게 진입할 수 있고 그 경쟁이 지속되는 환경은 평균의 지속을 가져온다. 새 회사들은 상대적으로 〈부적합한〉 후보들로부터, 적어도 경험이 부족한 후보들로부터 모집된다. 그중 일부가 성공하려면, 자신이 소속된 계층과 시장의 경쟁 관습을 따라야만 한다. 그러나 탁월한 판단과 판촉 감각과 정직성은 늘 그보다 덜 꼼꼼하고, 덜 현명하고, 정보가 부족하고, 신중하지 못한 행태에 휘둘리기 마련이다. 그 결과 소매업은 너무 혼잡해지고, 작고 비효율적인 가게들이 존재하게 되며, 적당하지 못한 사업 규모와 비교적 높은 지출과 적은 수익이 존재하게 된다.

해당 분야로의 진입이 자유로운 한 그렇고, 경쟁이 〈자유롭고〉 앞서 말한 한계가 존재하는 한 그렇다. 따라서 우수함도 열등함도 오래가지 않을 것이다. 대신 평범함이 규칙이 된다. 사업체를 운영하는 사람들의 평균적인 지성 수준이 지배할 것이고, 그런 사업 정신을 지닌 사람들이 쓰는 관행들이 규칙이 된다.[4]

오늘날의 경영 대학원 교수가 이렇게 말하는 것을 상상할 수 있겠는가? 상상도 못할 일이다. 오늘날의 담론은 자유 시장의 경쟁을 무능한 기업체는 말할 것도 없거니와 최대로 유능한 상태보다 단 10%라도 덜 유능한 기업체까지 싹 도려내는 칼로 여긴다. 열등한 회사가 더 유능한 회사에게 휘둘리는 것이지, 그 반대가 아니라고 본다.

반면에 시크리스트는 다양한 규모와 기술 수준의 사업체들이 밀치락달치락하는 자유 시장을 이미 1933년에 폐기의 길로 접어들었던 〈한 학급 학교〉와 비슷한 것으로 보았다. 그는 이렇게 묘사했다. 〈나이도 정신도 교육받은 정도도 저마다 다른 학생들이 한 교실에 모여서 함께 수업을 받는다. 당연히 혼란, 좌절, 비효율이 초래된다. 그러나 결국 우리는 상식에 의거하여 학년, 등급, 특수 교육을 바람직하게 여기게 되었으며, 그렇게 바로잡음으로써 학생들이 저마다 타고난 자질을 드러낼 기회를, 우수한 학생들이 열등한 학생들 때문에 희석되지 않을 길을 열었다.〉[5]

마지막 문장은 뭐랄까 약간…… 뭐라고 표현하면 좋을지 모르겠다. 여러분은 1933년에 누군가 다른 사람이 이렇게 우수한 자들이 열등한 자들 때문에 희석되어선 안 된다고 말하는 것을 상상할 수 있는가?

교육에 관한 시크리스트의 견해를 볼 때, 평범으로의 회귀에 관한 그의 생각이 19세기 영국의 과학자로서 우생학을 개척했던 프랜시스 골턴에서 유래했다는 것은 놀랄 일이 아닌지도 모른다. 일곱 자녀 중 막내였던 골턴은 일종의 영재였다. 몸져누운 누나 아델은 동생을 가르치는 것을 큰 낙으로 여겼다. 골턴은 두 살에 자기 이름을 쓸 줄 알았고, 네 살에 누나에게 이런 글을 적어 주었다. 〈나는 어떤 덧셈도 다 할 줄 알고, 2, 3, 4, 5, 6, 7, 8, 10으로 곱할 줄 알아. 동전 변환표도 외울 줄 알아. 프랑스 어를 약간 읽을 줄 알고, 시계도 볼 줄 알아.〉[6] 그는 18살에 의학 공부를 시작했으나, 아버지가 죽으면서 상당한 재산을 남기자 갑자기 전통적인 직종을 추구할 흥미가 떨어졌다. 한동안 골턴은 탐험가로서 아프리카 내륙 탐사를 이끌었다. 그러나 1859년 출간된 신기원적 저작 『종의 기원The Origin of Species』은 그의 관심사를 극적으로 바꿔 놓았다. 골턴은 자신이 〈그 책의 내용을 허겁지겁 삼켰으며, 삼키는 것보다 더 빨리 소화시켰다〉고 회상했다.[7] 그때부터 그는 인간의 육체적, 정신적 특징들의 유전성을 알아보는 일에 많은 시간을 투자했고, 그 결과 현대의 관점에 서는 두말할 것 없이 고약하게만 느껴지는 여러 정책을 선호하게 되었 다. 그가 1869년에 쓴 『유전되는 천재성Hereditary Genius』의 서두에는 그 런 기색이 역력하다.

나는 이 책에서 인간의 타고난 능력들이 유전에 의해 결정된다는 사실 을 밝히고자 한다. 즉, 그것은 생물계의 다른 모든 형태들과 육체적 속성 들이 겪는 것과 똑같은 제약을 겪는다. 따라서 우리가 그런 제약에도 불 구하고 세심한 선택적 교배를 통해 특별한 달리기 능력이나 기타 어떤 능 력을 지닌 개나 말 품종이라도 간단히 만들어 낼 수 있듯이, 인간도 여러 세대에 걸친 신중한 결혼으로 뛰어난 재능을 지닌 사람들을 생산해 낼 수 있을 것이다.

골턴은 이 주장을 뒷받침하고자 성직자에서 레슬러까지 다양한 분야 에서 업적을 낸 영국 남자들을 자세히 조사하여, 뛰어난 영국인일수록 뛰어난 친척을 평균보다 훨씬 많이 갖고 있다고 결론 내렸다.* 독자들은

『유전되는 천재성』에 크게 반발했는데, 특히 성직자들이 그랬다. 세속의 성공을 완벽한 자연주의의 관점에서 해석하는 골턴에 따르자면 신의 섭리의 관점에서 바라보는 전통적 견해는 설 곳이 없었기 때문이다. 그들이 골턴의 주장에서 특히 짜증스럽게 여긴 대목은 성직계에서의 성공도 유전의 영향을 받는다는 지적이었다. 한 서평가가 불평했듯이, 그렇다면 〈성직자의 신앙심은 (우리가 지금까지 믿었던 것처럼) 바람 부는 대로 나부끼던 그의 영혼에 성령이 직접 작용하여 싹튼 게 아니라 그의 세속의 아버지가 종교적 감정에 적합한 육체적 기질을 물려주었기 때문이라는 말〉 아닌가.[8] 골턴이 종교계에 친구가 얼마나 있었는지는 모르겠지만, 3년 뒤에 다시 「기도의 효험에 관한 통계적 탐구Statistical Inquiries into the Efficacy of Prayer」라는 소논문을 냈을 때 남았던 친구마저 모조리 잃었을 것이다(바쁜 사람들을 위해 결론만 요약하자면, 기도는 그다지 효험이 없다고 한다).

그와는 대조적으로, 빅토리아 시대 과학계는 골턴의 책을 아주 흥미롭게 받아들였다. 비판이 없지는 않았지만, 다들 인정하는 분위기였다. 찰스 다윈은 심지어 책을 끝까지 읽지도 않은 상태에서 흡사 지적 황홀경에 빠진 듯한 편지를 골턴에게 보냈다.

켄트 주 베케넘의 다운에서,

12월 23일

친애하는 골턴에게,

당신의 책을 겨우 50쪽쯤 읽었습니다만, 이렇게 심중의 말을 토해 내지 않으면 답답해서 못 살 것 같습니다. 나는 이렇게 흥미롭고 독창적인 글은 평생 처음 읽는 듯합니다. 그리고 어쩌면 이렇게 모든 요점들이 분

---

* 골턴은 서문에서 외국인들을 빠뜨린 것을 사과하며, 〈특히 지적인 가문이 유달리 많은 듯한 이탈리아인들과 유대인들의 전기를 조사했으면 좋았을 거라고 생각한다〉고 말했다.

명하게 잘 표현되어 있는지요! 책을 벌써 다 읽은 조지도 내게 똑같은 소감을 들려주었는데, 덧붙이기를 앞쪽 장들보다 뒤쪽 장들이 훨씬 더 흥미롭다는 겁니다! 나는 거기까지 가는 데 시간이 좀 걸릴 겁니다. 아내가 소리 내어 읽어 주고 있기 때문인데, 아내도 아주 흥미로워 합니다. 어떤 의미에서 당신은 반대자를 전향시킨 셈입니다. 왜냐하면 나는 바보를 제외하고는 모든 사람들이 지능이 썩 다르지 않으며 그저 열의와 노력이 다를 뿐이라고 믿어 왔기 때문입니다. 그런 것들도 여전히 아주 중요한 차이라고 생각합니다만. 어쨌든 기념비적인 작업이 될 것임에 분명한 책을 써낸 걸 축하합니다. 나는 매번 열렬하게 독서를 기대합니다만, 생각할 거리가 너무 많은 탓에 아주 어려운 독서라고 느낍니다. 그러나 그것은 전적으로 내 두뇌가 모자란 탓이지 당신의 아름답고 명료한 문장 탓은 아닙니다.

친애하는 찰스 다윈 드림

공정을 기하기 위해서 밝히자면, 다윈은 애당초 편향된 입장이었을지도 모른다. 골턴은 다윈의 사촌이었으니까. 게다가 다윈은 수학적 기법이 과학자에게 풍성한 세계관을 제공한다고 굳게 믿었다. 정작 자신의 연구는 골턴보다 훨씬 덜 정량적이었는데도 말이다. 다윈은 회고록에서 어릴 때 받았던 교육에 대해 이렇게 회상한 바 있다.

나는 수학을 시도해 보았고, 1828년 여름에는 버머스에서 개인 교사까지 두었으나(아주 지루한 사람이었다), 학습이 몹시 더뎠다. 나는 수학이 싫었는데, 주로 대수의 초기 단계에서 아무 의미를 찾지 못한 탓이었다. 그런 조급함은 아주 어리석은 짓이었다. 훗날 나는 적어도 수학의 가장 중요한 원칙들만이라도 이해하도록 공부해 두었다면 얼마나 좋았을까 하고 깊이 뉘우쳤다. 그런 능력을 갖춘 사람들은 마치 초감각을 지닌 것처럼 보였기 때문이다.[9]

다윈은 스스로는 수학이 부족해서 개척할 수 없는 초감각적 생물학을 골턴이 마침내 개시했다고 느꼈을지도 모른다.

『유전되는 천재성』의 비판자들은 비록 지적 경향성이 유전되는 것은 사실일지라도 골턴은 성취에 영향을 미치는 다른 요인들에 비해 유전의 힘을 과대평가했다고 주장했다. 그래서 골턴은 부모의 유전이 자식의 운명을 결정짓는 정도를 알아보기로 나섰다. 하지만 〈천재성〉의 유전을 계량하기는 쉽지 않았다. 특출한 영국인이 얼마나 특출한지를 어떻게 정확히 측정하겠는가? 그래도 골턴은 전혀 굴하지 않은 채, 수치로 좀 더 쉽게 잴 수 있는 인간의 다른 특징으로 시선을 돌렸다. 이를테면 키로. 골턴뿐 아니라 누구나 알듯이, 큰 부모에게서는 큰 자녀가 태어나는 경향이 있다. 188센티미터인 남자와 178센티미터인 여자가 결혼하면 그 아들딸들은 평균보다 클 가능성이 높다.

그러나 골턴의 놀라운 발견에 따르면, 실제로는 그 자녀들이 자기 부모만큼 크지 않았다. 키가 작은 부모들에게도 같은 효과가 반대 방향으로 적용되어, 그 자녀들은 평균보다는 작겠지만 그 부모만큼 작진 않았다. 골턴이 발견한 것은 오늘날 평균으로의 회귀라고 불리는 현상이었다. 그의 데이터는 이 현상이 의심할 여지 없는 사실이라고 말해 주었다.

골턴은 1889년에 쓴 『자연의 유전 *Natural Inheritance*』에서 이렇게 썼다. 〈첫눈에는 역설처럼 보이겠지만, 이것은 이론적으로 꼭 필요한 사실이다.* 그리고 성인이 된 자식의 키가 전반적으로 그 부모의 키보다 좀 더 평범하다는 것은 관찰로 분명히 확인된 사실이다.〉

따라서 정신적 성취도 그래야만 한다는 것이 골턴의 추론이었다. 그리고 이 추론은 우리의 보편적 경험에 부합한다. 위대한 작곡가나 과학

---

* 전문적이지만 중요한 지적 하나. 골턴이 〈꼭 필요하다〉고 말한 것은 사람 키의 분포가 세대마다 달라지지 않는다는 생물학적 사실을 염두에 둔 것이었다. 이론적으로는 회귀가 없는 상황도 상상할 수 있지만, 그렇다면 갈수록 변이가 커져서 세대가 지날수록 갈수록 더 큰 거인들과 갈수록 더 작은 난쟁이들이 나타날 것이다.

자나 정치 지도자의 자식이 같은 분야에서 두각을 드러내는 일은 흔히 있어도 명망 높은 그 부모만큼 뛰어난 경우는 거의 없다. 골턴은 훗날 시크리스트가 기업체의 운영에서 밝혀낼 현상을 관찰했던 것이다. 탁월함은 지속되지 않고, 시간이 흐르면 평범함이 자리를 굳히기 마련이라는 것을.**

그러나 골턴과 시크리스트 사이에는 큰 차이가 있다. 골턴은 심정적으로나마 수학자였으나, 시크리스트는 아니었다. 그래서 골턴은 회귀가 왜 벌어지는지 이해했으나, 시크리스트는 전혀 몰랐다.

골턴이 이해했듯이, 키는 타고난 특징들과 외부 영향들의 조합에 의해 결정된다. 후자는 가령 환경, 유년기의 건강, 혹은 그냥 운이다. 내 키가 185센티미터인 것은 아버지가 185센티미터이고 아버지가 지녔던 성장을 촉진하는 유전 물질 중 일부를 내가 물려받았기 때문이다. 하지만 또한 내가 어릴 때 영양을 충분히 섭취했기 때문이고, 성장을 저해하는 심각한 스트레스를 겪지 않았기 때문이다. 그리고 내가 자궁 안팎에서 겪었던 다른 많은 경험도 틀림없이 내 키를 키우거나 줄이는 데 영향을 미쳤을 것이다. 큰 사람들이 큰 것은 유전적으로 키가 클 성향을 지녔기 때문일 수도 있고, 외부 영향에 의해 성장이 촉진되었기 때문일 수도 있고, 둘 다일 수도 있다. 그리고 큰 사람일수록 두 요인이 모두 큰 키 방향을 가리킬 가능성이 높다.

요컨대, 인구 중 키가 가장 큰 집단에서 뽑힌 사람들은 거의 틀림없이 각자의 유전적 성향이 품었던 가능성보다 좀 더 큰 경우일 것이다. 그들은 좋은 유전자를 갖고 태어나기도 했지만 환경과 운의 도움도 받은 것이다. 그들의 자녀들은 그들의 유전자를 공유하겠지만, 외부 요인들도

** 키에 대한 골턴의 연구를 잘 알았던 시크리스트가 왜 평균으로의 회귀는 인간의 통제를 받는 변수에서만 발견된다고 믿어 버렸는지 정말 모르겠다. 생각이 한 이론에 완전히 사로잡혔을 때는 반박 증거가(심지어 이미 아는 증거라도) 눈에 안 들어올 수도 있다.

또 한 번 유전자의 수준 너머까지 키를 키우는 데 합심하라는 법은 없다. 그러니 평균적으로 자녀들은 평균에 비해서는 키가 크겠지만 훌쩍한 부모들만큼 아주 크진 않을 것이다. 그것이 바로 평균으로의 회귀를 일으키는 원인이다. 평범함을 사랑하는 어떤 신비로운 힘이 있는 게 아니라, 그저 유전이 운과 뒤섞여서 작동하는 방식이 그럴 뿐이다. 골턴이 평균으로의 회귀는 〈이론적으로 꼭 필요한 사실〉이라고 썼던 것은 그런 뜻이었다. 처음에는 그도 데이터가 드러낸 속성에 놀랐으나, 일단 상황을 이해하자 그 외에는 다른 방법이 있을 수 없다는 걸 깨달았던 것이다.

사업도 마찬가지다. 시크리스트가 1922년에 가장 두둑한 수익을 올린 회사들에 대해서 했던 말은 틀리지 않았다. 그 회사들은 정말로 해당 분야에서 가장 잘 운영된 회사들로 꼽을 만했을 것이다. 그러나 한편 그들은 운도 좋았다. 그들의 경영 능력은 지혜와 판단 면에서 시간이 흘러도 여전히 우수할 수 있었겠지만, 1922년에 운이 좋았던 회사라고 해서 십 년 뒤에도 다른 회사들보다 운이 좋으란 법은 없다. 그러니 최상위 집단에 속했던 회사들은 세월이 흐르면 순위에서 미끄러지기 마련이다.

사실 시간에 따라 무작위 변동을 겪는 현상이기만 하다면 우리 인생의 어떤 측면이든 회귀 효과를 겪을 가능성이 높다. 여러분은 살구와 크림치즈만 먹는 새 다이어트법을 시도하여 1.5킬로그램을 빼본 적이 있는가? 그런데 당신이 살을 빼기로 결심했던 순간을 떠올려 보자. 그때는 아마도 정상적으로 오르내리는 몸무게의 주기에서 정상 범위의 최고치에 달한 순간이었을 것이다. 그러니까 당신이 저울을 내려다보고, 아니면 배를 내려다보고, 맙소사, 뭐라도 해야겠어라고 중얼거렸을 것이다. 하지만 만일 그렇다면, 당신은 살구를 먹든 먹지 않았든 어차피 1.5킬로그램이 빠졌을 것이다. 어차피 체중이 정상으로 돌아오는 주기였을 테니까. 결국 당신이 그 식단의 효능에 대해서 알아낸 바는 거의 없다.

누군가는 이 문제를 무작위 표본 추출로 해결하려고 할지 모른다. 피험자 200명을 무작위로 뽑아서 누가 과체중인지 확인한 뒤 그들에게만 식단을 시험하는 것이다. 하지만 그러면 시크리스트가 했던 조사와 똑같은 작업을 하는 셈이다. 인구 중 가장 무거운 집단은 사업계 중 가장 성과가 좋은 집단과 비슷하다. 그들은 물론 평균적인 사람보다 지속적인 체중 문제를 겪을 가능성이 높겠지만, 또한 마침 몸무게를 잰 날에 정상 체중 범위의 최고점에 달해 있을 가능성도 더 높을 것이다. 시크리스트의 뛰어난 사업체들이 시간이 갈수록 나빠져 평범해졌듯이, 무거운 피험자들은 식단에 효과가 있든 없든 체중이 줄 것이다. 그렇기 때문에, 좀 더 제대로 된 식단 연구는 한 가지 식단의 효과를 조사하지 않고 두 가지 식단을 비교해서 어느 쪽이 더 많은 체중 감소를 일으키는지 살펴본다. 평균으로의 회귀 효과는 두 식단을 먹는 두 집단에게 똑같이 미칠 테니, 이 비교는 공평할 것이다.

첫 소설로 대박을 터뜨렸던 신예 작가의 두 번째 소설이나, 데뷔 음반이 엄청나게 유행했던 밴드의 두 번째 앨범은 왜 첫 번째만큼 좋은 경우가 드물까? 흔히들 대부분의 예술가는 할 말이 하나뿐이라서 그렇다고들 하지만, 그건 틀렸다. 적어도 꼭 그것만은 아니다. 인생의 모든 것이 그렇듯이 예술적 성공은 재능과 운의 결합이고 따라서 평균으로의 회귀가 적용되기 때문이다.[*]

다년 계약에 서명하는 러닝백들은 이후 시즌에서 평균 러닝 거리가 이전보다 짧아질 때가 많다.[**] 어떤 사람들은 이제 그들에게 최후의 1야드까지 안간힘을 쓸 금전적 동기가 없기 때문이라고 해석한다. 물론 심리

---

[*] 그러나 소설가와 음악가는 연습을 거듭할수록 더 나아진다는 사실이 이런 상황을 좀 더 복잡하게 만든다. F. 스콧 피츠제럴드의 두 번째 소설은 (제목도 기억이 안 나지 않는가?) 데뷔 작 『낙원의 이편 This Side of Paradise』에 비해 훨씬 못했지만, 이후 스타일이 무르익으면서 그는 우리에게 좀 더 보여줄 것이 있었다.

[**] 이 사실과 여기에 대한 해석은 〈어드밴스드 NFL 통계〉의 브라이언 버크에게서 가져왔다. 명확한 해설과 통계적 상식에 대한 엄밀한 주의를 강조하는 그의 태도는 모든 진지한 스포츠 해설가의 모범이 되어야 한다.

적 요인이 어느 정도 역할을 하기는 할 것이다. 그러나 그 못지않게 중요한 사실은 애초에 그들이 엄청나게 훌륭한 한 해를 보냈기 때문에 그 결과로 대형 계약을 따냈다는 점이다. 그들이 이후 시즌에 좀 더 정상적인 수준의 성과로 회귀하지 않는다면, 그것이야말로 정말 기이한 일일 것이다.

〈페이스에 오르다〉

내가 이 글을 쓰는 지금은 야구 시즌이 시작되는 4월이다. 매년 이맘때면 우리는 어떤 선수가 어떤 기록을 경신하는 엄청난 성과를 보여줄 만한 〈페이스에 올랐다〉는 뉴스를 지겹도록 듣는다. 오늘 나는 ESPN에서 〈맷 켐프는 눈부신 출발을 보여 타율 0.460을 기록하고 있으며, 이 페이스대로라면 홈런 86개, 타점 210점, 득점 172점을 기록하게 될 것입니다〉는 말을 들었다.[10] 눈이 튀어 나올 만큼 대단한 이 숫자들은 (메이저 리그 역사상 한 시즌에 홈런 73개 이상을 친 타자는 없었다) 거짓 선형성의 전형적인 사례이다. 이것은 〈만일 마샤가 17일 동안 아홉 집을 페인트칠할 수 있고 그녀에게 162일이 주어진다면, 그녀는 얼마나 많은 집을 칠할 수 있을까요?……〉 하는 식의 단어 문제와 비슷하다.

켐프는 다저스의 첫 17 경기에서 홈런을 9개 때렸다. 경기당 9/17개인 셈이다. 그러니 아마추어 대수학자는 다음 선형 방정식을 그린다.

$$H = G \times (9 / 17)$$

H는 켐프가 시즌 전체에 날릴 홈런 개수이고, G는 그의 팀이 치를 경기 횟수이다. 야구의 한 시즌은 162경기이다. 그러니 G에 162를 대입하면, H는 86이 나온다(정확히는 85.7647이지만 제일 가까운 정수는

86이다).

그러나 모든 곡선이 직선은 아니다. 맷 켐프는 올해 홈런 86개를 치지 못할 것이다. 그 이유는 평균으로의 회귀로 설명된다. 시즌의 어느 시점이든, 홈런 상위 선수는 훌륭한 홈런 타자일 가능성이 높을 것이다. 실제로 켐프의 과거를 돌아보면, 그가 자주 무시무시한 힘으로 공을 때릴 수 있는 특질들을 갖추고 있는 게 분명하다. 그러나 홈런 상위 선수는 운도 좋았을 가능성이 높다. 그 말인즉, 그가 보여 준 리그 선두의 페이스가 정확히 어느 정도였든 시즌이 진행됨에 따라 그 페이스는 떨어질 것으로 예상된다는 뜻이다.

사실을 말하자면, ESPN에서 맷 켐프가 정말로 홈런 86개를 치리라고 생각하는 사람은 아무도 없다. 4월에 이야기하는 〈페이스에 올랐다〉는 말은 보통 반농담이다. 〈물론 그럴 리는 없겠지만, 만에 하나 그가 이 페이스를 유지한다면 어떨까?〉 하는 것이다. 그러나 여름이 깊어지면 농담조는 점점 옅어지고, 시즌 중반이 되면 사람들은 선수의 통계를 선형 방정식에 따라 연말까지 연장하는 것을 점점 더 진지하게 수행한다.

그러나 그것도 여전히 틀렸다. 4월에 평균으로의 회귀가 발생한다면 7월에도 평균으로의 회귀는 발생할 것이다.

야구 선수들은 이 사실을 이해한다. 데릭 지터는 자신이 피트 로즈의 통산 안타 기록을 깨뜨릴 페이스라는 사실에 대해서 사람들에게 하도 시달린 나머지 「뉴욕 타임스」 기자에게 이렇게 말했다. 「스포츠에서 최악의 표현 중 하나는 〈무엇을 할 페이스〉라는 말입니다.」 현명하다!

이 사실을 덜 이론적으로 풀어 보자. 만일 내가 올스타 휴식기 시점에 아메리칸 리그에서 홈런 선두 타자라면, 남은 시즌에는 홈런을 몇 개 더 칠 수 있을까?

야구 시즌은 올스타 휴식기를 기준으로 〈전반〉과 〈후반〉으로 나뉘지만, 후반이 약간 더 짧다. 최근 몇 년은 전반의 80%에서 90% 사이였다.

그렇다면 여러분은 내가 후반에 전반의 85%에 해당하는 홈런을 치리라고 예상할지도 모른다.*

그러나 과거를 참고하자면, 그 예상은 틀렸다. 실제 어떤지 알기 위해서, 나는 1976년에서 2000년까지 19개 시즌에 대해서 전반기의 아메리칸 리그 홈런 선두 타자를 살펴보았다(파업으로 시즌이 단축된 해와 전반기 선두 타자가 동점으로 두 명이었던 해는 제외했다).[11] 그중 세 명만이 휴식기 이후에 전반기 홈런의 85%를 때려 냈다(1978년의 짐 라이스, 1980년의 벤 오글리비, 1997년의 마크 맥과이어였다). 그리고 그런 선수들 못지않게, 1993년 올스타 휴식기까지 홈런 24개로 아메리칸 리그 선두였으나 이후에는 고작 8개밖에 더 못 친 미키 테틀턴 같은 타자도 많았다. 슬러거들은 평균적으로 후반기에는 리그 선두였던 전반기 홈런 개수의 60%만을 때려 냈다. 이런 감소는 피로 탓은 아니고, 8월의 열기 탓도 아니다. 만일 그렇다면 리그 전체의 홈런 개수도 마찬가지로 크게 줄 것 아닌가. 이것은 그저 평균으로의 회귀일 뿐이다.

이것이 리그 최고의 홈런 타자들에게만 국한되는 현상도 아니다. 매년 올스타 휴식기에 열리는 홈런 더비는 최고 강타자들이 배팅 연습용 구질을 던지는 투수를 상대로 누가 더 많은 홈런을 날리는지 경쟁하는 대회이다. 어떤 타자들은 더비의 인위적인 조건 때문에 타격 타이밍이 흐트러져서 휴식기 직후 몇 주 동안은 홈런을 치기가 더 어렵다고 불평한다. 이른바 홈런 더비의 저주이다. 2009년에 「월스트리트 저널」은 「수수께끼 같은 홈런 더비의 저주」라는 숨 가쁜 기사를 실었다가 통계에 밝은 야구 블로그들에게 격렬한 반박을 당했다. 「월스트리트 저널」은 그에 아랑곳하지 않고 2011년에도 「다시 찾아온 홈런 더비의 저주」라는

---

* 실제로는 후반에 전체 홈런율이 살짝 떨어지는 듯하지만, 이것은 시즌 후반일수록 마이너 리그 선수를 더 많이 불러 올려 타석에 세우기 때문일 수도 있다. 엘리트 홈런 타자들만 포함시킨 데이터 집합에서는 후반기 홈런율이 전반기와 같았다(J. McCollum & M. Jaiclin, *Baseball Research Journal*, Fall 2010).

기사를 실었다. 그러나 저주 같은 것은 없다. 더비에 참가한 선수들은 시즌 전반을 엄청나게 훌륭하게 보냈기 때문에 그 자리에 선 것이다. 회귀에 따라, 그들의 후반 기록은 평균적으로 전반의 페이스에 미칠 수가 없다.

맷 캠프로 말하자면, 그는 5월에 햄스트링을 다쳐서 한 달을 쉬었고 돌아왔을 때는 전혀 다른 선수가 되어 있었다. 그는 2012년 시즌에 홈런 86개를 칠 〈페이스에 올랐음〉에도 불구하고 결국 23개로 마감했다.

우리 마음은 왠지 평균으로의 회귀에 저항을 느낀다. 우리는 강력한 것을 끌어내리는 모종의 힘이 있다고 믿고 싶어 한다. 골턴이 1889년에 깨달았던 사실, 즉 겉으로 강력해 보이는 것이 실제로도 보기만큼 강력한 경우는 드물다는 사실을 인정하는 것만으로는 왠지 만족스럽지 않은 것이다.

시크리스트, 적수를 만나다

시크리스트가 간과했던 이 결정적인 핵심은 좀 더 수학적인 연구자들에게는 그다지 흐릿하지 않았다. 시크리스트의 책에 대한 평이 전반적으로 정중했던 것과는 대조적으로, 해럴드 호텔링은 『미국 통계학회 저널 *Journal of the American Statistical Association*』에서 이후 아주 유명해진 통계학적 질책을 날렸다.[12] 미네소타 출신의 호텔링은 건초 판매상의 아들로서 원래 저널리즘을 공부하려고 대학에 진학했으나 그곳에서 수학에 대한 특출한 재능을 발견했다.[13] (만일 프랜시스 골턴이 뛰어난 미국인들의 유전을 조사했다면, 호텔링이 비록 초라한 환경에서 자랐지만 알고 보면 그 선조 중에 매사추세츠 만 식민지 장관과 캔터베리 대주교가 있었다는 사실에 아주 기뻐했을 것이다.) 호텔링은 아브라함 발드처럼 순수 수학으로 시작했다. 그는 프린스턴 대학에서 대수 위상학으로 박사 논문을 썼고, 이후 전시에는 뉴욕에서 통계 연구 그룹을 이끌 것이었다. 발드가 군인들에게 총알구멍이 없는 곳에 갑옷을 보강하라고 알려 주었던 바로 그곳 말이다. 시크리스트의 책이 나왔던 1933년에 호텔링은 이론 통계학에서 이미 굵직한 업적을 이룬, 특히 경제 문제에 관련해서 성과를 거둔 컬럼비아 대학의 젊은 교수였다. 그는 머릿속으로 모노폴리를 즐긴다고 알려져 있었다. 판을 다 외우고 여러 찬스 카드들과 공동 기금 카드가 나오는 빈도도 외워서 난수 생성과 기록 기억 능력을 연습했던 것이다. 이 일화는 호텔링의 정신적 능력이 얼마나 대단했는지를, 또한 그가 어떤 종류의 일을 즐겼는지를 엿보게 해준다.

호텔링은 연구와 지식 생성에 푹 빠져 있었으므로, 아마도 시크리스트에게서 동질감을 느꼈을 것이다. 호텔링은 공감하는 어조로 〈데이터를 편집하고 직접 모으는 데는 어마어마한 수고가 들었을 것이다〉라고 썼다.

그러고는 곧 철퇴를 내렸다.[14] 호텔링은 시크리스트가 관찰한 평범의 승리란 안정된 요인과 우연의 영향을 둘 다 받는 변수를 조사할 때는 거의 늘 기계적으로 등장하는 현상이라고 지적했다. 시크리스트가 제시한 수백 개의 표와 그래프는 〈문제의 비율들의 값이 늘 조금씩 변동한다는 사실 외에는 아무것도 증명하지 못했다〉고 말했으며, 시크리스트가 철저한 조사를 통해 얻은 결과는 〈일반적으로 따져 보기만 해도 수학적으로 명백한 결론이라 그것을 증명하려고 구태여 데이터를 방대하게 축적할 것까지도 없는 일〉이라고 했다. 호텔링은 그러고는 결정적인 하나의 관찰로 자신의 요점을 못 박았다. 시크리스트는 경쟁이 시간이 갈수록 파괴적인 영향을 미치기 때문에 평범으로의 회귀가 발생한다고 믿었다. 1916년 최고였던 가게들이 1922년에는 가까스로 평균을 상회하는 수준으로 변한 것이 경쟁 때문이라는 것이다. 그러나 만일 우리가 1922년에 최고 성과를 거둔 가게들을 골라 보면 어떨까? 골턴의 분석에서처럼,

이 가게들은 운과 실력이 둘 다 좋았을 가능성이 높다. 그런데 시계를 1916년으로 되돌려본다면, 이 가게들은 여전히 잠재적으로 훌륭한 경영 능력을 갖추고 있었겠지만 운은 전혀 달랐을 수 있다. 따라서 이 가게들은 1916년에 평균적으로 1922년보다 평범에 좀 더 가까웠을 것이다. 요컨대, 만일 평균으로의 회귀가 시크리스트의 말처럼 경쟁에서 비롯된 자연스런 결과라면, 경쟁의 영향력이 미래로만이 아니라 과거로도 미쳐야 한다는 뜻이 된다.

호텔링의 서평은 정중하지만 단호했고, 화를 내기보다는 슬퍼하는 기색이 역력했다. 그는 탁월한 동료 연구자가 십 년 인생을 허비했다는 사실을 최대한 상냥하게 들려주려 했다. 그러나 시크리스트는 눈치를 채지 못했다. 그는 『미국 통계학회 저널』 다음다음 호에 반론 편지를 실었는데, 호텔링이 오해한 소수의 대목을 정확하게 지적하긴 했으나 그 밖에는 어처구니없을 만큼 논지를 빗나갔다. 시크리스트는 평범으로의 회귀가 통계적으로 일반적인 현상이 아니라 〈경쟁의 압박과 운영 면에서의 통제가 미치는 데이터〉에서만 특수하게 나타나는 현상이라는 주장을 고집했다. 이쯤 되자 호텔링도 친절하게 굴기를 그만두고 직설적으로 나왔다. 호텔링은 답장에서 이렇게 썼다. 〈그 책의 논지는, 정확하게 해석할 경우, 본질적으로 시시한 사실에 불과합니다. ……그런 수학적 결론을 〈증명〉하기 위해서 무수한 사업 부문들의 수익과 지출비에 대해 길고 값비싼 수치 연구를 수행한다는 것은 구구단을 증명하기 위해서 코끼리들을 행과 열로 배열해 보고 그 밖에도 무수한 종류의 동물들을 동원해서 똑같은 실험을 반복해 보는 것과 마찬가지입니다. 그런 작업은 어쩌면 재미있을지 모르고 교육적 가치도 조금은 있을지 모르겠지만, 동물학에도 수학에도 전혀 중요한 기여를 하지 않습니다.〉

구강-항문 통과 시간에 나타난 평범의 승리

시크리스트를 지나치게 비난할 일은 아닌지도 모른다. 골턴부터가 평범으로의 회귀의 진정한 의미를 깨닫는 데 이십 년쯤 걸린 데다가, 이후의 많은 과학자들도 정확히 시크리스트처럼 골턴의 말을 오해했다. 생물 측정학자 월터 F. R. 웰던은 골턴이 인간 특질의 변이에서 발견했던 사실들이 새우들에게도 똑같이 적용된다는 사실을 보여 줌으로써 이름을 날린 인물이었는데, 1905년 강연에서 골턴의 작업에 대해 이렇게 말했다.

골턴의 기법을 사용하는 생물학자들 가운데 골턴이 그것을 적용하게 된 과정을 이해하려고 노력하는 사람은 거의 없다. 그렇다 보니 회귀를 생물만의 특이한 성질처럼 말하는 경우가 자꾸만 등장한다. 생물은 부모에서 자식으로 특질이 전수되는 과정에서 변이 정도가 감소하기 때문에 그 종이 원형을 간직할 수 있다는 것이다. 이런 시각은 자녀들의 평균 편차가 아버지들의 평균 편차보다 작다는 사실만을 고려할 때는 그럴싸하게 들린다. 그러나 자녀들에 대한 아버지들의 회귀도 있다는 명백한 사실, 즉 비정상적인 자녀들의 아버지들은 대체로 자기 자녀보다는 덜 비정상적이라는 사실도 기억한다면, 둘 중 한 가지 결론을 내릴 수밖에 없다. 자녀들에게 제 부모의 비정상성을 줄일 수 있는 성질이 있어서 이런 회귀가 발생한다고 보거나, 아니면 자신이 논의하고 있는 현상의 진정한 속성을 제대로 인식하거나.[15]

생물학자들은 회귀가 생물학에서 비롯한 현상이라 보고 싶어 하고, 시크리스트 같은 경영 이론가들은 그것이 경쟁에서 비롯했다고 보고 싶어 하며, 문학 비평가들은 그것을 창조성의 소진 탓으로 돌린다. 하지만 다 틀렸다. 그것은 수학이다.

　그런데도, 호텔링과 웰던과 골턴 본인까지 이렇게 하소연했는데도, 사람들은 아직도 이 메시지를 완벽하게 이해하지 못한다. 「월스트리트 저널」 스포츠 면만 틀리는 게 아니다. 과학자들도 틀린다. 유독 생생했던 한 사례는 1976년 『영국 의학 저널British Medical Journal』에 실렸던 한 논문으로, 밀기울로 곁주머니 질환을 치료하는 방법을 제안하는 내용이었다.[16] (내가 얼마나 나이가 많은지, 요즘 건강식품 애호가들이 오메가 3 지방산과 항산화제에 열광하는 것처럼 사람들이 밀기울을 떠받들던 1976년을 다 기억하고 있다.) 저자들은 환자들이 밀기울 처방을 받기 전과 후에 대해서 각자의 〈구강-항문 통과 시간〉을, 즉 식사가 몸으로 들어가서 나오는 데까지 걸리는 시간을 기록했다. 그리고 밀기울이 놀라운 평준화 효과를 발휘한다는 것을 발견했다. 〈통과 시간이 빨랐던 사람들은 모두 48시간을 향해 느려졌다. ……중간 정도였던 사람들은 변화가 없었다. ……통과 시간이 느렸던 사람들은 48시간을 향해 빨라지는 경향이 있었다. 따라서 밀기울은 장내 통과 시간이 느린 사람이든 빠른 사람이든 평균인 48시간을 향해 조정되도록 만드는 경향이 있다.〉 그런데 이것은 밀기울이 효과가 없더라도 기대할 만한 결과이다. 좀 더 자세히 설명하자면, 우리는 장내 건강 상태가 어떻든 간에 누구나 소화가 빠른 날이 있고 더딘 날이 있다. 그리고 월요일에 통과 시간이 유독 짧았다면 화요일에는 평균적으로 좀 더 길 가능성이 높다. 밀기울을 먹었든 안 먹었든 말이다.*

　〈겁주어 개과천선〉 프로그램의 흥망도 좋은 예다. 이것은 비행 청소년들에게 교도소 견학을 시키는 프로그램이었는데, 수감자들이 청소년

---

* 저자들도 회귀의 존재를 지적하기는 했다. 〈이 현상이 단순히 평균으로의 회귀일 가능성도 있지만, 우리는 섬유소 섭취를 늘리는 것이 실제로 곁주머니 질환이 있는 환자들에게 빠른 통과 시간을 늦추고 느린 통과 시간을 줄이는 생리학적 효과를 일으킨다고 결론지었다.〉 밀기울에 대한 믿음 외에 이런 결론을 내린 근거가 무엇인지는 알 수 없었다.

들에게 당장 나쁜 짓을 그만두지 않으면 교도소에서 어떤 끔찍한 일이 그들을 기다리는지 이야기해 주는 것이었다. 뉴저지의 로웨이 주립 교도소에서 시행되었던 원조 프로그램을 다룬 다큐멘터리는 1978년에 오스카 상을 받았고, 이후 미국 전역은 물론이거니와 멀리 노르웨이에서도 모방 프로그램이 속속 생겨났다. 십 대들은 이 프로그램에서 얻는 도덕적 자극에 열광했고, 간수들과 죄수들은 사회에 뭔가 긍정적인 기여를 할 수 있다는 데 기뻐했다. 이 프로그램은 부모와 사회가 청소년의 응석을 너무 받아주는 것이 청소년 범죄의 원인이라는, 뿌리 깊고 널리 퍼진 생각과도 조응했다. 더 중요한 점으로, 이 프로그램은 효과가 있었다. 뉴올리언스에서는 프로그램에 참가한 아이들의 이후 체포율이 이전에 비해 절반으로 줄었다고 했다.

문제는 실제로 효과가 있었던 게 아니라는 점이다. 청소년 범죄자들은 시크리스트의 조사에서 낮은 실적을 보였던 가게들과 비슷하다. 둘 다 무작위로 뽑힌 게 아니라 그 분야에서 최악의 실적을 보였다는 점 때문에 인위적으로 선택된 것이었다. 회귀에 따르면, 올해 최악의 품행을 보였던 아이들은 내년에도 여전히 문제가 있긴 하겠지만 올해만큼 심하진 않을 가능성이 높다. 체포율 감소는 프로그램에 효과가 없더라도 어차피 기대할 만한 결과였다.

〈겁주어 개과천선〉 프로그램이 효과가 전혀 없었다는 말은 아니다. 연구자들이 비행 청소년들 가운데 무작위로 하위 집단을 골라서 프로그램에 참가시킨 뒤 참가하지 않은 나머지 아이들과 결과를 비교해 보았더니, 프로그램은 반사회성 행동을 증가시키는 것으로 드러났다.[17] 어쩌면 〈겁주어 엇나가게 만들기〉라고 불러야 할지도 모르겠다.

15장
골턴의 타원

골턴은 우리가 연구하는 현상이 우연의 영향을 받을 때면 언제든 평균으로의 회귀가 작동한다는 것을 보여 주었다. 그러나 그 힘은 유전의 영향에 비해서 얼마나 강할까?

데이터가 들려주는 말을 잘 듣기 위해서, 골턴은 숫자들을 그냥 줄줄이 나열한 것보다 좀 더 시각적인 형태로 정렬해 보아야 했다. 그는 나중에 이렇게 회상했다. 〈나는 종이를 한 장 놓고, 가로세로로 줄을 그은 뒤, 맨 위에 가로로 아들들의 키를 뜻하는 눈금을 그리고, 세로로 아버지들의 키를 뜻하는 눈금을 그리고, 각 아들의 키와 그 아버지의 키에 해당하는 지점에 연필로 표시를 했다.〉[1]

이런 데이터 시각화 기법은 르네 데카르트의 해석 기하학의 정신적 후예라 할 수 있다. 데카르트는 우리에게 평면의 점을 각각 x 좌표 하나와 y 좌표 하나로 이뤄진 숫자 쌍으로 생각하라고 일러 줌으로써 대수와 기하학을 단단히 결합시켰다. 그 결합은 이후 영원히 풀리지 않았다.

모든 아버지-아들 쌍에는 그에 해당하는 숫자 쌍이 있다. 아버지의 키를 뜻하는 숫자와 아들의 키를 뜻하는 숫자다. 내 아버지는 185센티미터이고 나도 그러니까(둘 다 73인치다) 만일 우리가 골턴의 데이터 집합에 포함된다면 (73,73)으로 기록될 것이다. 그리고 골턴은 종이에서 x

좌표가 73이고 y 좌표도 73에 해당하는 지점에 우리 존재를 점으로 찍어 기록했을 것이다. 골턴의 방대한 기록에 포함된 모든 부모 자식 쌍은 종이에서 저마다 하나의 점으로 표시되므로, 결국 골턴의 종이에는 키의 변이 범위 전체를 뜻하는 수많은 점들이 뿌려졌을 것이다. 골턴은 우리가 요즘 산포도라고 부르는 그래프 형식을 발명했던 것이다.*

산포도는 두 변량의 관계를 드러내는 데 대단히 능하다. 요즘의 아무 과학 잡지나 펼쳐 보라. 산포도가 잔뜩 들어 있을 것이다. 19세기 말은 데이터 시각화의 황금기였다. 1869년에 샤를 미나르는 나폴레옹 군대가 러시아로 진군했다가 퇴각하며 점점 규모가 준 과정을 보여 주는 유명한 도표를 그렸는데, 이것은 종종 역사상 가장 위대한 데이터 그래픽으로 일컬어진다. 그런데 그 도표 자체는 플로렌스 나이팅게일이 발명했던 맨드라미 그래프의 후예라 할 수 있었다.** 나이팅게일은 크림 전쟁에 참가한 영국군의 대부분이 러시아인이 아니라 감염 때문에 죽었다는 사실을 시각적으로 극명하게 보여 주기 위해서 맨드라미 그래프를 그렸다. 다음 쪽 상단의 그림을 보라.

맨드라미 그래프와 산포도는 인간의 인지력이 잘 발휘되게끔 돕는다. 인간의 뇌는 숫자열을 보는 데는 서투른 편이지만, 이차원 시야에서 패턴과 정보를 알아차리는 일에서는 비길 데 없는 명수다.

어떤 경우에는 패턴을 알아보기가 쉽다. 예를 들어, 모든 아들과 아버지의 키가 나와 내 아버지처럼 서로 같다고 가정하자. 이것은 운이 아무 영향을 미치지 못하고 자식의 키가 전적으로 아버지가 물려준 유전 물질

* 최소한 두 번째 발명이었다고 해야 할지도 모르겠다.[2] 천문학자 존 허셜이 1833년에 쌍성들의 궤도를 연구하기 위해서 산포도 비슷한 것을 그린 선례가 있기 때문이다. 여담이지만, 이 허셜은 천왕성을 발견한 그 허셜은 아니었다. 그건 그의 아버지 윌리엄 허셜이었다. 뛰어난 영국인에게는 뛰어난 친척이 있다더니!
** 나이팅게일이 맨드라미라고 부른 것은 그래프 자체가 아니라 그래프가 포함된 소책자였지만, 요즘은 다들 그래프를 맨드라미라고 부르고 있고 바꾸기에는 늦었다.

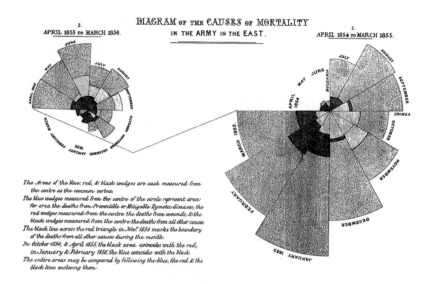

로만 결정되는 상황에 해당한다. 그렇다면 산포도의 모든 점들은 x좌표와 y 좌표가 각각 같을 것이다. 즉, 다들 x = y 방정식으로 표현되는 대각선 위에 놓여 있을 것이다.

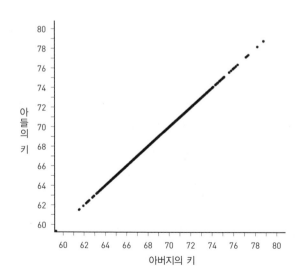

점의 밀도가 중간에서는 높고 양 끝으로 갈수록 점점 낮아지는 것을 눈여겨보자. 73인치(185센티미터)인 남자나 64인치(163센티미터)인 남자보다는 69인치(175센티미터)인 남자가 더 많다는 뜻이다.

정반대 극단은 어떨까? 아버지와 아들의 키가 완벽하게 독립적인 경우는? 그 경우, 산포도는 대충 이렇게 생겼을 것이다.

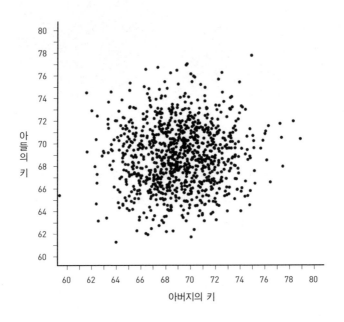

이 그림은 앞의 그림과는 달리 대각선을 향한 편향이 없다. 아버지가 73인치(185센티미터)인 아들들, 즉 산포도 오른편에서 세로로 얇게 자른 조각에 해당하는 부분을 보면, 아들의 키에 해당하는 점들은 여전히 69인치(175센티미터)에 몰려 있다. 우리는 이 현상을 가리켜 아들 키의 조건부 기대값(아버지가 73인치일 때 아들들의 키가 평균적으로 얼마일까 하는 값)이 무조건부 기대값(아버지의 키에 제약을 두지 않고 아들들의 키를 계산한 평균 기대값)과 같다고 말한다. 만일 유전적 차이가 키에 전혀 영향을 미치지 않는다면, 골턴의 종이는 아마 앞의 그림처럼 생겼을 것이다. 이것은 평균으로의 회귀가 최대로 발휘된 형태인 셈이다. 키가 큰 아버지의 아들들도 완벽하게 평균으로 회귀하여, 키가 작은 아버지의 아들들보다 별반 더 크지 않는 것이다.

그러나 골턴의 실제 산포도는 위의 극단적인 두 경우 중 어느 쪽도 닮지 않았다. 그 중간쯤 되는 형태였다.

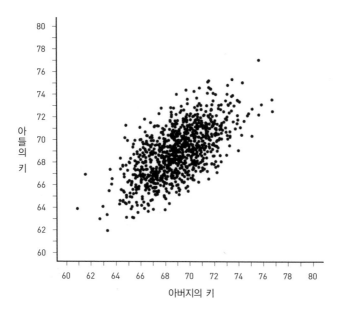

이 산포도에서 아버지 키가 73인치인 아들들의 평균 키는 얼마일까? 그 아버지-아들 쌍에 해당하는 점들을 잘 보여 주기 위해서, 내가 다음 페이지에 세로로 구획을 표시해 보았다.

〈아버지가 73인치〉인 영역에 가까운 점들이 대각선 아래에 좀 더 많이 몰려 있는 것을 볼 수 있다. 아들들이 아버지들보다 평균적으로 더 작다는 뜻이다. 한편 그 아들들이 전체 평균인 69인치보다는 위쪽에 몰려

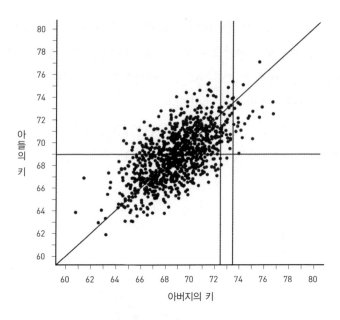

있는 것도 확연하다. 내가 도표화한 이 데이터 집합에서 실제 이 아들들의 평균 키는 72인치에 약간 못 미친다. 즉, 평균보다는 크지만 아빠만큼 크진 않은 것이다. 여러분은 지금 평균으로의 회귀를 그림으로 보고 있다.

골턴은 유전과 운의 상호 작용에서 생성된 자신의 산포도가 결코 무작위적이지 않은 기하학적 구조를 갖고 있다는 사실을 금방 알아차렸다. 그 구조는 대체로 타원에 쏙 담기는 것 같았다. 부모와 자식이 둘 다 정확히 평균 키인 지점을 중심으로 삼은 타원 속에.

데이터가 기울어진 타원형이라는 사실은 다음 페이지의 표에 실린 원데이터를 보아도 알 수 있다. 이것은 골턴의 1886년 논문 「유전되는 키에서 드러난 평범으로의 회귀」에 실렸던 표인데, 숫자가 입력된 칸들이 어떤 형태를 이루는지를 살펴보라. 이 표는 내가 골턴의 데이터 집합에 대해서 빼먹은 이야기가 있다는 것도 알려 준다. 이를테면 골턴의 y

NUMBER OF ADULT CHILDREN OF VARIOUS STATURES BORN OF 205 MID-PARENTS OF VARIOUS STATURES.

(All Female heights have been multiplied by 1·08).

Heights of the Mid-parents in inches.	Heights of the Adult Children.														Total Number of		Medians.
	Below	62·2	63·2	64·2	65·2	66·2	67·2	68·2	69·2	70·2	71·2	72·2	73·2	Above	Adult Children.	Mid-parents.	
Above	..	..	..	..	..	..	..	1	..	1	..	1	..	1	4	5	..
72·5	..	..	..	..	..	..	1	2	1	2	7	2	4	..	19	6	72·2
71·5	..	..	..	..	1	3	4	3	5	10	4	9	2	2	43	11	69·9
70·5	1	..	1	..	1	1	3	12	18	14	7	4	3	3	68	22	69·5
69·5	..	..	1	16	4	17	27	20	33	25	20	11	4	5	183	41	68·9
68·5	1	..	7	11	16	25	31	34	48	21	18	4	3	..	219	49	68·2
67·5	..	3	5	14	15	36	38	28	38	19	11	4	..	..	211	33	67·6
66·5	..	3	3	5	2	17	17	14	13	4	..	..	..	..	78	20	67·2
65·5	1	..	9	5	7	11	11	7	7	5	2	1	..	..	66	33	66·7
64·5	1	1	4	4	1	5	5	..	2	..	..	..	..	..	23	12	65·8
Below	1	..	2	4	1	2	2	1	1	..	..	..	..	..	14	1	..
Totals	5	7	32	59	48	117	138	120	167	99	64	41	17	14	928	205	..
Medians	..	..	66·3	67·8	67·9	67·7	67·9	68·3	68·5	69·0	69·0	70·0	..	..	..	..	..

NOTE.—In calculating the Medians, the entries have been taken as referring to the middle of the squares in which they stand. The reason why the headings run 62·2, 63·2, &c., instead of 62·5, 63·5, &c., is that the observations are unequally distributed between 62 and 63, 63 and 64, &c., there being a strong bias in favour of integral inches. After careful consideration, I concluded that the headings, as adopted, best satisfied the conditions. This inequality was not apparent in the case of the Mid-parents.

좌표는 그냥 〈아버지의 키〉가 아니라 〈아버지의 키와 어머니의 키 곱하기 1.08의 평균값〉이었는데,* 골턴은 이 값을 〈중간 부모의 키〉라고 불렀다.

사실 골턴은 산포도에서 한 발 더 나아갔다. 점의 밀도가 대충 일정한 지점들끼리 이어서 산포도 위에 세심하게 곡선들을 그렸던 것이다. 우리는 이런 곡선을 등치 곡선이라고 부르는데, 이 어려운 이름은 모르더라도 누구나 다 익숙한 곡선이다. 가령 우리가 미국 지도를 놓고서 오늘의 최고 기온이 정확히 24도인 도시들, 10도인 도시들, 그 밖의 다른 값들에 해당하는 도시들을 잇는 선을 그린다면, 일기도에서 흔히 보는 낯익은 곡선들이 그려진다. 그것이 바로 등온선이다. 철두철미한 일기도라면 기압이 같은 지점들을 이은 등압선도 보여줄 것이고, 구름량이 같은 지점들을 지은 등운량선도 보여줄지 모른다. 기온 대신 고도를 측정한다면, 그때 등치 곡선은 지형도에 등장하는 등고선이 된다. 다음 페이지 그림의 등치 곡선은 미국 전체의 연간 눈보라 발생 평균 횟수를 보여준다.[3]

등치 곡선은 골턴의 발명품이 아니었다. 역사상 최초로 인쇄된 등치 곡선 지도는 1701년에 에드먼드 핼리가 그린 것이었다.[4] 왕에게 연금 가격을 정확하게 책정하는 법을 알려 주었던 그 영국 왕립 천문학자 말이다.** 예로부터 항해사들은 자북극과 진북이 늘 일치하진 않는다는 것을 알고 있었다. 그 불일치가 어디에서 얼마나 발생하는지를 아는 것은 항해의 성공에 결정적인 요소였다. 핼리의 지도에 그려진 곡선들은 선원들

* 1.08을 곱한 것은 어머니들의 평균 키를 아버지들의 평균 키로 얼추 환산함으로써 남녀의 키를 하나의 척도로 측정하기 위해서였다.

** 등치 곡선의 역사는 사실 이보다 더 거슬러 올라간다. 우리가 아는 최초의 사례는 강과 항구 지도에 그려진 등심선(수심이 일정한 지점들을 이은 곡선)인데, 일찍이 1584년에 그려진 것이 있다. 그러나 핼리는 이 기법을 독자적으로 발명했던 것 같고, 이 기법을 널리 알린 것도 틀림없이 핼리였다.

에게 자북과 진북의 편차가 일정한 지점들을 이어서 보여 주는 등편각
선이었다. 핼리는 그 데이터를 패러모어 호에 타서 측정하여 얻었는데,
그 작업을 위해서 핼리 자신이 직접 키를 잡고서 대서양을 여러 차례 가
로질렀다(이 남자는 혜성이 오지 않는 시기에 지루하지 않게 지내는 방
법을 정말 잘 알았던 것 같다).

골턴은 놀라운 규칙성을 발견했다. 그가 그린 등치 곡선들은 모두 똑
같은 점을 중심으로 삼고서 차곡차곡 포개진 타원들이었다. 마치 완벽
한 타원형 산의 등고선들과 같았는데, 이때 그 산의 봉우리는 골턴의 표
본에서 제일 자주 등장한 키들의 쌍, 즉 부모와 자녀가 둘 다 평균 키인
지점에 해당했다. 그러니까 그 산은 드 무아브르가 연구했던 경관의 모
자의 삼차원 버전이었다. 현대 용어로는 이변량 정규 분포라고 불리는
형태이다.

앞의 두 번째 산포도처럼 아들의 키가 부모의 키와 아무 관련이 없을

때, 골턴의 타원은 모두 원이 되고 산포도는 대충 동그란 모양이 된다.

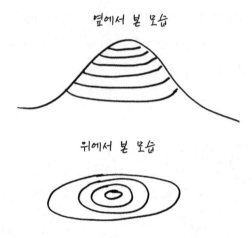

옆에서 본 모습

위에서 본 모습

한편 첫 번째 산포도처럼 운이 전혀 개입하지 않고 아들의 키가 완벽하게 유전으로만 결정될 때, 데이터는 직선을 따라 놓인다. 이런 직선은 타원이 가능한 한 최대한으로 타원이 된 형태라고 여겨도 될 것이다. 그리고 그 양극단 사이에는 가늘기가 다양한 타원들이 그려진다. 고전 기하학자들이 타원의 이심률이라고 부르는 이 가늘기는 아버지의 키가 아들의 키를 결정짓는 정도를 측정하는 잣대에 해당한다. 이심률이 크다는 것은 유전성이 강력하고 평균으로의 회귀가 미약하다는 뜻이고, 이심률이 낮다는 것은 그 반대로 평균으로의 회귀가 압도한다는 뜻이다. 골턴은 이 잣대를 상관 계수라고 불렀으며, 우리도 아직까지 그 용어를 쓴다. 만일 골턴의 타원이 거의 둥글다면, 상관 계수는 0에 가깝다. 타원이 동북-남서 축을 따라 가늘게 놓여 있다면, 상관 계수는 1에 가깝다. 골턴은 그 역사가 기원전 3세기 페르가의 아폴로니오스에게까지 거슬러 올라가는 기하학적 개념인 이심률을 통해서 두 변량의 연관성을 측정하는 방법을 발견했고, 그럼으로써 19세기 생물학의 최첨단 과제였던 유전성의 정량화 문제를 해결했던 것이다.

건전한 회의주의를 견지한 사람이라면 이제 마땅히 이렇게 물어야 한다. 만일 산포도가 타원처럼 생기지 않았으면 어쩌나? 그러나 현실의 데이터 집합을 써서 그린 산포도는 실제로 대충 타원을 그릴 때가 많다. 언제나 그런 것은 아니지만, 이 기법이 널리 적용될 만큼은 자주 그렇다. 다음 그림은 2004년에 존 케리에게 투표했던 사람들의 비율과 2008년에 버락 오바마가 얻었던 득표율의 관계를 도표화한 것이다. 각 점은 한 선거구의 결과에 해당한다.

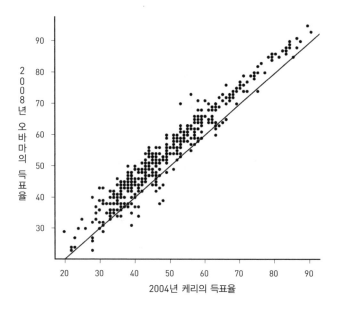

타원이 뚜렷하게 드러난다. 게다가 아주 가늘다. 그것은 곧 케리의 득표율과 오바마의 득표율이 상관관계가 높다는 뜻이다. 도표는 눈에 띄게 대각선 위에 떠 있는데, 이것은 오바마가 전반적으로 케리보다 더 많은 표를 얻었다는 사실을 반영한다.

다음은 여러 해에 걸친 구글과 GE의 일일 주가 변동 그래프다.

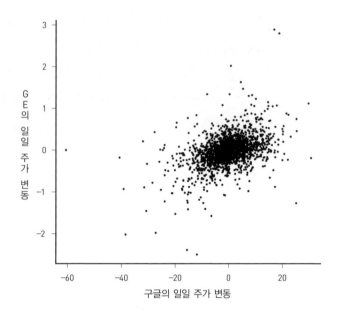

다음 페이지 위쪽은 우리가 이미 봤던 그림이다. 노스캐롤라이나 대학들의 평균 수학 능력 시험 점수와 수업료의 관계를 살펴본 것이다.

그리고 그 아래는 미국 50개 주에 대해서 평균 소득과 2004년 대통령 선거에서 조지 W. 부시가 득표했던 비율의 관계를 알아본 것이다.[5] 코네티컷처럼 부유하고 진보적인 주들은 오른쪽 아래에 있고 아이다호처럼 소득이 좀 더 낮고 공화당을 지지하는 주들은 왼쪽 위에 있다.

이 데이터 집합들은 서로 전혀 다른 출처에서 나왔지만, 네 산포도가 모두 부모와 자식의 키 산포도처럼 대충 타원형을 그린다. 첫 세 사례는 양의 상관관계이다. 한 변량이 증가하면 다른 변량도 따라 증가하므로, 타원의 양 끝이 북동쪽과 남서쪽을 가리키고 있다. 마지막 그림은 음의 상관관계이다. 일반적으로 부유한 주일수록 민주당을 지지하는 경향이 있으므로, 타원의 양 끝이 북서쪽과 남동쪽을 가리키고 있다.

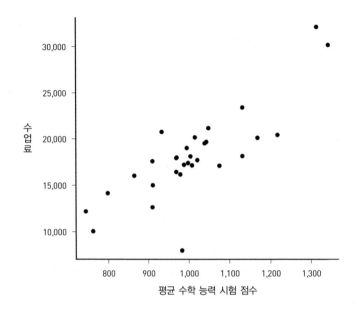

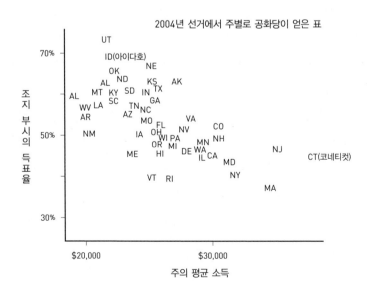

불합리할 정도로 효과적인 고전 기하학

아폴로니오스와 그리스 기하학자들에게 타원은 원뿔을 평면으로 자를 때 나타나는 표면, 즉 원뿔 곡선이었다. 케플러는 행성들의 궤도가 이전의 짐작과는 달리 원이 아니라 타원이라는 것을 보여 주었다(천문학계가 이 사실을 인정하는 데는 몇 십 년이 더 걸렸지만 말이다). 바로 그 곡선이 부모와 자식의 키를 둘러싼 도형에서도 자연스럽게 등장하는 것이다. 왜일까? 유전성을 다스리는 무슨 원뿔성 같은 게 숨어 있어서 그것을 적당한 각도로 베어 내면 골턴의 타원이 나온다거나 하는 이유는 아니다. 무슨 유전적 중력 같은 것이 뉴턴의 역학 법칙에 따라 힘을 가함으로써 골턴의 도표를 타원형으로 형성해 내는 것도 아니다.

그 답은 수학의 근본 성질에 있다. 어쩌면 이 성질은 수학이 과학자들에게 이토록 유용할 수 있게끔 만들어 주는 가장 중요한 성질이라고 할 수 있다. 그것은 바로 수학에 복잡한 개체는 아주아주 많은 데 비해 단순한 개체는 아주 적다는 점이다. 따라서 어떤 문제의 해답이 수학적으로 단순하게 묘사될 경우, 그 해답이 취할 수 있는 선택지의 종류는 몇 개밖에 없다. 그러니 가장 단순한 수학적 개체들은 온갖 종류의 과학 문제에서 해답으로 중복 근무를 해야 하고, 그렇기 때문에 사방에 널려 있을 수밖에 없다.

가장 단순한 곡선은 직선이다. 결정의 모서리에서 힘을 받지 않는 물체의 이동 궤적까지, 자연에는 사방에 직선이 널려 있다. 그다음으로 단순한 곡선은 이차 방정식이 그리는 곡선으로,* 단 두 개의 변수만 곱해지는 경우이다. 하나의 변수를 제곱하거나 두 변수를 곱하는 것은 허락되지만 한 변수를 세제곱하거나 한 변수와 다른 변수의 제곱을 곱하는

---

* 기하급수적 성장과 감소의 곡선에 대해서도 똑같이 말할 수 있을 것이며, 그 곡선들 또한 원뿔 곡선들만큼 사방에 널려 있다.

것은 엄격하게 금지된다는 뜻이다. 타원을 비롯하여 이런 범주에 해당하는 곡선들을 가리켜 우리는 역사에 경의를 표하는 의미에서 아직 원뿔 곡선이라고 부르지만, 요즘 좀 더 진취적인 대수 기하학자들은 이차 곡면이라고 부른다.** 이차 방정식에도 수많은 종류가 있으나, 모두가 다음 형태에서

$$Ax^2 + Bxy + Cy^2 + Dx + Ey + F = 0$$

여섯 개의 상수 A, B, C, D, E, F가 특정한 값을 갖는 경우에 해당한다(내킨다면, 변수 두 개만 곱할 수 있고 세 개는 안 된다는 조건에서 가능한 대수적 표현은 위의 방정식 외에는 달리 없다는 사실을 여러분이 직접 확인해 볼 수도 있다). 그렇다면 선택지가 아주 많아 보인다. 실제로 무한히 많은 이차 곡면이 가능하다! 하지만 그 모든 이차 곡면들은 타원, 포물선, 쌍곡선이라는 세 가지 주요한 범주에 속한다.*** 세 곡선은 이렇게 생겼다.

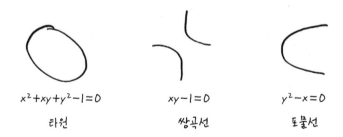

$x^2 + xy + y^2 - 1 = 0$ $xy - 1 = 0$ $y^2 - x = 0$
타원   쌍곡선   포물선

** 이차 곡면을 왜 〈쿼드라틱스quadratics〉라고 부르지 않고 〈쿼드릭스quadrics〉라고 부르는지는 내가 이유를 밝혀내지 못한 명명상의 수수께끼다.
*** 사실은 소수나마 다른 경우도 존재한다. 가령 방정식 xy = 0이 그리는 곡선 같은 것인데, 이것은 점 (0,0)에서 교차하는 한 쌍의 직선이다. 그러나 이런 경우들은 보통 〈퇴화한〉 것으로 여겨지므로, 여기서는 이야기하지 않겠다.

우리는 이 세 곡선을 과학 문제의 해답으로 연거푸 만나게 된다. 행성의 궤도뿐 아니라 곡면 거울의 최적 설계, 발사체가 그리는 호, 무지개의 형태에서도.

심지어는 과학을 넘어서서도. 파리 쥐시외 수학 연구소의 뛰어난 수론학자 마이클 해리스는 토머스 핀천의 대표작 세 편이 세 가지 원뿔 곡선에 의해 다스려진다는 이론을 제안했다.[6] 『중력의 무지개Gravity's Rainbow』는 포물선에 관한 소설이고(로켓이 마구 발사되고 떨어지고 그러지 않는가!), 『메이슨과 딕슨Mason & Dixon』은 타원에 관한 이야기이고, 『그날을 기다리며Against the Day』는 쌍곡선에 관한 이야기라는 것이다. 나는 이 소설들의 조직 원리를 설명한 다른 어떤 이론보다도 이 이론이 그럴듯해 보인다. 핀천은 물리학 전공자이자 소설에서 뫼비우스의 띠나 사원수 따위를 언급하길 좋아하는 사람이니까 원뿔 곡선이 뭔지 틀림없이 잘 알고 있을 것이다.

골턴은 자신이 손으로 그린 곡선들이 타원을 닮았다는 걸 눈치챘지만, 기하학자는 아니었기 때문에 그것이 정확히 타원인지 아니면 다른 달걀꼴 곡선인지 확실히 알 순 없었다. 그는 깔끔하고 보편적인 이론을 열망하는 심정이 그동안 수집한 데이터에 대한 인식에 영향을 미치도록 그냥 허락한 것이었을까? 그가 그랬더라도, 그런 실수를 저지른 과학자가 이전이나 이후나 그 혼자만은 아니었을 것이다. 그러나 여느 때처럼 신중했던 골턴은 그러지 않았다. 대신 케임브리지의 수학자 J. D. 해밀턴 딕슨에게 조언을 구했다. 딕슨이 특정 결론에 치우친 선입견을 품지 않도록, 데이터의 출처를 숨기고 물리학에서 나온 문제라고 거짓말하는 조심성까지 발휘했다. 기쁘게도 딕슨은 데이터가 드러낸 곡선이 분명 타원일 뿐 아니라 이론적으로 반드시 타원일 수밖에 없다는 결론을 내려 주었다.

골턴은 이렇게 썼다. 〈이것은 능란한 수학자에게는 그다지 어렵지 않은 문제였겠지만, 나로서는 내가 다양하고 번거로운 통계 기법을 적용해서 얻었던 결론을 그가 순수한 수학적 추론으로 확인해 준 답변이 도착했을 때 수학적 분석의 권위와 범용성에 대해서 더없이 강렬한 충성심과 존경을 느끼지 않을 수 없었다. 더구나 그의 대답은 내가 감히 기대했던 것보다 훨씬 더 면밀했는데, 데이터가 다소 거칠어서 내가 세심하게 매만져야 했던 터라 그것은 예상 밖의 결과였다.〉[7]

베르티용 기법

골턴은 곧 상관관계 개념이 유전 연구에만 국한되지 않는다는 것을 알아차렸다. 그 개념은 서로 연관성이 있기만 하다면 어떤 특성들의 쌍에도 다 적용되었다.

마침 골턴에게는 방대한 해부학 데이터베이스가 있었다. 19세기 말에 알퐁스 베르티용 덕분에 대유행했던 인체 측정 작업에서 나온 데이터였다. 프랑스 범죄학자 베르티용은 골턴과 기질이 썩 흡사했던 인물로, 인간의 삶을 엄격히 계량적인 관점에서 바라보는 작업에 헌신했을 뿐 아니라 그런 접근법이 유익하다고 믿어 의심치 않았다.* 그는 특히 프랑스 경찰이 범행 용의자를 파악하는 방식이 더없이 비체계적이고 마구잡이인 데 경악했다. 베르티용은 생각했다. 프랑스의 모든 범법자들에 대해서 일련의 수치들을 측정해 둔다면 얼마나 현대적이고 유용할까? 얼굴 길이와 폭, 손발가락 길이, 등등을 말이다. 베르티용의 체계에 따르자면, 경찰은 용의자를 붙잡을 때마다 그의 신체를 측정하여 데이터를 카드에

---

* 이처럼 데이터에 열광했음에도 불구하고, 베르티용은 자신이 관여했던 가장 큰 사건에서 실수를 저지르고 말았다. 프랑스 군사 서류를 넘기겠다는 내용의 편지가 틀림없이 드레퓌스의 필체라는 잘못된 〈기하학적 증거〉에 따라 알프레드 드레퓌스에게 반역죄 선고를 내리는 데 한몫했던 것이다. 베르티용이 어쩌다 이 사건에 관여했는가 하는 자세한 이야기는 L. 슈넵스와 C. 슈넵스의 책 『법정에 선 수학*Math on Trial*』을 보라.

기록한 뒤 나중을 위해 보관해 두어야 했다. 만일 나중에 똑같은 사람을 다시 붙잡는다면, 그의 신원을 확인하는 일은 식은 죽 먹기일 것이다. 캘리퍼스를 꺼내어 그의 숫자들을 측정한 뒤 보관된 카드들과 비교해 보면 되니까. 〈아하, 15-6-56-42 씨, 빠져나갈 수 있을 줄 아셨나?〉 이름은 가명으로 바꿀 수 있지만 두개골 모양은 가짜로 바꿀 수 없으니까 말이다.

당시의 분석적인 시대 정신에 부합했던 베르티용 체계는 1883년에 파리 경시청에 도입되었고, 곧 전 세계로 퍼졌다. 한창때는 부카레스트에서 부에노스아이레스까지 모든 경찰 조직에서 위세를 휘둘렀고, 1915년에 레이먼드 포스딕은 〈베르티용 캐비닛은 현대 경찰 조직의 제일가는 특징이다〉라고 적었다.[8] 당시 미국에서도 이 관행이 이론의 여지 없이 널리 쓰였기 때문에, 2013년에 연방 대법관 앤서니 케네디가 메릴랜드 대 킹 사건에서 주 정부가 중범죄 체포자의 DNA를 채취해도 괜찮다는 판결을 내릴 때 의견서에서 베르티용 체계를 언급할 정도였다. 케네디가 볼 때 DNA 서열은 용의자에게 귀속된 데이터 자료에 항목이 하나 더 추가되는 것뿐이었다. 21세기판 베르티용 카드인 셈이다.

골턴은 이렇게 자문해 보았다. 베르티용이 선택한 측정 항목들은 최선의 선택이었을까? 아니면 좀 더 많은 항목을 측정하면 용의자를 좀 더 정확하게 특정할 수 있을까? 골턴이 깨달은 바, 문제는 신체 측정 항목들이 서로 완전히 독립적이진 않다는 점이었다. 우리가 용의자의 손 크기를 쟀다면, 발도 꼭 재야 할까? 손이 크면 발도 크다고들 하지 않는가. 실제로 손이 큰 사람은 통계적으로 발도 평균보다 클 가능성이 높다. 따라서 발 크기를 재어 봐야 기대만큼 베르티용 카드에 많은 정보를 추가하진 못할 것이다. 항목을 형편없이 고른다면, 측정을 아무리 많이 해봐야 한계 수익이 계속 감소할 뿐이다.

이 현상을 연구하기 위해서, 골턴은 또 다른 산포도를 그려 보았다. 이

번에는 키와 〈큐빗〉, 즉 팔꿈치에서 가운뎃손가락 끝까지의 거리를 비교해 보았다.[9] 놀랍게도 아버지와 아들의 키에서 나타났던 타원이 이 그래프에서도 나타났다. 이번에도 골턴은 키와 큐빗이라는 두 변량이, 비록 하나가 다른 하나를 엄격하게 결정하진 않을지라도, 서로 상관관계가 있다는 사실을 시각적으로 증명했던 것이다. 두 항목이 높은 상관관계를 보인다면(왼발 길이와 오른발 길이처럼), 구태여 두 숫자를 다 기록하는 것은 의미가 없다. 최선의 항목들은 서로 상관관계가 없는 항목들이다. 그리고 골턴은 이미 갖고 있던 방대한 신체 측정 데이터로 어떤 항목들이 유효한 상관관계를 보이는지를 계산할 수 있었다.

그러나 결국 골턴이 발명한 상관관계는 대단히 개선된 베르티용 체계의 도입으로 이어지지 못했는데, 그 이유도 대체로 골턴 자신 때문이었다. 골턴이 주창했던 지문 감정이라는 경쟁 기법이 득세했던 것이다. 베르티용 체계처럼, 지문 감정은 용의자를 일련의 숫자 혹은 기호로 환원하여 카드에 기록하고 분류하고 보관할 수 있게끔 해주었다. 그러나 지문 감정에는 뚜렷한 장점이 몇 가지 더 있었다. 무엇보다 범인을 확보하진 못해도 범인의 지문은 채취할 수 있는 경우가 종종 있기 때문이었다. 이 점을 생생하게 보여 준 사례는 1911년 백주 대낮에 루브르에서 「모나리자Mona Lisa」를 훔친 빈센초 페루자 사건이었다. 페루자는 이전에 파리에서 체포된 전력이 있으나, 충실하게 작성되어 여러 신체 특징들의 길이와 폭에 따라서 캐비닛에 분류되어 있던 그의 베르티용 카드는 별 쓸모가 없었다. 만일 카드에 그의 지문 정보가 담겨 있었다면, 경찰은 그가 내버리고 간 액자에서 채취한 지문으로 당장 그의 신원을 확인할 수 있었을 것이다.*

* 포스딕이 「뒤안길로 사라진 베르티용 신원 확인법The Passing of the Bertillon System of Identification」이라는 글에서 들려준 이야기가 그렇다는 얘기다. 과거의 유명 범죄들에 관한 이야기가 으레 그렇듯이, 「모나리자」 절도 사건에 대해서도 모호하거나 음모론적인 내용이 많이 덧붙었기 때문에 출처에 따라 지문의 역할에 대해서 다른 의견을 말하곤 한다. 〔

여담: 상관관계, 정보, 압축, 베토벤

나는 베르티용 기법에 대해서 사소한 거짓말을 하나 했다. 사실 베르티용은 신체 특징들을 정확한 수치로 기록하지 않았고 그 값이 작은가, 중간인가, 큰가만을 기록했다. 가령 손가락 길이라면, 모든 범죄자들을 짧은 손가락, 중간 손가락, 긴 손가락의 세 집단 중 하나로 분류했다. 큐빗 역시 세 하위 집단으로 나누었으므로, 범죄자들은 총 아홉 가지 범주로 나뉘었다. 기본적인 베르티용 체계에서 사용되었던 다섯 가지 항목을 모두 그렇게 측정하면, 범죄자들은 결국

$$3 \times 3 \times 3 \times 3 \times 3\ = 3^5 = 243$$

가지 집단으로 분류되었다. 그리고 243가지 집단 각각마다 눈동자와 머리카락 색깔에 대한 선택지가 7가지씩 있었다. 결국 베르티용은 용의자를 $3^5 \times 7 = 1701$개의 세부 범주로 분류한 것이었다. 체포한 용의자의 수가 1701명을 넘긴다면 필연적으로 한 명 이상 들어가는 범주가 생기겠지만, 그래도 어느 한 범주에 포함된 사람의 수는 비교적 작을 테니 경관이 카드를 훌훌 넘겨가며 눈앞에 묶여 있는 사람에 해당하는 사진을 쉽게 찾을 수 있을 것이다. 그리고 만일 측정 항목을 더 늘려서 항목 하나를 추가할 때마다 범주를 세 배씩 늘린다면, 똑같은 베르티용 코드를 가진 범죄자가 둘 이상 나오지 않을 정도로, 나아가 범죄자가 아니라 그냥 프랑스 사람에 대해서도 둘 이상은 없을 정도로 세밀한 범주들을 만들 수도 있을 것이다.

사람의 형태처럼 복잡한 것을 일련의 짧은 기호들로 기록하다니, 기발한 수법이 아닐 수 없다. 그리고 이 수법은 인간 골상학에만 국한되지 않는다. 파슨스 코드라고 불리는 비슷한 체계는 음악 멜로디들을 분류

하는 데 쓰인다.* 원리는 이렇다. 멜로디를 하나 떠올려 보자. 누구나 아는 멜로디, 가령 베토벤의 교향곡 9번 중 영광스러운 피날레 대목인 「환희의 송가Ode to Joy」가 좋겠다. 첫 음은 ∗로 표시한다. 그 뒤에 오는 음들은 세 가지 기호 중 하나로 표시하는데, 음이 바로 앞 음보다 높다면 u, 낮다면 d, 똑같은 음이 반복된다면 r을 쓴다. 환희의 송가는 첫 두 음이 같으므로, 시작은 ∗r이 된다. 다음에 더 높은 음이 오고, 그다음에도 더 높은 음이 오므로, ∗ruu가 된다. 다음에는 그 높은 음을 한 번 반복했다가, 연속 네 번 계속 낮아진다. 따라서 도입부의 코드는 ∗ruurdddd가 된다.

베르티용 측정 결과를 보고서 은행 강도의 사진을 스케치할 수는 없듯이, 파슨스 코드만 보고서 베토벤의 걸작을 소리로 재현할 수는 없다. 그러나 만일 파슨스 코드로 분류된 음악들이 캐비닛 한 가득 들어 있다면, 어떤 기호 서열을 보고서 그것이 어떤 노래인지 알아내는 일쯤은 거뜬히 해낼 수 있다. 만일 「환희의 송가」가 머릿속에서 맴도는데 제목이 뭔지 영 모르겠다면, 웹사이트 〈뮤지피디아Musipedia〉로 가서 ∗ruurdddd를 입력하면 된다. 그러면 이 짧은 서열만으로도 후보자는 「환희의 송가」 아니면 모차르트의 피아노 협주곡 12번으로 좁혀진다. 고작 17개 음만 부른다고 해도 파슨스 코드의 조합은

$$3^{16} = 3 \times 3 \times 3 \times 3 \times 3 \times 3 \times 3 \times 3 \times 3 \times 3 \times 3 \times 3 \times 3 \times 3 \times 3 \times 3$$
$$= 43,046,721$$

가지가 가능한데, 이것은 지금까지 기록된 모든 멜로디들의 개수보다 클 것이 분명하므로 똑같은 코드를 지닌 곡이 두 곡 있을 확률은 희박하

* 나이가 꽤 되는 독자라면, 파슨스 코드를 발명한 파슨스가 「하늘의 눈Eye in the Sky」을 녹음한 앨런 파슨스의 아버지라는 사실에 재미있어 할지도 모르겠다.

다. 기호가 하나 더 붙을 때마다 코드 가짓수가 3배로 늘어나므로, 기하 급수적 증가의 기적 덕분에 아주 짧은 코드만으로도 두 곡 중 어느 것인지 분간하는 능력이 놀랍도록 커지는 것이다.

그러나 문제가 하나 있다. 베르티용 체계로 돌아가자. 만일 경찰서에 잡혀 오는 사람마다 큐빗 길이 범주가 손가락 길이 범주와 늘 같다면 어떨까? 그렇다면 첫 두 항목으로 총 아홉 가지 선택지가 가능한 듯했던 상황은 실제로는 세 가지 범주로 축소될 것이다. 짧은 손가락/짧은 큐빗, 중간 손가락/중간 큐빗, 긴 손가락/긴 큐빗으로. 베르티용 캐비닛의 서랍들 중 2/3는 텅 빌 것이다. 총 범주 개수는 1701개가 아니라 567개가 될 테고, 우리가 범죄자의 신원을 특정하는 능력도 그에 비례하여 줄 것이다. 다르게 설명하면 이렇다. 우리는 다섯 항목을 측정한다고 생각했지만, 큐빗이 손가락과 정확히 같은 정보를 줄 때는 사실상 네 항목만 측정하는 셈이다. 따라서 가능한 카드의 개수가 $7 \times 3^5 = 1701$개에서 $7 \times 3^4 = 567$개로 주는 것이다(7을 곱하는 것은 눈과 머리카락 색깔의 선택지를 감안하기 위해서다). 측정 항목들 간에 상관관계가 더 많을수록 유효한 범주의 수는 더 줄 것이고, 베르티용 체계는 더 무력해질 것이다.

골턴의 위대한 통찰은 손가락과 큐빗 길이가 일치하지 않고 그저 상관관계만 있어도 이 현상이 적용된다는 것을 깨달은 점이었다. 측정 항목들 간의 상관관계는 베르티용 코드의 정보량을 줄이는 것이다. 이번에도 골턴은 예리한 지혜 덕분에 일종의 지적 선견지명을 발휘한 셈이었다. 비록 미숙한 형태이긴 하나, 그로부터 반 세기가 더 지나서야 클로드 섀넌이 정보 이론으로 온전하게 형식화할 사고방식을 골턴은 일찍이 제대로 포착했던 것이다. 13장에서 보았듯이, 섀넌은 정보량을 형식적으로 측정하는 방법을 고안함으로써 잡음 있는 채널에서 정보를 전달할 때 그 속도의 한계를 알아낼 수 있었다. 거의 비슷한 맥락에서, 섀넌의 이론 덕분에 우리는 변수들 간의 상관관계가 카드의 정보량을 어느 정도 줄이는지를 알 수 있다. 현대 용어로 말하자면, 측정 항목들 간의 상관관계가 더 클수록 베르티용 카드에 담긴 정보량은, 물론 섀넌이 엄격하게 정의한 의미에서의 정보량을 말하는데, 더 적어진다.

베르티용 체계는 사라진 지 오래지만, 일련의 숫자들을 기록함으로써 무언가의 정체를 정확하게 말할 수 있다는 개념만큼은 세상을 지배하다시피 했다. 우리는 디지털 정보의 세상에서 살고 있으니까 말이다. 또한 상관관계가 유효 정보량을 줄인다는 통찰은 정보를 조직하는 핵심 원칙으로 기능하게 되었다. 한때 사진이란 화학 물질로 코팅된 종이에 염료로 패턴을 입힌 것이었지만, 지금은 각각이 한 픽셀의 밝기와 색깔을 나타내는 일련의 숫자들로 바뀌었다. 4메가픽셀 카메라로 찍은 사진이라면 숫자 400만 개가 나열된 것이니, 촬영 기기의 메모리에서 적잖은 용량을 차지할 것이다. 그러나 이 숫자들은 서로 상관관계가 아주 높다. 한 픽셀이 밝은 녹색이라면, 바로 옆 픽셀도 그럴 가능성이 높다. 이미지에 실제 포함된 정보량은 숫자 400만 개에 해당하는 정보량보다 훨씬 적다. 그 때문에 우리가 이미지를 압축할 수 있는 것이고,[*] 압축이라는 중요한 수학적 기술 덕분에 이미지, 동영상, 음악, 텍스트를 생각보다 훨씬 더 작은 공간에 저장할 수 있다. 상관관계가 압축을 가능하게 하는 것이다. 물론 실제 압축 과정에는 그 밖에도 좀 더 현대적인 개념들이 많이 관여한다. 이를테면 1970년대와 1980년대에 장 몰레, 스테판 말라, 이브 메예르, 잉그리드 도브시 등이 개발한 웨이브렛wavelet 이론, 그리고 에마뉘엘 캉데스, 저스틴 롬버그, 테리 타오의 2005년 논문에서 시작되어 응용 수학의 한 하위 분야로 신속히 발전하고 있는 압축 센싱 이론 등이다.

---

[*] 좋다, 인정하건대 말 그대로 두 픽셀의 상관관계의 문제만은 아니다. 그러나 궁극적으로 이미지에 포함된 (섀넌의 정의에 따른) 정보량 문제이기는 하다.

날씨에 드러난 평범의 승리

아직 우리가 매듭지어야 할 문제가 하나 남았다. 지금까지 우리는 시크리스트가 발견했던 〈평범의 승리〉가 평균으로의 회귀로 설명된다는 것을 살펴보았다. 하지만 시크리스트가 관찰하지 못했던 평범의 승리는? 그는 미국 도시들의 기온을 추적하여 1922년에 제일 더웠던 도시들은 1931년에도 제일 더웠다는 것을 발견했다. 이 관찰은 사업체들의 회귀가 인간 활동에만 특수한 현상이라는 그의 주장에서 결정적인 근거였다. 만일 평균으로의 회귀가 보편적 현상이라면, 왜 기온은 거기에 따르지 않을까?

답은 간단하다. 기온도 따른다. 아래 표는 위스콘신 남부의 13개 기상 관측소에서 측정한 1월 평균 기온을 화씨로 나타낸 것이다. 13곳은 모두 자동차로 한 시간 이내에 오갈 수 있는 거리들이다.

	2011년 1월 (섭씨)	2012년 1월 (섭씨)
클린턴	15.9 (−8.94)	23.5 (−4.72)
코티지그로브	15.2 (−9.33)	24.8 (−4.00)
포트앳킨슨	16.5 (−8.61)	24.2 (−4.33)
제퍼슨	16.5 (−8.61)	23.4 (−4.78)
레이크밀스	16.7 (−8.50)	24.4 (−4.22)
로다이	15.3 (−9.28)	23.3 (−4.83)
매디슨 공항	16.8 (−8.44)	25.5 (−3.61)
매디슨 수목원	16.6 (−8.56)	24.7 (−4.06)
매디슨, 샤머니	17.0 (−8.33)	23.8 (−4.56)
메이저메이니	16.6 (−8.56)	25.3 (−3.72)
포티지	15.7 (−9.06)	23.8 (−4.56)
리칠랜드센터	16.0 (−8.89)	22.5 (−5.28)
스토턴	16.9 (−8.39)	23.9 (−4.50)

이 기온들로 골턴 스타일의 산포도를 그리면, 2011년에 따뜻했던 지점들은 2012년에도 대체로 따뜻했던 경향성이 드러난다.

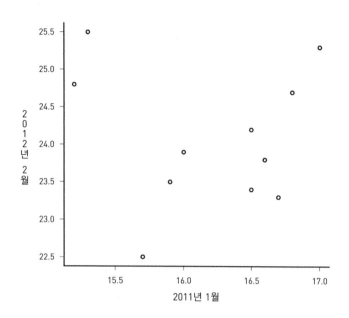

그러나 2011년에 가장 따뜻했던 세 관측소(샤머니, 스토턴, 매디슨 공항)는 2012년에는 7등, 8등, 1등을 기록했다. 한편 2011년에 가장 추웠던 세 관측소(코티지그로브, 로다이, 포티지)는 비교적 따뜻해졌다. 포티지는 공동 4등으로 추웠고, 로다이는 2등으로 추웠으며, 코티지그로브는 2012년에 대개의 다른 도시들보다 오히려 더 따뜻했다. 요컨대, 가장 따뜻했던 집단과 가장 추웠던 집단은 둘 다 순위의 중앙을 향해 이동했다. 시크리스트의 철물점들처럼 말이다.

어째서 시크리스트는 이런 효과를 못 봤을까? 왜냐하면 그는 기상 관측소를 다르게 골랐기 때문이다. 그가 고른 도시들은 중서부 북부의 좁은 영역에 국한된 게 아니라 훨씬 더 넓게 퍼져 있었다. 우리가 위스콘신 대신 캘리포니아 여기저기의 1월 기온을 살펴본다고 하자.

	2011년 1월 (섭씨)	2012년 1월 (섭씨)
유리카	48.5 (9.17)	46.6 (8.11)
프레즈노	46.6 (8.11)	49.3 (9.61)
로스앤젤레스	59.2 (15.11)	59.4 (15.22)
리버사이드	57.8 (14.33)	58.9 (14.94)
샌디에이고	60.1 (15.61)	58.2 (14.56)
샌프란시스코	51.7 (10.94)	51.6 (10.89)
새너제이	51.2 (10.67)	51.4 (10.78)
샌루이스어비스포	54.5 (12.50)	54.4 (12.44)
스톡턴	45.2 (7.33)	46.7 (8.17)
트러키	27.1 (−2.72)	30.2 (−1.00)

회귀가 드러나지 않는다. 시에라네바다 산맥 깊숙이 있는 트러키처럼 추운 동네는 계속 춥고, 샌디에이고나 로스앤젤레스처럼 더운 동네는 계속 덥다. 위의 기온들을 도표로 그리면 전혀 다른 그림이 나온다(다음 페이지 그림 참고).

점 열 개를 둘러싸는 골턴의 타원을 그린다면, 그 폭은 정말로 좁을 것 이다. 표에 드러난 기온 차이가 우리에게 알려 주는 사실은 캘리포니아 의 어떤 동네들은 다른 동네들보다 그냥 더 춥다는 것, 그리고 도시들의 기본적인 차이가 해마다 우연히 발생하는 변동을 압도한다는 것이다. 섀넌의 언어로 말하자면, 신호는 많지만 잡음은 많지 않은 상황이다. 위 스콘신 중남부 도시들은 그 반대다. 기상학적으로 메이저메이니와 포트 앳킨슨은 별로 다르지 않다. 이 도시들의 기온 순위는 어느 해든 운에 크 게 좌우될 것이다. 잡음은 많고 신호는 많지 않은 것이다.

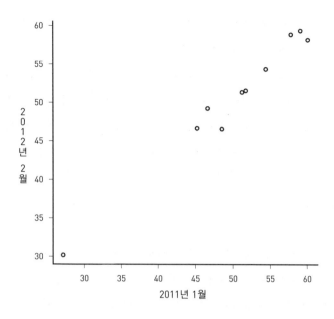

시크리스트는 자신이 수고스럽게 기록한 회귀 현상이 새로운 사업적 물리 법칙이라고 생각했다. 상업에 관한 과학적 연구를 좀 더 확실하고 엄밀하게 만들어 줄 법칙이라고 보았다. 그러나 사실은 정반대였다. 만일 사업체들이 캘리포니아 도시들과 비슷하다면(사업 관행의 내재적 차이가 반영되어 일부는 본질적으로 뜨겁고 일부는 본질적으로 그렇지 않다면), 평균으로의 회귀가 덜 발생한 결과가 나타났을 것이다. 그러나 시크리스트의 발견이 알려 준 진실은 사업체들이 위스콘신 도시들과 훨씬 더 비슷하다는 것이었다. 우수한 경영과 사업적 통찰도 중요하지만 그것과 대충 똑같은 정도로 순수한 운도 중요하다는 것이었다.

우생학, 원죄, 그리고 오해를 부르는 이 책의 제목

〈틀리지 않는 법〉이란 제목을 지닌 책에서 골턴을 말하면서 수학계

밖에서 그의 명성에 기여한 제일의 요인, 즉 우생학을 언급하지 않는 것은 좀 이상할 것이다. 골턴은 흔히 우생학의 아버지로 불리니까 말이다. 내가 이 책에서 주장하는 대로 삶의 수학적 측면에 주의를 기울이는 것이 실수를 피하는 데 도움이 된다면, 어째서 골턴처럼 수학적 문제에 관해서는 명징한 시각을 가졌던 과학자가 인간을 교배해서 바람직한 특성을 얻어 내자는 우생학에 대해서는 그토록 틀린 시각을 가질 수 있었을까? 골턴은 이 주제에 관한 자신의 견해가 온건하고 합리적이라고 자평했으나, 그마저도 오늘날 우리가 듣기에는 충격적이다.

여느 새로운 견해들에 대해서도 대체로 그렇듯이, 우생학에 대해서 반대하는 사람들은 아주 이상하고 잘못된 생각들을 품고 있다. 그중에서도 요즘 흔한 오해는 우생학이 동물을 교배할 때처럼 강제 결합만을 수단으로 사용할 것이라는 생각이다. 그렇지 않다. 나는 심각한 정신병, 정신 박약, 습관적 범죄성, 빈곤에 시달리는 사람들이 멋대로 번식하는 것을 막기 위해서 엄격한 강제를 부과해야 한다고 생각하지만, 그것과 강제 결혼은 사뭇 다른 말이다. 불길한 결혼을 어떻게 억제할 것인가, 고립을 통해서 실행할 것인가 인도적이고 합리적인 여론에 부합하는 다른 방안을 고안해서 실행할 것인가 하는 것은 그 자체로 또 다른 문제이다. 나는 결국에는 우리 민주주의가 현재 바람직하지 못한 계층들에게 허락된 번식의 자유에 동의하지 않을 것이라고 믿지만, 그러려면 아직 대중이 이런 문제점의 진정한 상태를 좀 더 배울 필요가 있다. 민주주의는 유능한 시민들로 구성되지 않는 한 지속될 수 없으므로, 민주주의가 스스로를 보호하기 위해서는 퇴락한 혈통이 자유롭게 유입되는 것에 저항해야만 한다.[10]

나로서는 뭐라고 할 말이 없다. 수학은 틀리지 않도록 해주는 방법이지만, 모든 것에 대해서 틀리지 않도록 해주는 것은 아니다(미안하지만 환불은 안 됩니다!). 오류는 원죄와 같다. 우리는 그것을 안고 태어났고, 그것은 언제까지나 우리에게 깃들어 있을 것이므로, 그것이 우리 행동에 미치는 영향을 제약하고 싶다면 끊임없이 경계하는 수밖에 없다. 그리고 진정한 위험은, 우리가 일부 문제를 수학적으로 분석하는 능력을 키움으로써 자신의 신념을 전반적으로 확신하게 되었을 때 그 믿음이 우리가 여전히 틀리는 일에 대해서까지 부당하게 확장되는 것이다. 그때 우리는 오랜 세월에 걸쳐 자신의 덕성에 대한 믿음을 굳게 쌓은 나머지 자신이 저지르는 악한 행위조차 선이라고 믿어 버리는 독실한 신자들과 마찬가지다.

나는 그런 유혹에 저항하기 위해서 최선을 다하겠다. 하지만 여러분도 나를 주의 깊게 감시하라.

칼 피어슨의 10차원으로의 모험

골턴이 창조한 상관관계가 오늘날 우리가 몸담은 개념의 세계에 미친 충격은 아무리 강조해도 지나치지 않다. 그것은 통계학만이 아니라 과학의 모든 영역에 영향을 미쳤다. 만일 여러분이 상관관계란 단어에 대해서 아는 내용이 딱 하나 있다면, 그것은 분명히 〈상관관계가 곧 인과 관계는 아니다〉라는 명제일 것이다. 어떤 두 현상은 하나가 다른 하나를 일으키는 인과 관계가 아닌 경우에도 골턴의 의미에 따른 상관관계를 가질 수 있다는 뜻이다. 이 자체는 새로운 소식이 아니다. 사람들은 예전에도 형제자매는 낯선 사람들보다 서로 신체 특징을 공유할 가능성이 높다는 것(키 큰 형제들이 여동생들의 키를 자라게 해서 그런 것이 아니라)을 분명히 알고 있었다. 그러나 이 현상도 배경에는 여전히 인과 관계가 숨어 있다. 키 큰 부모의 유전 물질이 두 자녀 모두의 키를 키우는 원인으로 작용했으니까 말이다. 한편 골턴 이후 세상에서는 우리가 어떤 두 변수 사이에 직접적이든 간접적이든 인과 관계가 조금이라도 존재하는지 여부를 깜깜하게 모르더라도 그들 간의 관계를 논할 수 있다. 이런 측면에서, 골턴이 야기한 개념적 혁명은 골턴보다 더 유명한 사촌 찰스 다윈의 통찰과 비슷한 면이 있었다. 다윈은 우리가 목적을 끌어들이지 않고서도 발전을 얼마든지 유의미하게 논할 수 있다는 것을 보여 주었고, 골턴은 우리가 바탕의 원인을 끌어들이지 않고서도 연관성을 얼마든지 유의미하게 논할 수 있다는 것을 보여 주었다.

상관관계에 대한 골턴의 원래 정의는 다소 제한적이었다. 4장에서 보았던 종형 곡선에 따라 분포하는 변수들에게만 적용되었다. 그러나 곧 이 개념은 칼 피어슨*에 의해 어떤 변수에도 적용되도록 변형되고 일반화되었다.

내가 여기에 피어슨의 공식을 적어 놓거나 여러분이 직접 다른 곳에서 그것을 찾아본다면, 여러분은 제곱근과 비가 복잡하게 엉킨 무언가를 보게 될 것이다. 그리고 여러분이 데카르트 기하학에 통달하지 않은 한, 그것은 이해에 그다지 도움이 되지 않을 것이다. 그런데 피어슨의 공식은 아주 단순한 기하학적 표현으로도 묘사될 수 있다. 데카르트 이래 수학자들은 세상에 대한 대수적 묘사와 기하학적 묘사 사이에서 마음대로 왔다 갔다 하는 멋진 자유를 누리고 있다. 대수의 이점은 형식화하거나 컴퓨터에 입력하기가 더 쉽다는 것이다. 기하학의 이점은 우리의 타고난 물리적 직관을 문제에 적용할 수 있다는 것이다. 그림으로 그릴 수 있는 경우라면 더욱더 그렇다. 나로선 어떤 수학 개념이 기하학 언어로 무슨 말인지 이해하기 전에는 그것을 진짜 이해했다는 느낌이 들지 않는다.

자, 그렇다면 기하학자에게 상관관계란 무슨 뜻일까? 예제를 놓고 이야기하면 좋겠다. 앞에서 캘리포니아 열 개 도시의 2011년 및 2012년 1월 평균 기온을 나열했던 표를 다시 보자. 아까도 보았듯이, 2011년 기

---

* 앞 장에서 R. A. 피셔와 싸웠다고 말했던 이건 피어슨의 아버지였다.

온과 2012년 기온은 강한 양의 상관관계를 띤다. 피어슨의 공식을 써서 계산하면, 0.989라는 굉장히 높은 상관계수가 나온다.

우리가 알고 싶은 것이 두 해 기온들 사이의 관계라면, 표의 모든 항목들을 똑같은 양만큼 변형시키더라도 결과에는 아무 지장이 없다. 만일 2011년 기온이 2012년 기온과 상관관계가 있다면, 그것은 〈2012년 기온 + 5도〉와도 똑같은 상관관계를 지닐 것이다. 다르게 설명하자면 이렇다. 우리가 앞에서 보았던 그래프의 모든 점들을 똑같이 10센티미터씩 더 위로 옮기더라도, 골턴의 타원은 위치만 달라질 뿐 형태가 바뀌진 않는다. 그렇다면 2011년과 2012년의 온도들을 모두 일정량만큼 옮겨서 평균이 0이 되도록 만들면 편하다. 그렇게 하면 다음 표가 나온다.

	2011년 1월	2012년 1월
유리카	−1.7	−4.1
프레즈노	−3.6	−1.4
로스앤젤레스	9.0	8.7
리버사이드	7.6	8.2
샌디에이고	9.9	7.5
샌프란시스코	1.5	0.9
새너제이	1.0	0.7
샌루이스어비스포	4.3	3.7
스톡턴	−5.0	−4.0
트러키	−23.1	−20.5

트러키처럼 추운 도시는 음수가 되고, 샌디에이고처럼 훈훈한 곳은 양수가 된다.

이제 묘기를 부려보자. 2011년 1월 기온을 기록한 숫자 열 개는 물론 숫자들의 목록이다. 그러나 이것은 하나의 점도 된다. 어떻게? 이야기는 우리의 영웅 데카르트에게 돌아간다. 우리는 한 쌍의 숫자 (x,y)를 평면의 한 점으로 여길 수 있다. 원점으로부터 오른쪽으로 x 단위만큼 가고 위로 y 단위만큼 간 지점이다. 원점에서 점 (x,y)를 가리키는 작은 화살표를 그릴 수도 있는데, 이런 화살표를 벡터라고 부른다.

마찬가지로, 삼차원 공간의 한 점은 세 좌표의 나열인 (x,y,z)로 묘사된다. 그리고 관성과 소심한 두려움만 아니라면, 우리가 여기에서 멈출 이유가 없다. 숫자 네 개 서열은 사차원 공간의 한 점으로 여길 수 있고, 표의 캘리포니아 기온과 같은 숫자 열 개 서열은 십 차원 공간의 한 점으로 여길 수 있다. 더 좋기로는 그것을 십 차원 벡터로 여기는 것이다.

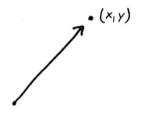

잠깐, 누군가 정당한 질문을 던질지 모른다. 그걸 어떻게 생각하죠? 십 차원 벡터라니, 그건 어떻게 생겼죠? 이렇게 생겼다.

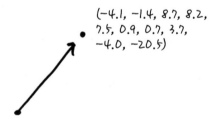

이것이 고급 기하학의 작고 음흉한 비밀이다. 십 차원에서 (혹은 백

차원에서, 백만 차원에서……) 기하학을 할 수 있다는 말은 멋지게 들리지만, 실제 우리가 머릿속에서 그리는 그림은 이차원이나 기껏해야 삼차원이다. 우리 뇌가 다룰 수 있는 한계가 그뿐인 것이다. 다행히도 보통은 이런 빈곤한 시각으로도 충분하다.

고차원 기하학은 약간 불가사의해 보인다. 우리가 살아가는 세상이 삼차원이기 때문에 더 그렇다(시간을 포함한다면 사차원일 테고, 당신이 끈이론 연구자라면 26차원이라고 말할 수도 있겠지만, 그 경우에도 우리는 대부분의 차원에서는 우주가 그다지 멀리 뻗어 있지 않다고 여긴다). 우주에서 현실화되지 않는 기하학을 대체 왜 연구할까?

한 가지 대답은 요즘 대유행하는 분야인 데이터 연구에서 나온다. 4메가픽셀 카메라로 찍은 디지털 사진을 떠올려 보자. 그 사진은 한 픽셀당 숫자 하나씩 총 400만 개의 숫자로 묘사된다(색깔은 고려하기도 전이다!). 그렇다면 그 이미지는 400만 차원에 존재하는 한 벡터인 셈이다. 혹은 400만 차원 공간의 한 점이라고 해도 좋다. 따라서 어떤 이미지가 시간에 따라 변하는 것은 400만 차원 공간에서 한 점이 움직이면서 곡선을 그리는 것으로 표현될 수 있다. 자, 여러분은 자신도 모르는 사이에 400만 차원 미적분을 하는 셈이다. 게다가 진짜 재미는 지금부터다.

기온으로 돌아가자. 표에는 세로열이 두 줄 있는데, 각각이 하나의 십차원 벡터에 해당한다. 두 벡터는 이렇게 생겼다.

두 벡터가 대충 같은 방향을 가리킨다는 것은 두 열이 사실 크게 다르지 않다는 사실을 반영한다. 이미 확인했듯이, 2011년에 제일 추웠던 도시들은 2012년에도 추웠고 따뜻한 도시들도 마찬가지였다.

그리고 바로 이것이 피어슨의 공식을 기하학 언어로 표현한 결과이다. 즉, 두 변수의 상관관계는 두 벡터 사이의 각도로 결정된다는 것이다. 혹 정확한 삼각 함수 계산까지 알고 싶어 하는 사람이 있을까 봐 알려 드리면, 상관관계는 이 각도의 코사인에 해당한다. 코사인이 무슨 뜻인지 기억나지 않아도 상관없다. 어떤 각도의 코사인은 각도가 0도일 때는 (즉, 두 벡터가 같은 방향을 가리킬 때) 1이고 각도가 180도일 때는 (두 벡터가 정반대 방향을 가리킬 때) −1이라는 것만 알면 된다. 두 변수는 그에 상응하는 두 벡터가 예각을 이룰 때는(각도가 90도 미만일 때는) 양의 상관관계를 갖고, 두 벡터 사이 각도가 둔각일 때는(90도가 넘을 때는) 음의 상관관계를 갖는다. 이것은 쉽게 이해가 된다. 예각을 이룬 벡터들은 어쩐지 〈같은 방향을 가리키는〉 것처럼 보이고 둔각을 이룬 벡터들은 어쩐지 어긋난 것처럼 보이니까 말이다.

각도가 예각도 둔각도 아닌 직각일 때는 두 변수의 상관관계가 0이다. 적어도 상관관계로 따지자면 둘은 아무 관련이 없다는 뜻이다. 기하학에서는 직각을 이루는 벡터 쌍을 수직 혹은 직교 상태라고 묘사한다. 그래서 수학자들이나 삼각 함수광들은 현재 진행되는 논의와 무관한 무언가를 가리켜 〈직교한다〉는 단어를 쓰곤 한다. 〈수학 실력과 인기가 연관성이 있으리라고 기대할지 모르겠지만, 내 경험상 두 가지는 서로 직교해〉 하는 식이다. 이 용법은 서서히 공부벌레들의 어휘집을 벗어나 대중의 일상어로 스미고 있다. 최근 연방 대법원 구두 변론에서는 이런 대화가 벌어졌다.[11]

프리드먼: 이 주제는 현재의 논의에 완전히 직교한다고 생각합니다. 왜

냐하면 주는……

로버츠 대법원장: 미안합니다만, 완전히 어떻다고요?

프리드먼: 직교한다고요. 직각이다. 관계없다. 무관하다.

로버츠 대법원장: 아.

스캘리아 대법관: 철자가 어떻게 되죠? 마음에 드는 표현이네요.

프리드먼: 직교.

스캘리아 대법관: 직교?

프리드먼: 네, 네.

스캘리아 대법관: 이야.

(웃음.)

나는 직교한다는 단어가 유행하기를 응원한다. 최근 들어서는 수학 용어가 일상 영어에 편입된 사례가 별로 없었다. 〈최소 공통 분모〉는 이제 수학적인 느낌을 거의 잃었고, 〈기하급수적〉으로 말하자면…… 말을 말자.*

삼각법을 고차원 벡터에 적용하여 상관관계를 계량한다는 것은 코사인을 발명한 사람들은 꿈도 못 꿨을 일이다. 기원전 2세기에 최초의 삼각 함수표를 작성했던 니케아의 천문학자 히파르코스는 일식의 주기를 계산하기 위해서 그것을 개발했다. 그가 다뤘던 벡터들은 하늘에 있는 대상들을 묘사했으며, 삼차원에 굳게 뿌리내리고 있었다. 그러나 한 가지 목적에 적합한 수학 도구는 다른 곳에서도 거듭 쓸모를 드러내는 법이다.

상관관계를 기하학적으로 이해하면, 그러지 않았을 때는 모호하게 느껴졌던 통계의 일부 측면이 아주 명료해진다. 부유하고 진보적인 엘리

* 기하급수적이라는 단어를 단순히 〈빠르다〉는 뜻으로 부적절하게 사용하는 관행에 대해서 지나친 불평은 관두는 게 서로 좋겠지만……. 최근 한 스포츠 기자의 글을 읽었는데, 그는 예전에 이 단어에 관한 질책을 들었던 모양으로, 단거리 주자 우사인 볼트의 속도가 〈로그적으로 놀랍게 증가했다〉고 써두었다. 이게 더 나쁘다.

트의 예를 들어 보자. 평판이 좀 나쁜 이 부류의 사람들은 한동안 정치 담론에서 자주 등장하는 캐릭터였다. 가장 헌신적으로 그들을 묘사한 사람은 정치 저술가 데이비드 브룩스일 것이다. 그는 스스로 보헤미안 부르주아, 줄여서 보보스라고 이름 붙인 그들을 소개하기 위해서 책까지 썼다. 2001년에 브룩스는 메릴랜드 주의 부유한 교외 카운티 몽고메리(내가 태어난 곳이다!)와 펜실베이니아 주의 중산층 카운티 프랭클린의 차이를 고민하던 중, 경제적 계급에 따라서 공화당은 부자들 편이고 민주당은 노동자들 편이라고 나눈 오래된 정치적 계층화가 이제 한물간 얘기라고 생각하게 되었다.

실리콘밸리에서 시카고 노스쇼어, 코네티컷 교외에 이르기까지 상류층 지역은 어디나 다 그렇듯이, 몽고메리 카운티는 지난해 대선에서 63퍼센트 대 34퍼센트의 차이로 민주당 후보를 지지했다. 한편 프랭클린 카운티는 67퍼센트 대 30퍼센트의 차이로 공화당을 지지했다.[12]

우선, 〈어디나 다〉라는 말은 약간 심하다. 위스콘신에서 제일 부유한 카운티는 밀워키 서쪽의 근사한 교외 주거지를 중심으로 한 워케샤다. 그러나 그곳에서는 부시가 고어를 65-31로 대패시켰다. 주 전체에서는 고어가 가까스로 이겼지만 말이다.

어쨌든 브룩스가 실재하는 현상을 지적한 것은 사실이다. 우리도 몇 쪽 앞의 산포도에서 확실히 보았듯이, 오늘날 미국 선거판에서는 부유한 주일수록 가난한 주보다 민주당에 투표할 가능성이 높다. 미시시피나 오클라호마는 공화당의 텃밭인 데 비해 뉴욕이나 캘리포니아에서는 공화당이 구태여 경쟁에 땀 뺄 마음조차 먹지 않는다. 한마디로, 부유한 주 출신인 것과 민주당에 투표하는 것은 양의 상관관계가 있다.

그러나 통계학자 앤드루 겔먼은 크고 잘 꾸며진 집에 살면서 현금이 두둑한 NPR 토트백을 들고 다니고 라테를 홀짝이고 프리우스를 모는 새로운 진보주의자들에 대한 브룩스의 초상은 현실을 좀 단순화한 것이라는 사실을 발견했다.[13] 사실 부자들은 지난 수십 년간 일관되게 그랬던 것처럼 아직도 가난한 사람들에 비해서 공화당을 더 많이 찍는다. 겔먼과 동료들은 주별 데이터를 더 깊이 파헤침으로써 흥미로운 패턴을 발견했다. 텍사스나 위스콘신 같은 주에서는 부유한 카운티일수록 공화당에 표를 더 많이 던졌지만, 메릴랜드나 캘리포니아, 뉴욕 같은 주에서는 부유한 카운티일수록 민주당 편이었다.[14] 그런데 방금 말한 세 주는 정치 평론가들이 특히 많이 사는 지역이다. 그들의 한정된 세계에서는 실제 부자 동네에 부유한 진보주의자가 많으므로, 그들은 자연히 그 경험을 다른 카운티들에도 일반화한다. 그야 자연스럽기는 하지만, 전체 숫자들을 살펴본다면 뻔히 틀린 말이다.

그렇다면 여기에는 역설이 있는 듯하다. 정의상, 부자인 것은 부유한 주 출신인 것과 대충 양의 상관관계를 갖는다. 그리고 부유한 주 출신인 것은 민주당을 찍는 것과 양의 상관관계가 있다. 그렇다면 부자인 것은 당연히 민주당을 찍는 것과 상관관계가 있어야 하지 않을까? 기하학적으로 말하자면, 벡터 1과 벡터 2가 예각을 이루고 벡터 2와 벡터 3도 예각을 이룬다면 벡터 1과 벡터 3도 예각을 이뤄야 하지 않을까?

아니다! 그림으로 증명해 보자.

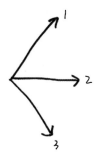

어떤 관계는, 가령 〈무엇이 무엇보다 크다〉는 식의 관계는 추이적이다. 만일 내 몸무게가 아들보다 더 크고 아들의 몸무게가 딸보다 더 크다면, 내 몸무게가 딸보다 더 클 것은 절대로 확실하다. 〈누구와 누구가 같은 도시에 산다〉는 관계도 추이적이다. 내가 빌과 같은 도시에 살고 빌이 밥과 같은 도시에 산다면, 분명히 나는 밥과도 같은 도시에 산다.

그러나 상관관계는 추이적이지 않다. 오히려 〈혈연관계〉와 더 비슷하다. 나는 아들과 혈연관계이고, 아들은 내 아내와 혈연관계이지만, 아내와 나는 혈연관계가 아니다. 더 나아가 상관관계가 있는 변수들이 〈서로 DNA의 일부를 공유한다〉고 상상하는 것도 괜찮은 생각이다. 내가 딱 세 명의 투자자 로라, 새러, 팀만을 관리하는 고급 자산 관리 회사를 운영한다고 하자. 그들의 주식 보유 현황은 아주 단순하다. 로라의 펀드는 페이스북과 구글에 50대 50으로 배분되어 있고, 팀은 제너럴 모터스와 혼다에 반반씩, 새러는 구경제와 신경제에 걸쳐서 혼다와 페이스북에 반반씩 투자한다. 이때 로라의 수익과 새러의 수익은 명백히 양의 상관관계를 갖는다. 둘의 포트폴리오 중 절반이 겹치기 때문이다. 새러의 수익과 팀의 수익도 마찬가지로 강한 상관관계를 보인다. 그러나 팀의 실적이 로라의 실적과 상관관계가 있다고 볼 이유는 없다.* 두 사람의 펀드는 각자 절반의 〈유전 물질〉을 내놓아서 새러의 잡종 펀드를 구성한 부모 펀드나 마찬가지다.

상관관계의 비추이성은 자명하면서도 어쩐지 불가사의하게 느껴진다. 뮤추얼 펀드 사례에서라면 우리가 팀의 실적이 오른 데서 로라의 실적에 대해서도 뭔가 알 수 있다고 착각하는 사람이 없겠지만, 다른 영역에서는 우리의 직관이 덜 맞는 편이다. 가령 고밀도 지단백질HDL이 혈류에서 나르는 콜레스테롤을 뜻하는 〈좋은 콜레스테롤〉 사례를 생각해

---

* 물론 주식 시장 전체가 비슷하게 움직이는 경향이 있다는 점은 무시한 이야기다.

보자. 혈중 HDL 콜레스테롤 농도가 높은 것은 〈심혈관 사건〉 발생률이 낮은 것과 연관성이 있다는 사실은 오래전부터 알려져 있었다. 의학 용어에 익숙하지 않은 독자들을 위해서 풀자면, 좋은 콜레스테롤이 많은 사람은 갑자기 가슴을 부여잡으면서 픽 쓰러질 확률이 평균적으로 낮다는 말이다.

우리는 또 일부 약물이 HDL 농도를 확실히 높인다는 사실을 안다. 유명한 예가 비타민 B의 한 형태인 니아신이다. 니아신이 HDL를 높인다면, 그리고 높은 HDL 농도가 낮은 심혈관 사건 발생률과 연관된다면, 니아신을 털어 넣는 것은 현명한 선택인 듯싶다. 그래서 내 주치의도 내게 그러라고 권했고, 여러분의 주치의도 여러분에게 그러라고 권했을 것이다. 여러분이 십 대나 마라톤 주자, 혹은 기타 대사적으로 축복받은 부류에 속하는 사람이 아닌 한 말이다.

문제는 효과가 있는지 분명하지 않다는 점이다. 니아신 보충제가 소규모 임상 시험에서 유망한 결과를 거두기는 했다. 그러나 국립 심폐 혈관 연구소가 실시했던 대규모 시험은 예정 마감일로부터 1년 반 앞선 2011년에 일찌감치 중단되었는데, 왜냐하면 효과가 너무 미미해서 시험을 계속할 가치가 없는 듯했기 때문이다.[15] 니아신 복용자들은 HDL 농도가 높아지기는 했지만 심장 마비나 뇌졸중 발생률은 남들과 같았다. 어떻게 그럴 수 있지? 왜냐하면 상관관계는 추이적이지 않기 때문이다. 니아신은 높은 HDL 농도와 상관관계가 있고, 높은 HDL 농도는 낮은 심장 마비 발생률과 상관관계가 있지만, 그렇다고 해서 니아신이 심장 마비를 예방한다는 뜻은 아니다.

HDL 콜레스테롤 농도를 조작하는 방법이 막다른 골목이라는 말은 아니다. 모든 약은 다 다르고, 어쩌면 HDL 수치를 어떤 방법으로 북돋느냐가 임상적으로 중요할지도 모른다. 투자 회사의 사례로 돌아가 보자. 우리는 팀의 수익과 새러의 수익이 상관관계가 있다는 것을 알기에,

팀의 수익을 향상시키는 조치를 취함으로써 새러의 수익도 함께 향상시키려고 할 수 있다. 그런데 만일 그때 당신이 취하는 수법이 제너럴 모터스의 주가를 부양시킬 거짓된 낙관적 전망을 퍼뜨리는 것이라면, 팀의 실적은 향상되겠지만 새러는 아무 이득을 못 볼 것이다. 그러나 혼다에 대해서 그렇게 한다면, 팀과 새러의 실적이 둘 다 향상될 것이다.

상관관계가 추이적이라면, 의학 연구는 지금보다 훨씬 쉬워질 것이다. 우리는 수십 년의 관찰과 데이터 수집을 통해서 수많은 상관관계를 알아냈다. 만일 추이성이 존재한다면, 의사들은 그 상관관계를 줄줄이 잇기만 해도 확실한 효과를 내는 개입 방법을 얻을 수 있을 것이다. 우리는 여성의 에스트로겐 수치와 낮은 심장 질환 발생률에 상관관계가 있다는 것을 알고, 호르몬 대체 요법이 에스트로겐 수치를 높인다는 것도 아니까, 호르몬 대체 요법에 심장 질환 예방 효과가 있을 것이라고 기대하기 쉽다. 실제로 지금까지는 이것이 임상적 사실로 통했다. 그러나 아마 여러분도 벌써 들었겠지만, 진실은 그보다 훨씬 더 복잡하다. 2000년대 초, 대규모 무작위 임상 시험을 수행해 온 장기 연구 〈여성 건강 이니셔티브〉는 에스트로겐과 프로게스틴을 사용한 호르몬 대체 요법이 조사 대상 인구의 심장 질환 발생률을 오히려 높이는 것으로 드러났다고 보고했다.[16] 최근 연구들은 호르몬 대체 요법의 효과가 인구 집단에 따라 다르다거나 에스트로겐-프로게스틴 조합보다 에스트로겐만 쓰는 게 심장에 더 낫다거나 하는 결과들을 보여 준다.[17]

현실에서는 우리가 어떤 약이 HDL이나 에스트로겐 수치 같은 생체 지표에 어떤 영향을 미치는지 속속들이 알더라도, 그 약이 특정 질병에 어떤 영향을 미칠지 예측하기란 불가능에 가깝다. 인체는 어마어마하게 복잡하며, 우리가 인체에 관해서 측정할 수 있는 속성은 한 줌밖에 안 된다. 하물며 조작할 수 있는 속성은 더 적다. 연구자들은 관찰된 상관관계를 근거로 건강에 바람직한 효과를 낼 가능성이 있는 약을 이것저

것 떠올린다. 그리고 실험으로 확인해 보지만, 실망스럽게도 대부분은 실패한다. 신약 개발에 종사하는 사람에게는 두둑한 자본은 물론이거니와 정신적 회복력도 필수 조건이다.

상관관계가 없다고 해서 연관성이 없는 것은 아니다

지금까지 보았듯이, 두 변수가 상관관계가 있다면 둘은 어떻게든 연관되어 있다는 뜻이다. 그러면 상관관계가 없을 때는 어떨까? 두 변수가 완벽하게 무관하여, 서로 아무 영향도 미치지 않는다는 뜻일까? 전혀 그렇지 않다. 골턴의 상관관계 개념은 아주 중요한 점에서 한계가 있다. 한 변수가 증가하면 다른 변수도 그에 비례하여 증가하거나 감소하는 선형적 관계만 감지한다는 점이다. 그러나 모든 곡선이 직선은 아닌 것처럼, 모든 관계가 선형적 관계는 아니다. 다음 그림을 보라.

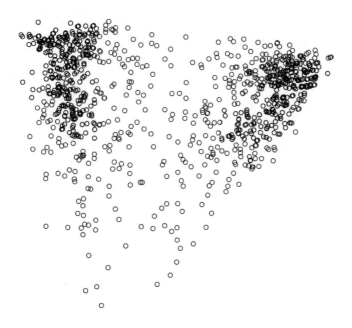

2011년 12월 15일에 〈공공 정책 여론 조사〉가 실시했던 정치 관련 여론 조사의 결과를 내가 그림으로 표현한 것이다. 총 1,000개의 점이 있는데, 점들은 23개 질문에 답변한 응답자들을 뜻한다. 좌우 축에서 점이 놓인 위치는 말 그대로 좌우를 뜻한다. 오바마 대통령을 지지하고 민주당에 찬성하며 티파티에 반대한다고 답한 사람들은 왼쪽에 놓이고, 공화당을 선호하고 해리 리드 민주당 의원을 싫어하며 〈크리스마스와의 전쟁〉이 존재한다고 믿는 사람들은 오른쪽에 놓인다.* 세로축은 대강 〈정보 습득의 정도〉를 뜻한다. 그래프에서 아래에 있는 사람일수록 〈(상원 소수당 원내 총무) 미치 매코널의 활동에 찬성하십니까 반대하십니까?〉처럼 내막을 좀 알아야 하는 질문에 대해서 〈잘 모르겠다〉로 대답하는 편이었고, 2012년 대선에 관한 흥미가 별로 혹은 전혀 없는 편이었다.

양 축으로 측정된 두 변수가 상관관계가 없다는 것은 계산으로 확인할 수 있다.** 실은 그래프를 쓱 보기만 해도 알 수 있다. 위로 갈수록 점들이 왼쪽이나 오른쪽으로 나아가는 경향성이 보이지 않기 때문이다. 그러나 그렇다고 해서 두 변수가 연관성이 전혀 없다는 뜻은 아니다. 사실은 그림에서 연관성이 꽤 분명하게 드러나 있다. 도표는 좌우에 날개가 있고 아래가 뾰족한 〈하트 모양〉이다. 투표자들은 정보가 많을수록 민주당을 더 선호하거나 공화당을 더 선호하는 게 아니라 좀 더 양극화되는 것이다. 좌파들은 좀 더 좌측으로 쏠리고, 우파들은 좀 더 우측으

* 〈크리스마스와의 전쟁〉이란 자유주의적 세속주의자들이 미국의 종교의 자유를 억압하려 한다는 가설, 가령 〈메리 크리스마스!〉 대신 종교색이 덜한 〈해피 홀리데이!〉라는 표현을 쓰자고 주장함으로써 기독교를 박해하고 있다는 음모론을 말한다 ─ 옮긴이주.

** 기술적인 부분을 신경 쓰는 사람을 위하여. 이것은 여론 조사 응답에 주 성분 분석을 가한 결과를 이차원에 사영한 것이므로, 사실 두 축에 상관관계가 없다는 것은 당연히 나올 수밖에 없는 결과이다. 두 축에 대한 해석은 내가 개인적으로 해본 것이다. 이 분석은 상관관계에 관한 논점을 설명하기 위한 예시일 뿐이므로, 어떤 정황에서도 엄밀한 사회 과학적 분석으로 간주되어서는 안 된다.

로 쏠리며, 중간의 희박한 공간은 좀 더 희박해지는 것이다. 그래프 아래쪽을 보면, 정보가 부족한 투표자들은 좀 더 중도적인 입장을 취하는 경향이 있다. 이 그래프는 정신이 번쩍 들게 만드는 사회적 사실을 반영하고 있다. 요즘 정치학 문헌에서 상식이 되어 버린 그 사실이란, 부동표들이 결정을 못 내리는 것은 정치적 신조의 선입견에 사로잡히지 않은 채 양 후보자의 장점을 신중하게 저울질하기 때문이 아니라 대체로 신경을 거의 안 쓰기 때문이라는 것이다.

여느 과학 도구와 마찬가지로, 수학적 도구는 특정 종류의 현상은 감지하지만 다른 종류는 감지하지 못한다. 일반 카메라가 감마선을 감지할 수는 없는 것처럼, 상관관계 계산은 이 산포도의 하트 모양을 알아보지 못한다. 그러니 앞으로 어떤 두 자연적 혹은 사회적 현상이 상관관계가 없는 것으로 밝혀졌다는 이야기를 들을 때면 이 점을 늘 염두에 두길 바란다. 그것은 둘 사이에 아무 관계가 없다는 뜻이 아니다. 상관 계수가 감지할 수 있는 종류의 관계가 없다는 뜻일 뿐이다.

16장
폐암이 담배를 피우도록 만들까?

그러면 두 변수가 상관관계가 있을 때는 어떨까? 그것은 정확히 무슨 뜻일까?

문제를 단순화하기 위해서, 가장 단순한 종류의 변수로 시작하자. 두 가지 값 중 하나만을 취할 수 있는 이진 변수다. 이진 변수는 예스 아니면 노 질문에 대한 답일 때가 많다. 「결혼하셨습니까?」, 「담배 피우십니까?」, 「현재든 과거든 공산당에 가입한 적이 있습니까?」

두 이진 변수를 비교할 때는 상관관계가 특히 단순해진다. 가령 결혼 유무와 흡연 유무가 음의 상관관계를 띤다는 말은 간단히 결혼한 사람들은 흡연할 가능성이 평균보다 낮다는 뜻이다. 거꾸로 말하면, 흡연자들은 결혼할 가능성이 평균보다 낮다는 말이다. 여기에서 잠시, 두 명제가 정말로 같은 뜻이라는 것을 확실히 이해하고 넘어가는 게 좋겠다. 첫 번째 명제는 다음 부등식으로 표현된다.

결혼한 흡연자들/모든 결혼한 사람들 < 모든 흡연자들/모든 사람들

두 번째 명제는 다음과 같다.

결혼한 흡연자들/모든 흡연자들 < 모든 결혼한 사람들/모든 사람들

두 부등식의 양변을 공통분모인 (모든 사람들)×(모든 흡연자들)로 곱하면, 두 명제가 사실은 같은 말이라는 것을 알 수 있다.

(결혼한 흡연자들)×(모든 사람들) < (모든 흡연자들)×(모든 결혼한 사람들)

마찬가지로, 만일 흡연과 결혼이 양의 상관관계가 있다면, 그것은 결혼한 사람들은 흡연할 가능성이 평균보다 높고 흡연자들은 결혼할 가능성이 평균보다 높다는 뜻이다.

여기에서 당장 문제가 발생한다. 기혼자 중 흡연자의 비율이 전체 인구 중 흡연자의 비율과 정확하게 일치할 확률은 무척 낮을 것이다. 따라서 기이한 우연의 일치가 없는 한, 결혼과 흡연은 양이든 음이든 둘 중한 방향으로 늘 상관관계가 있을 것이다. 나아가 성적 지향과 흡연도, 미국 시민권과 흡연도, 이름의 첫 알파벳과 흡연도 그럴 것이다. 모든 것이 흡연과 어느 방향으로든 상관관계가 있을 것이다. 우리는 7장에서 귀무가설은 엄밀히 따지자면 거의 늘 거짓이라고 했던 문제와 똑같은 상황에 처한 것이다.

그렇다고 해서 두 손 두 발 다 들고 〈모든 것이 다른 모든 것과 상관관계가 있다!〉고 선언하고 말아서야 아무 정보도 얻을 수 없다. 그렇기 때문에, 우리는 모든 상관관계를 다 보고하지는 않는다. 무엇이 다른 무엇과 상관관계가 있다는 보고서가 발표된다면, 그 상관관계가 보고할 가치가 있을 만큼 〈강하다〉는 전제가 암묵적으로 깔려 있다고 보면 된다. 보통은 통계적 유의성 검정을 통과했다는 뜻이다. 앞에서 보았듯이 통계적 유의성 검정 기법에는 나름대로 위험이 많지만, 최소한 통계학자

로 하여금 자세를 가다듬고 주의를 기울이며 〈틀림없이 여기에는 뭔가 있어〉라고 말하도록 만드는 신호이기는 하다.

그런데 대체 무엇이 있을까? 바로 여기가 까다로운 대목이다. 결혼과 흡연이 음의 상관관계를 띤다는 것은 엄연한 사실이다. 이 사실을 말로 표현하는 전형적인 방식은 다음과 같다.

〈흡연자는 기혼자일 가능성이 낮다.〉

하지만 말을 살짝만 바꾸면 뜻이 아주 달라진다.

〈만일 당신이 흡연자라면, 당신이 기혼자일 가능성은 더 낮아진다.〉

직설법을 가정법으로 바꾼 것만으로 뜻이 이처럼 극적으로 달라지다니 희한하다. 첫 번째 문장은 단순히 현상에 관한 진술인 데 비해, 두 번째 문장은 훨씬 미묘한 질문을 담고 있다. 우리가 세상에서 무언가를 바꾼다면 상황이 어떻게 변할까 하는 질문이다. 첫 번째 문장은 상관관계를 표현한 것이지만, 두 번째 문장은 인과 관계를 암시한다. 그리고 앞에서 이야기했듯이 두 가지는 같지 않다. 흡연자가 평균보다 덜 결혼한다고 해서 금연하면 갑자기 미래의 배우자가 눈앞에 나타나는 것은 아니다. 상관관계를 수학적으로 설명하는 과제는 한 세기 전 골턴과 피어슨의 연구 이래 대체로 궤도에 올랐지만, 인과 관계를 굳건한 수학적 토대에 올리는 것은 훨씬 더 손에 잡히지 않는 작업이다.*

상관관계와 인과 관계에 대한 우리의 이해는 약간 애매한 데가 있다. 우리의 직관은 어떤 상황에서는 상당히 확고한 통찰을 발휘하지만 또

* 그러나 UCLA의 주디아 펄의 연구는 살펴볼 만하다. 그의 연구는 인과 관계를 형식화하는 문제에 대한 오늘날의 여러 시도 가운데 가장 주목할 만한 시도의 골자를 이룬다.

어떤 상황에서는 영 종잡지 못한다. HDL 수치와 낮은 심장 마비 발생률이 상관관계가 있다는 말은 〈HDL 콜레스테롤 수치가 높으면 심장 마비를 일으킬 가능성이 낮다〉는 사실적 진술에 지나지 않지만, 이때 우리는 HDL이 뭔가를 수행한다는 생각을 안 하기가 어렵다. 그 분자가 말 그대로 혈관 벽에서 지질 덩어리를 〈긁어냄으로써〉 심혈관 건강을 개선한다는 생각을 떨치기가 어려운 것이다. 만일 정말로 그렇다면, 즉 단순히 HDL이 많은 것만으로 건강에 유익하다면 HDL을 늘리는 개입은 무엇이든 심장 마비 위험을 낮추리라고 기대하는 게 합리적이다.

하지만 HDL과 심장 마비의 상관관계는 다른 이유 때문일지도 모른다. 우리가 미처 측정하지 못한 다른 어떤 요인이 한편으로는 HDL 수치를 높이고 다른 한편으로는 심혈관 사건 위험을 낮추는지도 모른다. 그 경우에 HDL을 늘리는 약은 심장 마비를 예방할 수도 있고 아닐 수도 있다. 그 약이 수수께끼의 요인을 거쳐서 HDL에 영향을 미친다면 심장에 유익하겠지만, 다른 경로를 통해서 HDL을 북돋는다면 소용이 없다. 이것은 팀과 새러의 경우와 같다. 두 사람의 금전적 성공은 상관관계가 있지만, 팀의 펀드가 새러의 펀드를 촉진하거나 그 역이라거나 하는 이유는 아니다. 혼다 주식이라는 수수께끼의 요인이 팀과 새러에게 둘 다 영향을 미치기 때문이다. 임상 연구자들은 이것을 대리 결과 변수 문제라고 부른다. 신약이 평균 수명을 늘리는지 확인하는 연구는 오래 걸리고 비쌀 수밖에 없는데, 누군가의 수명을 기록하려면 그가 죽을 때까지 기다려야만 하기 때문이다. 이때 HDL 수치는 〈심장 마비가 없는 긴 수명〉에 대한 대리 결과 변수, 즉 그것을 대신할 수 있되 확인하기는 한결 쉬운 생체 지표다. 그러나 HDL과 심장 마비 부재의 상관관계가 반드시 인과 관계를 암시하라는 법은 없다.

인과 관계에서 오는 상관관계와 그렇지 않은 상관관계를 가려내는 것은 미치도록 어려운 일이다. 심지어 뻔하지 않나 싶은 사례에서도, 가령 흡연과 폐암의 관계에서도 그렇다.[1] 폐암은 20세기에 들어설 무렵에는 아주 드문 질환이었다. 그러나 1947년에는 암으로 사망하는 영국 남성 중 1/5 가까이가 폐암이었고, 폐암 사망자가 이전 몇십 년에 비해 15배로 늘었다. 처음에 연구자들은 그저 폐암 진단이 전보다 효과적으로 이뤄지기 때문이라고 생각했으나, 그 때문이라고 설명하기에는 발병률 증가세가 너무 빠르고 규모가 너무 크다는 사실이 곧 분명해졌다. 폐암은 확실히 상승세였다. 그러나 무엇을 원인으로 비난해야 할지 아무도 몰랐다. 어쩌면 공장 매연 때문일 수도 있었고, 늘어난 자동차 배기가스 때문일 수도 있었으며, 아직 오염 물질로 간주되지 않는 다른 물질 때문일 수도 있었다. 혹은 담배 때문일 수도 있었다. 똑같은 시기에 담배의 인기도 치솟았기 때문이다.

1950년대 초에는 이미 영국과 미국의 대규모 연구들로부터 흡연과 폐암의 강력한 연관성을 시사하는 결과가 나왔다. 비흡연자들에게는 폐암이 여전히 드문 질환이었으나 흡연자들의 발병 위험은 비교도 안 되게 더 높았다. 리처드 돌과 A. 브래드퍼드 힐이 1950년에 발표한 유명한 논문에 따르면,[2] 런던 20개 병원의 남성 폐암 환자 649명 가운데 2명만이 비흡연자였다. 당시에는 이것이 오늘날의 기준으로 볼 때만큼 인상적인 결과가 아니었을 수도 있다. 세기 중반 런던에서는 담배의 인기가 워낙 대단해서 요즘보다 비흡연자가 훨씬 드물었기 때문이다. 그렇더라도 폐암 이외의 질환으로 입원한 남성 환자 649명 가운데는 비흡연자가 27명으로, 2명보다는 훨씬 많았다. 더구나 담배를 많이 피우면 피울수록 연관성이 더 짙어졌다. 폐암 환자들 중 168명은 하루에 25개비 이상을 피운 데 비해 다른 이유로 입원한 환자들 중 그렇게 많이 피우는 사람은 84명에 불과했다.

돌과 힐의 데이터는 폐암과 흡연이 상관관계가 있다는 것을 보여 주었다. 비록 엄밀하게 결정짓는 관계는 아니었지만(엄청나게 많이 피우는 사람들 중에서도 폐암에 안 걸리는 사람이 있고 비흡연자들 중에서도 걸리는 사람이 있다), 두 현상이 독립적인 것도 아니었다. 골턴과 피어슨이 최초로 도표화했던 관계, 즉 모호한 중간 지대에 놓이는 관계였다.

상관관계를 그저 확인만 하는 것은 설명과는 전혀 다른 일이다. 돌과 힐의 조사는 흡연이 암을 일으킨다는 것을 보여 주진 않았다. 그들도 썼듯이, 〈만일 폐암종이 흡연을 일으킨다거나 두 속성이 어떤 공통 원인의 종말 효과라고 하더라도 이런 연관성이 발생할 것이다〉. 물론 그들은 폐암이 흡연을 일으킨다는 가설이 그다지 합리적인 설명은 아니라고 지적했다. 종양이 시간을 거슬러 올라가서 누군가에게 하루에 한 갑씩 피우는 습관을 만들어 낼 수는 없으니까. 반면에 공통 원인 가설은 좀 더 진지하게 따질 만했다.

우리가 앞에서 만났던 현대 통계학의 창시자 R. A. 피셔는 정확히 그 이유에서 담배-암 연관성을 진지하게 의심했다. 피셔는 골턴과 피어슨의 타고난 지적 후예였다. 더구나 1933년에는 피어슨의 뒤를 이어 런던 유니버시티 칼리지의 〈골턴 우생학 교수〉가 되었다(요즘은 현대적 감수성을 고려하여 〈골턴 유전학 교수〉라고 부른다).

피셔는 암이 흡연을 일으킨다는 가설마저도 아직 기각하기는 이르다고 생각했다.

그렇다면 폐암이, 즉 향후 폐암이 발병할 사람의 몸에서 몇 년 동안 잠복한다고 알려진 전암(前癌) 증상이 흡연의 한 원인일 가능성이 있을까? 나는 이 가능성도 배제할 수 없다고 본다. 물론 아직 우리가 아는 바가 부족하기 때문에, 정말로 원인이라고 말할 수는 없다. 그러나 전암 증상은 약간의 만성적 염증을 동반한다. 여러분도 친구들에게 조사해 보면 사람들이 담배를 피우는 이유를 어느 정도 알 수 있을 텐데, 사람들이 대체로 약간의 짜증(약간의 실망, 뜻밖의 지연, 모종의 대수롭지 않은 퇴짜, 좌절)을 느꼈을 때 흔히 담배를 빼어 물고 삶의 사소한 불행을 흡연으로 조금이나마 보상받고자 한다는 데 다들 동의할 것이다. 그러므로 신체 일부에 (통증이 의식되는 정도는 아니지만) 만성 염증을 겪는 사람이 흡연을 더 자주 한다는 것, 혹은 안 피우기보다 피우게 된다는 것은 영 가능성 없는 이야기가 아니다. 15년 후 폐암을 일으킬 사람에게 흡연은 진정한 위안을 주는 행위였을 수도 있다. 그 딱한 남자의 손에서 담배를 빼앗는 것은 장님에게서 지팡이를 빼앗는 것이나 마찬가지다. 그러잖아도 불행한 사람을 필요 이상 불행하게 만드는 짓이다.[3]

여기에서 우리는 뛰어나고 깐깐한 통계학자가 모든 가능성을 공평하게 고려해야 한다고 주장하는 모습과 평생 담배를 즐겨 온 흡연자가 자신의 습관에 대한 애정을 드러내는 모습을 둘 다 목격한다(어떤 사람들은 피셔가 영국의 산업 집단이었던 〈담배 회사 상임 위원회〉의 자문이었던 사실이 영향을 미쳤다고 보지만, 내가 보기에 피셔가 인과 관계를 단언하기를 꺼렸던 것은 통계에 관한 그의 전반적인 접근법에 부합하는 태도였다). 돌과 힐의 표본에 포함된 남자들이 전암성 염증 때문에 담배를 피우게 되었을지도 모른다는 피셔의 가설은 누구에게도 지지받지 못했으나, 공통 원인이 있을지도 모른다는 주장은 좀 더 관심을 끌었다. 피셔는 직함에 걸맞게 굳건한 우생학자였다. 유전적 차이가 운명의 적잖은 부분을 결정한다고 믿었으며, 요즘처럼 진화적으로 너그러운 시대에는 뛰어난 사람들이 그보다 열등하게 태어난 사람들에게 번식에서 뒤짐으로써 심각한 위험에 처했다고 보았다. 그런 피셔의 관점에서는 우리가 미처 측정하지 못한 모종의 유전적 공통 요인이 존재하여 폐암과 흡연 성향을 둘 다 일으킨다는 것이 충분히 상상할 만한 가설이었다. 지금 우리에게는 좀 사변적인 가설이 아닌가 싶게 느껴지지만, 당시에는 흡연이 폐암을 일으킨다는 가설도 이것 못지않게 근거가 희박했음을 명

심해야 한다. 담배에 포함된 특정 화학 물질이 실험실에서 종양을 일으킨다고 확인된 사례가 아직 하나도 없었던 것이다.

유전이 흡연에 미치는 영향을 확인하는 깔끔한 기법이 있기는 하다. 쌍둥이를 연구하는 것이다. 쌍둥이가 둘 다 흡연자이거나 둘 다 비흡연자일 경우에 두 사람이 〈매치〉된다고 표현하면, 매치는 제법 흔하게 발생함 직하다. 쌍둥이는 보통 같은 집에서, 같은 부모 밑에서, 같은 문화적 환경에서 자라기 때문이다. 실제 관찰 결과도 그렇다. 그런데 쌍둥이가 겪는 이런 공통점은 일란성 쌍둥이든 이란성 쌍둥이든 같으므로, 만일 일란성 쌍둥이가 이란성 쌍둥이보다 매치가 더 자주 발생한다면 그것은 유전적 요인이 흡연에 영향을 미친다는 뜻이다. 피셔는 미발표 연구들을 뒤져서 이런 효과가 소규모나마 드러난 결과를 제시했으며, 좀 더 최근의 연구에서도 그의 직관이 확인되었다.[4] 흡연은 최소한 약간이나마 유전의 영향을 받는 것으로 보인다.

그러나 물론 바로 그 유전자가 장래에 폐암을 일으키는 유전자는 아니다. 이제 우리는 폐암에 대해서도, 담배가 어떻게 폐암을 일으키는가에 대해서도 예전보다 훨씬 더 많이 안다. 흡연이 암을 일으킨다는 것은 더이상 심각하게 논쟁할 문제가 아니다. 그래도 우리는 서두르지 말자는 피셔의 태도에 조금은 공감하지 않을 수 없다. 역학 연구자 얀 판덴브라우커는 담배에 관한 피셔의 논문을 읽고서 이렇게 썼다. 〈놀랍게도 그것들은 대단히 훌륭한 문장으로 설득력 있게 씌어진 논문들이었으며, 논리가 흠 잡을 데 없고 데이터와 논증의 제시가 명료하다는 점에서 교과서에 실릴 만한 고전들이었다. 만일 저자가 옳은 쪽에 서 있기만 했다면.〉[5]

1950년대를 거치면서 폐암과 흡연에 관한 과학계의 의견은 차츰 합의로 수렴해 갔다. 아직 담배 연기가 종양을 생성하는 생물학적 메커니즘이 확실히 밝혀지진 않았고 관찰된 상관관계가 아닌 다른 증거에 의거하여 흡연과 암의 연관성을 밝힌 연구도 없긴 했으나, 1959년에는 벌써 상관관계가 아주 많이 발견된 데다가 다른 혼란 변수들은 아주 많이 기각되었기 때문에 미국 공중 위생국장 리로이 E. 버니는 〈현재의 묵직한 증거들은 흡연이 폐암 발생률을 높이는 주된 요인임을 암시한다〉고 선뜻 말할 수 있었다. 그때도 이런 입장에 논쟁의 여지가 없진 않았다. 『미국 의학 협회 저널 Journal of the American Medical Association』 편집자였던 존 탤벗은 몇 주 뒤 사설에서 이렇게 반격했다. 〈버니 박사가 인용한 증거를 똑같이 살펴본 권위자들 가운데 다수가 그의 결론에 동의하지 않았다. 흡연 이론에 찬성하는 사람도 반대하는 사람도, 아직은 반드시 이쪽이라고 권위 있게 가정할 만한 증거가 충분하지 않다. 의사들은 결정적인 연구가 나올 때까지 상황을 예의 주시하고, 새로운 사실들을 따라잡고, 그 사실들에 대한 각자의 판단에 근거하여 환자들에게 조언하는 것이 의무를 다하는 길일 것이다.〉[6] 앞선 피셔와 마찬가지로, 탤벗은 버니와 버니에게 동의하는 사람들이 과학적으로 지나치게 서두른다고 비난한 것이었다.

당시 과학계 내에서조차 논쟁이 얼마나 치열했던가는 의학사학자 존 하크니스의 주목할 만한 연구를 통해서 똑똑히 드러났다.[7] 하크니스가 기록을 철저하게 조사하여 알아낸 결과, 공중 위생국장이 서명했던 선언문은 사실 공중 위생국 소속의 많은 과학자들이 집단으로 작성한 것이었으며 버니 자신은 작성에 거의 개입하지 않았다. 탤벗의 답장으로 말하자면, 그것 역시 대필된 글이었는데 다름 아닌 같은 공중 위생국의 경쟁 연구자들이 집단으로 작성한 것이었다! 겉보기에는 관료 집단과 의학계의 힘겨루기 같았던 일이 실제로는 공개 스크린에 투사된 과학계 내부의 싸움이었던 것이다.

우리는 이 이야기의 결말을 안다. 버니의 후임 루서 테리는 1960년대 초에 저명인사들로 위원회를 꾸려서 흡연과 건강의 관계를 조사하게끔 했고, 1964년 1월에 그 결과를 전국 언론에 발표했다. 결과문의 어조는 버니를 소심한 사람으로 보이게 만들 만큼 단호했다.

여러 출처로부터 지속적으로 증거가 쌓이고 있음을 감안할 때, 우리 위원회는 흡연이 몇몇 특정 질환으로 인한 사망률과 전반적 사망률에 상당히 크게 기여한다고 판단합니다. ……흡연은 적절한 시정 조치가 필요할 만큼 중요한 건강상 위험입니다(원 보고서의 강조).

그동안 무엇이 달라졌을까? 흡연과 암의 연관성은 1964년까지 수행된 모든 연구에서 일관되게 확인되었다. 담배를 많이 피우는 사람들은 적게 피우는 사람들보다 암에 더 많이 걸렸으며, 암은 담배와 신체 조직이 접촉하는 지점에서 가장 자주 발생했다. 궐련을 피우는 사람들은 폐암에 걸리기 쉬웠고, 파이프를 피우는 사람들은 입술암에 걸리기 쉬웠다. 담배를 피우다가 끊은 사람들은 계속 피우는 사람들보다 암에 덜 걸렸다. 이런 모든 요인들이 결합하여, 공중 위생국장의 위원회는 흡연이 폐암과 그저 상관관계만 있는 게 아니라 흡연이 폐암을 일으키며 담배 소비를 줄이도록 노력하면 미국인의 수명이 연장될 것이라는 결론에 도달했던 것이다.

틀리는 것이 늘 틀린 것만은 아니다

담배에 관한 연구 결과가 이것과는 다르게 나온 대체 우주가 있다고 상상해 보자. 요상하게만 들렸던 피셔의 가설이 결국 옳다고 밝혀져, 흡연이 암을 일으키는 게 아니라 암이 흡연을 일으킨다는 결론이 나왔다고 하자. 그래 봤자 역사상 의학계에서 벌어진 가장 큰 반전이라고 할 수도 없었을 것이다. 아무튼 그렇다면 어떻게 되었을까? 공중 위생국장은 〈미안합니다, 다들 도로 담배를 피우셔도 됩니다〉라고 말하는 보도 자료를 낼 것이다. 그 사이 담배 회사들은 큰 돈을 잃었을 테고, 수백만 명의 흡연자들은 수억 개비의 담배 맛을 포기했을 것이다. 이게 다 공중위생국장이 그저 증거가 많은 가설에 불과했던 이론을 사실인 것처럼 발표했기 때문이다.

그러나, 그렇다면 대안은 무엇이었을까? 흡연이 폐암을 일으킨다는 것을 절대적으로 확신할 수 있을 만큼 확실하게 알려면 어떻게 해야 할까? 많은 수의 십 대 피험자를 모집해서, 그중 무작위로 고른 절반에게는 향후 50년 동안 규칙적으로 담배를 피우라고 지시하고 나머지 절반에게는 절대 금연하라고 지시해야 할 것이다. 흡연 연구의 개척자였던 제리 콘필드는 그런 실험이 〈구상은 가능하지만 실행은 불가능하다〉고 말했다.[8] 만에 하나 그런 실험이 실행 가능하더라도, 그것은 인간 피험자에 관한 오늘날의 연구 윤리를 모조리 어길 것이다.

공공 정책 수립자들은 불확실성에 관해서 과학자들만큼 사치를 누릴 형편이 못 된다. 정책 수립자들은 어쨌든 최선의 추측을 해내야 하고, 그것을 근거로 결정을 내려야 한다. 체계가 잘 돌아갈 때는(담배는 틀림없이 잘된 경우였다) 과학자와 정책 입안자가 손발을 맞춰 일한다. 과학자는 우리가 어느 정도의 불확실성을 견뎌야 하는지를 예측하고, 정책 입안자는 그렇게 규정된 불확실성하에서 어떻게 행동할지를 결정한다.

가끔은 이런 과정이 실수로 이어진다. 앞에서 이야기했던 호르몬 대체 요법이 그랬다. 오랫동안 과학자들은 관찰된 상관관계에 의거하여 호르몬 대체 요법이 폐경기 여성의 심장 질환을 예방한다고 여겼지만, 이후 실시된 무작위 실험들에 기반한 최근의 권고는 오히려 대체 요법을 권하지 않는 편이다.

1976년과 2009년, 미국 정부는 신종 플루에 대한 대대적이고 값비싼 백신 접종 캠페인을 벌였다. 두 번 다 역학 연구자들이 당시 유행하던 균주가 파국적 전염병으로 이어질 가능성이 높다고 경고했기 때문이다.

그러나 결과적으로 두 번 다 신종 플루가 심하기는 했지만 재앙에는 한참 못 미쳤다.[9]

이런 시나리오에서 과학을 앞질러 의사 결정을 내린 정책 입안자들을 비난하기야 쉽다. 그러나 문제는 그렇게 단순하지 않다. 틀리는 것이 늘 틀린 것은 아니다.

어째서 그럴까? 3부에서처럼 간단히 기대값을 계산해 보면, 언뜻 역설적인 이 슬로건을 해독할 수 있다. 우리가 어떤 건강 관련 권고를 발표할까 고민한다고 하자. 예를 들면 가지가 갑작스런 심장 마비 위험을 조금 높이기 때문에 사람들에게 가지를 먹지 말라고 권고한다고 가정하자. 이 결론은 가지를 먹는 사람들이 먹지 않는 사람들보다 돌연사할 가능성이 약간 더 높다는 여러 연구 결과로부터 도출되었다. 그러나 일부 피험자들에게는 가지를 억지로 먹이고 나머지에게는 먹이지 않는 대규모 무작위 통제군 실험을 수행할 수야 없는 노릇이다. 우리는 주어진 정보만으로 때워야 하며, 그 정보는 상관관계만 보여 준다. 우리가 아는 것은 가지 애호와 심장 발작이 공통의 유전적 배경을 갖고 있다는 것뿐, 그보다 더 확실히 알 도리는 없다.

우리 결론이 옳다는 것, 그리고 가지를 먹지 말자는 캠페인이 연간 1천 명의 미국인을 살릴 수 있다는 가설에 대해서 우리가 75% 확신한다고 하자. 우리 결론이 틀릴 확률도 25% 있는 셈이다. 그리고 실제로 틀렸다면, 우리는 많은 사람으로 하여금 제일 좋아하는 야채를 포기하도록 만들고 그럼으로써 전반적으로 덜 건강한 식생활을 하도록 만든다. 그 때문에 가령 연간 200명의 추가 사망이 일어난다고 하자.*

늘 그렇듯이, 기대값은 각 가능성에 그에 상응하는 발생 확률을 곱한 뒤 다 더하면 얻을 수 있다. 이 경우는 다음과 같다.

---

* 이 예제의 모든 숫자들은 타당성을 전혀 고려하지 않고 내가 마구 지어낸 것이다.

$$75\% \times 1000 + 25\% \times (-200) = 750 - 50 = 700$$

따라서 우리의 권고는 매년 700명을 살릴 기대값을 가진다. 그래서 자금이 빵빵한 가지 협회가 소리 높여 불평함에도 불구하고, 또한 아주 현실적인 불확실성이 존재함에도 불구하고, 우리는 권고를 대중에게 공개한다.

기억할 점은, 기대값은 말 그대로 당장 벌어질 결과를 뜻하는 게 아니라 똑같은 결정을 거듭 내렸을 때 평균적으로 벌어질 결과를 뜻한다는 것이다. 공공 보건 정책은 동전 던지기와 다르다. 딱 한 번만 할 수 있는 일이다. 그러나 우리가 평가해야 할 환경적 위험이 가지뿐만은 아니다. 어쩌면 다음에는 콜리플라워가 관절염과 관련된다는 사실이, 혹은 진동 칫솔이 자폐증과 관련된다는 사실이 우리의 주의를 끌지도 모른다. 그 경우 매번 정책적 개입으로 연간 700명을 살리는 기대값을 예상할 수 있다면, 우리는 매번 개입해야 한다. 그리고 평균적으로 매 결정당 700명을 살리는 결과를 기대할 수 있다. 어떤 한 경우에서는 득보다 실을 더 많이 끼칠 수도 있겠지만, 전체적으로는 많은 목숨을 구할 것이다. 이월 회차에 복권을 사는 사람들처럼, 우리는 어떤 한 사례에서 잃을 위험을 감수하는 대신 장기적으로는 우리가 따리라고 거의 확신한다.

만일 스스로가 절대적으로 옳은지 확신할 수 없기 때문에 스스로에게 좀 더 엄격한 증거 기준을 적용하여 결국 아무 권고도 내리지 않는다면? 그렇다면 우리가 구할 수 있었을 목숨들을 잃게 될 것이다.

생명을 위협하는 건강상의 난제들에 대해서 정말로 정확하고 객관적인 확률을 부여할 수 있다면야 좋겠지만, 당연히 우리는 그럴 수 없다. 인체와 약의 상호 작용은 동전 던지기나 복권 긁기와는 성격이 다르다는 점이 여기에서도 드러난다. 우리에게 주어진 확률은 여러 가설에 대한 우리의 신뢰도를 반영하는 혼란스럽고 애매한 수치들뿐이다. R. A.

피셔가 아예 확률로 인정할 수 없다고 선언했던 확률들이다. 그러니 우리는 가지나 진동 칫솔이나 심지어 담배에 대한 캠페인의 기대값이 정확히 얼마인지 알지 못하고, 알 수도 없다. 그러나 가끔은 그 기대값이 양수라는 것만큼은 자신있게 말할 수 있다. 이때도 어떤 한 캠페인이 좋은 효과를 내리라고 확신한다는 뜻은 아니고, 그런 캠페인들의 효과를 다 더한 것이 장기적으로 실보다 득이 많으리라고 확신한다는 뜻이다. 불확실성의 속성상, 우리는 어떤 선택이 금연 권고처럼 도움이 되고 어떤 선택이 호르몬 대체 요법처럼 피해를 입힐지 하나하나 알 수는 없다. 그러나 한 가지는 분명하다. 권고가 틀릴지도 모른다는 이유에서 아무 권고도 내지 않는 것은 확실히 패하는 전략이라는 것이다. 이것은 조지 스티글러가 비행기를 좀 더 놓치라고 조언했던 것과 비슷한 상황이다. 확실히 옳다고 자신할 수 있을 때만 조언을 주는 것은 조언을 충분히 주지 않는 것이다.

벅슨의 오류, 혹은 왜 미남들은 하나같이 밥맛없는가?

공통의 숨은 원인 때문에 상관관계가 발생할 수 있다는 것만으로도 혼란스러운데, 이게 다가 아니다. 상관관계는 공통의 결과에서 나올 수도 있다. 이 현상은 의학 통계학자 조지프 벅슨의 이름을 따서 벅슨의 오류라고 불린다. 8장에서 p값에 무턱대고 의지하면 백색증 환자를 포함한 소규모 인간 집단을 인간이 아니라고 결론 내리는 황당한 결과에 도달할 수 있다고 경고했던 바로 그 벅슨이다.

벅슨은 피셔처럼 담배와 암의 연관성을 진지하게 의심했다. 의학 박사였던 벅슨은 의학적 근거가 아니라 통계학적 근거에 기반한 주장이라면 뭐든지 의심하는 구세대 역학자였다. 그에게 그런 주장은 응당 의학의 영역이어야 할 곳에 순진한 이론가들이 무단 침입한 셈이었다. 그는

1958년에 이렇게 썼다. 〈암은 생물학적 문제이지 통계학적 문제가 아니다. 통계학이 암을 밝히는 데 부차적인 역할을 건전하게 수행할 수는 있지만, 생물학자들이 통계학자들로 하여금 생물학적 문제에서 결정권자가 되도록 허락한다면 과학적 재앙이 불가피할 것이다.〉[10]

벅슨은 특히 흡연이 폐암뿐 아니라 수십 가지 다른 질병과도 상관관계가 있다는 사실, 즉 인체의 모든 계에 영향을 미친다는 사실을 미심쩍게 느꼈다. 그는 담배가 그토록 속속들이 유해하다는 것은 가능성이 낮은 일이라고 보았다. 〈그것은 마치 감기를 낫게 한다고 알려진 약이 알고 보니 코감기뿐 아니라 폐렴, 암, 기타 많은 질병까지 개선하는 것으로 밝혀지는 것과 비슷하다. 이때 과학자라면 《이 조사 기법이 뭔가 잘못된 게 분명해》라고 말할 것이다.〉[11]

벅슨은 피셔처럼 비흡연자와 흡연자에게 애초부터 어떤 차이가 있기 때문에 금연자들이 상대적으로 더 건강하다는 〈체질 가설〉이 더 믿을 만하다고 보았다.

만일 인구의 85에서 95퍼센트가 흡연자라면, 소수의 비흡연자는 외견상 뭔가 특별한 체질을 지닌 사람들처럼 보일 것이다. 그들이 평균적으로 흡연자들보다 더 장수하는 일도 가능할 것이다. 그것은 곧 그 인구 집단의 사망률이 전체적으로 비교적 낮다는 뜻이다. 소수의 그 사람들은 쉴 새 없이 퍼붓는 담배 광고의 유혹과 반사적 조건화에 성공적으로 저항한다는 점에서 이미 강인한 사람들이다. 그런 공격을 견딜 수 있다면 결핵이나 심지어 암의 공격도 비교적 쉽게 받아칠 수 있지 않겠는가![12]

벅슨은 영국의 병원 환자들을 대상으로 삼았던 돌과 힐의 조사에도 이견을 냈다. 벅슨 자신이 1938년에 관찰한 바, 대상자를 그런 식으로 선별하면 실제로는 있지도 않은 연관 관계가 존재하는 듯한 착각을 일으킬 수 있다는 것이었다.

가령 우리가 고혈압이 당뇨의 위험 요인인지 알아보고 싶다고 하자. 우리는 병원의 환자들을 대상으로 조사하려고 한다. 고혈압이 당뇨 환자들 중에서 많은지 비 당뇨 환자들 중에서 많은지 알아보려는 것이다. 조사 결과, 놀랍게도 고혈압은 당뇨 환자들 중에서 덜 흔했다. 그렇다면 우리는 고혈압이 당뇨를 예방한다는 결론을, 적어도 입원까지 해야 할 만큼 심각한 당뇨 증상은 예방한다는 결론을 내리고 싶을지 모른다. 그러나 당뇨 환자들에게 짭짤한 간식을 더 많이 먹으라고 조언하기 전에, 아래 표를 보자.

1,000명의 총 인구
300명은 고혈압이 있음
400명은 당뇨가 있음
120명은 고혈압과 당뇨가 둘 다 있음

우리 마을 인구가 1,000명인데 그중 30%는 고혈압이고 40%는 당뇨라고 하자(우리 마을 사람들은 짠 간식과 단 간식을 둘 다 좋아하는 모양이다). 나아가 두 조건 사이에는 아무런 관계가 없다고 가정하자. 그래서 당뇨 환자 400명 중 30%, 즉 120명이 고혈압까지 앓는다고 하자.

만일 마을의 환자들이 전부 병원에 입원한다면, 병원 인구는 이렇게 될 것이다.

180명은 고혈압이 있지만 당뇨는 없음
280명은 당뇨가 있지만 고혈압은 없음
120명은 고혈압도 있고 당뇨도 있음

병원의 당뇨 환자 총 400명 중에서 120명, 즉 30%는 고혈압도 있다. 그러나 병원의 비 당뇨 환자 총 180명 중에서는 100%가 고혈압이 있다! 그렇다고 해서 고혈압이 당뇨를 막아 준다는 결론을 내린다면 미친 짓일 것이다. 두 조건은 분명 음의 상관관계가 있지만, 그것은 한쪽이 다른 쪽의 부재를 일으키기 때문은 아니다. 어떤 숨은 요인이 있어서 혈압도 높이고 인슐린도 조절하는 것 또한 아니다. 이것은 그저 두 조건이 공통의 결과를 갖고 있기 때문이다. 즉, 둘 다 병원에 입원하게 만들기 때문이다.

다르게 설명해 보자. 당신이 병원에 왔다면, 뭔가 이유가 있어서일 것이다. 그런데 당뇨는 아니라면, 아마 고혈압 때문에 왔을 것이다. 그러니 언뜻 인과 관계처럼 보였던 고혈압과 당뇨의 관계는 사실은 그저 통계적 유령일 뿐이다.

이 효과는 반대 방향으로도 작용할 수 있다. 현실에서는 두 질병을 다 가진 사람이 하나만 가진 사람보다 병원에 올 가능성이 더 높을 것이다. 어쩌면 우리 마을의 고혈압 당뇨 환자 120명은 전부 다 병원에 왔지만, 둘 중 하나만 가져서 상대적으로 건강한 사람들은 90%가 그냥 집에 있을지 모른다. 게다가 병원에 오는 이유는 그 밖에도 많다. 가령 첫눈이 내린 날은 분사식 제설기를 청소하다가 손가락이 잘리는 사람이 많다. 따라서 병원 인구는 이럴 수 있다.

10명은 당뇨도 고혈압도 없지만 손가락이 잘렸음
18명은 고혈압이 있지만 당뇨는 없음
28명은 당뇨가 있지만 고혈압은 없음
120명은 고혈압도 있고 당뇨도 있음

이때 병원에서 조사해 보면, 당뇨 환자 148명 중 120명, 즉 81%는 고혈압도 있다. 하지만 비 당뇨 환자 28명 중에서는 18명, 즉 64%만이 고혈압이 있다. 꼭 고혈압이 당뇨의 가능성을 더 높이는 것처럼 보이지 않는가? 그러나 이것 역시 착각이다. 우리가 측정한 것은 병원에 오는 사람들은 전체 인구에서 무작위로 뽑은 표본이 결코 아니라는 사실뿐이다.

벅슨의 오류는 의학계 밖에서도 유효하다. 심지어는 정확하게 계량할 수 없는 속성들의 영역에서도 유효하다. 어쩌면 여러분은 자신이 데이트할 가능성이 있는 남자들 중에서* 잘생긴 남자들은 대체로 못됐고 착한 남자들은 대체로 못생겼다는 현상을 눈치챘을지도 모르겠다. 얼굴이 대칭적이면 성격이 고약해지는 것일까? 혹은 성격이 착하면 못생겨지는 것일까? 글쎄, 그럴 수도 있겠다. 그러나 꼭 그래야 하는 것은 아니다. 아래에 내가 〈남자들의 거대한 정사각형〉을 그려 보았다.

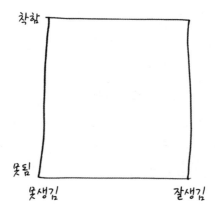

그리고 남자들이 이 정사각형 속에 고르게 분포한다는 가설을 세워보자. 특히 착하고 잘생긴 남자, 착하고 못생긴 남자, 못됐고 잘생긴 남자, 못됐고 못생긴 남자의 수가 대충 다 같다고 가정하자.

* 이 표현은 〈만일 여러분이 선호하는 젠더가 있다면 그 젠더의 사람들 중에서〉로 바꿔도 된다. 당연히.

그런데 착함과 잘생김은 공통의 결과를 가져온다. 전체 남자들 중에서 그 남자들에게만 당신이 관심을 쏟는다는 결과다. 솔직해지자. 못됐고 못생긴 남자는 애초에 고려조차 안 하는 게 사실 아닌가. 따라서 거대한 정사각형 안에는 〈봐줄 만한 남자들의 작은 삼각형〉이 존재한다.

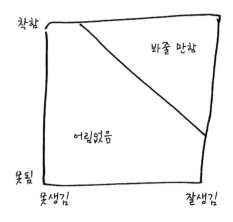

이제 이 현상의 근원이 분명해졌다. 삼각형 속에서 가장 잘생긴 남자들은 착한 사람부터 못된 사람까지 성격의 전 범위를 아우른다. 평균적으로 그들은 전체 인구의 평균만큼 착할 것이다. 그 평균 자체가 그렇게 착한 것은 아니지만 말이다. 어쨌든, 같은 맥락에서 가장 착한 남자들도 평균적으로는 평균 수준으로 잘생겼을 것이다. 그러나 못생긴 남자들 중에서 당신이 좋아하는 남자들은, 이들은 삼각형에서 아주 작은 한구석만을 차지하는데, 다들 엄청나게 착하다. 그래야만 한다. 그러지 않으면 애초에 당신 눈에 들어오지도 않을 테니까. 데이트 후보자들의 외모와 성격이 음의 상관관계를 보이는 것은 엄연히 실재하는 현상이다. 그러나 만일 남자 친구의 외모를 개선할 요량으로 그에게 못된 행동을 하라고 가르친다면, 당신은 벅슨의 오류에 빠지는 셈이다.

문학적 속물근성도 똑같은 방식으로 작동한다. 여러분은 대중적으로 인기가 많은 소설들이 다들 얼마나 끔찍한지 아는가? 그러나 그것은 대중이 질을 몰라봐서 그런 게 아니다. 여기에도 〈소설의 거대한 정사각형〉이 존재하고, 당신이 이름이라도 들어 본 소설은 그중에서도 인기가 많거나 훌륭하거나 둘 중 하나에 해당하여 〈봐줄 만한 삼각형〉 속에 드는 소설들이기 때문이다. 만일 인기 없는 소설을 무작위로 골라서 읽어본다면(나는 문학상 심사 위원을 맡은 적이 있기 때문에 실제로 해봤다) 그 소설들도 인기 많은 소설들과 마찬가지로 대부분 형편없다는 걸 알 수 있을 것이다.

물론, 거대한 정사각형은 지나치게 단순화한 모형이다. 우리가 연애 상대나 이번 주에 읽을 책을 평가하는 잣대는 두 개만 있는 게 아니라 더 많다. 따라서 거대한 정사각형이 아니라 거대한 초입방체로 묘사해야 할지도 모른다. 더군다나 그것은 나 한 사람의 선호만을 이야기한 것이다! 전체 인구에서는 어떤지 알고 싶다면, 우리는 사람마다 매력을 서로 다르게 정의한다는 사실을 처리해야 한다. 사람마다 여러 기준에 대해서 서로 다른 가중치를 매길 수도 있고, 아예 서로 양립할 수 없는 선호들을 갖고 있을 수도 있다. 수많은 사람의 의견, 선호, 욕구를 종합하는 과정에는 또 다른 어려움이 있다. 그것은 곧 우리가 수학을 더 많이 써먹을 기회라는 뜻이다. 이제 그 이야기를 해보자.

- 데릭 지터의 도덕 상태
- 삼자 선거를 결정하는 방법
- 힐베르트 프로그램
- 소 전체를 쓰기
- 미국인들이 바보가 아닌 까닭
- 〈임의의 두 금귤은 하나의 개구리에서 만난다〉
- 잔인하고 유별난 처벌
- 〈작업을 완성하자마자 그 토대가 무너지는 것〉
- 콩도르세 후작
- 제2 불완전성 정리, 점균류의 지혜

17장
여론은 없다

여러분은 훌륭한 미국 시민이다. 아니면 다른 민주주의 국가의 시민이다. 혹은 여러분이 선출 공무원일 수도 있겠다. 그런 여러분은 정부가 가능한 한 시민들의 여론을 존중해야 한다고 생각한다. 그래서 여러분은 알고 싶다. 사람들은 무엇을 원할까?

가끔은 여론 조사를 대대적으로 해볼 수도 있지만, 그래도 여전히 여론을 확신하기는 난감하다. 예를 들어, 미국인은 작은 정부를 원할까? 그야 물론이다. 미국인은 늘 그렇다고 대답한다. 2011년 1월 CBS 뉴스 여론 조사에서,[1] 지출 삭감이 연방 재정 적자를 해결하는 최선의 방법이라고 대답한 응답자는 77%였지만 세금 인상을 선호한 응답자는 9%에 불과했다. 긴축이 최근 유행이라서 나온 결과만은 아니다. 미국인은 매년 여론 조사에서 세금을 더 내느니 정부 사업을 줄이는 편을 택했다.

하지만 어떤 정부 사업을 줄일 것인가? 이 대목에서 문제가 까다로워진다. 사실 미국 정부가 돈을 쓰는 사업들은 사람들이 대체로 좋아하는 일들이다. 2011년 2월 퓨 연구소 여론 조사는 미국인들에게 정부 지출의 13개 부문에 관한 의견을 물었는데,[2] 그중 11개 부문에 대해서 적자든 아니든 지출을 줄이기보다 늘리기를 바라는 응답자가 더 많았다. 해외 원조와 실업 보험만이(합해서 2010년 총 지출의 5% 미만이었다) 삭감의 칼날을 받았다. 과거 여러 해의 데이터도 이 결과와 일치했다. 평균적인 미국인은 늘 해외 원조를 깎고 싶어 하고, 복지나 국방 예산의 삭감을 이따금 참아 내며, 그 밖에 세금이 지원되는 모든 사업들에 대해서는 지출을 늘리기를 상당히 강하게 바란다.

아, 물론, 동시에 미국인은 작은 정부를 원한다.

이런 비일관성은 주 차원에서도 나쁘다. 퓨 여론 조사 응답자들은 정부 사업을 줄이고 세금을 올리는 조합으로 주 예산을 충당할 것을 압도적으로 선호했다. 그다음 질문. 교육, 보건, 교통, 연금 지원금을 삭감하는 것은 어떨까? 아니면 판매세, 주 소득세, 주 영업세를 올리는 것은? 다수의 지지를 얻은 항목은 단 하나도 없었다.

경제학자 브라이언 캐플런은 이렇게 썼다. 〈이 데이터에 대한 가장 그럴듯한 해석은 사람들이 공짜 점심을 바란다는 것이다. 사람들은 정부의 주된 기능을 전혀 건드리지 않으면서 정부에 돈을 덜 내기를 바란다.〉[3] 노벨 경제학상 수상자 폴 크루그먼은 이렇게 말했다. 〈사람들은 지출 삭감을 바라지만, 해외 원조를 제외하고는 어떤 항목에 대해서도 삭감을 반대한다. ……그러니 다음과 같은 결론이 불가피하다. 공화당에게는 산수의 법칙을 폐지할 의무가 있다.〉[4] 2011년 2월 해리스 여론 조사 보고서는 사람들이 이처럼 예산에 대해 자승자박하는 태도를 보이는 것을 좀 더 생생한 말로 표현했다. 〈많은 사람들은 숲을 깎되 나무들은 보호하고 싶어 하는 것 같다.〉[5] 이것이 바로 미국 대중의 적나라한 초상이다. 우리 미국인들은 예산이 삭감되면 우리가 지지하는 사업들의 지원금이 줄 수밖에 없다는 사실을 이해하지 못하는 아기거나, 아니면 수학을 이해하지만 받아들이기를 거부하는 비합리적인 고집불통 어린애다.

대중이 말이 안 되는 말을 하는데 어떻게 여론을 읽겠는가?

합리적인 사람들, 비합리적인 국가들

나는 단어 문제를 동원해서 미국인을 옹호해 보겠다.

이렇게 가정해 보자. 유권자의 1/3은 지출을 줄이지 않고 세금을 올려서 적자를 메워야 한다고 생각한다. 또 다른 1/3은 국방 지출을 줄여야 한다고 생각한다. 나머지 1/3은 메디케어 혜택을 크게 줄여야 한다고 생각한다.

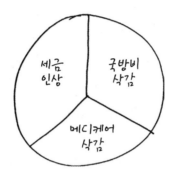

전체의 2/3는 지출 삭감을 원한다. 따라서 〈지출을 삭감해야 합니까, 세금을 올려야 합니까?〉라고 묻는다면, 삭감 찬성자들이 67대 33의 압도적 차이로 이길 것이다.

그러면 무엇을 삭감할까? 만일 〈국방 예산을 삭감해야 합니까?〉라고 묻는다면, 단호한 거부가 돌아올 것이다. 유권자의 2/3(세금 인상론자 더하기 메디케어 삭감주의자)는 국방 예산을 지키기를 바란다. 〈메디케어를 삭감해야 합니까?〉라고 물어도 똑같은 규모로 아니라는 대답이 이길 것이다.

이것이 우리가 여론 조사에서 늘 접하는 자기 모순적인 상황이다. 우리는 삭감을 바란다! 그러나 또한 모든 사업들이 예산을 유지하기를 바란다! 어쩌다 이런 교착 상태에 빠졌을까? 유권자들이 바보라서, 혹은 망상에 빠져서는 아니다. 각각의 유권자는 완벽하게 합리적이고 일관된 정치적 입장을 갖고 있다. 다만 그 입장들을 다 합하면 비합리적인 입장이 될 뿐이다.

예산 관련 여론 조사의 전면에 드러난 숫자들을 더 파헤쳐 보면, 위의 단어 문제가 진실에서 그다지 멀지 않다는 것을 알 수 있다. 예산 균형을 맞추기 위해 자기 같은 사람을 돕는 사업들의 예산이 삭감될 수도 있다고 답한 사람은 전체의 47%에 불과했다.[6] 예산을 삭감해도 마땅한 사업이 있다는 데 동의한 사람은 38%였다. 한마디로, 지출 삭감을 원하면서도 모든 사업을 그대로 유지하기를 바라는 유아적인 〈평균적 미국인〉이란 존재하지 않는다. 평균적 미국인은 연방 사업들 가운데 쓸데없이 혈세를 낭비하는 사업이 많다고 생각하며, 기꺼이 그런 사업들을 도마에 올려서 적자를 메우고 싶어 한다. 단 문제는 어떤 사업이 쓸데없는 사업인가 하는 측면에서 합의가 없다는 것이다. 그것은 대부분의 미국인이 자신이 직접 득을 보는 사업에 대해서는 아무리 비용이 들더라도 보존해야 할 사업이라고 여기는 탓이 크다(나는 미국인들이 멍청하지 않다고 말했지, 이기적이지 않다고는 말하지 않았다).

〈다수결〉은 간단하고 깔끔하고 공정한 기법으로 느껴지지만, 단 두 선택지 사이에서 결정할 때만 최선의 기법이다. 선택지가 둘을 넘어서면, 다수결의 선호에 모순이 스미기 시작한다. 내가 이 글을 쓰는 동안, 미국은 오바마 대통령의 대표적 국내 정책 업적인 오바마 케어 법을 놓고서 의견이 첨예하게 갈린 상태다. 2010년 10월 여론 조사에서 응답자의 52%는 그 법에 반대한다고 답했고, 41%만이 지지한다고 답했다.[7] 이것은 오바마에게 나쁜 소식일까? 숫자를 좀 더 쪼개 보면 그렇지 않다. 건강 보험 개혁을 그냥 폐지하자고 말한 사람은 37%였고, 10%는 현재의 법안을 좀 약화시켜야 한다고 답했다. 그러나 15%는 현 상태를 선호했고, 36%는 현재보다 오히려 더 많이 개혁하는 방향으로 현 법안을 확대해야 한다고 답했다. 법안의 반대자 중 많은 수는 오바마의 우측이 아니라 좌측에 있는 것이다. 여기에는 (적어도) 세 가지 선택지가 있다. 건강 보험 개혁 법안을 지금대로 두는 것, 폐지하는 것, 더 강화하는 것. 그리고 어느 선택지에 대해서든 미국인 과반수는 반대한다.[*]

다수결의 모순은 오해의 소지를 일으킬 가능성을 잔뜩 제공한다. 폭스 뉴스라면 위의 여론 조사 결과를 이렇게 보도할 것이다.

〈미국인의 과반수는 오바마 케어에 반대한다!〉

그러나 MSNBC라면 다음과 같이 볼 것이다.

〈미국인의 과반수는 오바마 케어를 유지하거나 더 강화하기를 바란다!〉

두 헤드라인은 여론에 대해서 전혀 다른 말을 하고 있다. 그리고 짜증스럽게도 둘 다 진실이다.

그러나 둘 다 부족하다. 여론 조사에 관해서 틀리지 않고 싶은 사람이라면, 여론 조사의 선택지들을 하나하나 살펴보면서 그것을 좀 더 잘게 쪼갤 수 없는지 따져 보아야 한다. 미국인의 56%가 오바마 대통령의 중동 정책에 반대한다고? 이 인상적인 수치에는 석유를 위해서 피를 흘려서는 안 된다는 좌파와 그냥 핵으로 싹 쓸어버리라는 우파가 섞여 있을지 모른다. 소수의 팻 뷰캐넌주의자들과 헌신적인 자유주의자들이 섞여 있을지 모른다. 이 결과는 그 자체로는 사람들이 진짜 원하는 것에 대해서 아무 말도 해주지 않는다.

선거는 좀 더 쉬운 상황처럼 보일 수도 있겠다. 여론 조사원은 사람들에게 간단한 이진 선택지를 내민다. 우리가 투표함에서 마주하게 되는 질문이다. 후보자 1을 찍겠습니까, 후보자 2를 찍겠습니까?

---

[*] 인쇄 직전에 추가하는데, 2013년 5월 CNN/ORC 여론 조사에 따르면 응답자의 43%는 건강 보험 개혁법에 찬성했고, 35%는 너무 진보적이라고 대답했으며, 16%는 충분히 진보적이지 않다고 답했다.

그러나 가끔은 두 명 이상일 때도 있다. 1992년 대통령 선거에서 빌 클린턴은 일반 투표의 43%를 얻어, 38%를 얻은 조지 H. W. 부시와 19%를 얻은 H. 로스 페로를 앞질렀다. 달리 말해, 투표자의 과반수(57%)는 빌 클린턴이 대통령이 되지 말아야 한다고 생각했다. 그리고 역시 투표자의 과반수(62%)는 조지 부시가 대통령이 되지 말아야 한다고 생각했다. 그리고 정말로 큰 과반수(81%)는 로스 페로가 대통령이 되지 말아야 한다고 생각했다. 이 과반수들을 동시에 다 만족시킬 수는 없다. 어느 한 과반수도 주도권을 잡을 수 없을 것이다.

이것은 그다지 끔찍한 문제처럼 보이진 않을 수도 있다. 제일 많은 표를 얻은 후보자를 대통령으로 앉히면 되는 것 아닌가. 선거인단 문제를 차치한다면, 미국의 선거 제도가 하는 일이 바로 그것 아닌가.

그러나 페로에게 투표된 19%의 표를 더 쪼갰더니 그중 가령 13%는 부시가 차선이고 클린턴이 최악이라고 생각했으며* 나머지 6%는 클린턴이 두 다수당 후보자 중에서는 그나마 더 낫다고 생각했다고 가정하자. 그렇다면 투표자들에게 부시와 클린턴 중 누구를 대통령으로 선호하느냐고 직접적으로 물었을 때, 과반수인 51%는 부시를 골랐을 것이다. 이 경우에도 여론이 백악관에 입성하기를 바란 사람은 클린턴이라고 보는가? 아니면 과반수의 사람들이 클린턴보다 선호했던 부시가 여론의 선택인가? 어째서 H. 로스 페로에 대한 투표자들의 감정이 부시와 클린턴 둘 중 한 명이 대통령이 되는 데 영향을 미칠까?

내 생각에 여기에서 옳은 대답은 답이 없다고 답하는 것이다. 여론은 존재하지 않는다. 좀 더 정확하게 말하자면, 과반수의 견해가 선명하게 드러나는 문제에 대해서는 이따금 여론이 존재할 수 있다. 여론에 따르

---

* 사람들은 페로가 부시의 표를 더 많이 가져갔는지 클린턴의 표를 더 많이 가져갔는지, 아니면 페로에 투표한 사람들은 두 다수당 후보 중 하나를 찍느니 아예 기권했을 것인지를 놓고 지금까지도 옥신각신한다.

면 테러는 나쁜 일이고 「빅뱅 이론The Big Bang Theory」은 끝내주는 드라마다, 이 정도는 말해도 괜찮을 것이다. 그러나 적자를 줄이는 것은 다른 이야기다. 이때는 과반수의 선호가 하나의 확고한 입장으로 섞여 들지 않는다.

여론이 존재하지 않는다면, 선출 공무원은 어떻게 해야 할까? 답은 간단하다. 대중이 일관된 메시지를 주지 않는다면, 그냥 자기가 하고 싶은 대로 하면 된다. 방금 보았듯이, 누구나 가끔은 위의 단순한 논리에 따라 과반수의 의지에 위배되는 행동을 해야 하는 상황에 처한다. 만일 당신이 그저 그런 정치인이라면, 이때 여론 조사 데이터에 담긴 모순을 지적할 것이다. 만일 당신이 좋은 정치인이라면, 〈저는 이끌라고 선출된 것이지 여론 조사를 지켜보라고 선출된 것이 아닙니다〉라고 말할 것이다.

그리고 만일 당신이 걸출한 정치인이라면, 여론의 모순을 자신에게 유리한 방향으로 이용할 방법을 생각해 낼 것이다. 2011년 2월 퓨 여론 조사에서 응답자의 31%는 교통 부문의 지출 삭감을 지지했고 또 다른 31%는 교육 예산 삭감을 지지했으나, 지방 기업에 대한 세금을 인상해서 그런 지출들을 다 유지하자고 답한 사람은 41%뿐이었다. 요컨대, 주의 적자를 줄이는 주요한 세 방안이 모두 과반수의 반대를 받는 상황이었다. 주지사는 어떤 안을 골라야 정치적 비용을 최소화할 수 있을까? 답은 하나가 아니라 둘을 고르는 것이다. 주지사의 연설은 다음과 같다.

「저는 세금을 한 푼도 올리지 않을 것을 호소합니다. 저는 납세자들에게 더 적은 비용을 청구하면서도 최고 품질의 공공 서비스를 제공하도록 돕는 여러 수단들을 지자체들에게 지원하겠습니다.」

각 지자체는, 주 정부로부터 더 적은 지원금을 받은 처지에서, 남은 두 선택지 중 하나를 스스로 골라야 한다. 도로 예산을 줄여야 하나, 학교 예산을 줄여야 하나? 자, 주지사의 천재성이 느껴지는가? 그는 세 선택지 중에서 가장 큰 찬성을 얻었던 세금 인상 안을 배제하고서도 자신의 확고한 입장에 대해 과반수의 지지를 확보한 것이다. 투표자의 59%가 세금을 인상해선 안 된다는 주지사의 견해에 동의하니까. 손수 칼을 휘둘러야 하는 시장이나 카운티 행정관이 가엾을 따름이다. 그 가련한 사람은 과반수의 투표자가 싫어하는 정책을 실시할 수밖에 없고, 안전하게 물러나 있는 주지사 대신 자신이 그 결과를 감당할 수밖에 없다. 다른 많은 게임에서 그렇듯이, 예산 게임에서도 수를 먼저 두는 것이 대단히 유리하다.

악한에게 채찍질을 가해야 할 때가 있고 귀를 잘라야 할 때도 있는 법

지적 장애인 죄수를 처형하는 것은 잘못된 일일까? 꼭 추상적인 윤리 문제 같지만, 최근의 중요한 연방 대법원 사건에서 다뤄진 주제였다. 정확하게 말하자면, 질문은 〈지적 장애가 있는 죄수를 처형하는 것이 잘못된 일인가?〉가 아니라 〈미국인은 지적 장애가 있는 죄수를 처형하는 것이 잘못된 일이라고 생각하는가?〉였다. 윤리의 문제가 아니라 여론의 문제인 것이다. 그리고 앞에서 보았듯이, 아주 단순한 문제가 아니고서는 여론의 문제는 역설과 혼란에 시달리기 마련이다.

그리고 이 문제는 결코 단순한 문제가 아니었다.

법관들은 2002년 앳킨스 대 버지니아 사건에서 이 질문에 마주쳤다. 대릴 레너드 앳킨스와 공범 윌리엄 존스는 총으로 피해자를 강탈하고 납치한 뒤 결국 죽였다. 두 범인은 서로 상대가 방아쇠를 당겼다고 증언했으나, 배심원단은 존스의 말을 믿었다. 앳킨스는 살인죄로 사형을 선고받았다.

증거의 질에도 범행의 잔인성에도 논란의 여지는 없었다. 법원에 제기된 문제는 앳킨스가 무엇을 했느냐가 아니라 앳킨스가 어떤 사람인가

하는 것이었다. 버지니아 주 대법원에서 앳킨스의 변호인단은 그에게 약한 지적 장애가 있으며 IQ가 59로 측정되었기 때문에 그에게는 사형에 합당한 도덕적 책임을 질 능력이 없다고 주장했다. 주 대법원은 그 주장을 기각하며, 연방 대법원이 1989년에 펜리 대 리노 사건에서 지적 장애 죄수의 사형은 헌법에 위배되지 않는다고 판결했던 것을 인용했다.

버지니아 대법관들 사이에서도 이 결론은 큰 논쟁 끝에 내려진 것이었다. 여기에는 까다로운 헌법적 문제가 얽혀 있기 때문에, 연방 대법원은 사건을 재논의하고 펜리 사건도 더불어 재논의하기로 수락했다. 그리고 이번에는 판결이 반대로 나왔다. 연방 대법원은 6-3의 결정으로 앳킨스나 다른 지적 장애 범죄자를 처형하는 것은 위헌이라고 판결 내렸다.

첫눈에 이 결정은 이상해 보인다. 헌법은 1989년에서 2012년 사이에 이와 관련해서 바뀐 바가 없었다. 어떻게 한 문서가 과거에는 처벌을 허락했다가 23년 뒤에는 금지할 수 있을까? 여기에서 핵심은 수정 헌법 제8조의 한 문구, 주가 〈잔인하고 유별난 처벌〉을 가해서는 안 된다고 규정한 문구였다. 정확히 무엇이 잔인하고 유별난가 하는 문제는 그동안 뜨거운 법적 논쟁의 대상이었다. 이 단어들의 뜻은 뭐라고 규정하기가 어렵다. 〈잔인하다〉는 게 건국의 아버지들이 잔인하게 느꼈을 만한 일을 뜻하는가, 지금 우리가 느끼는 것을 뜻하는가? 〈유별나다〉는 것은 그때 유별났던 것을 뜻하는가, 지금 유별난 것을 뜻하는가? 헌법 제정자들이라고 이런 본질적인 애매함을 모르지 않았다. 1789년 8월에 하원이 권리 장전 채택을 토론할 때, 뉴햄프셔의 새뮤얼 리버모어는 이 언어의 모호함 때문에 마음 약한 후대인들이 꼭 필요한 처벌마저 금지하게 될 수도 있다고 지적했다.

이 구절은 크나큰 인도주의를 표현한 것으로 보이며, 그 점에 대해서는 저도 반대하지 않습니다. 그러나 이 구절에는 구체적인 의미가 없는 것처럼 보이기 때문에, 저는 그것이 꼭 필요하다고 보지 않습니다. 지나친 보석금이란 표현은 정확히 무슨 뜻입니까? 누가 판단합니까? 지나친 벌금이란 표현을 어떻게 이해해야 합니까? 그 결정은 법원이 내립니다. 잔인하고 유별난 처벌은 금지한다고 했는데, 가끔은 사람을 교수형시켜야 할 때도 있는 법이고, 때론 악한에게 채찍질을 가하거나 아니면 귀를 잘라야 하는 법입니다. 미래에는 이런 행위가 잔인한 처벌이기 때문에 금지될 것이란 말입니까?[8]

리버모어의 악몽은 현실이 되었다. 우리는 이제 사람들의 귀를 자르지 않는다. 그럴 만한 죄를 저지른 사람이라도. 더구나 우리는 헌법이 그런 처벌을 금한다고 생각한다. 오늘날 수정 헌법 제8조의 법리는 〈진화하는 법도덕 기준〉의 원칙에 따른다고 해석되는데, 1958년 트롭 대 덜레스 사건에서 처음 명문화된 이 원칙은 잔인하고 유별난 처벌이란 1789년 8월의 규범이 아니라 현시대 미국인의 규범을 기준으로 삼아서 정해져야 한다고 천명한다.

바로 이 대목에서 여론이 개입한다. 펜리 사건에서 샌드라 데이 오코너 법관은 지적 장애 범죄자의 처형에 압도적으로 반대한다고 드러난 여론 조사 결과가 〈법도덕 기준〉을 정하는 데 근거로 활용될 순 없다고 보았다. 법원이 고려할 만한 증거가 되려면, 여론은 먼저 주 입법가들에 의해서 법률로 명문화되어야 한다. 그런 법률이야말로 〈동시대의 가치에 대한 가장 분명하고 믿음직하고 객관적인 증거〉라는 것이었다. 그리고 1989년에는 조지아와 메릴랜드 단 두 주만이 지적 장애인 처형을 금지하는 특별 조항을 두고 있었다. 그런데 2002년에는 상황이 바뀌어, 더 많은 주들이 그런 처형을 법률로 금했다. 텍사스 의회마저도 그런 법안을 통과시켰지만, 주지사의 거부권 행사로 법규화는 되지 않았다. 이제 연방 대법관 대다수는 그런 법률 제정의 물결이 대릴 앳킨스의 사형에 반대하는 방향으로 법도덕 기준이 진화했음을 보여 주는 충분한 증거라고 여겨졌다.

그러나 앤터닌 스캘리아 대법관은 대세에 따르지 않았다. 우선 그는 수정 헌법 제8조가 헌법 제정가들의 시대에는 합헌적이었던 처벌을 (이를테면 행형학에서 〈크로핑〉이라고 부르는, 범죄자의 귀를 자르는 처벌을) 오늘날에는 금할 수도 있다는 사실 자체는 마지못해 인정했다.*

그러나 그 점을 인정하더라도, 현재의 주 법률들은 펜리 선례가 요구했던 확고한 전국적 합의를 보여 주지 못한다는 게 스캘리아의 의견이었다.

> 법원은 이 선례들을 말로만 따를 뿐이다. 사형을 허락하는 38개 주(이 문제가 존재하는 주들) 중에 절반이 못 되는(47%) 18개 주가 극히 최근 들어 지적 장애인 처형을 금하는 법률을 제정했다는 사실로부터 기적적으로 지적 장애인 처형을 금하는 〈전국적 합의〉를 끌어냈으니 말이다. ……18개 주라는 개수만 보자면, 합리적인 사람이라면 누구나 〈전국적 합의〉가 존재하지 않는다고 결론 내려야 한다. 사형을 허락하는 사법권들 가운데 47%에서만 유효한 합의가 어떻게 〈전국적 합의〉인가?[9]

그러나 법원의 다수 의견은 계산을 다르게 했다. 그들의 계산으로는 지적 장애인 처형을 금지하는 주가 30개다. 스캘리아가 언급한 18개 주와 애초에 사형을 금하는 12개 주를 합한 것이다. 그러면 총 50개 중

* 1805년 5월 15일, 매사추세츠 주는 지폐 위조에 대한 처벌로서 낙인 찍기, 채찍질, 칼 씌우기와 더불어 크로핑도 금지하는 법을 제정했다. 만일 이런 처벌들이 당시 수정 헌법 제8조에 의거하여 금지된 것으로 여겨지는 상황이었다면, 주가 따로 법률을 제정할 필요가 없었을 것이다 (조지프 발로 펠트의 『매사추세츠 통화에 관한 역사적 해설 A Historical Account of Massachusetts Currency』 214쪽을 참고하라). 그런데 스캘리아가 이 논지를 인정한다고 말했던 것은 현재의 생각은 아닌 듯하다. 그는 2013년 『뉴욕 New York』 지와의 인터뷰에서 지금은 태형이 헌법에 합치한다고 믿는다고 말했는데, 아마 크로핑에 대해서도 똑같이 느낄 것이다.

30개이니 과반수를 성큼 넘긴다.

어떤 분수가 옳을까? 헌법학 교수들인 아킬 아마르와 비크람 아마르 형제는 수학적 근거에서 다수 의견이 좀 더 일리가 있다고 해석한다.[10] 이렇게 상상해 보자. 47개 주가 법으로 사형을 금하는데, 거기에 불응하는 나머지 세 주 중 두 주가 지적 장애인 처형을 허락한다고 하자. 이 경우에는 전국적 법도덕 기준이 사형을 전반적으로 거부한다는 사실을 누구도 부인할 수 없을 것이며, 지적 장애인의 사형은 그보다 더 거부한다는 사실도 부인할 수 없을 것이다. 이때 다른 결론을 내린다면, 전국적 분위기에 동조하지 않는 세 주에게 터무니없이 큰 도덕적 권위를 부여하는 셈이 된다. 이때 타당한 계산은 50개 중 48개 주이지, 3개 중 1개 주가 아니다.

그러나 현실에서는 사형 자체에 대한 전국적 합의조차 명확하지 않다. 따라서 스캘리아의 논증에 일말의 호소력이 있다. 현실에서는 오히려 사형을 금한 12개 주가* 사형을 허용하는 전국적 의견에 동조하지 않는 상황이다. 그 주들이 애초에 사형은 허락할 수 없다고 생각한다면, 그 주들에게 특정 종류의 사형에 대한 의견이 있다고 말할 수 있을까?

여기에서 스캘리아의 실수는 여론을 이해하려는 시도들이 줄곧 걸려 넘어지는 예의 장애물에 당한 것이었다. 개별 판단들의 종합에는 모순이 생긴다는 점 말이다. 문제를 이렇게 쪼개 보자. 2002년에 사형이 도덕적으로 용납될 수 없다고 생각한 주는 몇 개였을까? 법률을 근거로 보자면 12개뿐이다. 달리 말해, 과반수인 총 50개 중 38개 주가 사형을 도덕적으로 용납할 만한 일로 보았다.

그다음, 지적 장애인 사형이 다른 사형보다 법적으로 더 나쁘다고 생각한 주는 몇 개였을까? 둘 다 괜찮다고 생각한 20개 주는 당연히 여기

---

* 2002년 이후 이 수는 17개로 늘었다.

포함되지 않는다. 애초에 사형 자체를 금지한 12개 주도 여기 포함될 수 없다. 따라서 법적으로 타당한 구별이 가능한 주는 18개뿐이다. 펜리 사건 때보다는 많아졌지만 그래도 여전히 소수다.

과반수인 총 50개 중 32개 주는 지적 장애 범죄자 사형과 일반적인 사형에 법적으로 동등한 지위를 부여하고 있는 것이다.[**]

위의 명제들을 하나로 합치는 것은 언뜻 단순한 논리 문제처럼 보인다. 다수가 일반적인 사형이 괜찮다고 생각하고, 다수가 지적 장애인 사형이 다른 사형보다 딱히 더 나쁠 것 없다고 생각한다면, 결론적으로 다수가 지적 장애인 사형을 승인해야 하는 것 아닐까?

하지만 틀렸다. 앞에서 보았듯이, 〈과반수〉란 논리적인 법칙을 따르는 통일된 개체가 아니다. 기억하겠지만, 1992년에 투표자의 과반수는 조지 H. W. 부시가 재선되길 바라지 않았고, 역시 투표자의 과반수는 빌 클린턴이 부시의 자리를 넘겨받길 원하지 않았다. 그러나 H. 로스 페로가 아무리 간절히 바랐을지언정, 그렇다고 해서 투표자 과반수가 부시도 클린턴도 대통령 집무실에 들어가지 않길 바란다는 결론이 나오는 것은 아니다.

여기에서는 아마르 형제의 논증이 좀 더 설득력 있다. 그들은 얼마나 많은 주가 지적 장애인 처형을 도덕적으로 허용할 수 없다고 여기는지 알고 싶다면 그냥 얼마나 많은 주가 그 실행을 법으로 금지하는지 알아보면 된다고 말했다. 그리고 그 수는 18개가 아니라 30개다.

이것은 스캘리아의 결론이 말짱 틀렸고 다수 의견이 옳다는 말은 아니다. 이 문제는 법적 질문이지 수학적 질문이 아니다. 그리고 공정을 기하기 위해서 밝혀 두지 않을 수 없는 바, 스캘리아가 수학적으로 유효한

[**] 스캘리아가 정확히 이렇게 계산했던 것은 아니다. 스캘리아는 사형 금지 주들의 입장이 지적 장애인 처형이 일반적인 처형보다 딱히 더 나쁠 것 없다고 여기는 셈이라고까지 주장하진 않았다. 그는 우리로서는 그 주들이 이 문제에 대해 어떤 의견을 갖고 있는지 알아볼 정보가 없으니 이 계산에서는 그 주들을 빼야 한다고만 주장했다.

지적을 몇 가지 날린 것은 사실이다. 한 예로, 존 폴 스티븐스 대법관이 작성했던 다수 의견서는 지적 장애인 처형을 금하지 않은 주에서도 실제 처형은 드물다고 지적하면서 그것은 곧 주 의회가 공식적으로 규정하지 않았더라도 사람들은 이미 그런 처형에 저항감을 느낀다는 뜻이라고 말했다. 스티븐스는 펜리 사건에서 앳킨스 사건까지 13년 동안 그런 처형은 겨우 5개 주에서만 실시되었다고 말했다.

그런데 그 기간 중 전체 사형자 수는 600명이 약간 넘었다.[11] 스티븐스에 따르면 미국 인구 중 1%가 지적 장애인이라고 한다. 그렇다면 지적 장애 죄수가 일반 죄수와 같은 비율로 처형되었더라도 그 기간 중 어차피 예닐곱 명은 사형되었으리라고 예상할 수 있는 것이다. 스캘리아가 지적했듯이, 이런 관점에서 보면 사람들이 딱히 지적 장애인 처형을 꺼린다는 증거가 없다. 텍사스 주는 그동안 그리스 정교회 주교를 한 명도 처형하지 않았다. 그렇다고 해서 텍사스 주가 실제로 그런 주교를 처형해야 할 상황에 닥쳤을 때 꺼릴 것이라고 생각하는가?

사실 스캘리아의 진짜 관심사는 대법원에 제기된 문제 자체가 아니었다. 그 문제가 전체 사형 사건 가운데 극히 일부에만 적용된다는 것은 양측 다 인정하는 사실이었다. 스캘리아가 걱정했던 것은 그보다도 그 판결 때문에 사형이 〈점진적으로 폐지〉되면 어쩌나 하는 점이었다. 그는 자신이 하멜린 대 미시간 사건에서 작성했던 의견서를 인용했다. 〈수정 헌법 제8조는 래칫*이 아니다. 그 조항에 따라 특정 범죄에 대해 관용을 베풀자고 일시적으로 합의가 이뤄졌던 것이 결국 헌법의 최대값을 영구적으로 규정하게 된다면, 주들은 향후 달라진 신념에 맞추어 법을 집행할 수 없을 것이고 변화한 사회 조건에 대응할 수 없을 것이다.〉

한 세대의 변덕이 후손들에게 헌법적 구속을 가하는 체계에 대해서

---

* 역회전을 방지하고 한쪽으로만 돌아가도록 하는 톱니바퀴 ― 옮긴이주.

스캘리아가 심란하게 느끼는 것은 옳은 일이다. 그러나 그의 반대가 법적인 차원을 넘어선다는 것 또한 분명하다. 그는 미국이 처벌을 금지하는 판결에 따라 계속 처벌을 안 함으로써 결국 처벌하는 습관을 잃을까 봐 걱정하는 것이다. 미국이 지적 장애 살인자를 죽이는 일을 법으로 금하는 데서 한 발 더 나아가 법원의 관대한 래칫 탓에 스스로가 그런 처벌을 원한다는 사실조차 잊을까 봐 걱정하는 것이다. 200년 전의 새뮤얼 리버모어와 마찬가지로 스캘리아는 대중이 범법자들에게 효과적인 처벌을 가하는 능력을 조금씩 잃어가는 세상을 내다보고는 그것을 개탄하고 있는 것이다. 나는 이 점에서 그들의 걱정에 동조할 수 없다. 인류가 남을 처벌할 방법을 떠올리는 문제에서 발휘하는 엄청난 창조성은 예술, 철학, 과학에서 발휘하는 재능에 맞먹는다. 처벌은 재생 가능한 자원이다. 그것이 동날 걱정은 붙들어 매도 좋다.

플로리다 2000, 점균류, 나를 돋보이게 할 사람은 어떻게 골라야 하나

피사룸 폴리케팔룸이라는 점균류는 매력적인 미생물이다. 아메바와 약간 관련이 있는 이 점균류는 작은 단세포로 거의 평생 살아간다. 그러나 조건이 맞으면, 수천 개 개체들이 하나로 뭉쳐서 변형체라고 불리는 집합을 형성한다. 변형체 형태일 때 점균류는 밝은 노랑색을 띠고, 맨눈에 보일 만큼 크다. 이들은 야생에서는 썩은 식물을 먹고산다. 그리고 실험실에서는 귀리를 정말 좋아한다.

우리가 변형체형 점균류의 심리에 관해서 딱히 할 말이 있으리라고 예상하는 사람은 없을 것이다. 점균류에게는 뇌는 물론이고 그 밖에 신경계라고 부를 만한 다른 무엇도 없기 때문이다. 하물며 감정이나 생각은 말할 것도 없다. 그러나 점균류는 다른 모든 생물처럼 결정을 내리면서 살아간다. 그리고 점균류에서 흥미로운 대목은 그들이 꽤 훌륭한 결정을 내린다는 점이다. 점균류의 한정된 세상에서 그 결정이란 〈내가 좋아하는 것(귀리)을 향해서 움직일 것〉과 〈내가 싫어하는 것(밝은 빛)을 피해서 움직일 것〉으로 요약된다. 그리고 점균류의 분산된 사고 과정은 어떤 방법을 쓰는지는 몰라도 이 작업을 아주 효과적으로 해낸다. 우리가 점균류에게 미로를 통과하도록 훈련시킬 수도 있을 것이다.[12] (오랜 시간과 아주 많은 귀리가 필요하겠지만.) 생물학자들은 점균류가 세상을 어떻게 헤쳐 나가는지 이해함으로써 인지의 진화적 기원에 대한 단서를 얻기를 바란다.

그런데 이처럼 상상할 수 있는 한 가장 원시적인 의사 결정 과정에서도 몇몇 수수께끼 같은 현상이 목격된다. 시드니 대학의 타니아 래티와 매들린 비크먼은 점균류가 까다로운 선택을 다루는 방식을 연구했다.[13] 점균류에게 까다로운 선택이란 대충 이런 식이다. 배양 접시의 한쪽에 귀리가 3그램 놓여 있다. 반대쪽에는 귀리가 5그램 놓여 있지만, 그 위에 자외선이 비추고 있다. 우리는 점균류를 배양 접시 한가운데에 놓는다. 점균류는 어떻게 할까?

이런 조건일 때, 점균류는 두 선택지를 대충 반반씩 골랐다. 추가의 먹이와 불쾌한 자외선이 대충 균형을 이루는 무게였던 것이다. 만일 당신이 랜드 연구소에서 일했던 대니얼 엘즈버그 같은 고전 경제학자라면, 캄캄한 데 있는 소량의 귀리와 밝은 데 있는 다량의 귀리가 점균류에게 같은 효용을 띠기 때문에 점균류가 둘 사이에서 오락가락한다고 말할 것이다.

그러나 5그램을 10그램으로 바꾸면, 균형이 깨진다. 점균류는 이제 빛이 있든 없든 매번 두 배로 늘어난 먹이를 향해서 간다. 이런 실험은 우리에게 점균류의 우선 순위가 어떤지, 그 우선 순위들이 서로 충돌할 때 점균류가 어떤 결정을 내리는지 알려 준다. 그 덕분에 점균류는 우리

눈에 꽤 합리적인 존재처럼 비친다.

그런데 이상한 일이 벌어졌다. 연구자들은 세 가지 선택지가 있는 배양 접시에 점균류를 두어 보았다. 캄캄한 곳에 귀리 3그램(3-어둠), 밝은 곳에 귀리 5그램(5-빛), 캄캄한 곳에 귀리 1그램(1-어둠)이 있는 배양 접시였다. 여러분은 점균류가 1-어둠으로는 거의 한 번도 가지 않으리라 예상할 것이다. 3-어둠 더미가 귀리가 더 많고 똑같이 어두우니까 명백히 더 나은 선택이다. 실제로 점균류는 1-어둠은 거의 한 번도 선택하지 않았다.

또한 여러분은 점균류가 이전에 3-어둠과 5-빛에게 똑같이 매력을 느꼈으니 새로운 조건에서도 여전히 그러리라고 예상할 것이다. 경제학자의 용어로 말하자면, 새 선택지가 주어졌다고 해서 3-어둠과 5-빛의 효용이 동등하다는 사실이 달라져서는 안 된다. 그러나 그렇지 않았다. 1-어둠이 주어지자, 점균류는 선호를 바꾸어 5-빛보다 3-어둠을 3배 더 많이 선택했다!

어떻게 된 일일까?

단서를 드리자면, 그 작고 어두운 귀리 더미가 이 시나리오에서 H. 로스 페로의 역할을 한 것이다.

이 현상에 관련된 수학 용어는 이른바 〈무관한 대안들의 독립성〉이다. 이것은 점균류이든 인간이든 민주 국가이든 두 선택지 A와 B가 있을 때 세 번째 선택지 C가 주어진다고 해서 A와 B 중 어느 쪽을 선호하는가 하는 문제에 영향이 미쳐서는 안 된다는 법칙이다. 만일 당신이 프리우스와 허머 중에서 무엇을 살지 고민 중이라면 포드 사의 핀토라는 선택지도 있다는 사실은 중요하지 않다. 당신은 자신이 핀토를 고르지 않을 것이란 사실을 안다. 그러니 그 선택지가 무슨 관계가 있겠는가?

혹은, 정치 문제로 바꿔보자. 자동차 판매점 대신에 플로리다 주를 놓자. 프리우스 대신에 앨 고어를 놓자. 허머 대신에 조지 W. 부시를 놓자.

그리고 포드의 핀토 대신에 랠프 네이더를 놓자. 2000년 대선 때 조지 부시는 플로리다에서 48.85%의 표를 얻었고 앨 고어는 48.84%를, 랠프 네이더는 1.6%를 얻었다.

2000년 플로리다의 상황은 이랬다. 랠프 네이더는 플로리다에서 우승하지 못할 것이었다. 그 사실은 당신도 알고 나도 알고 플로리다의 모든 투표자들이 알았다. 플로리다 투표자들에게 던져진 질문은 사실

⟨고어, 부시, 네이더 중 누가 플로리다의 표를 얻어야 합니까?⟩

가 아니라 다음과 같았다.

⟨고어와 부시 중 누가 플로리다의 표를 얻어야 합니까?⟩

사실상 모든 네이더 투표자들은 앨 고어가 조지 부시보다는 더 나은 대통령이 되리라고 생각했다고 봐도 괜찮을 것이다.* 그것은 곧 플로리다 총 투표자의 엄연한 과반수인 51%가 부시보다 고어를 선호했다는 뜻이다. 그런데도 랠프 네이더라는 무관한 대안의 존재 때문에 부시가 이겼던 것이다.

나는 선거 결과가 달라졌어야 한다고 말하는 게 아니다. 그러나 투표가 역설적인 결과를 낳을 수 있다는 것, 과반수가 늘 제 뜻을 관철할 수 있는 건 아니고 무관한 대안이 결과를 통제하기도 한다는 것은 엄연한 사실이다. 1992년에는 빌 클린턴이 그런 역설의 수혜자였고, 2000년에는 조지 W. 부시가 수혜자였다. 어쨌든 수학적 원리는 같았다. ⟨투표자

---

* 그야 나도, 고어든 부시든 자본주의 지배자들의 도구에 지나지 않기 때문에 누가 이기든 마찬가지라고 생각했던 사람이 최소 한 명은 있었다는 것을 잘 안다. 지금 나는 그 사람에 대해서 말하는 게 아니다.

들이 정말로 원하는 것〉을 이해하기는 어렵다는 것이다.

그러나 세상에는 미국 식 선거 제도만 있는 게 아니다. 언뜻 이상한 소리로 들릴지도 모르겠다. 가장 많은 표를 얻은 후보자가 당선되는 것 말고 어떤 공정한 선택이 가능하다는 거지?

여기, 수학자라면 이 문제를 어떻게 볼까에 대한 답이 있다. 사실은 실제로 한 수학자가(탄도학 연구로 유명한 18세기 프랑스 과학자 장 샤를 드 보르다였다) 이 문제에 대해서 내놓았던 대답이다. 그는 선거를 기계로 보았다. 나는 기계 중에서도 무쇠로 된 커다란 고기 분쇄기라고 상상하기를 좋아한다. 우리는 그 기계에 개별 투표자들의 선호를 집어넣는다. 그러고서 손잡이를 돌리면 소시지 같은 덩어리가 빠져나오는데, 우리는 그것을 민의라고 부른다.

앨 고어가 플로리다에서 진 것이 왜 우리에게 심란하게 느껴질까? 사실은 고어보다 부시를 선호한 사람들보다는 부시보다 고어를 선호한 사람들이 더 많았기 때문이다. 미국 투표 제도는 왜 그 사실을 모를까? 왜냐하면 네이더에 투표한 사람들은 부시보다 고어가 더 좋다는 의사를 표현할 길이 없었기 때문이다. 우리는 유효한 데이터 일부를 계산에서 누락시키는 것이다.

수학자라면 이렇게 말할 것이다. 〈풀려는 문제에 관련되어 있을지도 모르는 정보를 누락해서는 안 된다!〉

소시지 만드는 사람이라면 이렇게 표현할 것이다. 〈고기를 갈 때는 소의 모든 부위를 다 활용해야 한다!〉

그리고 두 사람 모두 우리는 한 투표자가 제일 좋아하는 후보자가 누구냐 하는 선호만 볼 게 아니라 그 투표자의 모든 선호들을 고려하는 방법을 찾아야 한다는 데 동의할 것이다. 만일 플로리다 선거가 투표자들에게 선호하는 순서대로 세 후보자를 모두 나열하게 했다고 가정하자. 결과는 대충 다음과 같았을 것이다.

부시, 고어, 네이더	49%
고어, 네이더, 부시	25%
고어, 부시, 네이더	24%
네이더, 고어, 부시*	2%

첫 번째 집단은 공화당 지지자들이고, 두 번째 집단은 진보적인 민주당 지지자들이다. 세 번째 집단은 네이더는 좀 지나치다고 생각하는 보수적인 민주당 지지자들이다. 네 번째 집단은, 보다시피, 네이더에 투표한 사람들이다.

이 추가의 정보를 어떻게 사용할까? 보르다는 단순하고 깔끔한 규칙을 제시했다. 모든 후보자들에게 순위에 따라서 점수를 주는 것이다. 후보자가 세 명이라면, 1등에게는 2점을 주고, 2등에게는 1점을 주고, 3등에게는 0점을 준다. 그러면 이 시나리오에서 부시는 투표자 중 49%로부터 2점을 얻고, 또 다른 24%로부터는 1점을 얻는다. 따라서 총점은 다음과 같다.

$$2 \times 0.49 + 1 \times 0.24 = 1.22$$

고어는 투표자 중 49%로부터 2점을 얻고 51%로부터 1점을 얻으므로, 총점은 1.49다. 네이더는 그를 제일 좋아하는 2%로부터 2점을 얻고 다른 진보주의자 25%로부터 1점을 얻어, 총점 0.29로 꼴찌가 된다.

따라서 고어가 1등이고, 부시가 2등이고, 네이더가 3등이다. 이 결과는 투표자의 51%가 부시보다 고어를 선호하고, 98%가 네이더보다 고

* 물론 세상에는 네이더를 제일 좋아하지만 고어보다는 부시를 좋아하는 사람, 혹은 부시를 최고로 좋아하지만 고어보다는 네이더를 좋아하는 사람도 조금은 있었다. 그러나 나는 상상력이 그다지 뛰어나지 않기 때문에 대체 어떤 사람들이 그럴 수 있는지 이해가 되지 않는다. 그러니 그 숫자는 사실상 계산에 영향을 미치지 못할 만큼 작다고 가정하겠다.

어를 선호하며, 73%가 네이더보다 부시를 선호한다는 사실과도 들어맞는다. 세 과반수 집단이 모두 제 뜻을 이루는 것이다!

그러나 만일 숫자들이 살짝 다르다면 어떨까? 가령 〈고어, 네이더, 부시〉에서 〈부시, 고어, 네이더〉로 투표자의 2%가 옮겨갔다고 하자. 그러면 집계는 이렇게 된다.

부시, 고어, 네이더	51%
고어, 네이더, 부시	23%
고어, 부시, 네이더	24%
네이더, 고어, 부시	2%

이제 플로리다인의 과반수가 고어보다 부시를 더 좋아한다. 사실은 플로리다인의 압도적 과반수가 부시를 첫손가락으로 꼽는다. 그러나 보르다 식 계산에서는 여전히 고어가 1.47점을 얻어, 1.26점을 얻은 부시에 한참 앞선다. 왜 고어가 1등일까? 랠프 〈무관한 대안〉 네이더, 실제 2000년 선거에서 고어의 당선을 망쳤던 바로 그 대안의 존재 때문이다. 위의 시나리오에서는 네이더가 투표 용지에 존재한다는 점 때문에 많은 표에서 부시가 3등으로 밀려났고, 그 때문에 부시가 점수를 까먹었다. 한편 고어는 어느 표에서도 꼴찌로 뽑히진 않았다는 점이 유리하게 작용했다. 고어를 싫어하는 사람들은 네이더를 더 싫어하기 때문이다.

여기에서 점균류로 돌아가 보자. 기억하겠지만, 점균류에게는 의사 결정을 조정할 뇌가 없다. 그저 하나의 변형체에 포함된 수천 개의 핵이 각자 집단 전체를 이 방향 혹은 저 방향으로 끌어가려고 애쓸 뿐이다. 점균류는 주어진 여러 정보들을 어떻게든 종합해서 하나의 결정을 내려야 한다.

만일 점균류가 오로지 먹이의 양에만 의거해서 결정을 내린다면, 5-빛을 1등으로 매길 것이고 3-어둠을 2등으로, 1-어둠을 3등으로 매길 것이다. 만일 점균류가 어둠만을 기준으로 삼는다면, 3-어둠과 1-어둠을 공동 1등으로 매길 것이고 5-빛을 3등으로 매길 것이다.

이 순위들은 양립할 수 없다. 그러면 점균류는 어떻게 3-어둠을 선호하는 걸까? 래티와 비크먼의 추측은, 점균류가 보르다 식 계산과 비슷한 모종의 민주주의를 활용해서 두 선택지 사이에서 고른다는 것이다. 가령 점균류 핵들의 50%가 먹이를 더 신경 쓰고 나머지 50%는 빛을 더 신경 쓴다고 하자. 그러면 보르다 식 계산은 이렇게 될 것이다.

5-빛, 3-어둠, 1-어둠	50%
1-어둠과 3-어둠이 동점, 5-빛	50%

5-빛은 먹이를 신경 쓰는 점균류의 절반으로부터 2점을 얻고 빛을 신경 쓰는 나머지 절반으로부터 0점을 얻어, 총점은 다음과 같다.

$$2 \times (0.5) + 0 \times (0.5) = 1$$

공동 1등에게 각각 1.5점씩을 준다면, 3-어둠은 점균류 절반으로부터 1.5점을 얻고 나머지 절반으로부터 1점을 얻어 총점 1.25가 된다. 그리고 가장 열등한 1-어둠은 이 선택지를 꼴찌로 꼽은 점균류 절반으로부터 0점을 얻고 이 선택지를 공동 1등으로 꼽은 나머지 절반으로부터 1.5점을 얻어 총점 0.75가 된다. 따라서 3-어둠이 1등, 5-빛이 2등, 1-어둠이 꼴등이다. 실험 결과와 정확하게 일치하는 결과다.

1-어둠 선택지가 없다면 어떨까? 그러면 점균류의 절반은 3-어둠보다 5-빛에 더 높은 등수를 매기고 나머지 절반은 5-빛보다 3-어둠에 더 높은 등수를 매길 것이다. 그러니 동점이다. 이것 역시 점균류가 어두운

곳에 있는 귀리 3그램과 환한 곳에 있는 귀리 5그램 사이에서 선택했던 첫 번째 실험의 결과와 정확하게 일치한다.

정리하자면, 점균류는 컴컴한 곳에 있는 작은 귀리 더미와 환한 곳에 있는 큰 귀리 더미를 거의 똑같이 좋아한다. 하지만 우리가 여기에 정말로 작은 컴컴한 귀리 더미를 추가하면, 그것과 비교하여 작고 어두운 더미가 좀 더 나아 보인다. 그래서 점균류는 밝고 큰 귀리 더미보다 작고 어두운 더미를 거의 늘 선택하게 되는 것이다.

이 현상은 〈비대칭 우세 효과〉라고 불리며, 점균류만 이런 효과에 휘둘리는 것도 아니다. 생물학자들은 어치, 꿀벌, 벌새도 겉보기에는 비합리적인 듯한 이런 방식으로 행동한다는 것을 알아냈다.[14]

사람은 말할 것도 없다! 다만 사람의 경우에는 귀리를 연애 상대로 바꿔야 한다. 심리학자 콘스탄틴 세디키데스, 댄 애리얼리, 닐스 올센은 대학생 피험자들에게 다음 과제를 주었다.[15]

우리는 여러분에게 가공의 인물 여러 명을 제시할 것입니다. 그 인물들이 여러분과 데이트할 가능성이 있는 상대라고 상상해 보십시오. 여러분은 그중 한 명을 골라서 데이트를 신청해야 합니다. 모든 데이트 후보자들은 (1) 노스캐롤라이나 (혹은 듀크) 대학 학생이고, (2) 당신과 같은 민족 혹은 인종이며, (3) 당신과 거의 비슷한 나이입니다. 우리는 그 데이트 후보자들을 여러 측면에서 묘사할 것입니다. 그리고 각 측면마다 퍼센트 점수를 부여할 것입니다. 그 퍼센트 점수는 그가 자신과 성별, 인종, 나이가 같은 노스캐롤라이나 (혹은 듀크) 대학 학생들에 비해서 그 특질 혹은 특징의 상대적 수준이 어느 정도인가를 반영합니다.

애덤은 매력 지수가 81%이고, 신뢰도는 51%, 지성은 65%이다. 빌은 매력이 61%, 신뢰도가 51%, 지성이 87%이다. 대학생들은 점균류와 마찬가지로 까다로운 선택에 직면한 셈이었다. 그리고 역시 점균류처럼, 대학생들은 50대 50으로 선택했다. 절반은 이쪽을, 나머지 절반은 저쪽을 선호했다.

그러나 여기에 크리스라는 인물이 등장하자 판세가 달라졌다. 크리스는 애덤과 똑같이 매력은 81%, 신뢰도는 51%였지만 지성은 54%밖에 안 되었다. 크리스는 무관한 대안이었다. 이미 주어진 선택지들보다 명백히 더 나쁜 선택지였다. 이제 여러분은 결과를 예측할 수 있을 것이다. 약간 더 멍청한 애덤이라고 할 수 있는 크리스가 존재하자, 응답자들의 눈에 갑자기 애덤이 더 괜찮아 보였다. 애덤, 빌, 크리스 중 한 명을 고르라는 질문에서 여성들의 2/3 가까이는 애덤을 골랐다.

그러니 만일 당신이 애인을 찾는 싱글이라면, 그리고 친구 중 누구와 함께 놀러 나갈까 생각 중이라면, 당신과 아주 비슷한 사람을 선택하라. 다만 당신보다 약간 못한 사람으로.

이런 비합리성은 어디에서 비롯할까? 앞에서 우리는 완벽하게 합리적인 개인들의 집단 행동에서 비합리적으로 보이는 여론이 생겨날 수 있다는 것을 보았다. 그러나 우리가 경험으로 알듯이, 사실은 개인도 완벽하게 합리적이지는 않다. 그렇다면 점균류는 개개인의 일상적인 행동에 드러나는 역설과 모순을 좀 더 체계적으로 설명할 방법을 우리에게 알려 주는지도 모른다. 어쩌면 개개인이 비합리적인 것은 그들이 실제로는 개인이 아니기 때문일지도 모른다! 우리 한 명 한 명이 작은 국가와도 같아, 각자의 내면에서 옥신각신하는 여러 목소리들 사이에서 분쟁을 해소하고 타협을 중개하고자 최선을 다하고 있는지도 모른다. 그 결과가 늘 합리적이진 않다. 그러나 점균류처럼, 우리도 어쨌든 끔찍한 실수를 지나치게 많이 저지르진 않으면서 그럭저럭 세상을 헤쳐 나간다. 민주주의는 뒤죽박죽이다. 그러나 그럭저럭 작동은 한다.

소를 몽땅 활용하는 오스트레일리아와 버몬트

오스트레일리아 사람들은 어떻게 하는지 알려 드리겠다.

그곳의 투표는 보르다 식 투표를 닮았다. 그곳에서는 투표 용지에 제일 좋아하는 후보자 한 명만 기입하는 게 아니라 제일 좋아하는 후보자부터 제일 싫어하는 후보자까지 모든 후보자들의 순위를 매긴다.

그러면 어떻게 될까 하는 것은 2000년 플로리다 투표 결과가 그런 오스트레일리아 선거 제도에서는 어땠을까를 상상해 보면 쉽게 이해할 수 있다.

우선 1등만을 기준으로 득표를 헤아린 뒤, 제일 적게 득표한 후보자를 지우자. 이 경우에는 네이더다. 네이더를 날리자! 그러면 부시 대 고어로 압축된다. 하지만 네이더를 날렸다고 해서 그에게 투표한 사람들의 표를 다 날려야만 하는 것은 아니다(소를 몽땅 활용하자!). 다음 단계가(《즉석 결선 투표》라고 불린다) 정말 기발하다. 모든 표에서 네이더의 이름을 지운 뒤, 마치 그가 처음부터 없었던 것처럼 다시 득표를 헤아리는 것이다. 그러면 이제 고어를 1등으로 꼽은 표는 51%다. 1라운드에서 얻었던 49%에 더해 그때 네이더에게 갔던 표들이 이제 더해졌기 때문이다. 부시는 처음과 똑같이 49%다. 부시를 1등으로 꼽은 표가 더 적으니 부시를 지우자. 승자는 고어다.

우리가 2000년 플로리다 결과를 살짝 변형하여 〈고어, 네이더, 부시〉에서 〈부시, 고어, 네이더〉로 2%를 옮겼던 경우는 어떨까? 이 상황에서도 보르다 식 계산에서는 고어가 이겼다. 그러나 오스트레일리아의 규칙에 따르면 이야기가 다르다. 여전히 1라운드에서는 네이더가 떨어져 나간다. 하지만 이제 표의 51%가 고어보다 부시를 더 높은 등수로 매겼기 때문에, 부시가 승자가 된다.

즉석 결선 투표(오스트레일리아에서는 〈선호 투표〉라고 부른다)의 매력은 명백하다. 랠프 네이더를 좋아하는 사람들이 자기 때문에 자기가 제일 싫어하는 후보자가 유리해지면 어쩌나 하고 걱정할 필요 없이 네이더에게 표를 던질 수 있는 것이다. 뒤집어 생각하면 랠프 네이더 또한 자기가 제일 싫어하는 후보자에게 유리해지면 어쩌나 하는 걱정 없이 안심하고 출마할 수 있다.[16*]

즉석 결선 투표 제도는 역사가 150년이 넘었다. 이 제도는 오스트레일리아뿐 아니라 아일랜드와 파푸아뉴기니에서도 사용된다. 늘 수학을 좋아했던 존 스튜어트 밀은 이 발상을 듣고서 〈정부 이론과 실행 분야에서 등장한 가장 훌륭한 개선책 중 하나〉라고 칭찬했다고 한다.[**]

그런데도, 2009년 버몬트 주 벌링턴 시장 선거에서 어떤 일이 벌어졌는지 살펴보자.[17] 벌링턴은 미국에서 유일하게 즉석 결선 투표를 실시하는 지자체다.[***] 자, 마음의 준비를 하시라. 지금부터 숫자들이 잔뜩 등장할 테니까.

세 주요 후보자는 공화당의 커트 라이트, 민주당의 앤디 몬트롤, 좌파 정당인 진보당 후보이자 재임자였던 밥 키스였다(다른 군소 후보들도 있었지만 논의를 간결하게 하기 위해서 그들의 득표는 무시하겠다). 득표 결과는 다음과 같았다.

몬트롤, 키스, 라이트	1,332
몬트롤, 라이트, 키스	767
몬트롤	455
키스, 몬트롤, 라이트	2,043
키스, 라이트, 몬트롤	371
키스	568
라이트, 몬트롤, 키스	1,513
라이트, 키스, 몬트롤	495
라이트	1,289

(보다시피 모든 투표자들이 아방가르드 투표 제도에 동참하진 않았다. 어떤 사람들은 그냥 제일 좋아하는 후보만 표시했다.)

공화당의 라이트를 1등으로 표시한 표는 총 3,297표였다. 키스는 2,982표, 몬트롤은 2,554표였다. 만일 우리가 벌링턴에서 살았다면, 벌링턴 시민들의 여론은 공화당 시장은 아니라고 말해도 안전했을 것이다. 그러나 전통적인 미국 선거 제도에서는 라이트가 우승했을 것이다. 좀 더 진보적인 두 후보자 사이에서 표가 갈렸기 때문이다.

실제 결과는 전혀 달랐다. 민주당의 몬트롤은 1등으로 표시된 표를 제일 적게 얻었기 때문에, 맨 먼저 제거되었다. 다음 라운드에서 키스와 라이트는 이미 받았던 1등 득표는 유지하되, 〈몬트롤, 키스, 라이트〉라고 표시된 1,332표가 이제 〈키스, 라이트〉에 해당하므로 키스의 표로 계산된다. 마찬가지로 〈몬트롤, 라이트, 키스〉라고 표시된 767표는 이제 라이트의 표로 계산된다. 총계를 보면 키스가 4,314표이고 라이트가 4,064표이므로 키스가 재당선된다.

잘된 것 같지 않은가? 하지만 잠깐 따져 보자. 숫자를 다르게 더하면, 투표자 4,067명은 키스보다 몬트롤을 더 좋아하고 3,477명만이 몬트롤보다 키스를 더 좋아한다는 걸 알 수 있다. 그리고 4,597명은 라이트보다 몬트롤을 더 좋아한 데 비해, 몬트롤보다 라이트를 더 좋아한 사람은 3,668명뿐이었다.

요컨대, 투표자의 과반수는 키스보다 중도 후보자 몬트롤을 더 좋아했고, 역시 과반수는 라이트보다 몬트롤을 더 좋아했다. 그렇다면 몬트롤이 정당한 승자라고 주장할 수도 있을 텐데, 실제로는 몬트롤이 1라운드에서 떨어진 것이다. 이것이 즉석 결선 투표의 약점이다. 다들 좋아하

* 그야 나도 랠프 네이더가 실제로 이런 걱정을 했는지는 확실하지 않다는 데 동의한다.
** 정확하게 말하자면, 밀이 가리킨 것은 이 방식과 아주 밀접한 〈단기 이양식 투표〉 제도였다.
*** 이제는 아니다. 벌링턴은 간발의 차로 결정된 2010년 주민 투표를 통해서 즉석 결선 투표를 폐지하기로 했다.

지만 누구도 첫손가락에 꼽진 않는 중도적 후보자는 이기기가 어렵다.

요약하면,

전통적인 미국 투표 기법: 라이트가 이긴다

즉석 결선 투표 기법: 키스가 이긴다

일대일 대결: 몬트롤이 이긴다

아직 혼란스러운가? 그런데 더 나빠질 수도 있다. 〈라이트, 키스, 몬트롤〉이라고 썼던 투표자 495명이 그 대신 키스에게만 투표하고 나머지 두 명은 지웠다고 가정해 보자. 라이트만 썼던 투표자 300명도 역시 키스를 찍었다고 가정하자. 이제 라이트는 1등 표 795장을 잃어 2,052표로 내려앉았으므로, 몬트롤이 아니라 라이트가 1라운드에서 떨어진다. 그렇다면 선거는 몬트롤 대 키스로 압축되고, 몬트롤이 4,067대 3,777로 이긴다.

방금 뭐가 어떻게 된 일인지 알겠는가? 우리는 키스에게 더 많은 표를 주었는데도 그가 이기기는커녕 진 것이다!

이쯤되면 약간 어지러울 만도 하다.

그러나 이 점을 떠올리며 정신을 가다듬자. 최소한 우리는 어떤 합리적 의미에서 이 선거의 승자가 누가 되어야 하는지는 알고 있다. 그것은 민주당의 몬트롤이다. 그는 일대일로 붙었을 때 라이트도 키스도 다 이기니까 말이다. 어쩌면 우리는 보르다 식 계산과 즉석 결선 투표를 죄다 집어치우고 그냥 과반수가 선호하는 후보자를 뽑아야 하는지도 모르겠다.

이제 내가 여러분을 위해 파둔 함정에 빠진 느낌이 제대로 드는가?

과격한 양이 역설과 씨름하다

벌링턴의 사례를 좀 더 단순화해 보자. 딱 세 종류의 투표 용지만 나
온다고 하자.

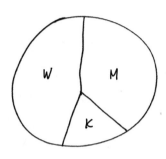

몬트롤, 키스, 라이트	1,332
키스, 라이트, 몬트롤	371
라이트, 몬트롤, 키스	1,513

투표자의 과반수 K + W는 몬트롤보다 라이트를 더 좋아한다. 또 다
른 과반수 M + K는 라이트보다 키스를 더 좋아한다. 만일 라이트보다
키스를 좋아하는 사람이 더 많고, 몬트롤보다 라이트를 좋아하는 사람
이 더 많다면, 그것은 곧 키스가 재선되어야 한다는 뜻 아닐까? 다만 한
가지 문제가 있다. 키스보다 몬트롤을 더 좋아하는 사람이 2,845명이나
되어 몬트롤보다 키스를 더 좋아하는 371명보다 압도적으로 더 많다는
점이다. 이 투표의 삼각형은 괴상하다. 키스가 라이트를 이기고, 라이트
가 몬트롤을 이기고, 몬트롤이 키스를 이긴다. 모든 후보자가 일대일 대
결에서 다른 두 후보자 중 한 명에게 질 것이다. 그런데 대체 누가 정당
하게 시장직에 오른단 말인가?

이렇게 꼬리에 꼬리를 무는 헷갈리는 상황을 가리켜, 18세기 말에 이 현상을 처음 발견했던 프랑스 계몽주의 철학자의 이름을 따 콩도르세 역설이라고 부른다. 마리 장 앙투안 니콜라 드 카리타, 줄여서 콩도르세 후작은 프랑스 혁명의 예비 단계에서 활약한 자유주의 사상가였고, 나중에 입법 의회 의장이 되었다. 그는 정치가답지 않은 정치가였다. 수줍음이 많았고, 쉽게 탈진했으며, 몹시 작은 목소리로 빠르게 웅얼거리는 말투 때문에 시끌벅적한 혁명 의회장에서 그가 낸 제안은 아무도 못 듣고 넘어가기 일쑤였다. 한편 그는 지적 수준이 자신과 맞먹지 않는 사람들에게 쉽게 짜증을 냈다. 이렇게 소심함과 성마름이 결합된 성격 때문에, 그의 조언자였던 자크 튀르고는 그를 〈르 무통 앙라제〉, 즉 〈과격한 양〉이라고 불렀다.[18]

한편 콩도르세가 정치가로서 지녔던 미덕은 이성, 특히 수학이야말로 인간사를 다스리는 원칙이라고 굳게, 열렬하게 믿었다는 점이다. 계몽주의 사상가들 사이에서 이성에 대한 충성심은 기본이었으나, 그보다 더 나아가 사회와 도덕을 방정식과 공식으로 해석할 수 있다는 콩도르세의 신념은 새로웠다. 그는 현대적인 의미에서 최초의 사회 과학자였다 (콩도르세 자신은 〈사회 수학〉이라고 불렀다). 콩도르세는 귀족 집안에서 태어났지만, 왕의 변덕보다는 보편적 사고 법칙이 우선되어야 한다는 견해를 품었다. 그는 대중의 〈보편 의지〉가 정부를 좌우해야 한다는 루소의 주장에 동의했으나, 루소와는 달리 그 주장을 그냥 자명한 원리로 받아들이지 않았다. 콩도르세에게 다수결의 원칙은 수학적 정당화가 필요한 주장이었고, 그는 그 정당화를 확률 이론에서 찾아냈다.

콩도르세가 1785년에 쓴 「다수결의 확률에 대한 분석Essay on the Application of Analysis to the Probability of Majority Decisions」에서 펼친 이론을 단순화하여 설명하면 이렇다. 7명으로 구성된 배심원단이 피고의 죄를 결정한다고 하자. 그중 4명은 피고가 유죄라고 보고, 3명은 무죄라고 믿는다. 배심원 각각이 옳은 견해를 갖고 있을 확률이 51%로 다 같다고 가정하자. 그렇다면 과반수가 옳은 선택을 할 확률은 틀린 선택을 선호할 확률보다 좀 더 높다고 예상할 수 있다.

이것은 야구의 월드 시리즈와 좀 비슷하다. 필리스와 타이거스가 맞붙는데 우리가 보기에 필리스가 타이거스보다 약간 더 낫다면, 가령 필리스가 매 경기를 이길 확률이 51%라면, 월드 시리즈 전체에서 필리스가 4승 3패로 이길 확률이 3승 4패로 질 확률보다 더 높을 것이다. 만일 월드 시리즈가 7전 4승 제가 아니라 15전 8승 제라면, 필라델피아는 이보다 좀 더 유리할 것이다.

콩도르세의 이른바 〈배심원 정리〉는 배심원 각각이 아무리 조금이라도 옳은 선택을 향한 편향을 갖고 있는 한 배심원단의 규모가 충분히 크다면 결국에는 옳은 결론에 도달할 가능성이 높다는 것을 말해 준다.* 콩도르세는 만일 사람들의 과반수가 무언가를 믿는다면 그것은 그 무언가가 옳다는 강한 증거로 간주되어야 한다고 주장했다. 충분히 압도적인 과반수에 대한 믿음은 수학적으로 정당화된다. 설령 그들의 결론이 우리가 기존에 지니고 있던 믿음과 위배되더라도. 콩도르세는 〈나는 내가 합리적이라고 여기는 것에 따라 행동해서는 안 되고, 나처럼 자기 개인의 견해를 꺼리는 다른 모든 사람들이 이성과 진실에 순응한다고 여긴 것에 따라 행동해야 한다〉고 말했다.[19] 배심원의 역할은 TV 쇼 「누가 백만장자가 되고 싶어 하는가?」에서 청중의 역할과 비슷하다. 우리가 집단의 의견을 물을 수 있을 경우, 비록 그 집단이 아무 지식도 자격도 없는 개인들의 집합이더라도, 그 다수의 견해를 자기 자신의 견해보다 더 높이 사야 한다는 것이 콩도르세의 생각이었다.

* 물론 여기에는 많은 가정이 깔려 있다. 가장 중요한 것은 배심원들의 판단이 각자 독립적으로 이뤄진다는 가정인데, 요즘처럼 배심원들이 투표에 앞서 토론을 벌이는 상황에서는 분명 사실이 아니다.

공부벌레 같은 콩도르세의 접근법 때문에, 미국 정치가들 중에서 토머스 제퍼슨처럼 과학적 기질이 있었던 사람들은 콩도르세를 아주 좋아했다(제퍼슨은 측정 단위 표준화에 열렬한 관심을 보였다는 점에서도 콩도르세와 같았다). 반면에 존 애덤스는 콩도르세를 싫어했다. 그는 콩도르세의 책 여백에 저자가 〈괴짜〉이자 〈수학적 돌팔이〉라고 적어 두었다.[20] 애덤스는 콩도르세를 무모하고 가망없는 이론가로 보았으며, 그의 발상들은 현실에서 영원히 실행되지 못할 테고 그것이 성정이 비슷한 제퍼슨에게 나쁜 영향을 미칠 거라고 보았다. 실제로 콩도르세가 수학에 영감을 받아서 제작한 지롱드 헌법과 그에 딸린 복잡한 선거 규칙은 프랑스에서든 다른 어디에서든 한 번도 채택되지 않았다. 긍정적인 면을 보자면, 콩도르세는 어떤 발상이든 논리적 귀결까지 철저히 펼쳐 나가는 습관 때문에 동료들 중 거의 유일하게 당시 널리 토론되던 인권이란 개념이 여성들에게도 주어진 권리라고 주장했다.

1770년, 27세의 콩도르세와 그의 조언자이자 『백과전서 Encylopédie』를 함께 편집했던 장 르 롱 달랑베르는 스위스 국경 페르니에 있는 볼테르의 집에서 오래 머물렀다.[21] 당시 70대로 건강이 쇠했던 수학 애호가 볼테르는 금세 콩도르세를 아끼게 되었다. 볼테르는 그 유망한 젊은이가 합리적 계몽주의의 원칙들을 프랑스의 차세대 사상가들에게 전수할 최선의 재목이라고 보았다. 콩도르세가 왕립 아카데미를 위해서 볼테르의 옛 친구 라 콩다민을 추모하는 글을 쓴 것도 한몫했을 것이다. 복권 계획으로 볼테르를 부자로 만들어 주었던 그 라 콩다민 말이다. 볼테르와 콩도르세는 빈번히 편지를 주고받기 시작했고, 콩도르세는 파리에서 벌어지는 정치적 사건들을 볼테르에게 전하여 노인이 시대에 뒤떨어지지 않게 해주었다.

두 사람이 마찰을 빚은 순간도 있었는데, 그 역시 추모사가 계기였다. 이번에는 블레즈 파스칼을 위한 추모사였다. 콩도르세는 당연히 파스칼을 위대한 과학자로 칭송했다. 파스칼과 페르마가 창시한 확률 이론이 없었다면 콩도르세의 과학 연구도 없었을 것이다. 콩도르세는 볼테르와 마찬가지로 파스칼의 내기에 얽힌 논증은 기각했지만, 기각 이유는 달랐다. 볼테르는 형이상학적 문제를 주사위 놀이처럼 다룬다는 발상 자체가 괘씸하고 경망스럽다고 여겼던 데 비해, 콩도르세는 훗날의 R. A. 피셔와 마찬가지로 좀 더 수학적인 이유에서 반대했다.[22] 콩도르세는 신의 존재처럼 실제 우연에 좌우되지 않는 문제에 대해서 확률 언어를 적용하는 것을 인정할 수 없었던 것이다. 그러나 인간의 생각과 행동을 수학의 렌즈를 통해서 바라보려는 파스칼의 결의만큼은 될성부른 〈사회 수학자〉에게 당연히 매력적으로 느껴졌다.

대조적으로 볼테르는 파스칼의 연구가 자신이 볼 때는 아무 짝에도 쓸모없는 종교적 광신에서 나왔다고 여겼으며, 수학이 관찰 가능한 세상을 넘어선 문제에 대해서도 뭔가 말할 수 있다는 파스칼의 주장은 틀렸을 뿐 아니라 심지어 위험하다고 여겼다. 볼테르는 콩도르세의 추모사가 〈너무 아름다워서 위험하다〉고 말했다. 〈파스칼이 정말 그렇게 위대한 사람이었다면, 그와 생각이 다른 나머지 우리들은 말짱 바보가 아니겠는가. 콩도르세가 이 글을 내게 보냈던 형태 그대로 발표한다면, 모두에게 큰 해를 끼치게 될 것이다.〉[23] 우리는 여기에서 타당한 의견 차이를 읽을 수 있지만, 수제자가 자신의 철학적 정적과 바람피우는 모습에 질투와 짜증을 느끼는 대가의 모습도 읽을 수 있다. 〈꼬마야, 누굴 택할 테냐, 그냐 나냐?〉라고 말하는 볼테르의 목소리가 들리는 듯하다. 콩도르세는 양자택일을 해야 하는 처지는 가까스로 면했다(볼테르에 굴복하여 후속 판에서는 파스칼에 대한 칭송을 좀 약화시켰지만 말이다). 콩도르세는 두 대가를 반반씩 절충했다. 수학 원칙을 폭넓게 적용하겠다는 파스칼의 헌신, 그리고 이성과 세속주의와 진보에 대한 볼테르의 낙관적인 믿음을 결합했다.

투표에 관해서라면, 콩도르세는 뼛속들이 수학자였다. 보통 사람이라면 2000년 플로리다 선거 결과에 〈흠, 이상하네, 좀 더 좌파인 후보자 때문에 선거가 공화당에 유리하게 기울다니〉라고 생각할 것이다. 2009년 벌링턴 선거 결과에 대해서는 〈흠, 이상하네, 대다수 사람들이 기본적으로 좋아하는 중도 후보가 1라운드에서 탈락하다니〉라고 생각할 것이다. 이때 〈흠, 이상하네〉 하는 기분은 수학자에게 지적 과제에 해당한다. 그것이 왜 이상한지를 정확하게 설명할 수 있을까? 이상하지 않은 투표 제도란 어떤 것인지를 형식화하여 말할 수 있을까?

콩도르세는 할 수 있다고 생각했다. 그는 우선 공리를 하나 적었다. 즉, 자신이 볼 때 너무나 자명하기 때문에 따로 정당화할 필요가 없는 명제를 하나 적었다.

투표자의 과반수가 후보자 B보다 후보자 A를 더 좋아한다면, 후보자 B는 대중의 선택이 될 수 없다.

콩도르세는 보르다의 연구를 높이 평가했으나, 고전 경제학자가 점균류를 비합리적이라고 여기는 것과 같은 이유로 보르다의 계산법은 만족스럽지 않다고 여겼다. 다수결에서와 마찬가지로 보르다 체계에서도 제3의 대안이 더해지면 선거 결과가 후보자 A에서 후보자 B로 바뀔 수 있다는 점 때문이었다. 그것은 A와 B의 일대일 경쟁에서 A가 이길 것이라면 삼자 경쟁에서라도 B가 A를 누르고 승자가 될 순 없다는 콩도르세의 공리를 위반했다.

콩도르세는 자신의 공리로부터 수학적 투표 이론을 구축해 낼 생각이었다. 유클리드가 점, 선, 원에 관한 다음 다섯 가지 공리로부터 기하학 이론 전체를 구축해 냈던 것처럼 말이다.

- 임의의 두 점을 잇는 직선은 하나뿐이다.
- 임의의 선분은 양 끝으로 얼마든지 연장할 수 있다.
- 임의의 선분 L에 대해서, L을 반지름으로 삼는 원을 하나 그릴 수 있다.
- 직각은 모두 서로 같다.
- 임의의 점 P와 P를 지나지 않는 임의의 직선 L에 대해서, P를 지나며 L에 평행하는 직선은 하나뿐이다.

상상해 보자. 누군가 복잡한 기하학적 논증을 통해서 유클리드의 공리들이 필연적으로 모순으로 이어진다는 사실을 보여 준다면 어떨까? 그런 일은 절대로 불가능할 것 같은가? 장담은 하지 말자. 기하학은 수많은 미스터리를 품고 있으니까. 가령 1924년, 스테판 바나흐와 알프레트 타르스키는 하나의 구를 여섯 조각으로 나눈 뒤 그 조각들을 이리저리 돌려 재조립함으로써 처음과 크기가 같은 구 두 개를 만들어 냈다. 어떻게 그럴 수 있느냐고? 왜냐하면 우리가 경험을 통해서 자연스럽게 품는 삼차원 물체와 그 부피와 움직임에 관한 일군의 공리들은 비록 우리의 직관에는 절대로 옳은 것처럼 보이더라도 실제로는 그 전부가 참일 수는 없기 때문이다. 물론 바나흐-타르스키 조각들은 무한히 복잡하고 정교한 형태라서, 우리의 조악한 물리적 세상에서는 실현될 수 없다. 그러니 백금 구를 하나 사다가 바나흐-타르스키 조각들로 쪼개어 두 개의 새로운 구로 조립하는 과정을 반복함으로써 귀금속을 산더미처럼 얻어 내겠다는 사업 계획은 뜻대로 되지 않을 것이다.

만일 유클리드의 공리들에 모순이 담겨 있다면, 기하학자들은 소스라칠 것이다. 그럴 만하다. 왜냐하면 그것은 그들이 의존하는 공리들 중 하나 이상이 사실은 틀렸다는 뜻일 테니까. 심지어 다음과 같이 좀 더 통렬하게 표현할 수도 있다. 만일 유클리드의 공리들에 모순이 있다면, 유클리드가 이해했던 의미의 점과 선과 원은 실제로는 존재하지 않을 것이다.

콩도르세는 자신의 이름이 붙은 역설을 발견했을 때 바로 이런 넌더리 나는 상황에 처한 셈이었다. 앞의 파이 도표에서, 콩도르세의 공리에 따르자면 몬트롤은 당선될 수 없다. 라이트와 일대일로 붙을 때 지기 때문이다. 그러나 그것은 키스에게 지는 라이트도 마찬가지고, 몬트롤에게 지는 키스도 마찬가지다. 대중의 선택이란 없다. 그런 것은 그저 존재하지 않는다.

콩도르세의 역설은 논리에 기반한 그의 세계관에 심대한 도전을 제기하는 현상이었다. 만일 객관적으로 올바른 후보자 순위란 게 존재한다면, 키스가 라이트보다 더 낮고 라이트가 몬트롤보다 더 낮고 몬트롤이 키스보다 더 나은 경우란 있어서는 안 된다. 콩도르세는 이런 사례에서는 자신의 공리를 다소 약화시켜야 한다는 것을, 즉 때로는 과반수가 틀릴 수도 있다는 것을 마지못해 인정했다. 그러나 모순의 안개를 뚫고서 대중의 실제 의지를 알아맞히는 일은 여전히 그의 숙제로 남았다. 콩도르세는 그런 것이 존재한다는 사실만큼은 결코 진지하게 의심하지 않았기 때문이다.

18장
〈나는 무에서 이상하고 새로운 우주를 창조해 냈습니다〉

콩도르세는 〈누가 최선의 지도자일까?〉 같은 질문에 옳은 답이란 게 있다고 생각했고, 시민들을 그런 질문을 탐구하는 데 쓰이는 과학적 도구와 비슷하다고 생각했다. 물론 그 도구에는 약간의 부정확성이 있지만, 평균적으로는 꽤 정확하다. 콩도르세에게 민주주의와 다수결은 틀리지 않는 방법이었다. 수학을 통해서 틀리지 않는 방법.

요즘 우리는 민주주의를 그런 식으로 말하지 않는다. 오늘날 대부분의 사람들에게 민주적 선택의 매력은 그것이 공정하다는 점이다. 우리는 사람들에게 권리가 있다고 말하고, 도덕적 근거에 기반하여 사람들은 스스로 통치자를 선택할 수 있어야 한다고 믿는다. 그 선택이 현명하든 현명하지 않든 말이다.

이것은 정치에만 적용되는 논증이 아니다. 다음 질문은 모든 분야의 정신적 활동에 두루 적용되는 근본적인 질문이다. 우리는 무엇이 진실인지를 알아내려고 하는가, 아니면 우리의 규칙과 절차가 승인하는 결론이 무엇인지를 알아내려고 하는가? 바라기로는 두 개념이 대체로 일치한다면 좋겠으나, 모든 어려움은, 즉 모든 개념적으로 흥미로운 주제는 두 개념이 갈리는 지점에서 생겨난다.

여러분은 그야 당연히 진실을 알아내는 것이 늘 적절한 작업이 아닌가 하고 생각할지도 모른다. 그러나 형법에서는 늘 그렇지는 않다. 형법에서는 범죄를 저질렀으나 유죄 선고를 받지 않는 피고(예를 들면 부적절한 방법으로 얻은 증거이기 때문에), 혹은 무고하지만 어쨌든 유죄 선고를 받는 피고의 사례에서 이 차이가 극명하게 드러난다. 이때 무엇이 정의일까? 죄 있는 사람을 처벌하고 죄 없는 사람을 풀어 주는 것일까, 아니면 형사 재판 과정이 이끄는 대로 따라가는 것일까? 앞에서 살펴보았듯이, 실험 과학에서는 R. A. 피셔가 한편에, 예지 네이만과 이건 피어슨이 반대편에 섰던 논쟁이 있었다. 우리는 피셔의 생각처럼 진실된 참이라고 믿을 가설을 알아내려는 걸까? 아니면 네이만-피어슨의 철학에 따라 가설의 진실성에 대해서는 생각하지 않고 그 가설이 실제 참이든 아니든 우리가 채택한 추론 규칙에 따라서 옳다고 증명된 가설이 무엇인지만을 물어야 할까?

사람들이 흔히 확실성의 세계라고 여기는 수학에서도 우리는 이런 문제에 직면한다. 더구나 현대 수학의 일부 난해한 구역에서 그런 것이 아니라, 분명하고 오래된 고전 기하학에서 그렇다. 문제는 앞 장에서 소개했던 유클리드의 다섯 공리에서 시작된다. 다섯 번째 공리, 즉

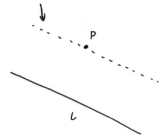

임의의 점 P와 P를 지나지 않는 임의의 직선 L에 대해서, P를 지나며 L

에 평행하는 직선은 하나뿐이다.

이건 좀 이상하지 않은가? 이 공리는 나머지 공리들보다 좀 더 복잡하고 좀 덜 명확하다. 최소한 기하학자들은 수백 년 동안 그렇게 생각했다.[*] 유클리드 자신도 이 공리를 싫어했던 모양으로, 그는 『기하학 원론』의 첫 28개 명제들을 처음 네 가지 공리만 사용해서 증명했다.

우아하지 않은 공리는 바닥에 진 얼룩과 같다. 오가는 데 지장을 주진 않지만 보고 있자면 미쳐 버릴 것 같다. 그래서 우리는 바닥을 깔끔하고 깨끗하게 만들기 위해서 그것을 문질러 닦는 데 지나치게 많은 시간을 들인다. 수학적 맥락에서 그 노력은 평행선 공준이라고 불리는 다섯 번째 공리가 나머지 공리들로부터 유도된다는 사실을 보여 주려고 애쓰는 것이다. 그렇게 유도된다면, 우리는 이 공리를 유클리드의 목록에서 지워도 될 것이다. 유클리드의 공리는 반짝반짝 깨끗해질 것이다.

수학자들이 2천 년 동안 열심히 문질러 봤지만, 얼룩은 사라질 기미가 없었다.

그러던 1820년, 헝가리 귀족으로서 그 문제에 긴 세월을 바쳤으나 성공하지 못했던 수학자 퍼르커시 보여이는 아들 야노시에게 같은 길을 걷지 말라고 경고하는 편지를 보냈다.

너는 평행선 문제를 풀려고 시도하지 말거라. 나는 그 결말을 안단다. 나는 바닥 모를 심연과도 같은 이 문제를 탐구했지만, 그 때문에 내 삶에서 모든 빛과 즐거움이 꺼졌지. 간곡히 말하니, 너는 이 평행선 문제를 내버려 두거라. ……나는 기하학에서 흠을 제거하여 순수한 상태로 인류에

---

[*] 내가 여기 적은 5번째 공준의 표현은 유클리드가 원래 말했던 표현은 아니다. 하지만 그것과 논리적으로 동등한 명제이며, 5세기에 프로클로스가 처음 말했고 1795년에 존 플레이페어가 널리 퍼뜨린 형태이다. 유클리드의 원래 표현은 좀 길다.

게 되돌려 주는 순교자가 될 준비가 되어 있었어. 무지막지하게 많은 노력을 기울였단다. 나는 남들보다 훨씬 나은 성과를 거두었지만, 그런데도 완전히 만족하진 못했어. ……누구도 이 심연의 바닥에 닿을 수 없다는 사실을 안 순간, 나는 등을 돌렸지. 아무런 위로도 얻지 못한 채, 나 자신과 모든 인류를 딱하게 여기면서. 내 경험에서 배우려무나…….[1]

아들들이 늘 아버지의 충고를 따르는 것은 아니고, 수학자들이 늘 문제를 쉽게 팽개치는 것은 아니다. 아들은 평행선 문제에 계속 매달렸고, 1823년에는 이 케케묵은 문제에 관한 해법의 윤곽을 그려 냈다. 그는 아버지에게 편지를 써서 말했다.

놀랍기 그지없는 멋진 것들을 발견했습니다. 이것들을 잃어버린다면 그야말로 영원한 불운일 거예요. 사랑하는 아버지도 일단 보면 이해하실 겁니다. 현재로서는 이 말밖에 할 게 없어요. 저는 무로부터 이상하고 새로운 우주를 창조해 냈습니다.

야노시 보여이의 통찰력은 문제를 뒤에서부터 접근한 것이었다. 그는 평행선 공준을 다른 공리들로부터 이끌어 내려고 애쓰는 대신, 다음과 같은 질문에 자유롭게 마음을 열었다. 만일 평행선 공리가 거짓이라면 어떨까? 그러면 모순이 발생할까? 그리고 그는 그 대답이 아니오라는 것을 발견했다. 그럴 경우에는 첫 네 공리는 옳지만 평행선 공준은 옳지 않은 다른 기하학, 유클리드의 기하학이 아닌 뭔가 다른 기하학이 생겨났던 것이다. 따라서 평행선 공준을 나머지 공리들로부터 증명해 낼 방법은 없었다. 그런 증명이 존재한다면 보여이의 기하학이 존재할 가능성 사체가 차단되겠지만, 보여이의 기하학은 엄연히 존재하니까.

가끔 어떤 수학적 발전의 〈분위기가 무르익었을〉 때가 있다. 이유는 자세히 모르겠지만 수학계 전체가 어떤 발전이 오리라고 대비하고 있고, 그 발전은 결국 동시에 여러 군데에서 나타난다. 보여이가 오스트리아-헝가리 제국에서 한창 비유클리드 기하학을 구축하고 있을 때, 러시아에서는 니콜라이 로바쳅스키가* 같은 일을 하고 있었다. 아버지 보여이의 옛 친구인 위대한 수학자 카를 프리드리히 가우스도 똑같은 발상들을 여럿 형식화해 두었으나 아직 발표하진 않은 상태였다(보여이의 논문을 알게 된 가우스는 다소 거만하게 이렇게 말했다고 한다. 「그 논문을 칭찬하는 것은 나 자신을 칭찬하는 것과 마찬가지일 것입니다」).[2]

보여이, 로바쳅스키, 가우스의 이른바 쌍곡 기하학을 설명하려면 이 지면으로는 부족하다. 그러나 그로부터 몇십 년 뒤에 베른하르트 리만이 지적했듯이, 비유클리드 기하학에는 그보다 더 단순한 형태도 있다. 이 단순한 기하학은 이상하고 새로운 우주는 전혀 아니다. 우리가 잘 아는 구의 기하학이다.

첫 네 공리를 다시 읊어보자.

- 임의의 두 <u>점</u>을 잇는 <u>직선</u>은 하나뿐이다.
- 임의의 <u>선분</u>은 양 끝으로 얼마든지 연장할 수 있다.
- 임의의 <u>선분</u> L에 대해서, L을 반지름으로 삼는 <u>원</u>을 하나 그릴 수 있다.
- <u>직각</u>은 모두 서로 같다.

여러분은 내가 가한 인쇄상의 작은 차이를 눈치챘을 것이다. 이번에는 점, 직선, 원, 직각 같은 기하학 용어들에 밑줄을 그어 두었다. 이것은 뭘 꾸미려는 것이 아니다. 엄밀한 논리적 관점에서는 〈점〉이나 〈직선〉을 다른 무엇이라고 부르든 아무 상관없다는 사실을 강조하기 위해서다.

---

* 수학 연구의 발표를 주제로 삼은 노래들 가운데 최고로 훌륭하고 웃기는 노래임에 분명한 톰 레러의 「로바쳅스키Lobachevsky」는 바로 이 로바쳅스키의 이름을 땄다.

설령 그것을 〈개구리〉와 〈금귤〉로 부르더라도 공리들로부터 유도되는 논리적 연역의 구조는 같아야 하는 것이다. 이것은 점 7개로 구성된 지노 파노의 평면과 같은 이야기다. 파노 평면의 〈직선〉은 우리가 학교에서 배웠던 직선처럼 생기지 않았지만, 그건 아무 상관이 없었다. 기하학 법칙에 관한 한 요점은 그것이 직선처럼 행동한다는 점뿐이니까. 심지어 어떤 면에서는 점을 개구리라고 부르고 직선을 금귤이라고 부르는 게 더 나을지도 모른다. 지금 중요한 것은 점이나 직선 같은 단어들의 진정한 의미에 관해서 우리가 품었던 기존의 선입견으로부터 벗어나는 것이니까.

리만의 구면 기하학에서 점과 직선의 의미는 다음과 같다. 점이란 구에서 대척점, 즉 정반대 지점에 놓여 있는 한 쌍의 점을 말한다. 직선이란 〈대원(大圓)〉, 즉 구 표면에 존재하는 원을 말한다. 그리고 선분이란 그 원의 한 조각을 말한다. 원은 그냥 원, 다만 어떤 크기라도 가능한 원을 뜻한다.

이렇게 정의하면, 유클리드의 첫 네 공리가 참이 된다! 임의의 두 점에 대해서 즉, 구에서 서로 대척점에 놓인 임의의 한 쌍의 점에 대해서 그것들을 잇는 직선은, 즉 대원은 딱 하나 존재한다.* 게다가 (이 명제는 공리에 포함되지 않지만) 임의의 두 직선은 한 점에서만 교차한다.

두 번째 공리에 대해서 불평하는 사람이 있을 수 있겠다. 선분은 그것이 포함된 직선보다 더 길 수 없는데, 그 직선이 구의 원주에 해당하는 상황에서 어떻게 선분의 양 끝을 얼마든지 더 연장할 수 있단 말인가? 합리적인 반대이지만, 결국 해석의 문제다. 리만은 이 공리를 직선이 무한한 길이를 갖는다는 뜻이 아니라 경계가 없다는 뜻이라고 해석했다. 두 개념은 미묘하게 다르다. 리만의 직선, 즉 원은 길이는 유한하지만 경

---

* 이 명제는 첫눈에 명백하게 느껴지진 않지만, 참임을 이해하기가 어렵지는 않다. 여러분이 직접 테니스공과 마커를 꺼내어 확인해 보기를 권한다.

계는 없다. 우리는 영원히 멈추지 않고 그 위를 나아갈 수 있으니까.

하지만 다섯 번째 공리는 다르다. 임의의 점 P가 있고, P를 포함하지 않은 직선 L이 있다고 하자. P를 지나면서 L과 평행한 직선은 하나뿐일까? 아니다. 이유는 단순하다. 구면 기하학에서는 평행선이란 것이 아예 없기 때문이다! 구에서 임의의 두 대원은 반드시 교차해야 한다.

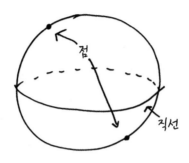

한 문단짜리 증명: 임의의 대원 C는 구 표면을 정확히 두 부분으로 나누고, 두 부분은 넓이가 같다. 그 넓이를 A라고 부르자. 또 다른 대원 C′가 C에 평행한다고 가정하자. C′는 C와 교차하지 않으므로, C의 이쪽 아니면 저쪽에, 즉 넓이 A의 두 반구 중 한쪽에 완전히 포함되어야 한다. 그러나 그렇다면 C′가 포함하는 넓이가 A보다 작다는 뜻인데, 그것은 불가능하다. 모든 대원이 포함하는 넓이는 정확히 A이기 때문이다.

그러니 평행선 공준은 장관을 이루면서 무너져 내린다(보여이의 기하학에서는 상황이 정반대로, 거기에서는 평행선이 너무 적은 게 아니라 너무 많다. 사실은 P를 지나고 L에 평행한 직선이 무한히 많다. 짐작하듯이, 이 기하학은 시각화하기가 좀 더 어렵다).

어떤 두 직선도 평행하지 않은 이 희한한 상황이 어쩐지 친숙하게 느껴진다면, 그것은 우리가 앞에서 이미 보았기 때문이다. 이것은 브루넬레스키와 동료 화가들이 투시 이론을 개발할 때 사용했던 사영 평면의 현상과 같다.* 사영 평면에서도 임의의 한 쌍의 직선들은 늘 서로 만난다. 이것은 우연이 아니다. 리만의 구면 기하학이 사영 평면의 기하학과 같다는 사실은 확실하게 증명되어 있다.

구면의 점과 선에 관한 명제들로 해석했을 때, 기하학의 첫 네 공리는 참이지만 다섯 번째 공리는 참이 아니다. 만일 다섯 번째 공리가 첫 네 공리에서 논리적으로 따라 나오는 귀결이라면, 구의 존재 자체가 모순일 것이다. 다섯 번째 공리가 (앞선 네 공리가 참이라는 점에 의거하여) 참인 동시에 (우리가 구에 대해 아는 바에 의거하여) 거짓이니까. 예의 익숙한 귀류법에 따르자면, 이것은 곧 구가 존재하지 않는다는 말이다. 그러나 구는 존재한다. 따라서 다섯 번째 공리는 첫 네 공리로부터 증명될 수 없다. 증명 끝.

바닥에 묻은 얼룩 하나 지우자고 지나친 수고를 들이는 것처럼 보일 수도 있겠다. 그러나 이런 종류의 명제를 증명하는 동기는 미학에 대한 집착만은 아니다(물론 그런 감정도 관여한다는 것을 부정할 순 없다). 그보다 이렇게 생각해 보자. 일단 첫 네 공리가 여러 종류의 기하학들에게 적용되는 것이 확실하다면, 유클리드가 그 네 공리만 써서 증명했던 모든 정리들은 유클리드 기하학에서만이 아니라 네 공리가 유효한 다른 모든 기하학들에서도 참이어야 한다. 이것은 말하자면 수학적 전력의 증강자다. 하나의 증명으로부터 많은 정리들을 얻을 수 있는 것이다.

그리고 이 정리들은 그저 수학적 요지를 증명하기 위해서 지어낸 추상적인 기하학들에 관한 이야기만은 아니다. 아인슈타인 이후 시대를 살아가는 우리들은 비유클리드 기하학이 그저 놀이만은 아님을 잘 알고 있다. 우리가 좋든 싫든, 우주의 시공간이 실제로 그렇게 생겼기 때문이다.

* 화가들이 사영 평면의 기하학을 직접 개발했거나 그럴 필요가 있었던 것은 아니었지만, 그들은 그것을 붓질로 캔버스에 어떻게 옮겨야 하는지 이해했다. 그들의 목적에는 그것만으로 충분했다.

수학에는 이런 이야기가 거듭 등장한다. 수학자들이 특정 문제에 쓰려고 어떤 기법을 개발했을 때, 만일 그 기법이 정말로 좋다면, 정말로 참신한 발상을 담고 있다면, 원래 맥락으로부터 평면에서 구만큼 혹은 그 이상 멀리 떨어진 다른 여러 맥락들에서도 그 증명이 똑같이 작동하는 일이 비일비재하다. 현재 이탈리아의 젊은 수학자 올리비아 카라멜로는 수학의 여러 분야를 다스리는 이론들이 한꺼풀 밑에서는 모두 긴밀하게 연관되어 있기 때문에(전문 용어로는 〈동일한 그로텐디크 위상에 의해 분류된다〉는 주장이다) 한 분야에서 증명된 정리들은 표면상 전혀 달라 보이는 다른 분야로 별도의 증명 없이 전달될 수 있다는 주장을 펼쳐서 큰 주목을 받고 있다. 카라멜로가 보여이처럼 정말로 〈이상하고 새로운 우주를 창조했는지〉 아닌지 말하기는 아직 이르다. 그러나 그녀의 연구가 보여이도 몸담았던 수학의 오랜 전통에 부합한다는 것만큼은 사실이다.

그 전통이란 〈형식주의〉다. 19세기 수학자들이 마침내 다음과 같은 문제에 대해서 이것이 무엇이냐를 묻지 않고 어떻게 정의되어야 하느냐를 묻기 시작했다고 G. H. 하디가 감탄했을 때, 그는 바로 형식주의를 이야기한 것이었다.

$$1 - 1 + 1 - 1 + \cdots\cdots$$

수학자들은 이런 방식으로 과거의 수학자들을 괴롭혔던 〈불필요한 혼란들〉을 피할 수 있었다. 이런 관점의 가장 순수한 형태에서 보자면, 수학은 기호와 단어를 가지고 하는 일종의 놀이이다. 어떤 명제가 정리로 인정되는 것은 그것이 공리로부터 논리적 단계를 따라 유도되었기 때문이다. 그러나 공리와 정리가 언급하는 내용이 무엇인가, 그 뜻이 무엇인가는 확정되지 않는 문제다. 점, 직선, 개구리, 금귤의 실체는 무엇일까? 이것들은 공리가 요구하는 대로 행동하는 한 무엇이든 다 될 수 있고, 그 의미란 우리가 현재의 필요에 맞추어 고른 것이다. 순수하게 형식적인 기하학은 원칙적으로 우리가 점이나 선을 전혀 보지도 상상하지도 않고서도 수행될 수 있어야 한다. 그런 기하학에서는 우리가 일상적으로 이해하는 점과 선의 실체가 무엇인가 하는 것은 아무 관련이 없는 문제다.

하디는 콩도르세의 번뇌를 틀림없이 불필요한 혼란에 해당하는 것으로 간주했을 것이다. 하디라면 콩도르세에게 진정한 최선의 후보자가 누구냐를 묻지 말고, 심지어는 대중이 진심으로 공직에 앉히고 싶어 하는 사람이 누구냐도 묻지 말고, 우리가 어떤 후보자를 여론의 선택으로서 정의해야 하느냐를 물으라고 조언했을 것이다. 민주주의에 대한 이런 형식주의적 접근법은 오늘날의 자유 세계에서 거의 보편적인 현상이다. 뜨거운 논란을 일으켰던 2000년 플로리다 대선에서, 팜비치 카운티의 투표자 중 수천 명은 헷갈리게 디자인된 〈나비형 투표 용지〉 때문에 앨 고어 대신 고(古)보수주의 개혁당의 팻 뷰캐넌 후보를 찍고 말았다. 고어가 그 표들을 받았더라면 그는 플로리다에서 이겼을 테고, 대통령이 되었을 것이다.

그러나 고어는 그 표들을 얻지 못했다. 그는 그 문제를 아주 진지하게 따져 묻지도 않았다. 우리의 선거 제도는 형식주의적이다. 투표 용지에 표시된 기표가 중요할 뿐, 그 기표가 투표자의 어떤 심중을 뜻하는지가 중요한 게 아니다. 콩도르세라면 투표자의 의도를 신경 썼겠지만, 우리는 최소한 공식적으로는 아니다. 콩도르세라면 플로리다에서 랠프 네이더에게 투표한 사람들에 대해서도 신경 썼을 것이다. 그들 중 대부분은 부시보다 고어를 더 좋아했다고 가정해도 틀리지 않을 텐데, 그 경우 콩도르세의 공리에 따른 승자는 고어가 된다. 과반수가 부시보다 고어를 선호했고, 그보다 더 압도적인 과반수가 네이더보다 고어를 선호했으니까. 그러나 그런 선호는 우리 제도와는 무관하다. 우리는 투표 부스에서 수거한 종이 조각들에서 가장 빈번히 등장하는 기표가 곧 여론이라고 정의한다.

그 득표수조차도 논쟁의 여지가 있다. 반쯤 뚫린 투표 용지는 어떻게 처리해야 할까? 해외 군사 기지에서 우편으로 보내온 표들 중 일부는 선거일 당일이나 이전에 투표된 것임을 확신할 수 없을 수도 있는데, 어떻게 처리해야 할까? 그리고 플로리다의 카운티들은 득표수를 가급적 정확하게 확인하기 위한 재검표를 어느 정도 실시해야 할까?

마지막 질문은 결국 연방 대법원에 제기되었고, 연방 대법원은 고심 끝에 결정을 내렸다. 고어 측은 자신들이 선택한 몇몇 카운티에서 재검표를 요청했고, 플로리다 대법원은 그 요청을 받아들였으나, 연방 대법원은 결국 안 된다고 말했다.[3] 연방 대법원은 부시가 537표 차로 우세했던 결과를 그대로 못 박아, 부시에게 선거의 승리를 안겼다. 연방 대법원은 재검표를 하면 당연히 좀 더 정확하게 헤아릴 수 있겠지만 그것은 선거의 최우선 목표가 아니라고 말했다. 어떤 카운티는 재검표를 하고 다른 카운티는 하지 않는다면, 재검표를 당하지 않는 투표자들에게는 불공평한 일일 것이다. 주가 할 일은 최대한 정확하게 표를 헤아리는 게 아니라, 즉 실제 벌어진 일을 알아내는 게 아니라 형식적인 과정을 준수하는 것이다. 하디의 표현을 빌리자면, 누가 승자여야 하는지를 정의해 주는 과정을 따르는 것이다.

좀 더 일반적으로, 법에서의 형식주의는 절차와 법규를 규정한 문장들에 대한 집착으로 드러난다. 심지어 그것이 사람들의 상식과 어긋나는 경우에도. 아니, 어긋나는 경우일수록 더욱더. 가장 맹렬한 법 형식주의의 옹호자인 연방 대법관 앤터닌 스캘리아는 〈형식주의여 만수무강하라. 정부를 사람들의 정부가 아니라 법의 정부로 만들어 주는 것이 형식주의다〉라고 직설적으로 표현했다.[4]

스캘리아가 보기에, 판사들이 법의 의도를, 다시 말해 법 정신을 헤아리려고 애쓸 때는 필연적으로 판사 개인의 선입견과 욕망이 개입되기 마련이다. 그보다는 헌법과 법령의 단어들에 밀착하여, 그것들을 마치 그로부터 논리적 연역을 통하여 판결을 끌어낼 수 있는 공리들처럼 여기는 편이 낫다.

스캘리아는 형사 정의의 문제에서도 철저히 형식주의를 따른다. 진실이란 정의상 적절하게 진행된 재판에서 결정된 결과에 다름 아니다. 스캘리아는 2009년 트로이 앤서니 데이비스 사건의 반대 의견에서도 이 입장을 놀랄 만큼 분명하게 밝혔다. 그는 이미 유죄 선고를 받은 살인범에게 새로운 증거를 청취하는 공청회의 기회를 주어서는 안 된다고 주장했다. 과거에 피고 데이비스에게 불리한 증언을 했던 증인 9명 중 7명이 옛 증언을 철회했는데도 말이다.

우리 법원은 온전하고 공정한 재판에 따라 유죄 선고를 받았으나 나중에 인신 보호 법원에게 〈사실은〉 자신이 무죄임을 설득하는 데 성공한 피고를 처형하는 것이 헌법에서 금지된다는 말은 <u>결코</u> 한 적 없습니다.

(〈결코〉를 밑줄로 강조한 것도 〈사실은〉에 인용 부호를 친 것도 스캘리아가 한 일이다.)

스캘리아는 법원에게 중요한 것은 배심원단이 내린 판결뿐이라고 말했다. 데이비스는 실제로 사람을 죽였든 죽이지 않았든 살인자였다.

연방 대법원장 존 로버츠는 스캘리아만큼 열렬한 형식주의 옹호자는 아니지만 스캘리아의 철학에 대체로 공감한다. 로버츠는 2005년 확정 공청회에서 자신의 직업을 야구에 비유하는 유명한 발언을 했다.

판사들은 법의 하인입니다. 법이 판사들의 하인인 게 아닙니다. 판사는 심판과 같습니다. 심판은 규칙을 만들진 않지요. 규칙을 적용할 뿐입니다. 심판과 판사의 역할은 중요합니다. 그들은 모든 사람들이 규칙에 따라 경기하도록 감독합니다. 그러나 그 역할은 제한적입니다. 누구도 야구 경기에 심판을 보러 가진 않습니다.

본인이 알았든 몰랐든, 로버츠는 〈늙은 심판자〉라고 불리며 내셔널 리그에서 40년 가까이 심판 생활을 했던 빌 클렘의 말을 되풀이한 셈이었다. 클렘은 말했다. 「최고의 심판은 팬들이 누가 심판을 봤는지 기억하지 못하도록 만드는 심판이다.」[5]

그러나 현실에서 심판의 역할은 로버츠와 클렘이 암시하는 것처럼 그렇게 제한적이지 않다. 왜냐하면 야구는 형식주의 스포츠이기 때문이다. 이 점을 이해하려면, 1996년 아메리칸 리그 챔피언십 시리즈의 첫 경기를 돌아보면 된다. 당시 볼티모어 오리올스와 뉴욕 양키스가 브롱크스에서 맞붙었다. 볼티모어가 앞서고 있던 8회 말, 양키스 유격수 데릭 지터가 볼티모어 구원 투수 아르만도 베니테스의 공을 받아쳐서 우측 뜬공을 날렸다. 잘 맞았지만, 공이 떨어질 지점에 자리 잡고 대기한 중견수 토니 타라스코가 충분히 처리할 만한 공이었다. 그때, 외야 맨 앞줄에 앉은 12살 양키스 팬 제프리 마이어가 담장 너머로 팔을 뻗어 공을 거둬들였다.

지터는 그것이 홈런이 아니란 걸 알았다.[6] 타라스코와 베니테스도 알았다. 56,000명의 양키스 팬들도 알았다. 양키스 스타디움에서 유일하게 마이어가 담장 너머로 팔을 뻗는 모습을 보지 못한 사람은 유일하게 중요한 사람이었던 심판 리치 가르시아였다. 가르시아는 그 타구를 홈런으로 선언했다. 지터는 심판의 판정을 바로잡을 마음이 없었고, 베이스를 다 돌아서 동점 득점을 기록하는 것을 거부할 마음은 더더욱 없었다. 누구도 그에게 그러기를 기대하지 않았을 것이다. 야구는 형식주의 스포츠이기 때문이다. 심판의 선언이 곧 사건의 정체다. 혹은, 프로 스포츠 심판이 한 말 가운데 자신의 존재론적 입장을 가장 직설적으로 선언한 말임에 분명한 클렘의 말을 빌리자면, 〈내가 선언할 때까지는 아무것도 아니다〉.

상황은 약간 변하고 있다. 2008년 이래 심판들은 경기장에서 실제 벌어진 일을 확신할 수 없을 때는 녹화된 비디오를 참조할 수 있다. 이것은 판정을 틀리지 않고 옳게 내리는 데는 좋은 일이지만, 오래된 야구 팬들은 이 조치가 어쩐지 이 스포츠의 정신에 어울리지 않는다고 느낀다. 나도 그런 사람이다. 존 로버츠도 틀림없이 그럴 거라는 데 걸겠다.

법에 관한 스캘리아의 견해를 모두가 공유하는 것은 아니다(데이비스 사건에서도 그의 견해는 소수 의견이었음을 명심하자). 앳킨스 대 버지니아 사건에서 보았듯이, 〈잔인하고 유별난 처벌〉과 같은 헌법 조문은 해석의 여지를 상당히 많이 남긴다. 위대한 유클리드조차 공리들에서 약간 애매한 대목을 남겨 둔 마당에, 헌법 입안자들이라고 다르기를 기대할 순 없지 않겠는가? 판사이자 시카고 대학 교수인 리처드 포즈너와 같은 법적 현실주의자들은 연방 대법원의 법리 해석이 스캘리아의 말처럼 형식적 규칙 따르기에 불과한 경우는 사실상 전혀 없다고 주장한다.

연방 대법원이 다루기로 결정하는 사건들은 대부분 동전 던지기나 다름없다. 그 사건들이 헌법 및 법령의 조문과 선례에 크게 의지하는 관습적인 법적 추론에 따라 결정될 수 없다는 점에서 그렇다. 사실상 의미론적인 그런 기법에 따라 결정될 수 있는 문제였다면, 애초에 주 대법원이나 연방 항소 법원 차원에서 논쟁의 여지 없이 해결되었을 테고 따라서 연방 대법원이 검토할 일조차 없었을 것이다.[7]

이런 견해에서, 연방 대법원까지 올라갈 만큼 어려운 법적 질문들은 애초에 공리로부터 확실하게 결정될 수 없는 것들이다. 이때 판사들의 처지는 추론으로는 신의 존재에 관한 결론에 다다를 수 없다는 사실을 깨달았던 파스칼의 처지와 같다. 그러나 파스칼도 말했듯이, 우리에게는 게임을 하지 않을 선택지가 없다. 법정은 관습적인 법적 추론에 따라서든 아니든 아무튼 판결을 내려야 한다. 가끔 법정은 파스칼의 길을 따른다. 합리적으로 판단에 이를 도리가 없을 경우, 최선의 결과를 가져올 것처럼 보이는 판단을 내리는 것이다. 포즈너는 부시 대 고어 사건에서 스캘리아를 비롯한 법관들이 채택한 것이 바로 이런 길이었다고 말한다. 포즈너에 따르면, 그들의 결정에는 사실 헌법상의 증거나 선례는 없었다. 그것은 그저 향후 몇 달 동안 선거로 인한 혼란이 펼쳐질 가능성을 차단하기 위한 실용적 결정일 뿐이었다.

모순의 유령

형식주의에는 엄격한 우아함이 있다. 그 우아함은 G. H. 하디, 앤터닌 스캘리아, 그리고 나처럼 멋지고 엄밀한 이론이 모순으로부터 철저히 보호되는 느낌을 즐기는 사람들에게 호소력이 있다. 그러나 원칙을 늘 고수하기가 쉽지는 않고, 늘 그러는 것이 과연 현명한지도 의심스럽다. 스캘리아 대법관도 가끔 법률을 문자 그대로 해석함으로써 어리석은 판결에 도달할 경우에는 의회가 무슨 의미로 그렇게 말했는지를 합리적으로 추측해 보아야 한다고 인정했다.[8] 거의 같은 맥락에서, 유의성 검정 규칙이 원칙적으로 아무리 중요하더라도 그 규칙에 엄격하게 구속되기를 바라는 과학자는 아무도 없다. 우리가 이론적으로 유망해 보이는 임상 실험과 죽은 연어가 낭만적인 사진에 감정적으로 반응하는지 알아보는 실험을 진행하여 양쪽 다 0.03의 p값을 얻었더라도, 우리는 두 가설을 정말로 동등하게 취급하기를 바라지 않는다. 우리는 어리석은 결론에 대해서는 규칙이야 어떻든 추가의 회의주의로 무장하고서 대하려고 한다.

수학에서 형식주의의 가장 위대한 옹호자는 독일 수학자 다비트 힐베르트였다. 파리에서 열린 1900년 국제 수학자 대회 강연에서 그가 나열했던 23가지 문제는 20세기 수학의 향방을 크게 좌우했다. 수학자들은 힐베르트를 워낙 숭앙하기 때문에, 어떤 연구가 그의 문제들 중 하나에 살짝 스치기만 해도 좀 더 휘광을 띠는 것처럼 여긴다. 백 년이 지난 지금까지도 말이다. 나는 오하이오 주 컬럼버스에서 독일 문화를 연구하는 역사학자를 만난 적 있는데, 그는 내게 힐베르트가 샌들을 신을 때 양말을 신는 버릇이 있었던 것 때문에 요즘도 수학자들 사이에 그런 패션이 눈에 띄게 퍼져 있는 것이라고 말해 주었다. 실제로 그런지 증거는 찾지 못했지만 믿을 수 있을 것 같다. 그것은 힐베르트가 드리운 그림자가 얼마나 긴지를 제대로 시사하는 일화이기도 하다.

힐베르트가 제기했던 문제들 중 많은 수는 신속하게 해결되었다. 한편 어떤 문제들은 최근에 와서야 해결되었다. 이를테면 18번 문제, 즉 구를 최대한 빽빽하게 쌓는 방법에 관한 문제는 12장에서 보았듯이 최근에야 풀렸다. 또 다른 문제들은 아직도 미결 상태로, 수학자들이 열심히 추구하고 있다. 8번 문제인 리만 가설을 해결하는 사람은 클레이 재단이 주는 백만 달러 상금을 받을 것이다. 그 위대한 힐베르트도 틀린 곳이 최소한 한 군데는 있었다. 그는 10번 문제에서 어떤 방정식이 주어지든 그 속의 모든 변수들이 정수 값을 취하는 답이 있는지 없는지를 알려 주는 알고리즘을 요구했다. 그러나 1960년대와 70년대에 발표한 일련의 논문에서 마틴 데이비스, 유리 마티야세비치, 힐러리 퍼트넘, 줄리아 로빈슨은 그런 알고리즘은 존재하지 않는다는 것을 보여 주었다(전 세계 수론학자들은 안도의 한숨을 쉬었다. 우리가 몇 년을 들여서 푸는 문제들을 자동으로 풀어 내는 형식 알고리즘이 존재한다면 약간 사기가 꺾일 테니까).

힐베르트의 두 번째 문제는 다른 문제들과 달랐다. 그것은 수학적 질문이라기보다 수학 자체에 관한 질문이었다. 그는 수학에서 형식주의적 접근법을 목청껏 지지하는 것으로 말문을 열었다.

과학의 토대를 찾으려고 할 때, 우리는 먼저 그 과학의 기본 개념들 간의 관계를 정확하고 완전하게 묘사하는 공리들로 구성된 체계를 세워야 합니다. 그렇게 구축된 공리들은 동시에 그 기본 개념들의 정의이기도 합니다. 그리고 우리는 문제의 과학의 영역에 속하는 어떤 명제에 대해서도, 그것이 기본 공리들로부터 유한한 수의 논리적 단계를 거쳐서 유도되지 않는 한 옳다고 인정해선 안 됩니다.[9]

파리 강연 즈음까지, 힐베르트는 정말로 유클리드의 공리들을 하나씩 재점검하여 모호함이 한 점도 남지 않도록 다시 쓰는 작업을 수행해 왔다. 동시에 그는 기하학적 직관에 호소하는 요소들도 철저히 몰아냈다. 그가 다시 쓴 공리들은 정말로 〈점〉과 〈선〉을 〈개구리〉와 〈금귤〉로 바꿔도 똑같이 말이 된다. 힐베르트 자신도 〈우리는 언제든 점, 직선, 평면 대신 탁자, 의자, 맥주잔이라고 말할 수 있어야 한다〉라는 유명한 말을 남겼다.[10] 힐베르트의 새로운 기하학을 추종한 초기의 팬 중에는 젊은 아브라함 발드가 있었다. 발드는 아직 빈 대학에 다니던 시절에 힐베르트의 공리들 중 일부가 다른 공리들로부터 유도되므로 삭제 가능하다는 것을 보여 주었다.*

힐베르트는 기하학에서 멈추는 것으로 만족하지 않았다. 그의 꿈은

---

* 어떤 역사학자들은 오늘날 경제학의 지나친 수학화가 멀게는 이 시점에서부터 비롯했다고 본다. 발드를 비롯한 1930년대 빈의 젊은 수학자들 덕분에 공리를 활용하는 버릇이 힐베르트로부터 경제학으로 넘어왔다는 것이다. 이 젊은 수학자들은 힐베르트의 스타일에 수학의 응용성에 관한 깊은 관심을 결합시켰다. E. 로이 웨인트라우브의 『경제학은 어떻게 수학적 과학이 되었는가How Economics Became a Mathematical Science』에 이런 생각이 자세히 나와 있다.

순수하게 형식적인 수학을 창조하는 것이었다. 어떤 명제가 참이라고 말하는 것은 그 명제가 게임의 시작에 구축된 규칙들을 따른다는 뜻일 뿐 그 이상도 이하도 아닌 수학을 말이다. 그것은 앤터닌 스캘리아가 좋아할 만한 수학이었다. 힐베르트가 산술에서 염두에 두었던 공리들은 이탈리아 수학자 주세페 페아노가 처음 형식화한 것이었는데, 우리가 보기에는 도무지 흥미로운 질문이나 논쟁이 있을 것 같지 않은 내용이다. 이를테면 〈0은 수다〉, 〈x가 y와 같고 y가 z와 같다면 x는 z와 같다〉, 〈x 바로 뒤에 오는 수가 y 바로 뒤에 오는 수와 같다면 x와 y는 같다〉 등등이다. 우리는 이런 공리들을 자명한 진실로 여긴다.

페아노 공리에서 놀라운 점은 이 빈약한 시작으로부터 상당히 많은 수학이 생성된다는 것이다. 이 공리들 자체는 정수만을 언급하는 것 같지만, 페아노는 이 공리들을 근간으로 하여 순수한 정의와 논리적 연역만을 펼침으로써 유리수를 정의하고 그 기본 성질들을 증명할 수 있음을 보여 주었다.* 19세기 수학은 해석학과 기하학에서 널리 받아들여지던 정의들에 논리적 흠이 있다는 사실이 발견됨에 따라 혼란과 위기에 시달리던 차였다. 힐베르트에게 형식주의는 너무나 기본적이라서 일말의 논쟁의 여지가 없는 토대 위에서 깨끗하게 새출발할 방법이었다.

그러나 하나의 유령이 힐베르트의 프로그램을 뒤쫓고 있었다. 모순의 유령이었다. 다음과 같은 악몽의 시나리오를 상상해 보자. 전 세계 수학자들이 협동하여 수론, 기하학, 미적분의 도구들을 모조리 새롭게 만들어 낸다고 하자. 기반 공리들에서 시작하여 그 위에 벽돌을 한 장 한 장 얹듯이 새 정리들을 쌓음으로써 위층이 연역의 법칙에 따라 바로 아래층에 단단히 붙어 있도록 만드는 것이다. 그런데 어느 날, 암스테르담의

---

* 페아노가 합리적 원칙에 따라 구성된 인공어의 열렬한 지지자였다는 사실은 우연의 일치가 아닐 것이다. 그는 〈라티노 시네 플렉시오네〉라는 독자적인 언어를 창조하여 그 언어로 수학 논문도 몇 편 썼다.

한 수학자가 어떤 수학적 주장이 참임을 증명했는데 교토의 다른 수학자는 참이 아님을 증명한다.

어떻게 할까? 우리는 도저히 의심할 수 없는 주장들로부터 시작하여 결국 모순에 다다랐다. 이것은 귀류법이니, 그렇다면 공리들이 틀렸다고 결론지어야 할까? 아니면 논리적 연역의 구조에 뭔가 잘못이 있었다고 봐야 할까? 그 공리들에 기초하여 수십 년 동안 쌓아 올린 작업들은 어떻게 할 것인가?**

그래서 힐베르트는 파리에 모인 수학자들에게 제기했던 문제들 중 2번째 문제로 이런 말을 꺼냈던 것이다.

하지만 무엇보다도 나는 우리가 공리에 관해 물을 수 있는 무수한 질문들 중에서 다음 질문이 제일 중요하다고 규정하고 싶습니다. 우리는 공리들이 모순되지 않는다는 것을 증명할 수 있는가. 즉, 그로부터 유한한 수의 논리적 단계를 거쳐 얻은 결론은 결코 모순되지 않는다는 것을 증명할 수 있는가.

우리는 그런 끔찍한 결과는 발생할 리 없다고 그냥 단정해 버리고 싶은 유혹을 느낀다. 어떻게 그럴 수 있단 말인가? 공리들은 명백히 참인 것을. 그러나 고대 그리스인에게는 모든 기하학적 크기가 두 정수의 비여야 한다는 것이 그 못지않게 명백한 사실이었다. 피타고라스의 정리와 완강히 무리수이기를 고집하는 2의 제곱근이 그들의 체계를 덮치기 전까지, 그들은 그 개념에 의거하여 측정을 수행했다. 수학은 때로 명백히 옳았던 것이 절대로 틀린 것임을 보여 주는 짜증스러운 버릇을 갖고 있다. 독일 논리학자 고틀로프 프레게의 사례를 떠올려 보자. 그는 힐베

** 테드 창의 1991년 단편 「영으로 나누면Division by Zero」은 불행하게도 이런 모순을 밝혀낸 수학자가 겪는 심리를 고찰했다.

르트와 마찬가지로 수학의 논리 토대를 강화하려고 애썼다. 프레게가 초점을 맞춘 대상은 수론이 아니라 집합론이었다. 그도 시작은 너무나 명백해서 말할 필요조차 없어 보이는 기본 공리들로부터 출발했다. 프레게의 집합론에서 집합이란 원소라고 불리는 개체들의 모음에 지나지 않는다. 우리는 중괄호 { }를 써서 집합 속에 어떤 원소들이 포함되는지 표시하는데, 따라서 {1, 2, 돼지}는 숫자 1, 숫자 2, 돼지 한 마리를 원소로 포함한 집합을 뜻한다.

이런 원소들 중 일부가 특정 성질을 갖고 있고 나머지는 갖고 있지 않다면, 그 성질을 가진 원소들만 따로 모은 집합도 존재하게 된다. 좀 더 현실적인 말로 설명해 보자. 돼지들의 집합이 있다. 그리고 그 속에 포함된 돼지들 중 노란 돼지들은 별도의 노란 돼지 집합을 이룬다. 자, 여기에서 이의를 제기할 대목은 찾기 어렵다. 그런데 이런 정의는 아주아주 일반적이다. 집합은 돼지들의 모음일 수도 있지만 실수들의 모음일 수도 있고, 아니면 개념들, 가능한 우주들, 혹은 다른 집합들의 모음일 수도 있다. 그리고 바로 이 마지막 항목이 문제의 근원이다. 모든 집합들의 집합이 존재할까? 물론이지. 모든 무한 집합들의 집합은? 왜 안 되겠는가? 사실 이 두 집합은 희한한 성질을 하나 공유하는데, 자신이 자신의 원소라는 성질이다. 가령 무한 집합들의 집합은 그 자신도 당연히 무한 집합이다. 그 속에는 가령 다음과 같은 원소들이 포함된다.

{모든 실수들}
{모든 실수들, 그리고 돼지 한 마리}
{모든 실수들, 그리고 에펠탑}

기타 등등, 이 목록에는 끝이 없다.

너무 허기져서 자기 꼬리를 씹다가 숫제 자신을 통째 삼키고 말았다는 신화 속 뱀 우로보로스의 이름을 따서, 우리는 이런 집합을 우로보로스 집합이라 불러도 좋겠다. 따라서 무한 집합들의 집합은 우로보로스 집합이다. 반면에 {1, 2, 돼지}는 우로보로스 집합이 아니다. 포함된 원소들 중 {1, 2, 돼지}라는 자기 자신이 없기 때문이다. 모든 원소는 숫자 아니면 동물이지, 집합은 없다.

결정적인 대목은 여기에서부터다. 모든 비(非)우로보로스 집합들의 집합을 NO라고 부르자. NO 같은 걸 상상하다니 퍽 이상하지만, 프레게의 정의가 이 집합을 집합들의 세계에 받아들인다면 우리도 잠자코 받아들여야 한다.

NO는 우로보로스 집합일까 아닐까? 즉, NO는 NO의 원소일까? 정의상 만일 NO가 우로보로스 집합이라면 NO는 비우로보로스 집합만을 포함하는 NO에 포함될 수 없다. 그러나 NO가 NO의 원소가 아니라는 것은 곧 NO가 자기 자신을 포함하지 않는 비우로보로스 집합이라는 뜻이다.

그런데 잠깐. 만일 NO가 비우로보로스 집합이라면, 그것은 모든 비우로보로스 집합들을 포함하는 NO의 원소여야만 한다. 그러면 NO가 NO의 원소라는 건데, 그것은 곧 NO가 우로보로스 집합이라는 말이다.

요컨대, 만일 NO가 우로보로스 집합이라면 그것은 우로보로스 집합이 아니고, 만일 NO가 우로보로스 집합이 아니라면 그것은 우로보로스 집합이다.

젊은 버트런드 러셀이 1902년 6월에 프레게에게 보낸 편지의 내용이 대충 그것이었다. 러셀은 파리 국제 수학자 대회에서 페아노를 만났었다. 그때 러셀이 힐베르트의 강연을 들었는지 여부는 알려져 있지 않지만, 모든 수학을 기본 공리들로부터 도출된 일련의 깔끔한 연역 구조들로 환원하자는 프로그램에 러셀도 합류한 것만은 분명했다.* 러셀의 편지는 연배가 높은 논리학자에게 보내는 팬레터처럼 시작한다. 〈저는 주된 논점들에서 당신의 의견에 모두 완전히 동의합니다. 특히 논리에서 심리 요소를 철저히 배제한 점, 그리고 수학과 형식 논리의 토대를 위한 개념적 표기가 중요하다고 여기는 점이 그렇습니다. 사실 수학과 형식 논리를 구별하는 것 자체가 거의 어렵겠지만요.〉

그러나 러셀은 이렇게 덧붙였다. 〈다만 저는 한 가지 논점에서 어려움에 직면했습니다.〉

이어서 러셀은 오늘날 러셀의 역설이라고 불리는 NO의 진퇴양난을 설명한다.

러셀은 프레게가 아직 『산수의 기초 *Grundgesetze der Arithmetik*』 2권을 출간하지 않은 것에 유감을 표하면서 편지를 맺는다. 그런데 사실 프레게가 러셀의 편지를 받았을 때 책은 이미 완성되어 인쇄기에 걸린 상태였다. 편지의 정중한 어조에도 불구하고(「저기요, 제가 당신의 평생 연구를 결딴냈거든요」가 아니라 「제가 어려움에 직면했습니다」), 프레게는 러셀의 역설이 자신의 집합론에서 어떤 의미인지 단박에 이해했다. 책을 수정하기에는 너무 늦었지만, 그는 황급히 러셀의 참혹한 통찰을 소개한 후기를 작성하여 덧붙였다. 프레게의 설명은 아마도 수학 문헌에 쓰인 최고로 슬픈 문장일 것이다. 〈과학자에게 자신이 작업을 완성하자마자 그 토대가 무너져 내리는 것을 경험하는 것보다 더 달갑잖은 일은 없을 것이다.〉

힐베르트와 다른 형식주의자들은 공리들 속에 시한폭탄처럼 모순이 잠복해 있을 가능성을 내버려 두고 싶지 않았다. 힐베르트는 무모순성

---

* 엄밀히 말하자면, 러셀은 힐베르트처럼 공리란 본질적 의미가 없는 기호들의 나열에 지나지 않는다고 선언하는 형식주의자는 아니었다. 러셀은 공리가 어떤 실질적인 논리적 사실에 관한 참된 명제라고 보는 〈논리주의자〉였다. 두 집단은 공리들로부터 어떤 명제들을 끌어낼 수 있는지 알아보는 작업에 열성적이었다는 데서 공통점이 있었다. 여러분이 이 구분을 얼마나 신경 쓰느냐 하는 것은 여러분이 대학원에서 분석 철학을 얼마나 즐길 수 있을지를 알아보는 좋은 척도이다.

이 보장되는 수학적 틀을 원했다. 그렇다고 해서 그가 산술에 정말로 모순이 도사리고 있을 가능성을 믿었던 건 아니다. 대부분의 수학자처럼, 나아가 대부분의 보통 사람처럼, 그는 산술의 표준 규칙들은 정수에 관한 참된 명제들이기 때문에 서로 정말로 모순될 리는 없다고 믿었다. 그러나 그것만으로는 충분하지 않았다. 그런 신념은 정수들의 집합이 현실적으로 존재한다는 가정에 의지한 믿음이었다. 이 점은 많은 사람들에게 골칫거리로 느껴졌다. 그로부터 몇 십 년 전, 게오르크 칸토어는 무한의 개념을 어느 정도 군건한 수학적 토대 위에 얹는 데 처음으로 성공했다. 그러나 사람들은 그의 연구를 쉽게 이해하지도 널리 인정하지도 않았으며, 적잖은 수학자들은 무한 집합의 존재에 의존하는 증명이라면 뭐든 수상하게 여겨야 한다고 느꼈다. 숫자 7이란 것이 존재한다는 사실은 모두가 기꺼이 받아들일 수 있었다. 그러나 모든 숫자들의 집합이란 것이 존재한다는 개념은 논박의 소지가 있었다. 힐베르트는 러셀이 프레게에게 한 짓을 잘 알았으며, 무한 집합을 함부로 추론하는 것이 가져올 위험을 똑똑히 인식했다. 1926년에 그는 〈섬세한 독자라면 수학 문헌에는 무한에서 비롯한 무의미함과 어리석음이 넘쳐난다는 사실을 알아차릴 것이다〉라고 썼다.[11] (앤터닌 스캘리아의 진땀 흘리는 듯한 반대 의견서에 끼워 넣어도 어색하지 않을 듯한 어조다.) 힐베르트는 무모순성에 대한 유한적 증명, 즉 무한 집합을 전혀 언급하지 않으며 합리적인 사람이라면 누구나 전적으로 믿을 수밖에 없는 증명을 찾고 싶었다.

결국 힐베르트는 실망할 것이었다. 1931년, 쿠르트 괴델은 산술의 무모순성에 대한 유한적 증명은 불가능하다는 내용의 그 유명한 제2 불완전성 정리를 증명했다. 괴델은 힐베르트의 프로그램을 단칼에 베어 버렸다.

그러면 우리는 내일 오후에 당장 수학이 와르르 무너질지도 모른다고 걱정해야 하는가? 그냥 내 생각이지만, 나는 걱정하지 않는다. 나는 무한 집합의 존재를 믿는다. 무한 집합을 이용한 무모순성 증명도 설득력이 충분하기 때문에, 밤잠까지 못 이루며 걱정할 필요는 없다고 본다.

대부분의 수학자들은 나와 비슷하지만, 반대하는 사람도 좀 있다. 프린스턴 대학의 논리학자 에드워드 넬슨은 2011년에 산술의 모순성에 대한 증명을 작성하여 회람시켰다(다행히도 테리 타오가 며칠 만에 넬슨의 논증에서 실수를 찾아냈다).[12] 필드상 수상자로서 현재 프린스턴 고등 연구소에 있는 블라디미르 보예보츠키는 2010년에 자신도 산술의 무모순성을 확신할 이유가 없다고 본다고 말함으로써 한바탕 소동을 일으켰다. 그와 전 세계 수학자들로 구성된 대규모 공동 연구 집단은 수학의 새로운 토대에 대한 자신들 나름의 제안을 내놓았다. 힐베르트는 처음에 기하학에서 시작했지만 산술의 무모순성이 좀 더 근본적인 문제라고 마음을 바꾸었던 데 비해, 보예보츠키 그룹은 기하학이 가장 근본적인 문제라고 주장했다. 다만 유클리드에게 익숙했던 기하학이 아니라 호모토피 이론이라고 불리는 현대적 기하학이다. 이런 토대들은 정말로 회의와 모순에서 자유로울까? 20년 뒤에 내게 다시 물어보라. 이런 일에는 시간이 걸리는 법이다.

힐베르트의 수학 스타일은 그가 제안한 형식주의 프로그램의 죽음을 견디고 살아남았다. 사실 그는 괴델의 연구가 발표되기 전에도 자신의 의도는 정말로 수학을 근본적으로 형식주의적인 방식으로 창조하려는 것은 아님을 똑똑히 밝혔다. 그것은 너무 어려운 작업일 것이다! 설령 우리가 기하학을 일련의 무의미한 기호들을 조작하는 활동으로 재구성하는 데 성공하더라도, 우리 인간은 그림을 그리지 않고서는, 도형을 상상하지 않고서는, 기하학적 대상을 실체로 여기지 않고서는 기하학적 발상을 단 하나도 떠올리지 못할 것이다. 보통 플라톤주의라고 불리는 이 관점은 내 철학자 친구들 사이에서 평판이 대체로 나쁘다. 그들은 묻는다. 대체 어떻게 15차원 하이퍼 큐브가 실체일 수 있어? 그러면 나는 그저 내게는 그것이 가령 산봉우리만큼 어엿한 실체로 느껴진다고 대답할 수 있을 따름이다. 게다가 누가 뭐래도 나는 15차원 하이퍼 큐브를 정의할 줄 안다. 당신은 산봉우리에 대해서 그렇게 할 수 있는가?

그러나 우리는 힐베르트의 아이들이다. 주말에 철학자들과 함께 맥주를 마실 때는, 그래서 철학자들이 우리가 연구하는 대상들의 상태에 관해 자꾸 캐물으며 들볶을 때는,* 우리는 형식주의자의 보루로 퇴각하여 이렇게 항변한다. 〈그야 물론, 우리는 사태를 파악하기 위해서 기하학적 직관을 활용하지만, 우리 말이 참이라는 것을 아는 궁극적인 방법은 그 그림의 이면에 형식 증명이 존재한다는 사실이야.〉 필립 데이비스와 루빈 허시의 유명한 형식화를 빌리자면, 〈전형적인 수학자는 평일에는 플라톤주의자이고 일요일에는 형식주의자이다〉.[13]

힐베르트는 플라톤주의를 파괴하기를 바라지 않았다. 그가 원했던 것은 플라톤주의에게 안전한 세상을 만들어 주는 것이었다. 그는 기하학과 같은 주제들을 결코 흔들리지 않는 형식 토대에 얹음으로써, 우리 수학자들이 평일에도 일요일만큼 스스로가 도덕적으로 건전하다고 느끼기를 바랐던 것이다.

천재성이란 어떤 발생한 사건

나는 힐베르트의 역할을 대단히 강조했고, 그것은 옳은 말이지만, 이렇게 제일 높은 곳에 있는 인물들에게만 관심을 너무 기울이다 보면 자칫 수학을 날 때부터 천재였던 소수의 고독한 인물들이 앞장서서 길을 트고 나머지 인류는 그 뒤를 따르는 작업으로 오해하게끔 만들 수 있다. 그렇게 이야기하는 게 쉽긴 하다. 어떤 경우에는 실제로 그것이 그다지 틀린 말이 아니다. 스리니바사 라마누잔이 그랬다. 라마누잔은 인도 남

* 그들은 정말로 그런다!

부 출신의 신동이었고, 어려서부터 충격적으로 독창적인 수학적 발상들을 떠올렸는데, 자신은 그것을 나마기리 여신이 내려 준 신성한 계시라고 묘사했다.[14] 한동안 그는 해당 주제에 관한 동시대의 연구 상황을 살펴보고자 책 몇 권을 읽은 것 외에는 수학계와 아무 관련을 맺지 않은 채 철저히 고립되어 연구했다. 그러다 1913년에 마침내 바깥 세상의 수론학자들과 접촉했을 때, 그는 여러 권의 공책에 4000개가량의 정리들을 빼곡히 적어 둔 상태였다. 그중 많은 수는 오늘날까지도 활발하게 탐구되는 주제들이다(여신은 라마누잔에게 그 명제들을 계시해 주었으나 증명은 알려 주지 않았고, 그것을 매우는 것은 라마누잔의 후예인 우리의 몫이다).

그러나 라마누잔은 예외적인 인물이다. 라마누잔의 이야기가 그토록 자주 이야기되는 것은 그가 그만큼 독특한 인물이었기 때문이다. 힐베르트는 훌륭한 학생이었지만 딱히 특출하진 않았으며, 쾨니히스베르크에서 제일 똑똑한 젊은 수학자는 결코 아니었다. 그것은 그보다 두 살 어렸던 헤르만 민코프스키의 자리였다.[15] 물론 민코프스키는 탁월한 수학자로서 경력을 이어갔지만, 힐베르트만 하진 못했다.

수학을 가르치는 선생의 입장에서 가장 가슴 아픈 것은 학생들이 천재성의 신앙에 망가지는 모습을 보는 것이다. 천재성 신앙은 학생들에게 최고가 아니라면 수학을 할 가치가 없다고 말한다. 특별한 소수의 기여만이 중요하다는 것이다. 그러나 우리는 다른 주제들은 이런 식으로 다루지 않는다. 나는 학생이 〈『햄릿』을 좋아하지만 영문학 특별반에는 들지 않았어. 맨 앞줄에 앉은 저 애는 모든 희곡을 다 알아. 아홉 살부터 셰익스피어를 읽기 시작했다지 뭐야!〉라고 말하는 것은 한 번도 들어 보지 못했다. 운동선수들은 같은 팀에 자신보다 나은 선수가 있다고 해서 스포츠를 그만두지 않는다. 그러나 나는 유망한 젊은 수학자들이 수학을 사랑함에도 불구하고 자신의 시야 안에 자신보다 〈앞선〉 사람이 있다는 이유로 수학을 그만두는 모습을 매년 목격한다.

우리는 이런 식으로 많은 수학 전공자를 놓친다. 따라서 미래의 수학자들을 놓치는 셈이지만, 문제는 단순히 그것만이 아니다. 나는 세상에 수학자가 되지 않는 수학 전공자가 더 많아야 한다고 생각한다. 수학을 전공한 의사, 수학을 전공한 고등학교 교사, 수학을 전공한 CEO, 수학을 전공한 상원 의원이 더 많아야 한다. 그러나 우리가 수학은 신동들만 하는 일이라는 고정 관념을 내다 버리지 않는 한, 그렇게 되기 힘들 것이다.

천재성 신앙은 또 고된 노력을 평가 절하하는 경향이 있다. 수학을 처음 시작했을 때, 나는 〈노력〉이란 점잖은 모욕이나 다름 없는 말이라고 생각했다. 학생에게 차마 똑똑하다고 말해 줄 수 없을 때 대신 말해 주는 표현인 줄 알았다. 그러나 노력하는 능력, 즉 하나의 문제에 관심과 에너지를 집중시켜 그 문제를 체계적으로 고민하고 또 고민하며 틈이 있는 듯한 지점은 모조리 밀어 보는 것, 더구나 겉으로는 뚜렷한 발전의 신호가 보이지 않는데도 계속 그렇게 하는 것은 아무나 가진 기술이 아니다. 요즘 심리학자들은 그 능력을 〈기개〉라고 부르는데,[16] 기개 없이는 수학을 할 수 없다. 노력의 중요성을 간과하기가 쉽긴 하다. 왜냐하면 우리가 마침내 수학적 영감을 느낄 때는 그것이 아무 고생 없이 순간적으로 나타난 것처럼 느껴지기 때문이다. 내가 평생 처음으로 정리를 증명했던 순간을 기억한다. 대학에서 졸업 논문을 준비하던 때였다. 나는 완전히 막힌 상황이었다. 어느 날 밤 대학 문예 잡지 편집자 모임에 참석하여 적포도주를 마시면서 다소 따분한 단편에 관한 토론에 드문드문 끼던 중, 난데없이 머릿속에 뭔가 떠오르면서 상황을 어떻게 타개해야 할지 알게 되었다. 자세한 세부는 없었지만 상관없었다. 나는 의심의 여지 없이 내가 해냈다는 사실을 깨달았다.

수학적 창조력은 종종 그런 방식으로 모습을 드러낸다. 1881년에 프랑스 수학자 앙리 푸앵카레가 기하학적 돌파구를 알아낸 경험에 대한 기록은 유명하다.

　쿠탕스에 도착한 뒤, 우리는 어딘가 다른 곳으로 가기 위해서 합승 마차에 탔다. 계단에 발을 올린 순간, 내가 그때까지 하고 있었던 생각에서 이어진 것이라고는 볼 수 없는 어떤 발상이 머리에 떠올랐다. 내가 푹스 함수를 정의하는 데 썼던 변환들이 비유클리드 기하학의 변환들과 동일하다는 발상이었다. 나는 그 자리에서 그 발상을 확인하진 않았다. 그러려고 해도 시간이 없었을 텐데, 왜냐하면 합승 마차에 앉자마자 이전부터 이어지던 대화에 참여했기 때문이다. 그러나 나는 완벽하게 확실하다고 느꼈다. 캉으로 돌아온 뒤, 여유가 있을 때 양심상 결과를 확인해 보기는 했다.[*]

　그러나 푸앵카레는 그것이 정말 마차 계단에서 벌어진 일은 아니었다고 설명한다. 영감의 순간은 이전 몇 주 동안 의식적으로든 무의식적으로든 수행해 온 작업의 산물이고, 그 작업 덕분에 우리는 머릿속으로 드디어 여러 발상들을 연결지을 준비를 갖추게 되는 것이다. 가만히 앉아서 영감이 찾아오기를 기다리는 것은 실패의 지름길이다. 당신이 아무리 신동이라도.
　내가 이 주장을 입증하기는 어려울지 모른다. 왜냐하면 나 또한 그런 신동이었기 때문이다. 나는 6살 때부터 내가 수학자가 되리란 걸 알았다. 학년을 월반하여 수업을 들었으며, 수학 대회에서 목이 무거울 만큼 메달을 땄다. 대학에 갔을 때, 나는 수학 올림피아드에서 만났던 경쟁자들이 우리 세대의 가장 훌륭한 수학자들이 될 거라고 거의 확신했다. 그러나 정확히 그렇게는 되지 않았다. 그 젊은 스타 집단에서 필드상을 받

---

[*] 푸앵카레의 에세이 「수학적 창조Mathematical Creation」에서 인용했다. 수학적 창조성, 더 나아가 어떤 종류의 창조성에라도 관심이 있다면 이 글을 읽어 보기를 강력하게 권한다.

은 조화 해석학자 테리 타오와 같은 탁월한 수학자들이 많이 배출되긴 했지만, 내가 지금 함께 일하는 수학자들 중 대부분은 13살에 에이스 수학 경시대회 참가자로 활약했던 사람들은 아니다. 이들은 자신의 능력과 재능을 조금 다른 시간표에 따라서 발달시켰다. 그렇다고 이들이 중학교 때 수학을 포기해야 했겠는가?

수학을 오래 하다 보면 깨닫게 되는 것은(그리고 나는 이 교훈이 훨씬 더 폭넓게 적용될 것이라고 생각한다) 당신보다 앞선 사람은 늘 있다는 사실이다. 당장 같은 교실에 있든 아니든 말이다. 이제 막 시작한 사람은 좋은 정리를 증명한 사람을 바라보고, 좋은 정리를 증명한 사람은 좋은 정리를 많이 증명한 사람을 바라보고, 좋은 정리를 많이 증명한 사람은 필즈상을 받은 사람을 바라보고, 필즈상을 받은 사람은 수상자들 중에서도 〈핵심〉에 속하는 사람을 바라보며, 그런 사람은 또 언제나 죽은 사람들을 바라볼 수 있다. 거울을 보면서 〈인정하자, 나는 가우스보다 똑똑해〉라고 중얼거리는 사람은 세상에 한 명도 없다. 그런데도 가우스에 비하면 전부 바보인 사람들이 지난 백 년 동안 힘을 합쳐 노력함으로써 역사상 가장 풍성한 수학 지식을 일구어 냈다.

수학은 대체로 공동 사업이다. 공통의 목표를 추구하는 거대한 지적 네트워크가 만들어 낸 산물을 각자가 조금씩 더 발전시킨다. 비록 아치를 완성하는 최후의 돌을 얹은 사람이 특별한 영예를 누리기는 하지만 말이다. 마크 트웨인은 이 점을 다음과 같이 잘 표현했다. 〈전신이나 증기 엔진이나 축음기나 전화처럼 중요한 물건을 발명하는 데는 천 명의 사람이 필요했지만, 공은 마지막 사람이 다 차지하고 우리는 나머지 사람들을 잊어버립니다.〉[17]

이것은 풋볼과도 비슷하다. 물론 한 선수가 경기를 완전히 장악하는 순간이 있기는 하다. 우리가 이후 오래도록 기억하고 기념하고 회상하는 것은 그런 순간들이다. 그러나 그것은 풋볼에서 보통의 상태가 아니고, 이기는 경기라도 대부분은 그런 순간 때문에 이기는 게 아니다. 쏜살같이 달려 나가는 와이드 리시버에게 쿼터백이 눈부신 터치다운 패스를 하는 데 성공했을 때, 우리는 많은 사람들의 협동 작업을 보는 것이다. 쿼터백과 리시버뿐 아니라 수비팀이 뚫고 들어오는 것을 막아서 쿼터백이 제대로 자세를 잡고 던지도록 시간을 벌어 준 공격팀 라인맨들이 있었고, 그 방어는 또 결정적인 순간에 수비팀의 주의를 흩뜨리기 위해서 핸드오프를 하는 척했던 러닝백 덕분에 가능했으며, 그 밖에도 경기를 조직한 공격팀 감독, 클립보드를 든 그의 많은 조수들, 선수들이 잘 뛰고 던질 수 있도록 돌봐 준 훈련 스태프들…… 우리는 이 사람들을 다 천재라고 부르진 않는다. 그러나 그들은 천재성이 벌어질 수 있는 조건을 만들었다.

테리 타오는 이렇게 썼다.

흔히 떠올리는 고독한(게다가 약간 미쳤을 수도 있는) 천재의 이미지, 즉 기존 문헌을 비롯한 관습적인 지혜들을 무시한 채 남에게 설명할 수 없는 영감에 따라(어쩌면 듬뿍 가해진 고통이 그 영감을 더욱 강화할 수도 있다) 모든 전문가가 골머리를 썩였던 문제에 대해서 놀랍도록 독창적인 해답을 찾아내는 사람의 이미지는 매력적이고 낭만적이지만, 한편으로는 터무니없이 부정확하다. 적어도 현대 수학의 세계에서는 그렇다. 우리는 물론 수학에 대해서 근사하고 심오하고 놀라운 결과들과 통찰들을 갖고 있지만, 그것은 많은 훌륭하고 위대한 수학자들이 수 년, 수십 년, 심지어 수백 년에 걸쳐서 착실히 연구하고 발전시켜 온 끝에 힘들게 얻어 낸 누적적 성과이다. 이해의 한 단계에서 다음 단계로 넘어가는 발전은 굉장히 중대한 사건일 수도 있고 심지어 누구도 예상하지 못했던 사건일 수도 있지만, 그래도 그것은 완전히 새롭게 시작된 작업이 아니라 이전 연구들의 토대 위에 구축된 작업이다. ……나는 오늘날 수학 연구의 현실이, 즉 직관과 자료와 약간의 행운에 따라 열심히 노력한 결과로 발전이 자연스럽게, 또한 누적적으로 생겨나는 현실이 내가 학생 때 품었던 낭만적 이미지, 즉 수학은 주로 희귀한 〈천재들〉의 신비로운 영감에 따라 발전한다는 이미지보다 훨씬 만족스럽다고 느낀다.[18]

힐베르트를 천재라고 부르는 건 틀린 말이 아니다. 그러나 그보다는 힐베르트가 해낸 일이 천재적이었다고 말하는 게 더 옳다. 천재성은 어떤 발생한 사건이지, 어떤 종류의 사람이 아니다.

정치 논리

정치 논리는 힐베르트나 수학적 논리학자들이 말한 의미에서의 형식 체계는 아니다. 그러나 형식주의적 관점을 지닌 수학자라면 정치에 대해서도 똑같은 방법론적 의도를 품고서 접근하기 마련이다. 사실 힐베르트부터가 그런 접근을 장려했다. 그는 1918년 강연 〈공리적 사고〉에서 수학에서 이토록 성공적이었던 공리적 접근법을 다른 과학들도 채택할 것을 권고했다.

일례로, 우리가 산술에서 모순을 확실하게 추방할 가능성이 없다는 것을 보여 주었던 괴델은 1948년 미국 시민권 시험을 앞두고 공부하던 헌법에 대해서도 마찬가지 걱정을 품었다. 그는 헌법 조문에 담긴 어떤 모순 때문에 파시스트 독재자가 완벽하게 합헌적인 방식으로 나라를 장악할 가능성이 열려 있다고 보았다. 괴델의 친구 알베르트 아인슈타인과 오스카어 모르겐슈테른은 그에게 시험에서 이런 이야기를 꺼내진 말라고 간곡히 조언했지만, 모르겐슈테른의 회상에 따르면 결국 대화는 대충 이렇게 진행되었다.

시험관: 자, 괴델 씨, 어디 출신입니까?

괴델: 어디 출신이냐고요? 오스트리아입니다.

시험관: 오스트리아의 정부 형태는 뭡니까?

괴델: 공화국이었습니다. 하지만 헌법에 문제가 있어서 결국 독재로 바꾸고 말았습니다.

시험관: 아! 안됐습니다. 이 나라에서는 그런 일은 벌어질 수 없답니다.

괴델: 아, 가능합니다, 내가 증명할 수 있습니다.

다행히 시험관이 얼른 대화 주제를 바꾸었고, 괴델의 시민권은 무사히 발급되었다. 괴델이 헌법에서 발견했던 모순이 무엇인가 하는 것은 수학사에서 영영 사라져버린 기억인 것 같다.[19] 어쩌면 그 편이 더 잘된 일인지도!

논리적 원칙과 연역에 헌신했던 태도 덕분에, 힐베르트는 콩도르세와 마찬가지로 비수학적인 문제에 있어서도 종종 놀랍도록 현대적인 관점을 취했다.* 1914년에 그는 「문명 세계에게 보내는 선언서Declaration to the Cultural World」에 서명하기를 거부하여 약간의 정치적 대가마저 감수해야 했는데,[20] 카이저가 유럽에서 벌이는 전쟁을 옹호하는 내용이었던 선언서는 모든 문장에 〈~은 사실이 아닙니다〉라는 표현이 들어가는 부정문들이 나열된 형식이었다. 이를테면 〈독일이 벨기에의 중립성을 침해했다는 말은 사실이 아닙니다〉 하는 식이었다. 펠릭스 클라인, 빌헬름 뢴트겐, 막스 플랑크 같은 독일 최고 과학자들이 대거 선언서에 서명했다. 그러나 힐베르트는 문제의 말들이 사실이 아니라는 것을 자신이 만족할

* 그런데 아미르 알렉산더가 『무한소Infinitesimal』(뉴욕: FSG, 2014)에서 주장한 바에 따르면, 17세기에는 고전 유클리드 기하학으로 대변되는 순수한 형식주의 입장이 오히려 견고한 위계와 정통 예수회 교리와 관련되었으며 그보다 좀 더 직관적이고 덜 엄밀했던 뉴턴 이전 무한소 이론이 좀 더 진취적이고 민주적인 이데올로기와 결부되었다.

만큼 엄밀하게 입증할 수 없다는 단순한 이유에서 서명을 거부했다.

일 년 뒤, 괴팅겐 대학 교수진이 어찌 학생들에게 여자에게 수학을 배우라고 말할 수 있겠느냐는 이유로 위대한 대수학자 에미 뇌터를 강사직에 임명하기를 망설이자, 힐베르트는 〈어째서 후보자의 성별이 그의 임명을 반대하는 논거가 되는지 모르겠군요. 여기는 대학이지 목욕탕이 아닙니다〉라고 대꾸했다.

그러나 정치에 대한 합리적 분석에도 한계가 있는 법이다. 1930년대에 이제 노인이 된 힐베르트는 조국에서 나치가 세를 굳히면서 벌어지고 있었던 상황들을 제대로 파악하지 못했던 것 같다. 1938년, 그의 첫 박사 과정 제자였던 오토 블루멘탈이 힐베르트의 76세 생일을 축하하기 위해서 괴팅겐으로 찾아왔다. 블루멘탈은 기독교도였지만 유대인 집안 출신이었기 때문에 아헨의 교수직에서 쫓겨난 참이었다(그해는 독일에 점령된 오스트리아에서 아브라함 발드가 미국으로 떠난 해이기도 했다).

힐베르트의 전기를 쓴 콘스턴스 리드는 생일 파티에서 오간 대화를 이렇게 기록했다.[21]

「이번 학기에는 뭘 가르치나?」 힐베르트가 물었다.

「이제 강의를 안 합니다.」 블루멘탈이 부드럽게 상기시켜 주었다.

「그게 무슨 말이야, 강의를 안 하다니?」

「저는 이제 강의하는 게 허락되지 않습니다.」

「하지만 그건 있을 수 없는 일이야! 그럴 순 없어. 범죄라도 저질렀다면 모를까, 그렇지 않은 한 누구도 교수를 해고할 권리가 없어. 자네는 왜 정의를 요구하지 않는 건가?」

인간 정신의 진보

콩도르세 역시, 정치에 대한 자신의 형식주의적 발상들이 현실에 잘 맞지 않는다는 것을 안 뒤에도 신념을 고수했다. 콩도르세 역설이 존재한다는 것은 언뜻 논쟁의 여지가 없어 보일 만큼 기본적인 그의 공리(과반수가 B보다 A를 선호하면 B가 승자가 될 수 없다)를 따르는 선거 제도라도 자기 모순에 빠질 수 있다는 뜻이었다. 콩도르세는 말년의 십 년 간 이 역설을 이해하는 일에, 그리고 집단 모순의 문제를 피할 수 있는 점점 더 복잡한 선거 제도를 개발하는 일에 많은 노력을 쏟았다. 그러나 성공하지 못했다. 1785년에 그는 다소 쓸쓸한 분위기로 이렇게 썼다. 〈아주 많은 수의 투표자를 확보하거나 아주 계몽된 사람만 투표할 수 있도록 하는 방법 외에는 우리가 이런 애매한 결정에서 벗어날 도리가 없다. ……투표자들이 충분히 계몽된 상황이 아니라면, 우리는 그 역량을 믿을 수 있는 사람만을 후보자로 받아들임으로써 나쁜 선택을 피하는 수밖에 없다.〉[22]

그러나 진정한 문제는 투표자가 아니라 수학이었다. 오늘날 우리는 콩도르세가 처음부터 실패할 운명이었다는 것을 안다. 케네스 애로는 1951년 박사 학위 논문에서 콩도르세가 썼던 것보다 훨씬 더 약한 공리 집합에서도, 즉 페아노의 산술 법칙처럼 도무지 의심할 수 없을 것 같은 조건들의 집합에서도 모순이 발생한다는 것을 증명했다.* 대단히 우아한 이 연구로 애로는 1972년 노벨 경제학상까지 받았지만, 괴델의 정리

---

* 애로의 정리가 적용되지 않는 선거 제도가 하나 있기는 하다. 〈승인 투표〉는 투표자가 자신의 선호를 전부 다 밝힐 필요는 없고 그저 투표 용지에 좋아하는 후보자를 개수 제한 없이 표시하면 되는 제도이다. 그렇게 해서 가장 많은 기표를 얻은 후보자가 이긴다. 내가 아는 수학자들 대부분은 승인 투표나 그 변형 형태가 다수 대표제나 즉석 결선 투표제보다 낫다고 본다. 이 방식은 교황을 선출할 때, 유엔 사무총장을 선출할 때, 미국 수학회 임원들을 선출할 때 사용되었으나 미국에서 선출직 공무원을 뽑을 때 사용된 적은 없다.

에 낙담했던 힐베르트처럼 콩도르세만은 이 연구에 낙담했을 것이다.

그러나 어쩌면 아니었을 수도 있다. 콩도르세는 쉽게 낙담하지 않는 강인한 사람이었다. 혁명에 속도가 붙자, 그의 온건한 공화주의는 급진적인 자코뱅주의에 금세 밀렸다. 콩도르세는 처음에는 정치적 주변부로 밀렸고, 그다음에는 기요틴을 피해 숨어야 했다. 그런데도 이성과 수학의 안내에 따라 굳건하게 나아가는 진보에 대한 믿음은 그를 떠나지 않았다. 파리의 안가에 고립된 채 자신에게 남은 시간이 많지 않을지도 모른다는 것을 아는 상태에서 그는 『인간 정신 진보의 역사적 개관 초고Sketch for a Historical Picture of the Progress of the Human Mind』를 써서 자신의 미래 전망을 펼쳐 보였다. 충격적으로 낙관적인 이 글에서 그는 과학에 힘입어 왕정, 성적 편견, 기아, 노화와 같은 오류들이 차례차례 제거되는 세상을 그려 보인다. 다음 문장은 전형적이다.

우리는 인류가 다음과 같이 개량되리라고 기대할 수 있지 않을까? 과학과 예술에서 새로운 발견들이 등장하면, 그 당연한 결과로서 개인과 전체가 풍요를 누릴 수단들도 새롭게 발견될 것이다. 그러면 그다음 단계로 우리의 행동 원칙과 도덕 관습이 진보할 것이다. 그리고 마지막으로 우리의 도덕적, 지적, 육체적 재능이 진정으로 개선될 것이다. 이것은 우리로 하여금 재능을 키우고 올바르게 활용하도록 이끄는 수단들이 개선된 결과일 수도 있고, 아니면 정말로 우리 스스로가 개선된 결과일 수도 있다.

오늘날 콩도르세의 글은 간접적으로 더 많이 알려져 있다. 콩도르세의 예견이 턱없이 낙관적이라고 여긴 토머스 맬서스가 그로부터 영감을 얻어 그보다 훨씬 더 유명하고 훨씬 더 암울한 인류 미래의 예측을 썼던 일화로 말이다.

위의 문장을 쓴 직후였던 1794년 3월(또는 프랑스 혁명력 제2년 제르

미날), 콩도르세는 체포되었다. 그리고 이틀 뒤 시신으로 발견되었다. 자살이었다고 말하는 사람들도 있고 살해되었다고 말하는 사람들도 있다.

힐베르트의 수학 스타일이 괴델에 의한 형식주의 프로그램의 붕괴를 겪고도 살아남았듯이, 콩도르세의 정치에 대한 접근법 또한 그의 사망을 겪고도 살아남았다. 오늘날 우리는 더 이상 그의 공리를 만족시키는 선거 제도를 찾기를 희망하지 않지만, 콩도르세의 좀 더 근본적인 믿음, 즉 계량적인 〈사회 수학〉(오늘날 우리가 〈사회 과학〉이라고 부르는 것이)이 적절한 정부 행동을 결정하는 일에 참가해야 한다는 믿음은 전적으로 받아들였다. 바로 그것이 콩도르세가 『인간 정신 진보의 역사적 개관 초고』에서 그토록 힘차게 말했던, 〈우리로 하여금 재능을 키우고 올바르게 활용하도록 이끄는 수단들〉이다.

콩도르세의 생각은 현대의 정치 활동에 워낙 속속들이 스며 있기 때문에, 우리는 그것을 선택의 문제로 여기지 않는 편이다. 그러나 그것은 선택이었다. 그리고 나는 그것이 옳은 선택이라고 생각한다.

어떻게 하면 옳을 수 있는가

대학 2학년과 3학년 사이 여름에 나는 공중 보건 분야의 연구자를 돕는 아르바이트를 했다. 연구자가(내가 그의 이름을 밝히지 않는 이유는 곧 드러날 것이다) 수학 전공 대학생을 고용한 것은 2050년에 결핵 환자의 수가 얼마나 될지 알고 싶어서였다. 그 숫자를 계산하는 것이 내가 여름에 할 일이었다. 연구자는 내게 결핵에 관한 자료가 잔뜩 담긴 뚱뚱한 폴더를 건넸다. 결핵이 다양한 환경에서 전염성이 얼마나 되는지, 전형적인 감염 경로는 어떻고 최대 전염 가능 기간은 얼마인지, 생존 곡선과 약물 반응률은 어떤지, 그리고 위의 모든 사항들을 연령, 인종, 성별, HIV 보균 상태로 분류하면 어떤지. 정말이지 두꺼운 폴더였다. 자료는 잔뜩 있었다. 나는 수학 전공자가 하는 일을 하기 시작했다. 즉, 연구자가 준 데이터를 사용해서 결핵 유병률에 관한 수학적 모형을 만든 뒤, 시간이 흐르면 여러 인구 집단의 결핵 감염률이 어떻게 변할지를 시뮬레이션의 종료점인 2050년까지 십 년 단위로 예측해 보았다.

그리고 내가 알아낸 사실은 이랬다. 나는 2050년에 결핵에 걸린 사람이 얼마일까 하는 문제에 대한 단서를 하나도 얻지 못했다. 모든 경험적 연구들은 불확실성을 품고 있었다. 연구자들은 전염률이 20%라고 보았지만, 어쩌면 13%일 수도 있었고 25%일 수도 있었다. 60%나 0%는 확실히 아니었지만 말이다. 이런 사소한 국지적 불확실성들이 시뮬레이션에 모두 스며들었고, 모형의 여러 매개 변수에 관한 불확실성들이 서로를 더욱 증폭시켜, 2050년까지 나아가면 잡음이 신호를 삼켜 버렸다. 나는 시뮬레이션 결과가 어느 쪽으로든 나오도록 만들 수 있었다. 어쩌면 2050년에는 결핵이란 질병 자체가 사라졌을 수도 있었고, 또 어쩌면 세계 인구의 대다수가 감염되었을 수도 있었다. 내게는 원칙에 의거하여 한쪽을 선택할 방법이 없었다.

이것은 연구자가 듣고 싶은 대답이 아니었다. 그는 그런 답을 듣자고 내게 돈을 주는 것이 아니었다. 그가 내게 돈을 준 것은 숫자를 얻기 위해서였고, 그는 끈질기게 그 요청을 반복했다. 그는 말했다. 나도 불확실성이 있다는 건 알아요, 의학 연구는 다 그러니까 이해해요, 그냥 최선의 추측을 알려 주면 돼요. 내가 어떤 하나의 추측은 아예 추측하지 않는 것보다 더 나쁠 것이라고 아무리 항의해 봐야 소용없었다. 그는 계속 고집했다. 그리고 그는 내 고용주였기 때문에, 나는 결국 숫자를 넘겨주었다. 틀림없이 그는 이후 많은 사람들에게 2050년에는 X백만 명의 사람이 결핵에 걸려 있을 것이라고 말하고 다녔을 것이다. 그리고 누가 그에게 어떻게 아느냐고 묻는다면, 장담하건대 그는 이렇게 대답했을 것이다. 수학을 하는 사람을 썼지요.

중요한 비평가

이 이야기는 꼭 확실히 틀리지 않을 수 있는 겁쟁이의 방법을 권하는 것처럼 들릴 수도 있다. 절대 아무 말도 하지 말고, 모든 까다로운 질문에 어깨를 으쓱하며 얼버무리는 것이다. 「글쎄, 확실히 그럴 수 있죠, 하지만 알다시피 한편으로는 이럴 수도 있어요……」

그렇게 늘 어물쩍 넘어가고 이의만 제기하고 모호하게만 말하는 사람들은 일이 벌어지게끔 만들지 못한다. 우리는 그런 사람을 비난하고 싶을 때, 시어도어 루스벨트 대통령이 임기가 끝난 직후인 1910년에 파리에서 했던 강연 〈공화국의 시민〉을 곧잘 인용한다.

중요한 것은 비평가가 아닙니다. 강인한 사람이 어떻게 실수하는지, 행동하는 사람이 어떻게 더 잘 행동할 수 있었는지 지적하는 사람은 중요하지 않습니다. 공을 인정받아야 하는 사람은 실제로 현장에 있는 사람, 먼지와 땀과 피로 얼굴을 더럽히는 사람입니다. 용맹하게 분투하는 사람입니다. 실수와 곤경이 따르지 않는 노력은 없기 때문에 거듭 실수를 저지르고 곤경에 처하는 사람, 그럼에도 행동하려 나서는 사람입니다. 커다란 열정과 커다란 헌신을 아는 사람입니다. 고결한 대의에 자신을 바치는 사람입니다. 최고의 상태일 때는 크나큰 성취를 얻어 낼 것이고 최악의 상태일 때는 비록 실패하더라도 대담하게 실패할 사람, 그리하여 승리도 패배도 모르는 차갑고 소심한 영혼들과는 결코 한자리에 놓이지 않을 사람입니다.

사람들은 늘 이 부분만 인용하지만, 이 강연문은 전체가 다 흥미로우며 요즘 미국 대통령들이 하는 어떤 연설보다도 더 길고 내용이 많다. 심지어 우리가 이 책에서 논의했던 다른 주제들도 들어 있다. 가령 루스벨트가 재화의 한계 효용 감소를 언급한 부분을 보자.

구체적인 물질적 성공 혹은 보상을 일단 어느 수준까지 달성했다면, 그것을 더 늘리는 것은 우리가 인생에서 할 수 있는 다른 일들에 비해 중요성이 점점 더 떨어지게 됩니다.

〈덜 스웨덴스럽게〉 오류, 즉 어떤 것이 좋다면 그것이 더 많은 것은 더 좋을 것이라고 생각하는 오류도 나온다.

진보를 요구하는 사람들이 몇몇 지점에서 터무니없는 극단까지 치닫는다고 해서 모든 진보를 거부하는 게 어리석은 것처럼, 극단주의자들이 옹호하는 조치들 중 일부가 현명하다고 해서 그 터무니없는 극단까지 추구하는 것도 어리석은 짓입니다.

그러나 루스벨트가 강연 내내 되돌아오는 주제는 우리 문명의 생존은 유약한 것, 지성적인 것, 메마른 것에 맞서서 대담한 것, 상식적인 것, 활기찬 것이 승리하는 데 걸려 있다는 주장이었다.* 그가 강연한 곳은 프랑스 학계의 신전인 소르본이었는데, 딱 십 년 전 다비트 힐베르트가 23개 문제들을 제시했던 바로 그 자리였다. 발코니의 블레즈 파스칼 동상이 바라다보이는 자리였다. 그 자리에서 힐베르트는 수학자 청중에게 기하학적 직관과 물리적 세계를 벗어나 추상으로 점점 더 깊이 들어가라고 촉구했었으나, 루스벨트의 목표는 정확히 그 반대였다. 그는 프랑스 학계의 업적에 인사치레를 했지만, 그들의 탁상공론은 위대한 국가를 만드는 일에서 부차적일 뿐임을 못 박았다. 「저는 지금 지적 발전의 최고의 꽃이라고 할 수 있는 대학에서 이야기하고 있습니다. 저는 지성에게, 또한 세심하고 전문적인 방식으로 지성을 훈련시키는 작업에 진심으로 경의를 표합니다. 그러나 제가 그에 덧붙여 그보다는 일상의 상식적인 자질과 덕성이 좀 더 중요하다고 말할 때, 저는 여러분도 모두 동의하시리라 믿습니다.」

* 분석적인 〈탁상공론〉이 활동력과 대척점에 있다고 본 루스벨트의 견해를 좀 더 직설적으로 표현한 사람은 셰익스피어였다. 셰익스피어는 『오셀로 Othello』의 첫 장면에서 이아고의 입을 빌려 경쟁자 카시오를 이렇게 조롱한다. 〈위대한 계산가이신데…… 전장에 부대를 배치해 본 적도 없고 / 전열에 대해서 / 노처녀만큼도 아는 바가 없지요.〉 연극의 바로 이 대목에서 관객 중에 있던 수학자들은 모두 이아고가 나쁜 놈이라는 것을 알아차린다.

하지만 루스벨트가 〈벽장 속 철학자, 세련되고 교양 있는 개인, 서재에 앉은 채 이상적인 조건에서 사람들을 어떻게 다스려야 하는지를 논하는 사람은 실제 정부 운영에는 쓸모가 없습니다〉라고 말할 때, 나는 바로 그 일을 하면서 서재에서 시간을 보냈던 인물, 그러나 당대의 좀 더 실용적인 사람들보다 프랑스에 더 많이 기여했던 인물, 콩도르세를 떠올린다. 그리고 루스벨트가 옆으로 나앉은 채 사후에 전사들을 비판하기만 하는 차갑고 소심한 영혼들을 비웃을 때, 나는 내가 아는 한 평생 분노에 차서 무기를 집어든 적은 한 번도 없지만 그럼에도 불구하고 미국의 전쟁 활동에 중요하게 기여했던 인물,[1] 그것도 정확히 행동하는 사람들에게 어떻게 더 잘 행동할지를 조언함으로써 그렇게 했던 인물, 아브라함 발드를 떠올린다. 그는 땀 흘리지 않았고, 먼지 묻히지 않았고, 피 흘리지 않았다. 그러나 그는 옳았다. 그는 중요한 비평가였다.

왜냐하면 이것은 행동이므로

루스벨트에 맞서서 나는 존 애시버리를 내세우련다. 애시버리의 시 「가장 빠른 회복의 길Soonest Mended」은 우리 마음속에서 불확실성과 앎이 하나로 녹아들지는 않은 채 그저 뒤엉켜 있다는 사실을 가장 훌륭하게 요약해서 들려주는 글이다.[2] 고통과 부상을 겪더라도 자신이 나아가는 방향을 추호도 의심하지 않은 채 돌진하는 루스벨트의 사나이와는 달리, 이 시가 그려 보이는 삶의 초상은 그보다 좀 더 복잡하지만 좀 더 정확하다. 시민의 자질을 슬프면서도 우스운 것으로 묘사한 애시버리의 시선은 루스벨트의 「공화국의 시민Citizenship in a Republic」에 대한 답장으로 여겨도 될 만하다.

그리고 보다시피, 우리는 둘 다 옳았고, 그렇다고 해서 무언가가

무(無)로 돌아갔는가 하면, 어째서인지 그렇지 않았다. 우리의 아바타들,

규칙에 순응하고 집 가까이에서 살아가는 우리의 아바타들은

글쎄, 어떤 의미에서 우리를 〈훌륭한 시민〉으로 만들었다,

이빨을 잘 닦고 뭐 그런 것, 그리고

고된 시절에 조금씩 분배되는 자선을 받아들일 줄 아는 것,

왜냐하면 이것은 행동이므로, 이 확신하지 않는 것은, 이 무모한

준비는, 고랑 속에 구부러진 씨앗들을 박아 심는 것은,

잊을 준비를 하는 것은, 그리고 늘 되돌아오는 것은,

우리가 출발했던 정박지로, 너무도 오래된 그 날로.

왜냐하면 이것은 행동이므로, 이 확신하지 않는 것은! 나는 이 문장을 만트라처럼 혼자 읊곤 한다. 시어도어 루스벨트는 〈확신하지 않는 것〉이 일종의 행동이라는 데 동의하지 않았을 것이다. 그는 그것을 비겁한 방관으로 여겼을 것이다. 하우스마틴스는 사람들이 기타를 치기 시작한 이래 등장한 가장 훌륭한 마르크스주의 팝 밴드인데, 미온적인 정치적 중도주의자의 기를 죽이는 묘사를 들려준 1986년 노래 「담장에 앉아Sitting on a Fence」로 루스벨트의 편을 들었다.[3]

담장에 앉아 있네, 여론 조사마다 이쪽저쪽 흔들리는 사람

담장에 앉아 있네, 양측의 양측을 모두 고려하는 사람…….

하지만 그 사람의 진짜 문제는

그가 할 수 있을 때 할 수 없다고 말한다는 거지…….

그러나 루스벨트와 하우스마틴스는 틀렸고 애시버리는 옳았다. 애시버리에게 있어서, 확신하지 않는 것은 나약한 인간의 태도가 아니라 강인한 인간의 태도이다. 그가 시의 다른 부분에서 읊었듯이, 그것은 〈심

미적인 이상의 수준에 오른 / 일종의 형세 관망〉이다.

그리고 수학은 그 일부이다. 사람들은 보통 수학을 확실성과 절대적 진리의 영역으로 여긴다. 어떤 면에서는 맞는 말이다. 우리 수학자들은 가령 2 + 3 = 5와 같은 당연한 사실들을 다룬다.

그러나 수학은 또한 불확실한 것에 대해서 추론하게끔 해주는 수단, 불확실성을 완전히 길들이진 못할지언정 어느 정도 다스리게끔 해주는 수단이다. 도박꾼들에게 확률의 변덕을 가르쳐 주려고 나섰다가 결국 우주에서 가장 큰 불확실성에 내기를 거는 법을 알아낸 파스칼의 시대부터 줄곧 그랬다.* 수학은 우리에게 원칙적인 방식에 따라 확신하지 않을 방법을 알려 준다. 〈거참〉 하고 포기하고 마는 것이 아니라, 〈나는 확신하지 않고, 확신하지 않는 이유는 이것이며, 확신하지 않는 정도는 대충 이 수준입니다〉라고 굳게 단정하도록 해준다. 혹은 더 나아갈 수도 있다. 〈나는 확신하지 않습니다. 그리고 당신도 확신하지 말아야 합니다〉라고.

여론 조사마다 이쪽저쪽 흔들리는 사람

우리 시대에 원칙에 의거한 불확실성을 지키는 전사는 네이트 실버다. 온라인 포커 선수였다가 야구 통계 전문가가 되었다가 정치 분석가로 변신한 실버가 「뉴욕 타임스」에 썼던 2012년 대통령 선거 관련 칼럼들 덕분에, 확률 이론의 기법들은 유례없이 큰 대중의 관심을 받게 되었다.

---

* 애시버리는 「가장 빠른 회복의 길」의 두 번째 연 첫머리에 이렇게 썼다. 〈그렇다면 이것들은 그 경로에 놓인 위험들이었으나 / 우리는 그 경로 자체가 위험들에 지나지 않는다는 것을 알고 있었다.〉 애시버리는 프랑스에서 십 년 산 적이 있으므로, 위험을 뜻하는 영어 단어(hazard)가 프랑스어로 〈우연〉을 뜻하는 단어 hasard를 연상시키도록 의도한 게 분명하다. 이 해석은 엄밀한 불확실성을 이야기하는 시의 전반적인 분위기와도 어울린다. 파스칼은 페르마와 토론했던 도박 게임들을 〈주 드 아자르jeux de hasard〉 즉 〈우연의 놀이〉라고 불렀을 것이다. 이 단어의 원래 어원은 아랍어로 주사위를 뜻하는 단어이다.

나는 실버를 확률계의 커트 코베인으로 여긴다.[4] 둘 다 이전에는 자기들 끼리만 노는 헌신적인 신자들의 소규모 정예 부대에 국한되었던 문화적 행위에 헌신했고(실버는 스포츠와 정치를 계량적으로 예측하는 행위에, 코베인은 펑크 록에), 둘 다 그 행위를 쉽게 접근할 만한 스타일로 포장 하되 그렇다고 해서 원래의 내용을 희생하지는 않는 방식으로 대중에게 전달하면 엄청난 인기를 끌 수 있을 것이라고 믿었다.

실버는 어떻게 그렇게 훌륭했을까? 그가 기꺼이 불확실성을 말했다 는 점이 크게 작용했다. 그는 불확실성을 약점의 신호로 여기지 않았고, 현실에 실재하는 것, 과학적으로 엄밀하게 연구할 수 있으며 오히려 그 것을 적용함으로써 좋은 결과를 가져올 수 있는 요인으로 여겼다. 지금 이 2012년 9월이고 우리가 일군의 정치 분석가들에게 〈11월에 누가 대 통령으로 뽑힐까요?〉라고 묻는다면, 한 무리는 〈오바마요〉라고 대답할 것이고 그보다 좀 더 작은 무리는 〈롬니요〉라고 대답할 것이다. 그러나 모두 틀렸다. 옳은 대답은 언론에서는 거의 유일하게 실버만이 내놓았 던 형태의 대답, 즉 〈둘 중 누구도 가능하겠지만 오바마가 이길 확률이 상당히 더 높습니다〉다.

이런 대답에 대해서, 전통적인 정치 분석가들은 나의 결핵 연구자 상 사가 보였던 것과 같은 멸시로 반응했다. 그들은 답을 원했다. 그들은 실버가 답을 주고 있다는 것을 이해하지 못했다.

『내셔널 리뷰 National Review』의 조시 조던은 이렇게 썼다. 〈9월 30일 에 실버는 토론을 개시하면서 오바마의 승리 확률을 85퍼센트로 점쳤 고, 선거인단 투표 결과를 320대 218로 예측했다. 오늘은 그 간격이 더 좁아졌지만, 그래도 여전히 실버는 오바마에게 67퍼센트의 승리 확률을 부여했고 선거인단 투표도 288대 250으로 우세한 상황이라고 예측했 다. 그러니 많은 사람들은 지난 3주 동안 여론이 롬니에게 쏠린 현상을 실버도 남들과 똑같이 목격했는지 의아하게 여기고 있다.〉[5]

실버가 롬니에게 쏠리는 분위기를 알아차렸느냐고? 물론 알아차렸다. 그는 9월 말에 롬니의 우승 확률을 15%로 계산했으나, 10월 22일에는 33%로 계산했다. 두 배 넘게 높아진 것이다. 반면에 조던은 실버가 알아차린 것을 알아차리지 못했다. 그래도 여전히 오바마가 롬니보다 우승할 가능성이 높다는 사실을 말이다. 조던 같은 전통적 정치 기자들에게는 실버의 답이 전혀 변하지 않은 것처럼 보였던 것이다.

혹은 「폴리티코Politico」의 딜런 바이어스가 쓴 글을 보자. 〈만일 11월 6일에 밋 롬니가 이긴다면, 그에게 최대 41퍼센트의 우승 확률밖에 부여하지 않았으며(그것도 멀리 6월 2일의 예측이었다) 모든 여론 조사들이 롬니가 재임자와 박빙을 이루고 있다고 보았던 선거 일주일 전에는 혼자만 4분의 1의 확률을 부여했던 분석가에게 왜 사람들이 계속 신뢰를 보냈던지 이해하기 어려울 것이다. ……실버는 자신의 예측을 아주 확신하지만, 종종 발뺌할 구실을 만들고 있다는 인상을 준다.〉[6]

여러분이 수학을 조금이라도 신경 쓰는 사람이라면, 이 말은 포크로 손등이라도 찍고 싶은 말일 것이다. 실버가 내놓은 것은 발뺌할 구실이 아니었다. 정직이었다. 일기 예보자가 비 올 확률이 40%라고 말했는데 비가 온다면, 우리는 그의 예측에 대한 신뢰를 거두겠는가? 아니다. 우리는 날씨란 본질적으로 불확실한 것임을 알고 있고, 내일 비가 올 것인가 아닌가를 단정적으로 말하는 것은 대체로 잘못된 일이란 것도 알고 있다.[*]

물론 결국에는 오바마가 이겼다. 그것도 여유로운 차이로. 덕분에 실버를 비판했던 사람들은 바보처럼 보이게 되었다.

얄궂은 점은, 만일 비판자들이 실버의 예측에서 틀린 점을 잡아내고

---

[*] 실버의 접근법에 회의를 느낄 이유는 이것 말고도 좀 더 세련된 것들이 있지만, 워싱턴 기자단에서는 그런 이유들이 지배적이지 않았다. 이를테면, 우리는 R. A. 피셔의 노선을 취하여 확률 언어는 일회성 사건에는 적합하지 않고 동전 던지기처럼 이론적으로 거듭 반복할 수 있는 사건에만 적용된다고 지적할 수 있을 것이다.

싶었다면 그럴 만한 기막힌 기회가 하나 있었다는 것이다. 그들은 실버에게 〈당신은 몇 개 주나 틀리겠습니까?〉라고 물을 수 있었다. 내가 아는 한 실버에게 이렇게 물었던 사람은 아무도 없지만, 만일 그랬다면 그가 뭐라고 답했을지는 쉽게 상상할 수 있다. 10월 26일, 실버는 오바마가 뉴햄프셔 주에서 이길 확률을 69%로 보았다. 그때 우리가 그에게 양자택일로 말하라고 강요했다면, 그는 오바마의 승리를 예측했을 것이다. 따라서 우리는 실버가 뉴햄프셔에서 틀릴 확률은 0.31이라고 말할 수 있다. 달리 말해, 그가 뉴햄프셔에 대해서 낼 틀린 답의 개수의 기대값이 0.31이다. 명심하자. 기대값은 우리가 기대하는 값이 아니라, 가능한 결과들에 대한 확률적 타협이다. 이 경우, 그는 뉴햄프셔에 대해서 틀린 답을 0개 내놓거나 (이 결과가 벌어질 확률은 0.69다) 1개 내놓거나 (이 결과가 벌어질 확률은 0.31이다) 둘 중 하나였을 것이다. 따라서 기대값은 11장의 계산법에 따라 이렇게 된다.

$$(0.69) \times 0 + (0.31) \times 1 = 0.31$$

실버는 노스캐롤라이나에서는 좀 더 확실하게 예측했다. 오바마가 이길 확률이 19%밖에 안 된다고 보았다. 그런데 그것은 롬니의 승리에 대한 그의 예측이 여전히 19%의 확률로 틀릴 수 있다는 뜻이다. 즉, 여기에서도 틀린 답 개수의 기대값이 0.19라고 말할 수 있다. 다음은 실버가 10월 26일에 경합 가능성이 있다고 보았던 주들의 목록이다.[7]

주	오바마가 이길 확률	틀린 답 개수의 기대값
오리건	99%	0.01
뉴멕시코	97%	0.03
미네소타	97%	0.03

주	오바마가 이길 확률	틀린 답 개수의 기대값
미시간	98%	0.02
펜실베이니아	94%	0.06
위스콘신	86%	0.14
네바다	78%	0.22
오하이오	75%	0.25
뉴햄프셔	69%	0.31
아이오와	68%	0.32
콜로라도	57%	0.43
버지니아	54%	0.46
플로리다	35%	0.35
노스캐롤라이나	19%	0.19
미주리	2%	0.02
애리조나	3%	0.03
몬태나	2%	0.02

기대값은 합산 가능하므로, 실버가 경합 가능성이 있다고 본 주들 가운데 결과를 틀리게 예측한 주의 개수에 대한 최선의 추측치는 각각의 주가 기여한 기대값을 다 더하면 된다. 즉 2.83이다. 한마디로, 누가 그에게 그 질문을 던졌다면 그는 아마도 이렇게 답했을 것이다. 「평균적으로 나는 세 주쯤 틀릴 겁니다.」

실제로, 그는 50개 주를 모두 맞혔다.*

제아무리 노련한 정치 평론가라도 실버가 제 입으로 말한 추측치보다

---

* 정확히 말하자면, 실버가 모든 주를 다 맞힌 것은 맨 마지막 예측에서였다. 10월 26일에는 다른 주는 다 맞혔지만 플로리다는 틀렸는데, 플로리다의 여론 조사 결과는 선거운동 기간 마지막 두 주 동안 원래 롬니에게 치우쳤던 상태에서 거의 박빙으로 기울었다.

더 정확했다는 걸 갖고서 그를 공격하기란 여간 어렵지 않을 것이다. 뭐가 이렇게 배배 꼬였나 싶겠지만, 그것은 건전한 느낌이니까 그렇게 느껴도 괜찮다. 우리가 실버처럼 올바르게 추론할 때, 우리는 늘 자신이 옳다고 생각하겠지만 자신이 늘 옳다고 생각하진 않을 것이다. 철학자 W. O. V. 콰인은 이렇게 표현했다. 〈무언가를 믿는다는 것은 그것이 참임을 믿는다는 것이다. 따라서 합리적인 사람이라면 자신이 품은 믿음들 각각이 모두 참이라고 믿는다. 그러나 또한 그는 경험을 통해서 자신의 믿음들 중 일부는, 정확히 무엇무엇인지는 알 수 없지만, 결국 거짓으로 밝혀지리라고 예상해야 한다는 사실도 안다. 요컨대, 합리적인 사람은 자신의 믿음이 각각은 모두 참이라고 믿지만 그중 일부는 거짓이라고 믿는다.〉[8]

형식적으로 따져서, 이것은 17장에서 이야기했던 미국 여론의 겉보기 모순과 비슷한 현상이다. 미국인들은 정부 사업 하나하나가 모두 자금을 계속 지원받을 가치가 있다고 생각하지만, 그렇다고 해서 모든 정부 사업들이 계속 자금을 지원받을 가치가 있다고 생각하지는 않는다.

실버는 정치 보도의 경화된 관행을 우회하여, 대중에게 진실에 좀 더 가까운 이야기를 들려주었다. 그는 누가 이길지 말하는 대신, 혹은 누가 〈탄력을 받았는지〉 말하는 대신, 가능성이 어느 정도라고 생각하는지를 말했다. 오바마가 얼마나 득표할지 말하는 대신, 확률 분포를 제시했다. 이를테면 오바마가 선거인단에서 재선에 필요한 270표를 득표할 확률은 67%이고 300표를 돌파할 확률은 44%이며 330표를 받을 확률은 21%라는 식이었다.[9] 실버는 불확실했다. 엄밀하게 불확실했다. 사람들 앞에서. 그리고 사람들은 그것을 소화했다. 나는 이런 일이 가능할 줄은 미처 몰랐다.

이 확신하지 않는 것, 이것은 행동이다!

정밀함에 반대하여

실버에 대한 비판들 가운데 내가 조금이나마 공감하는 것은 〈오바마의 승리 확률이 오늘 자로 73.1%입니다〉 같은 말이 오해를 일으킨다는 지적이다. 소수점은 실제로는 존재하지 않는 측정의 정밀도를 암시한다. 우리는 모형에서 하루는 73.1%가 나오고 이튿날은 73.0%가 나왔다고 해서 뭔가 의미 있는 변화가 벌어졌다고 생각하진 않을 것이다. 이 비판은 실버의 계산 프로그램이 아니라 표현 방식에 대한 비판이지만, 인상적인 수준으로 정밀한 숫자 때문에 독자들이 결과를 억지로 받아들이도록 강요되고 있다고 느꼈던 정치 기자들에게는 상당히 중요한 문제였다.

지나친 정밀함이란 실제로 존재한다. 우리가 시험 점수를 표준화하는 데 쓰는 모형은, 우리가 하려고만 든다면, 수학 능력 시험 점수를 소수점 이하 여러 자리까지 계산할 수 있다. 그러나 우리는 그러지 않는다. 학생들은 친구가 자기보다 100분의 1점을 앞서는 것까지 걱정하지 않더라도 이미 충분히 초조하다.

완벽한 정밀함에 대한 집착은 열띤 여론 조사 기간뿐 아니라 투표가 치러진 뒤에도 선거에 영향을 미친다. 2000년 플로리다 선거 결과는 조지 W. 부시와 앨 고어 사이의 겨우 수백 표 차이에 달려 있었는데, 그것은 총 투표수의 100분의 1퍼센트에 지나지 않았다. 우리가 법과 관습에 따라서 한 후보자가 상대보다 수백 표를 더 받았다고 주장할 만한지 아닌지를 결정하는 것은 대단히 중요한 문제였다. 그러나 이 질문은 플로리다 사람들이 누가 대통령이 되기를 원했는가 하는 문제에 대한 답으로서는 어리석은 질문이었다. 왜냐하면 망쳐진 투표 용지, 사라진 투표 용지, 잘못 개표된 투표 용지가 일으킨 부정확성이 최종 집계 단계에서 발생한 미미한 차이보다 훨씬 더 컸을 것이기 때문이다. 우리는 플로리다에서 누가 표를 더 많이 받았는지 모른다. 판사와 수학자의 차이는,

판사는 우리가 그 답을 아는 척할 방법을 찾아야 하는 데 비해서 수학자는 자유롭게 진실을 말할 수 있다는 점이다.

저널리스트 찰스 세이프는 저서 『프루피니스*Proofiness*』에서 민주당의 앨 프랭컨과 공화당의 놈 콜먼이 미네소타 주 상원 의원 자리를 두고 이와 비슷한 접전을 벌였던 과정을 기록했는데, 아주 웃기면서도 약간 우울해지는 이야기다. 만일 프랭컨이 의원직에 앉기를 바란 미네소타 주민의 수가 정확히 312명 더 많았기 때문에 그가 당선되었다고 말한다면, 아주 멋진 일일 것이다. 그러나 현실에서 그 숫자는 가령 프랭컨에게 찍고서 그 옆 여백에 〈도마뱀 인간들〉이라고 써넣은 표가 법적으로 유효한가 따위의 문제들을 둘러싸고 지리하게 이어졌던 법적 공방의 결과를 반영한 것뿐이었다. 이런 차원의 논쟁에까지 다다를 경우, 〈정말로〉 누가 더 많은 표를 얻었는가 하는 문제는 더 이상 의미가 없다. 잡음이 신호를 삼켜 버렸기 때문이다. 이런 접전은 동전 던지기로 결정해야 한다는 세이프의 주장에 나도 동의하는 편이다.* 어떤 사람들은 지도자를 선택하는 문제를 운에 맡긴다는 생각에 망설일 테지만, 사실은 동전 던지기의 가장 큰 이점이 바로 그 점이다! 접전은 안 그래도 어차피 운에 따라 결정된다. 대도시에서 날씨가 나쁘거나, 외진 마을에서 투표 기계가 고장 나거나, 헷갈리게 디자인된 투표 용지 때문에 나이 든 유대인들이 자기도 모르게 팻 뷰캐넌에게 찍어 버리거나……. 유권자의 선호가 50대 50으로 고착되었을 때는 이런 우연한 사건 중 어느 하나라도 차이를 빚어낼 수 있다. 오히려 동전 던지기로 정한다면, 순전히 유권자들의 의사 표명에 따라 간발의 접전에서 우승자가 선택된 것처럼 착각하는 일은 막을 수 있다. 가끔은 사람들이 의사를 표명하지만 이렇게 표명하는 것이다. 〈모르겠는데요.〉[10]

* 물론, 상황을 올바르게 설정하려면 약간 더 우세한 것처럼 보이는 후보자가 이길 가능성이 약간 더 크게 나오도록 동전 던지기를 조정해야 한다는 등 수많은 조건이 따를 것이다.

556

내 말이 꼭 소수 자리에 찬성하는 것처럼 들릴 수도 있겠다. 수학자들은 늘 확신한다는 고정 관념과 쌍둥이처럼 얽힌 또 다른 고정 관념은 수학자들은 늘 정밀하다는 것이다. 수학자들은 가능한 한 많은 소수 자리까지 계산하길 바란다는 고정 관념이다. 그렇지 않다. 우리는 소수 자리를 필요한 만큼 계산하고 싶어 한다. 중국의 루 샤오라는 청년은 파이 값을 소수점 67,890자리까지 외울 수 있다고 한다. 대단한 기억력이다. 하지만 그것이 흥미로운가? 아니다. 왜냐하면 파이의 자릿수 값들은 흥미롭지 않기 때문이다. 우리가 아는 한, 그 숫자들은 최고로 무작위적인 숫자들이다. 그야 물론 파이 자체는 흥미롭다. 하지만 파이가 곧 그 자릿수 값은 아니다. 에펠탑이 북위 48.8586도와 동경 2.2942도로 규정되듯이, 파이는 그 자릿수 값들로 규정될 뿐이다. 우리가 에펠탑의 경도와 위도 값에 소수 자리를 아무리 더 많이 추가한들, 왜 에펠탑이 에펠탑인가는 알 수 없을 것이다.

정밀함은 소수 자리만의 문제가 아니다. 벤저민 프랭클린은 필라델피아에서 어울렸던 사람인 토머스 고드프리에 대해서 다음과 같이 신랄하게 평가했다. 〈그는 자기 세상을 벗어난 것은 거의 몰랐고, 같이 있을 때 기분 좋은 사람이 못 되었다. 내가 만난 훌륭한 수학자들이 대부분 그렇듯이, 그는 모든 말에 대해서 정밀함을 기대했고 하찮은 문제에 지나지 않는 것을 한사코 부정하거나 구별하려 들었기 때문에 대화가 늘 엉망이 되었다.〉[11]

이 말이 내게 뜨끔한 것은 반쯤은 옳은 말이기 때문이다. 우리 수학자들은 논리적 세부에 대해서 지겹도록 까다로울 수 있다. 우리는 〈그것에 곁들여서 수프 또는 샐러드 드실래요?〉라는 질문에 〈네〉라고 대답하는 게 웃기다고 생각하는 사람들이다.**

** 질문자가 기대한 대답은 〈수프요〉 아니면 〈샐러드요〉 중 하나이지만 수학자는 〈또는or〉을 논리적으로 해석하여 둘 중 무엇이든 하나를 먹겠다는 뜻으로 답했다 — 옮긴이주.

그것은 계산할 수 없습니다

그러나 그런 수학자들도 재치를 부릴 때를 제외하고는 순수한 논리의 화신이 되려고 애쓰지 않는다. 그랬다가는 심지어 위험할 수도 있다. 예를 들어 보자. 당신이 순수한 연역적 사고만 하는 사람이라면, 어쩌다 서로 모순되는 두 사실을 믿게 된 뒤에는 논리적 연역에 따라 모든 명제가 거짓이라는 결론을 내릴 수밖에 없다. 예를 들어, 내가 파리는 프랑스의 수도라는 명제와 파리는 프랑스의 수도가 아니라는 명제를 둘 다 믿는다고 하자. 이것은 포틀랜드 트레일 블레이저스가 1982년에 NBA 챔피언이었나 아니었나 하는 문제와는 아무 관련이 없는 것처럼 보인다. 그러나 자, 트릭을 써보겠다. 파리가 프랑스의 수도인 동시에 트레일 블레이저스가 NBA 챔피언이었다는 것이 참인가? 아니다. 왜냐하면 나는 파리가 프랑스의 수도가 아니라는 것을 알기 때문이다.

파리가 프랑스의 수도인 동시에 트레일 블레이저스가 챔피언이라는 명제가 참이 아니라면, 파리가 프랑스의 수도가 아니든지 트레일 블레이저스가 NBA 챔피언이 아니든지 둘 중 하나여야 한다. 그러나 나는 한편 파리가 프랑스의 수도라는 명제도 믿고 있으므로, 첫 번째 가능성은 배제된다. 따라서 트레일 블레이저스는 1982년 NBA 챔피언이 아니었다.

어렵지 않게 확인할 수 있듯이, 정확히 같은 형식의 논증을 거꾸로 뒤집으면 모든 명제가 참이라는 것도 증명할 수 있다.

이것은 이상한 소리로 들리지만, 논리적 연역으로서는 반박할 수 없는 사실이다. 우리가 형식 체계의 어느 부분에든 아주 작은 모순을 한 방울만 떨어뜨려도 전체가 다 엉망이 되는 것이다. 수학적 성향의 철학자들은 형식 논리의 이런 취약함을 가리켜 엑스 팔소 쿠오들리베트(모순으로부터는 모든 것이 가능하다)라고 부르고, 친구들 사이에서는 그

558

냥 〈폭발의 원칙〉이라고 부른다. (내가 수학하는 사람들이 폭력적인 용어를 얼마나 좋아하는지 이야기하지 않았던가?)

「스타 트렉Star Trek」의 제임스 T. 커크 선장이 독재적인 인공 지능들을 무력화시키는 원리가 바로 이 엑스 팔소 쿠오들리베트다. 선장은 그들에게 역설을 입력함으로써 그들의 추론 모듈이 기진맥진하다가 멎어 버리게 만든다.[12] (그들은 꼭 전원이 나가기 전에 구슬픈 목소리로 다음과 같이 읊는데,) 〈그것은 계산할 수 없습니다〉이다. 버트런드 러셀이 고틀로프 프레게의 집합론에게 했던 일을 커크 선장은 건방진 로봇들에게 하는 것이다. 선장이 슬쩍 끼워 넣은 역설 하나면 전체 구조를 무너뜨리기에 충분하다.

하지만 커크 선장의 수법은 인간에게는 통하지 않는다. 인간은 그런 방식으로 추론하지 않는다. 수학으로 먹고사는 사람들조차. 인간은 모순을 어느 정도까지는 견딘다. F. 스콧 피츠제럴드가 말했듯이, 〈일류 지성을 시험하는 잣대는 반대되는 두 개념을 동시에 머릿속에 간직하면서도 계속 기능할 줄 아는 능력이다〉.[13]

수학자들은 이 능력을 사고의 기본 도구로 활용한다. 이것은 귀류법에도 꼭 필요한 능력이다. 귀류법을 수행하려면 우리가 사실 거짓이라고 믿는 명제를 머릿속에 담고서 마치 그것이 참인 것처럼 따져 보아야 하기 때문이다. 2의 제곱근이 실은 유리수라고 가정하자, 솔직히 나는 그렇지 않다는 것을 증명하려고 하지만……. 이것은 아주 체계적인 종류의 자각몽이라고 할 수 있다. 그리고 우리는 회로에 합선을 일으키지 않고도 그것을 수행할 줄 안다.

여기에 관해 상식처럼 이야기되는 조언이 하나 있는데(나는 이 조언을 내 박사 학위 지도 교수로부터 들었는데, 그는 또 자기 지도 교수로부터 들었을 것이다) 어떤 정리를 증명하는 일에 매달리고 있다면 낮에는 그것을 증명하려 애쓰고 밤에는 반증하려 애써 보라는 것이다(증명과 반증을 오가는 정확한 주기는 중요하지 않다. 일설에 위상학자 R. H. 빙은 한 달을 반으로 나눠 두 주는 푸앵카레 추측을 증명하려 애쓰고 나머지 두 주는 그 반례를 찾아내려 애썼다고 한다*).[14]

왜 어긋나는 두 목표를 동시에 추구하라는 걸까? 두 가지 이유가 있다. 첫째는 당신이 결국 틀릴 수도 있기 때문이다. 만일 당신이 참이라고 생각하는 명제가 실제로 거짓이라면, 당신의 노력은 모조리 헛수고가 되어 버릴 것이다. 밤에 반증을 시도하는 것은 그런 거대한 낭비에 대한 대비책이다.

그러나 더 심오한 이유가 있다. 만일 어떤 명제가 실제로 참인데 당신이 그것을 반증하려고 애쓴다면, 당신은 결국 실패할 것이다. 우리는 실패를 나쁜 것으로 여기도록 배웠지만, 모든 실패가 나쁜 것은 아니다. 우리는 실패에서 배울 수 있다. 당신은 명제를 한 방식으로 반증하려고 애쓰다가, 벽에 부딪힌다. 다른 방식으로 시도하다가, 또 다른 벽에 부딪힌다. 당신은 매일 밤 시도하고, 매일 밤 실패하며, 매일 밤 새로운 벽에 부딪히는데, 만일 당신이 운이 좋다면 그 벽들이 하나의 구조를 이루기 시작할 것이고, 그 구조는 바로 그 정리가 참임을 보여 주는 증명의 구조에 해당한다. 왜냐하면, 만일 당신이 왜 자꾸 반증에 실패하는가 하는 이유를 제대로 이해한다면, 이전에는 미처 깨닫지 못했던 방식에 따라 왜 정리가 참인지를 이해하게 될 가능성이 아주 높기 때문이다. 아버지의 현명한 조언에 반항한 채 앞선 많은 사람들처럼 평행선 공준이 유클리드의 다른 공리들로부터 유도된다는 것을 증명하려고 나섰던 보여이가 그런 경우였다. 앞선 많은 사람들처럼, 보여이는 실패했다. 그러나 다른 사람들과는 달리, 그는 실패의 형상을 이해했다. 평행선 공준이 없는 기하학은 불가능함을 증명하려는 시도를 족족 가로막았던 장애물은

* 그는 끝내 어느 쪽도 성공하지 못했다. 푸앵카레 추측은 2003년에야 그리고리 페렐만이 증명해 냈다.

바로 그런 기하학의 존재였던 것이다! 실패를 거듭할수록 그는 존재하지 않는다고 생각했던 것의 속성을 조금씩 알게 되었고, 그러면서 그것을 점점 더 깊이 이해하게 되어, 마침내 그것이 실제로 존재한다는 사실을 깨우치는 순간에 도달했다.

낮에는 증명하고 밤에는 반증하는 습관은 수학에만 좋은 것이 아니다. 이 습관은 우리가 품은 사회적, 정치적, 과학적, 철학적 신념에 압박을 가해 보는 수단으로도 유용하다. 낮에는 우리가 믿는 것을 믿자. 그러나 밤에는 우리가 가장 귀하게 여기는 명제를 반박하려고 노력해 보자. 대충 해서는 안 된다! 가능한 최대한, 사실은 믿지 않는 명제를 믿는 것처럼 생각해 보자. 우리가 그 시도를 통해서 스스로에게 기존 신념에서 벗어나도록 설득하는 데는 이르지 못하더라도, 우리가 믿는 것을 왜 믿는지에 대해서는 훨씬 더 잘 알게 될 것이다. 증명에 한 발 더 다가갈 것이다.

여담이지만, F. 스콧 피츠제럴드의 말은 이런 건전한 정신적 연습을 염두에 두었던 건 아니었다. 모순되는 두 신념을 동시에 품을 줄 아는 게 바람직하다고 했던 그의 말은 자신이 돌이킬 수 없이 망가지고 말았다고 고백하는 1936년 에세이 「붕괴The Crack-Up」에 나오는데, 그가 염두에 두었던 두 대립 개념이란 〈노력의 헛됨을 느끼는 것과 계속 노력해야 한다고 느끼는 것〉이었다. 사뮈엘 베케트는 훗날 이보다 더 간결하게 표현했다. 〈나는 계속할 수 없다, 나는 계속할 것이다.〉[15] 피츠제럴드가 묘사했던 〈일류 지성〉의 조건은 곧 그가 자기 자신의 지성을 일류라고 부를 수 없다는 뜻이었다. 그는 자신의 존재가 모순의 압력에 못 이겨 사실상 멎었다고 느꼈다. 프레게의 집합론이나 커크 선장의 역설에 다운된 컴퓨터처럼 말이다(하우스마틴스의 「담장에 앉아」 가사에는 「붕괴」를 요약한 듯한 구절도 있다. 〈나는 처음부터 스스로에게 거짓말했지 / 그래서 방금 내가 산산이 무너지고 있다는 걸 깨달았어〉). 자기 의심으로 무력해지고 영락하여 책과 성찰에만 빠져든 피츠제럴드는 시어도어 루스벨트가 역겨워했던 바로 그런 젊고 슬픈 문학인이 되어 버렸다.

데이비드 포스터 월리스도 역설에 관심이 있었다. 특유의 수학적 스타일로, 그는 러셀의 역설을 약간 길들인 것이라고 볼 만한 역설 하나를 첫 소설 『시스템의 빗자루*The Broom of the System*』의 핵심에 배치했다. 월리스에게는 모순들과의 싸움이 글쓰기의 원동력이었다고 말해도 지나치지 않을 것이다. 그는 기술적이고 분석적인 것을 사랑했으나, 그보다는 종교와 자기 계발의 단순한 금언들이 약물, 절망, 진 빠지는 유아론에 대항할 무기로 더 낫다는 사실을 발견했다. 그는 작가의 일이란 남들의 머릿속에 들어가 보는 것이라고 일컬어진다는 걸 알았지만, 그의 주요한 주제는 자신이 난감하게도 자기 머릿속에만 틀어박혀 있다는 사실이었다. 그는 자신의 선입견과 편견이 미치는 영향을 낱낱이 기록하고 불식하기로 결심했지만,[16] 그 결심 자체가 일종의 선입견이며 편견의 대상이란 것을 알았다. 물론 이런 주제들은 교양 철학 수업에서 배울 기본적인 문제들이겠지만, 수학 전공자라면 누구나 알듯이 신입생 때 접했던 케케묵은 문제들이 알고 보면 평생 접하는 문제들 가운데 가장 심오할 때가 많은 법이다. 월리스는 수학자의 방식으로 역설들과 씨름했다. 일단 대립되는 것처럼 보이는 두 가지를 모두 믿자. 거기에서부터 나아가는 것이다. 한 발 한 발, 덤불을 쳐내고, 아는 것과 믿는 것을 분리하며, 모순되는 두 가설을 마음속에 나란히 놓아 두고서 각각을 대립되는 상대편의 시각에서 바라보는 것이다. 그리하여 마침내 진실이, 혹은 우리가 얻을 수 있는 한 진실에 가장 가까운 무언가가 선명하게 드러날 때까지.

베케트로 말하자면, 그는 모순에 대해서 좀 더 풍성하고 좀 더 공감하는 시각을 갖고 있었다. 그의 작품들에는 모순에 대한 시각이 불쑥불쑥 자주 등장하며, 그 감정적 분위기도 실로 다채롭다. 〈나는 계속할 수 없다, 나는 계속할 것이다〉라는 말은 암울한 느낌이지만, 베케트는 2의 제곱근이 무리수라는 피타고라스학파의 증명을 술꾼들 간의 농담으로 탈바꿈시키기도 했다.

「하지만 나를 배신해요.」 니리가 말했다. 「그리고 히파소스의 길을 가요.」

「아쿠스마티코이였지.」 와일리가 말했다. 「그가 받은 응보가 뭐였는지는 기억이 안 나네.」

「웅덩이에 빠져 죽는 거였지요.」 니리가 말했다. 「변과 대각선의 약분 불가능성을 누설한 죄로.」

「떠버리들은 다 그렇게 죽는 법이지.」 와일리가 말했다.[17*]

베케트가 수학을 얼마나 알았는지는 분명하지 않다. 그러나 그의 만년의 산문 『워스트워드 호 *Worstward Ho*』에는 수학적 창조 과정에서 실패의 가치를 어느 수학 교수보다 간명하게 들려준 대목이 있다.

늘 시도했다. 늘 실패했다. 상관없다. 다시 시도하라. 다시 실패하라. 더 잘 실패하라.

우리가 이걸 언제 써먹게 될까?

우리가 이 책에서 만난 수학자들은 그저 정당하지 않은 확실성에 구멍을 내어 터뜨리는 사람들, 비평가이되 중요한 존재로 여겨져야 할 비평가들만은 아니었다. 그들은 직접 무언가를 발견하기도 했고 만들어 내기도 했다. 골턴은 평균으로의 회귀라는 개념을 밝혀냈다. 콩도르세

* 피타고라스학파는 컬트의 규율을 엄격히 따랐던 내부 집단 〈마테마티코이〉와 그보다는 철학 공부에 치중하여 학당에 통학했던 외부 집단 〈아쿠스마티코이〉로 나뉘었는데, 히파소스는 후자였다 — 옮긴이주.

는 사회적 의사 결정의 새로운 패러다임을 구축했다. 보여이는 완전히 새로운 기하학을, 〈이상하고 새로운 우주〉를 창조했다. 섀넌과 해밍은 자신들만의 기하학을, 원과 삼각형 대신 디지털 신호들이 사는 기하학을 발명했다. 발드는 비행기의 알맞은 부분에 갑옷을 더했다.

모든 수학자는 새로운 것을 창조한다. 큰 것도 만들고, 작은 것도 만든다. 모든 수학적 글쓰기는 창작이다. 그리고 우리가 수학적으로 창조할 수 있는 대상들에는 물리적 한계가 없다. 그것은 유한할 수도 있고 무한할 수도 있다. 우리가 관찰 가능한 우주에서 실현될 수도 있고 아닐 수도 있다. 그래서 가끔 외부자들은 우리 수학자들을 위험한 정신의 불꽃이 타오르는 환각의 영역을 항해하는 사람들로, 그들보다 못한 사람들이 본다면 자칫 미쳐 버릴 수도 있는 광경을 정면으로 응시하는 사람들로, 그러다 가끔은 스스로 미쳐 버리는 사람들로 여긴다.

지금까지 보았듯이, 수학자들은 그렇지 않다. 수학자들은 미치지 않았고, 외계인도 아니고, 신비주의자도 아니다.

수학적 이해의 감각이, 즉 일순간 상황을 깨닫는 동시에 바닥까지 철저히 완벽하게 확신하면서 이해하게 되는 감각이 특별하다는 것, 그런 감각은 삶의 다른 영역에는 거의 존재하지 않으며 존재하더라도 지극히 드물다는 것은 사실이다. 그때 수학자는 자신이 우주의 핵심에 도달하여 비밀을 엿들었다는 느낌을 받는다. 그런 경험을 해보지 않은 사람들에게 그 감각을 제대로 설명하기는 어렵다.

그러나 수학자들이 희한한 대상들을 지어낼 때 마음 내키는 대로 아무 말이나 다 할 수 있는 건 아니다. 그런 대상들은 제대로 정의되어야 하고, 일단 정의되었다면 그것은 나무나 물고기만큼이나 환각적이지 않은 것이 된다. 그것들은 그냥 그것들이다. 수학을 한다는 것은 영감의 계시를 느끼는 동시에 이성의 제약을 겪는 것이다. 이것은 모순이 아니다. 직관은 논리가 만들어 둔 좁은 통로를 통해 흘러들 때 훨씬 더 강화

564

된다.

수학의 교훈은 단순하다. 이 교훈에는 숫자도 나오지 않는다. 그것은 바로 세상에는 구조가 존재한다는 것, 우리는 그 일부나마 이해할 수 있으므로 감각이 안겨 주는 것을 멍하니 바라보기만 할 필요가 없다는 것, 우리의 직관은 형식이라는 외골격을 입었을 때가 입지 않았을 때보다 더 강해진다는 것이다. 또한 수학적 확실성과 우리가 일상에서 적용하는 그보다 더 부드러운 확신은 서로 다른 일이라는 것, 가능하다면 우리는 늘 그 차이를 인식하려 애써야 한다는 것이다.

여러분이 좋은 것이 더 많다고 해서 항상 더 좋아지지는 않음을 이해할 때, 혹은 일어날 법하지 않은 일도 기회가 충분히 많이 주어진다면 자주 일어난다는 사실을 명심하여 볼티모어 주식 중개인의 유혹을 물리칠 때, 혹은 가장 확률이 높은 시나리오만을 고려하는 게 아니라 가능한 모든 시나리오들을 다 떠올린 뒤 어느 것이 좀 더 확률이 높고 어느 것은 좀 더 낮은지 고려하면서 결정할 때, 혹은 집단의 신념은 개개인의 신념과 동일한 규칙을 따른다는 생각을 버릴 때, 혹은 여러분의 직관이 형식적 추론이 깔아 둔 도로들을 따라서만 내달리도록 풀어 줄 때, 여러분은 방정식 하나 안 쓰고 그래프 하나 안 그리면서도 수학을 하고 있는 것이다. 다른 수단을 동원한 상식의 연장을 수행하고 있는 것이다. 우리가 이걸 언제 써먹겠느냐고? 여러분은 태어난 순간부터 수학을 해왔고, 앞으로도 영원히 그만두지 않을 것이다. 부디 잘 사용하기를.

감사의 말

　내가 처음 이 책을 쓸 생각을 떠올린 지 8년쯤 되었다. 이 책이 생각에 그치지 않고 지금 여러분의 손에 들려 있다는 사실은 내 에이전트 제이 맨들이 나를 얼마나 현명하게 이끌었는가를 보여 주는 증거이다. 그는 매년 끈기 있게 나더러 이제 뭔가 쓸 준비가 되었느냐고 물었고, 마침내 내가 〈그렇다〉고 대답하자 〈사람들에게 수학이 얼마나 근사한지 길게 길게 외치고 싶다〉는 나의 콘셉트를 좀 더 어엿한 책에 가까운 것으로 다듬도록 도와주었다.

　책을 펭귄 출판사에서 내게 된 것은 다행스러운 일이었다. 펭귄 출판사에는 학자들로 하여금 좀 더 폭넓은 청중에게 이야기하면서도 공부벌레 기질도 맘껏 발휘하게끔 돕는 오랜 전통이 있다. 이 책을 맡아서 거의 끝까지 이끌어 준 콜린 디커먼과 마지막에 넘겨받아서 끝까지 추진해 준 스콧 모이어스의 의견들은 내게 어마어마한 도움이 되었다. 두 사람은 집필 프로젝트가 원래 제안과는 사뭇 다른 책으로 바뀌어 가는 모습을 바라보는 신참 저자의 심정을 너그럽게 이해해 주었다. 펭귄 출판사와 펭귄 UK의 맬리 앤더슨, 아키프 사이피, 새러 헛슨, 리즈 칼라마리의 조언과 조력도 아주 도움이 되었다.

　『슬레이트Slate』의 편집자들, 특히 조시 레빈, 잭 섀퍼, 데이비드 플로츠에게 감사한다. 그들은 2001년에 『슬레이트』에 수학 칼럼이 필요하다고 결정한 뒤로 내 글을 싣고 있으며, 내가 수학자가 아닌 독자들이 이해할 만한 방식으로 수학을 이야기하는 방법을 익히도록 도와주었다. 이 책의 일부는 『슬레이트』에 실렸던 기사들을 다듬은 것이므로, 그들의 편집에서 도움을 받았다. 「뉴욕 타임스」, 「워싱턴 포스트」, 「보스턴 글로브」, 「월스트리트 저널」의 편집자들에게도 고맙다(이 책에는 「워싱턴 포스트」와 「보스턴 글로브」에 실렸던 기사들의 일부를 가공한 내용도 담겨 있다). 『빌리버Believer』의 하이디 율라비츠와 『와이어드Wired』의 니컬러스 톰프슨에게는 특히 고맙다. 두 편집자는 처음으로 내게 긴 글을 맡겼으며, 하나의 수학적 내러티브를 수천 단어 내에서 일관되게 유지하는 방법에 대해서 중요한 교훈들을 가르쳐 주었다.

엘리스 크레이그는 사실 확인 작업을 훌륭하게 해주었다. 여러분이 이 책에서 오류를 발견한다면 그것은 그녀의 손길이 닿지 않은 나머지 부분이다. 그레그 빌레피크는 교정을 맡아 용법과 사실 면에서의 실수를 많이 제거해 주었다. 지칠 줄 모르고 불필요한 하이픈을 지워 버리는 그는 불필요한 하이픈들의 적이다.

내 박사 학위 지도 교수 배리 머주어는 내가 수론에 관해서 아는 내용을 거의 다 가르쳐 준 분이다. 게다가 그는 수학과 다른 방식의 생각, 표현, 감정이 깊이 연관되어 있다는 것을 보여 주는 모범이다.

이 책을 여는 러셀의 인용구는 데이비드 포스터 월리스에게 빚졌다. 월리스는 이 인용구를 자신의 집합론 책 『모든 것과 그 이상Everything and More』의 제사로 쓰려고 낙점해 두었으나 결국 쓰지는 않았다.

나는 이 책의 대부분을 위스콘신 주립 대학의 안식년 기간에 썼다. 휴가 기간을 일 년으로 연장할 수 있도록 롬니스 교직원 펠로십을 제공해 준 위스콘신 동창회 연구 재단에 감사하며, 그다지 학술적이진 않은 이 특이한 프로젝트를 지지해 준 대학 동료들에게도 감사한다.

위스콘신 주 매디슨의 먼로 가에 있는 바리크 커피에게도 고맙다. 이 책의 많은 부분은 그 카페에서 씌어졌다.

많은 친구들과 동료들과 이메일에 답장해 준 낯선 사람들이 여러 제안을 주고 원고를 꼼꼼히 읽어 준 덕에 책이 더 나아질 수 있었다. 로라 발차노, 메러디스 브루사드, 팀 카모디, 팀 차우, 제니 데이비드슨, 존 에크하르트, 스티브 파인버그, 펠리 그리처, 히에라틱 집단, 길 칼라이, 이매뉴얼 코왈스키, 데이비드 크라카우어, 로런 크로이츠, 타니아 래티, 마크 망겔, 아리카 오크렌트, 존 퀴긴, 벤 레히트, 미헬 레겐베터, 이언 라울스톤, 니심 슐람-살만, 제럴드 셀비, 코스마 샬리치, 미셸 시, 배리 사이먼, 브래드 스나이더, 엘리엇 소버, 미란다 스필러, 제이슨 스타인버그, 핼 스턴, 스테파니 타이, 밥 템플, 라비 바킬, 로버트 워드롭, 에릭 웹식, 릴런드 윌킨슨, 재닛 위츠에게 감사한다. 특히 중요한 의견을 주었던 독자 몇 명은 짚어서 말하고 싶다. 톰 스코카는 예리한 시선과 인정사정없는 태도로 원고 전체를 읽어 주었다. 앤드루 겔먼과 스티븐 스티글러는 통계학사에 관한 내용에 틀린 데가 없도록 살펴 주었다. 스티븐 버트는 시 부분을 확인해 주었다. 헨리 콘은 묵직한 분량을 놀랍도록 꼼꼼하게 읽어 주었고 윈스턴 처칠과 사영 평면에 관한 인용구를 알려 주었다. 린다 배리는 내가 손수 그림을 그려도 괜찮다고 말해 주었다. 응용 통계학자이신 부모님은 원고를 다 읽고 이야기가 지나치게 추상적으로 흐르는 감이 있는 대목을 알려 주셨다.

내가 책을 쓰느라 주말에도 자주 일해야 했던 것을 참아 준 아들과 딸에게 고맙다. 특히 아들은 책에 실린 그림 중 한 장을 그려 주었다. 그리고 그 누구보다 타니아 슐람에게 고맙다. 아내는 여러분이 읽은 모든 문장을 맨 먼저, 또한 맨 마지막에 읽은 독자였으며, 내가 애초에 책을 쓸 생각을 할 수 있었던 것 자체가 그녀의 지지와 사랑 덕분이었다. 아내는 내게 올바를 수 있는 방법을 알려 주었다. 수학보다도 더 많이.

미주

서문

1 아브라함 발드의 삶에 관한 내용은 다음에서 가져왔다. Oscar Morgenstern, "Abraham Wald, 1902-1950," *Econometrica* 19, no. 4 (Oct. 1951): 361~367.

2 SRG에 관한 역사적 자료는 다음에서 가져왔다. W. Allen Wallis, "The Statistical Research Group, 1942-1945," *Journal of the American Statistical Association* 75, no. 270 (June 1980): 320~330.

3 상동, 322.

4 상동, 322.

5 상동, 329.

6 나는 발드와 사라진 총알구멍에 관한 이야기를 하워드 웨이너의 다음 책에서 알았다. Howard Wainer, *Uneducated Guesses: Using Evidence to Uncover Misguided Education Policies* (Princeton, NJ: Princeton University Press, 2011). 책에서 웨이너는 이 못지않게 복잡하고 부분적인 교육 연구 통계에 발드의 통찰을 적용했다.

7 Marc Mangel and Francisco J. Samaniego, "Abraham Wald's Work on Aircraft Survivability," *Journal of the American Statistical Association* 79, no. 386 (June 1984): 259~267.

8 Jacob Wolfowitz, "Abraham Wald, 1902-1950," *Annals of Mathematical Statistics* 23, no. 1 (Mar. 1952): 1~13.

9 Amy L. Barrett and Brent R. Brodeski, "Survivor Bias and Improper Measurement: How the Mutual Fund Industry Inflates Activity Managed

Fund Performances," www.savantcapital.com/uploadedFiles/Savant_CMS_Website/Press_Coverage/Press_Releases/Older_releases/sbiasstudy[1].pdf (accessed Jan. 13, 2014).

10 Martin Rohleder, Hendrik Scholz, and Marco Wilkens, "Survivorship Bias and Mutual Fund Performance: Relevance, Significance, and Methodical Differences," *Review of Finance* 15 (2011): 441~474; 표를 보라. 우리는 월간 초과 수익률을 연간 초과 수익률로 환산했기 때문에, 본문의 숫자와 이 자료의 표의 숫자가 같지는 않다.

11 Abraham Wald, A Method of Estimating Plane Vulnerability Based on Damage of Survivors (Alexandria, VA: Center for Naval Analyses, repr., CRC 432, July 1980).

12 리만 가설에 대해서는 존 더비셔의 책 『리만 가설 *Prime Obsession*』과 마커스 드 사토이의 『소수의 음악 *The Music of the Primes*』을 좋아한다. 괴델의 정리에 대해서는 물론 더글러스 호프스태터의 『괴델, 에셔, 바흐 *Gödel, Escher, Bach*』가 있는데, 솔직히 말해서 이 책은 괴델의 정리를 미술, 음악, 논리에 드러난 자기 참고성에 관한 성찰에서 하나의 만트라처럼 간접적으로만 언급할 뿐이다.

1장

1 Daniel J. Mitchell, "Why Is Obama Trying to Make America More Like Sweden when Swedes Are Trying to Be Less Like Sweden?" Cato Institute, Mar. 16, 2010, www.cato.org/blog/why-obama-trying-make-america-more-sweden-when-swedes-are-trying-be-less-sweden (accessed Jan. 13, 2014).

2 Horace, *Satires* 1.1.106, trans. Basil Dufallo, in "Satis/Satura: Reconsidering the 'Programmatic Intent' of Horace's Satires 1.1," *Classical World* 93 (2000): 579~590.

3 래퍼는 래퍼 곡선이 자신의 발명품이 아니라는 사실을 늘 아주 명확하게 밝혔다. 일찍이 케인스도 이 개념을 아주 분명하게 이해하고 글로 썼으며, 기본적인 개념 자체는 (적어도) 14세기 역사학자 이븐 칼둔에게까지 거슬러 올라간다.

4 Jonathan Chait, "Prophet Motive," *New Republic*, Mar. 31, 1997.

5 Hal R. Varian, "What Use Is Economic Theory?" (1989), http://people.ischool.berkeley.edu/~hal/Papers/theory.pdf (accessed Jan. 13, 2014).

6 David Stockman, *The Triumph of Politics: How the Reagan Revolution Failed* (New York: Harper & Row, 1986), 10.

7 N. Gregory Mankiw, *Principles of Microeconomics, vol. 1* (Amsterdam: Elsevier, 1998), 166.

8 Martin Gardner, "The Laffer Curve," *The Night Is Large: Collected Essays, 1938-1995* (New York: St. Martin's, 1996), 127~139.

9 켐프와 로스가 1978년에 감세 법안을 놓고 나눈 대화에서.

2장

1 Christoph Riedweg, *Pythagoras: His Life, Teaching, and Influence* (Ithaca, NY: Cornell University Press, 2005), 2.

2 George Berkeley, *The Analyst: A Discourse Addressed to an Infidel Mathematician* (1734), ed. David R. Wilkins, www.maths.tcd.ie/pub/HistMath/People/Berkeley/Analyst/Analyst.pdf (accessed Jan. 13, 2014).

3 David O. Tall and Rolph L. E. Schwarzenberger, "Conflicts in the Learning of Real Numbers and Limits," *Mathematics Teaching* 82 (1978): 44~49.

4 코시의 이론에서, 어떤 급수가 극한값 x에 수렴한다는 것은 항을 더 많이 더할수록 총합이 x에 점점 더 가까워진다는 뜻이다. 그렇다면 두 수가 〈가깝다〉는 것이 무슨 뜻인지 개념을 확실히 해두어야 하는데, 알고 보면 우리가 평소 익숙하게 여기는 개념만 있는 게 아니다! 2진수 체계의 세계에서는, 두 수의 차가 2의 큰 거듭제곱 값의 배수일 때 서로 가깝다고 말한다. $1 + 2 + 4 + 8 + 16 + \cdots$가 -1에 수렴한다고 말할 때, 우리는 $1, 3, 7, 15, 31 \cdots$이라는 부분 합들이 점점 더 -1에 다가간다고 말하는 것이다. 물론 통상적인 〈가까움〉의 의미에서는 이것이 사실이 아니지만, 2진수 체계의 가까움 개념을 적용하면, 이야기가 다르다. 31과 -1의 차는 32, 즉 2^5로서 상당히 작은 2진수다. 항을 몇 개 더 더하면 부분 합이 511이 되는데, 이것과 -1의 차이는 512이므로 (2진수의 시점에서는) 여전히 작다. 우리가 아는 수학의 대부분은 미적분, 로그와 지수, 기하학, 2진수 체계에 그에 상응하는 내용이 있으며(실은 어떤 p에 대해서든 상응하는 p진수 체계가 있다), 이 서로 다른 가까움 개념들이 벌이는 상호 작용의 내용은 희한하기 짝이 없고 또한 멋지기 짝이 없는 별도의 이야기이다.

5 그란디와 그란디 급수에 관한 내용은 다음에서 많이 가져왔다. Morris Kline, "Euler and Infinite Series," *Mathematics Magazine* 56, no. 5 (Nov. 1983): 307~314.

6 코시의 미적분 수업에 관한 일화는 19세기 초 수학과 문화의 상호 작용을 흥미롭게 추적한 역사적 연구인 아미르 알렉산더의 책 『새벽의 결투*Duel at Dawn*』에서

가져왔다. 다음도 참고하라. Michael J. Barany, "Stuck in the Middle: Cauchy's Intermediate Value Theorem and the History of Analytic Rigor," *Notices of the American Mathematical Society* 60, no. 10 (Nov. 2013): 1334~1338. 이 자료는 코시의 접근법의 현대성에 대해서 약간 상반된 시각을 갖고 있다.

3장

1 Youfa Wang et al., "Will All Americans Become Overweight or Obese? Estimating the Progression and Cost of the US Obesity Epidemic," *Obesity* 16, no. 10 (Oct. 2008): 2323~2330.
2 abcnews.go.com/Health/Fitness/story?id = 5499878&page = 1.
3 *Long Beach Press-Telegram*, Aug. 17, 2008.
4 왕의 비만 연구에 대한 내 분석은 다음 기사의 시각과 대체로 일치한다. 나는 이 기사를 이 장을 쓴 뒤에 알았다. Carl Bialik, "Obesity Study Looks Thin," *Wall Street Journal*, Aug. 15, 2008.
5 이 수치들은 다음 웹사이트에서 가져왔는데, 지금은 페이지가 사라졌다. www.soicc.state.nc.us/soicc/planning/c2c.htm.
6 Katherine M. Flegal et al., "Prevalence of Obesity and Trends in the Distribution of Body Mass Index Among US Adults, 1999-2010," *Journal of the American Medical Association* 307, no. 5 (Feb. 1, 2012), 491~497.

4장

1 Daniel Byman, "Do Targeted Killings Work?" *Foreign Affairs* 85, no. 2 (Mar.~Apr. 2006), 95.
2 "Expressing Solidarity with Israel in the Fight Against Terrorism," H. R. Res. 280, 107th Congress (2001).
3 이 장의 내용 중 일부는 내가 쓴 다음 글에서 가져왔다. "Proportionate Response," *Slate*, July 24, 2006.
4 *Meet the Press*, July 16, 2006, transcript at www.nbcnews.com/id/13839698/page/2/#.Uf_Gc2Teo9E (accessed Jan. 13, 2014).
5 Ahmed Moor, "What Israel Wants from the Palestinians, It Takes," *Los Angeles Times*, Sept. 17, 2010.
6 Gerald Caplan, "We Must Give Nicaragua More Aids," *Toronto Star*, May 8, 1988.

7 Daivd K. Shipler, "Robert McNamara and the Ghosts of Vietnam," *New York Times Magazine*, Aug 10, 1997, pp. 30~35.

8 뇌종양 데이터는 모두 다음에서 가져왔다. "State Cancer Profiles," National Cancer Institute, http://statecancerprofiles.cancer.gov/cgi-bin/deathrates/deathrates.pl?00&076&00&2&001&1&1&1 (accessed Jan. 13, 2014).

9 뇌종양 발생률 사례는 신장암 통계에 대해서 카운티별로 비슷한 분석을 해본 다음 책에서 크게 빚졌다. Howard Wainer, *Picturing the Uncertain World* (Princeton University Press, 2009). 이 책은 나보다 이 개념을 훨씬 더 철저하게 펼치고 있다.

10 John E. Kerrich, "Random Remarks," *American Statistician* 15, no. 3 (June 1961), 16~20.

11 1999년 점수는 다음에서 가져왔다. "A Report Card for the ABCs of Public Education Volume I: 1998-1999 Growth and Performance of Public Schools in North Carolina 25 Most Improved K-8 Schools," www.ncpublicschools.org/abc_results/results_99/99ABCsTop25.pdf (accessed Jan. 13, 2014).

12 Kirk Goldsberry, "Extra Points: A New Way to Understand the NBA's Best Scorers," *Grantland*, Oct. 9, 2013, www.grantland.com/story/_/id/9795591/kirk-goldsberry-introduces-new-way-understand-nba-best-scorers (accessed Jan. 13, 2014). 이 자료는 슈팅 성공률을 넘어서서 공격 실적에 대한 정보의 잣대를 개발하는 방법을 하나 제안한다.

13 Thomas J. Kane and Douglas O. Staiger, "The Promise and Pitfalls of Using Imprecise School Accountability Measures," *Journal of Economic Perspectives* 16, no. 4 (Fall 2002), 91~114.

14 제약을 두지 않은 기술적 설명을 알고 싶다면 다음 두 자료를 보라. Kenneth G. Manton et al., "Empirical Bayes Procedures for Stabilizing Maps of U.S. Cancer Mortality Rates," *Journal of the American Statistical Association* 84, no. 407 (Sept. 1989): 637-50; Andrew Gelman and Phillip N. Price, "All Maps of Parameter Estimates Are Misleading," *Statistics in Medicine* 18, no. 23 (1999): 3221~3234).

15 Stephen M. Stigler, *Statistics on the Table: The History of Statistical Concepts and Methods* (Cambridge, MA: Harvard University Press, 1999), 95.

16 가령 다음을 보라. Ian Hacking, *The Emergence of Probability: A Philosophical Study of Early Ideas About Probability, Induction, and Statistical Inference*, 2d ed. (Cambridge, UK: Cambridge University Press, 2006), ch. 18.

17 화이트의 수치들은 다음에서 가져왔다. Matthew White, "30 Worst Atrocities

of the 20th Century," http://users.erols.com/mwhite28/atrox.htm (accessed Jan. 13, 2014).

5장

1 A. Michael Spence and Sandile Hlatshwayo, "The Evolving Structure of the American Economy and the Employment Challenge," Council of Foreign Relations, Mar. 2011, www.cfr.org/industrial-policy/evolving-structure-american-economy-employment-challenge/p24366 (accessed Jan. 13, 2014).

2 "Move Over," *Economist*, July 7, 2012.

3 William J. Clinton, *Back to Work: Why We Need Smart Government for a Strong Economy* (New York: Random House, 2011), 167.

4 Jacqueline A. Stedall, *From Cardano's Great Art to Lagrange's Reflections: Filling a Gap in the History of Algebra* (Zurich: European Mathematical Society, 2011), 14.

5 Milwaukee Journal Sentinel, PolitiFact, www.politifact.com/wisconsin/statements/2011/jul/28/republican-party-wisconsin/wisconsin-republican-party-says-more-than-half-nat (accessed Jan. 13, 2014).

6 WTMJ News, Milwaukee, "Sensenbrenner, Voters Take Part in Contentious Town Hall Meeting over Federal Debt," www.todaystmj4.com/news/local/126122793.html (accessed Jan. 13, 2014).

7 모든 일자리 데이터는 다음에서 가져왔다. June 2011 Regional and State Employment and Unemployment (Monthly) News Release by the Bureau of Labor Statistics, July 22, 2011, www.bls.gov/news.release/archives/laus_07222011.htm.

8 Steven Rattner, "The Rich Get Even Richer," *New York Times*, Mar. 26, 2012, A27.

9 elsa.berkeley.edu/~saez/TabFig2010.xls (accessed Jan. 13, 2014).

10 Mitt Romney, "Women and the Obama Economy," Apr. 10, 2012, available at www.scribd.com/doc/88740691/Women-And-The-Obama-Economy-Infographic.

11 이 대목의 계산과 논증은 다음에서 가져왔다. Glenn Kessler, "Are Obama's Job Policies Hurting Women?" *Washington Post*, Apr. 10, 2012.

12 상동.

6장

1 Maimonides, *Laws of Idolatry* 1.2, from Isadore Twersky, *A Maimonides Reader* (New York: Behrman House, Inc., 1972), 73.

2 Yehuda Bauer, *Jews for Sale? Nazi-Jewish Negotiations, 1933-1945* (New Haven: Yale University Press, 1996), 74~90.

3 Doron Witztum, Eliyahu Rips, and Yoav Rosenberg, "Equidistant Letter Sequences in the Book of Genesis," *Statistical Science* 9, no. 3 (1994): 429~438.

4 Robert E. Kass, "In This Issue," *Statistical Science* 9, no. 3 (1994): 305~306.

5 Shlomo Sternberg, "Comments on *The Bible Code*," *Notices of the American Mathematical Society* 44, no. 8 (Sept. 1997): 938~939.

6 Alan Palmiter and Ahmed Taha, "Star Creation: The Incubation of Mutual Funds," *Vanderbilt Law Review* 62 (2009): 1485~1534. 팰미터와 타하는 펀드 인큐베이션을 정확히 볼티모어 주식 중개인에 비유하여 말하고 있다.

7 상동, 1503.

8 Leonard A. Stefanski, "The North Carolina Lottery Coincidence," *American Statistician* 62, no. 2 (2008): 130~134.

9 Aristotle, *Rhetoric* 2.24, trans. W. Rhys Roberts, classics.mit.edu/Aristotle/rhetoric.mb.txt (accessed Jan. 14, 2014).

10 Ronald A. Fisher, *The Design of Experiments* (Edinburgh: Oliver & Boyd, 1935), 13~14.

11 Brendan McKay and Dror Bar-Natan, "Equidistant Letter Sequences in Tolstoy's *War and Peace*," cs.anu.edu.au/~bdm/dilugim/WNP/main.pdf (accessed Jan. 14, 2014).

12 Brendan McKay and Dror Bar-Natan, Maya Bar-Hillel, and Gil Kalai, "Solving the Bible Code Puzzle," *Statistical Science* 14, no. 2 (1999): 150~173, section 6.

13 상동.

14 *New York Times*, Dec. 8, 2010, A27.

15 가령 다음을 보라. Doron Witztum, "Of Science and Parody: A Complete Refutation of MBBK's Central Claim," www.torahcode.co.il/english/paro_hb.htm (accessed Jan. 14, 2014).

7장

1 Craig M. Bennett et al., "Neural Correlates of Interspecies Perspective Taking in the Post-Mortem Atlantic Salmon: An Argumant for Proper Multiple Comparisons Correction," *Journal of Serendipitous and Unexpected Results* 1 (2010): 1~5.

2 상동, 2.

3 Gershon Legman, *Rationale of the Dirty Joke: An Analysis of Sexual Humor* (New York: Grove, 1968; repr. Simon & Schuster, 2006).

4 가령 다음을 보라. Stanislas Dehaene, *The Number Sense: How the Mind Creates Mathematics* (New York: Oxford University Press, 1997).

5 Richard W. Feldmann, "The Cardano-Tartaglia Dispute," *Mathematics Teacher* 54, no. 3 (1961): 160~163.

6 아버스넛에 관한 이야기는 다음 책 18장에서 가져왔다. Ian Hacking, *The Emergence of Probability* (New York: Cambridge University Press, 1975). 다음 책 6장도 참고했다. Stephen M. Stigler, *The History of Statistics* (Cambridge, MA: Harvard University Press/Belknap Press, 1986).

7 이른바 〈설계에 의한 논증〉에 고전적이고 현대적인 갈래가 수없이 많다는 것은 다음 책에 자세히 나와 있다. Elliot Sober, *Evidence and Evolution: The Logic Behind the Science* (New York: Cambridge University Press, 2008).

8 Charles Darwin, *The Origin of Species*, 6th ed. (London: 1872), 421.

9 Richard J. Gerrig and Philip George Zimbardo, *Psychology and Life* (Boston: Allyn & Bacon, 2002).

10 David Bakan, "The Test of Significance in Psychological Research," *Psychological Bulletin* 66, no. 6 (1996): 423~437.

11 다음에 인용되어 있다. Ann Furedi, "Social Consequences: The Public Health Implications of the 1995 'Pill Scare,'" *Human Reproduction Update* 5, no. 6 (1999): 621~626.

12 Edith M. Lederer, "Government Warns Some Birth Control Pills May Cause Blood Clots," Associated Press, Oct. 19, 1995.

13 Sally Hope, "Third Generation Oral Contraceptives: 12% of Women Stopped Taking Their Pill Immediately They Heard CSM's Warning," *BMJ: British Medical Journal* 312, no. 7030 (1996): 576.

14 Furedi, "Social Consequences," 623.

15 Klim McPherson, "Third Generation Oral Contraception and Venous Thromboembolism," *BMJ: British Medical Journal* 312, no. 7023 (1996): 68.

16 Julia Wrigley and Joanna Dreby, "Fatalities and the Organization of Child Care in the United States, 1985-2003," *American Sociological Review* 70, no. 5 (2005): 729~757.

17 영아 사망률 통계는 모두 질병 관리 센터의 다음 자료에서 가져왔다. Sheery L. Murphy, Jiaquan Xu, and Kenneth D. Kochanek, "Deaths: Final Data for 2010," www.cdc.gov/nchs/data/nvsr/nvsr61/04.pdf.

18 스키너의 삶에 관한 내용은 그의 자전적 글에서 가져왔다. "B. F. Skinner⋯⋯ An Autobiography," in Peter B. Dews, ed., *Festschrift for BF Skinner* (New York: Appleton-Century-Crofts, 1970), 1~22. 그의 자서전에서 특히 262~263쪽도 참고했다. Skinner, *Particulars of My Life.*

19 Skinner, "Autobiography," 6.

20 상동, 8.

21 Skinner, *Particulars*, 262.

22 Skinner, "Autobiography," 7.

23 Skinner, *Particulars*, 292.

24 John B. Watson, *Behaviorism* (Livingston, NJ: Transaction Publishers, 1998), 4.

25 Skinner, "Autobiography," 12.

26 상동, 6.

27 Joshua Gang, "Behaviorism and the Beginning of Close Reading," *ELH (English Literary History)* 78, no. 1 (2011): 1~25.

28 B. F. Skinner, "The Alliteration in Shakespeare's Sonnets: A Study in Literary Behavior," *Psychological Record* 3 (1939): 186~192. 나는 스키너의 두운법 연구를 다음 고전적 논문을 통해서 알았다. Persi Diaconis and Frederick Mosteller, "Methods for Studying Coincidences," *Journal of the American Statistical Association* 84, no. 408 (1989), 853~861. 이 장에서 이야기된 개념들을 더 알고 싶다면 꼭 읽어야 할 논문이다.

29 Skinner, "Alliteration in Shakespeare's Sonnets," 191.

30 가령 다음을 보라. Ulrich K. Goldsmith, "Words out of a Hat? Alliteration and Assonance in Shakespeare's Sonnets," *Journal of English and Germanic Philology* 49, no. 1 (1950), 33~48.

31 Herbert B. Ward, "The Trick of Alliterations," *North American Review* 150,

no. 398 (1890): 140~142.

32 Thomas Gilovich, Robert Vallone, and Amos Tversky, "The Hot Hand in Basketball: On the Misperception of Random Sequences," *Cognitive Psychology* 17, no. 3 (1985): 295~314.

33 Kevin B. Korb and Michael Stilwell, "The Story of the Hot Hand: Powerful Myth or Powerless Critique?" (paper presented at the International Conference on Cognitive Science, 2003), www.csse.monash.edu.au/~korb/iccs.pdf.

34 Gur Yaar and Shmuel Eisenmann, "The Hot (Invisible?) Hand: Can Time Sequence Patterns of Success/Failure in Sports Be Modeled as Repeated Random Independent Trials?" *PLoS One*, vol. 6, no. 10 (2011): e24532.

35 이 문제와 관련해서, 나는 다음 2001년 논문을 정말 좋아한다. Andrew Mauboussin and Samuel Arbesman, "Differentiating Skill and Luck in Financial Markets with Streaks," papers.ssrn.com/sol3/papers.cfm?abstract_id = 1664031. 특히 제1저자가 이 논문을 쓸 때 고등학생이었던 점을 감안한다면, 더욱 인상적인 작업이다! 이 논문의 결론이 결정적이라고 생각하진 않지만, 이 까다로운 문제에 대해서 아주 좋은 접근법을 보여 주었다고 생각한다.

36 후이징가와의 개인적 대화에서.

37 Yigal Attali, "Perceived Hotness Affects Behavior of Basketball Players and Coaches," *Psychological Science* 24, no. 7 (July 1, 2013): 1151~1156.

8장

1 Allison Klein, "Homicides Decrease in Washington Region," *Washington Post*, Dec. 31, 2012.

2 David W. Hughes and Susan Cartwright, "John Michell, the Pleiades, and Odds of 496,000 to 1," *Journal of Astronomical History and Heritage* 10 (2007): 93~99.

3 점이 흩뿌려진 이 두 그림은 마이크로소프트 연구소의 유발 페레스가 만든 것으로 나는 다음에서 가져왔다. Yuval Peres, "Gaussian Analytic Functions," http://research.microsoft.com/en-us/um/people/peres/GAF/GAF.html.

4 Ronald A. Fisher, *Statistical Methods and Scientific Inference* (Edinburgh: Oliver & Boyd, 1959), 39.

5 Joseph Berkson, "Tests of Significance Considered as Evidence," *Journal of the American Statistical Association* 37, no. 219 (1942), 325~335.

6 간격 한계 추측에 관한 장의 연구 이야기는 내가 썼던 다음 글에서 가져왔다.

"The Beauty of Bounded Gaps," *Slate*, May 22, 2013. 다음 글도 보라. Yitang Zhang, "Bounded Gaps Between Primes," *Annals of Mathematics*.

9장

1 샬리치의 이야기는 그의 블로그에서 직접 읽을 수 있다. http://bactra.org/weblog/698.html.

2 John P. A. Ioannidis, "Why Most Published Research Findings Are False," *PLoS Medicine* 2, no. 8 (2005): e124, available at www.plosmedicine.org/article/info:doi/10.1371/journal.pmed.0020124.

3 신경과학에서 검정력이 낮은 연구들의 위험을 평가한 글로는 다음을 보라. Katherine S. Button et al., "Power Failure: Why Small Sample Size Undermines the Reliability of Neuroscience," *Nature Reviews Neuroscience* 14 (2013): 365~376.

4 Kristina M. Durante, Ashley Rae, and Vladas Griskevicius, "The Fluctuating Female Vote: Politics, Religion, and the Ovulatory Cycle," *Psychological Science* 24, no. 6 (2013): 1007~1016. 이 논문의 방법론에 관해서 나와 대화를 나눴던 앤드루 겔먼에게 고맙다. 내 분석은 그가 이 문제를 주제로 쓴 블로그 글에 많은 것을 의존했다(http://andrewgelman.com/2013/05/17/how-can-statisticians-help-psychologists-do-their-research-better).

5 이 현상을 해설한 사례로는 다음을 보라. Andrew Gelman and David Weakliem, "Of Beauty, Sex, and Power: Statistical Challenges in Estimating Small Effect," *American Scientist* 97 (2009): 310~316. 잘생긴 사람들이 아들보다 딸을 더 많이 낳는가 하는 질문에 대한 분석인데, 답은 아니오이다.

6 Christopher F. Chabris et al., "Most Reported Genetic Associations with General Intelligence Are Probably False Positives," *Psychological Science* 23, no. 11 (2012): 1314~1323.

7 C. Glenn Begley and Lee M. Ellis, "Drug Development: Raise Standards for Preclinical Cancer Research," *Nature* 483, no. 7391 (2012): 531~533.

8 Uri Simonshon, Leif Nelson, and Joseph Simmons, "P-Curve: A Key to the File Drawer," *Journal of Experimental Psychology: General,* forthcoming. 이 부분에 등장하는 곡선들은 이 논문에 그려진 〈p 곡선들〉을 베낀 것이다.

9 대표적인 몇몇 사례들만 소개하면 다음과 같다. Alan Gerber and Neil Malhotra, "Do Statistical Reporting Standards Affect What Is Published? Publication Bias

in Two Leading Political Science Journals," *Quarterly Journal of Political Science* 3, no. 3 (2008): 313~326; Alan S. Gerber and Neil Malhotra, "Publication Bias in Empirical Sociological Research: Do Arbitrary Significance Levels Distort Published Results?" *Sociological Methods & Research* 37, no. 1 (2008): 3~30; E. J. Masicampo and Daniel R. Lalande, "A Peculiar Prevalence of P Values Just Below 0.05," *Quarterly Journal of Experimental Psychology* 65, no. 11 (2012): 2271~2279.

10 *Matrixx Initiatives, Inc. v. Siracusano*, 131 S. Ct. 1309, 563 U.S., 179 L. Ed. 2d 398 (2011).

11 Robert Rector and Kirk A. Johnson, "Adolescent Virginity Pledges and Risky Sexual Behaviors," Heritage Foundation (2005), www.heritage.org/research/reports/2005/06/adolescent-virginity-pledges-and-risky-sixual-behaviors (accessed Jan. 14. 2014).

12 Robert Rector, Kirk A. Johnson, and Patrick F. Fagan, "Understanding Differences in Black and White Child Poverty Rates," Heritage Center for Data Analysis report CDA01-04 (2001), p. 15, 다음에 인용됨. Jordan Ellenberg, "Sex and Significance," *Slate*, July 5, 2005, http://thf_media.s3.amazonaws.com/2001/pdf/cda01-04.pdf (accessed Jan. 14. 2014).

13 Michael Fitzgerald and Ioan James, *The Mind of the Mathematician* (Baltimore: Johns Hopkins University Press, 2007), 151, 다음에 인용됨. Francisco Louçã, "The Widest Cleft in Statistics: How and Why Fisher Opposed Neyman and Pearson," Department of Economics of the School of Economics and Management, Lisbon, Working Paper 02/2008/DE/UECE, available at www.iseg.utl.pt/departamentos/economia/wp/wp022008deuece.pdf (accessed Jan. 14. 2014). 피츠제럴드와 제임스의 책은 과거의 성공했던 수학자 중 많은 수가 아스퍼거 증후군을 갖고 있었다고 주장하려는 내용이므로, 그들이 피셔의 사회성에 대해서 평가한 말은 그 점을 감안하고 들어야 한다.

14 Letter to Hick of Oct. 8, 1951, in J. H. Bennett, ed., *Statistical Inference and Analysis: Selected Correspondence of R. A. Fisher* (Oxford: Clarendon Press, 1990), 144. 다음에 인용됨. Louçã, "Widest Cleft."

15 Ronald A. Fisher, "The Arrangement of Field Experiments," *Journal of the Ministry of Agriculture of Great Britain* 33 (1926): 503~513. 이 주제에 관한 피셔의 생각을 잘 보여 주는 소개글인 다음 짧은 글에 인용됨. Jerry Dallal, "Why

p = 0.05?" (www.jerrydallal.com/LHSP/p05.htm).

16 Ronald A. Fisher, *Statistical Methods and Scientific Inference* (Edinburgh: Oliver & Boyd, 1956), 41~42. 다음에도 인용됨. Dallal, "Why p = 0.05?".

10장

1 Charles Duhigg, "How Companies Learn Your Secrets," *New York Times Magazine*, Feb. 16, 2012.

2 Peter Lynch and Owen Lynch, "Forecasts by PHONIAC," *Weather* 63, no. 11 (2008): 324~326.

3 Ian Roulstone and John Norbury, *Invisible in the Storm: The Role of Mathematics in Understanding Weather* (Princeton, NJ: Princeton University Press, 2013), 281.

4 Edward N. Lorenz, "The Predictability of Hydrodynamic Flow," *Transactions of the New York Academy of Sciences*, series 2, vol. 25, no. 4 (1963): 409~432.

5 Eugenia Kalnay, *Atmospheric Modeling, Data Assimilation, and Predictability* (Cambridge, UK: Cambridge University Press, 2003), 26.

6 Jordan Ellenberg, "This Psychologist Might Outsmart the Math Brains Competing for the Netflix Prize," *Wired*, Mar. 2008, pp. 114~122.

7 Xavier Amatriain and Justin Basilico, "Netflix Recommendations: Beyond the 5 Stars," techblog.netflix.com/2012/04/netflix-recommendations-beyond-5-stars.html (accessed Jan. 14, 2014).

8 초감각적 지각 광풍에 관한 동시대의 좋은 기록으로는 다음을 보라. Francis Wickware, "Dr. Rhine and ESP," *Life*, Apr. 15, 1940.

9 Thomas L. Griffiths and Joshua B. Tenenbaum, "Randomness and Coincidences: Reconciling Intuition and Probability Theory," *Proceedings of the 23rd Annual Conference of the Cognitive Science Society*, 2001.

10 게리 루피안과의 개인적 대화에서.

11 Griffiths and Tenenbaum, "Randomness and Coincidences," fig. 2.

12 Bernd Beber and Alexandra Scacco, "The Devil Is in the Digits," *Washington Post*, June 20, 2009.

13 Ronald A. Fisher, "Mr. Keynes's Treatise on Probability," *Eugenics Review* 14, no. 1 (1922): 46~50.

14 데이비드 굿스타인과 제리 노이게바우어가 파인먼 강연의 특별 서문에서 인용했다. 다음에 재수록되었음. Richard Feynman, *Six Easy Pieces* (New York:

Basic Books, 2011), xxi.

15 이 대목의 논의는 다음 책에 크게 빚졌다. Elliott Sober, *Evidence and Evolution* (New York: Cambridge University Press, 2008).

16 Aileen Fyfe, "The Reception of William Paley's *Natural Theology* in the University of Cambridge," *British Journal for the History of Science* 30, no. 106 (1997): 324.

17 Letter from Darwin to John Lubbock, Nov. 22, 1859, Darwin Correspondence Project, www.darwinproject.ac.uk/letter/entry-2532 (accessed Jan. 14, 2014).

18 Nick Bostrom, "Are We Living in a Computer Simulation?" *Philosophical Quarterly* 53, no. 211 (2003): 243~255.

19 SIMS를 찬성하는 보스트롬의 논증은 이것 하나만은 아니다. 논쟁적인 논증이지만 당장 기각해 버릴 수 있는 것은 아니다.

11장

1 제노바 복권에 관한 정보는 모두 다음에서 가져왔다. David R. Bellhouse, "The Genoese Lottery," *Statistical Science* 6, no. 2 (May 1991): 141~148.

2 스타우튼 홀과 홀워디 홀이다.

3 Adam Smith, *The Wealth of Nations* (New York: Wiley, 2010), bk. 1, ch. 10, p. 102.

4 헬리와 잘못 매긴 연금 가격에 관한 일화는 다음 책 13장에서 가져왔다. Ian Hacking, *The Emergence of Probability* (New York: Cambridge University Press, 1975).

5 다음을 보라. Edwin W. Kopf, "The Early History of the Annuity," *Proceedings of the Casualty Actuarial Society* 13 (1926): 225~266.

6 파워볼 홍보 부서와의 개인적 대화에서.

7 "Jackpot History," www.lottostrategies.com/script/jackpot_history/draw_date/101 (accessed Jan. 14, 2014).

8 복권 구매자들이 어떤 숫자 조합을 선호하고 꺼리는지 조사한 연구로 다음을 보라. John Haigh, "The Statistics of Lotteries," ch. 23 of Donald B. Hausch and William Thomas Ziemba, eds., *Handbook of Sports and Lottery Markets* (Amsterdam: Elsevier, 2008).

9 매사추세츠 주 감사관 그레고리 W. 설리번이 매사추세츠 주 재무장관 스티븐 그로스먼에게 2012년 7월 27일 보낸 편지에서. 내가 달리 표시하지 않은 한,

캐시윈폴 대량 구매에 관한 모든 자료는 설리번 보고서에서 가져왔다. www.mass.gov/ig/publications/reports-and-recommendations/2012/lottery-cash-winfall-letter-july-2012.pdf (accessed Jan. 14, 2014).

10 그들이 〈랜덤 전략〉이라는 이름을 정확히 언제 골랐는지는 확실히 알 수 없었다. 그들이 2005년에 처음으로 내기를 걸기 시작했을 때는 이 이름을 안 썼을 수도 있다.

11 제럴드 셸비와의 2013년 2월 11일 전화 인터뷰에서.

12 번역을 도와준 프랑수아 도레에게 고맙다.

13 뷔퐁의 어린 시절에 관한 내용은 다음 책 1, 2장에서 가져왔다. Jacques Roger, *Buffon: A Life in Natural History*, trans. Sarah Lucille Bonnefoi (Ithaca, NY: Cornell University Press, 1997).

14 From the translation of Buffon's "Essay on Moral Arithmetic" by John D. Hey, Tibor M. Neugebauer, and Carmen M. Pasca, in Axel Ockenfels and Abdolkarim Sadrieh, *The Selten School of Behavioral Economics* (Berlin/Heidelberg: Springer-Verlag, 2010), 54.

15 Pierre Deligne, "Quelques idées maîtresses de l'œvre de A. Grothendieck," in *Matériaux pour l'histoire des mathématique de France, 1998)*. 원 프랑스어 문장은 "rien ne semble de passer et pourtant à la fin de l'exposéun théorème clairement non trivial est là." 다음 논문에 실린 영어 번역을 썼다. Colin McCarty, "The Rising Sea: Grothendieck on Simplicity and Generality," part 1, from *Episodes in the History of Modern Algebra (1800-1950)* (Providence: American Mathematical Society, 2007), 301~322.

16 그로텐디크의 회고록 *Récoltes et Semailles* 중의 한 대목. 다음에 번역, 인용되어 있다. McCarty, "Rising Sea," 302.

17 제럴드 셸비와의 2013년 2월 11일 전화 인터뷰에서. 셸비의 역할에 관한 모든 정보는 이 인터뷰에서 얻었다.

18 앤드리아 에스테스에게 받은 2013년 2월 5일 이메일에서.

19 Andrea Estes and Scott Allen, "A Game with a Winfall for a Knowing Few," *Boston Globe*, July 31, 2011.

20 볼테르와 복권에 관한 이야기는 다음 두 자료에서 가져왔다. Haydn Mason, *Voltaire* (Baltimore: Johns Hopkins University Press, 1981), 22~23; Brendan Mackie, "The Enlightenment Guide to Winning the Lottery," www.damninteresting.com/the-enlightenment-guide-to-winning-the-lottery

(accessed Jan. 14, 2014).

21 그레고리 W. 설리번이 스티븐 그로스먼에게 보낸 편지에서.

22 Estes and Allen, "Game with a Winfall."

12장

1 어쩌면 모두가 그가 이렇게 말했다고 믿는 것인지도 모르겠다. 그가 이 말을 글로 기록해 두었다는 증거는 찾지 못했다.

2 "Social Security Kept Paying Benefits to 1,546 Deceased," *Washington Wire* (blog), *Wall Street Journal*, June 24, 2013.

3 Nicholas Beaudrot, "The Social Security Administration Is Incredibly Well Run," www.donkeylicious.com/2013/06/the-social-security-administration-is.html.

4 파스칼이 페르마에게 1660년 8월 10일 보낸 편지에서.

5 여기에서 인용하는 볼테르의 말은 모두 그의 「철학 편지Philosophical Letters」 중 『팡세』에 관한 언급으로 이루어진 25번째 장에서 가져왔다.

6 N. Gregory Mankiw, "My personal work incentives," Oct. 26, 2008, gregmankiw.blogspost.com/2008/10/blog-post.html. 맨큐는 다음 칼럼에서도 같은 주제를 반복해서 이야기했다. "I Can Afford Higher Taxes, but They'll Make Me Work Less," *New York Times*, BU3, Oct. 10, 2010.

7 2010년 영화 「퍼블릭 스피킹Public Speaking」에서.

8 두 인용구 모두 다음에서. Buffon, "Essays on Moral Arithmetic," 1777.

9 엘즈버그의 삶에 관한 내용은 다음 두 책에서 가져왔다. Tom Wells, *Wild Man: The Life and Times of Daniel Ellsberg* (New York: St. Martin's, 2001); Daniel Ellsberg, *Secrets: A Memoir of Vietnam and the Pentagon Papers* (New York: Penguin, 2003).

10 Daniel Ellsberg, "The Theory and Practice of Blackmail," RAND Corporation, July 1968. 당시에는 출간되지 않았으나 지금은 여기에서 볼 수 있다. www.rand.org/content/dam/rand/pubs/papers/2005/P3883.pdf (accessed Jan. 14, 2014).

11 Daniel Ellsberg, "Risk, Ambiguity, and the Savage Axioms," *Quarterly Journal of Economics* 75, no. 4 (1961): 643~669.

13장

1 롱텀 캐피털 매니지먼트 자체는 오래 버티지 못했으나, 회사가 망했어도 그 주역

들은 부자가 되어 빠져나와서는 금융 분야에서 계속 일했다.

2   Otto-Joachim Gruesser and Michael Hagner, "On the History of Deformation Phosphenes and the Idea of Internal Light Generated in the Eye for the Purpose of Vision," *Documenta Ophthalmologica* 74, no. 1~2 (1990): 57~85.

3   데이비드 포스터 윌리스가 1996년 5월 17일 인터넷 잡지 〈워드〉와 한 인터뷰에 서. www.badgerinternet.com/~bobkat/jest11a.html (accessed Jan. 14, 2014).

4   Gino Fano, "Sui postulati fondamentali della geometria proiettiva," *Giornale di matematiche* 30.S 106 (1892). 다음에 번역되어 인용됨. C. H. Kimberling, "The Origins of Modern Axiomatics: Pasch to Peano," *American Mathematical Monthly* 79, no. 2 (Feb. 1972): 133~136.

5   대단히 축약한 설명은 다음과 같다. 기억하겠지만, 사영 평면은 삼차원 공간에서 원점을 지나는 선들의 집합으로 여길 수 있고, 사영 평면 위의 선들은 원점을 지나는 평면들로 여길 수 있다. 삼차원 공간에서 원점을 지나는 평면은 $ax + by + cz = 0$ 형태의 방정식에 해당한다. 따라서 불 수 체계를 쓸 때 삼차원 공간에서 원점을 지나는 평면 또한 $ax + by + cz = 0$의 형태를 띠지만 단 이때 a, b, c는 0 혹은 1 둘 중 하나의 값만 취할 수 있다. 그러니 이 형태의 방정식은 총 8가지가 가능하다. 그런데 그중 $a = b = c = 0$일 경우에는 방정식이 $(0 = 0)$이 되어 어떤 x, y, z에 대해서도 다 만족하므로, 하나의 평면을 정의하지 못한다. 따라서 불 수 체계의 삼차원에서 원점을 지나는 평면은 총 7가지가 있고, 이것은 곧 우리가 기대했던 대로 불 사영 평면에 7개의 선이 존재한다는 뜻이다.

6   해밍에 관한 정보는 대체로 다음 책 2장에서 가져왔다. Thomas M. Thompson, *From Error-Correcting Codes Through Sphere Packing to Simple Groups* (Washington, DC: Mathematical Association of America, 1984).

7   상동, 27.

8   상동, 5, 6.

9   상동, 26.

10 로에 관한 모든 자료는 다음 〈로 사전〉에서 가져왔다. www.sorabji.com/r/ro.

11 구 쌓기의 역사에 관한 내용은 다음에서 가져왔다. George Szpiro, *The Kepler Conjecture* (New York: Wiley, 2003).

12 Henry Cohn and Abhinav Kumar, "Optimality and Uniqueness of the Leech Lattice Among Lattices," *Annals of Mathematics* 170 (2009): 1003~1050.

13 Thompson, *From Error-Correcting Codes*, 121.

14 Ralph H. F. Denniston, "Some New 5-designs," *Bulletin of the London*

Mathematical Society 8, no. 3 (1976): 263~267.

15 Pascal, *Pensées*, no. 139.

16 〈전형적 사업가〉에 관한 정보는 다음 책 6장에서 가져왔다. Scott A. Shane, *The Illusions of Entrepreneurship: The Costly Myths That Entrepreneurs, Investors, and Policy Makers Live By* (New Haven, CT: Yale University Press, 2010).

14장

1 Horace Secrist, *An Introduction to Statistical Methods: A Textbook for Students, a Manual for Statisticians and Business Executives* (New York: Macmillan, 1917).

2 Horace Secrist, *The Triumph of Mediocrity in Business* (Chicago: Bureau of Business Research, Northwestern University, 1933), 7.

3 Robert Riegel, *Annals of the American Academy of Political and Social Science* 170, no. 1 (Nov. 1933): 179.

4 Secrist, *Triumph of Mediocrity in Business*, 24.

5 상동, 25.

6 Karl Pearson, *The Life, Letters and Labours of Francis Galton* (Cambridge, UK: Cambridge University Press, 1930), 66.

7 Francis Galton, *Memories of My Life* (London: Methuen, 1908), 288. 골턴의 회고록과 피어슨의 자서전은 다음 웹사이트의 어마어마한 콜렉션의 일부로서 전문이 수록되어 있다. Galton.org.

8 다음에 인용됨. Emel Aileen Gökyigit, "The Reception of Francis Galton's *Hereditary Genius*," *Journal of the History of Biology* 27, no. 2 (Summer 1994).

9 Charles Darwin, "Autobiography," in Francis Darwin, ed., *The Life and Letters of Charles Darwin* (New York and London: Appleton, 1911), 40.

10 Eric Karabell, "Don't Fall for Another Hot April for Ethier," Eric Karabell Blog, Fantasy Baseball, http://insider.espn.go.com/blog/eric-karabell/post/_/id/275/andre-ethier-los-angeles-dodgers-great-start-perfect-sell-high-candidate-fantasy-baseball (accessed Jan. 14. 2014).

11 시즌 중반 총 홈런 데이터는 다음에서 가져왔다. "All-Time Leaders at the All-Star Break," CNN Sports Illustrated, http://sportsillustrated.cnn.com/baseball/mlb/2001/allstar/news/2001/07/04/leaders_break.hr.

12 Harold Hotelling, "Review of *The Triumph of Mediocrity in Business* by Horace Secrist," *Journal of the American Statistical Association* 28, no. 184

(Dec. 1933): 463~465.

13 호텔링의 삶에 관한 정보는 다음에서 가져왔다. Walter L. Smith, "Harold Hotelling, 1895-1973," *Annals of Statistics* 6, no. 6 (Nov 1978).

14 시크리스트와 호텔링의 일화에 관한 내 서술은 다음 자료에 크게 빚졌다. Stephen M. Stigler, "The History of Statistics in 1933," *Statistical Science* 11, no. 3 (1996): 244~252.

15 Walter F. R. Weldon, "Inheritance in Animals and Plants" in *Lectures on the Method of Science* (Oxford: Clarendon Press, 1906). 나는 웰던의 에세이를 스티븐 스티글러의 글을 통해서 알았다.

16 A. J. M. Broadribb and Daphne M. Humphreys, "Diverticular Disease: Three Studies: Part II: Treatment with Bran," *British Medical Journal* 1, no. 6007 (Feb. 1976): 425~428.

17 Anthony Petrosino, Carolyn Turpin-Petrosino, and James O. Finckenauer, "Well-Meaning Programs Can Have Harmful Effects! Lessions from Experiments of Programs Such as Scared Straight," *Crime and Delinquency* 46, no. 3 (2000): 354~379.

15장

1 Francis Galton, "Kinship and Correlations," *North American Review* 150 (1890), 419~431.

2 산포도의 역사에 관한 자료는 모두 다음에서 가져왔다. Michael Friendly and Daniel Denis, "The Early Origins and Development of the Scatterplot," *Journal of the History of the Bahavioral Sciences* 41, no. 2 (Spring 2005): 103~130.

3 Stanley A. Changnon, David Changnon, and Thomas R. Karl, "Temporal and Spatial Characteristics of Snowstorms in the Contiguous United States," *Journal of Applied Meteorology and Climatology* 45, no. 8 (2005): 1141~1155.

4 헬리의 등치 곡선에 관한 정보는 다음에서 가져왔다. Mark Monmonier, *Air Apparent: How Meteorologists Learned to Map, Predict, and Dramatize Weather* (Chicago: University of Chicago Press, 2000), 24~25.

5 데이터와 이미지를 앤드루 겔먼이 제공해 주었다.

6 Michael Harris, "An Automorphic Reading of Thomas Pynchon's *Against the Day*" (2008), available at www.math.jussieu.fr/~harris/Pynchon.pdf (accessed Jan. 14. 2014). 다음도 참고하라. Roberto Natalini, "David Foster Wallace and

the Mathematics of Infinity," in *A Companion to David Foster Wallace Studies* (New York: Palgrave MacMillan, 2013), 43~58. 이 글은 월리스의 『무한한 재미』도 비슷한 방식으로 해석하여, 그 속에 포물선과 쌍곡선뿐 아니라 포물선에 반전이라는 수학적 조작을 가하면 얻어지는 사이클로이드도 들어 있다는 것을 발견했다.

7 Francis Galton, *Natural Inheritance* (New York: Macmillan, 1889), 102.

8 Raymond B. Fosdick, "The Passing of the Bertillon System of Identificaiton," *Journal of the American Institute of Criminal Law and Criminology* 6, no. 3 (1915): 363~369.

9 Francis Galton, "Co-relations and Their Measurement, Chiefly from Anthropometric Data," *Proceedings of the Royal Society of London* 45 (1888): 135~145; "Kinship and Correlation," *North American Review* 150 (1980): 419~431. 골턴의 1890년 논문에서 그의 말을 직접 인용하면 다음과 같다. 〈그렇다면 베르티용 씨의 체계를 어느 정도까지 더 낫게 개선할 수 있을까 하는 의문이 자연스럽게 떠오른다. 그 체계에서 추가의 데이터는 팔다리를 하나 더 추가하거나 다른 신체 부위 치수를 하나 더 측정함으로써 얻는데, 그럼으로써 신원 확인 면에서의 정확도는 얼마나 더 증가할까? 한 사람의 몸에서 여러 부분의 크기는 어느 정도는 서로 관련되어 있다. 큰 장갑이나 큰 신발은 그 주인의 덩치가 크다는 것을 암시한다. 그러나 우리가 어떤 사람의 장갑도 크고 신발도 크다는 사실을 둘 다 안다고 해서 둘 중 한 가지만 알았을 때에 비해 정보를 아주 더 많이 알게 되는 것은 아니다. 신체 계측으로 신원을 확인하는 기법에서 측정 가짓수가 많아질수록 정확도가 높아지는 수준이 가령 자물쇠에서 워드(열쇠 돌기가 들어가는 홈)의 개수가 많아질수록 안전성이 놀랍도록 급속히 높아지는 수준과 비슷하리라고 기대하는 것은 크나큰 착각이다. 워드들의 깊이는 서로 상당히 독립적으로 달라지도록 제작된다. 따라서 새 워드를 하나 추가할 때마다 안전성은 이전에 비해 배가된다. 그러나 한 사람의 사지와 신체 부위 치수들은 서로 독립적이지 않다. 따라서 새로 측정 항목을 하나 추가할 때마다 신원 확인의 확실성이 증가하는 정도는 갈수록 줄어들기 마련이다.〉

10 Francis Galton, *Memories of My Life*, 310.

11 *Briscoe v. Virginia*, oral argument, Jan. 11, 2010, available at www.oyez.org/cases/2000-2009/2009/2009_07_11191 (accessed Jan. 14. 2014).

12 David Brooks, "One Nation, Slightly Divisible," *Atlantic*, Dec. 2001.

13 Andrew E. Gelman et al., "Rich State, Poor State, Red State, Blue State:

What's the Matter with Connecticut?" *Quarterly Journal of Political Science* 2, no. 4 (2007): 345~367.

14 이 데이터는 겔먼의 다음 책에서 찾아보라. Andrew E. Gelman, *Rich State, Poor State, Red State, Blue State* (Princeton, NJ: Princeton University Press, 2008), 68~70.

15 "NIH Stops Clinical Trial on Combination Cholesterol Treatment," NIH News, May 26, 2011, www.nih.gov/news/health/may2011/nhlbi-26.htm (accessed Jan. 14. 2014).

16 "NHLBI Stops Trial of Estrogen Plus Progestin Due to Increased Breast Cancer Rick, Lack of Overall Benefit," NIH press release, July 9, 2002, www.nih.gov/news/pr/jul2002/nhlbi-09.htm (accessed Jan. 14. 2014).

17 Philip M. Sarrel et al., "The Mortality Toll of Estrogen Avoidance: An Analysis of Excess Deaths Among Hysterectomized Women Aged 50 to 59 Years," *American Journal of Public Health* 103, no. 9 (2013): 1583~1588.

16장

1 흡연과 폐암의 관계에 관한 초기 역사는 다음에서 가져왔다. Colin White, "Research on Smoking and Lung Cancer: A Landmark in the History of Chronic Disease Epidemiology," *Yale Journal of Biology and Medicine* 63 (1990): 29~46.

2 Richard Doll and A. Bradford Hill, "Smoking and Carcinoma of the Lung," *British Medical Journal* 2, no. 4682 (Sept. 30, 1950): 739~748.

3 피셔는 이 글을 1958년에 썼다. 다음에 인용됨. Paul D. Stolley, "When Genius Errs: R. A. Fisher and the Lung Cancer Controversy," *American Journal of Epidemiology* 133, no. 5 (1991).

4 가령 다음을 보라. Dorret I. Boomsma, Judith R. Koopmans, Lorenz J. P. Van Doornen, and Jacob F. Orlebeke, "Genetic and Social Influences on Starting to Smoke: A Study of Dutch Adolescent Twins and Their Parents," *Addiction* 89, no. 2 (Feb. 1994): 219~226.

5 Jan P. Vandenbroucke, "Those Who Were Wrong," *American Journal of Epidemiology* 130, no. 1 (1989), 3~5.

6 다음에 인용됨. Jon M. Harkness, "The U.S. Public Health Service and Smoking in the 1950s: The Tale of Two More Statements," *Journal of the History of Medicine and Allied Sciences* 62, no. 2 (Apr. 2007): 171~212.

7   상동.

8   Jerome Cornfield, "Statistical Relationships and Proof in Medicine," *American Statistician* 8, no. 5 (1954): 20.

9   2009년 대유행에 대해서는 다음을 보라. Angus Nicoll and Martin McKee, "Moderate Pandemic, Not Many Dead Learning the Right Lessons in Europe from the 2009 Pandemic," *European Journal of Public Health* 20, no. 5 (2010): 486~488. 하지만 좀 더 최근의 연구들에 따르면 전 세계 사망자는 처음 추정되었던 것보다 훨씬 더 많아, 25만 명 수준에 달할지도 모른다고 한다.

10 Joseph Berkson, "Smoking and Lung Cancer: Some Observations on Two Recent Reports," *Journal of the American Statistical Association* 53, no. 281 (Mar. 1958): 28~38.

11 상동.

12 상동.

17장

1   "Lowering the Deficit and Making Sacrifices," Jan. 24, 2011, www.cbsnews.com/htdocs/pdf/poll_deficit_011411.pdf (accessed Jan. 14. 2014).

2   "Fewer Want Spending to Grow, But Most Cuts Remain Unpopular," Feb. 10, 2011, www.people-press.org/files/2011/02/702.pdf.

3   Bryan Caplan, "Mises and Bastiat on How Democracy Goes Wrong, Part II" (2003), Library of Economics and Liberty, www.econlib.org/library/Columns/y2003/CaplanBastiat.html (accessed Jan. 14. 2014).

4   Paul Krugman, "Don't Cut You, Don't Cut Me," *New York Times*, Feb. 11, 2011, http://krugman.blogs.nytimes.com/2011/02/11/dont-cut-you-dont-cut-me.

5   "Cutting Government Spending May Be Popular but There Is Little Appetite for Cutting Specific Government Programs," Harris Poll, Feb. 16, 2011, www.harrisinteractive.com/NewsRoom/HarrisPolls/tabid/447/mid/1508/articleId/693/ctl/ReadCustom%20Default/Default.aspx (accessed Jan. 14. 2014).

6   이 숫자는 아까 앞에서 말했던 2011년 CBS 여론 조사 결과에서 나왔다.

7   "The AP-GfK Poll, November 2010," questions HC1 and HC14a, http://surveys.ap.org/data/GfK/AP-GfK%20Poll%20November%20Topline-nonCC.pdf.

8   *Annals of the Congress of the United States*, Aug. 17, 1789 (Washington, DC:

Gales and Seaton, 1834), 782.

9 *Atkins v. Virginia*, 536 US 304 (202).

10 Akhil Reed Amar and Vikram David Amar, "Eighth Amendment Mathematics (Part One): How the Atkins Justices Diveded When Summing," *Writ*, June 28, 2002, writ.news.findlaw.com/amar/20020628.html (accessed Jan. 14. 2014).

11 사형에 관한 수치들은 다음에서 가져왔다. Death Penalty Information Center, www.deathpenaltyinfo.org/executions-year (accessed Jan. 14. 2014).

12 가령 다음을 보라. Atsushi Tero, Ryo Kobayashi, and Toshiyuki Nakagaki, "A Mathematical Model for Adaptive Transport Network in Path Finding by True Slime Mold," *Journal of Theoretical Biology* 244, no. 4 (2007): 553~564.

13 Tanya Latty and Madeleine Beekman, "Irrational Decision-Making in an Amoeboid Organism: Transitivity and Context-Dependent Preferences," *Proceedings of the Royal Society B: Biological Sciences* 278, no. 1703 (Jan. 2011): 307~312.

14 Susan C. Edwards and Stephen C. Pratt, "Rationality in Collective Decision-Making by Ant Colonies," *Proceedings of the Royal Society B: Biological Sciences* 276, no. 1673 (2009): 3655~3661.

15 Constantine Sedikides, Dan Ariely, and Nils Olsen, "Contextual and Procedural Determinants of Partner Selection: Of Asymmetric Dominance and Prominence," *Social Cognition* 17, no. 2 (1999): 118~139. 하지만 실험실의 인위적 시나리오 밖에서는 사람의 비대칭 우세 효과가 아주 약하게만 드러난다고 주장하는 다음 연구도 참고하라. Shane Frederick, Leonard Lee, and Ernest Baskin, "The Limits of Attraction," (working Paper).

16 John Stuart Mill, *On Liberty and Other Essays* (Oxford: Oxford University Press, 1991), 310.

17 여기에 나오는 모든 득표 수치는 다음에서 가져왔다. "Burlington Vermont IRV Mayor Election," http://rangevoting.org/Burlington.html (accessed Jan. 15. 2014). 버몬트 대학의 정치학자 앤서니 기에르친스키가 이 선거 방식을 평가한 내용도 참고하라. Anthony Gierzynski, "Instant Runoff Voting," www.uvm.edu/~vlrs/IRVassessment.pdf (accessed Jan. 15. 2014).

18 Ian MacLean and Fiona Hewitt, eds., *Condorcet: Foundations of Social Choice and Political Theory* (Cheltenham, UK: Edward Elgar Publishing, 1994), 7.

19 Condorcet, "Essay on the Applications of Analysis to the Probability of

Majority Decisions," in Ian MacLean and Fiona Hewitt, *Condorcet*, 38.

20 콩도르세, 제퍼슨, 애덤스에 관한 내용은 다음에서 가져왔다. MacLean and Hewitt, *Condorcet*, 64.

21 이 장에서 소개한 볼테르와 콩도르세의 관계에 관한 내용은 주로 다음에서 가져 왔다. David Williams, "Signposts to the Secular City: The Voltaire-Condorcet Relationship," in T. D. Hemming, Edward Freeman, and David Meakin, eds., *The Secular City: Studies in the Enlightenment* (Exeter, UK: University of Exeter Press, 1994), 120~133.

22 Lorraine Daston, *Classical Probability in the Enlightenment* (Princeton, NJ: Princeton University Press, 1995), 99.

23 1775년 6월 3일 마담 수아르의 편지에 회상된 내용이다. 다음에 인용됨. Williams, "Signposts," 128.

18장

1 이 인용문을 비롯하여 보여이의 비유클리드 기하학 연구에 관한 역사적 논의의 대 부분은 다음에서 가져왔다. Amir Alexander, *Duel at Dawn: Heroes, Martyrs, and Modern Mathematics* (Cambridge, MA: Harvard University Press, 2011), part 4.

2 Steven G. Krantz, *An Episodic History of Mathematics* (Washington, DC: Mathematical Association of America, 2010), 171.

3 In *Bush v. Gore*, 531 U.S. 98 (2000).

4 Antonin Scalia, *A Matter of Interpretation: Federal Courts and the Law* (Princeton, NJ: Princeton University Press, 1997), 25.

5 널리 인용되는 말인데, 가령 다음에도 나온다. Paul Dickson, *Baseball's Greatest Quotations,* rev. ed. (Glasgow: Collins, 2008), 298.

6 공정을 기하기 위해서 말하자면, 〈데릭 지터는 어떻게 알았으며 언제 사실을 알 았는가〉 하는 질문은 아직 확실히 답이 결정되지 않았다. 2011년 캘 립켄 주니어 와의 인터뷰에서 지터는 양키스가 그 경기에서 〈운이 좋았다〉고는 인정했으나 자신이 아웃이어야 했다고까지 말하진 않았다. 그러나 그는 아웃되었어야 했다.

7 Richard A. Posner, "What's the Biggest Flaw in the Opinions This Term?" *Slate*, June 21, 2013.

8 가령 스캘리아의 다음 사건에 대한 동의문을 보라. *Green v. Bock Laundry Machine Co.*, 490 U.S. 504 (1989).

9 메리 윈스턴 뉴슨이 번역한 힐베르트의 강연문 내용을 다음에서 가져왔다.

Bulletin of the American Mathematical Society, July 1902, 437~479.

10 Reid, *Hilbert*, 57.

11 Hilbert, "Über das unendliche," *Mathematische Annalen* 95 (1926): 161~190; trans. Erna Putnam and Gerald J. Massey, "On the Infinite," in Paul Benacerraf and Hilary Putnam, *Philosophy of Mathematics*, 2d ed. (Cambridge, UK: Cambridge University Press, 1983).

12 수학자들이 진지하게 정면으로 맞서면 어떻게 되는지 알고 싶다면, 〈N-카테고리 카페〉라는 수학 블로그에 2011년 9월 27일 올라온 〈산술의 모순성〉이라는 포스팅에 달린 댓글란에서 그 대결이 실시간으로 펼쳐지는 광경을 감상할 수 있다. http://golem.ph.utexas.edu/category/2011/09/the_inconsistency_of_arithmeti.html (accessed Jan. 15, 2014).

13 Phillip J. Davis and Reuben Hersh, *The Mathematical Experience* (Boston: Houghton Mifflin, 1981), 321.

14 라마누잔의 삶에 대해서 더 알고 싶다면, 그의 삶과 업적을 철저하게 다룬 대중서로 로버트 카니겔의 『수학이 나를 불렀다*The Man Who Knew Infinity*』를 추천한다.

15 Reid, *Hilbert*, 7.

16 가령 앤젤라 리 덕워스의 글을 보라.

17 마크 트웨인이 1903년 3월 17일 젊은 헬렌 켈러에게 보낸 편지에서. "The Bulk of All Human Utterances Is Plagiarism," Letters of Note, www.lettersofnote.com/2012/05/bulk-of-all-human-utterances-is.html (accessed Jan. 15, 2014).

18 Terry Tao, "Does One Have to Be a Genius to Do Maths?" http://terrytao.wordpress.com/career-advice/does-one-have-to-be-a-genius-to-do-maths (accessed Jan. 15, 2014).

19 이 일화와 인용된 대화는 다음에서 가져왔다. "Kurt Gödel and the Institute," Institute for Advanced Study, www.ias.edu/people/godel/institute.

20 Reid, *Hilbert*, 137.

21 Constance Reid, *Hilbert* (Berlin: Springer-Verlag, 1970), 210.

22 Condorcet, "An Election Between Three Candidates," a section of "Essay on the Applications of Analysis," in MacLean and Hewitt, *Condorcet*.

에필로그

1 발드는 루마니아 군대에서 의무 병역을 마쳤으므로, 그가 그러지 않았다고 완전히 확신할 수는 없다.

2 애시버리의 1966년 책 *The Double Dream of Spring*에 수록되어 있다. 다음에서 시를 온라인으로 읽어볼 수 있다. www.poetryfoundation.org/poem/177260 (accessed Jan. 15, 2014).

3 「담장에 앉아」는 하우스마틴스의 데뷔 음반 ⟨London O Hull 4⟩에 수록되어 있다.

4 이 대목은 내가 실버의 책 『신호와 소음*The Signal and the Noise*』에 대해서 2012년 9월 29일 「보스턴 글로브」에 썼던 서평에서 내용을 좀 가져왔다.

5 Josh Jordan, "Nate Silver's Flawed Model," *National Review Online*, Oct. 22, 2012, www.nationalreview.com/articles/331192/nate-silver-s-flawed-model-josh-jordan (accessed Jan. 15, 2014).

6 Dylan Byers, "Nate Silver: One-Term Celebrity?" *Politico*, Oct. 29, 2012.

7 Nate Silver, "October 25: The State of the States," *New York Times*, Oct. 26, 2012.

8 Willard Van Orman Quine, *Quiddities: An Intermittently Philosophical Dictionary* (Cambridge, MA: Harvard University Press, 1987), 21.

9 이것은 실제 실버가 말한 숫자들은 아니다. 내가 아는 한 이런 예측은 기록된 바 없다. 그냥 그가 선거 직전에 어떤 종류의 예측을 했을 것인가를 설명하기 위해서 내가 지어낸 숫자들이다.

10 접전에 관한 논의는 내 다음 글에서 좀 가져왔다. "To Resolve Wisconsin's State Supreme Court Election, Flip a Coin," *Washington Post*, Apr. 11, 2011.

11 *The Autobiography of Benjamin Franklin* (New York: Collier, 1909), www.gutenberg.org/cache/epub/148/pg148.html (accessed Jan. 15, 2014).

12 가령 다음 에피소드를 보라. "I, Mudd," Star Trek, air date Nov. 3, 1967.

13 F. Scott Fitzgerald, "The Crack-Up," *Esquire*, Feb. 1936.

14 가령 다음에서 이야기된다. George G. Szpiro, *Poincaré's Prize: The Hundred-Year Quest to Solve One of Math's Greatest Puzzles* (New York: Dutton, 2007).

15 Samuel Beckett, *The Unnameable* (New York: Grove Press, 1958).

16 데이비드 포스터 월리스의 언어에 대한 내 해석은 내 다음 글에서 가져왔다. "Finite Jest: Editors and Writers Remember David Foster Wallace," *Slate*, Sept. 18, 2008, www.slate.com/articles/arts/culturebox/2008/09/finite_jest_2.html.

17 Samuel Beckett, *Murphy* (London: Routledge, 1938).

찾아보기

가르시아, 리치 519
가우스, 카를 프리드리히 29, 511, 535
「가장 빠른 회복의 길」 547
가중 평균 98
가짜 양성 199, 200
간격 한계 추측 186, 194, 581
개스코인, 조지 168
갤빈, 윌리엄 304
거시크, 에이브 16
거짓 선형성 38, 396
건강 보험 개혁법(오바마 케어) 35, 474, 475
검정력이 낮은 통계 분석 168, 169, 199, 200, 581
〈겁주어 개과천선〉 프로그램 403, 404
『게임 이론과 경제 행동』 328
겔먼, 앤드루 440, 441, 569, 581, 590, 591
결과를 평가하는 표준 기법 157
경관의 모자 94, 100, 413
경구 피임약 160, 161
고드프리, 토머스 557
고어, 앨 440, 487, 488, 489, 490, 491, 495, 516, 517, 521, 555

골드바흐 추측 192
골레, 마르셀 362, 368
골턴, 프랜시스 383, 388, 389, 390, 391, 392, 393, 394, 399, 400, 402, 403, 405, 406, 409, 410, 412, 413, 414, 418, 420, 421, 422, 423, 426, 429, 430, 431, 432, 433, 434, 435, 445, 451, 454, 563, 588, 590
공보, 앙투안(슈발리에 드 메레) 312
공항 대기 시간 대 비행기를 놓치기 307
「공화국의 시민」 547
공화당 39, 43, 72, 110, 111, 200, 383, 416, 417, 440, 441, 446, 472, 490, 496, 497, 504, 556
『광학서』 345
괴델, 쿠르트 29, 529, 530, 537, 538, 540, 542, 572
구글 178, 219, 220, 222, 416, 442
구면 기하학 512, 513, 514
구 쌓기 문제 366, 368, 587
『국부론』 260
귀류법 177, 178, 180, 183, 514, 525, 559
귀무가설 119, 149, 152, 153, 154, 155, 156, 157, 160, 163, 167, 171, 172, 173, 177, 180,

196, 197, 206, 210, 211, 226, 227, 228, 240, 450, 603

귀 자르기 480, 481

『그날을 기다리며』 420

그란디, 구이도 65, 69, 573

그란디 급수 65, 69, 573

그로텐디크, 알렉산더 293, 294, 515, 585

그린, 벤 192, 194

기대 135, 157, 169, 174, 175, 189, 191, 192, 204, 208, 231, 257, 259, 262, 263, 264, 265, 267, 268, 269, 271, 272, 273, 275, 276, 277, 278, 280, 281, 282, 287, 288, 289, 290, 291, 292, 293, 296, 299, 301, 303, 307, 308, 309, 312, 315, 316, 317, 320, 322, 326, 327, 328, 329, 330, 333, 334, 335, 336, 337, 338, 339, 341, 342, 377, 379, 381, 382, 391, 403, 404, 408, 421, 422, 438, 444, 452, 460, 461, 462, 519, 520, 541, 552, 553, 557, 587, 590, 602, 603

기대값 262, 263, 264, 265, 267, 268, 269, 271, 272, 273, 275, 276, 277, 278, 280, 281, 282, 287, 288, 289, 290, 291, 292, 293, 296, 299, 301, 307, 308, 309, 312, 315, 316, 317, 320, 333, 334, 335, 336, 337, 338, 341, 342, 377, 381, 382, 408, 460, 461, 462, 552, 553, 602, 603

기대값의 가산성 280, 282, 287

기대 효용 이론 309, 322, 326, 327, 328, 330, 377, 379

「기도의 효험에 관한 통계적 탐구」 390

기업가 정신 381, 387

『기업 활동에서 평범의 승리』 386

기하학 27, 31, 48, 51, 81, 147, 150, 159, 257, 283, 285, 287, 293, 314, 344, 347, 349, 350, 351, 352, 353, 359, 360, 361, 363, 365, 366, 368, 369, 405, 410, 414, 418, 419, 420, 434, 436, 437, 438, 439, 441, 504, 505, 508, 509, 510, 511, 512, 513, 514, 516, 523, 524, 525, 530, 531, 533, 534, 546, 560, 561, 564, 573, 594, 604

『기하학 원론』 51, 509

길로비치, 토머스 169, 173, 174, 181

깅그리치, 뉴트 87

『끔찍한 것들을 모두 담은 책』 103

나이팅게일, 플로렌스 406

날씨 145, 150, 205, 220, 221, 428, 551, 556

남자들의 거대한 정사각형 466

낮은 가능성으로 귀결하여 증명하는 기법 183, 184, 210, 227, 248, 249

『내셔널 리뷰』 550

「넘버스」 185

네이더, 랠프 488, 489, 490, 491, 495, 496, 516

네이만, 예지 212, 213, 214, 318, 508

넬슨, 에드워드 66, 530

넷플릭스 221, 222, 223

농구 169, 170, 172, 173, 174, 198, 603

뇌종양 33, 90, 91, 95, 97, 98, 575

뇌터, 에미 539

「누가 백만장자가 되고 싶어 하는가?」 501

「뉴욕 타임스」 111, 113, 136, 397, 549, 568

뉴턴, 아이작 25, 56, 58, 59, 68, 72, 143, 283, 317, 418

『니코마코스 윤리학』 38

다각형 55, 58, 292

「다수결의 확률에 대한 분석」 500

다윈, 찰스 157, 158, 248, 390, 391, 392, 434
『다이얼』 165
다중 비교 수정 139, 141
달랑베르, 장 르 롱 502
「담장에 앉아」 548, 561, 596
대리 결과 변수 문제 452
〈델 스웨덴스럽게〉 오류 545
데니스턴, R. H. F. 373, 374, 375, 376, 377
데이비스, 마틴 522
데이비스, 필립 531
데이턴, 마크 110
데이트 가능성 466, 493
데카르트, 르네 405, 434, 436
도브시, 잉그리드 427
도킨스, 대릴 170
도함수 58, 59
돈의 효용 324
돌 & 힐 연구 453, 454, 455, 463
돌, 리처드 453
동전 던지기 94, 98, 100, 101, 150, 151, 461, 520, 556
두운법에 대한 통계적 분석 166, 167, 168
듀이, 멜빌 364
듀이 십진법 364
드 라 발레 푸생, 샤를 장 188
드로스닌, 마이클 126, 136
드 무아브르, 아브라함 98, 99, 100, 101, 413
투표 패턴의 통계적 분석 232
들리녜, 피에르 293
등거리 문자열ELS 123, 124, 125, 126, 136, 155
〈등록된 반복 보고서〉 216
등압선 412
등온선 412
등운량선 412

등치 곡선 412, 413, 589
등편각선 413
디오게네스 60
딕슨, J. D. 해밀턴 420

라디오 초능력 229, 232
라마누잔, 스리니바사 531, 532, 595
라이트, 커트 96, 496, 497, 498, 499, 506
라이프니츠, 고트프리트 W. 42, 65
라인, J. B. 229, 230
라 콩다민, 샤를-마리 드 라 299, 300, 502
라플라스, 피에르 시몽 326
래트너, 스티븐 111
래티, 타니아 486, 492, 569
래퍼 곡선 39, 41, 42, 43, 46, 310, 572
래퍼, 아서 39, 40, 41, 42, 43, 44, 45, 46, 310, 572
랜드 연구소 327, 328, 331, 486
러셀, 버트런드 7, 165, 527, 528, 529, 559, 562, 568
러셀의 역설 528, 562
럼즈펠드, 도널드 39, 330
레보위츠, 프랜 257, 324, 325
레이건, 로널드 39, 42, 43, 44, 324
렉터, 로버트 209
로Ro 364, 365
로그 188, 321
로런츠, 에드워드 221
로바쳅스키, 니콜라이 511
로버츠, 존 439, 518, 519, 520
로빈슨, 에이브러햄 65
로빈슨, 줄리아 522
「로스앤젤레스 타임스」 87
로슨, 도널드 268, 270

로웬스타인, 로저 336
로젠버그, 요압 123, 124, 126, 127, 135, 136
로지반 365
롬니, 밋 114, 115, 116, 200, 550, 551, 552, 568, 604
롬니 선거 운동 본부 114
롬버그, 저스틴 427
「롱비치 프레스 텔레그램」 71
롱텀 캐피털 매니지먼트 336, 587
뢴트겐, 빌헬름 538
루소, 장 자크 500
루스벨트, 시어도어 545, 546, 547, 548, 562
루, 유란 295, 377, 381
르완다 집단 학살 89, 103, 104
르 펠르티에 데 포르, 미셸 299
리겔, 로버트 387
리긴스, 디안드레 95
리드, 라이언 95
리드-솔로몬 부호 361
리드, 콘스턴스 539
리만, 베른하르트 28, 29, 53, 56, 60, 104, 244, 276, 318, 359, 363, 364, 366, 372, 509, 511, 512, 514, 522, 530, 550, 557, 572
리버모어, 새뮤얼 479, 480, 485
『리뷰 오브 파이낸스』 21
리치 격자 368, 369, 370
리치, 존 368
리틀우드, J. E. 192
립스, 엘리야후 123, 124, 126, 127, 135, 136

◉

마이모니데스 121, 124
마이어, 제프리 519
마티야세비치, 유리 522
말라, 스테판 427

매니 랩스 프로젝트 216
매리너 9호(화성 궤도 탐사선) 361
매케이, 브랜던 134, 135, 136, 137
매트릭스 208
맥나마라, 로버트 88
맨드라미 그래프 406
맨큐, 그레그 43, 44, 257, 324, 325, 586
맬서스, 토머스 541
맬키엘, 버턴 337
머먼, 유진 71
멈퍼드, 데이비드 81
메나이크모스 29
메릴랜드 대 킹 사건 422
메예르, 이브 427
메이너드, 제임스 190
『메이슨과 딕슨』 420
「모나리자」 423
모르겐슈테른, 오스카어 14, 327, 328, 379, 537
『모비 딕』 136
모순 29, 68, 85, 102, 108, 177, 180, 183, 214, 331, 473, 474, 475, 477, 482, 494, 505, 506, 510, 514, 521, 524, 525, 528, 529, 530, 537, 538, 540, 554, 558, 559, 561, 562, 564, 595
모스텔러, 프레더릭 16
모자 쓴 고양이 문제 246, 317
몬트롤, 앤디 496, 497, 498, 499, 506
몰레, 장 427
무관한 대안들의 독립성 487
무어, 아흐메드 87
무작위성 32, 185, 191, 194, 232, 356, 373
무조건부 기대값 408
『무죄 추정』 295
무한소 58, 65, 66, 70
무한 원점 347, 349

『무한한 재미』 319, 349, 590

뮤추얼 펀드의 실적 20, 21, 131, 132, 135, 442

미국 국가 안보국NSA 228

『미국 의학협회 저널』 457

『미국 통계학회 저널』 399, 401

미나르, 샤를 406

미셸, 존 180, 182, 183, 185

미슈네 토라 121, 124

미적분 25, 26, 31, 56, 58, 65, 67, 68, 70, 78, 85, 286, 287, 293, 437, 524, 573, 604

미첼, 대니얼 J. 35, 38

미첼, 존 165

민코프스키, 헤르만 532

밀리언 법 264, 265

밀, 존 스튜어트 496

ⓑ

바나흐-타르스키 조각 505

바르비에, 조제프 에밀 287, 288, 290, 293, 294

바이먼, 대니얼 87

『바이블 코드』 126

바이블 코드 33, 121, 126, 127, 128, 134, 135, 136, 137, 139, 149, 155, 157, 205, 249, 318

바이스만들, 미하엘 도브 124

바이어스, 딜런 551

바칸, 데이비드 158

『박물지』 283

발드, 아브라함 13, 14, 15, 16, 17, 18, 19, 20, 21, 23, 38, 204, 206, 212, 328, 399, 400, 523, 539, 547, 564, 571, 596

발로네, 로버트 169, 173, 174, 181

『발산 급수』 67

발산 급수 67, 69

배리언, 헬 42

배심원 정리 501

버니, 리로이 E. 457, 458

버클리, 조지 58, 66

벅슨의 오류 462, 466, 467

벅슨, 조지프 183, 462, 463, 466, 467

벌링턴(버몬트 주)의 2009년 시장 선거 496, 497, 499, 504

베넷, 짐 223

베넷, 크레이그 139, 140, 141

베니테스, 아르만도 519

베르누이, 니콜라우스 321, 322, 323, 325, 326, 331, 356

베르누이, 다니엘 319, 321

베르누이, 야코프 94

베르트랑, 조제프 294

베르티용, 알퐁스 383, 421, 422, 423, 424, 425, 426, 427, 590

베르티용 체계 422, 423, 424, 426, 427

베버, 베른트 232

베이즈 정리 238, 240, 241, 242

베이즈 추론 33, 219, 238, 239, 250, 252, 253, 255, 603

베케트, 사뮈엘 561, 562, 563

베토벤, 루드비히 폰 424, 425

벡터 436, 437, 438, 439, 441

벨 연구소 357, 362

변수를 0에 맞추기 18

보드로, 니컬러스 311

보르다, 장 샤를 드 489, 490, 491, 492, 495, 498, 504

보스-초드리-오켕겜 부호 361

「보스턴 글로브」 298, 300, 304, 568, 596

보스트롬, 닉 253, 584

보여이, 야노시 509, 510, 511, 513, 515, 560,

564

보여이, 퍼르커시 509, 511

보예보츠키, 블라디미르 530

복권 32, 33, 133, 151, 184, 185, 244, 255, 257, 259, 260, 261, 262, 263, 264, 267, 268, 269, 270, 271, 272, 273, 274, 277, 278, 279, 280, 281, 282, 283, 296, 297, 298, 299, 300, 301, 302, 303, 304, 305, 308, 320, 331, 333, 338, 339, 340, 341, 344, 350, 353, 360, 373, 375, 377, 378, 379, 380, 381, 461, 502, 584, 585, 602, 603, 604

복셀 140, 141

복지 국가 35

볼티모어 주식 중개인 33, 121, 128, 129, 130, 131, 132, 134, 135, 141, 204, 565, 577

부시 대 고어 495, 521

부시, 조지 H. W. 39, 476, 483

부시, 조지 W. 43, 416, 440, 487, 488, 489, 490, 491, 495, 516, 517, 521, 555

「부정확한 성적 책임제 측정 기법의 전망과 함정」 97

부호어 358, 359, 360, 363, 366, 371, 372, 373, 374

분산 336, 337, 338, 342, 343, 344, 486

불확실성 26, 62, 150, 155, 226, 255, 262, 328, 331, 336, 342, 459, 461, 462, 543, 544, 547, 549, 550

「붕괴」 561

뷔퐁 백작(조르주 루이 르클레르) 282, 283, 284, 285, 286, 287, 288, 289, 293, 294, 325, 326, 585, 604

뷔퐁의 국수 문제 282, 293

뷔퐁의 바늘 문제 282, 285, 286, 288, 289, 604

뷰캐넌, 팻 475, 516, 556

「뷰티풀 마인드」 294

브라운, 데런 130, 131

브루넬레스키, 필리포 344, 345, 347, 351, 513

브룩스, 데이비드 440, 441

블루멘탈, 오토 539

비대칭 우세 효과 493, 593

비만 33, 71, 82, 83, 197, 574

비선형성 37, 38, 326

비에트, 프랑수아 108

비크먼, 매들린 486, 492

비표준 해석학 65, 66

빌, 앤드루 193

빙, R. H. 560

사라진 총알구멍 문제 13, 14, 17, 18, 571

사에즈, 에마뉘엘 111, 112, 113

사영 기하학 347, 349, 604

사영 평면 347, 349, 350, 368, 513, 514, 569, 587

사전 확률 234, 236, 238, 239, 242, 243, 244, 245, 249, 250, 252, 253, 603

사형 315, 478, 479, 480, 481, 482, 483, 484, 593

사회적 의사 결정 564, 603

사후 확률 238, 240, 603

『산수의 기초』 528

산술의 무모순성 528, 529, 530

산포도 383, 406, 407, 408, 409, 410, 412, 413, 414, 415, 416, 422, 429, 440, 447, 589

30년 전쟁 90, 104

삼차 방정식 149

상관관계 19, 31, 75, 201, 204, 209, 415, 416, 421, 423, 424, 426, 427, 433, 434, 435, 438,

439, 440, 441, 442, 443, 444, 445, 446, 447, 449, 450, 451, 452, 453, 454, 456, 457, 458, 459, 460, 462, 463, 465, 467, 602, 603

상트페테르부르크 역설 321, 325

『새로운 정신의 변경』 229

새번트 캐피털 20, 21

새비지, 레너드 지미 16, 328, 331, 378

생존 편향 20, 21

샤오, 루 557

샬리치, 코즈마 195, 569, 581

새넌, 클로드 355, 357, 361, 362, 364, 365, 371, 372, 373, 426, 427, 430, 564

서류함 문제 204

선형성 33, 37, 38, 88, 326, 396, 602

선형성 중심주의 88

선형 회귀 72, 74, 75, 76, 77, 78, 83, 84, 603

설계에 의한 논증 247, 578

설리번, 그레고리 W. 277, 303, 584, 585, 586

세디키데스, 콘스탄틴 493

『세상이 돌아가는 방식』 41

세율과 세입의 상관관계 40, 41, 42, 43, 44, 45, 46, 324

세이프, 찰스 556

센센브레너, 짐 110

셸비, 마저리 279

셸비, 제럴드 279, 295, 296, 297, 299, 300, 301, 333, 338, 340, 342, 376, 377, 569, 585

셔브리, 크리스토퍼 201

셰익스피어, 윌리엄 119, 151, 166, 167, 168, 169, 177, 198, 532

소수 정리 188, 191

소실점 347

소토마요르, 소니아 208

소행성 궤도 예측 220

손더스, 퍼시 164

수정 헌법 제8조 479, 480, 481, 484

수학 교육 28, 79, 116

『수학자』 26, 31

스미스, 애덤 260, 261, 262, 273, 303, 378

스카코, 알렉산드라 232

스캘리아, 앤터닌 439, 481, 482, 483, 484, 485, 517, 518, 520, 521, 524, 529, 595

스키너, B. F. 119, 164, 165, 166, 167, 168, 169, 172, 579

스타이거, 더글러스 97

스타인, 벤 39

스턴버그, 슐로모 127

스톡먼, 데이비드 42

스티글러, 조지 307, 309, 310, 311, 312, 462, 569, 589, 602

스티븐스, 존 폴 484

스틸웰, 마이클 173

스펜스, 마이클 107, 109, 110

승자의 저주 201

시몬손, 유리 205, 216

『시스템의 빗자루』 562

시크리스트, 호러스 385, 386, 387, 388, 393, 394, 395, 399, 400, 401, 402, 404, 428, 429, 431, 589

시험 점수 72, 73, 74, 80, 97, 103, 416, 417, 555

신뢰 구간 210, 211, 212

신앙의 효용 312, 315, 316, 318

실버, 네이트 549, 550, 551, 552, 553, 554, 555, 596, 604

실진법 47, 51, 292

『심리 과학』 200

심리 과학협회 216

싱클레어, 메리 230

싱클레어, 업턴 230

쌍곡선 419, 420, 590
쌍둥이 소수 추측 186, 192, 193
CNN 126, 588

아다마르 부호 361
아다마르, 자크 188, 361
아르키메데스 47, 48, 50, 51, 53, 54, 55, 58, 77, 292
아리스토텔레스 38, 133, 177, 183
아마디네자드, 마무드 232
아마르, 비크람 482
아마르, 아킬 482
아버스넛, 존 155, 156, 157, 318, 578
아벨, 닐스 헨드릭 69
아브라함 121, 122
아인슈타인, 알베르트 42, 230, 514, 537
아탈리, 이갈 175
아폴로니오스 414, 418
알고리즘 79, 80, 81, 142, 177, 219, 220, 221, 222, 224, 225, 226, 227, 228, 239, 377, 522
알고리즘으로 인간 행동 예측하기 219, 221, 224, 225, 226, 227, 239
알렉산드로스 대왕 31
알려지지 않은 미지(불확실성) 330, 331
알려진 미지(위험) 330
알브레히트, 스파이크 169, 170, 175
알크메온 345
알하젠(이븐 알하이삼: 알리 알하산) 345
암젠 202
압축 152, 424, 427, 495, 498
애덤스, 존 502, 594
애로, 케네스 540
애리얼리, 댄 493
애시버리, 존 547, 548, 596

앨런, 스콧 298
앳킨스, 대릴 레너드 478, 479, 480, 484, 520
앳킨스 대 버지니아 사건 478, 520
야구 32, 396, 397, 398, 501, 518, 519, 520, 549, 603
약의 효능 연구 154, 167, 239
양말을 신고서 샌들을 신는 패션 522
어빙, 줄리어스 170
에마누엘, 심하 136
에스테스, 앤드리아 298, 585
에우독소스 51, 55, 292
ABC 뉴스 71
HDL 콜레스테롤과 심장 발작의 상관관계 442, 452
에지워스, 프랜시스 이시드로 100
엑스 팔소 쿠오들리베트(폭발의 원칙) 558, 559
엘즈버그, 대니얼 319, 327, 328, 329, 330, 331, 332, 378, 379, 486, 586
엘즈버그의 역설 329
여론 95, 99, 114, 432, 446, 471, 472, 473, 474, 475, 476, 477, 478, 480, 482, 494, 497, 516, 517, 548, 549, 550, 551, 554, 555, 593
여론 조사의 표준 오차 계산하기 99
여성과 일자리 감소 통계 115, 116
연금 가격 매기기 265, 266, 412, 584
연방 대법원 208, 438, 478, 479, 517, 518, 520
『영국 의학 저널』 403
오류 정정 부호 355, 357, 361, 362, 366, 368, 371, 372
「오바마는 왜 미국을 더 스웨덴스럽게 만들려고 애쓰는가?」 35
오바마, 버락 35, 36, 87, 114, 115, 116, 117, 136, 200, 324, 415, 446, 474, 475, 550, 551,

552, 553, 554, 555, 604

오일러, 레온하르트 65

오코너, 샌드라 데이 480

「오프라 윈프리 쇼」 126

올센, 닐스 493

와일스, 앤드루 193

왓슨, 존 165, 166

왕, 유파 82

「왜 학계에 발표된 연구 결과들은 대부분 거짓인가?」 197

『우리 본성의 선한 천사』 90

우생학 388, 431, 432, 454, 455

울포위츠, 잭 15, 19

워니스키, 저드 39, 41, 42, 46

『워스트워드 호』 563

〈워싱턴 와이어〉 블로그 311

「워싱턴 포스트」 116, 568

워커, 스콧 110

원뿔 곡선 418, 419, 420

원의 넓이 47, 48, 50, 52, 53, 54, 198

『월가에서 배우는 랜덤 워크 투자 전략』 337

월리스, W. 앨런 13, 14

월리스, 데이비드 포스터 294, 295, 318, 349, 562, 568, 587, 597

「월스트리트 저널」 39, 311, 398, 403, 568, 601

웨일, 샌디 175

웰던, 월터 F. R. 402, 403, 589

위너, 노버트 16

위츠툼, 도론 123, 124, 125, 126, 127, 134, 135, 136, 137, 155, 318

「위험 측정에 관한 새로운 이론의 해설」 320

윌리엄 3세 265

윌리엄스, 윌리엄 카를로스 81

유율(플럭시온) 58

유의성 검정 119, 152, 155, 157, 158, 159, 163, 167, 172, 173, 174, 177, 180, 198, 199, 200, 208, 212, 213, 214, 215, 240, 450, 521, 603

『유전되는 천재성』 389, 390, 392

「유전되는 키에서 드러난 평범으로의 회귀」 410

유클리드 31, 50, 51, 187, 345, 347, 349, 351, 352, 353, 363, 365, 504, 505, 508, 509, 510, 511, 512, 514, 520, 523, 530, 534, 560, 594

유틸 308, 309, 310, 312, 316, 319, 321, 323, 334, 335

유한 대칭군 369

「육각형 눈송이」 366

음모론 245

음수 63, 64, 108, 109, 110, 113, 114, 144, 266, 273, 335, 435

이란 선거의 총 득표 분석 232

이변량 정규 분포 413

이사야서 125

이심률 414

이오아니디스, 존 197, 198, 201, 216

이진변수와 상관관계 449

이차 곡면(원뿔곡선) 419

이차 방정식 28, 31, 143, 145, 146, 148, 247, 418, 419

2000년 대선 당시 플로리다 주 488, 489, 495, 504, 516, 555

2008년의 경제 붕괴 336

『이코노미스트』 107

『인간 정신 진보의 역사적 개관 초고』 541, 542

인큐베이션 131, 132, 136, 577

일반화한 페르마 방정식 193

일자리 성장 107, 110, 111, 115

임상 시험 153, 167, 443, 444

ㅈ

『자연 신학』 247, 248
『자연의 유전』 392
잔혹한 사건들 104
장, 이탕 185, 186, 189, 190, 191, 194
장, 잉 278, 297, 301
『전쟁과 평화』 125, 135, 136, 137
점균류 469, 485, 486, 487, 491, 492, 493, 494, 504
정규 분포 100, 413
『정글』 230
정밀함 555, 557
정부의 낭비를 제거하는 데 드는 비용 311, 312
『정신의 라디오』 230
정치 논리 537
제논 59, 60, 61, 65, 322
제논의 역설 60, 61, 65
제니스 라디오 회사 230
제2 불완전성 정리 469, 529
제퍼슨, 토머스 428, 502, 594
조건부 기대값 408
조건부 확률 227, 234
조던, 조시 550, 551
조합 폭발 343, 373
존스, 윌리엄 478
존슨, 아먼 95, 96, 97
존슨, 커크 209
『종의 기원』 389
종형 곡선 100, 434
주식 포트폴리오의 분산 131, 337
죽은 언어 521
『중력의 무지개』 420

즉석 결선 투표 495, 496, 497, 498
지문 감정 423
지적 설계 248, 318
지터, 데릭 397, 469, 519, 594, 595
직교하는 벡터들 438
집합론 14, 32, 526, 528, 559, 561, 568

ㅊ

차르나예프, 조하르 245
창세기 125, 126, 135, 136
창자점 33, 195, 196, 197, 201, 206, 216
창조론 122, 151, 155, 157
챈들러, 타이슨 96
처칠, 윈스턴 348, 569
『천재들의 실패』 336
천재성 신화 532, 533, 536, 537
체니, 딕 39
체크섬 361
추이성 442, 444

ㅋ

카너먼, 대니얼 379
카라멜로, 올리비아 515
카르다노, 지롤라모 94, 108
카스, 로버트 E. 126, 134
카오스 221
카즈단, 데이비드 127
카토 연구소 35, 36, 39
칸토어, 게오르크 356, 529
캉데스, 에마뉘엘 427
캐시윈폴 273, 274, 275, 277, 278, 279, 280, 295, 297, 298, 299, 302, 303, 304, 333, 338, 342, 343, 353, 373, 375, 382, 585
캐플런, 브라이언 472
캐플런, 제럴드 87

케네디, 앤서니 422

케리, 존 415

케리치, J. E. 93

케인스, 존 메이너드 241, 242, 572

케인, 토머스 97

케플러, 요하네스 366, 367, 368, 369, 418

켐프, 맷 396, 397, 399

켐프, 잭 42

코베인, 커트 550

코브, 케빈 173

코시, 오귀스탱 루이 67, 68, 69, 70, 573, 574

콘웨이, 존 369, 370

콘필드, 제리 459

콘, 헨리 368, 569

콜먼, 놈 556

콩도르세 역설 500, 540

콩도르세 후작(마리 장 앙투안 니콜라 드 카리
타) 469, 500

콰인, W. O. V. 554

쿠마르, 아비나브 368

크라메르, 가브리엘 283, 325, 326

크로네커, 레오폴트 142

크루그먼, 폴 472

큰 수의 법칙 93, 94, 96, 98, 99, 102, 150,
241, 264

클라우제비츠, 카를 폰 26

클라인, 펠릭스 538

클렘, 빌 519, 520

클린턴, 빌 107, 126, 428, 476, 483, 488

키스, 밥 496, 497, 498, 499, 506, 519, 595

타깃 219, 222, 224, 228

타라스코, 토니 519

타르스키, 알프레트 505

타비트, 하심 95

타오, 테리 192, 194, 427, 530, 535, 536

타원 32, 383, 405, 410, 413, 414, 415, 416,
417, 418, 419, 420, 423, 430, 435

탤벗, 존 457

터로, 스콧 294

테러리스트 발견 알고리즘 226, 227, 228, 239

테리, 루서 457

텔레파시 229, 230, 233

「토론토 스타」 87

톨스토이, 레오 135, 136

『통계 과학』 126, 127, 137

통계 연구 그룹SRG 15, 43, 400

「통신의 수학적 이론」 355

통신 채널의 용량 357

투리아프, 로니 95

투시 344, 513

투자 자문의 실적 174

튀르고, 자크 500

트란실바니아 복권 340, 341, 353, 360, 373

트로이 앤서니 데이비스 사건 518

트롭 대 덜레스 사건 480

트버스키, 아모스 169, 172, 173, 174, 181, 379

트웨인, 마크 77, 535, 595

파노, 지노 350, 351, 352, 353, 359, 360, 365,
374, 512

파노 평면 350, 352, 353, 359, 360, 374, 512

파스칼, 블레즈 255, 312, 313, 314, 315, 316,
317, 318, 328, 356, 380, 502, 503, 521, 546,
549, 586

파스칼의 내기 315, 317, 318, 328, 503

파슨스 코드 424, 425

파워볼 267, 268, 272, 273, 275, 584

「파이」 294

파인먼, 리처드 244, 583

판덴브라우커, 얀 456

『팡세』 255, 314, 315, 318, 586

패러모어 호 413

퍼트넘, 필러리 522

페레스, 시몬 126, 580

페로, H. 로스 476, 483, 487

페루자, 빈센초 423

페르마의 추측 193

페르마, 피에르 드 28, 29, 192, 193, 312, 314, 503, 586

「페리스의 해방」 39

페아노, 주세페 524, 527, 540

페이스북 219, 222, 223, 224, 225, 226, 227, 228, 229, 234, 239, 442

페일리, 윌리엄 247, 248, 250, 254

펜리 대 리노 사건 479

평균으로의 회귀 392, 394, 395, 397, 398, 399, 401, 405, 409, 410, 414, 428, 431, 563, 602

평균의 법칙 101, 102

평면 기하학 81, 344, 349, 363

평행선 공준 509, 510, 513, 560

폐암과 흡연의 상관관계 383, 453, 454, 455, 456, 457, 458, 459, 463, 591, 603

포데스타, 존 126

『포린 어페어스』 87

포물선 57, 77, 83, 147, 419, 420, 590

포스딕, 레이먼드 422

포스터, 에드워드 파월 364

포즈너, 리처드 520, 521

폭발의 원칙 559

폰 노이만, 존 26, 31, 327, 328, 331, 379

「폴리티코」 551

표본 크기 95, 96

푸아송, 시메옹 드니 94

푸앵카레, 앙리 28, 29, 533, 534, 560

프랑수아 마리 아루에(볼테르) 257, 299, 300, 317, 318, 502, 503, 585, 586, 594

프랑 카로 283, 284, 286, 288

프랭컨, 앨 556

프랭클린, 벤저민 557

프레게, 고틀로프 525, 526, 527, 528, 529, 559, 561

프로스트, 로버트 164

「프루프」 294

『프루피니스』 556

프리드먼, 밀턴 16, 43, 44, 378, 438, 439

프톨레마이오스 29

플라톤 345, 530, 531

플라톤주의 530, 531

플랑크, 막스 538

플래시 드라이브 361

플레이아데스 성단 182

플로그 188

p값 150, 155, 156, 163, 167, 184, 196, 198, 200, 205, 206, 207, 208, 210, 211, 226, 227, 229, 462, 521

피셔, R. A. 134, 152, 155, 157, 161, 163, 167, 171, 177, 180, 183, 209, 212, 213, 214, 215, 216, 217, 229, 240, 241, 242, 454, 455, 456, 457, 458, 462, 463, 503, 508, 582, 591

피어슨, 이건 212, 213, 214, 318, 508

피어슨, 칼 212, 433, 434, 435, 438, 451, 454

피츠제럴드, F. 스콧 559, 561, 562, 582

피케티, 토마 111, 112, 113, 601

피타고라스 48, 49, 50, 52, 75, 178, 345, 363, 378, 525, 563

피타고라스 정리 48, 49, 52

p 해킹 205, 206, 207
핀천, 토머스 420
핑커, 스티븐 90

ㅎ

하디, G. H. 67, 69, 191, 351, 515, 516, 517, 521
하멜린 대 미시간 사건 484
하비, 제임스 278, 296, 297, 298, 299, 300, 301, 302, 303, 304, 333, 341, 342, 356, 381, 382
하우스마틴스 548, 561, 596
하크니스, 존 457
학교에서 제일 깨끗한 사람 246, 247, 251
『한밤중에 개에게 일어난 의문의 사건』 295
핫핸드 신화 164, 169, 170, 171, 172, 173, 174, 175
해던, 마크 295
해밍 거리 363, 366, 374
해밍 구 366
해밍, 리처드 357, 358, 360, 361, 362, 363, 365, 366, 371, 372, 373, 374, 564, 587
해밍 부호 358, 360, 361, 362, 371, 373
핵전쟁 327
핼리, 에드먼드 264, 265, 266, 412, 413, 584, 589
허시, 루빈 531
헤일스, 토머스 369, 370
형식주의 23, 217, 331, 515, 516, 517, 518, 519, 521, 522, 523, 524, 528, 530, 531, 537, 540, 542
호라티우스 38
호르몬 대체 요법과 심장 질환의 상관관계 444, 459, 462
호모토피 이론 530
호일, 에드먼드 98, 372

호텔링, 해럴드 399, 400, 401, 403, 589
홈런 더비의 저주 383, 398
화이트, 매슈 103, 575
『확률론』 241
확률에 대한 빈도적 시각 150
『확률에 대한 철학적 시론』 327
『확률의 원칙』 98
「환희의 송가」 425
효용 곡선 323, 324, 378, 379
후이징가, 존 175, 580
홀라치와요, 샌딜 107, 109, 110
히파르코스 439
히파소스 50, 563
힉, W. E. 214
힐, A. 브래드퍼드 453, 454, 455, 463
힐베르트, 다비트 469, 522, 523, 524, 525, 527, 528, 529, 530, 531, 532, 537, 538, 539, 541, 542, 546, 595

옮긴이의 말

2014년 여름, 「월스트리트 저널」에 책과 관련된 재미난 기사가 하나 실렸다. 초대형 베스트셀러들 중에서 사람들이 사놓기만 하고 안 읽는 책이 뭘까 하는 이야기였다.

기사를 쓴 사람은 인터넷 서점 아마존의 전자책 뷰어 킨들이 제공하는 밑줄 긋기 기능으로 독자들이 밑줄 그은 대목이 공개되어 있다는 점에 착안하여, 마지막 밑줄이 책의 몇 페이지에 있는가를 확인함으로써 사람들이 그 책을 어디까지 읽다 말았는지를 알아보았다. 저자는 마지막 밑줄이 책의 몇 퍼센트 지점에 있는가 하는 지표를 〈호킹 지수〉라고 명명했는데, 세계적 베스트셀러이지만 다 읽은 사람이 없기로 악명 높은 책의 대표 주자가 스티븐 호킹의 『시간의 역사 *A Brief History of Time*』이기 때문이다. 결과는 어땠을까? 도나 타트의 소설 『황금 방울새 *The Goldfinch*』는 호킹 지수가 무려 98.5%로 대부분의 독자가 끝까지 독파했음을 시사한 데 비해, 세계적 베스트셀러였던 토마 피케티의 『21세기 자본 *Capital in the Twenty-First Century*』은 호킹 지수가 겨우 2.4%였다. 대개의 독자들은 30쪽도 채 안 읽고 덮어 버렸다는 얘기다. 아이고, 저런.

물론 이것은 엄밀한 분석이 아니다. 그러나 누구에게나 공개된 자료에서 남들은 생각지 못했던 패턴을 읽어 낸 시선은 인상적이었으며, 애서가들에게 흥미로운 잡담 소재를 제공한 기사의 작성자에게 관심을 쏟게 만들기에 충분했다. 그리고 그 사람이 바로 이 책의 저자인 수학자 조던 엘렌버그였다.

그 기사가 세상만사를 수학자의 시선으로 보는 방법을 맛보기로 보여 주었다면, 이 책은 본격적으로 그 방법을 가르쳐 주는 확장판이다. 여기서 강조할 점은 저자가 독자에게 권하는 것이 수학적 〈지식〉이 아니라 〈사고방식〉이라는 점이다. 이유는 두 가지로 요약되겠는데, 하나는 구체적인 공식이나 계산법보다는 일반적인 원칙을 이해하는 편이 그 응용 범위가 훨씬 넓기 때문이다. 다른 하나는 사실 우리 중 대부분은 손수 복잡한 수학 계산을 할 일은 거의 없기 때문이다. 그러나 스스로 계산할 일은 없더라도 이미 우리 주변 모든 것에 수학이 침투해 있으므로, 누구든 수학적 사고방식을 장착해야만 세상에 넘치는 정보에서 오류를 짚어 내고 거짓 해석에 속지 않을 수 있다.

책이 〈선형성〉, 〈회귀〉, 〈기대값〉 등의 제목을 단 5부로 구성된 것은 저자가 생각하는 가장 중요한 수학적 개념들이 그것이라는 뜻이다. 세부적으로 들어가면, 다음과 같은 질문들에 대한 답을 들을 수 있다. 평균으로의 회귀란 정확히 무슨 뜻일까? 흔히들 상관관계는 인과 관계가 아니라고 말하는데, 그렇다면 상관관계는 정확히 어떻게 정의될까? 학술지들이 논문을 실어줄 때 어떤 기준에 따라서 연구의 유의미성을 판가름 할까? 만일 그 기준에 미치지 못한 연구 결과라면, 그것은 곧 그 결과가 틀렸다는 뜻일까? 거꾸로 그 기준을 통과한 연구 결과라면, 그것은 그 결과가 무조건 옳다는 뜻일까? 노벨 경제학상을 받은 조지 스티글러는 〈당신이 비행기를 한 번도 놓친 적이 없다면 너무 많은 시간을 공항에서 낭비하는 것이다〉라고 말했다는데, 그게 대체 무슨 소리일까? 수학자들은 늘 입을 모아 복권은 돈 낭비라고 말하는데, 과연 그럴까?

상관관계, 선형 회귀, 기대값, 사전 확률과 사후 확률, 귀무가설 유의

612

성 검정……. 저자는 이런 개념들이 오늘날 얼마나 광범위하게 사용되는지를 농구, 야구, 복권, 논문 심사, 흡연과 폐암의 관계 등의 사례를 들어 설명한다. 이런 개념들 없이는 현대의 뉴스, 스포츠 통계, 정치 사회적 의사 결정 과정을 손톱만큼도 이해할 수 없다고 지적한다. 또한 이런 개념들을 정확히 이해하는 순간, 매스 미디어나 정치권에서 유통되는 정보에 생판 틀린 소리나 작성자도 미처 몰랐던 맹점이 얼마나 많은지도 깨닫게 될 것이라고 말한다. 그러니 이 책은 교묘한 수학적 언설에 속아 넘어가기 싫은 보통 사람들을 위한 책인 동시에 무엇보다도 자신이 휘두르는 수학 도구들의 맹점에 스스로 속아 넘어가지 말아야 할 저널리스트, 정치인, 마케팅 담당자, 교사 등이 꼭 읽어야 할 책이다.

그렇다면 저자는 이 책을 통해서 수학적 사고방식의 효용과 매력, 나아가 함정까지 알려 주겠다는 야심 찬 목표에 얼마나 성공했을까? 결론적으로 말하자면, 꽤 성공했다. 무엇보다도 여느 수학책들에 비해서 돋보이는 점은 저자가 손쉬운 단순화의 유혹에 굴복하지 않았다는 것이다. 가령 현대 확률 이론의 대세라고 할 수 있는 베이즈 추론이라면, 이 개념을 1 + 1 = 2처럼 누구나 단박에 이해하도록 설명하는 일이 가능할까? 아니, 가능하지 않다. 수학의 어떤 영역은, 특히 인간의 보잘것없는 인지력을 벗어나는 확률과 통계의 이론은, 애초에 직관적으로 이해하기 어렵다. 따라서 설명도 무턱대고 쉬울 수가 없다. 이 책은 그 어려움을 회피하거나 가장하지 않는다는 점에서 정직하고, 그 어려운 이야기를 누구든 집중만 하면 제법 따라갈 수 있도록 설명했다는 점에서 성공적이다.

또 다른 특징은 저자가 수학에 대한 세간의 고정 관념을 깨려고 노력한 점이다. 솔직히 수학 영재였던 저자가 수학이 얼마나 아름답고 유용한지 좀 알아 달라고 아무리 외쳐봐야 우리 같은 보통 사람들은 그냥 그런가 보다 할 뿐이지만(저자는 십대 시절에 연속 3년 국제 수학 올림피아드에 참가하여 금메달 둘, 은메달 하나를 땄으며 그중 한 번은 만점을 기록했다), 그런 만큼 수학은 결코 신경질적인 천재가 홀로 이뤄내는 업적이 아니며 협동과 논쟁을 통해 진전하는 작업이니 누구든 부디 지레 겁먹고 달아나지 말라는 저자의 말을 믿게 된다. 저자는 또 수학이 100% 정밀성과 확실성만을 말하는 분야라는 통념도 허물어뜨린다. 2012년 미국 대통령 선거에서 모든 주의 투표 결과를 정확하게 예측하여 화제를 모았던 분석가 네이트 실버를 언급하며, 〈오바마냐 롬니냐〉 하는 질문에 〈어느 쪽이든 당선 가능성이 있지만 현재로서는 오바마가 70%의 확률로 앞서고 있다〉고 대답한 실버의 자세야말로 가장 수학적인 자세라고 칭찬한다. 수학은 판사가 아니라 탐정이며, 우리가 알 수 없는 것을 알게 해주는 마술이 아니라 우리가 어느 정도로 모르는지를 정확하게 가늠하도록 돕는 도구라는 것이다.

〈수학은 다른 수단을 동원한 상식의 연장〉이라는 저자의 모토가 잘 구현된 이 책에는 큰 줄거리에 무관한 잡다한 재미도 많다. 가령 여러분은 한 페이지만에 미적분을 배울 수 있을 것이고, 역시 한 페이지만에 대수와 로그를 이해할 수 있을 것이다. 수학 시험에서 부분 점수를 받는 방법을 알 수 있을 것이고, 〈뷔퐁의 바늘〉을 비롯하여 눈이 휘둥그레지게 교묘하면서도 아름다운 증명들도 몇 개 만날 것이다. 사영 기하학에서 정보 이론으로 나아갔다가 뜬금없이 오렌지를 최대한 빽빽하게 쌓는 문제, 복권 숫자를 겹치지 않게 고르는 문제로 튀어서 결국 기하학으로 되돌아오는 13장의 구성은 순수 수학과 현실이 영향을 주고받으며 발전하는 패턴을 잘 보여 준 사례로서, 마치 장대한 건축물을 보는 듯하다. 〈감사의 말〉에서 저자는 〈수학이 얼마나 멋진지를 세상에 길게 길게 외치고 싶다〉는 집필 의도를 현명한 편집자들이 한껏 다듬은 결과물이 이 책이라고 말했는데, 끝까지 읽은 독자는 분명 편집자들이 이보다 더 짧게 줄이지 않아서 다행이라고 생각하게 될 것이다.

옮긴이 **김명남** KAIST 화학과를 졸업하고 서울대 환경대학원에서 환경 정책을 공부했다. 인터넷 서점 알라딘 편집팀장을 지냈고, 지금은 번역가로 활동하고 있다. 옮긴 책으로 『면역에 관하여』, 『질의 응답』, 『현실, 그 가슴 뛰는 마법』, 『지상 최대의 쇼』, 『특이점이 온다』 등이 있다. 『우리 본성의 선한 천사』로 제55회 한국출판문화상 번역 부문을 수상했다.

틀리지 않는 법

발행일	2016년 4월 25일 초판 1쇄
	2024년 1월 5일 초판 24쇄
지은이	조던 엘렌버그
옮긴이	김명남
발행인	홍예빈 · 홍유진
발행처	주식회사 열린책들

경기도 파주시 문발로 253 파주출판도시
전화 031-955-4000 팩스 031-955-4004
홈페이지 www.openbooks.co.kr 이메일 humanity@openbooks.co.kr

Copyright (C) 주식회사 열린책들, 2016, *Printed in Korea.*
ISBN 978-89-329-1765-8 03410

이 도서의 국립중앙도서관 출판예정도서목록(CIP)은 서지정보유통지원시스템 홈페이지(http://seoji.nl.go.kr)와 국가자료공동목록시스템(http://www.nl.go.kr/kolisnet)에서 이용하실 수 있습니다.(CIP제어번호: CIP2016008707)